ENCYCLOPEDIA OF THE BIOSPHERE
Humans in the World's Ecosystems

世界自然環境大百科

大澤雅彦［総監訳］

8

ステップ・プレイリー・タイガ

大澤雅彦
［監訳］

朝倉書店

Els humans en els àmbits ecològics del món

8

Praderies i taigà

Catalan-language edition (volume 8): 1997
Biosfera. Els humans en els àmbits ecològics del món
Enciclopèdia Catalana

Primera edició: març del 1997

This Japanese edition is published by arrangements with
Enciclopèdia Catalana, S.A.

ENCYCLOPEDIA OF THE
BIOSPHERE

Humans in the World's Ecosystems

VOLUME 8: Prairies and taiga

English-language edition distributed to all markets worldwide by The Gale Group

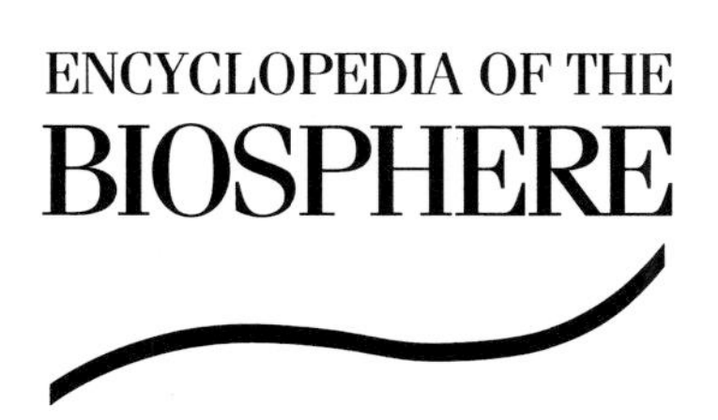

ENCYCLOPEDIA OF THE

BIOSPHERE

第 8 巻 執筆者および協力者

Sergei A.Balandin
Associate professor and vice-director
of the Chair of Botany at the Biology Faculty
of N.M. Lomonosov University, Moscow
[Moscow, Russia]

Vladimir N. Basilov
Head of the Central Asia and Kazakhstan
Department of the Institute of Ethnology and
Anthropology of the Russian Academy
of Sciences
[Moscow, Russia]

Marion Beck
Full Professor at the Department of Biology
at the University of Regina
[Saskatchewan, Canada]

Roland Horst Braun Wilke
Researcher at the National Council for
Scientific and Technical Research
[Buenos Aires, Argentina]

Josep Maria Camarasa
Co-director of the Working Group on the History
of Science at the Institut d'Estudis Catalans
[Barcelona, Spain]

Xavier Campillo
Geography and History Graduate from the
Universitat Autònoma de Barcelona
[Spain]

Robert T. Coupland
Full Professor of Plant Ecology at the Department
of Crop Science and Plant Ecology at the
University of Saskatchewan
[Saskatchewan, Canada]

Katie Fuller
Assistant Researcher at the World Conservation
Monitoring Centre
[Cambridge, United Kingdom]

Alexei M. Ghilarov
Professor at the Ecology and Zoology Department
at N.M. Lomonosov University
[Moscow, Russia]

David R. Given
Honourary Professor at Lincoln University
[Canterbury, New Zealand]

Caroline Harcourt
Collaborator at the World Conservation
Monitoring Centre
[Cambridge, United Kingdom]

Richard H. Hart
Applied ecologist at West Word Enterprises
[Cheyenne, United States]

Cristina Junyent
Doctor of Biology at the Universitat
de Barcelona [Spain]

Vjacheslav G. Mordkovitch
Director of the Siberian Zoological Museum
of the Institute of Systematics and Ecology,
the Siberian Division of the Russian Academy
of Sciences
[Novosibirsk, Russia]

Rubén Pesci
President of the CEPA Foundation
(Centre for Environmental Studies and Projects)
[La Plata, Argentina]

Dimitri A. Petelin
Researcher at the Chair of Geobotany of the Biology
Faculty of the M.V. Lomonosov University, Moscow
[Moscow, Russia]

Rosa Maria Poch
Professor of Soil Science and Agricultural
Chemistry at the Universitat de Lleida [Spain]

Jaume Porta
Full Professor of Soil Science and Agricultural
Chemistry at the Universitat de Lleida
[Spain]

Geoffrey A.J. Scott
Full Professor at the Department of Geography
at the University of Winnipeg
[Manitoba, Canada]

Boris I. Sheftel
Researcher at the N.M. Severcova Institute
of Ecological Problems and Evolution of the
Russian Academy of Sciences
[Moscow, Russia]

Zoja P. Sokolova
Head Researcher at the Institute of Ethnology and
Anthropology of the Russian Academy of Sciences
[Moscow, Russia]

Arkady A. Tishkov
Head of the Laboratory of the Geographical
Institute of the Russian Academy of Sciences
[Moscow, Russia]

Marta Vigo
Biology Graduate from the Universitat de Barcelona
[Spain]

編　集

DIRECTOR: **Ramon Folch**, Doctor of Biology
ASSISTANT DIRECTOR: **Josep M. Camarasa**, Doctor of Biology
CHIEF EDITOR: **Roser Armengol**, Graduate in Biology
EDITORS: **Marta Escribà**, **Marta Solé**, **Marta Vigo**, Graduates in Biology
ART DIRECTION: **Rosa Carvajal**, Graduate in Geography, **Mikael Frölund**
SCIENTIFIC ASSESSMENT: **Jaume Bertranpetit**, **Jaume Porta**
DESIGN AND PAGE-MAKING: **Toni Miserachs**
ADMINISTRATIVE SECRETARIES: **Maria Miró**, **Mònica Rocamora**

EDITORIAL DIRECTOR: **Jesús Giralt**
PUBLICATION MANAGER FOR MAJOR PROJECTS: **Josep M. Ferrer**
HEAD OF PRODUCTION: **Francesc Villaubí**

総監訳者まえがき

本シリーズ「世界自然環境大百科（英題は“Encyclopedia of the Biosphere — Humans in the world's ecosystems：生物圏百科—世界の生態系における人類”）」は，この地球上に暮らす人間と，それをとりまく自然環境，そして動物，植物を含めたすべての生物相と，それらの相互関係，すなわち生態系（これを生物圏と呼ぶ）に関する大百科事典である．

地球環境は実に多様である．北極・南極から赤道にいたる緯度に伴う温度の大きな変化の傾度はもちろん，日長や季節変化についても大きな振幅を示している．そこに生活する人類は大きな適応能を発揮して，ほとんど余すところなく居住環境にしてきた．まさに人類の地球である．そして本シリーズの副題にもあるように，多様な生物相が，多様な環境における人類の生存を可能にしてきた．本シリーズの最も大きな特徴は，生物圏を単に自然科学の立場で記述するだけでなく，そこで暮らす人々の生活文化とのかかわりで自然環境を捉えているという点にある．

生物圏の多様さは，まさに驚異の世界である．1年間を夜と昼が二分しているような極域から，春夏秋冬の素晴らしい季節変化を享受できる温帯，1年間を通して高温高湿が支配する熱帯多雨林まで，緯度軸に沿う生物圏の変化はたとえ訪れたことはなくても，ある程度予測は可能である．しかし，こうした自然環境の変化がどのようにして多様な生物圏を生み出し，生物の生活とかかわり，生態系の機能を生み出しているのかについては，意外と（自分が住んでいる生物圏についてすら）知られていないのが現実である．本シリーズは，それをさまざまな生物圏のタイプごとに詳細に解説している．自然環境が同じであればたとえ別の大陸にあってもよく似た生物圏がみられるという「生態系の収斂進化」は，生態学が明らかにしてきた地理学的なスケールでの重要な法則の1つであるが，それは人々の文化にもあてはまる．本シリーズはそのことを実感させてくれる．

各地に存在する山岳は，標高に伴う温度の低下によって，高温・高湿の熱帯においても山岳氷河の存在を可能にしている．この標高に伴う温度の低下は緯度軸におけるそれの1000倍にも達し，ごく狭い範囲の空間に最も多様な生物と人間の生活を凝縮している．特に高山環境が集中している中緯度地域は言語，人種の多様性が最も高く，標高に応じて分化している生物圏のそれぞれを異なる民族が住み分けたり，さらに一個の生活帯の中を地形によって隔てられた小空間ごとにいくつかの民族が住み分けたりしているところすらある．もちろんそれを可能にしているのは，それぞれの生活帯，水系ごとに異なる多様な動物植物など，生物圏を構成する生物相であり，その利用法を開発してきた人類の文化である．それらの相互関係の多様さも本シリーズの中で詳細に解き明かされていく．

人類が唯一征服していないのは，地球の7割を占め水分の97.5％が存在する海洋であるが，本シリーズでは海洋についても，その1巻を割いて詳しく解説している．まさに地球上のすべての生物圏をカバーしているのである．

この世界自然環境大百科はユネスコの「人間と生物圏」計画（1970年総会で提案された国際的な研究計画である）の主要な柱とされている「生物圏保存地域」のすべてをカバーするように計画されたものである（2014年6月現在世界で119ヶ国631ヶ所，日本は1980年指定の屋久島，大台ケ原・大峯山，志賀高原，白山の4ヶ所に2012年に綾が，2014年に只見と南アルプスが加わった［2014年6月追記］）．その結果，世界のほとんどすべての生物圏タイプを包含している．また地域的・面積的にごく限られた生物圏（たとえば日本の南半分を占める「亜熱帯・暖温帯多雨林」）についても，それが地球上の生物圏のユニークな特徴を示す限り，取り上げ，グローバルな視点から詳細に記述している.

本シリーズ「世界自然環境大百科」の監修・翻訳に私がかかわるようになった直接のきっかけは，スペインのエンサイクロペディア・カタラニア社から，この中のある巻についての原稿執筆を依頼されたことに始まる．その巻は日本のユニークな生態系である亜熱帯・暖温帯多雨林（照葉樹林）に関する巻なので，何人かの日本の科学者もそれぞれの専門分野に関する原稿執筆を担当した．当時，英語の原稿を提出するとそれがカタロニア語に翻訳され，その過程でスペインの研究者から内容について問い合わせがあり何度もやり取りをした．はじめに出版されたのはカタロニア語なので，美しい写真や図表については見ることが出来ても中味を読むことはできなかった．やがてアメリカのGale Groupから英訳版が出版されて各巻の内容を初めて本格的に読むことができるようになった．動植物や生態系についての深い内容は，専門の立場にとっても十分に新しく興味深い内容を含むものであった．特に人々の生活との関わりについて，これほど深いところまで立ち入って記述されたものはこれまでにない．ますます世界が小さくなってきた今日，世界の生物圏と人々のかかわりについて理解する上で最適なシリーズであると考えるようになった.

このような，深く多様な内容の本を翻訳するのは容易ではない．それぞれの巻の翻訳作業にあたった方々のご苦労は計り知れないものがある．それらの翻訳は各巻ごとに最もふさわしい専門家に監訳していただいた．この出版の学術的な意義をご理解の上この作業にあたられた監訳者，翻訳者の方々にこの場をお借りして総監訳者として心から感謝申し上げたい．最後に，このシリーズの翻訳を英断された朝倉書店の編集部の方々には，すべての翻訳者，監訳者に代わってこの場をお借りして心から感謝したい.

何よりも，この「世界自然環境大百科」を日本語で手にすることができる多くの読者の方々が，このシリーズの意義と素晴らしさを感じて人間を取り巻く自然環境の大切さに関心をもっていただければそれに勝る喜びはない.

2009年10月

大澤雅彦

このシリーズについて

動物，植物，そして微生物はいったいどこで生活しているのだろう？　これらさまざまな生活様式のうちで，どれが光合成を行い，太陽からのエネルギーを利用して大気から我々の食物を利用可能にしてくれているのだろうか？　そしてさらに多くの疑問について，全11巻の『世界自然環境大百科』で地球における自然界の壮大さを探求しながら，素晴らしいカラー写真と簡潔な文章で答えが提供される．厳寒の南極大陸から，アマゾンの青々とした輝きの支流を経て，増大する人口に食糧を供給する穀倉地域まで，島嶼，洞窟，落葉樹林，そしてカリフォルニアのチャパラル低木の茂みに関する記述が我々を啓発する．我々が容易に見逃し，そして誤解しているもの，すなわち，局所的な生活環境が地質学的，生物学的に細部でどのように依存し合っているかを我々は理解しようとしている．我々は住んでいる地球環境における時空的変遷，生命形態の多様性を見ている．植物相（植物）や動物相（動物）には，それらの祖先，より小さく，なじみのない生命形態，すなわち細菌，原生生物（藻類，粘菌，繊毛虫，その他），そして酵母菌やキノコのような真菌などを補完しているにすぎない．絶えず変化する自然環境のおおらかさを，人間活動のための単なる背景として扱うことはできない．そして今日，生命体とその環境条件に関してこれ以上に優れた，より完全な，あるいは活用可能な解説は存在しない．ここでは，生物圏の総体，つまり生命が存在し，進化する環境がそのすべての栄華そして決して終焉のない驚異として表現されている．

自然界の壮大さを記述する執筆者は，科学者，土地管理者，そして環境教育者であり，人間と生物圏（MAB）計画に関連する世界で357の生物圏保存地域やその周辺で生活している．UNESCO（国際連合教育科学文化機関）のMAB計画に関係する活動家達は，それぞれのユニークな特定の生息環境やその自然誌を我々に解説してくれる．彼らは協力して，熱帯林，温帯林，高地の湖沼，カルスト台地，砂漠，疎生なプレーリー，山岳高地，岩石海岸あるいは他の陸域や水域の景観について最新の状態を記述している．これらの献身的な専門家と彼らの同僚は，この10年にわたる環境保護を始めるために調査しながら，この驚異的な地球の陸域と水域の様々な環境で生活し，それを研究し，そして保護してきた．『世界自然環境大百科』は，ラモン・フォルヒ博士と専門家チーム，特にジョセフ M. カマラザ博士の指導のもとで，科学的正確さで裏打ちされた明晰な解説が印象的である．天然資源が急激に消費され，ヒト以外の生息地域が縮小されるにつれ，著者達とその多くの共同研究者は協力して，自然環境に関する有益で活用しやすい国際的な解説書を完成した．最初から，カタロニア・エンサイクロペディア社は，この記念出版計画を世界中の読者が利用できるよう努めてきた．カタロニア語で刊行された最初の数巻の記述内容は，編集作業が進行するにつれて，アメリカ合衆国科学アカデミーの生態学および進化学部門の多くのメンバーによって高く評価され，英語版を出版するよう強く要望された．

この全11巻からなる編集作業の学問的信頼性と正確性は，その読みやすさ，総合性そして美しさなどによって，このような著名な著者達によって集大成された．第三ミレニアムの初めにおける我々の世界に関するユニークな解説書として，この出版物は来るべき世代に受け継がれるだろう．このミレニアムの終わりに当たり，このエンサイクロペディアは，我々の子孫がホモ・サピエンスによる“発展”以前の生物圏を復元するときに，歴史的な興味を誘うだろう．『世界自然環境大百科』は，学生および教師だけでなく，生物学や地質学やその他の専門家および我々の住む惑星の健全な維持に関心を共有している自然愛好家にとっても典拠となることを期待している．出版社は，生きている地球の表層部に関するこの包括的な記述が高い信頼性をもった科学的解説書としてその高い評価を維持するために，いかなるコメントあるいは修正も歓迎する．我々の生活を永続的に全うするために我々各々が依存している地球の生物圏がここに記述されているのである.

バルーチ S. ブルンバーグ　NASA 宇宙生物学研究所所長（アメリカ）
ナイルズ・エルドリッジ　アメリカ自然史博物館（ニューヨーク，アメリカ）
リカルド・ゲレロ　バルセロナ大学（スペイン）
マルコム・ハドレー　ユネスコ生態学部門（パリ，フランス）
ウォルフガング・クルムバイン　オルデンブルク大学（ドイツ）
アンドレイ V. ラポ　ロシア地質学研究所（サンクトペテルブルク，ロシア）
アントニオ・ラツカノ・アラウホ　メキシコ自治大学（メキシコ）
トーマス・ラヴジョイ　スミソニアン研究所（ワシントン D.C.，アメリカ）
ジェームズ E. ラヴロック　フリーの科学者（イギリス）
リン・マーギュリス　マサチューセッツ大学アムハースト校（マサチューセッツ，アメリカ）
ユージン P. オダム　ジョージア大学生態学研究所（ジョージア，アメリカ）
ピーター・レーブン　ミズーリ植物園（セントルイス，ミズーリ，アメリカ）
ジャン・サップ　ヨーク大学（オンタリオ，カナダ）
デヴィッド・スズキ　ブリティッシュコロンビア大学（ヴァンクーバー，カナダ）
クリスピン・ティッケル　ケント大学学長（カンタベリー，イギリス）
ホルヘ・ワゲンスベルク　科学博物館（バルセロナ，スペイン）
マルコム・ウォルター　マッカリー大学（シドニー，オーストラリア）
ペーテル・ウェストブレック　ライデン大学（オランダ）
エドワード O. ウィルソン　ハーヴァード大学（マサチューセッツ，アメリカ）
（所属は原著出版時のもの）

目　次

温帯ステップと乾燥プレイリー

I．短茎草本の乾いた海

Ⅱ. ステップとプレイリーの生物

Ⅳ. ステップとプレイリーの保護区と生物圏保存地域

北方針葉樹林すなわちタイガ

I．針葉樹の王国

II．タイガの生物

Ⅲ. タイガの人々

【コラム目次】

序　論

「プレイリーとタイガ」という言葉は，一見したところ，スペインの中等教育カリキュラムに長年ある「地理と歴史」や「物理と化学」のような科目名と似た印象を与えるかもしれない．こうした科目は，教育官僚機構のカリキュラム作成要件を満たすために一まとめにされてきたため，内容が種々雑多であり，扱われるテーマは単一のものではなかった．「プレイリーとタイガ」は，単に15個のバイオームを10冊の本に分割する必要性に対して出された単純な答えにすぎないと思われるかもしれない．もちろんそうではあるが，そうとも言えない面もある．

単調な草原であるプレイリーと，ひっそりと針葉樹が立ち並ぶ北方林のように，まったく対照的な2つのバイオームを一つに分類することは奇妙に感じるかもしれない．草原は広々とした空の下のはるかな地平線のイメージを彷彿とさせるが，タイガは密集した薄暗い森林，あるいは雪に覆われ太陽が見えない森林のイメージを思い出させる．ところが，外観こそ違え，両者のバイオームは多くの点が共通しており，多くの歴史的特徴を共有している．プレイリーと北方林は，数十年前までは人の集落形成の最後の辺境であったし，北方林はいまだに大部分が，「人がいない」という本来の意味で，人跡まれである．ロシア人と北アメリカ人はこのことをよく承知している．なぜなら，彼らの近代史には，草の海を越え，マツやカバノキの間を抜け，すでにそこに住み，そこに留まることを望む諸民族たちを犠牲にしながら，定住への壮大な旅が共通して存在しているからである．

北方林ほど均質で相互に類似しているバイオームは少ない．唯一ベーリング海によって中断されるものの，針葉樹林や泥炭湿原のモザイクが，スカンジナビアからラブラドルに至るまで北半球をぐるりと囲む輪を形作っている．タイガの領域はひとつだけ，北極圏のまわりに連続的な輪を形成している．世界地図は円筒図法で描かれることが多いため，必ずといっていいほど赤道が基準にされる通常の地図では，閉じた輪を開いた帯にしてしまうためにこれが理解しにくくなっている．このような開かれた幅広の帯においては，カムチャッカ半島ないしチュコト半島（シベリア）と，アラスカほどの近い場所でも，世界の両端に分かれているかのように見える．実際には，これらはベーリング海峡によって（そして日付変更線によって）隔てられているだけなのである．この極地を囲むタイガの輪は，ツンドラとともに，地球上でもっともこじんまりとまとまって，相互に類似しているバイオームを形成し，ユーラシアと北アメリカのいずれにも存在し，南側はステップやプレイリーのバイオームへと合流している．

ステップとプレイリーは，北方のタイガと直接，接している．このバイオームは，北アメリカではプレイリー，ユーラシアではステップとして知られている（しかし，ステップという用語は，イベリア半島の内部にみられるような半乾性草本や低木の群系を表すのに誤用されることがある）．この地理的な接触が，北方林のバイオームと，ステップならびにプレイリーのバイオームとの間に事実上の関連性があることを表している．北部プレイリーの多くは，過剰に長い乾燥した夏がなければ，おそらく針葉樹林だったことだろう．これは，違う種類の群系と隣接する南アメリカのプレイリー，アルゼンチンやウルグアイのパンパには当てはまらない．さらに，これから述べていくように，ステップやプレイリーが分布する緯度は気候や土壌の条件が非常に多様であるため，これらは北方林よりも著しく大きな多様性がある．

2つのバイオームにおける最近の人々の定住はかなり異なるものであった．タイガには広範でほとんど手つかずの領域が依然として残っているが，プレイリーは過去数百年の流れの中で完全といっていいほど変化させられてきた．これはプレイリーが非常に肥沃で利用しやすいためである．このような短かい期間にこれほど劇的に変えられたバイオームは他にない．これは明らかな生態学的影響をもたらすと同時に，実際にはその地域に定住したとは言えなかった先住民に深刻な影響を与えた．たとえば，主に遊牧生活の狩猟採集民族である少数の平原インディアン部族は，自分たちが訪れたバイオームの現状をほとんど変えなかったのに，ヨーロッパ人が移住してくると，状況は数十年の間にすっかり変えられてしまった．

シベリアのステップにおいては状況が違うが，見かけほどではない．本書を読まれる方の中には，17世紀と18世紀にステップを越えて東方に向かったロシアの民族と，19世紀に北アメリカのプレイリーを越えて西方に向かった民族との間に大きな類似性があることに驚く人もいるかもしれない．米国のインディアン戦争とアルゼンチンの砂漠の戦い（War of the Desert）にもやはり類似性があり，どちらも2～3世紀のうちにウマを基盤とした新しい生活様式を発達させてきた文化に反発するものであった．もっとも，ヨーロッパ人が入植した時代には南北アメリカの人々にはウマは知られていなかったのだが．違うレベルでは，インディペンデンスやセントルイスから旅立った植民地開拓者のキャラバンが，オレンジ川やヴァール川を超えて移住したケープ植民地のアフリカーナーの「Voortrek（開拓）」との類似性を示している．これが，南半球にはアルゼンチンとウルグアイのパンパのほかに，南アフリカやニュージーランドの草原があることを思い出させる．

このシリーズの中でも，アメリカの北方林，プレイリーならびにパンパのインディアンに生じた衝突，そしてわずかであるがこれら2つのバイオーム以外の地域の先住民に生じた衝突など，文化間に起こる壮大だが悲劇的な衝突を反映する巻はごくわずかである．本巻では，人間の活動と景観の形成との間の密接な関連性が紛れもなく明白である．プレイリーでは皆殺し戦争と環境の変化が非常に明確に関連しているため，双方を切り離して理解することはできない．寒冷な気候やチェルノジョームの土壌から多くのことが明らかになるが，数十年の間にバッファローがいなくなった理由やアルゴンキン語族の文化や彼らが管理した景観が突然崩壊した理由を説明することはできない．

別のレベルでは（あるいは同じレベルなのかもしれないが）ステップやタイガのバイオーム研究によってもたらされた生態学への多大なる貢献を無視するわけにいかない．ユーラシアのステップは土壌学の誕生と出会った．ワシリー・ドクチャーエフ（1846～1903年）が19世紀後期に行ったロシア帝国ヨーロッパ地域のチェルノーゼム土に関する研究が，現代の土壌学の基盤を築いた．ドクチャーエフは，ロシアにおいて彼の時代でもっとも影響を与えた博物学者の一人でもあり，土壌を気候，母岩，生物間の相互作用の結果であるとみなす土壌学を発達させた．彼の教えは自然に対する全体論的アプローチを強調するもので，教え子には生物圏の概念を創り出した最初の人物であるウラジミール・ベルナドスキーもいた．北アメリカのプレイリーも，遷移と極相という生態学の主要な概念の発祥地であった．これらの概念を最初に提起したフレデリック・E・クレメンツ（1874年～1945年）は，ネブラスカ州の州都リンカーンがオト・スー族のかつての居住地に創設されてからわずか10年後に，この土地に生まれた．彼は，1869年にリンカーンに創立されたネブラスカ大学で博物学者として教育を受け，ミネソタ大学の植物学教授であったときに，主著『植物遷移（Plant Succession）』（1916年）を執筆した．

そうしてプレイリーとステップは，異なった2種類の生態学の概念を生み出してきたが，そのどちらも独創的で，アプローチが異なっている．ベルナドスキーの考え方は全体論による統合であり，クレメンツの考え方は還元主義による分析である．いずれのアプローチも，彼らが生み出してきた2つの学派や彼らが影響を与えてきた人たちの科学研究に，未だに影響を与え続けている．そしてまた，このシリーズの作成に協力してきた人たちがクレメンツよりもドクチャーエフに近くても不思議ではない．私たちは別のいくつかの巻で，ロシアの科学界でこのプロジェクトが得てきた反響についてすでに言及している．しかしながら，北アメリカの科学界では，いくつかの注目すべき例外を除けば，このプロジェクトはそれほど大きな熱狂を巻き起こしてはいない．常に学術雑誌で発表するプレッシャーの下にあるアメリカから協力者を見つけることは難しかった．そのようなわけで，北アメリカにおける協力者探しにおいてはJoan Oliva氏の働きが非常に重要であった．彼はLynn Margulis氏のこの上ない援助を頼みとすることができた．彼女に重ねて謝意を表さなければならない．この援助がすべて，全巻，特に（この人たちが不在であれば申し訳がたたない）本巻において北アメリカの執筆者たちの参加をいっそう満足なものにしている．そしてもちろんのこと，貢献してくださった6か国のみなさんにも感謝したい．彼らの英語，スペイン語，カタロニア語，ロシア語による貢献によってこの巻が可能となった．

そしてもう一度，私たちが謝意を表したい方々のリストアップを試みることにより本巻の序文を終えたい．当然のこと，本巻の作成においては，著者ならびにその他の協力者の方々の手助けを必要とする場面が数え切れないほど生じた．時間や知識をもって私たちを助けてくれた多くの人たちには，私たちの疑問の解決を常に進んで助けてくださったAlbert Masoや，その援助が研究内容の執筆をはるかに超えたVladimir N. Basilov，Alxei M.Ghilarov，Ruben Psciなどの執筆者が含まれる．本書に対して重大なリーディングを行うことで欠くことのできない役割を果たし，終始，有用な忠告の源となってくださったJoaquim Maluquerも忘れたくない．私たちは彼に非常に感謝している．また，バルセロナ植物園やWWFのような情報の調査，Saskatchewan Archive Board，レジーナ（カナダ），およびフラスカーティ（イタリア）のESA/ESRINのようなイラストの入手による援助など，私たちを支援してくださったすべての組織および施設，そして特にそこで働く個人のみなさん方にもこの機会を利用して感謝を表したいと思う．もう一度，みなさんに感謝の気持ちをお伝えしたい．

ラモン・フォルヒ
ジョセフ M. カマラザ
1997年

温帯ステップと乾燥プレイリー

夕暮れの光が広く荒涼とした草原に長い影を
落とし
何平方マイルものあちらこちらをバッファロ
ーの群がノソノソ歩き回り
年老いた白鳥の首が曲がりくねっているとこ
ろで，ハチドリの羽がかすかに光る

ウォルト・ホイットマン
ぼく自身の歌（1855）

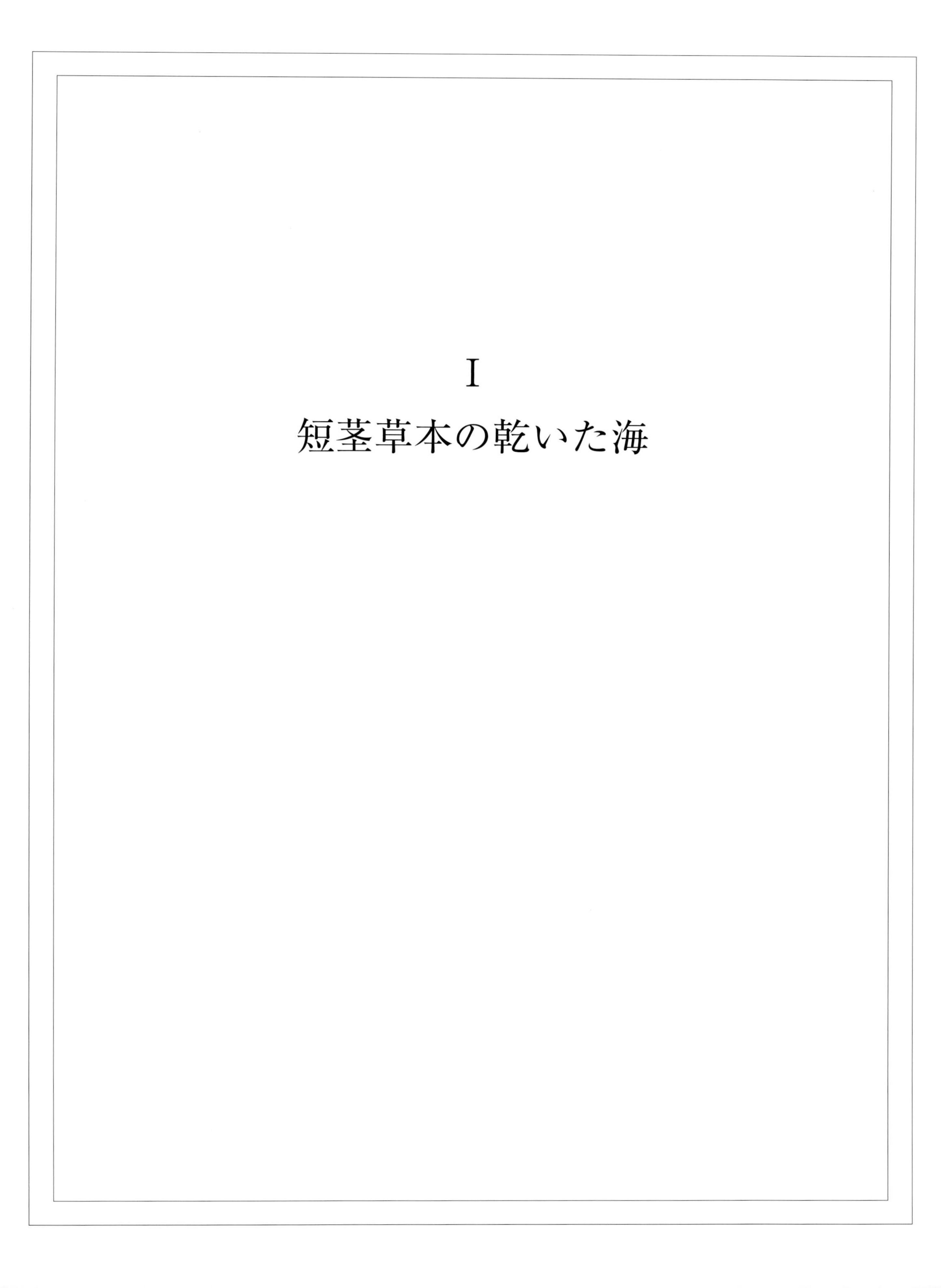

I
短茎草本の乾いた海

1. 過酷な大陸性気候

1. 広大で平坦な自然草原が，樹木の成長には降水量が不十分な北半球中緯度の大陸内陸部を覆っている．ステップがユーラシア大陸の大半部分を占め，プレイリーが北アメリカのグレートプレーンズを占めている．これらの平坦な地形では，樹木や低木植生がまったくといっていいほどない．この単調でゆるやかに波打つ地形は，秋と冬には黄色味を帯び，写真でわかるように（6月撮影），春と夏には鮮やかな緑色になる．これはダウリアのステップで（ユーラシアステップの北東端），岩丘から撮影した．南半球では，もっと規模が小さいが，南米のパンパ，南アフリカのハイフェルト草原，およびニュージーランド南島のタソック草原に，このような草に覆われた景観に相当するものがある．特に気温や降水分布においてはわずかな気候上の違いがあるものの，これらの生態系すべてに短茎のイネ科草本植物が優占している．この草原が，豊かな動物相，特に巨大な群れをなす草食動物の動物相を支えている．こうした広大な草原面積と，これらの肥沃な土壌が農業に非常に適しているという事実から，このバイオームが長期にわたり人類によって強度に利用されてきたことがわかる．
［写真：Oleg Kosterin］

1.1　地平線へと広がる草原

北半球の中緯度（北緯 37°～ 52°）には，北方林と寒冷砂漠のバイオームの間に森林に覆われていない広大な領域が存在する．その気候は，夏には不規則な降雨，冬には非常に低い気温を示し，土壌は腐植を非常に多く含んでおり暗色で，草食動物が豊富である．南半球にも，ほぼ同じ緯度（南緯 30°～ 45°）に，もっと面積は小さいがこれに相当する景観が存在している．複数の大陸にこのバイオームが不規則に分布するのは，大陸の大きさと形状の違い，そして大陸が位置する緯度に直接の理由がある．大陸がより大きくてまとまって，中緯度温帯地域に含まれる面積が広いほど，その大陸に存在するプレイリーやステップの面積も広い．

ステップとプレイリーの概念

「ステップ」という言葉はロシア語が起源であり，もっとも大陸的な気候をもつユーラシア地域の草本に覆われた広大な平原のことを指している．北アメリカでは，ユーラシアのステップに相当する景観はプレイリーとして知られている．北半球のステップとプレイリーに相当する南半球の景観は異なるが，これは南半球の方が赤道に近いことが多いことと，気候がまったく大陸性ではなかったり，そうであったとしてもごくわずかであるためである．南半球の主な草原は南アメリカのパンパであるが，南アフリカの温帯草原（ハイフェルト）やニュージーランドの低地草原もこのバイオームの一部とみなされている．

ステップ，プレイリー，およびパンパは，年間の総降水量，最低気温，寒冷な季節の長さ，そしてそこで生息する動物の特徴に違いがある．水収支がステップと寒冷砂漠を区別する主な要因である．もっとも南側には実際に亜砂漠である領域があるが，その例を除けば，ステップは春（雪解けの間）か夏（若干のどしゃぶりがあるのが普通）のどちらかに，隣接する森林のバイオームに負けないほどの水を得る．それにもかかわらず，ステップでは水が豊富な期間の直後に長い乾季が訪れる．干ばつが何年も続いた場合には，ステップは，砂漠に近い特徴を持つ植物群落に徐々に取って代わられる場合もある．

こうした景観の間の大きな類似性は，これらが単一のステップバイオームとみなすことができることを意味している．樹木や低木は極めてまばらであるか，まったく存在せず，この景観で優占するのは長命の多年生草本（ハネガヤ属，ウシノケグサ属，メリケンカルカヤ属，カモジグサ属，ミノボロ属，チョウセンガリヤス属，ミヤマチャヒキ属，アゼガヤモドキ属，イチゴツナギ属）である．これらの長くて薄い葉が密集した茂みをつくり，非常によく発達した根系が急速かつ効果的に水を吸い上げる（根の総吸収面はステップ 1 m^2 につき 230 m^2 に達することがある）．多くのスゲ（主に，ユーラシアステップのホソバヒカゲスゲ，カザフスタンのステップのタカヒカゲスゲのようなスゲ属）の他に，シオン属，ヨモギ属，ヨモギギク属（キク科），フクジュソウ属（キンポウゲ科），クワガタソウ属（ゴマノハグサ科），アヤメ属（アヤメ科），キジムシロ属（バラ科），ウマゴヤシ属（マメ科）のようなさまざまな属・科の種など，同じ傾向を示す多くの草本植物が存在する．

大陸の草原の減少

十分に発達した典型的なステップには，海と類似した点がいくつかある．どちらの場合も距離が広大である．ステップの気候は，海と同様に，良好な状態と暴風雨が交代するという特徴がある．熱と風によって生じる恒久的な霧が不安定な感覚にさせる．風の中の草の動きは波を連想させる．ステップで迷った人は，遭難して島に漂着した人が船を求めて水平線を見渡すのと同じように，丘の頂上に登って地平線を見渡すかもしれない．

現在，ステップとプレイリーのバイオーム全体の 4 分の 3 以上が，集約的に耕作されており，コムギ，オオムギ，あるいはトウモロコシの栽培に使用されている．ステップとプレイリーの本来の外観は，代表的な景観であるために保護されている領域，あるいは広範囲な放牧地に使用されている領域のいずれかとして数少ない孤立したステップに残っているだけである．コムギの生産は，人間によって管理されているものの，人間がまだ変えることができないステップの景観の特殊な特徴（地理的な位置，気候，土壌，およびその他の要因）に今なお大きく関連していたり，これらに左右されている．

1.2 大陸性高気圧と熱傾度

ステップとプレイリーのバイオームは，やや不可解である．このバイオームは南極を除くすべての大陸に存在するが，これらのそれぞれの地域はいずれも驚くほど似ている．他のバイオームとは違い，ステップの性質はその緯度に到達する太陽エネルギーの量だけに左右されるのではなく，大陸と海洋の相関関係や，大陸の全般的な形状や地球上での位置にも関係がある．大陸が大きくて陸地がコンパクトにまとまっているほど，大陸の内部地方は海風の緩和作用を受けることが少ない．これはすなわち，夏には土壌がより暖まり，冬にはより冷えるということである．この季節間の大きな差が，ステップのもっとも重大な特徴である．

シベリア高気圧とユーラシアのステップ

地球上でもっとも大規模で安定した高気圧は，広大なアジア大陸の中央部で冬の間に生じる．これはシベリア高気圧として知られている．これまでに記録された1042ヘクトパスカル（hPa）という気圧の最高値は，大陸の幾何学的中央部であるロシア連邦トゥバ共和国（Tuvinskaya Avtonomnaya 州）の首都クズルにおいて1月に生じた．濃密で重い空気塊がシベリア南部，モンゴル，中国北西部の広大な地域を覆う．1月の北大西洋の気圧は約1000 hPaである（アイスランドの最低気圧）．この大きな気圧の差によりアジアの中央部から大西洋へと向かう強い気流が生じ，ユーラシア大陸上の空気塊の自由な動きを遮るような目立った山の障壁がない地域を流れる．シベリア高気圧の重い空気は，潜在的には東に広がる可能性があるが，（子午線沿いに）南北に走って空気が東へ移動するのを遮っているシベリア東部の高い山脈に遮断される．

ユーラシア大陸中央部の高気圧帯は数千 kmの長さがある．シベリア高気圧の中心部から離れるほどその影響は弱くなり，大西洋，地中海，黒海の低気圧帯で発生する大西洋，地中海，黒海低気圧の作用が強くなる．アジア大陸からの寒冷で乾燥した空気塊が温暖で湿った海からの大気と接触する場所では，気候はより穏やかになり，雲が発生して，これが雨や雪の形で降下する可能性もある．時には氷が解けることもある．毎年，熱い空気塊が西と南西から到来し，春には思いがけないほど早い融解作用が起こる．これはモルダヴィアや黒海周辺の地域で特に高頻度に生じ，ヴォルガ川の中流および下流では頻度が低く，ウラル南部ではほとんど生じない．西シベリアおよびカザフスタンでは，高気圧が安定したままであるため，融解はごくまれにしか起こらない．シベリア東部とモンゴルでは，この類の融解は決して起こらない．

シベリア高気圧の強い影響は，何よりもまず，ヨーロッパとアジアのステップの大半が含まれる北緯52°～48°の地帯における気温の変化と差異を決定する．1年でもっとも寒い月（1月）の平均気温は，トゥバのステップで－35℃，カザフスタン南部で－18℃，ヴォルガ川中流および下流で－10℃，黒海低地で－6℃，ドナウ川低地で－4℃である．トゥバおよびモンゴルの中央アジアステップの絶対最低気温は約－52℃で，中央ヨーロッパ（モルダヴィアおよびハンガリー）に行くと，絶対最低気温が約－26℃まで低下する．このように，季節間の気温差はアジアの中央において最大であり，西に行くと低下する．1月の平均気温は，経度20°ごとに，大陸中央部（モンゴル，シベリア東部および西部）では約17℃ずつ，ヴォルガ川下流およびウラル川流域では5℃ずつ変化するが，ユーラシアステップの西端では，経度が同じだけ変化する場合の変動は，わずか2℃である．

中央アジアにおいては，春のシベリア高気圧は秋よりもずっと弱いが，これは気温が上昇し気圧が下降した結果である．夏には，快晴の下で土壌が急速に暖まる．暖まった空気が上昇し，大陸の中央部は低気圧帯となる．7月には，モンゴルからハンガリーまでの約9000 kmを通じた気温差はわずか5℃であり，絶対最高気温は9℃しか変動しない．しかし，こうした均一の気温が長く続くわけではない．一般に，ユー

2. 大陸性気候は夏季と冬季に大きな差があり，ステップの成立を決める主要因のひとつである．アジア中央部は，冬の間にシベリアから東ヨーロッパに至る高気圧が形成されるため，非常に大陸的な気候となっている．春になって気温が上昇し始めると，この高気圧は消失し，低気圧と入れかわる．すなわち，非常に暑い夏には低気圧の働きが強く，暴風が高頻度に発生するということであり，寒冷で乾燥した冬との違いが明確である．
［写真：David Tomlinson / NHPA］

ラシア大陸中央のステップの気温（摂氏）は，ハンガリー，モルダヴィア，ウクライナの半分である．有効積算温度（ステップの植物が生育を始める気温である10℃を超える日の日平均気温の年間合計）は，トゥバのステップでは1900℃であったものが，ハンガリーのステップに向かうにつれ増大し，3600℃となる．年間平均気温は，やはりこの方向に向かうにつれて，−5.7℃から9℃へと上昇する．

ヨーロッパのステップで夏の間に蓄積された熱は，冬にアジアのステップでシベリア高気圧の寒冷な空気の影響を長期に受ける結果，急速に失われる．この高気圧により，大陸内部のステップの生物相の活動は100日の無霜期間にとどめられる．しかしながら，ヴォルガ川およびウラル川の下流域のステップにおいては，氷点を超える日は年間約200日あり，ウクライナでは約300日ある．

大陸の東西の気候軸が非常に長いため，ヨーロッパ東部の景観の緯度にともなう帯状分布，特にシベリア西部の帯状分布は必然的に複雑になっている．わずか150～400 kmで，北緯48°～52°の間にあるステップの細長い地域には，植生および動物相の6～7個の明瞭な亜帯がはさまっている．土壌の表面に到達する日射量は，ステップ地帯の北端では年間90 kcal/cm^{2}であるが，南では120 kcal/cm^{2}に増加，すなわち緯度3°につき約10 kcal/cm^{2}増加する．入射する太陽放射の一部は，短い夏の間に非常に活発になる水の蒸発，土壌による熱交換，および生物の代謝活性に利用される．生態系における実際の熱収支は，放射収支量，すなわち地球表面の一定の場所における出る放射量と入る放射量の差による純放射量で決定される．ユーラシアのステップ地帯における年間の熱収支は，北部の25 kcal/cm^{2}から南部の37 kcal/cm^{2}まで変動があり，有効積算温度で1900℃～2600℃までの，無霜期間で年間110～120日が確実にもたらされる．

細長い高気圧地帯と，それに密接に関連がある細長いステップ地帯は，ヨーロッパの中央部にまで伸びている．気候が暖かで日がよく照り，広々とした景観，快適な生活様式の国々では，ステップは非常に寒冷で乾燥しており，過酷な環境条件に耐えられる動植物しか生息しないと考えられている．歴史の流れの中では，7～20世紀のもっとも最近，アジアの遊牧民族の集団が拡大する出発点にもなった．

北アメリカにおける大陸度の傾度

西半球においては，大陸（コロラド高原）の最高気圧と大洋域(北大西洋上のアイスランド)の最低気圧の間の大陸度の傾度にかなりの差がある．これらの2点間の傾度はユーラシアの3分の1程度しかなく，北アメリカの場合は西側に障害物，すなわち，太平洋沿岸に並行してロッキー山脈やその他の山脈がある．冬は，コロラド高原とアイスランドの気圧差はわずか22 hPaであり，アジア中央部と大西洋の気圧差の半分しかない．東西に長いユーラシアとは違って，北アメリカ大陸は南北に長い．さらに，北アメリカの西側の高山地域が，太平洋から流れてくる東向きの空気塊をうまい具合に遮っている．

このことから，北アメリカのプレイリーが内陸におさまり，西の山脈の東側丘陵地帯からミシシッピー川流域に至るまで約1000 kmしかない理由がわかる．北アメリカのプレイリーにおける夏の気温は，ヨーロッパのステップとほぼ同じで，7月の平均気温が22～25℃である．しかしながら，冬はユーラシアよりもかなり暖かく，−8～−16℃である．年平均気温は約8℃である．

1.3　あきらかに気まぐれな気候

ステップは，昔から水がほとんどない景観と関連してきた．ステップではなぜ樹木が生長しないのか，なぜ多汁の草本植物が少ないのか，そしてなぜ人々が水不足に悩むことが多いのかを，この水の少なさが説明している．これは不思議に思われるかもしれない．なぜなら，ユーラシアでもっとも乾燥したステップでさえも，年間200～450 mmの降水を雨や雪として得るからである．北米のプレイリーでは水の収入がもっと大きく，年総降水量は400～1000 mmあり，南米のパンパでは年降水量が1400 mmあることもある．それにくらべ，北半球のツンドラでは年降水量が200～300 mmしかないが，それでも水が過剰になり，湿地となることも多い．

ステップが乾燥する理由

ステップとプレイリーの生態系に関する主要な問題は，降水がないことや不十分であることよりもむしろ，水を保持する機能に限度があることである．砂漠によくみられるこの特徴は，特にユーラシアの大きな気候区分の南部の乾燥ステップにはっきりと表れている．この地域の降水量は，北部で450 mmであるものが南部では150 mmまで少なくなり，同時に潜在的蒸発量が650 mmから850 mmへと増加し，気温は上昇する．結果としてステップの乾燥状態は，大陸の東西から中央に，北から南に向かうにつれて高まっていき，6倍になる．

ステップに水の保持機能がない理由はいくつかあるが，主要なものは非常に明確な季節気候であることである．ステップが存在する広大な大陸の内陸の上空をめぐる大気循環の特色により，この地域の総降水量の約80％が夏に降る．ステップバイオームがある経度における夏の条件，特に強い日差し，広々と開けた空間，そして絶え間なく吹く風により，潜在的蒸発量は非常に高くなる．結果として，乾燥条件とちょうど同じくらいステップに典型的な夏の激しい土砂降りが土壌の奥深くに浸透する暇もない．水のほとんどが生物に利用される前に急速に蒸発する．通常，植物の根に到達するのは，夏に雨として降る水のわずか5分の1未満である．

雪の形で集積する冬の降水は，部分的にしか水不足を解決してくれない．春には，総日射量が非常に高い場合もあり，雪は急速に融解する．空気はすでに暖かいが（30℃や40℃に達することもある），長く寒冷な冬の結果として凍結した土壌の奥深くの水は，非常にゆっくりとしか融解しない．したがって融解した雪は土壌に染みこむのではなく地表に残り，結果的に蒸発してしまう．

ステップにおいて降水量の大半が夏に降るのは，大陸傾度の結果でもある．7月には，大西洋よりも中央アジアの方が気圧が低く，空気の動きは冬とは逆方向で，大西洋から中央アジアへと移動する．大西洋の湿気を含んだ空気塊は，東に向かって非常にゆっくりとしか移動しない．その結果，総降水量は，ユーラシアの中央部に向かうにつれ少なくなり，ハンガリーやモルダヴィアでは450 mmであるものがトゥバやモンゴルでは215 mmあるいは150 mmしかない．

冬のあとの雪の融解作用によるステップへの水の収入は，他の地域と同程度である．それでも，この水分がどのくらい有効に植物に利用されるのかは，その気候が帯びる大陸性の程度に応じて地域差がある．ヨーロッパ中央部および東部のステップでは，春に土壌が急速に融解す

ると，植物の根が土壌から雪解け水を吸収する．しかし，ユーラシア大陸内陸部のステップにおける植物の水収入の利用は，もっと遅く，もっと効率が悪い．長い冬の間に土壌が固く凍結してしまい，解けて暖まるのに時間がかかって，融解は5月あるいは6月初旬になることも多い．この水は，4月と5月に，深く凍った土壌の表面から蒸発するが，この作用を強いステップの風が促進する．この1ヶ月半にわたる水の欠乏が，植物の成長と微生物の活動を妨げる．ステップでは春の訪れが遅いが，中央アジアのステップは短い夏を十分に活用して，ヨーロッパのステップに負けないくらい生長する—そして，ヨーロッパのステップとよく似ている．

生態系における植物の生長ならびにその他の生物活性の季節的変動は，夏の降雨収支に密接に関連がある．ユーラシアのステップ地帯の西端地域では，ほとんどの降水は春と秋にある．黒海近くのモルダヴィア地域やドン川流域では，夏（6月と7月）は乾燥し，これがステップ生物相の発達を妨げる．この結果，春の生長の利点がなくなる．ヴォルガ川領域，西カザフスタン，ウラル山脈，西シベリアでは，夏の降雨分布はもっと一定である．それでも，この規則性は真夏の豪雨によって打ち壊されることが多い．大陸中央部の，トゥバ，モンゴル，およびバイカル湖の東に至る領域では，逆の事象が生じる．この地域においては，乾燥する期間は春と秋で，この時期は気候が寒冷である．7月と8月前半は，気候条件は中央アジアステップの植物の生長にとって最適な時期である．この短くも好ましい生長シーズンには，年間降水のほとんどすべてが雨として降り，空気と土壌のいずれもがもっとも高温に達する．高温で水が豊富であるということは，微生物が発達するということであり，あまりに急速に成長するため，すぐにヨーロッパの同系統の微生物ほどの大きさになる．風は，ステップ気候のもう一つの重要な要素であり，除外することはできない．ウクライナと南ロシアのステップでは，非常に乾燥した風がカスピ海近くの乾燥した砂漠から吹く．これらの熱い乾燥した風は，高気圧の流れから降りる空気に熱せられることによって，含んでいるわずかな水分を失う．これらの温度が45～50℃に達し，16～20 m/秒のスピードで動いていれば，こうした空気の流れはステップまで到達する場合がある．こうなった場合，空気の相対湿度は5%以下に低下する．25日

3. 北米プレイリーでは，冬期間には，積雪が多い． これは北極地方の寒冷な空気塊が東から到達して気温が急速に低下することで起こる．11月上旬～3月まで，気温は氷点下に降下することが普通で（−16℃にまでなる），降水は猛烈な雪として降ることが多い．冬を通じて，はるか北からまっすぐ来る強風が広大な地域に吹き，これが寒冷な要因を強めている．草本群落は，気温がたびたび25℃に達する暑い夏を越えるのとまったく同様に，この過酷な冬にも耐えることができる．
［写真：Jim Brandenburg / Minden Pictures］

4. 嵐はステップおよびプレイリーの気象としてよくみられる特色である. この写真はサウスダコタのプレイリー上に生じた嵐の写真. これらの地域では, 嵐は隣接した地域よりも高頻度に生じ, きわめて激しいこともある. ミコライフ市(黒海の北岸) に近いウクライナステップでは, たとえば1955年6月30日に, ほぼ195 mmの雨 (平年の総降水量と同等) が4時間の間に降った. それと比較して, 東ヨーロッパの森林地帯では, ここ50年のうちでもっとも激しい嵐がわずか130 mmの降雨しかなく (モスクワに近い地域), 中央アジアの砂漠では, 1日の降雨量の歴史的記録はわずか101 mmである.
[写真 : Jim Brandenburg / Minden Pictures]

間もこうした状況になる年も何年かあるが, 深刻な干ばつは3～4年に約1回生じる程度である.

プレイリーの降雨

ユーラシアステップよりも北米プレイリーの方が降雨量が実質的に多い. 内陸深いもっとも乾燥した北米プレイリーの生態系でも, 年平均降水量が350～450 mmある. ヨーロッパステップや西シベリアのステップでは, もっとも雨の多い年の最大降水量は450 mmである. 東部のプレイリーでは, 年間降水量は800～1000 mmに達する場合があり, 東ヨーロッパとシベリアの北方林の降雨量の1.5～2倍である. 降雨量が多いからといって, 北米のプレイリーで干ばつが生じないわけではない. ユーラシアほど多くはないが, 干ばつは北米でも同じように深刻で, 予測がつかず, また油断ならない. 1930年代の長期にわたる乾燥した時期に, 北米で生じる極端な干ばつの尋常でない性質が表れている. 1934～1941年の7年間に, 気温が時々44℃に達し, 相対湿度が35%にまで下がることがあった. この並外れて深刻な干ばつは, 激しい土壌侵食を引き起こし, 北米人共通の記憶の中で「ダスト・ボウル (Dust Bowl years)」として知られている.

不規則な気候

ステップの気候は異常に不安定であり, 年ごと, また季節ごとに, そして1時間の間にも, 劇的な変化が起こる. ステップとプレイリーのバイオームでは, 厳しい干ばつが激しい豪雨によって中断したり, 焼けつくほど暑い日が凍てつく寒さに変わることも決して珍しいことではない. 赤道や海洋に近いパンパでさえも, 少なくとも10年に1度は気温や湿度の大規模な変動にみまわれる.

ユーラシアステップでは, こうした気候変動がさらに頻繁である. 特に, ステップを他のバイオームと比較すると, 気候因子の絶対値の変動が非常に大きいことが明確になる. たとえば, 西シベリアとカザフスタンのステップでは, 夏には猛烈に暑く (45℃まで上昇), 冬に極めて寒いため (－52℃まで下降), 絶対最高気温と絶対最低気温の差は97℃である. さらに北では, 気温の範囲は北方林で85℃に, ツンドラで75℃にまでなる. ステップ地帯の南側のカザフスタンや中央アジアの亜砂漠および砂漠では, 気温の範囲は75～80℃である.

過去50年にわたり, 北緯50°のユーラシアステップにおける年平均降雨量は435 mmであった. ステップ地帯の南や北になると総降雨量はかなり低くなり, 森林地帯ではわずか240 mm, 砂漠では130 mmにまで減少する.

ステップの一定地点における湿度の最大絶対値および最小絶対値は，タイガほど高くなることも砂漠ほど低くなることもあり，予測不能な気候変動によって違う．たとえば，西シベリアやカザフスタンのステップでは，20 世紀後半の年降水量は幾度も 600 mm を超過している．これはタイガの通常値の 50％以上である．しかしながら，多くの年は年降水量が 80 ～ 100 mm という少なさで，砂漠にみられる数字に近い値であった

異なった条件で出された絶対値を比較しても，その差が持つ性質がはっきりと理解できるわけではない．しかし少なくとも，平均降水量が 600 mm の地域と 250 mm の地域では，年降水量 100 mm という変動範囲から受ける影響に大きく差がある．このため，降雨量と気温の最大絶対値と最小絶対値の絶対差を比較するよりも，範囲と平均値の比を比較する方がよい．なぜならこの比が生態系の状態の変化をより正確に反映するからである．したがって，もっとも典型的な西シベリアとカザフスタンのステップでは，50 年以上の期間にわたる降水量の偏差係数が 1.6 であり，これがタイガでは 0.5，砂漠では 1 未満である．ユーラシアステップ地帯の中央部における降水量の変動性は，南端および北端の 2 倍である．

ステップ気候の変動性は，年ごとの変化だけでなく，季節ごとの変化にも表れる．カザフスタン，モンゴル，および南シベリアのステップでは，年間を通じた月平均気温の較差が 40℃で，50℃になることもある．同様の変動が砂漠で生じることもあるが，ある一定の年に限られていて，夏の月間総降水量が 0 ～ 100 mm であるステップほど頻繁ではない．一滴の雨も降らない月は珍しくなく，これが夏季のいずれかの月に当たる場合もある．

したがって，気候の際立った差が，冬期間における 1 日おきの凍結と融解の交代，夏における突発的な寒波，あるいは雪の層がまだ完全に融解しない初春である 4 月中の予期しない夏日（最高 30℃）などの形を取る．中央カザフスタンのステップでは，6 月中に，2 週間の乾燥した天候の後に最大 23 mm の雨が 1 日で降ることがある．そしてこの「冷たいシャワー」から数時間のうちにすでに，圧倒的な高温乾燥状態が戻っている．ステップでは，ツンドラと同様に，夏でも著しい気温の下降が生じる場合がある．7 月中に，気温が突然 30℃から 7℃ま

5. 春および初夏に，プレイリーの植生は急速に成長する． この時期融雪と豊富な降雨によって植物が水を摂取できる．この満開のリアトリスが生える北米プレイリーの写真からわかるように，景観がもっとも魅力的な時期である．夏が深まるにつれ，降雨は少なくなり，気候条件は植物の成長や開花にはあまり適さなくなる．良好な気象が続く一方で，こうした非常に開けた空間における強い日差しや，強い定常的な風のために蒸発が激しく，写真の背景に見られるように霧が発生する．［写真：Jim Brandenburg / Minden Pictures］

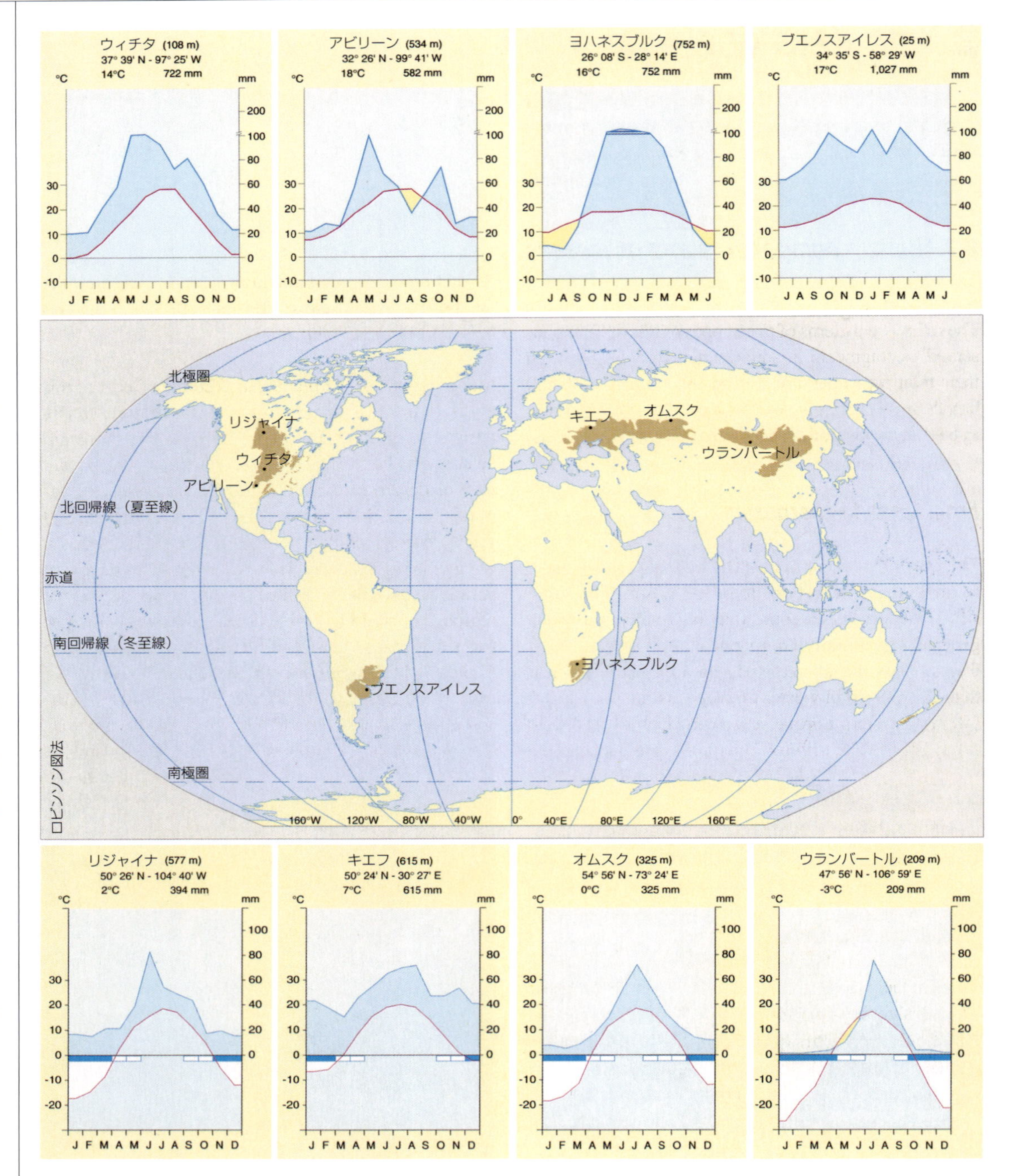

6. ステップとプレイリーバイオームは中緯度の亜湿潤大陸性気候に関連があり，平均年降水量は 500 ～ 1000 mm で，気温の年較差が大きい．この気候がある地域は，南半球と北半球にあるが，ステップとプレイリーは北半球の方が面積がずっと広い．このバイオームに含まれる8個の代表的な地域に関する気温・降水量のグラフからわかるとおり，それぞれの地域で若干の違いがある（ヨハネスブルクとブエノスアイレスのグラフでは，北半球内での比較を容易にするために1年が7月から6月になっている）．気温曲線は常に同じパターンをたどるが，すべての地域に平均日最低気温が 0℃未満になる寒冷期間（x 軸上の青い部分）があるわけでも，早霜や晩霜があるわけでもない（垂直の棒線）．年間を通じた降水分布は，地域によって非常にさまざまであるが，夏季に集中する傾向がある．アビリーンとヨハネスブルクの2ヶ所のみが夏に乾季があるが，アビリーンではこの夏の干ばつが非常に短い．
［地図：IDEM，提供元複数］

で降下することもある．ステップを旅行する人が，暑さに慣れて薄着になっているのに，冷たいアイスクリームどころか，暖かなコートや熱いお茶が急に必要になったことに突然気づくことがある．突然の気温上昇も珍しくない．2～3時間のうちに，ステップの土壌表面の温度が 16℃から 42℃に上昇する可能性がある．ステップでは，1日の気温差は，真夏でも 31℃にもなる可能性がある．

2. 黒く深い土壌

2.1 土壌成分とプロセス

標準型のステップ土壌は，いくつかの自然保護区に断片的に保護されてきた．これらの総面積は4万ヘクタールを越えないが，こうして保護されている土壌は，この土壌が属する生態系の機能においてどのような役割を果たすのかについて，ある一つの概念をもたらしてくれる．

黄土からチェルノーゼムへ

ステップ土壌の基盤となる土壌母材は，大半が黄土からできている．これは非成層で未固結のシルトであり，一般には石灰質で，通常は黄色味がかった灰色，均質かつ透水性であるのが普通である．これが上にかぶさっており，深さは東ヨーロッパで40 m，中国で330 mと，非常に変動がある．この黄土の起源は2万2000～1万5000年前の最終氷期にさかのぼる．この時期，大陸上に水が氷となって蓄積したことにより，海水面が現在の水準よりも100 m低いレベルまで下がった．

地球上の多くの地域がこの乾燥の影響を受けた．アマゾン流域の多雨林は孤立したレフュジアに変わり，ヨーロッパの森林はほとんど姿を消し，かなりの領域がツンドラ，ステップ，サバンナ，あるいは砂漠と化した．こうした環境の中では，風食は現在よりも強く，基盤を成す土壌が氷河に侵食されたことによってシルトと砂の大量の堆積物が蓄積した．これらの堆積物は強い風に吹かれ，氷に覆われた領域の周辺部に堆積した．こうした黄土の堆積物は現在，フランスおよびドイツから始まり，中央・東ヨーロッパ全域およびウクライナやロシアのステップを経てシベリアや中国へと伸びるほぼ連続した帯を形成している．北米には同様の黄土堆積物の帯があり，アルゼンチンのパンパのような南半球の若干の地域にも黄土の堆積物がもっと小規模に存在する．

黄土は，更新世に堆積して以来，土壌形成のプロセスが機能してきた非常に多孔性の物質である．これらのプロセスでもっとも重要なのは

7. ステップの土壌は黄土の堆積上に形成されてきた．黄土の堆積は特徴的な黄色あるいは灰色であり，どの種類の成層も示さない．堆積は厚さがさまざまで，通常は1～30 mである．こうした黄土の堆積は，更新世の間に形成されたもので，この時期，風がシルトサイズの石英，長石，角閃石，雲母，粘土の粒子を広範囲な草原地帯に堆積させた．こうした粒子は氷河の侵食を受け，氷層の近くにシルトとして堆積した．黄土は肥沃であり，これらは新石器時代初期以来，中国の甘粛省の黄土と同様に熱心に耕作されてきた．
[写真：S. Kauffman / ISRIC / Wageningen]

有機物の蓄積，炭酸カルシウムと粘土の移動であり，アルカリ度の上昇が重要な場合もある．こうした環境においてこれらの変化がすべて組み合わさったことにより，世界で最も優れた土壌であるとみなされるチェルノーゼムが生じてきた．

有機物の蓄積――根圏の影響

ステップ草原の特徴は，乾生の場合も中生の場合も（乾燥あるいは適潤状態に順応した）急速に粉砕・分解する深い丈夫な根系を毎年産生することであり，これが結果的に土壌の有機物含有量を増加させる．根量は腐植となり，一定の深さで組み込まれるため，A 層は厚さ 60 〜 100 cm で，ほぼ一定の腐植含有量がある均等腐植化作用（isohumism）を示す．これがチェルノーゼムに非常に特徴的である．他のバイオームでは，土壌の有機物含有量は，めったに 1000 〜 2000 トン /km^2 を超えない程度だが，ステップ土壌ではこれは 3 万〜 5 万トン /km^2 と，非常に高い数値に達する場合がある．腐植は非常に熟成しており，重合性が高い灰色の腐植酸から成る．その気候的成熟は，カルシウムイオンおよびマグネシウムイオン，およびこれらの 2 イオンでほぼ飽和した交換複合体が豊富な環境における，雪解け時期の水浸しの状態と，夏季の激しい乾燥との交替が原因である．この結果もたらされるのが，非常によく発達した土壌構造と，非常に高い貯蔵栄養分なのである．

ユーラシアステップでは，腐植蓄積層の厚さは北部では 180 cm であるが，南部では 10 cm まで減少し，土壌の腐植含有率は，15 % から 1 % に，腐植の絶対量は，7 万トン /km^2 から 9000 トン /km^2 となる．腐植の質も，北から南に向かうにつれ変化する．フルボ酸に対する腐植酸の比は，北部で 1.3 〜 1.5 であったものが，南に行くと約 0.5 になる．これは南の方が気温が高いために，化学反応が速く進行するためである．北から南にいくにつれて腐植化作用の性質の変化が観察されるのは，その他の因子，つまり植物体の地上部の減少と地下部の増加，腐生性小型無脊椎動物の個体数の減少，腐植を無機化する微生物の数の増加などの結果でもある．

炭酸カルシウムの集積

ステップ土壌における炭酸カルシウムの集積は，まず第一に，大半が黄土から成る母材の石灰組成によるものである．植物の根の呼吸から得られる水と二酸化炭素の存在のもとで炭酸カルシウムは可溶性になり，降雨が多い地域では，これによって土壌からの進行的な炭酸塩溶脱が起こる．もっと乾燥した環境であるステップでは，炭酸塩は部分的にのみ溶解・転流し，土壌の上部は炭酸塩を失い，これが B 層に集積する．降水と蒸発散のマイナスの収支が，土壌断面に炭酸カルシウムを集積させる．環境がより乾燥しているほど，炭酸塩の集積が多く，地表に近い．これらの集積を示す層は Bk（炭酸塩集積）層として知られている．

炭酸カルシウムはさまざまな形態で土壌に集積しており，粉質の互層，比較的滑らかな球状の小塊，あるいは菌類の菌糸網層（糸状の栄養体）に似た，偽菌糸と呼ばれる細かい白い糸を形成している．炭酸塩は固まって Bkm（石灰石質）層を形成するが，これが固すぎるため，根が生長するには，これらが途切れたり崩壊した部分を通るしかない．

粘土の集積

多くのステップに，粘土が集積された Bt 層がみられる（23 ページ参照）．粘土が移動するには，粘土が十分に分散されなければならず（すなわち，カルシウムイオンやマグネシウムイオンが優勢であってはならない），最低でも年間数ヶ月は，部分的な洗い出しが生じるほど土壌が十分に湿っていなければならない．これらの条件の中で，粘土のコロイドは孔隙をしみ通る水と一緒に移動し，土壌の深部に沈積し，すきまを徐々に満たしてゆく．もっとも多雨なステップ地帯の土壌は，最大の炭酸塩溶脱と最大の沈殿を示すのでこのプロセスをもっとも明確に示す．

ナトリウム質化

ステップ土壌の母材が一価イオン（電荷＋1）の塩すなわちナトリウム塩で部分飽和した場所で，ナトリウム質化が生じる．ナトリウム塩は水溶性で，溶解すると容易に粘土・腐植粒子とのイオン交換プロセスに入るため，結局，ナトリウムが交換可能なイオンの 15 % しか占めていなくても，ナトリウムが影響を及ぼす．

ナトリウムは，溶解状態では二価イオンあるいは三価イオン（電荷＋2 あるいは＋3）の場合よりも広い水和範囲をもつ．これはすなわち，

8. クルスク（ロシア）の**暗色石灰質のチェルノーゼム**は均等腐植化作用でかなりの深さまで有機物の混入を示す．通常，チェルノーゼムは有機物を 10 ～ 16 % 含有し，中性で（pH 7），塩基イオンで高度に飽和している．湿潤な季節には土壌の上部 50 cm でミミズが活発だが，乾季には，深い層に移動する．チェルノーゼムの土壌断面構造は，表層 3 ～ 4 cm の O 層の未分解の落葉と植物遺体層．35 ～ 130 cm の黒色 A 層（モリック表層）があり，発達した団粒構造をもつ．上部数 cm に根が詰まり，このために軽いが硬い構造になっている．チェルノーゼムが耕されるとこの層が破壊されるので，原生ステップにしか見られない．A 層には活発な動物相があり，ミミズや穴を掘る小型の脊椎動物に満ちていて，これらが土壌を動かし，無機土壌と有機物を混ぜる．この下には，厚さ 40 ～ 80 cm で，角柱（すなわちブロック）構造をもつ暗灰色の B 層があり，下にいくほど色が薄くなり，有機物含有量は少ない．この層には，基底に岩脈あるいは団塊の形をとった炭酸カルシウムの集積，および粘土の集積があることもある．土壌の基底にあるのは C 層で，これは一般に黄土からなり，ここに石膏，炭酸塩，あるいはより可溶性が高い塩の集積がある場合がある（図 9 参照）．
［写真：Rosa Maria Poch］

ナトリウムを含有する粘土・腐植粒子が厚い水和層に囲まれているために，互いに接触して安定した粒団が形成されることがないということである．これはカルシウムの作用のために塊が多い土壌をもつモリック表層に生じる現象である．ナトリウムを含有した土壌は，粘土と腐植の粒子が分散した弱い構造であり，水によって土壌孔隙を通じて容易に運ばれる．蒸発が激しい場所では，水が上昇して腐植成分を土壌表面に運び，これが黒みがかった色になる．

ナトリウムを含有した粘土の移動によって形成された層は，ナトリック層（Btna 層）と呼ばれ，これらのプロセスが生じた土壌はソロネッツとして知られている．イオン交換複合体のナトリウム含有率が最低 15 % になると，ナトリウム質化の徴候があらわれはじめる．土壌は非常に緻密で，孔隙率が低いために水を通さない．ということはすなわち，植物の生長にまったく適さないということである．

ナトリウムを多く含有する土壌のほとんどで，ナトリウムは主に炭酸ナトリウムとして存在する．これは二価のカルシウムイオンおよびマグネシウムイオンを上回る重炭酸塩イオンの過剰がある水分の蒸発から引き出される場合がある．カルシウムとマグネシウムの炭酸塩が沈殿するにつれ，ナトリウム吸収率（SAR）が高まる．過剰な重炭酸塩はナトリウム質化の原因となる炭酸ナトリウムの形成につながる．硫化水素ガスを放出する微生物によって硫酸ナトリウムが減少した結果として，炭酸ナトリウムが生じる場合もある．この反応には，有機物と硫酸ナトリウムの存在と，土壌条件が嫌気性である期間が必要である．

発生源が何であろうと，炭酸ナトリウムは土壌の pH を 10 ～ 12 以上にする．こうした非常にアルカリ性が強い土壌状態は，粘土の崩壊につながり，シリカやアルミニウム発生の原因となる．分散した粘土はより深い層に集積し，Btna ナトリック層を生じる．

2.2 ステップ土壌の豊富な種類

言及した土壌形成プロセスの中でも，夏季の気温が比較的低く，植物遺体が腐植に分解されるユーラシアのステップ地帯の北部においては，腐植形成に関連したプロセスがもっとも重要である．暖かく乾燥した条件では，植物遺体が，また後には腐植が，さらに完全に無機元素にまで分解される．そして腐植化の程度には限界がある．一方，ヨーロッパの北から南，また北米の東から西に向かって気候の乾燥状態が高まるにつれ，生物起源（生物細胞によって作られる，あるいは生物細胞に不可欠なもの）のカルシウム集積およびナトリウム質化のプロセスが増大する．

チェルノーゼム

チェルノーゼム（ロシア語で「黒い土」）は，年平均降水量が 400 ～ 1400 mm のステップで形成される．これは約 3 億万 ha を占め，主にユーラシアステップ帯の北部，米国の北米プレイリーの東部，西カナダの亜湿潤気候である内

チェルノーゼム

モスクワ大学にある Vasily Vasilievich Dokuchaev（1846-1903）の胸像
[O.Spaargaren / ISRIC,Wageningen]

Профессоръ В. В. Докучаевъ.

НАШИ СТЕПИ

ПРЕЖДЕ и ТЕПЕРЬ.

ИЗДАНІЕ ВЪ ПОЛЬЗУ ПОСТРАДАВШИХЪ ОТЪ НЕУРОЖАЯ.

С.-ПЕТЕРБУРГЪ.
Типографія Е. Евдокимова, Б. Итальянская, № 11.
1892.

ワシリー V. ドクチャーエフ著「ステップ，その過去と現在」
[ロモノーソフ国立大学モスクワの図書館のご厚意による]

ロシア語では，チェルノーゼムとは「黒い土」という意味である．したがって，チェルノーゼムは，世界で屈指の経済的に重要な土壌，すなわち土壌科学の発達において重大な役割も果たしてきた土壌を指すために科学用語に取り入れられてきたポピュラーな用語である．ドクチャーエフ Vasily Vasilievich Dokuchaev（1846 ～ 1903）はチェルノーゼムを研究し，彼の研究は現代の土壌科学の基盤を敷いた．チェルノーゼムの土壌は，世界の土地面積（6000 万 km^2）の 5％を占める程度であるが，人類の約 3 分の 2 がチェルノーゼムで生産される食物を頼みとしている．

チェルノーゼムほど多くの腐植を含有した土壌種は他にはほとんどない．典型的なチェルノーゼムにおける表土の腐植濃度は，基質の重量の12～15％である．これはすなわち1 km^2につき，腐植が5万～7万トンということである．腐植が豊富ということは，チェルノーゼムが世界でもっとも肥沃な土壌ということである．小麦や大麦の収量は0.6～0.7 kg/m^2，トウモロコシは1.0 kg/m^2の収穫となる場合がある．他の種類の土壌がもっと大きな収量を生じることがあるが，莫大にエネルギーを消費する投入量，特に高価な人工肥料が用いられた場合だけである．

正長石（長石）の鉱物の直径約1 mmの粒が植物が利用できるカリウムを放出するには何十年もかかる．のぞましい条件の下では，腐植の分解は8～10週間以内に，植物が必要とする可溶性が高い塩類を放出することができる．中性あるいはアルカリ性であるチェルノーゼムの腐植（ムル型腐植）が鉱物粒子を定着させて，微小粒団および粗粒団の土壌構造を形成する．この土壌は水を非常によく吸収し，構造が異なる別の土壌よりも多く水を保持することができる．また，土壌は通気性もよりよく，温度の変動が少ない．これは，色が濃いために日光をより多く吸収し，暖まるのがより速いためである．チェルノーゼムの物理的構造と化学組成は，根の生長，ならびに小動物や微生物の活動を促進し，これらすべての要因がチェルノーゼムの土壌の肥沃度を高めている．

北米プレイリーで近年耕作されたチェルノーゼム
[Jim Brandenburg / Minden Pictures]

肥沃度が高いということは，チェルノーゼムの土壌で栽培された穀物はもっとも安価であるということであり，このためチェルノーゼムが存在する場所では必ずこの土壌が耕されてきた．米国，カナダ，アルゼンチン，ロシア，ウクライナ，およびカザフスタンの人々は，食物生産物の5分の4をチェルノーゼムの土壌から得ているが，これは主に，これらの国々には主にラテンアメリカやアフリカといった土壌が肥沃でない他の地域に輸出する穀物に大きな余剰があるためである．

チェルノーゼムの土壌は，その物理的構造と，腐植成分の安定性のおかげで，非常に安定している．ところが，開発の圧力により，これらの特性は退行しはじめた．毎年，穀物の収穫により，土壌から窒素800万トン，炭素1億6000万トンが取り除かれる．ロシアにおいて，耕作されたチェルノーゼム土からは主に春に窒素450 kg/km^2，リン300 kg/km^{2}という年間損失を引き起こし，これは耕作されていないチェルノーゼム土の損失の300～400倍である．チェルノーゼム土は次第に固有性を失いつつあり，肥沃度を肥料の投入に全面的に依存する平均的な土壌に変わっていっている．

ロシアのチェルノーゼムを耕すトラクター
［Novosti, London］

チェルノーゼムの菜園で働くロシア女性
[Victoria Ivleva / The Hutchison Library]

農学者は，常にこうした土壌に特別の注意を払ってきた．農学が独立した科学として存在するのは 主として，ドクチャーエフが生涯かけたチェルノーゼム研究のおかげである．果てしないエネルギーを持つ活発なドクチャーエフは，その短い一生の間に，土壌の成帯構造，ならびに土壌形成をもたらす因子に関する研究を成し遂げ，土壌を特定の有機鉱物基質とみなした．彼は土壌断面について研究した最初の人物でもあった．彼は，科学的根拠に基いて，初の土壌分類法を産み出し，世界中の土壌地図を作成した．また土壌科学に最初の道筋を与え，大学に土壌科学の講座を作るという方向性を築いた．

ドクチャーエフは1900年に，初めてのヨーロッパロシアの生成的土壌地図の作成，ならびに初の北半球の土壌地図作成を行った．彼が行った活動の結果，生物と無機物質の相互作用に関する生態学的概念に基づき，目覚ましい土壌科学の学派がロシアに起こった．ドクチャーエフの研究は，彼の同僚であるN. M. シビルツェフによって続けられた．シビルツェフは，サンクトペテルブルグ大学で世界初の土壌科学講座を開講した．このように，チェルノーゼムは，穀類を供給すること，ならびに現代的土壌科学と現代的農学の創出を刺激することによって，人類への食糧供給に2つの大きな貢献をしてきたのである．

9. 原生ステップにおける種々のチェルノーゼムはロシアのクルスク地域から採取したこの農業活動の影響を受けていない土壌断面セットから示される．A 層（すなわちモリック表層）（図 8 参照）の厚さは，植生タイプならびに地形内の位置（標高差），安定性を決める要因，ならびにどの程度深い場所まで有機物が取り込まれるのかに左右される．B 層上部は土壌マトリックスの色がもっと薄くなり，動物が掘った土壌中の穴やトンネルに形成された石灰質の大きな塊があり，上層の物質が詰まっているために色は著しく黒ずんでいる．[写真：Rosa Maria Poch]

陸の平原にある．

チェルノーゼムの最も典型的な特徴は厚くて黒ずんだ表層のモリック A 層で，これは腐植の集積によって形成される．腐植は黒っぽい色のカルシウムフミン酸塩として総質量の 50％以上含まれる．腐植集積のための原料は，この土壌でもっとも豊富にあるステップの草本植生によって供給される．草本の遺体は，樹木のものとは違い，わずかしか木質化しておらず，無機塩類はほとんど含有しない．このため，これらが枯死して土壌表面に倒れると，8 ～ 10 週間で腐植となる．地上部分のバイオマスは，乾燥重量 1 ～ 1.5 トン /ha であるが，植物の根のバイオマスは乾燥重量 4 ～ 6 トン /ha である．ロシアのチェルノーゼムでは，こうした値は地上部で 3.5 トン /ha，地下部で 3.8 トン /ha まで増加する場合がある．もっとも発達したチェルノーゼムは，もっとも腐植質で，2 m の深さまでモリック層がある土壌である．ユーラシアにはこのような土壌が乏しいが，モスクワの南 450 km のクルスク地域ではこれが非常に顕著であり，ここに Tsentral’nochernozem（中央チェルノーゼム）生物圏保存地域がある．森林への推移帯であるチェルノーゼム地帯の北方に行くと，モリック層は薄くなり，より灰色味を帯びてくる．ここではポトゾル形成のプロセスが生じ始めている．これらのより湿った条件では，洗脱が強く，表層には炭酸塩がほとんど含まれない．土壌は酸性になり，有機物は土壌の奥深くに移動し，土壌表面に白っぽい石英化合物が残る．

カスタノーゼム

カスタノーゼムは，チェルノーゼムの南にあるステップのもっとも乾燥した地帯に分布する．有機物の集積があまりないため，チェルノーゼムとは異なる．これは，植被が密でなく，環境が微生物の活動にあまり適していないためである．腐植の組成は，フルボ酸という不安定成分が優位を占める．フルボ酸は溶脱されやすく無機化されやすいので，降雨があるとまっさきに失われる．このことから，カスタノーゼムの色が，チェルノーゼムよりも薄い，褐色から暗褐色である理由が明らかである．こうした独特な赤味がかった色合いは，古代の堆積物である母材のせいである．

カスタノーゼムの形成は，気候や植生に大きく影響される．この土壌は，年平均降水量が 200 ～ 400 mm の低茎草本プレイリーが優勢な地域に存在し，チェルノーゼムのステップよりも種の多様性が低く，優勢な植物は，小型の狭葉イネ科草本（ハネガヤ，ウシノケグサ，ミノボロ，チョウセンガリヤス，アゼガヤモドキ）や，マンシュウアサギリソウ（キク科ヨモギ属），その他の低茎草本，匍匐種，硬葉種（硬い，革質な，あるいは丈夫な葉をもつ），キジムシロ属（バラ科），クワガタソウ属（ゴマノハグサ科）などである．地上部のバイオマスは乾燥重量で 800 ～ 1000 kg/ha であるが，地下部は乾燥重量で 3 ～ 4 トン /ha に達する．このことから，有機物遺体の投入量が，チェルノーゼムの場合の 1/3 ～ 1/8 であることがわかる．根の 50％以上が土壌の上部 25 cm にあり，1 m 以上の深さまで伸びる根はほとんどない．

春には，土壌に水が浸透することによって塩基イオンの溶出が引き起こされる．炭酸カルシウムが深さ 90 ～ 100 cm に集積するが，石膏（硫酸カルシウム）はさらに可溶性であるため，深さ 150 ～ 200 cm に局所的な集積を形成することが多い．より乾燥したカスタノーゼムには，2 m 以上の深さに可溶性塩の集積層が存在する場合があるが，雨水で溶けることはないため，植生にあまり影響しない．

カスタノーゼムは，ユーラシアのチェルノー

10. カスタノーゼムの土壌の一般的外観. これらの土壌の特徴は，深さ35～45 cmの薄いモリック層をもち，2～4％の有機物を含有し，地表近くに炭酸カルシウム（Bk）および石膏（By）の集積があることである．炭酸カルシウムの集積があると，土壌は石灰質カスタノーゼム，石膏の集積があると石膏質カスタノーゼムになる．多くのカスタノーゼムでは，炭酸カルシウムの集積は土壌表面で生じる．写真では，Bk層がA層に入り込む「指」を形成し，A層とBk層の境が不規則である．Bk層は角柱構造をもち，垂直な亀裂が走っている．チェルノーゼムとは違い，カスタノーゼムの下層にある物質は石膏および可溶性の塩類に富んでいる．結果として，表土のpHは中性で，深くなると高くなる．このため，灌漑が必要な場合には，塩類が毛管作用によって地表に上昇して根層の塩類化を引き起こす．カスタノーゼムには，深さ250～300 cmに粘土の集積層がある場合もあるが，この存在は乾燥した環境に照らせば十分に説明がつくというわけではない．これは以前の降水が多かった気候の中で生じていたのかもしれない．別の理論により，表層粘土の現在の移動か，深い場所で変質する表層粘土の崩壊によるものであることが示唆されている．このタイプの層がある土壌は，ルビックカスタノーゼムに分類される．［写真：D. Creutzberg / ISRIC, Wageningen］

ゼムの南，北米のチェルノーゼムの西，ブラジルの南，ウルグアイやアルゼンチンのパンパのより乾燥した地域などの，約4億haを占める．各大陸のカスタノーゼム地帯の中で，気候の傾度が土壌の特徴に反映されている．ユーラシアでは，チェルノーゼムがある辺境の北部に，もっとも黒ずんだモリック表層が見られるが，南へ行くと，土壌の色は明るくなる．さらに，表面に近づくと炭酸カルシウムが集積している．

カスタノーゼムが発達する地域では，降雨が多い年と干ばつが生じる年が交互に入れ替わるのが普通で，このために作物が得る水が不足し，砂をもっとも多く含有する土壌の風食の危険性が高くなる．1929年の世界恐慌の後，北米ではカスタノーゼムの広大な領域が耕作された．1930年代の長い干ばつの間に，表土が風によって遠方まで飛ばされ，壮大な砂塵嵐を引き起こした．1950年代にはカザフスタンで，未開地合計4200万haが初めて耕作された．風に吹き飛ばされた物質が，道路，住宅，森林を埋めた．

カスタノーゼムは，チェルノーゼムほど農業に適していないが，肥沃な土壌であり，それほど乾燥しない年には大量の作物を産出できる．カスタノーゼムでの適切な農業経営は，塩類化（salin[iz]ation）の危険性，適切な灌漑システムを使用する必要性，同時に，風や雨による土壌侵食を予防する必要性を考慮に入れなければならない．

ソロネッツ

ソロネッツ（ロシア語で「アルカリ土」）では，土壌の交換性ナトリウムの増加（sodi[fi]cation）のプロセスがもっとも進行しているが，ソロネッツはソロンチャクと混同すべきではない．ソロンチャク（第4巻「亜熱帯寒冷砂漠・半砂漠 I－2章」を参照）は，さまざまな溶解イオンを大量に含有する塩類土壌で単なるナトリウムイオンではない．これは浸透圧を大きく高めるため，水分が豊かであっても，ほとんどの植物の根は水を吸い上げることができない．ソロネッツのもっとも目立った特徴は，陽イオン交換錯体におけるナトリウムの存在（15％）の効果であり，原則としてソロネッツは塩である必要はないが，sodicationとsalinationの複合的プロセスの結果として形成された土壌も珍しくない．ソロネッツタイプの土壌の形成には50～60年しかかからない場合もあるため，ソロネッツは土壌形成のプロセスが初めから終わりまで観察できる数少ない例のひとつとなっている．その他のほとんどの土壌タイプは形成に数千年を費やす．

ソロネッツは，その他のステップ土壌とは違い，定義がおおまかであるため，ステップとプレイリーのバイオーム全体に存在している．ユーラシアでは，ソロネッツが占める土地面積は，

11. ソロネッツ（左）とフェオゼム（右）の土壌断面. ソロネッツは，パライーバ（ブラジル）における土壌断面を切ったもの厚さが20～30 cmで腐植に富む黒ずんだ層の上に腐葉土の薄層からなる．その下には色が薄い層があり，根が育つことができないナトリック層で区別されている．ナトリック層は水はけが悪いため，降水がある季節には水浸しになる．物理的・化学的肥沃度のために，特に灌漑が必要な場合には大量のカルシウムイオンを投入する（ライミング），石膏で処理するなどの特定の技術を使って改良しなければならない．この南アフリカのハプリックチェルノーゼムの特性が示すように，典型的なフェオゼムは厚さ30～50 cmの団粒構造をもつ黒ずんだモリック表層を示し（一般に濃い灰色だが，この場合はほとんど黒である），その下には厚さ1 m以上のB層があり，石灰質層，キャンビック層，あるいはハプリック層である．B層の下にはC層があり，湿っていることが多く，色は黄色みがかった茶色である．A層，B層，C層ははっきりと識別できないこともしばしばで，写真に見られるとおり，互いが融合している．フェオゼムは，カスタノーゼムよりも湿気が多く，温度の変動もゆるやかで，カスタノーゼムよりも農耕に適しているとみなされて，主に穀類の栽培に使用される．
［写真：S. Kauffman および D. Creutzberg / ISRIC, Wageningen］

北から南に行くにつれて大きくなるが，北米では東から西に行くにつれて大きくなる．ユーラシアのソロネッツはステップ地帯の南部地域の80％を占め，もっとも代表的な土壌となっている．その他の土壌は，集中的なsodicationプロセスを多少は示すことがあるが，ソロネッツにおけるプロセスには匹敵しない．ソロネッツ土壌の総面積は約8000万haである．ユーラシアと北米に限定されず，オーストラリア，南米，および亜熱帯アフリカの乾燥地域にも存在している．

砂漠への推移帯にあるもっとも乾燥した地域のソロネッツは，ステップの約1億9000万haを占めるが，これは主にユーラシアにある．ロシア系ソロネッツでは，暗色砂漠・ステップ土壌として分類される別型を形成しており，フ

12. ロシアステップのグレイゼムはこの沖積層の珪岩砂粒の上に形成されたロシアのクルスクのグレイゼムのように，ときどき炭酸塩以外の物質上に発達する．A層は有機物の集積のために黒ずんでいるが，その下のB層は色がもっと薄く，粘土の集積があることを示している．珪岩砂粒はそれらが現れる地層の断面構造から沖積土が起源であると推測できる．グレイゼムはチェルノーゼムに囲まれた孤立した地域に存在する．ユーラシアでは，これはウクライナから，バイカル地域ほど東のシベリア平原までのびるが，北米ではカナダの内陸プレイリー北部に独立した半円地帯を形成している．
[写真：Rosa Maria Poch]

ルボ酸を含有するために色は明るい．カザフスタン，南シベリア，モンゴルのステップのように，母材が礫質である場合には，もっとも大きな断片でさえも暗色をしている．これらは鉄と酸化マグネシウムの光沢あるダークブルーのきらきらとした薄層に覆われている（「砂漠のワニス」第4巻「高温熱帯砂漠・半砂漠」I－2章参照）．これらの暗色砂漠―ステップ土壌が得る植物遺体は，年間わずか800～900 kg/haである．この大半が急速に分解され，その後無機化するため，これらの土壌は腐植が乏しい（決して1～2％以上にならない）．これらの肥沃度の低さと，これらがこうむる乾燥条件や塩類化のせいで，これらの土壌はほとんど放牧家畜にしか使用されない．それでも，潅漑すれば耕作することができる．

フェオゼム

フェオゼムは，カスタノーゼムやチェルノーゼムよりも湿潤な環境で発達する．土壌の洗脱がより強いため，深くなるほど炭酸塩の損失がある．しかし，酸性化はあまり顕著ではない．動物相は非常に活発で，層の均質化と混合をもたらすが，このプロセスが同時に上部層における炭酸塩の損失を防いでいる．

フェオゼムの形成の調節は，平均年降水量の絶対値よりも，蒸発散を超える降水量の過剰によるもののほうが大きいようである．実際，北米では，フェオゼムはカナダ（年平均降水量400 mm, 年平均気温2℃）からミズーリ州（年平均降水量1200 mm，年平均気温18℃）へと伸びる帯状の地域に存在する．

フェオゼムが占める総面積は約1億haであり，主に北米のプレイリー，アルゼンチンのパンパ，および東アジアのいくつかの地域に存在している．これらはすべて肥沃な土壌であり，穀草の粗放栽培において，あるいは放牧地として使用されるのが伝統である．これらを制限する主な要因は，干ばつの期間と，風と水による侵食である．

グレイゼム

チェルノーゼムとルビソルの境界に中間的特性を持つ土壌があり，それほど顕著ではないが双方の環境に典型的な土壌形成プロセスを示す．こうした土壌はグレイゼムとして知られている．グレイゼムは石灰質が除去された母材の上に形成され，粘土の集積層と灰色がかったモリック層 を示す．この色は，洗い出された砂粒と有機質の粒子によるものである．グレイゼムは北半球の約2800万haを占め，高茎草本ステップと温帯落葉混交樹林地帯の間の狭い地帯を占める（7巻24頁参照）．

3. ステップと乾燥プレイリー

3.1 ユーラシアステップ

世界のステップの3分の2（約8億ヘクタール）がユーラシアにあり，アジア内陸部の高地からドナウ川の中流域の低地まで約9000 kmの距離をほぼ連続的に東西に走る，幅150～600 kmの比較的細長い地帯の中に存在している．ユーラシアのステップは非常にさまざまであり，モンゴル，トゥバ，南東アルタイの非常に乾燥したステップ（年降水量100 mm未満）から，アルタイの丘陵地帯や，ハンガリー，モルダヴィア，ウクライナの中間に広がる平野の降水量が多い（800 mm）ステップまである（p61参照）．

内陸アジアのステップ

モンゴル，サハ共和国（ヤクーツク）のステップ，南シベリアの山脈（アルタイ，ハカスカヤ，バイカル地域），ならびに天山山脈，パミール，および北西中国はすべて，シベリア高気圧の直接的な影響のもとに形成されてきた．文字通り「超大陸気候」と呼ぶことができるこれらの気候は，異常に高い気圧（冬の最高気圧1042 mb，地球上で記録された最大値），零度以下の年平均気温（－5.7℃），大きい気温の年較差（100℃以上），および少ない降水量（年平均150～250 mm）が特徴で，逆説的に夏に雨として集中する（7月中旬～8月中旬）．

超大陸気候をもつステップの西限および北西限には，レナ川流域，およびサヤン山脈，アルタイ山脈，天山山脈の北麓がある．東限は，東モンゴル，満州，極東ロシアの高い山脈である（大興安嶺，スタノボイ山脈，ジュグジュル山脈，およびコリマ山脈）．この超大陸ステップの中心部は東経90°～120°，北緯42°～52°の間にあるが，これはこの範囲を超えてかなり広範囲な領域を占めており，比較的孤立した地域のすべてを含んでいる．

米国，東ヨーロッパ，カザフスタン，および西シベリアは，しばしばこうした広大なスケールで旅行者たちを大きく感銘させるが，これらがある地域のすべてが超大陸気候を持つステップに含まれているわけではない．むしろ，タイ

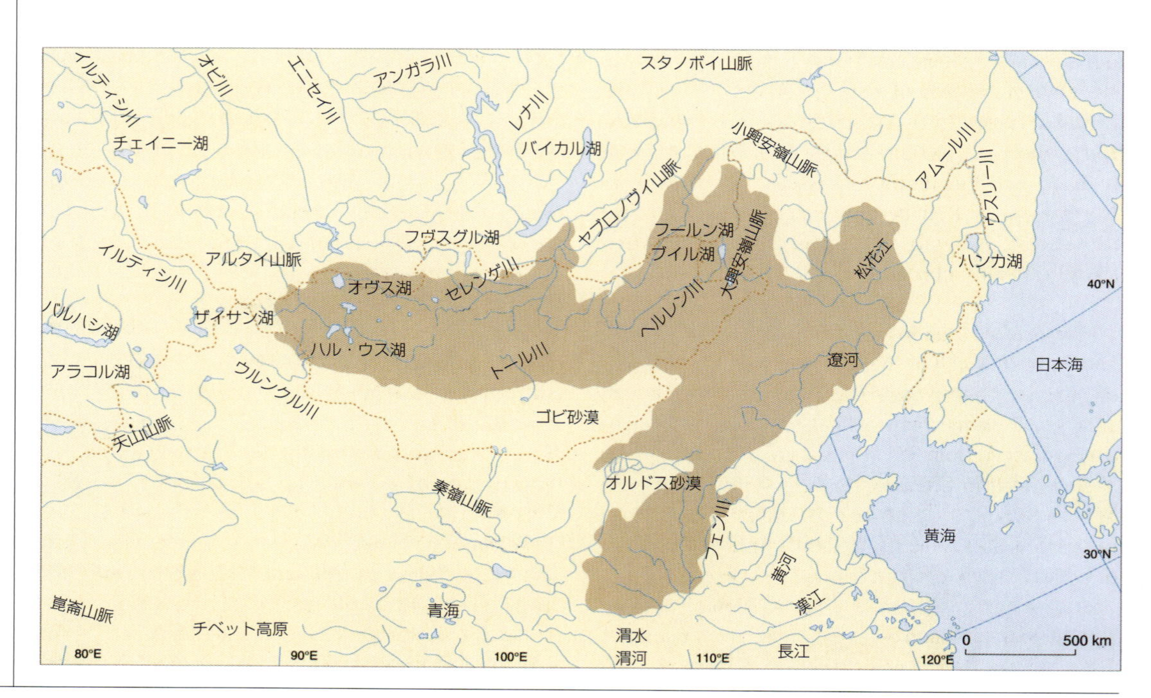

13. 東アジアにおけるステップの分布． 東アジアのステップはおおよそ北緯35°～50°，東経90°～120°に位置する．南には寒冷砂漠（オルドス砂漠およびゴビ砂漠），北にはタイガバイオームがあり，西に行くとその地域はアルタイ山脈の南の丘陵地帯と境界を接し，東に行くと落葉樹林がある．この地域の険しい起伏は，この地域が均一的にステップに占められているのではなく，砂漠，タイガそして，ツンドラ景観が交互にあることを意味している．ステップは平野や山脈の麓の斜面にあり，なかにはステップが山脈の様々な高さの地帯を占めている地域もあるが，高ければ高いほど，ステップが占める面積が小さくなる．［地図：IDEM，提供元複数］

ガ，ツンドラ，砂漠の景観の中にパッチ状に存在している．ステップが中断するのは，地形学的原因およびその起伏（変化が大きい）のためである．低い山においても，きわめて大陸的な気候がはっきりとした地域差をもたらしている．標高500～1700 mでは，ステップは，山々，低い丘陵地（主に日当たりのよい地域），および河川の上流地域の間の渓谷や低地にある．

低地のステップは，直径が10～400 kmある場合もあり，最大のものはモンゴルの大規模な湖の周囲の低地，特にウブス（モンゴルとトゥバの境），トランスバイカルのブリヤート共和国にあるトレイ湖の低地にある典型的なものである．しかしながら，ロシアのアルタイ山脈，モンゴルのアルタイ山脈，ゴビ砂漠，バイカル地域，サヤン山脈ならびに天山山脈はすべて，直径がわずか10～20 kmの小規模なステップが断片的に存在するのが特徴である．こうした地域に加え，シベリアのレナ川の中流域の両側，サハ共和国のヤクーツクに，ステップがパッチ状に点々と分布している．さらに北に行くと，ステップ領域全体が小さくなり，ステップの区域はいずれも小規模になるため，ステップがあるのは，太陽光線の入射角度が高い南に面した切り立った斜面のみとなる．

数万年前の間氷期に，内陸アジアのステップの奥地は繰り返し統合して単一の連続した地域を形成した．こうした期間に，異なったステップの部分の間で植物相と動物相の交換が生じた．面積は狭いが連続したステップの回廊が，現在のベーリング海沿岸まで伸び，ユーラシアと北米のステップを橋渡しした．ウマはこの回廊を使用して北米からユーラシアまで横断し，バッファローはユーラシアから北米まで横断した．いずれも自分たちが本来住んでいた大陸では絶滅したが，住みついた新たな土地で生き延びた．

超大陸性気候をもつステップは，他の大陸のステップにおける分布とは異なり，北から南まで長距離におよぶ．超大陸性ステップの区域は，南から北まで，つまり北緯35°の大きく曲がりくねる中国の黄河から，北緯70°の北極海の東シベリア海岸沖合いにあるウランゲリ島の日が当たる地域まで3700 kmの幅がある．地球上の残りでは，ステップの分布はもっと小さな緯度の範囲を占めている．

内陸アジアのステップにはもう一つの目立った特徴がある．山の高さに応じて違う地帯が存在する垂直分布帯があることである．ステップの景観は低地のみを占めるのではなく，高い山の山腹や高原にもある．標高による帯状分布の底辺の500 m～1700 mの高さでは，ステップは中断されない．2000 mを超えると，ステップは勾配が急で日光があたる斜面にしか存在しない．さらに高所に行くと，タイガやツンドラが主となり，そこにステップの区域は次第に少なくなる．アルタイ山脈およびサヤン山脈では，森林の上限から1000 m以上である海抜4000 m以上にステップ地帯が断片的にいくつかあり，パミールではさらに高所にもステップが存在する．

西シベリアおよびカザフスタンのステップ

西シベリアおよびカザフスタンでは，ステップの景観は北緯52°～48°に見られ，東はアルタイ山脈の麓から，西はウラル山脈の範囲にある．これが世界でもっとも大規模なステップ地帯であり，南から北に600 km，東から西に2000 kmのびている．これがシベリア高気圧の中心部の西側に細長く伸びる高気圧地帯に位置するのは明らかである．この地域の気候は，アジア内陸部よりも若干温暖である．年平均気温は氷点以上で1℃～3℃を超える．年較差は70～75℃である．無霜日は年間200日であり，平均年降水量は300 mmである．

アジア内陸とは異なり，西シベリアやカザフスタンには起伏があまりない．北カザフスタンでは高度の範囲はわずか100～200 mで，西シベリアの低地の南部ではわずか12～15 mである．カザフスタンでは，丘陵地帯から氾濫原までの深い低地を除き，この地域全体をステップが占めている．山岳地域の低地にあるステップの凹地には，面積が狭く湿地が多い草本の区域があり，真夏には干上がる．氾濫原は，低木や高木の河岸植生がある草原に覆われている．砂質の堆積物で形成されたイルティシ川の古い河岸段丘には，ハネガヤ属の草原の間にマツ属がまばらに生える森林がところどころにある．西シベリア南部の広大な低地地帯では，ステップは丘陵地帯の高い部分を占める．山の斜面にはソラマメ属，ヤマアワ属およびシモツケソウ属が生える長茎草原があり，低地にはアシ，ガマ，およびイネ科のミズガヤが生える湿地帯が存在する．深い低地には，干上がることのない小さな湖があり，たいていが浅い．

14. カスピ海北部のサマラ地域にあるシニ・シルトステップは，地域の人々がbaika（ロシア語で「どぶ」）と呼ぶにもかかわらず，7月に青々としている．前景にある背が高い灰色がかった緑色の植物はヨモギ属（キク科）で，この地域におけるいろいろな植物群落で優占していることが多い．ヨモギ属は，ハネガヤ属の草本と同様，ユーラシアステップ地帯全体に生じる数少ない属のひとつである．
[写真：Ilya Lyubechanskii]

ステップの土壌下の堆積岩には塩が豊富に含まれ，これが干ばつの年には特に，土壌の塩類化を引き起こす．好塩性植物が生えるソロネッツおよびソロンチャクに，アッケシソウやマツナの赤い斑点，濃縮塩の白い斑点，そして小さなアレチタチドジョウツナギの緑の絨毯が点在する幅広い密集した帯となり，湿地帯を取り囲んでいる．

西シベリア平原の南部全体の，小規模な円形の低地（直径 10 ～ 20 m）には，アメリカシラカンバ，オウシュウシラカンバ，ヨーロッパダケカンバ，ヨーロッパヤマナラシなどの森林が存在することもある．こうした森林は通常は小面積で，わずかに湛水していることが多い．

実際のステップはこの広大な地域のわずか 10％しか占めておらず，このステップが形作る景観は，低空飛行する軽飛行機から見ると，緑の絨毯を這う黄色いヘビを連想させられる．

東ヨーロッパのステップ

東ヨーロッパの平原では，西のカルパティア山脈から東のウラル山脈まで，ステップが北緯 52°～ 45°，東経 25°～ 55°の間に密集した領域を形成している．この地域の温帯大陸性気候は氷点を超える年平均気温（5 ～ 7℃）が特徴であり，気温の年較差が 60℃，年平均降水量が 300 mm である．この降水量は年間を通じて均等に分布しているため，アジアのステップよりも規則的であり，雨は年間 250 日以上の無霜日に降る．これらの条件は，すなわちチェルノーゼムの上に別の草本植物をまじえるイネ科草本ステップが成立する可能性があるということを意味する．カスタノーゼム上に成立する乾燥ステップは，主に平原の東南部，カスピ海の北岸を取り囲むように分布する．ここでは，チェルノーゼム上のステップが占める面積と，カスタノーゼム上のステップが占める面積の比は

4 :1 で，シベリアではこの比が逆である．

ロシア平原の起伏は，西シベリアや北カザフスタンとは違い断片的である．広範囲な低地（たとえば黒海近辺やカスピ海のこちら側）と高地（ポロリスク，中央ロシア，スタブロポリ，ボルガ川流域）が交互に見られる．高度の変動が比較的大きいため（150 ～ 200 m）水はけはよい．このため，これらのステップは，西シベリアやカザフスタンのステップとは異なり，丘陵地帯の高い地域だけではなく，山の斜面や春に生じる水流の底にも存在する．

ロシア平原のステップ地帯の北部には，ユーラシアのどの地域のステップとも違うステップがある．こうしたステップのチェルノーゼム土は，世界の土壌の中でももっとも高い腐植含有率を誇り（土壌の 12 ～ 15 %），約 2 m の厚さの腐植層がある．これらの土壌は，広葉イネ科草本（スズメノチャヒキ属，イチゴツナギ属，ヤマアワ属）を基本とし，その他多くの科に属する草本種が混ざりあった草本植生の発達を支えている．狭葉イネ科草本の占有率は植物種の 10 % を超えない．

中央ヨーロッパのステップ

カルパティア山脈の西にもステップの区域がいくつかある．内陸に行くと，西ヨーロッパに典型の海洋性気候は，大陸性の特徴を帯びる．たとえば，気温は 1 月中ごろで氷点を下回り（－3°～－4°），平均年降水量が比較的低く（年 400 ～ 450 mm），平均年較差は約 40℃である．この大陸性の影響は，アルプス山脈やカルパティア山脈の存在が，湿った西風がハンガリー，ルーマニア，およびチェコ共和国の一部に到達することを妨げることによる．これはステップ型の景観がドナウ川の下流域および中流域の低地に現れることを説明する．

この地域の有史以前の植被は，異なった種類のステップの植生から成る草原地帯の中にある広々とした落葉性ナラ林であったと思われる．乾燥した時期には，植物の量が増えた．これらの地域は太古より耕作されてきた．この地域の自然植生は遠い昔に消失したが，チェルノーゼム土は残っている．チェルノーゼムの土壌は，東ヨーロッパの，ステップ地帯と森林地帯の境界線にできる土壌と似ている．

ドロマイト石灰石の露頭がある中央ヨーロッパの地域に，狭葉イネ科草本（ハネガヤ属，ウシノケグサ属，メリケンカルカヤ属，ミノボロ属）が優勢な典型的なステップがある．こうした場所はハンガリー（ブダペストの西）やチェコ共和国（モラビア）の小規模な起伏（海抜 250 m）の斜面に位置している．ハンガリー中部の砂の堆積上では，マツの二次プランテーションに，ハネガヤのステップが茂っている．

中国の黄土高原のステップ

中国北西部にある省（陝西省，山西省，甘粛省）の黄土高原は，標高 400 ～ 1200 m に達し，

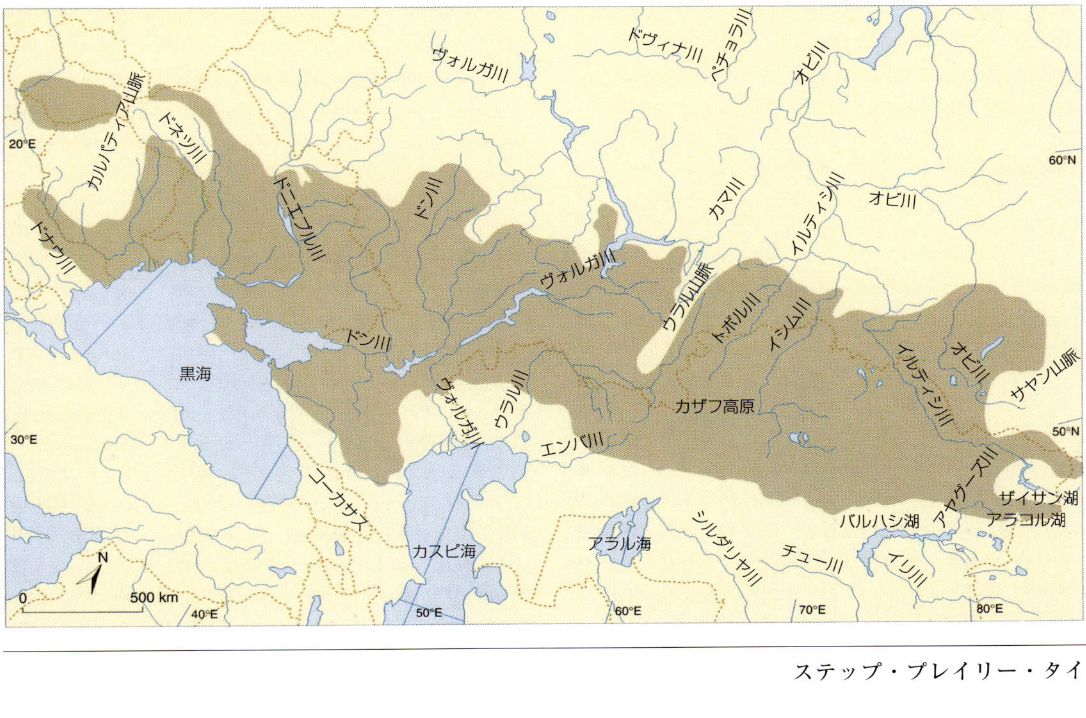

15. ヨーロッパと西シベリアのステップは，北のタイガと南の砂漠との間に，細長い帯を形成している．これらは緯度方向には長くないが（北緯 45°～ 55°），経度方向には広大で，東はアルタイ山脈から西はカルパティア山脈まで 2000 km 以上あるため，世界最大のステップ地帯となっている．さらにこの地域は地形が非常に均質である．すなわちステップの植生が完全に覆うことができるということであり，氾濫原や湿地帯にある別の植物群落が遮るのみである．唯一，この広大なステップ景観における切れ目はウラル山脈で，これがウクライナのステップとロシアのステップを隔てている．

［地図：IDEM，提供元複数］

なかには 2000 m になる地域もある．気候は温和～乾燥，平均年降水量は 300 ～ 600 mm で大半が真夏に集中し，年平均気温は 6 ～ 13℃である．

この地域の大半の自然植生は，4000 年以上前に土地が耕されたときに破壊された．土壌は変化してきたが，それのみならず川から草地へシルトが加えられたことによって再生されてきた．いくつかの孤立した地域に保存されている自然植生の区域から，数千年前にこの地域を覆っていたステップのはっきりとした特徴を再現することが可能である．これらはチェルノーゼムやカスタノーゼムの特徴を示す土壌にあり，イネ科草本（ホクシハネガヤ，メリケンカルカヤ，トダシバ属），広葉草本［マメ科ハギ属］，および低木（バラ科シモツケ属）が優占するステップであったと思われる．

3.2　北米のプレイリー

北米では，プレイリーがユーラシアのステップに相当する景観である．北米のプレイリーが占める面積はユーラシアのステップよりも小さく（2 万 7000 ha），全般に雨が多い（年平均降水量 400 ～ 1000 mm）．またユーラシアのような細長い帯を形成しているわけではない．北米のプレイリーは，西はロッキー山脈から東は落葉広葉樹林バイオームまで，北米中部のかなりの部分を占めている．北部は北方針葉樹林のバイオームと接し，南部はメキシコ湾や，米国南西部・メキシコ北部の亜砂漠と接する．

プレイリー地帯の地形は，目立った起伏がない広大な地域であるが，まったく均一ではない．グレートプレーンズには，丘陵，重度のガリー侵食（「バッドランド」），ロッキー山脈の麓の丘陵がある．さらにグレートプレーンズには，主にミシシッピ川，ミズーリ川，およびプラット川に流れ込み，メキシコ湾に向かって南に走る流域網，ならびにサスカチュワン川に流れ込み，北に流れてシーダーレイクに流れ込み，その後ウィニペグ湖およびネルソン川を経てハドソン湾に流れ込む流域網がある．ロッキー山脈の東麓では標高 1400 m 未満，メキシコ湾ではほとんど海水面まで下がったところに，ステップがある．プレイリー土壌は，さまざまな堆積物上に形成される．バイオームの北部，ロッキー山脈の東側では，氷河作用によりモレーン（氷堆積）が残っており，これまでの間に侵食により変化させられてきている．南に行くと，土壌は，黄土，風成砂層，片岩，砂岩，ペディメント，沖積層の上に発達している．真のプレイリーおよび海岸プレイリーの南部では，フェオゼムがチェルノーゼム，カスタノーゼム，温帯プレイリーの暗色土壌に取ってかわっている．

気候は多様だが，なかには亜乾燥気候のプレイリーもあり，一般にはロッキー山脈の東部の気候は典型的な大陸性気候である．気温と降水量の月平均値は季節によって大きく変動し，5 月，6 月，7 月，8 月に最高値に達する．ロッキー山脈の風下の雨影現象により，太平洋から来る湿気を多く含んだ風が妨げられるため，降水量は西から東に向かって多くなる．さらにメキシコ湾からの熱い空気が北から来る冷たい空気と出会うため，降水量は北から南に行くにしたがって増加する．年平均降水量には幅があり，ウシノケグサ属のプレイリー，北部の混交プレイリー，および短茎プレイリーのいくつかの地域においては 300 ～ 500 mm であるが，海岸プレイリーの東部では 1000 mm 以上である．北部では，総降水量の 4 分の 1 が雪として降るが，南部では降雪はまれである．年平均気温は，混交プレイリーの北端では 1℃であるものが，気候がほとんど亜熱帯といっていい海岸プレイリーでは 23℃と幅がある．この年平均気温の差は，夏よりも冬の気温範囲が大きいことが主な原因である．北部の混交プレイリー，およびウシノケグサ属のプレイリーでは 1 月の月平均気温は − 18℃しかなく，南部では 10 ～ 13℃であるが，7 月の平均気温はそれぞれ 18℃，28℃と，かなり近くなる．北部では，冬の絶対最低気温が − 40℃を下回る場合があるが，ほとんどすべての地域で，夏の最高気温は 30℃を超える．しかしながら，乾燥した条件では平均気温がもっと高くなる．冬は，北部（無霜日が年間 100 日しかない）では，地面が 1.5 m 以上の深さまで凍結することがあるが，南部（無霜日が年間 320 日以上）ではどの深さでも凍結することはめったにない．

代表的なプレイリー

このバイオームの東部は，北米東部の落葉樹林と接し，高茎草本のプレイリーがマニトバ州南部からテキサス州中部および東部（海岸プレイリーと接する場所）まで広がり，東はオハイオ川流域のいくつかの区域までのびている．これらは比較的多雨で温和な気候（降水量 800

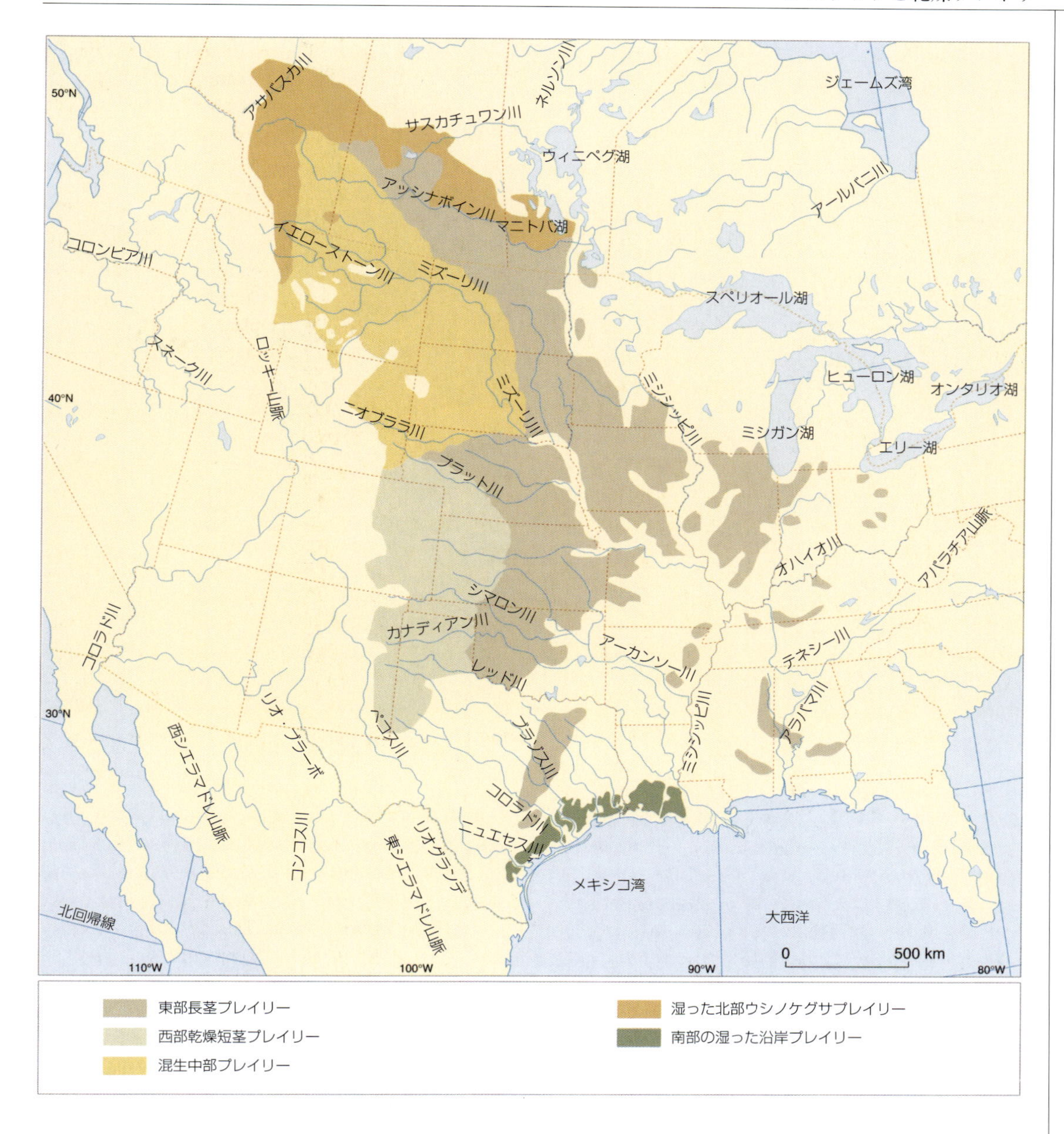

16. 北米のプレイリーは大陸の中央を占め，カナダ南部から，ほとんどメキシコ国境まで走っている．ロッキー山脈がその西限であり，東側は落葉樹林と境界をなしている．これらは広大な草原地帯で，ミズーリ川やその支流のような大規模な川の進路に沿った樹木の植生により若干の侵食がある．しかし，これは単一の一様な生態系ではない．これはロッキー山脈の雨影やその他の地理的特性の影響によってさまざまな気候帯が生じ，同様にさまざまな範囲の草本植生があるためである．降雨はもっとも東の地帯がもっとも多く，2.4 m の高さになる長茎プレイリーが占めている．さらに広大な西の地帯は混交プレイリー（120 cm 以下）と短茎プレイリー（30 cm）で占められている．この地帯の北部および南部には，その他の草本植物が湿潤プレイリーを形成している．
［地図：IDEM，複数の情報源による］

～1000 mm，年平均気温 9℃）をそなえ，地中深く丈夫な根系と人間の身長ぐらい伸びることができる地上部分があるプレイリーの発達を，特に高所や水はけのよい隆起した場所が支えている．これらのプレイリーは「高茎プレイリー」として知られている．これらは大型のメリケンカルカヤ属草本ビッグブルーステムおよび小型のウシクサ属草本リトルブルーステムが圧倒的に多い．

高茎プレイリーの西に行くと，混交プレイリーが北米中部のグレートプレーンズの大半を占める．中部の混交プレイリーは，カナダのアルバータ州の南西部，サスカチュワン南部，マニトバ州南西部から，モンタナ州およびワイオミング州の東部，ノースダコタ州西部，サウスダコタ州，ネブラスカ州西部，カンザス州およびオクラホマ州の西部の多くを通過して，テキサス州北西部まで伸び，その距離は北から南まで（北緯 52°～29°）おおよそ 2600 km である．主要な植物群落は，ヤマアラシガヤ，*Stipa comata*，カモジグサ属の *Agropyron dasystachyum*，および *Festuca scabrella* というイネ科草本から成る．南端では，混交プレイリーは海岸プレイリー，ならびに米国南西部とメキシコ北部の亜砂漠と接する．

グレートプレーンズでも海からもっとも離れ

17. カンザス州（米国），フリント丘陵野生生物保護区の長茎プレイリーは，北アメリカ大陸に残る唯一耕作されていない広大な真のプレイリー地帯である．長茎プレイリーは，北はアルバータ（カナダ）からカンザス州（米国）までの細長い地帯の，北米において最適な農地とみなされる地域に生い茂る（図 16 参照）．この地域は，メキシコ湾からの暖かく湿った気団が北からの冷たく乾燥した気団と衝突して，大量の雨を降らせる前線を形成する．年平均降水量は 760 mm を超え，長茎のビッグブルーステムやパニカム・ビルガーツム（スイッチグラス）が優勢な長茎プレイリーが生育する．
［写真：Jim Brandenburg / Minden Pictures］

た地帯であるロッキー山脈の麓，すなわちワイオミング州およびネブラスカ州，およびコロラド州の境界（北緯 41°）とテキサス州およびニューメキシコ州の境界（北緯 32°）の間に，2800 万ヘクタールの短茎プレイリーがあり，もっとも東が西経 100°のオクラホマ州西部である．短茎プレイリーは主に，草丈が 0.5 m を超えないアゼガヤモドキ属のブルーグラマやバッファローグラスの草本で構成され，ロッキー山脈東側の半乾燥気候地域のもっとも乾燥した地域を覆っている．この地域では，東から西，北から南に行くにつれ，年平均降水量が 800 mm から 350 mm へと減少する．ロッキー山脈に近づくほど気候は乾燥し，プレイリーの外観がなくなっていく．南西にいくと，年平均降水量は 300 mm 以下となり，植生は亜砂漠の特色を示す．

北部のウシノケグサ型プレイリー

比較的細長いウシノケグサのプレイリー地帯は，混交プレイリーから北方林への推移帯を占めており，サスカチュワン西～中央部からアルバータへと，西に弓状に走り，ロッキー山麓の丘陵地帯に沿ってモンタナ北～中央部に向かって南へと続く．このウシノケグサのプレイリーは，*Festuca scabrella* の優占度が高いのが特徴で，これが地表植生の 50 % を占めることもある．このプレイリーは，氷河によって形成された地形を占め，数多く存在する氾濫しやすい凹地状の穴がより高湿の小気候をもたらしており，アメリカヤマナラシがいくつかのパッチ群となって生育することがある．混交プレイリーからかなり離れると，樹木が増えるが，プレイリーは森林内のもっとも乾燥した地域に局在するようになる．ウシノケグサ型プレイリーは，アルバータ南部とモンタナ北部のロッキー山脈麓の丘陵地帯，混交プレイリー地帯の北西部の高所にも存在する．この北東の境界線を超えると，混交プレイリーと高茎草本プレイリーの中に，ウシノケグサ型プレイリーが断片的に存在する．西に行くと，ブリティッシュコロンビアの南の谷間の上部斜面のプレイリーが，コロンビア高原の亜砂漠プレイリーとウシノケグサ型プレイリーに挟まれる推移帯にある．この地域の気候は多雨で（年 400 ～ 600 mm），混交プレイリーよりも気温が低いが，ほぼ 500 m から 1400 m まで高度によって違う．

海岸沿いのプレイリー地帯は，メキシコ湾岸の湿地帯に沿って，多雨気候のルイジアナ南西部から半乾燥気候のテキサス南部へと伸びている．これは海面～標高 75 m の範囲にある，全般に水はけが悪い一様な低地平原である．この地域の北部には上部海岸プレイリーがあって気候は多雨であるが，南部には気候条件がもっと乾燥した下部海岸プレイリーがあり，夏に乾燥するのが普通である．土壌は砂から粘土までさまざまである．

3.3 南半球のプレイリー

南半球でステップにもっとも類似している景観はアルゼンチンのパンパである．それに加え，南アフリカのハイフェルト草原とニュージーランドの南島の低地がしばしばステップとみなされる．これらの景観は面積が1億5000万ha弱で，アルゼンチン，ウルグアイ，ブラジルのパンパがこの3分の2を占めている（p.55も参照）．

南米のパンパ

ラ・プラタ川の河口域の両岸地域は，およそ9000万haにおよび，地球上でもっとも湿潤なステップの景観／生態系を持つ（この地域の多くが，年平均1400 mmの降水量）．この地域はアルゼンチンのパンパとして知られるが，アルゼンチンのコリエンテス州のウルグアイ川東岸は「カンポ」として知られている．パンパはユーラシアステップや，北米プレイリーの大部分よりも，はるかに赤道に近い（南緯31°～39°）．また，内陸奥地にある北半球のステップやプレイリーとは違い，大西洋沿岸付近にある．一般に，この地域全体は広大な一続きの平野とみなすことができる．ブエノスアイレス州の中部，北ウルグアイおよび南東ウルグアイ，および南ブラジルのいくつかの地域には，露出した岩肌，丘陵地帯，あるいは小規模な高地（平地より500 mまで）くらいしかない．この地域全体に，まったく平坦な地域と緩やかに起伏した地域が交互に存在する．

地質学的条件は，ウルグアイ川の両岸で差がある．川の東側では，ブラジル楯状地の現在の結晶質層が地表近くあるいは地表面にある．南および東に行くと黄土の堆積物しかないが，東側流域の残りの地域はさまざまな物質の上に成り立っている．ウルグアイ川の西側のパンパ地域では，パンパの丘陵，タンディル山脈，ベンタナ山脈に由来する結晶質の岩盤上に深さ300～5000 mの黄土あるいはシルトが堆積してきた．西端の地域には，風成層物質がより厚く，より最近の堆積物としてみられる場合もある．

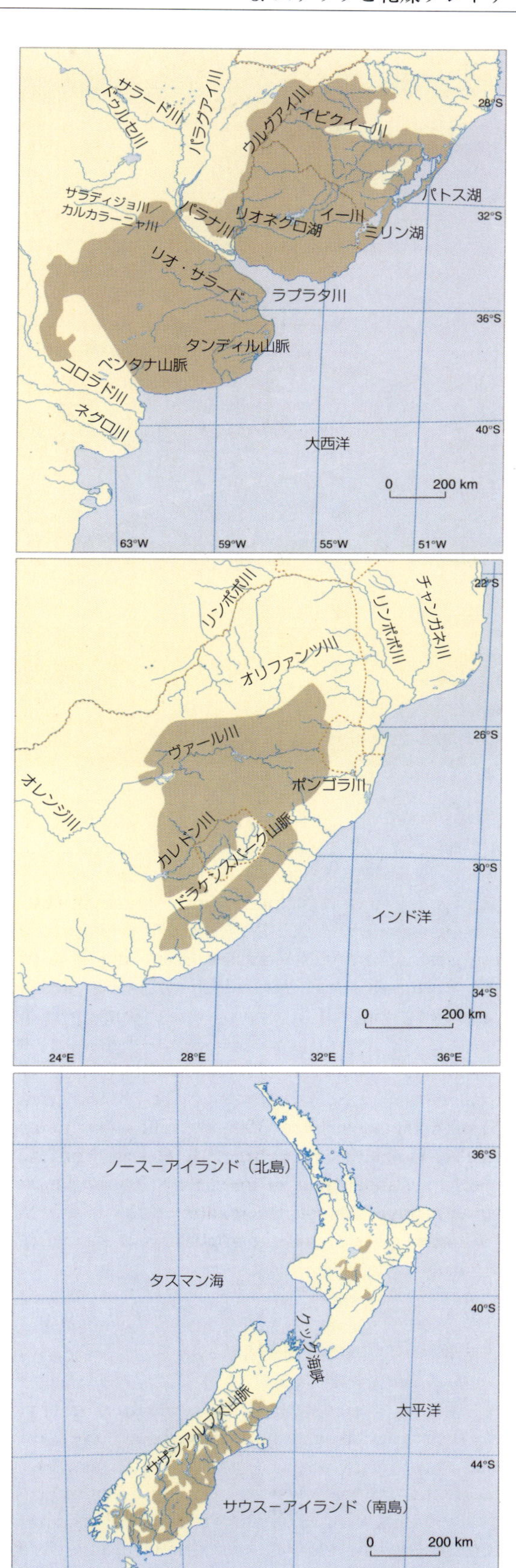

18. 南半球のプレイリーは，南米，南アフリカ，ニュージーランドにある． これらはすべて北半球のプレイリーと比べると非常に狭い地域にある（図6参照），南半球のプレイリーで最も広い地域は南米のパンパで，これは北半球のステップやプレイリーにもっとも似ているが，内陸奥地ではなく，海岸付近にあるという部分が異なっている．パンパは，ラプラタ河口域周辺のアルゼンチン中部～東部，ウルグアイ，およびブラジル南部の大平原にある．これらは一般的にパンパとして知られるが，アルゼンチンの標準的な「パンパ」と，ウルグアイおよびブラジル南部の「カンポ」の間には植物地理学的違いがある．南アフリカのプレイリーは，南緯26°～31°，東経25°～31°のハイフェルト地帯全体を占めている．パンパとは違ってハイフェルトは内陸にあり，標高もある程度高く，約1500 mである．ニュージーランドのプレイリー地帯はなかでももっとも小規模で，もっとも典型的な特徴をもたない．これはニュージーランドの南島の南東地域と，北島の高標高地域ならびに亜南極諸島の海岸地域にある．この草本のほとんどが叢生草本の生育型をもつため，叢生草原地帯と呼ばれることが多い．
[地図：IDEM，複数の情報源による]

19. アルゼンチン東部のパンパの一様な緑色. すべての温帯草原地帯の中で最も湿潤なパンパは平坦で，地平線まで広がっている．川は遠方に消えるまで平野を曲がりくねり，この景観における唯一の不規則な要素であり，明らかにパンパの景観の平坦さを表している．川は必ずしも海に到達するわけではなく，しばしば湿地帯を形成したり，これらの水が単に土中に流れ込んだりする．さらに，もっと小規模なレベルで見ると，パンパは決して完全に一様ではない．暗い低木密生林，アザミのパッチ，クロイチゴの低木などがある．その一方で氾濫地域を占める濃緑色の草原地帯が，過剰な放牧によりむき出しのままになった区域もある．
［写真：Adolf de Sostoa & Xavier Ferrer］

草原の内陸の限界は，草原と樹林の生態系（有刺植物，山地植物）が接する場所によって決まるが，河川や小川に沿った拠水林，パラナ川の三角州，ウルグアイ川の潟には樹木の植生もある．南ブラジルの草原の森林地帯には，ブエノスアイレス州のベンタナ山脈，タンディル山脈や，ブラジルのリオグランデドスル州のエンカンターダス山脈など，岩が露出した地域や起伏が目立った地勢に低木植生が小さな断片となっている．

南米においてステップの景観を形作ってきたのは，−5℃になる冬の寒気，年間を通じて不規則な降雨，そして毎年最長2週間の夏の乾季がある非常に季節的な気候である．降雨が多いパンパやカンポの大半が，夏は暑く，冬は温暖な気候を持ち（ケッペンの気候区分でCfa），地域の南西では夏は涼しい（最暖月平均気温は22℃）．無霜期間（森林は通常は温暖）は，東部で年340日，西部で235日である．より乾燥したパンパでは水のバランスがよいが降雨が多いカンポでは，水はわずかに過剰である．

降水の80％は，前線性降雨である．年平均降水量は，地域の北東部では1500 mmであるものが，南西部では400 mmまで少なくなる．パンパには，春と秋の2回，非常にはっきりとした雨季がある．カンポでは，降雨パターンに対する大西洋高気圧の影響がはっきりと現れており，冬には著しく降雨が増加し，高気圧が真上に配置される夏には減少する．北東部のパンパ地域における降水量を考えると，自然林がないのが驚きである．なかには先住民が焼畑を繰り返したことにより，人間が生み出す草原が維持されていたためであるとみなす研究者もあるが，現在は，こうした草原は土壌や気候の要因によって形成されてきたという考えが広く受け入れられている．

アルゼンチン，ウルグアイ，南ブラジルのメソポタミア地域の草原の土壌は，主に膨張性の粘土を多く含有するバーティソルである．これは耕作が難しいことを意味している．しかしさらに西に行くと，パンパが形成される黄土の堆積物は，炭酸カルシウムに富み，これが土壌に大きく影響している．結果として，パンパの土壌は主にフェオゼムであり，厚さ最高70 cmの腐植層がある．しかし，特に春と夏は，豊富な降雨（最高で年1400 mm）による土壌の集中的な洗脱のために，腐植濃度は非常に低い（3～3.5％）．固まらず，黒みがかり，水はけの

20. このオレンジ自由州（南アフリカ）ゴールデンゲートハイランズ国立公園の写真でわかるとおり，**南アフリカのハイフェルト草原**は，樹木・低木がほんのわずかしかない平坦な草の海原を形成している．「フェルト（Veld）」とは「フィールド（field）」すなわち「野原」を表すアフリカーンス語であり，ハイフェルトは，気温が高くて乾燥した低地よりも降水量が多い地域に存在する高地プレイリー（おおよそ1500 m以上）である．ハイフェルトでは，主に夏における降水量の低さが，乾燥した条件および寒冷な冬と相まって，樹木の成長を妨げ，草原を成立させている．土壌条件や火事も草原の形成に一役買っている．
［写真：Luiz Claudio Marigo / Bruce Coleman Collection］

よいパンパの土壌は，有機物を多く含んでいるため，世界でも有数の肥沃な土壌となっている．

南アフリカのハイフェルトのプレイリー

南アフリカのハイフェルトのプレイリーは，海岸付近ではなく内陸深くに位置し，およそ1200 ～ 1800 m という比較的高い標高にある．南米のプレイリーとは異なるが，北半球のステップやプレイリーと同様に土壌条件や土地の起伏に応じて変化する．標高が高いので，ハイフェルトのプレイリーはパンパよりも赤道に近い（南緯 26°～ 31°）．ハイフェルトには，トランスバール南部，オレンジ自由州の中部および西部，レソト王国の多く（標高の高い地域を除く），ナタールやケープ州に隣接する一部の地域の約2000 万 ha が含まれる．ここでは夏に雨が降り，冬は涼しくて若干の霜が降りる．また本来この地域は，大型草食動物の大規模な群れを支える高茎草本の草原地帯が優勢であった．ハイフェルトは現在，南アフリカでもっとも開発された地域のひとつであり，ヨハネスバーグやプレトリアのような大都市，主要な鉱山，産業，ならびに農場・牧場の多くがその範囲にある．この地域の西端や南東端を除けば，かつて存在したメガルカヤ属のフサガルカヤや，キビ属ならびにカゼクサ属の種のような高茎で食用になる「sweetgrass」の牧草地はほとんど残っていない．こうした地域はドラケンスバーク山脈（Quathlamba，現地語で「積み上げられた岩」という意味）の北部丘陵地帯に一致して存在し，ここではプレイリーは変化し，熱帯草原はウシノケグサ属の *Festuca costata*，*F.catrina*，スズメノチャヒキ属の *Bromus firmior* などの温帯種に取ってかわられている．ハイフェルトのさらに乾燥した地域では，過剰なグレージングにより低木林が形成され，またこの地域のプレイリーはカルー高原の森林サバンナに混じり合っている（第 4 巻「高温熱帯砂漠・半砂漠」I－3 章参照）．

ニュージーランドのプレイリー

800 ～ 1000 年前に人類がはじめて入植する前には，ニュージーランドを覆う植生はおそらく大部分が森林であった．草本群落はおそらく，森林限界を超えた高山地域，いくつかの谷底，そして沿岸環境や湿地帯に限定された．北島では，草原地帯は緯度と方位に応じて標高 1000 ～ 1500 m 以上に位置したが，島の南端ではこ

21．キャンベル島の草原地帯（ニュージーランド）は，叢生草本が優占している．面積 $106\ m^2$ のこの小さな火山島は，非常に寒くて風が強く，降水は雪として降ることが多い．霜が降りることが頻繁であるが，土壌が5 cm以上の深さにまで凍結することは滅多にない．この島の植生は，これらの条件の結果であり，通常は葉がほとんど閉じた植被を形成している叢生植物の単一層で構成され，その間に背が高いイネ科草本植物が若干生えている．湿った場所には，背が低いコケ層がある場合もある．
［写真：Kathie Atkinson / Oxford Scientific Films］

の限界が700 mしかない場合もあった．南島では，この草原地帯の下限が1200～1500 mで，島の南端では650 mしかなく，南島の南端の南にあるスチュアート島においてはわずか600 mであった．亜南極の島々には，高茎の叢生草原があった（第3巻 p.47，79，121）．しかし，現在は，プレイリー（草原と低木群系のモザイクが若干ある）はニュージーランドの約60％を占めている．ニュージーランドは，人間がもたらした変化に応じて，未だに急速に変化している．最初のポリネシア人が移住する前のニュージーランドと環境条件が同じままである場所は少なく，人間による影響がほぼすべての場所に行き渡っている．

南米の南端と同じように，ニュージーランドに自生する単子葉植物の間では叢生の生育型（イネ科草本のような塊となる）が非常に一般的である．枯れた葉の葉鞘，葉，葉柄が密集した叢生に付着したままになるために，植物はより高く，より外へと伸びて，密集した塊を作るのである．叢生の形成は非常に古いものであると考えられ，新たに進化してきた植物に侵攻されたり取って代わられたりすることを妨げているのだと思われる．したがって，高度がより高く，より乾燥した地域には自生の叢生草本プレイリーが目立って存在する一方で，降雨が多い地域，特に低地は，自生種が根強く残る場合があるものの，通常は外来植物（一般的にはヨーロッパ起源）が優勢な大草原である．

II
ステップとプレイリーの生物

1. ステップとプレイリーの生態機能

22. サウスダコタ（米国）で撮影されたこの写真の雄のプロングホーンのように，**大型の草食動物がステップとプレイリーを利用する．** 水不足，季節的な乾燥，自然発生の野火，および頻繁な集約的グレージングが，このバイオームの莫大な草原地帯の生長の根底にある主な要因である．最も一般的な植物はイネ科の植物であり，特にウシクサ属，キビ属，ハネガヤ属が多いが，優占種は気温や降水分布に応じて地域ごとに違う．植被には，マメ科植物，キク科植物，キンポウゲ科など，多くの草本植物があり，中には，高木や低木が生える場所もある．サバンナのように，ステップやプレイリーの植物バイオマスは，それほど高くないが，生産性は高い（ステップのタイプや水の利用可能性に左右される）．平均生産量は，1 年につき 500～1500 g/m^2 である．多くの小動物がこの植物を食べるが，生産量のほぼ 90 % は結果的に枯死する．これが土壌表面に密度が高い黒っぽい腐植土を形成し，これが急速に分解して植物の成長に必要な栄養分を供給する．
［写真：Rod Planck / NHPA］

1.1　草原の王国

ステップ，プレイリー，パンパを初めて訪れる人は，樹木に覆われていないことで落ち着かない気分を味わうことが多い．森林も，そして孤立した樹木さえもないことが自然の手違いに思え，多くの人々が木を植えることによって「癒されよう」としてきた．この「生態学的改良」は，19 世紀後半に，ユーラシア，北米および南米で大規模に行われた．数百万本の木がステップ，プレイリー，パンパに植えられ，森林地帯を形作ってきた．それでもステップは，いまだに，はるか地平線まで広がる草原に支配されている．

ステップの樹木：草原に孤立

地球上には，樹木がまったくない景観はほとんどない．農業が起こる以前には，乾燥地帯全域の 90 % を樹木が覆っていた．多くの広々とした景観には，アフリカのサバンナのアフリカバオバブやアカシア属，中央アジアの寒冷砂漠のハロキシロン属，北部ツンドラのヒメカンバ，ヤナギ属，ハンノキ属などの孤立した樹木がある．

しかしながら，ステップやプレイリーの奥地では，樹木は大きな河川の流域のみに生える．典型的なステップの環境条件では，どの森林植生も，草原から直立する低木のみで構成されている．この例となるのが，東ヨーロッパステップの低木性のサクラ *Prunus fruticosa*，アジアの乾燥ステップのムレスズメ属（*Caragana pygmaea* や *C. microphylla*），キジムシロ属，シモツケ属，北米プレイリーのアメリカウルシおよびアメリカハシバミなどである．樹木がないことが，ステップ景観を特徴づける特色の一つとなっている．南シベリア，カザフスタン，キルギス，モンゴルのステップに「木々よ，さようなら」（カザフやその他のトゥルク諸語で，qoix-aghaix や同様の言葉）という意味の地名が多いのは，決して偶然の一致ではない．

ステップ地帯の辺縁に向かうにつれ，高木や低木の数が徐々に増えていく．ユーラシアステップの西端にあるプスタ（puszta）というハンガリーステップは，数世紀前までは，草本に覆われた平原に大きな落葉性ナラが散在する広々とした景観であった．東ヨーロッパステップの北端にも，パーク・ウッドランド park woodlands という，密な草本植被の上に木本層がある広々とした森林地帯が 16 世紀まで存在していた．北米のグレートプレーンズの東には，集約農業が起こる以前に「ナラのサバンナ」として知られるタイプの植生があった．ステップやプレイリー地帯の南端，すなわち砂漠との推移帯付近に行くと，低木の植生が次第に多くなる．なかには，さまざまな大きさのムレスズメ属（*Caragana bungei*，*C. spinosa*），キジムシロ属の低木，アカザ科のタール（*Nanophyton erinaceum*）の密生したパッチが砂や礫質の土壌の上に見られる場所もある．

ステップとプレイリーが森林バイオームと隣り合う場所では，樹木が草原地帯に進攻しているという報告が数多くあるが，これは明らかに人間による直接的な介入の結果ではない．降雨が平均を上回る状態が数年続くと，二つのバイオームの境界は明らかに移行する．こうした類の樹木による侵入の例が，ユーラシア大陸ステップ地帯の北端にみることができる．このような侵入が特によくみられるのは，北米プレイリーの東部で一定の年に年間総降水量が高くなる確率が，ユーラシアステップの最多雨地域の 2 ～ 3 倍もある．

北米における森林とプレイリーの境界を長期にわたって観察すると，人間の撹乱から保護され，家畜から守るよう仕切られた場所では，進攻する森林の最前列にある低木がプレイリーの草本植生との競争にやすやすと打ち勝つことがわかる．プレイリーの草本が優占する場所では，アメリカウルシの地下シュートは，深さ 10 ～ 30 cm で 7 ～ 9 m 成長できる．しだいに，スイカズラ科のコーラルベリーやアメリカハシバミなどの他の低木がアメリカウルシと合流して密集した植被を形成し，その下で草本が生長することが不可能になる．

それまで連続していた群生（やぶ状，塊状）の植被が途切れると，より大きな樹木が生長するようになる．その結果として，5年以内に，密生した前列の後に続いて進攻してきた森林にプレイリー地域の一部が侵略される．しかし，非常に乾燥した時期には，森林は以前の限界線まで後退する．

樹木を植えると，通常は最初の数年間は急速に生長する．必要なことといえば，地面を耕して草の層を取り除き，水分を維持することだけである．ステップには若い樹木が蒸散するだけの水分貯蔵があるが，成熟した樹木の栽培には，単位面積あたりでステップ草本の10倍の水を必要とする．10年後には，水不足のために，ステップに植えられた樹木の蒸散は自然林にある同じ種類の樹木の2/3～1/2しかなくなる．深刻な干ばつは致命傷で，これが周期的に発生し，状況をさらに悪くする．樹齢25年の場合，その下のステップ土壌の水分含有率は14％まで落ちる．これは成熟した樹木が利用できるほとんどすべての水を蒸散する臨界レベルである．

樹木が3～4mの高さに達すると，地上部分に比例して伸びる根系は，地下上層に十分な空間を見いだせずに何mも下に伸びなければならない．すなわち，植物のバイオマスの多くは，水分をほとんど含まない層にあるということである．多くの水分を必要とするステップの樹木は，実際に自分自身の水分を最後の一滴まで利用する．水が不足すると，もっとも水が供給されにくい先端部分が最初に枯れ，次に低い枝，そして樹木全体が枯れる．ステップで植えられる樹木の寿命はせいぜい30～40年である．したがって，ステップ，プレイリー，パンパにおける植樹の経験から，不十分で不確実な水の収支が樹木種の生物学的機能と折合わないために，自然の森林がほとんど存在しないのだということがわかる．

勝利する草原

しかしながら，乾燥した気候条件がすべての説明となるわけではない．樹木の風に飛ばされた種子やその他の繁殖子がステップやプレイリーに到達して，そこで発芽する．北米の高茎プレイリーのように水の条件が十分であっても，うまく発芽した樹木の若木は2～3年しか生きのびることができないのが普通である．間違いなく，草本植物の妨げでうまく定着できないのである．実験データによれば，樹木の種子や若木は，草本植物が生えていない耕作済みの土壌に植えると生きのびてうまく生長する．草本植物の被覆が破壊されなければ，たとえその地域が水で潤っても，種子は発芽しないし，若木は定着しない．樹木が水をめぐって草本と張り合えない主な理由は，主として草本の根系の特別な構造である．草本植物にはひげ根があり，総面積が広い（ステップ1 m^2 につき100～200 m^2）根毛が並外れて迅速かつ効率よくステップの土壌から水を吸いあげる．樹木の根は，草本の根ほど速く水を吸い上げない．これが，樹木が草本に太刀打ちできない理由である．さらに樹木には，地上のある高さに茎と葉が大量にあり，大量の水を継続的に蒸散する必要がある．たとえばポプラの樹林の生長には，同じ面積の乾生ウシノケグサ草原の7～12倍の水が必要である．

乾燥した気候にとても頻繁に発生する野火が，ステップとプレイリーの草本の被覆を一時的に破壊し，これらの生長を止めて，裸地空間をあとに残すことがある．樹木がこの裸地空間を利用してステップに侵入する可能性があるのは明らかである．5月の台風シーズン中には，前年の秋以来ずっとステップを覆っていた乾燥した草原が，たった一回の稲妻で燃えてしまう可能性がある．炎の最前線はレイヨウさながらの速さで移動し，この疾走する炎はむき出しになった空間に広がっていき，ほとんど灰だけの空間が残される．草本植物のバイオームの大半は，根やその他の地下貯蔵器官として地面の下に保護されている．こうした栄養貯蔵庫のほかに，根は土壌中に洗い流された灰の栄養分を利用することもできる．この結果，草本の株は外に向かい，空いた空間すべてを再び占有する．カモジグサ属のいくつかの種を例にとってみると，この草本は自身の生長を止めて，厚い根の層を形成することがある．

ステップやプレイリーで実施された一連の実験により，1年周期の野火が草原の被覆を過剰に生長させることが明らかになった．しかしながら，野火を人為的に防ぐと，他の草本植物の生長に好都合になり，そのバイオマスがわずか2年のうちに数倍になることがある．

枯死した草本植物がステップの土壌表面に集積されると，腐葉土の層が形成され，これが今

23. このトールグラスプレイリー保護区（米国オクラホマ州）で自然発生した火災のように，**プレイリーにおける自然発生の火災**は，特に熱い夏の間に，落雷によって生じるのが普通である．これらの見通しのよい空間に吹く風が，炎をとても急速に広げるため，土壌深くに浸透する時間はなく，植物バイオマスの大半を占める植物の根には損傷を与えない．生きている植物バイオマスのほとんどは，炎から守られ，草本植物は火災の後，ふたたび容易に芽を出すことができる（図28参照）．火災はさらに，春に草の生長を遅らせたり阻害する主な要因である枯死した植物物質の蓄積さえも焼いてくれる．もしプレイリーが定期的に焼かれれば，地下でも地上でも，春の生長がもっと活発だろうということが判明している．したがって，火災は，プレイリーを健康に保つ助けになるといえる．
［写真：Jim Brandenburg / Minden Pictures］

度は草本の生長の障害物として働く．2年ごとに野火が生じると，イネ科草本と広葉草本の混生群落が形成される．

1.2　効率よい一次生産

ステップとプレイリーでは，イネ科草本やその他の草本植物が樹木の植生を凌いでいるという事実が二つの重要な生態学的影響を及ぼす．一つは，どの森林と比較しても草本植物の総バイオマスが非常に小さいということである．二つ目は，地下部分の質量が地上部分よりずっと大きいということである．

大量の落葉と乾いた草

ユーラシアステップ地帯の植物の総バイオマスは，寒冷砂漠に近い地域の乾燥重量 1 kg/m^2 から，最も典型的なステップの 3～4 kg/m^2 まで，さまざまである．北米プレイリーの東端と東ヨーロッパステップの北部は比較的雨が多いが，植物バイオマスの値は低く（約 2.5 kg/m^2），平均すると北方林の 1.5 % しかなく，寒冷砂漠のわずか 1.5～3 倍である．

ステップにおける植物バイオマスの組成も，森林や砂漠とかなり違う．この理由は，短茎草本の景観には大量の枯死植物のバイオマスが含まれ，生きた植物のバイオマスのほとんどがその年に生産されたシュートにあるためである．しかし森林や砂漠では，生きた植物組織の大半が多年生シュートの形で生えている．地上の植生は三つの要素に分割できる：緑色植物バイオマス，乾燥植物体，そして落葉である．乾燥した物質は，ほぼ乾燥していながら根についたままの枯れたシュートでできている．落葉は，土壌に落ちたもののまだ分解していない植物の遺体が弾力のあるカーペットのようになっているものである．

典型的なステップでは，緑色植物のバイオマスは地上の総バイオマスの 50 % を占めており，乾燥した草本植物体が 35 %，落葉が 15 %

24. プレイリーの穴掘り哺乳動物は，下層土の奥深くに住んでいる． 彼らは走るのが速い大型草食動物や，それらを狩る肉食動物とともに，プレイリーで暮している．こうした小さな下層土の穴掘り動物には，プレイリードッグ（図 61 も参照のこと）が含まれる．その鳴き声から「ドッグ（犬）」として知られるが，実際にはげっ歯類である（ジリス）．彼らは北米プレイリーの，数百 km という曲がりくねったトンネルがある地下都市に住んでいる．写真のように，洪水から穴を守るために，土をもってわずかに隆起したじょうご型の入り口を作る．［写真：Jim Brandenburg / Minden Pictures］

である．ヨーロッパの湿潤ステップでは，緑色植物のバイオマスは地上植物の総バイオマスの 40 ～ 45 % にまで下がるが，その一方で枯死した植物組織（乾燥した植物および落葉）の量は合計の 55 ～ 60 % まで増える．年間の総降水量が最大 1000 mm にのぼる北米プレイリーでは，緑色植物の総バイオマスは 20 ～ 30 % に下がるが，落葉および乾燥植物体は 70 ～ 80 % に増加する．おそらく逆に考えるだろうが，乾燥した植物は養分を豊富に含有しているため，従属栄養の消費者（無機物から食物を合成できないもの）に非常に適した食物である．緑色植物は夏にしか利用できないが，乾燥植物や落葉は 1 年中利用可能である．これがステップに草食脊椎動物・無脊椎動物が多いことを説明する理由の一つである．

草食動物が作る需要

北米プレイリーの 2 億 7000 万ヘクタールの地上植生の総バイオマスは，乾燥重量で 21 億トンである．これが，ヨーロッパ人の入植前には，平均体重 450 kg のアメリカバイソン（バッファロー）約 7500 万頭，および平均体重 70 kg のプロングホーン約 4000 万頭の集団によって消費された．そして全体像は大きく変化していない．20 世紀には，家畜の頭数は，15 ～ 16 世紀に生息していた野生の有蹄類の総数と同じになっていた．プレイリー地帯全体で，草食動物と草原のバイオマスの比はおよそ 1：50 で，草食動物の重量は約 6000 万トンである．いくつかの記録によれば，前世紀におけるユーラシアステップの有蹄類の重量は非常に大きく，動物のバイオマスと地上の短茎バイオマスの比はもっと低かったらしい．

ユーラシアステップよりも密集し，過去にそれほど多様でない有蹄類を支えていた北米プレイリーでは，動物相が，植生に対して加える圧力をおおまかに評価するサンプルとして使用できる．バッファローは乾燥重量で年平均6トンの草を消費し，プロングホーンは0.8トンを消費する．結果として，北米プレイリーに生息する草食有蹄類全体で，5億トンの草を消費することになる．有蹄類に加え，多くのげっ歯類の食糧は，大半が地上植物のバイオマスから成る．たとえば，数多くいるプレイリードッグは，1 km^2 あたり5000～1万5000匹の密度に達する可能性がある．プレイリーで行われたある実験により，人間による撹乱やげっ歯類から守られた地域の植物バイオマスは，げっ歯類が優占する地域の8倍であることが判明した．別の実験では，256匹のプレイリードッグが，バッファロー1頭のおよそ1年分と同じくらいの量を食べることが判明した．これらの数字から，げっ歯類が優占するプレイリー地帯におけるげっ歯類に必要な食物量は，乾燥重量で年間約7億トンであることがわかる．

昆虫，特に草食のバッタ類（直翅類）は，哺乳動物にとって深刻な敵である．これらは自分の体重よりも重い量のみずみずしい緑の植物組織を食べることによって必要水分量を満たす．バッタ類の群れはステップ様の景観に数多く生息し，全体でプレイリー地帯の緑色植物の成分と乾燥した草を約2億トン消費する．これらの多様な食糧の中には数十種の草本種が含まれており，特にウシノケグサ属やヨモギ属の新芽にひきつけられる．最終的に，地表に生息する種々の草食無脊椎動物の消費量は，ステップの落葉約10億トンに達することがある．

したがって，プレイリーの脊椎動物および無脊椎動物は，合計約15億トン（乾燥重量）の草，すなわち地上植物の総バイオマスの70％を必要とする．世界中にも，従属栄養生物によってこれほど激しく植生に食圧が加えられているバイオームは他になく，この生物学的圧力に対しては，二つの要因によってもちこたえるしかない．一つは，植物が急速に生長して，枯れて消費された物質にとってかわることによる急速な代謝回転である．二つ目は，主に根からなる大量の地下の植物バイオマスの存在である．

植物地上部バイオマスの規則的ターンオーバー

ステップ生態系におけるバイオマスのターンオーバー（回転）のパターンは，北方林のものとはまったく違う．森林では，植物の総質量は莫大で（乾燥重量で1ヘクタールあたりおよそ2500～4000トン），主に植物の多年生器官で構成される．新しい植物組織の年間生長量，すなわち一次生産は1ヘクタールあたり5.4～12トンである．しかし，ステップ生態系では，年間の植物生産は，その生態系の植物総バイオマス量と同等で，1ヘクタールあたり平均25トンである．ステップにおける植物生産と植物バイオマス現存量の比は，北方林の300～600倍である．

ステップとプレイリーの生育期間は，土壌水分の利用可能性に応じて，2～7ヶ月継続する．植物がもっとも生長する時期は，春の雪解け時期である春～初夏と，気温の低下により土壌の水分蒸発が減少する秋である．植物が激しく生長する期間は，組織が枯死する期間と交互にやってくる．枯死した根の分解は1年中起こるが，条件に応じて速度が違う．降水がある湿潤な条件では根の分解が速いが，寒冷（冬）あるいは乾燥した（夏）条件では分解が遅くなる．根系のターンオーバーもやはりさまざまである．たとえば深さ50 cm未満の根は，1 mの深さの根よりもターンオーバーが速い．多年生植物は，毎年，根の部分が65％ターンオーバーする．1年生植物よりも大きなバイオマスを占める多年生植物は，ゆっくりと分解するため，ステップ植生におけるすべての物質が完全にターンオーバーするには2～3年かかることになる．それにくらべ，北方林では，このターンオーバーは数十年ごと，あるいは数世紀ごとに生じる．これは，落葉の形で毎年堆積するのが植物バイオマスのほんの一部であるためである．

地上植物のバイオマスを草食動物が周期的に消費することが，生長が速いために光合成器官の損失が速やかに補われるステップとプレイリー植物にとって好都合な自然淘汰を引き起こすもう一つの要因である．ステップ植生のバイオマスが低いのにもかかわらず，生産性が高いということは，これが多くの脊椎・無脊椎草食動物を支えることができるということを意味す

25. ステップ群落の根のバイオマスは，主に土壌の表層にあり，深くなるほどバイオマスは減る．プレイリーもそうであるし，ステップでは特に，典型的なステップの草本植物の図（中央）によってはっきりと示されるとおり，地下の根は地上の植物体よりも大きなバイオマスを示す．アスカニヤーノバのステップでは（右上），イチゴツナギの球根状の基部が土壌より上にみられる．葉や地上部の緑色の茎における光合成によって産生される炭水化物の大半が，根に転流される．緑色の植物バイオマスが最大に増加する時期には，わずか 30 % の純生産量が根に転流されるが，地上部分の生長がゆるやかになると，光合成生産物の最大 90 % が根に転流されることもある．結果として，根系は活発に生長して，大きくなる．たとえば東シベリアとカザフスタンのステップでは，根は 1 ヶ月で 1 ha につき 10 トン生長することがある．その後，これらの蓄積された貯蔵物質は，地上部や根の生長に利用される．水分や栄養分は，光合成を促進するために根から地上部へと急速に転流されるが，根から緑色の部分への炭水化物の転流は，地上部から根へ転流される炭水化物の総量のわずか 6 % しかない．貯蔵栄養分は，極端に必要な場合をのぞき，利用されないままである．［図：Jordi Corbera. Walter & Breckle に基づく．1986 年］

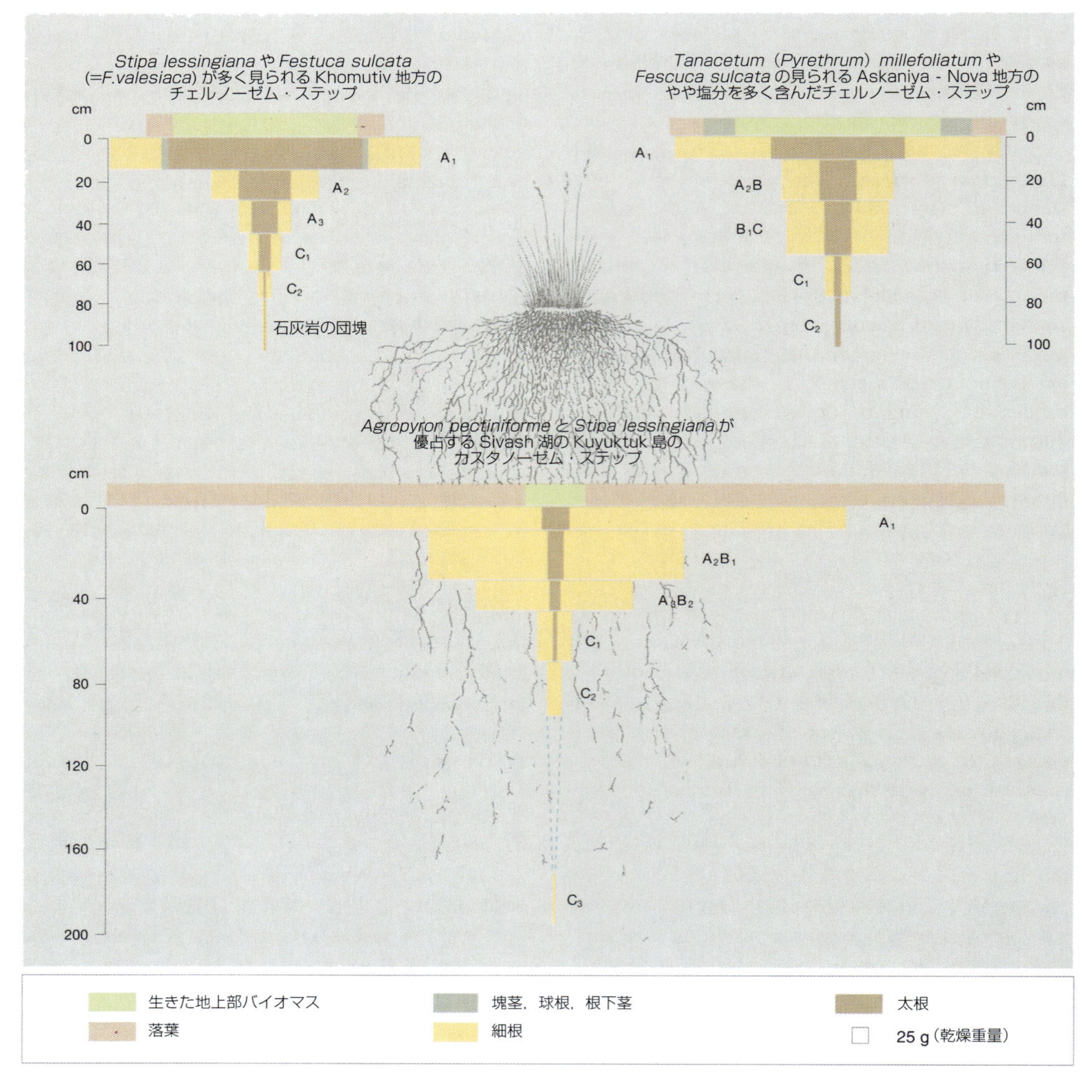

る．

植物の地下部バイオマスという固形資産

ステップの植物，なかでも叢生する（集まって，あるいは小さく密な株状で生える）草本植物の根の質量のほとんどが，深さ 50 cm よりも浅い場所にある．ステップとプレイリーでは，降水から得られた水分のすべてをこの土壌が吸い上げることができるが，長期の干ばつで土壌は完全に干上がる．この表層の 1 日の温度変化および季節ごとの温度変化は，気温の変化やもっと深い層の温度変化よりも大きい．それでも通常は土壌のこの層がもっとも温かく，いくつかの生化学的反応は主にここで生じる．腐植の集積・分解が特に激しいため，土壌は有効栄養分が豊富になる．したがって，ステップにおける植物バイオマスの大半がこの表土層に集中していても意外ではない．

叢生したイネ科草本の根系は，たくさんの微細な根や吸収力がある根毛をもつ長いヒゲのようであり，その総表面積はステップ 1 km² につき約 200 km² に達する．干ばつがある年には，草本には水分を吸い上げるための細かい吸収根が多く育つが，降雨が多い年にはより太い根ができる．ステップに生える双子葉植物の根系は，イネ科植物の繊維性の根系と大きく違い，1 ～ 2 m の深さまで伸びる主根をもつこともある．このような植物の一つにシベリアヨモギギクがある．この植物は東シベリアのステップによくみられ，土壌水分がある層でのみ分岐する非常に長い主根がある．ステップの植物の長い根は，水分と栄養分の貯蔵に適応した形態であると考えられる．蓄えを貯蔵するということは，植物が不都合な条件においても新しい地上部分・地下部分を伸ばすことができるということである．したがって，春の野火やシュートの過剰なグレイジングが，特定の場所の植物の地上部バイオマスを完全に破壊しても，植物が地下部に貯蔵した栄養分のおかげで，遅かれ早かれ回復する．

このような強力な根系は，草食動物や定期的に生じる野火による猛烈な消費にさらされる地上部バイオマスの急速な生長を支えるために必要とされる．したがって，草食動物の群れによってアスファルトの道路を思い起こさせる状態にまで踏み荒らされた表面でさえも，有蹄類のグレイジングが終わってから3年以内にもとの状態に戻ることができるため，グレイジングの圧力は，ステップの植被に過度の影響を及ぼさない．このバイオマスの70％が地下に保護されているため，深刻な干ばつもステップの植物にとっては致命傷にならない．根に栄養分を貯蔵するのは，地上部分に影響する有害な条件を緩和する一つの方法であり，その生長を確実なものにする．

1.3 特権がある消費者

バイオマスや生物の個体数のような重要なパラメータを知ることにより，ある特定の時点での群落の状態を統計学的に解析することができる．群落の動態は，食物連鎖を通じて，エネルギーと食物の変換の速度と特質で特徴づけることができる．

ほとんど制限なしの新鮮な草の供給

光合成によって植物が吸収したエネルギーは，2種類の方法で変換される．エネルギーが変換される方法が腐食性消費者—落葉，材木，枯れた植物の遺体を食べる動物や真菌—に好都合な森林生態系とは違って，ステップおよびプレイリー生態系では，生きた植物のバイオマスを消費する者，すなわち放牧動物および草食動物が，一般に重要な役割を果たしている．ステップでは，実際の捕食動物とは違って自分の獲物である草本植物をゆっくりと少しずつ食べる草原の「捕食動物」（草食有蹄類，げっ歯類，昆虫）により，エネルギーや栄養分のほとんどが，ある栄養（食物連鎖）段階から違う段階に変換される．

しかし，こうした栄養関係については，草食動物は肉食動物とはそれほど違いがない．同じ栄養源をめぐって競う種間ではいくぶん同じ関係であるのとは対照的に，どちらも「獲物」との一方的な関係を維持している．しかしながら，ステップとプレイリーでは，これらの間の異なる栄養段階の相互作用は，他のバイオームほどはっきりとは示されていない．これは生産性が高いこと，すなわち土壌中の高い栄養貯蔵物質の存在—ほとんどの草食動物には利用できない—，および草食動物の個体数や活動性を制限する実際の捕食動物が少ないことによるものである．

森林生態系，特に北方林では，草食動物は年間植物生産量の10％しか消費しない．残りの90％は枯葉や大小の枯枝として落ちるか，幹や根や枝に集積する．すなわち，樹木が枯死するまで大半は消費者の手に届かないということである．樹木の構造成分やタンニンが豊富であることは，このすべての生産が，枯死しようと多年生器官に貯蔵されようと，やがて腐生生物や分解者によって徐々に分解される．ステップとプレイリーでは，この状況は非常に異なる．草本層に生息する植食動物は，植物が枯死する前に植物バイオマスの30～60％を消費する．このような高いパーセンテージが消費されるのには二つの主な理由がある．第一に利用できる水が非常に少ないこと，第二に柔らかくてみずみずしい草本植物の組織に含まれる栄養分は濃度が低いことである．

たとえばアジアのステップでは，ゴミムシダマシ科の成虫（生殖能力がある成虫）は1日に自分自身の体重（50 mg）の2倍の100 mgの食物を食べる．しかしステップやプレイリーの土壌に生息する無脊椎動物は，低いバイオマスにもかかわらず（2～25 g/m^2），有機物の分解に重要な役割を果たす．植物遺体をより小さな破片に分解することにより，草食動物は植物遺体の表面積を増やし，微生物がそれらに作用する道筋を整える．

食糞動物から無機化する微生物まで

草食動物の糞を消費する一連の小型の食糞動物のグループもあり，（主に幼虫だが，甲虫やハエの成虫もいる）こうして物質循環に主要な役割を果たす．食糞甲虫の幼虫は，食物にして自分の体重の500倍を消費する．その他の食糞動物とともに，これらはウシ亜科動物の糞を

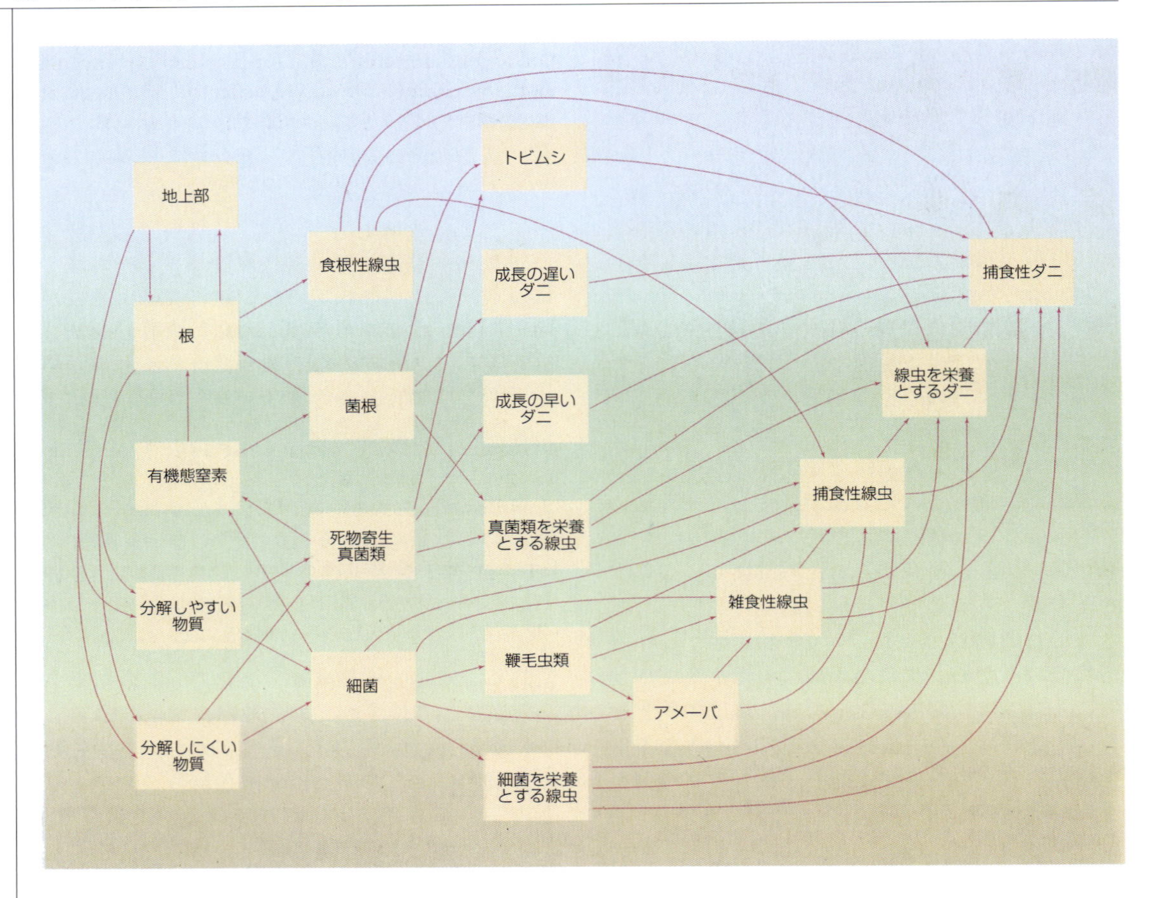

26. プレイリーの土壌中の食物連鎖は，土壌の生態系が非常に安定しているために，地上の食物網よりも長くて複雑である．土壌に生息する生物の大半は腐食性生物であるが，草食動物が多く，また肉食動物も生息している．これらの生物はすべて，土壌の三つの主要な栄養型（食物連鎖）システムを形作っている．つまり，微小，中型，大型食物連鎖（食物網）である．微小食物網の生物は，土壌粒子や根の周囲の水の膜に存在し，主に，さまざまな種類の基質を餌にする細菌や真菌である．中型食物網は，呼吸用に酸素が得られる土壌の細孔に棲む，トビムシ，ダニ，線虫，原生生物，および小型の動物などで構成される．したがって，これらの存在量は，土壌の多孔性に左右される．ミミズ類やヤスデ類のように，行動が土壌の物理的構造を変化させるもっと大きな無脊椎動物は，大型食物網の一部をなしている．これらの3システムの相対的な重要性は，湿度や土壌 pH など，気候条件や土壌の特性に応じて，その場所その場所で異なる．
［図：Jordi Corbera，Curry に基づく．1994 年］

2～3日以内に，痕跡も残さずに消費することができる．ステップの草食動物は大量に食べた量のわずかしか吸収しないため，これらの糞には途中まで分解された大量の植物残渣が含まれ，これがその後もっとも小さな無脊椎腐生生物（トビムシ，ダニ）および多くの微生物の食糧の一部となる．

この食物連鎖の消費者は，草食動物や腐生生物の腸において，ある微生物群の生殖と活動を刺激する一連の生物学的に活性な化合物（ビタミンB群他）をつくる生化学的プロセスから利益を得る．したがって無脊椎動物の糞が有機物分解の中心として作用する．その結果，ステップの土壌は，主に真菌，原生生物，および細菌，特に放線細菌や放線菌という分解者の複雑かつ強力な複合体の本拠地である．ステップおよびプレイリーの土壌におけるこうした生物の総重量は，乾燥重量で 126 g/m^2 に達する場合がある．

最終的にセルロースを分解できる微生物が現れるまで，糞が古くなるにつれ，それを常食とする種々の微生物群が交代する．これらの微生物が豊富なため，ステップ土壌における植物残渣の分解速度は，隣接する土壌の2～3倍である．セルロースを分解してエネルギーに変換できる微生物がいると，腐植酸の形成に有効な炭水化物の量が劇的に減る．

有機物分解における次の段階は，腐植の無機化である．ステップの土壌では，これは主にノカルジア属の放線菌によって行われる．ユーラシアの典型ステップであるチェルノーゼムには，腐植1g中にノカルジアが720万匹，もっとも色が薄いカスタノーゼムには730万匹いる．ステップ土壌の腐植の中には，10～15年以内に微生物によって無機化される部分もあるが，1000～1500年かかる部分もある．したがって，こうした転換のほとんどが急速に生じるが，ステップ生態系には不活性な腐植部分という形で大量の栄養蓄積があり，これが確実に群落の機能を安定させている．

1.4 循環の効率と遷移の速度

生態系全体のエネルギーの流れには，基本的な化学元素と化合物の循環が動員される．吸収と分解に関わる栄養成分は，有機形と無機形の

27. プレイリーの植食性昆虫は，草本植物を大量に消費する．ステップとプレイリーでは，トノサマバッタなどのバッタが，草を食べる主な昆虫である．いくつかの場所では，そして密度が十分に高い場合には，大型草食動物ほどの大量の草を消費する場合もある．脊椎動物，無脊椎動物のいずれも，ステップの草食動物の同化率は平均30％であまり高くない．消費された植物バイオマスの多くは，排泄物として土壌に還される．たとえば，バッタやその他の直翅目の非群居性の昆虫は，12 g/m^{2}の糞を落とすが，ステップ生態系で頻繁に見られるゴミムシダマシは1日に乾燥重量10 mgの排泄物を出すことがある（消費する食物バイオマスの約15～40％を糞の形で排泄する）．
[写真：Albert Masó]

間を行ったりきたりする．したがって，関与する種々の交換過程は，生態系における生物成分すべてが化学元素の循環に関わることを意味している．

移動性が高い栄養素

プレイリー，そして特にステップは，炭素の交換と循環が非常に急速な生態系である．炭素に関わる処理過程で生物が関与しないのは，光合成によって得られる炭素の総量のわずか3～4％である．窒素，リン，カリウムなど，植物の生長を制限する因子として作用するその他の元素は，さらに移動性が高い．

たとえば，典型的なステップ生態系における窒素の総量は，植物の地上部分でおよそ6 g/m^2，地下部分で16 g/m^{2}である．有機物を燃焼させたあとの灰の無機成分の重量は，地上部分で30 g/m^2，地下部分では約120 g/m^{2}である．これらの値は，北方生態系の値よりわずかに低い．

植生に集積された元素が再び生物循環で利用されるには，発生した場所，すなわち土壌に返らなければならない．これには四つの方法がある．すなわち，植物の地上部分から洗脱する，根から堆積する（浸出および細胞の脱落），地上部分の枯死組織の分解，枯死した地下部分の分解である．これらの過程の第一として，植物組織の構造が弱まる夏の後半に，炭素，窒素，カリウム，リン，硫黄，ナトリウム，マグネシウム，塩素の地上部分からの洗脱が生じるのが普通である．夏の後半になると，植物体の古い部分の組織が構造的に弱くなる．根からの分泌物は，ケイ素，カルシウム，カリウム，ナトリウム，リンを土壌に返す．落葉の分解は，ケイ素の約20％，総マグネシウムの5％をステップ土壌に返し，これによって再び根が吸収できるようになる．しかしながら，植物にとって主要な栄養源は枯死した根の分解である．というのはその無機化によって含まれる全ての化学元素の60～90％が土に返される．

これらが典型的なステップあるいはプレイリーの生態系では，生きている植物，枯死植物体双方のバイオマスにおける窒素貯蔵のターンオーバーにかかる総時間は，約0.4年である．炭素貯蔵にかかるターンオーバー時間は，生きている植物のバイオマスでは2倍（0.8年），枯死した植物のバイオマスでは0.6年である．したがって，窒素は炭素のほぼ2倍を超える速度で土壌に戻る．異なったステップとプレイリーの生態系では，植物の地上部分の窒素消費は年間2～10 g/m^{2}という幅があり，地下部では年間1.5～55 g/m^{2}の幅がある．無機元素の消費は，地上部で年間10～80 g/m^2，地下部で20～325 g/m^{2}の幅がある．

結論として，ステップタイプの生態系における種々の元素の循環に関しては，非生物的過程よりも生物的過程の方がずっと重要である．生態系内化学元素の循環の90％は，生物学的循環において生じる．塩素，硫黄，ナトリウムだけは，生物的変換よりも高い頻度で無生物的変換を受ける．したがって，ステップとプレイリー生態系は，生物学的循環における元素の高い

28. 火災の直後に，再び急速に萌芽する草． この再萌芽から，ステップとプレイリーの栄養サイクルがどれほど速いのかがわかる．この写真は火災の数日後の北米の長茎プレイリーを示す．火災は周期的にプレイリーの植被を破壊して，樹木の植被が定着するのを防いでいる．火災は，地上のバイオマスを破壊してその栄養分を土に放出することによって，草の生長を促進する．さらに，土壌中の分解者である微生物の数を増やす．これは火災の後に根や根系がますます生長し，さらに多くの炭素や窒素を与えるからである．このように，自然発火の火災は，プレイリーやステップに有益な作用を及ぼす．火災から守られている地域（湿気の多い場所など）は，樹木が侵入しはじめ，数年以内に草本植物の密度と生産量がかなり低下するため，急速に衰退してしまう（図 23 参照）
［写真：Jim Brandenburg / Minden Pictures］

移動性が特徴である．

遷移過程の加速

群落の遷移は，ステップとプレイリーによくみられる現象である．これは，突然の気候変化，げっ歯類による穴掘り活動，有蹄類による踏み荒らしやその他の被害，汚染，その他の結果として生じる．このような場合，原生的生態系の構造は，完全にあるいは部分的に破壊され，その後，極相と呼ばれる成熟の最大レベルに到達するまで，非常にゆっくりと復旧する．

この回復プロセスの間に，まさに動植物間の連鎖として，植物種および動物種の数が増加する．遷移の初期段階から，植物群落の種類組成の中で多年生草本種が一年生草本と置き換わる．イネ科草本，その他の草本植物，および種々の叢生（密集して株状になった）形態が優占するようになる．昆虫においては，個体群が突然の変動を示すより小型のものが，長期にわたって安定状態を保つ個体群を持つ大型のものに置き換わる．

さまざまなタイプの遷移（「ステップの形成過程」と呼べる）で，生物的循環に関与する化学元素にくらべて非生物的変換に関与する化学元素の比率が減少する．遷移プロセスを通じて，生物循環はより閉鎖系的になり，交換過程は全般により安定になる．ステップでは，生態系が，裸地土壌（たとえばげっ歯類が掘った穴から退けた土）からはじまって，遷移のすべての段階を経て極相に行くまでに要する時間は 100 ～ 150 年である．極相ステップおよびプレイリーには，ブルニゼム，チェルノーゼム，あるいはカスタノーゼムの土壌に深く根を張った叢生草本がある．北方林や寒冷砂漠よりもステップの方がずっと遷移が速く，北方林では 300 ～ 500 年，寒冷砂漠では 400 ～ 1000 年かかる場合がある．

1.5　水，絶え間ない闘い

ステップ生態系の多様性を決める複雑なネットワークの中で，二つの生態学的因子が植生に特に重要な影響を及ぼす．第一に，生育期間のある部分で水が不足することであり，第二の要因は 1 年のかなりの期間にわたって日中の気温が高くなることである．これらの二つの要因は，しばしば同時に作用して，ただでさえデリケートな草本植物の生存をさらに困難にする．水が不足すると，ちょうど空気の乾燥や高い気温によって蒸散の損失が大きくなる時期に水分の利用可能性が減ってしまう．この状況を乗り切るために，植物は三つの戦略の一つを選ぶことができる．すなわち，水分の吸収を増やすこと，水の消費量を減らすこと，あるいは大量の水を失うことを許容するシステムを発達させることのいずれかである．

29. 小さくて透明な雨粒に覆われた土砂降りの後のプレイリーの草本. 水不足は，植物の生長を制限するだけでなく，有機物の分解や腐植土の形成も制限する．乾燥した気候になると，最も繊細な植物組織は枯れ，その大量の残骸が有機物で土壌を覆う．乾燥した気候が続く間は，これらの残骸の分解は極めて遅い．雨が再び降るようになると，分解は加速し，真っ黒で 2〜2.5 m の厚さにもなる柔らかな腐植土の層（ムル）ができる．［写真：Jim Brandenburg / Minden Pictures］

蒸発の壁

ほとんどのステップの植物は，生きのびるために，茎，葉，そして時々は花にも，たくさんの毛を発達させてきた．この軟らかい毛は，特に薄い色をしていると，光が非常に強い場合に暑い日差しを反射するため，蒸散時の激しい水分損失から植物を守る．こうして植物は，過酷な温度収支をやわらげ，蒸発を抑えることによって地上部分を涼しく保つのである．ビロードモウズイカ，クワガタソウ属のヒメルリトラノオ，イヌハッカ，キク科の *Linosyris villosa*，およびシソ科のアフリカンセージなどの多くの植物種がビロード毛に覆われている．すなわち，植物のすべての栄養器官，特に葉は，細毛が密集して厚い覆いを成す層（ビロード毛）に覆われている．

蒸散による水の損失を減らすもう一つの方法は，抵抗力がある覆い，つまり厚いクチクラと蝋の層を持つ防水性の層を作ることである．葉上にこうした保護層を産生することが，ステップ草本の被覆が冴えない灰色がかった色をしていて，牧草群生の輝くエメラルドグリーンとはずいぶん違う理由である．ユーラシアステップの多くの植物には，青みを帯びた灰色の蝋質の被覆があり，次のような種類がある；多くのトウダイグサ属；ヤグルマギク属の *Centaurea ruthernica*，レモンイエローの花の大きな頭花（無柄の密集した房）をもち高さ 1.5 m に達する草本植物；ヒゴタイサイコ属の *Eryngium campestre*，セリ科植物の一種で，荒いとげのある葉をもち，たくさんの青い花を頭状花序につける（セリ科植物に典型的な，いっぱいの散形花序の形ではない）．

小型の葉や多肉の葉をつけることによる水の節約

水の損失は，蒸散面積を小さくすることによっても減らすことができる．これは，気候が非常に乾燥した場合に縦に巻き上げることも可能な非常に細い葉身の葉をもつことによって成しえる．多くのステップとプレイリーのイネ科草本やスゲ類，特にハネガヤ属のいくつかの種類（*Stipa lessingiana* および *S. stenophylla*）あるいはウシノケグサ属のいくつかの種類が，このタイプの長く，薄く，綿のように柔らかく外巻き（後方あるいは下方に巻いた）の葉を生じる．

多くの植物は蒸散を少なくするが，これは深く切れ込んだ葉を生じることによって蒸発散の表面積を小さくするためである．この作用は，湿潤な環境と乾燥した環境の関連種を対比させるとはっきりとわかる．たとえば落葉樹林の中生植物であるシモツケソウ属のセイヨウナツユキソウには，幅広で切れ込みが浅い葉ができるが，近縁種のロクベンシモツケには，切れ込みが深い細い葉ができる．同じようなことが，散形花序がある（傘の骨のような花柄がある）多くの関連種，ならびにキク科植物ヨモギ属に生

30. **ステップやプレイリーの多くの植物は，**写真のヒゴタイサイコ属のように，**水分の損失を抑える蝋質の葉をもつ．**ステップとプレイリーのどちらでも，蒸散量は非常に多い．日中，乾燥したステップでは，蒸散は1時間に100～500 mg(水分)/g（生重量）になることもある．広葉草本が生えるユーラシアステップでは，生育期間の蒸散による水の損失は，約415 mmで，北米プレイリーでは254～763 mmと変動があるが，ウシノケグサのステップやハネガヤのステップでは，78～99 mmである．蝋質に覆われた葉に加え，多くの乾生植物が軟毛に覆われた葉や茎，とげ，および厚いクチクラのような蒸散を少なくするための別の適応構造をもっている．
［写真：Tony Morrison / South American Pictures］

じる．ステップ種の葉はさらに深く割れていて，これより湿潤なバイオームに生える近縁種よりも細い葉をもつ．

蒸散による水分損失は，小さな葉を生じることでも抑制できる．これは，キジカクシ属（ユリ科）や低木状裸子植物の珍しいグループであるマオウ属の特徴である．乾燥した南部ステップの広範なソロンチャク土壌には，葉がないあるいは葉が非常に小さな無葉性植物が多く存在する．これは，葉ではなく緑色の茎で光合成を行う．この興味深い植物種のもっとも典型的なものは，アッケシソウ，いくつかの種類の塩生植物（オカヒジキ属），あるいは*Halocnemum strobilaceum*など，葉がない太い枝をもつ変わった見栄えの低木である．植物の中には，水平ではなく垂直に線状の葉を生じるものがあり，これも葉にあたる日光が少ないと，蒸散による水の損失を少なくする．キク科のタムラソウ属，*Jurinea*，*Chondrilla*，ヤグルマギク属，アキノノゲシ属の種類など，多くのキク科植物の葉はこのように配列して調節される．

ステップでは，多肉植物はあまり目立たない．これらは乾燥条件を乗り切る方法が異なっていて，栄養器官，特に葉が豊富な場合に水分を蓄積する．蓄積された水は，乾燥する時期に控えめに消費される．よく知られたマンネングサ属やバンダイソウ属のほか，このグループには，アカザ科のマツナ属，*Petrosimonia*，オカヒジキに属する好塩性アカザ（アカザ科），ならびにウラギク（キク科）や*Gypsophila salina*（ナデシコ科）なども含まれる．

2. 植物の生活

2.1 共通する歴史の重大さ

ヨーロッパステップと北米プレイリーの間に動植物の種の交換があったことを示すはっきりとした植物地理学的・古地理学的証拠がある（ニュージーランドのものは考慮に入れない）．これらは現在，かなりの距離的な隔たりがある．これが意味するものは，これらが過去のどこかで地理的につながっていたはずだということである．

比較的若いステップの植生

現在ベーリング海となっている地域では，幾度か海が後退し，陸橋（ベーリンジア）を形成して，ユーラシアステップと北米プレイリーの間の種の拡大，および北米への人の定住に，非常に重大な役割を果たしてきた．この陸橋によって，ツンドラ，タイガ，ステップの種が移動可能となった．たとえば，北米の植物相には，シベリアステップの多くの植物（あるいはそれらに非常に近い種）が典型ステップ，樹木ステップ，および湿潤ステップの植物を含め，存在していることが知られている．

シベリアと北米には，同一のあるいは非常に近縁種のステップ植物が90種以上分布している．こうした密接な生物学的関係が，*Koeleria gracilis*，*Helictotrichon schellianum*，*Poa attenuata* などのイネ科植物，ノヤマスゲ，*Carex supina*，*C. obtusata* などのスゲ科植物，*Pulsatilla multifida* などのキンポウゲ科植物，マンシュウアサギリソウなどのキク科植物，*Plantago canescens* などのオオバコ科植物，そしてさらに多くの種に非常にはっきりと表れている．興味深いことに，ユーラシアと北米のいずれにもみられるステップ植物の大半が，このバイオームのユーラシア地方を起源としており，北米が起源のものはずっと少ない．

ステップとプレイリーの植生分布も，氷河期の影響を大きく受けてきた．北米プレイリーを大きく代表するのは，Agrostideae，オヒゲシバ，キビの仲間であり，その数は地球上の平均を上回っているが，ヒメアブラススキ，スズメガヤ，ウシノケグサの数はそれよりもっと少ない．ユーラシアステップではそれがまったく逆であり，Stipoideae やウシノケグサ属が優占している．

第四紀における気候事象も，南半球の生物相の進化に重大な役割を果たしてきた．南半球では，この60万年の間（更新世）に南ペルーとティエラ・デル・フエゴの間に3，4回の氷河作用があった．南アンデスの東側斜面では，氷が山の麓まで達していたようである．パタゴニアの多くは湿地帯で，沖積平野と，融氷によってできた湖とが交互に現れた．周辺の植物個体群の中には孤立したものもあり，パタゴニアの亜砂漠とパンパの平野の間で多くの植物に違いがあるのはこのためである．パンパの植生は，比較的最近形成された広大な平野を占めており，南アメリカの熱帯サバンナから南方に広がる多くのフロラ要素や，アンデス山脈のいくつかの植物に影響されてきた．

パンパ草原は，最後の氷河期からヨーロッパ人の征服までは，大型草食動物の群れの目立った活動にはさらされなかった．しかし，この4世紀の間に起こった事象が，南米南東部の植生の構成と状態を大きく変化させてきた．こうした事象に含まれるものとして，ヨーロッパ人によって持ち込まれた外来草食動物の数の急増や，19世紀最後の25年以降の人類の移住の圧力がことのほか際立っており，これによってこの地域の自然空間が有効に利用されるようになった．このため，アルゼンチンや南ウルグアイのパンパの極相草原は，ほとんどすべて，変化させられるか穀物に取って代わられてきた．第四紀の氷河期は，南米南部と同様に自生の大型草食動物がまったくいなかったニュージーランドにも影響を及ぼした．ニュージーランドのプレイリーはおそらく，氷河期には低地まで延び，間氷期には高地にとどまったのだろう．

31. シードスカディー国立野生生物保護区（米国ワイオミング州）の草原は，ステップやプレイリー**植物群落**の最も典型的なものの一つである．ユーラシアステップのもっとも一般的な種は，メリケンカルカヤ属，ウシノケグサ属，イチゴツナギ属，ハネガヤ属に属し，北米プレイリーで最も一般的な種は，カモジグサ属，アゼガヤモドキ属，キビ属，およびスパルティナ属に属する．いずれの地域でも，気候，地形，土壌の要因が，ステップやプレイリーのどのタイプの群落が形成されるのか，どの種が優占するのかを決定する．
[写真：Shin Yoshina / Minden Pictures]

植物相の多様性と優占する科

森林植生をよく知る人がはじめてステップを訪れると，ステップの植物群落の植物相の多様性に感銘をうける．ステップ地域の植物種の数は，同じ面積の森林の5倍である．草原ステップや湿潤プレイリーでは，顕花植物が100 m^{2}あたり100種類にも及ぶこともあるが，森林群落では同じ面積に平均20種類である．このように，単位面積あたりの種数が多いことが，ステップとプレイリーの植物群落でもっとも著しい特徴のひとつである．このバイオーム，特にユーラシアステップのもっとも湿潤な地帯を占める草原ステップや北米の長茎プレイリーの植物群落は，世界一多様な植物群落の中にあると言っても過言ではない．ヨーロッパロシアの草原ステップの中央チェルノーゼム（Tsentral'nochernozem）生物圏保存地域では，1 m^{2}の区画に維管束植物が88種もあるが，かつては100 m^{2}の区域に118種が記録された．

これを考えると，ステップ地域の植物相は，森林地帯，特にタイガの植物相よりも，かなり豊富で多様であると考えるのが自然に思えるだろう．しかしこれは逆で，種の多様性については，景観や成帯構造のレベルでは，ステップの植被の構成は違うタイプの温帯植生と変わらない．たとえば，ヨーロッパロシア中央のクルスクに近いStreletzkoyeステップの自然保護区の湿潤ステップでは（北緯51° 45'，東経36° 07'）約20 km^{2}の区域に維管束植物が692種類あり，近くのKazatzkoyeステップでは12 km^{2}に632種の植物が数えられた．これらの例の東の方にあるボロネジ地域のKhrenovkaステップでは，8.4 km^{2}の区域に350種が記録されている．これらの数値は，タイガの同面積の区域における種数とよく似ている．ヨーロッパロシアステップの植物相には，1500種があると推定され，同面積の森林と同じである（あるいはそれよりわずかに少ない）．こうした群落の植物相の比較的低い多様性は，地球上のバイオーム分布の中でステップ群落が占める面積が広いことで補われている．

ある地域の植物相をあらわす主な指標の中には，その植物相を構成する科および属，そしてそれらが群落において果たす役割がある．種数に関しては，典型的なステップ景観の植物相はイネ科とキク科の2つが優占する．他には，種々のマメ科，アブラナ科，バラ科，シソ科植物があるが，種の数はかなり少なくなる．キク科植物，イネ科植物，マメ科植物をあわせると，種の約1/3を占める．その他のあまり目立たない植物種には，ナデシコ科，ゴマノハグサ科，セリ科，キンポウゲ科，ムラサキ科，カヤツリグサ科，タデ科などがある．通常は，もっとも種数が多い上位10属が，地域の植物相の15～19％を占めるが，その一方で属の半数以上（56～60％）が単型属（単一の種しかない）

であり，これがすべての種の1/4以上を占めている．ヨーロッパのステップでは，クワガタソウ属（ゴマノハグサ科），ヤエムグラ属（アカネ科），ハネガヤ属（イネ科），バラ属（バラ科），ヨモギ属およびヤグルマギク属（キク科），ゲンゲ属およびシャジクソウ属（マメ科），タデ属（タデ科），およびマンテマ属（ナデシコ科）のような属が種数が豊富である．

2.2 ステップとプレイリーの群落種組成

ステップとプレイリー植生の垂直的成層構造（階層構造）は，森林生態系のものよりも単純である．植被はしばしば，層の高低で分類したり，さまざまなタイプに分類することができるが，すべては，単一の草本層の一部を形成しており，イネ科植物とその他のグラミノイド植物が圧倒的に重要な要素である．

もっと湿潤な北部の草原ステップでは，大量のシノブゴケの一種 *Thuidium abietinum* が土壌表面に生えており，地表がこれによってくまなく覆われて維管束植物がない群落もある．もっと乾燥したステップ地域に行くと，草本層や亜低木層の優占種が変化し，これにともなってコケの覆いに変化が生じる．これは平坦ではなく，主に *Thuidium abietinum* ほどの水分を必要としない耐乾性のコケ，ネジレゴケの一種 *Tortula ruralis* のクッションでできている．ハネガヤステップのコケ類は，草原ステップのコケ類とはうって変わって，四季を通じた色合いの変化に重要な役割を果たし，春の初めにはライトグリーンの色調を与える．シアノバクテリア（顕微鏡的サイズの藻類）の中でも，ネンジュモ属のイシクラゲのコロニーがステップには非常に多く，土壌表面に皮殻すなわちプレートを形成している．これらの色は水分の含有率に応じて変化するため，水が豊富な春には濃緑色となり，ステップの色彩パレット全体に濃緑の色合いをもたらす．暑く乾燥した天気では，イシクラゲのコロニーが，基質からはがれやすい黒ずんだ地殻を形成している．

常に存在するイネ科草本

一般に，ステップとプレイリーの植生は，イネ科草本やその他のイネ科型の多年草がほぼ全面的に優占している．ユーラシアのステップは，ハネガヤ，ウシノケグサ，ミノボロ，メリケンカルカヤ，カモジグサ，チョウセンガリヤス，ミサヤマチャヒキ，イチゴツナギの各属が優占である．これらはみな北米にも生えているが，北米ではアゼガヤモドキ，ウシクサの各属も重要である．

こうした属種の多くは乾燥に対する抵抗性が高く，極度に水が不足した条件でも生き延びることができる．このバイオームのイネ科草本の多くは葉身が細長いため水分蒸発が最小限に抑えられ，損失する水分がごくわずかである．しかし，これが水分節約のための唯一の適応構造というわけではなく，日中のもっとも熱く乾燥した時間帯に気孔（微小な開口部）を保護するという，興味深いメカニズムもある．水分損失が大きくなると，薄い細胞壁に囲まれた大きな表皮細胞が膨圧を失い，葉は丸まって筒状になる．すると葉身の上面にある気孔は丸まった葉の内側になり，周囲をとりまく乾燥した空気から防護されるのである．

純粋なステップ群落に典型的な植物の生活型に，タフト型（tufted grass）というタソック（叢生）草本の一種がある．この草本は根茎が横走せず，何十～何百の地上シュートが固まって密集した株を形成している．こうした株の形態を

32. ビッグブルーステムは，北米の高茎プレイリーでもっとも多いイネ科草本である．これは，混交プレイリーにも多く，混交プレイリーでは，人間ほどの高さにまで成長するもっとも背が高い植物の一つである．この植物はリトルブルーステムを伴うことが多く，その間では，被度が75％に達することがある．リトルブルーステムは，高い乾燥した場所を好むが，ビッグブルーステムは低い湿った場所に生息する．しかし，この写真が示すように，その他多くの植物が，ビッグブルーステムとともに生育し，300種にのぼる植物が構成する群落を形成している．しかし決してイネ科草本だけがこのバイオームにある植物ではなく，生育期間には，他の植物の花が，このイネ科草本の緑色の陰にちょっとした彩りを加えるのである．プレイリーとステップの辺縁部や，時にはこのバイオーム内に，他のバイオーム（北方林や亜砂漠など）に典型的な植物が生育して，それらの植物群落を非常に多様なものにしている．
［写真：Jim Brandenburg / Minden Pictures］

理解するために心に留めたいのは，イネ科草本の茎は根元でのみ枝分かれし，これが葉鞘に囲まれ，分けつ枝と呼ばれる無数のシュートを生じることである．各々の分けつ枝は，各々が自分の分枝を生じる地下側枝・地上側枝を発生させることによって生長する．根茎型の，あるいはゆるく株状に群生したイネ科草本の中には，親茎の葉鞘の中から分けつ枝が生じ，その後，生長するにつれて葉鞘をつき破って飛び出すものもある．

別の叢生草本である，タフト型タソック草本においては，分けつ枝が葉鞘の中に残り，主茎に平行に垂直に生長する．多くのステップ，プレイリーの草原では，元の茎についた枯葉の葉鞘の中で新しいシュートが生まれ，新しい茎に沿って垂直に生長する．タフト型生長形態は，ステップの環境条件に対するいくつか重要な生態学的適応を意味している．まず，タソックは，常に地上レベルよりもわずかに高いところに位置しているが，これは乾生植物（乾燥に適合した植物）にとっては危険な春の洪水にさらされることが少ないということを意味する．第二に，タソックの周囲はわずかにくぼみができており，ここに雨水がたまって植物の根に供給する．第三に，シュートが密集することによって特別な微気象ができ，タフトの内部は日中涼しく，夜に暖かい．最後として，密集したタフトが水滴をスポンジのように吸収し，その結果，柔らかい若いシュートを乾燥条件から守るのである．タフト草本は，大型タフト（直径 50 cm）と小型タフト（叢生）（直径 3 ～ 5 cm）に分けられる．これら 2 種類の植被における役割を決めるのは，大きさの違いだけではなく，人間が起こす行為に対する応答の違いもある．これらの種は，放牧に対しては放牧の強さと放牧される動物の種類のいずれに関しても，異なった反応をする．

ハネガヤなど，大型のタフト草本

多くの大型タフト草本はハネガヤ属で，北半球および南半球の暖温帯・亜熱帯地域，ならびにいくつかの熱帯山岳地域に，非常に広範囲に行き渡っている．ユーラシアステップや亜砂漠には，約 60 種のハネガヤが生育し，植被に重大な役割を果たすとともに経済的に重大である．

丈夫な葉と茎であるにもかかわらず，ステップ草原にハネガヤが豊富であるこということは，すなわちこれらが重要な飼料用植物であるということである．栄養学的にいって，もっとも関連がある種は *Stipa lessingiana*，*S. zalesskii*，および *S. turkestanica* など，柔らかな葉をもつものである．動物はこれらの種を，ナガホハネガヤや *S. pulcherrima* のような葉が硬く，消化が困難なものよりも好む．もっとも広範囲に生育するハネガヤの 1 つであり，もっとも放牧に対する耐性が高いものの 1 つに *S. capillata* がある．

いくつかの関連種のもののように，その穀果（種子）には長くて捻れたのぎと尖った先端があり，動物の毛の中，あるいは皮膚や肉にまでも深く食い込むことができる．これは，特に口の中に重大な傷害を引き起こし，それらを摂食する動物を死に至らしめる可能性すらある．このため，この種類のイネ科草本がある場所で動物に草を食べさせておくことは望ましくなく，実をつける時季には，これが多く生える場所から家畜の群れ（特にヒツジ）を遠ざけるべきである．非常に希少な一年生のハネガヤである *S. capensis* は，シアン化水素を放出する配糖体を組織中に含有するため，家畜には非常に危険である．

ウシノケグサなど，短茎のタフト草本

タフト草本のもうひとつの種類である小型のタフト草には，狭葉のウシノケグサ，主に *Festuca sulcata*［=*F. valesiaca*］や，ミノボロ属の植物が含まれる．大型の属のウシノケグサ属は約 300 種あり，北半球と南半球の寒帯，暖温帯，亜熱帯地域全体に広範囲に分布している．

ウシノケグサ属のステップ種はふつう，細くて，縦に折りたたまれた葉があり，シュートは葉鞘の中で生長するため，密集した束ができる．細葉のウシノケグサは，開花する時間もハネガヤとは違う．ハネガヤは早朝や夜遅くに花が咲くが，ウシノケグサの花は午後に咲く．

その他の関連種と同様に，*Festuca valesiaca* はステップの植物群落でもっとも特徴的な要素で，もっとも湿度が高い北部の草原ステップから，乾燥した亜砂漠まで生息し，山間のステップや，北東アジアのツンドラ内にあるステップ地域に豊富であることがしばしばで，ここでは生態学的地位は *F. lenensis* と *F. kolymensis* にも占められている．ミノボロ属は種類が多くなく，約 50 種である．それらはすべて密接な関係があり，世界中の熱帯以外のほぼ全域，および熱帯の高山に生育する．この広範囲な分布のために，ミノボロ属の種類はそれほど栄養価が高いわけではないのに，世界中で家畜に食べられている．

タソックを形成しない広葉のイネ科植物

ステップ地帯の北部の，草原ステップの下位区分には，ハネガヤ類，その他の大型タフト型イネ科草本，小型のイネ科草本，および葉が細いイネ科草本が減少している．これらは葉が広く，根系が深い別のイネ科植物に取って代わられている．これらの種には，多年生のスズメノチャヒキ属（コスズメノチャヒキおよび *Bromus inermis*），ミサヤマチャノキ属（*Helictotrichon pubescens*，*H. schellianum*），ノガリヤス属のヤマアワなどいくつかの種類，*Phleum phleoides* などのアワガエリ属，*Agropyron intermedium* やその他のいくつかのカモジグサ属（コムギダマシ属）がある．

北米プレイリーでもっとも重要なイネ科草本は，ブルーグラマ（アゼガヤモドキ属）とバッファローグラスで，これらの近縁種が主に両半球の熱帯および亜熱帯地域に分布している．アゼガヤモドキ属は約 40 の種からなり，カナダから南米まで分布しているが，もっとも豊富なのは米国南西部である．この属には多年生も一年生もあり，通常は小さく，群生していて，変わった花序（花）をもつ．この属種はほとんどすべてが家畜のよい飼料である．もっとも豊富な種類の 1 つがグラーマグラスで，あまり生産的ではないが，家畜による踏み付けによく耐えるために，放牧用の植物として高く評価されている．バッファローグラス（この属における唯一の種）は小さな多年生植物で，夏の乾燥や熱に対する抵抗力が高い長い根茎を有している．夏には，地上部のほとんどすべてが枯れるが，最初の雨が降るとすぐにまた発芽する．

南半球の叢生草本

パンパとカンポ，およびニュージーランドのプレイリーの高茎のイネ科草本は，叢生草本である．すなわち，根元に束状の葉があり，根に付着したまま枯れ残った無数の葉の中から，若い葉が生長する．南半球ではとてもよくみられる叢生イネ科草本は，北半球のハネガヤ属 *Stipa* [=*Lasiagrostis*] *splendens* に対応するもので，わずかに塩分を含むステップ地帯に特有の植物である．

ニュージーランドでは，高地プレイリーで優占する叢生草本は *Chionochloa* である．この属はニュージーランドに固有で，20 種以上あ

33. ホソノゲムギは北米プレイリーに最も一般的なイネ科植物である． これはグレートプレーンズの混交プレイリーや低茎プレイリーによく見られる．そこでは，水位の変動や高い塩度によって，多くの植物の生長が妨げられる河岸段丘や塩水の凹地の周囲に生えていることが多い．さらにこれは放棄された牧草地など，草木のない裸地に最初に群落を作る植物の一つである．
[写真：John Shaw / Bruce Coleman Collection]

34. ニードルグラス（ハネガヤ）の長い羽状の芒（のぎ）は，ステップの環境条件に適合した種子散布機構である．これらの長い芒は，らせん状にねじれていることが多く，種子を支えるパラシュートのような役割を果たし，この種子の母体から少し遠い場所でまっすぐに着地するのである．この種子は，草や落葉の密集した層にはばまれて，土壌に到達できないことも多い．芒（とげのような繊維）は草に捕まり，種子はそこに固定される．夜間に露が降りると，芒の吸湿性のらせん状にねじれた下の部分が水を吸収して，元にもどり始める．それは徐々に種子を土壌面に押し下げ，種子の尖った先端をコルク抜きのように土の中へと埋め込む．朝になって陽がのぼると，芒は乾き始め，反対方向にねじれるが，種子の尖った先端は無数の反曲した固い芒に覆われているため，種子は引き抜かれない．芒は壊れて，種子は土壌中にしっかりと残る．
［写真：Antoni Agelet］

り，そのうちいくつかは未だに十分には記載されていない．このほとんどが，細くて強い葉と，長くて，直立した花序をもつはっきりした円い叢生型になる．それぞれの種類が，独特の生態学的嗜好性と，地理分布を持つ傾向がある．*C. flavescens* や *C. rigida* のグループなどのグループはスノータソックとして知られ，高山帯や亜高山帯の草原地帯で優占し，冬にはかならず雪に覆われるためである．ニュージーランドでは，ウシノケグサ属やイチゴツナギ属など，広範囲に分布するコスモポリタン分布を示す属も叢生型を形成している．

非グラミノイド草本植物

グラミノイド種以外にも，ステップとプレイリーの植物相には，草本種や低木種など，別の生活型をもつ種もあるが，これらはそれほど多くはなく，それらのバイオマスは小さい．

多年生広葉草本

ステップ植物相の植物のほぼ2/3（約60％）

が，直立型の非グラミノイド草本植物である．これには，サルビア属，ヤグルマギク属，シャゼンムラサキ属の *Echium rubrum*，デルフィニウム属の *Delphinium cuneatum* などの上層を占める種，あるいはホタルブクロ属，シャジクソウ属，クワガタソウ属などの中間および下層の高茎の広葉草本がある．斜上茎あるいは蔓（つる）を持つ植物はあまり多くなく，主にソラマメ属，レンリソウ属，およびウマゴヤシ属などのマメ科植物，ならびにアカネ科植物（ヤエムグラ属）のいくつかがある．

ステップの植物相に生育する種の約5％を占める，小さいが非常に特徴的なグループに，ロゼット型植物がある．これは葉身が地上近くに生じ，茎には葉がないか，ないに等しく，花あるいは花序をつける．多くのキク科植物が典型的なロゼット植物で，タンポポ属，フタマタタンポポ属，ヤナギタンポポ属，ブタナ属の *Achyrophorus maculatus* などがある．いくつかのオオバコ科植物（オオバコ属）も同様である．ステップ植物相の1/3以上は，根元に葉のロゼットを生じた上で，茎に大きな葉と，花・実をつける．ステップにおける，この生長形態のもっとも典型的なものはモウズイカである．

回転草

回転草（tumbleweeds）の種類は，特別な注意を払うに値する植物で，おそらくステップとプレイリー，特により乾燥した地域で，もっとも興味深い生育型である．回転草の種は，幅広い範囲の植物にあり，通常は多年草で，多岐にわたる科に属する．たとえばヨーロッパロシアのステップでは，回転草はキク科，シソ科，アブラナ科，イソマツ科，アカザ科，およびユリ科に代表されている．予想に反して，回転草には1年のさまざまな時期に実の生産を終える種が含まれている．たとえば，東ヨーロッパのステップの南部では，カスミソウ属のシュッコンカスミソウ（ナデシコ科）の密集した玉がステップ上を飛んでいる．この時期，ヨレハナビ（ダッタンハマサジ）（イソマツ科）の茎が地下部分から分離し始める．同時にイソマツ属の *Limonium latifolium*（イソマツ科）は満開になっているが，セリ科の *Seseli tortuosum* は開花が始まってもいない．

回転草の球は，実や種子を撒き散らすための優れた方法である．この分散は，ゆっくりと段階を追って行われるのが理想であるが，特別な構造によってこれが成し遂げられる．たとえば，ナデシコ科の回転草の成熟したさく果の葉状突起は内側に湾曲している（回転草ではない関連種の大半がそうであるような外側ではない）．この歯状突起の先端は接触しあっているため，種子は歯と歯の間の小さな空間を通して一度に一粒しか放出されない．激しい打撃（たとえば突風など）の後にしか種子が放出されないこともある．こうして，移動中の回転草は，ステップ上に徐々に種子を撒き散らす．シソ科やムラ

35. バッファローグラスは，20 cm に満たない低い多年生草本植物で，密生した草地を形成する．北米プレイリーのほとんどすべての場所に生育するが，特に低い草原プレイリーに見られ，ブルーグラマとともに優占している．どちらも本来の植生の構成要素であると考えられ，いずれも強度の放牧にも耐性がある．それらとともに生える他の草本植物には，*Agropyron smithii*，スズメヒゲシバ，*Muhlenbergia torreyi*，*Stipa comata*，ミノボロ，*Hilaria jamesii* などがある．
［写真：Jim Brandenburg / Minden Pictures］

36. 赤い叢生草本 *Chionochloa rubra* が，ニュージーランドに特徴的な高地の草原地帯を形成するが，これは低い場所でも，特に湿った斜面や，酸性で，季節的に水浸しになる湿地にも生育する．これは時々，neineis（*Dracophyllum*：図55参照）が優占する部分を伴ってモザイクパターンを作り，しだいに低木群落や森林へと変わっていくこともある．南からの冷たい風や，南島南部における頻繁な多量の降水により，赤い叢生草本の高い草原は内陸の平原や低地を優占し，湿った谷では海面高度にまで達した．人間活動によって現在これらは内陸の山地に限定されており，田舎道の縁に沿って細長く残っている．
［写真：John McMannon / Oxford Scientific Films］

サキ科の植物の小堅果のように，開いたがく（花のまわりで保護の役目をする葉の外側の層）の底に実や種子を生じる種類では，がくの開口部や内壁が毛や花糸で密に覆われており，このおかげで種子が全部一度に放出されてしまわないようになっている．種子や小堅果が放出されるには，強い力も必要である．

回転草には，注目すべきものも含まれる．19世紀の終わりに，もともと南ウクライナのステップが原産地であるオカヒジキ属の *Salsola australis* が，偶然にも原産地からグレートプレーンズの北部へと運ばれ，そこで「ロシアアザミ」という似つかわしくない名前をつけられた．その尖ったとげ状の葉のせいで，これはこの地域の農家にとって災いとなっている．この植物の回転草の球は直径2mに達する可能性もあるし，25万粒を撒き散らす可能性もある．これは除草剤を使って取り除かれるが，今でさえも，風が強く吹くと，風に飛ばされたロシアアザミの回転草は米国のいくつかの道路上で厄介ものとなっている．

一年生植物，短命多年草，およびその他の地中植物

ステップ気候に固有の特徴，特に深刻な夏の干ばつは，好ましくない季節（乾湿によらず）に種子として抵抗する一年生植物の戦略に好都合である．春のはじめには，これらの一年生植物の種子が発芽しはじめ，発芽から2～3週間以内にこれらのライフサイクルを完了し，熟れた種子を生産する．ステップとプレイリーで

37. 春の花が盛りのテキサス州（米国）の草原のこの写真のように，**イネ科ではない広菜草本**が，人目をひく花でプレイリーを覆うこともある．プレイリーに生える種の 75 % が，人目をひく花をつけるが，イネ科草本がプレイリーの植物バイオマスの大半を占める．この写真は，テキサスの草原地帯で非常に一般的な青いルピナス（マメ科）の花と，ハマウツボ科の花が赤いカステリソウとゴマノハグサ科の黄色い花である．マメ科とゴマノハグサ科は，プレイリーだけでなく，このバイオームのその他の生態系においても，多年草の層を代表する植物である．
[写真：John Shaw / Auscape International]

は，短命一年生植物として知られるライフサイクルが非常に短い一年生植物と，ライフサイクルが長い一年生植物がどちらもある．これらの一年生植物は，強力なステップ植物が育つ前に生長することによって競合を避けているのである．

短命多年草（ephemeroid）は，短命植物（ephemeral）と共通点がある．短命多年草は多年生草本植物で，土壌の表層に水が豊富にある春の 2，3 週間のうちに，地上部の発芽から種子生産までの一年のサイクルを終える．生殖後に地上部は消え，次の春を待つ．こうした植物は，多肉あるいは多汁の永続的器官（球根，塊茎，あるいは根茎）を生産するので，速く生長することができる．したがって短命多年草は，わずかに後から生長してくる典型的な乾生植物と，水をめぐって張り合うことを避けようとするため，ステップでは短命多年草の数は，より多湿な地域からより乾燥した地域へと移動するにつれ増加する．これらは砂漠や亜砂漠にも多く生育する（第 4 巻「寒冷砂漠と亜砂漠の生物」参照）．ステップとプレイリーの短命多年草には多くの単子葉植物（子葉が一枚）があり，これには特にクロッカス（サフラン属）のようなアヤメ科植物，ヒアシンス属およびヒアキンテラ属，*Bellevalia*，チューリップ属，キバナノアマナ属，オルニトガルム属，イヌサフラン属などのユリ科植物がある．キンポウゲ科のイチリンソウ属，オキナグサ属，キンポウゲ属（ヒメリュウキンカ，その他）などの短命多年草型

38. 回転草の生育型は，広くて開けた環境に典型的であり（第4巻，p.97），写真はニューメキシコ州（米国）のオカヒジキ属を示す．この構造はプレイリー，ステップ，砂漠の生活に適合している．全体は丸みがあって，若枝が配置されるパターンのせいで，ほぼ球状である．成長過程のある段階，通常は果実や種子が実った後に，地上部全体が地下部から分離し，ステップ平原をあちこち吹き飛ばされて，実や種子をまき散らす．そのため回転草は実や種子を風力で散逸させる風散布植物でも特殊なタイプのものとみなされている．ときどき，地上部が地下部から離れた後で，個々の散布子がからまって，直径数mの大きな球になる．この植物（またはその地上部）が地面から離れる様式は三通りある．アカザ科の *Ceratocarpus arenarius* のような弱い根系をもつ多年草でみられるように，風が単純に植物全体，根やすべてを根こそぎにする．別な種では茎の下部が弱く，地上部が風や脇を通過する動物によって切り離される．この二つ目の切り離しシステムは，ステップではもっとも一般的なもので，乾燥した気候で生育する多年草にのみみられる．三つ目のシステムは，ある植物では茎基部が腐って簡単に地上部と切り離される．このシステムは一般的ではなく，ヒゴタイサイコ属の *Eryngium campestre* のような強靭で弾力性のある地上部をもったセリ科植物にみられる．
［写真：Stephen J. Krassmann / Bruce Coleman Collection］

の双子葉植物（子葉が二枚）もあり，また華やかなボタン属（ボタン科）も生育している．

地下貯蔵器官をもつ植物（地中植物）のすべてが短命多年草というわけではない．ステップには，時にはひどく乾燥する夏に生長サイクルを終える球根種がたくさんある．地下球根に蓄積するかなりの量の水のおかげで，外部の湿度条件にかかわらず，好きな速度で生長することができる．たとえば，このグループには，ネギ属の多くの種が含まれる．乾燥した地域に移動するにつれ，植被における地中植物の重要性は高まる．

木本植物と亜低木

ステップとプレイリーは通常，波打つ広大なイネ科草本の「海」を連想するが，主に低木や亜低木といった木本植物も生えている．このバイオームでは，低木の役割と重要性は，人類がこの空間をどのように利用するかによっても決まる．グラウンド・チェリー，ブラックソーンあるいはスピノサスモモ，ロシアアーモンドのようないくつかの低木種は，ユーラシアステップで重要な役割を果たす．もっと乾燥した南部地域のステップにはマメ科の低木，特にトゲがある *Caragana frutex*（マメ科ムレスズメ属）も生えている．

ステップでは，乾燥が強くなるにつれ，低木の役割が大きくなる．優占種になる場合すらある．ヨモギ属，イブキジャコウソウ属，ゲンゲ属，およびムヒョウソウ属 *Bassia prostrata* など，多くの亜低木が南部ステップの生活に重大な役割を果たし，亜砂漠においてはさらに重要である（第4巻「寒冷砂漠と亜砂漠の生物」参照）．亜低木は，石ころだらけの土壌，特に炭酸カルシウムに富んだ土壌でも驚くほどよく育つ．これらは特徴的な要素であり，チョークや石灰岩の露頭に形成される石が多いステップに生い茂る．

外来の侵入者

多くの外国産植物が，野生化してステップやプレイリーに広がってきた．通常植物群落の条件がよい立地では，外来種が自生種と競争するという問題が起こる．しかしながら，時には外来種は，ニッチを求め，生き残ろうとする．それがあまりにもうまくいくと，ある特定の種が自生種なのか外来種なのかをめぐって意見の相違が起こる場合もある．

ナガハグサがよい例である．これは今では，北米プレイリーの湿潤な立地でごく普通にみられる植物になったが，常にそうであったのかは不明である．研究者の中には，この種をヨーロッパの中生（中程度の湿度）草原の自生種であり，ヨーロッパ人によって北米に持ち込まれたのだとみなしている人がいる．

しかし中には，これがもともと周極分布していたもので，プレイリーの多くの湿潤立地に存在してきたが，主として川と川の間の高い平原にあるプレイリー環境に限られていたために，最初の目録に加えられなかったのだとみなす人もいる．心に留めるべきもうひとつの要因は，ナガハグサが放牧される地域に多いということと，明らかに，過去よりも現在の方が豊富で広くゆきわたっていることである．

その他，自生種であると知られたもっと目立つ種の分布も，論争の的になっている．たとえば，コロンビア台地パルース地域のプレイリーの亜砂漠への転換が，地域全体にヤマヨモギが広まったことに関係があるのかどうかは確かではない．研究者の中には，イネ科草本植物が競争する能力が放牧によって低下させられてきたために，以前はイネ科草本植物によって覆われていた地域をこの低木が占領してきたのだと考えている人もいる．また，他方この低木群落が，乾燥する夏と寒冷な冬をもつこの地域の気候条件に非常に適しているのだと考える人もいる．

2.3　ユーラシアステップの植生

ステップ生態系の発達は，ある場所の立地の生態学的条件の組み合わせに応じて，遷移のいずれかの段階で止まることがある．このため，通常はひとつの景観地帯の中にさまざまな発達段階の生態系がある．これによって，ステップとプレイリーの景観は変化に富んだ外観となっている．生態学的変異あるいはタイプも非常に数が多く，地理学的地域に応じて変化がある（8 ～ 10 ページ参照）．

草原ステップ

草原ステップはヨーロッパのステップバイオームの北部地帯に該当し，最北の森林バイオームと隣り合っている．植物種の数の多さが顕著で，200 種以上あり，そのうち約 20 種がイネ科草本，残りの 180 種が広い範囲の科に属する草本植物である．

優占するイネ科植物は，葉が細い乾燥耐性がある形態ではなく，葉が広い種類（スズメノチ

39. オキナグサ属の ***Pulsatilla patens*** は，トランスヴォルガステップに典型的な植物種で，チェルノーゼム土壌にあるステップや熱くて乾燥した台地で，他の背が高い草本植物の間で生育するのが普通である．写真は西カザフスタンの Itchka 山脈で夏に撮影されたもので，ベル形のスミレ色の軟毛に覆われた（下部が覆われる）花をつける種である．この花は葉に比べて大きく，最初は水平に生じて，その後，垂直になる．
［写真：Andrey Elizarov］

40. ステップとプレイリーには，木本植物もある． たとえば，プレイリーに生えるヌルデ属の *Rhus lanceolata*（写真上）や，ステップの植物ムレスズメ属の *Caragana frutex*（写真下）などがある．アイオワ州（米国）のプレイリーで撮影された写真にある *R. lanceolata* は，ウルシに典型的な秋の色合いと，大きな果頭をあらわしている．これが比較的密度の濃い茂みを形成する場所もある．*C. frutex* は黒海地方やカザフスタンに典型的な低木で，森林ステップに非常に多く，これが1年草よりも豊富に生える場所もある．写真はオレンブルク地域（ロシア連邦）の例である．ステップには，木本植物に加え，多くの亜低木もあり，その中では，地上部の基部の多年生部のみが木質化する．この木質化した部分は，冬には枯死せず，表土に埋まることが多いので，これらが木質であるという事実は，一見して目につかないことが多いということを意味する．草質の上部は毎年枯れる．
［写真：Jim Brandenburg / Minden Pictures］

ャヒキ，カラスムギ，イチゴツナギの各属）で，その他の草本植物の多くは，草原や隣接する森林バイオームの森林伐開地に典型的である．このため，これらは草原ステップとして知られている．植生の地上部は地表からほぼ1mまで伸び，密集した植被を形成している．地上部と地下部の重量比はわずか1：8で，他のステップに通常みられる値の1/3～1/4しかない．

中央ロシアのステップのような典型的な草原ステップでは，積雪層が融けた後には，前年に生じた枯死植物の遺体のせいでステップが茶色味をおびている．この落葉の中に隠れているのが，秋に生産されて，冬を通じて外に出るのを待っていた若い青々とした植物のシュートである（草原ステップでは，多くの種がこの種のシュートを生産する）．暖かくなってから数日後に，ステップは変化し，オキナグサ属の *Pulsatilla patens* の大きな青紫色の釣鐘状の花に覆われる．ホソバヒカゲスゲが同時に開花するが，その葯（花粉嚢）が鮮やかな黄色であるために目立っている．これにもかかわらず，ステップ全般の色は黒ずんだままである．

1週間以内に，ステップの外観は3度目の色彩の変化を遂げる．オキナグサと対照をなすフクジュソウ属のヨウシュフクジュソウの大きな黄色い花で覆われ，ところどころに生えるヒアシンス属の *Hyacinthus*（=*Hyacinthella*）*leucophaea* が淡青の色を落としている．5月の半ばには，短命多年草が花を落とし，ステップの緑色の背景にレンリソウ属の *Lathyrus*（=*Orobus*）*pannonicus* やイチリンソウ属の *Anemone sylvestris* の乳白色の花，アヤメ属の *Iris aphylla* の大きなライラック色の花がある．これは4回目の色彩の段階であり，ときどきこの前にサクラソウ属のキバナノクリンザクラがたくさんの花を開き，ステップに鮮やかな黄色味を添えることもある．

5月の後半～6月の始めには，ステップの外観はさらにもう一度変化し，この推移の中でももっとも色彩豊かな段階に入る．緑色の背景には，ふんだんなワスレナグサ属の *Myosotis popovii* の青い花，ノボロギク属の *Senecio integrifolia* やキンポウゲ属の *Ranunculus polyanthemos* の比較的高茎の山吹色の花が点在している．いくつかのイネ科植物，特にナガホハネガヤなどのハネガヤ属も同時に花開き，ステップ植生の真のシンボルである特徴的な銀白色の羽毛状ののぎ（羽のような毛）を生じはじめる．

6番目の段階が始まるのは，ステップが植物季節学的に夏に入るときである．ステップはセージと呼ばれる *Salvia pratensis* のたくさんの花で紺色みを帯びたライラック色に変わり，この時期に開花するほかの植物の中で優占する．セージの間には，ハネガヤの孤立した茎が見えるが，大きな群れにはなっていない．この絵に，まだ開花していないスズメノチャヒキ属の *Bromus*［=*Bromopsis*］*riparius* の円錐花序（散開した不規則な花序）が加わっている．キク科のキバナムギナデシコがこの段階におけるもうひとつの重要な要素であるが，この金色の頭状花序（密集して鈴なりになった無柄の花）は，正午までには閉じてしまうため，早朝にしか見られない．

6月の後半には，ステップの全体的な背景は白になる．これはマウンテンクローバー，フランスギク，ロクベンシモツケのたくさんの花が咲くためである．この白い背景に，青みがかったライラック色の花が斑点状に目立つが，これはシベリアホタルブクロの類（*Campanula sibirica*）およびモモバキキョウ，セイヨウマツムシソウ，シャゼンムラサキ属の *Echium rubrum* や，そのほかのいくつかの種類のためである．この時期までにスズメノチャヒキ属の *Bromus*［=*Bromopsis*］*riparius* が開花する年もある．

7月始めの1週間で，ステップは推移の新しい段階に入る．このとき，イガマメ属の *Onobrychis arenaria* が開花しはじめ，ステップをさえないピンク色に変える．この瞬間から，ステップの景観は色彩が少なくなる．明るい色の花は，より地味な色の花に取って代わられ，一度に咲く種類数も減る．

その後，草原ステップは色彩の絨毯であることに終止符を打つ．わずか数種の孤立した個体が開花するが，これらは著しく大きいことがある．したがって，7月後半のステップのもっとも特徴的なものは，非常に大きなデルフィニウム属の *Delphinium cuneatum* で，これが大きな紺色の花が密集した背の高い穂状花序を生じる．ヒエンソウが開花をほぼ終えている7月の終わりまでに，シュロソウ（ユリ科）の高い強靭な茎が目を引くようになる．この有毒な植物は，濃い紫色またはほとんど黒に近い色の無数の花をもつ密集した細長い花序を生じる．そうするうちに全般の黒い地面の色がより濃い茶色になっている．8月あるいは9月には開花す

41. ダウリアステップ（ユーラシアステップの北東端にある）には，**黄色い花を咲かせるウスギヌソウ**（ゴマノハグサ科）が生えている．これは年間降水量が400 mm以上の湿った場所に特に多い．この植物は根茎からシュートを生じ，植物が葉に覆われる夏には，ステップに住む多くのげっ歯類にとって大切な植物性食物である．しかしそれらのげっ歯類が食べ過ぎることがあるため，あまり豊富ではなくなる．この例の写真はZun-Torei湖（ロシア，ブリヤート共和国）の北にあるKuku-Khadan山脈の斜面で撮影された．
［写真：Oleg Kosterin］

る植物がもうほとんどないために，それ以上の色彩の変化はなく，ステップは雪に白く覆われるまでこの外観のままである．

典型ステップ

乾燥に強いハネガヤを主とする叢生のイネ科草本が，典型ステップを優占する．その他の科に属する大きくて華やかな花をつける草本植物は従属的な役割しか果たさないが，それでも確認される多様性は非常に高く，夏には1 m^2 あたりに25種がみられる．6月に開花期のピークが終わると，このステップはかなり色彩が少なくなる．優占種であるイネ科植物の地上部は高さ50 cmを越えず，植被は全面的ではないため，むき出しの地面が多くの斑点となって残る．春にはこの部分に短命植物が生えることができる．

一方，植物季節学的多様性と豊富さは，湿度が高い地域から乾燥した地域へと移動するにつれてしだいに減退していく．草原ステップでは10～12個の植物季節相が認められるのに，より乾燥したステップにはそれが6～7個しかない．これらの季節相のうちの2つ，すなわち一方が春，もう一方が夏であるが，これらは2つの違うグループのハネガヤの開花と一致している．ハネガヤ属のナガホハネガヤとその関連種は春に咲くが，*Stipa capillata* とその関連種は，夏に咲く．春の一年生植物がそうであるように，回転草がステップの色彩の構成にも貢献している．

典型ステップの土壌に生息する動物のバイオマス重量は，草原ステップの1/3しかない．ミミズなどの土壌の湿度に敏感な動物はいなくなり，それに代わって近い関連種であるヒメミミズがいる．成体にいたるまで2～3年を要するミミズとは違い，ヒメミミズは卵から成体まで，わずか2～3週間で成長する．この理由から，ヒメミミズは過酷な暑い夏や，真夏の植物の生長阻害に耐えることができる．腸内に住む共生ミクロフロラは，摂取した食物を無機質成分に分解することができる．そして，典型ステップの土壌には，チェルノーゼム土壌ほど腐植が集積しない．

乾燥ステップ

乾燥ステップでは，植生は主にハネガヤ属の *Stipa lessingiana*，ミノボロ属の *Koeleria gracillis*，ウシノケグサ属の *Festuca pseudovina*，など，地上部分の重量が比較的小さく，地下部分がかなり大きい叢生のイネ科植物で構成される．

低木のキジムシロ属 *Potentilla acaulis*，ヨ

42. ダウリアステップ（ユーラシアステップの北東端にある）には，***Stellera chaemaejasme*****（ジンチョウゲ科）**が非常に多い．チタ地域（ロシア連邦）のそれほど高くない山で撮影されたこの写真に見られるこの珍しい植物は，直立した茎の先端にある頭状花序に小さな白い花を咲かせる．場所によっては，この植物の分布が不連続的で，その結果，個体群がほぼ完全に若い植物だけで構成されている．それは，この植物がステップのシナハタネズミのほとんど唯一の食料であるからである．このシナハタネズミはあまり深くまでは穴を掘らないが（せいぜい 15 cm），最大 2000 m^2 という広大な範囲で活動することがある．したがって，このシナハタネズミの個体群が非常に多い場所では，成熟した *S. chaemaejasme* の個体数は，シナハタネズミがいない地域に比べて 60 % も減少することがある．
［写真：Andrey Elizarov］

モギ属のマンシュウアサギリソウ，ナデシコ属およびクワガタソウ属のさまざまなステップ種，およびイソマツ属のシーラベンダーなど，優占する広葉草本は，根元にロゼットがあり，葉は地上に平たく押しつけられている．イネ科草本の植被は低くて（10 ～ 20 cm），あまり密ではない．植被率は 40 % 以下で，残りは裸地土壌として残る．通常は 1 m^2 の区画に植物が平均 9 ～ 12 種である．

乾燥ステップでは，夏の間に開花や生長機能の発達を休止することが注目すべきところであり，ステップはどんよりとして生気がないように見える．しかしながら，春～初夏には雪融け水から得た水分を土壌がたくわえ，雨が降る秋には乾燥ステップがより色彩豊かになり，典型ステップによく似ている．色に関しては，乾燥する地域では，事実上，2 色の植物季節学的段階しかない．春～初夏の緑色のステップと，残りの時季のハネガヤの白い冠毛による黄色のステップである．生態系の地上部での変化は地下部分には影響しないが，これは植物バイオマスと動物バイオマスの 70 ～ 80 % を集積し，根の生長や分解は妨げられることはない．乾燥ステップの動物の総バイオマスは典型ステップの 1/3 で，乾燥ステップの土壌であるカスタノーゼムの腐植含有率は，チェルノーゼムの 2/3 ～ 1/2 である．

好低温性のステップ

好低温性のステップはステップの特殊なタイプで，氷河期の遺存種であり，タイガやツンドラバイオーム内にみられる．これらのステップの優占植生は，イネ科植物の山地に生育する種類（*Festuca lenensis*，*Poa attenuata*，*Koeleria altaica*）といくつかの草本植物の山地に生育する種類で占められ，低くて平らなクッションの形をとって生長することが多い．これは直径 20 cm に達することがある（オヤマノエンドウ属，ハコベ属）．好低温性ステップは，シベリア北東部や，シベリアおよびモンゴルの南部の山地に小さなパッチ状に散在している．ツンドラ植物（ミノボロ，*Carex stenocarpa*）の特徴が，植生の構造に重要な役割を果たしている．

これらのステップ植物の根茎は，地上部と同様に，緻密な植被を形成するわけではなく，短い夏の間に氷が融ける暖かな土壌表層部に限定されている．この土壌のもっともはっきりとした特徴は永久凍土層の存在で，これがあらゆるものの成長を妨げている．植物の根や動物は，雪が解けている土壌の上部 5 ～ 10 cm にとどまる．優占する植物は，発芽から種子生産まで

43. ステップのエーデルワイスのノウスユキソウの花は密集した毛で覆われ，そのせいで白く見える．このため，ユーラシアの山岳地帯の岩場やがれ場に生えるエーデルワイスに似ている．ステップのノウスユキソウは，一般的なエーデルワイスほどは知られていないが，シベリア東部，モンゴル，中国北部の砕石質の砂状の土壌によく見られる．この例の写真は，チタ地域（ロシア連邦）で撮影された．
［写真：Ilya Lyubechanskii］

のライフサイクルを，大気と土壌表面の温度が10℃を越える2～3週間の間に完了できる．

2.4　北米プレイリーの植生

ユーラシアプレイリーでは，緯度と大陸度に関して傾度があり，北米プレイリーでは東から西にかけて降水量に関して傾度がある．メキシコ湾に近いプレイリーと，北方林に接した最北のプレイリーの間にも傾度がある．

東部の湿性トールグラスプレイリー

米国のトールグラスプレイリーは，ユーラシアのメドウステップにもっとも近い．イネ科のメリケンカルカヤ連，特にメリケンカルカヤ属とウシクサ属は，これらのプレイリーで重要な役割を果たす．大型のメリケンカルカヤ属のビッグブルーステムは，根と花序が高さ2～3mに達し，葉（すなわち葉鞘を除いた葉身）が50～1mに達する大型の植物である．ウシクサ属のリトルブルーステムはこれより若干小さく，葉が30～40cmで，花の穂状花序は50～100mである．この種のプレイリーは，アメリカバイソンが優占している．

さらに4つのイネ科草本が，亜優占種とみなされる：これはスイッチグラス，インディアングラス，プレイリーコードグラス，ネズミノオ属の *Sporobolus heterolepis* である．ユーラシアの草原ステップと同等，あるいはそれよりも花が豊富な場所でさえも，これらの4種が，ウシクサの仲間のビッグブルーステムやリトルブルーステム，とともに，地上植物の総バイオマスの3/4を占める（200，300，あるいはそれ以上の異なる分類群からなる）．これらの高茎プレイリーは，種が非常に豊富で，優占度はやや落ちるが（ヤマアラシガヤ，アゼガヤモドキ，カモジグサ属の *Agropyron smithii*，ミノボロ）などのイネ科草本と花が咲くと特徴的な色を添える広葉草本を含む．マメ科植物（オランダビユ属，クロバナエンジュ属，*Dalea* [=*Petalostemon*]，ムラサキセンダイハギ属など）やキク科植物（*Brickellia* [=*Kuhnia*]，ユリアザミ属，ショウジョウハグマ属）の驚くほどの多様性がある．より湿気が高い場所ではもっとも多い種類は，キク科のシオン属の *Aster prealtus*，ヒマワリ属の *Helianthus grosserratus*，ツキヌキオグルマ属の *Silphium laciniatum*（コンパス植物），セイタカアワダチソウ，ならびにセリ科のドクゼリ属の *Cicuta maculata* で，より乾燥した場所で豊富な種類は，キク科のシオン属の *Aster ericoides*，マメ科ムラサキセンダイハギ属の *Baptisia leucantha*，イリノイヌスビトハギ，ムラサキバレンギク属の *Echinacea pallida*，ヒマワリ属の *Helianthus laetiflorus*，およびアキノキリンソウ属の *Solidago missouriensis* である．

カナダの高茎プレイリーの最北端では，森林と泥炭湿地が散在し，シベリア西部のステップの北端とよく似ている．湿った凹地には，2～3 m のほとんど純群落を形成するコードグラスが優占するプレイリーの変異型がある．それに次ぐ特定のイネ科草本（ヤマアワ属，キビ属のスイッチグラス，エゾムギ属の *Elymus canadensis*，*Sorghastrum* 属のインディアングラス，ハネガヤ属の *Stipa spartea*，ネズミノオ属の *Sporobolus heterolepis*，およびアゼガヤモドキ）のプレイリーにおける分布の変動は，水分の減少という傾度に関連している．たとえば，アゼガヤモドキは，トールグラスの中でももっとも乾燥に強い草本のひとつである．

西部では，ヤマアラシガヤや *Stipa viridula* などのハネガヤ属がプレイリー植生の重要な要素であり，北や西では，カモジグサが重要になってくる．南部のトールグラスプレイリーの中には，スイッチグラス，インディアングラス，および *Andropogon saccharoides* が優占するところもある．

高茎プレイリーのもっとも南の形態は，ほぼ亜熱帯気候を持ち，典型プレイリーのヒエガエリやウシクサが生育し，プロソピス，ビャクシン，クレオソートブッシュなどの砂漠種の侵入がいくらかある．集中的な放牧は，プレイリーの草本植物をしだいに砂漠の低木と入れ替えてしまうが，放牧の負担を軽減すれば，植物群落や典型的なプレイリーのイネ科草本が復活する．

過放牧と乾燥は，高茎草本を弱くする．過放牧によって変えられた放牧地は乾燥し，種の多様性は低い．高茎プレイリーの西部では，過放牧や乾燥によって，高茎草本は混交プレイリーの種類と入れ替わっている．これらの変化は，放牧圧を軽減するか，乾燥が終わればもとに戻る．この場所が激しく撹乱されれば，侵略的な種，特にナガハグサのような種が侵入して威力を発揮する．ほかにも，コヌカグサ，オニウシノケグサ，オオアワガエリ，そしてコイチゴツナギなどのヨーロッパ起源の冬に生長する外来種がある．

この地域の本来のプレイリーにおける高茎草

44. 根茎植物である**プレイリーコードグラス**は，北米の湿気が多い東部の高茎プレイリーに非常に一般的である．別のバイオームに生える他の Spartina 属の種と同様，この種は通気の悪い水を吸った土壌に生えることができる．泥地や沼沢地帯では，優占種であることが多く，唯一の植物であることもある，そこからこの名前がついた（「slough」は沼地やぬかるみという意味である）．しかし，この種は，乾燥地ではまったく見られない．
［写真：François Gohier / Ardea London］

45.エゾムギ属の *Elymus canadensis* は，北米東部の高茎プレイリー地帯の低地に広範囲の密集した草原地帯を形成している．これはスイッチグラスと共優占種一であることが多く，高さが 2 m にまでなる．密集した植被を形成する，日光はわずか 1 ～ 3 % しか土壌に届かない．*E. canadensis* は乾燥地では育たず，多湿および中湿（適度な湿度がある）の条件ではよく育つが，後者の方が最適で，多湿地帯では，ビッグブルーステム；図 32 および 46 を参照）や，インディアングラス（図 49 参照）に取って代わられる．もっと西の混交プレイリーでは，*E. canadensis* やスイッチグラスは凹地，渓谷，斜面の底部のみに生え，それにともなって *Agropyron smithii*（図 35 参照），ビッグブルーステム，およびアゼガヤモドキが生えている．
[写真：François Gother / Ardea London]

本（トールグラス）の相対的な重要性に関しては，議論がある．研究者の中には大型ウシクサの長茎群落（長さ 50 ～ 100 cm の葉，高さ 150 ～ 200 cm の穂状花序をもつメリケンカルカヤ属のビッグブルーステム），が優占種であり，インディアングラス，スイッチグラス，エゾムギ属の *Elymus canadensis* などのイネ科草本とともに生えていたと考えている人もいる．彼らはこの群落が主に比較的湿った低地に限られ，もしこれが高所に侵入していたとすれば，ヨーロッパ人の居住以来の変化の結果であると見なしている．しかし，高茎草本は，このバイオームのもっとも撹乱を受けた地域において重要な役割を果たしていた可能性があると思われる．高茎プレイリーのチェルノーゼム土はもともと非常に肥沃であり，長い間耕作されてきた．いわゆるコーンベルト地帯の広範な地域が，高茎プレイリーの地域に相当する．今日では，手つかずの本来の状態で残っているものはもはやない．

湿潤な北部ウシノケグサプレイリー

プレイリーバイオームの北西端のウシノケグサプレイリーも草本植物が豊富で，低木や高木がまばらに存在し，隣り合う森林バイオームと接触している場所に向かって密度が高くなる点で草原ステップと似ている．ウシノケグサプレイリーは，カナダ・ロッキー山脈の丘陵地帯（南はモンタナ州，西はカナダのサスカチュワン州まで延びる）や，コロンビア台地，特にアイダホ州，オレゴン州，ワシントン州のパルース川流域の，ヨモギ属が生える砂漠と山地性針葉樹林との間に存在する．

こうしたウシノケグサプレイリーで圧倒的に優占する種（地上部植物バイオマスの 50 % 以上）がウシノケグサ類で，北西の混交プレイリーでは *Festuca scabrella*，パローズプレイリーでは *F. idahoensis* が優占している．その他の主要なイネ科草本は，カモジグサ属（*Agropyron dasystachyum* や *A. subsecundum* が *F. scabrella* とともに生え，*A. spicatum* が *F. idahoensis* とともに生える）で，それに続くのがエゾヌカボ，ヤマアワ属の *Calamagrostis montanensis*，スゲ類（*Carex heliophila*，および *C. obtusata*），野生カラスムギである *Danthonia intermedia* および *Helictotrichon hookeri*，ミノボロ，およびイチゴツナギ属の *Poa canbyi* や *P. interior*，ハネガヤ属の *Stipa*

46. 春と初夏には，**花咲く草本植物がプレイリーの植被を優占する．** 写真は，ウィニペグ（カナダ，マニトバ州）に近い高茎プレイリーで，北米の撹乱されていないプレイリーでも強度にグレージングを受けたプレイリーでも，もっとも豊富な植物の一つ，ビッグブルーステム，写真 32 および 35 参照）が優占している．これは短くて強い根茎が新芽を生じやすいためだと思われる．これに加えて，土壌深くに根を伸ばすことができるという事実があるにもかかわらず，これが刈り取られる草地では数が減少してきている．
［写真：Geoffrey Scott］

spartea var. *curtiseta* や *S. viridula* などである．

バラ科のキジムシロ属のキンロバイや，バラ属など，スイカズラ科のセッコウボク属のセッコウボク（シラタマヒョウタンボク），などの低木も重要である．アルバータ州やモンタナ州のロッキー山脈の丘陵地帯は多様性が高く，低湿地プレイリーの種が山地を越えて東に広がり，大陸中央部の混交プレイリーの種と接触している．イネ科のカモジグサ属 *Agropyron spicatum*，ダントニア属 *Danthonia parryi*，およびハネガヤ属の *Stipa columbiana*，キク科の *Balsamorrhiza sagittata*，デルフィニウム属の *Delphinium bicolor*，フウロソウ属の *Geranium viscosissimum*，ルピナス属の *Lupine leucopsis* などがそうである．氷河期に形づくられた景観は，現在は大半をプレイリーが占めているが，この植生は大部分が陽生植物草原の種々の組み合わせから成る浅い凹地があり，周囲のウシノケグサプレイリーからはヤナギやアメリカヤマナラシの狭い森林地帯で隔てられている．人が定着する前には，これらの森林地帯は定期的に野火に破壊されたが，その都度萌芽した．針葉樹林と接触しているところでは，ウシノケグサプレイリーの中に樹木のパッチもいくつかある．

南部沿海の湿性プレイリー

高茎プレイリー地域の反対の端には，メキシコ湾のいわゆる沿海プレイリーがあり，大型叢生イネ科草本が優占しているが，地理的位置や水文学的条件により，この地域は潜在的な互いに矛盾するいくつかの影響を受けている．これらはミシシッピ川とリオグランデ川のそれぞれの河口の間に位置し，リトルブルーステムやインディアングラスなどのもっとも典型的な高茎プレイリー種のいくつかが優占しているが，スズメノヒエ属，ニコゲヌカキビ属や，スゲ属の何種類かも重要である．北部の亜区はより湿潤な気候を持ち，南部と異なる点はスズメノヒエ属の *Paspalum plicatulum* やネズミノオ属の *Sporobolus asper* の優占度が高いということである．

沿海プレイリーのわずかな地域のみが（1％），外観上は中茎・高茎プレイリーであるという本来の状況に近い形で残っている．高所にある海岸プレイリーは種の多様性が非常に高く，多少の撹乱がある場所でも，維管束植物は1ヘクタールあたり 70 種に達する．自然条件では，低木や高木がすでに散在しているが，おそらく木本種がない地域もあった．沿海プレイリー地域は，ほかの植生タイプと接触しており，両方向に侵入がみられる．東の落葉樹林への移行はヒッコリー（ペカン属）の種類，オーク，およびテーダマツ，ダイオウマツなどのいくつかの種類のマツの侵入につながり，以前は広々とした草原が優占していた地域に低木林ができている．プレイリー地帯の中には，水の流れに沿って，河畔林が存在する．南西には，メスキート，アカシア，ナラが上層を占める森林や低木密生林が部分的に侵入し高木サバンナあるいはサバンナ的群系ができている．本来の条件では，土壌の水はけは悪く，周期的に野火があり，過放牧が続けられていないことにより，樹木種の侵入は妨げられていたが，過放牧が行われたり，野火が原因のストレスが低下したことから受けた影響の1つが，樹木種の増加であった．ヨーロッパの影響が生じる前に高所の沿海プレイリーのいくつかの地域にはおそらくプロソピス属の *Prosopis glandulosa*）やコナラ属の *Quercus virginiana* が存在していたのだろう．

沿海プレイリーのもともとの植物相は約200種から成るが，その半数は，全部で40科ある中で，イネ科，キク科，マメ科の3科に属するものである．優占するイネ科植物は，すでに指摘したように，リトルブルーステム，インディアングラス，*Paspalum plicatulum* である．これら3種は，地上部植物バイオマスの2/3を占めることもしばしばある．その他のイネ科植物やスゲ属の植物もあるが，これらの総バイオマスへの貢献は非常に小さい．生育する多くの広葉草本の中でもっとも目立つのは，ユリアザミ属やオオハンゴンソウ属，およびコウモリソウ属の *Cacalia lanceolata* やツキヌキオグルマ属の *Silphium asperrimum*，ムラサキセンダイハギ（マメ科），サルビア（シソ科サルビア属），およびヒゴタイサイコ属の *Eryngium yuccifolium*（セリ科）の種類である．

これらのプレイリーにおける過放牧の最初の影響は，バッファローグラスのような短茎草本や，メリケンカルカヤおよびネズミガヤ属の *Muhlenbergia capillaris* の増加である．過放牧が続くと，ツルメヒシバ属の *Axonopus affinis*，ネズミノオ属の *Sporobolus indicus*，その他の草本植物が侵略的に侵入してくる．野火の発生がまれで，草本植物が刈られなければ，高所の沿海プレイリーは，キンゴウカン，ハマベノキのような自生の樹木種や，マッカートニーローズ，ナンキンハゼのような外来種が侵入する．硬盤がある凹地では，水はけの悪さが好都合に働いてスイッチグラスやイースタングラマグラスが優占種となり，これら2つの種は地上部植物バイオマスの半分以上を占めることもしばしばである．これに続くのがビッグブルーステム，スズメノヒエ属の *Paspalum floridanum*，*Sorghastrum nutans* である．これらの短茎プレイリーは，沿海の淡水湿地帯沿岸の陽生群落への移行を示し，これらはスパルティナ属の *Spartina spartinae* が優占するが，塩生湿地はイグサ属の *Juncus roemerianus* やヒガタアシが優占する．

明らかに，典型的な低地沿海プレイリーの本来の優占草本植物は，リトル・ブルーステムとインディアン・グラスだったが，*Bothriochloa saccharoides* も豊富だったことだろう．ネズミノオ属の *Sporobolus asper* は，高所の沿海草原よりここでのほうが重要であるが，スズメノヒエ属の *Paspalum plicatulum* はもっと局限されている．攪乱作用は，自然のものでもそうでなくても，*Hilaria belangeri* や *Setaria leucopila* をより優占させる．野火の発生を止めると，過放牧あるいはその他の攪乱が原因で樹木種が侵入し，プレイリーはトゲ低木林と完全に置き替わってしまう．

西部の乾燥短茎草本プレイリー

短茎草本プレイリーは主に，高さ50 cmを越えないイネ科草本のブルーグラマとバッファローグラスで構成される．研究者の中には，短茎プレイリーを混交プレイリーの一部と見なしてきた人もいるが，これは短茎草本が家畜の過放牧の結果として優占種になったのだと考えるためである．なかには，中茎イネ科草本はこの乾燥した西部地域を優占することができなかったのだと考える人や，これら中茎草本が侵入する前に，存在する植生のほとんどが短茎草本から成り，特にバッファローによる放牧圧をはやくから受けていたのだと考える人もいる．

短茎プレイリーや，グレートプレーンズのプレイリーは，北米のプレイリー地帯でも，より乾燥した地域である西部に生える．もっとも特徴的な植物はブルーグラマであり，これに続くのがバッファローグラス，*Stipa comata*，*Aristida longiseta*，*Festuca octoflora*，および *Hilaria jemesii* などのイネ科草本である．これらの短茎草本は，混交プレイリーの多くにも生えるが，もともとは短茎プレイリーの植生の一部を形成するだけであると考えられた．その他，共優占種である二次的な短茎草本には，

47. ユリアザミ，ヒゴタイサイコ属の *Eryngium yuccifolium*，その他の種類の目をひく花は，春の沿海地方の高茎プレイリーを飾る．イロコイ保護地域（米国イリノイ州）のプレイリーのこの写真でもそれがわかる．ユリアザミ(キク科)は，夏に 50 cm の高さの紫の花が咲く直立した穂状花序を生じる．写真からわかるとおり，花は最初に穂状花序の上端で開く．やはり湿った土地を好む *E. yuccifolium*（セリ科）と同じ場所に生えており，放牧圧によって数が減少している．*E. yuccifolium* はトゲだらけの包葉に囲まれた頭状花序に無柄の花をつける．干ばつや集中的な放牧には耐えられないため，数が多いのは標高が高い地域の湿っていてあまり撹乱を受けない場所だけである．
［写真：Adam Jones / Planet Earth Pictures］

Agropyron smithii，*Bouteloua hirsuta*，*Sporobolus airoides*，および *S. cryptandrus* などがある．

草本植物は少ないものの，放牧が集中的に行われる場所では，厳しい凍害に耐えられるウチワサボテンのような丈が低いサボテンの種が現れる．いくつかの地域では，ウチワサボテンがブルーグラマと共優占している．これは，マンシュウアサギリソウ，*Chrysothamnus nauseosus*，および *Gutierrezia sarothrae*（3つともキク科）および *Eriogonum effusum*（タデ科）などのいくつかの低木のように，*Carex eleocharis* [=*C. stenophylla*] も，いくつかの群落の重要な要素である．別の種の短茎草本（*Agropyron smithii*，アゼガヤモドキ，および *Stipa neomexicana*）がブルーグラマをおさえて優占するケースもある．

砂質の土壌には，サンドブルーステム，*Calamovilfa longifolia*，スイッチグラス，リトルブルーステム，インディアングラス，スズメヒゲシバ，*Stipa comata*，および *Artemisia filifolia* のような高茎草本もよくみられる．そして最後として，塩・アルカリ土壌は，*Agropyron smithii* および *Distichlis stricta* により優占され，ブルーグラマが残っている．ロッキー山脈の麓にあるいくつかの群落には，いくらかの樹木，特にビャクシン属の *Juniperus osteosperma*，ピニヨンマツ，およびポンデローサマツが残っている．

この地域のほとんどで，休眠する季節は冬である．春や日中の気温が上がる時間が長くなるにつれて生長は加速し，たまにある乾期にだけ中断される．いくつかの種が生育しているが，数は少なく（ネギ属，*Anemone patens*，エゾノチチコグサ属，セリ科の *Lomatium*，クサキョウチクトウ属の *Phlox hoodii*，スミレ属)，優占する草本植物が芽を出す前の春に花を咲かせて，早春のプレイリーにすこしの色彩を与える．その年が春，夏，秋と進んでいくにつれ，ますます多くの種が全体の外観に貢献し，プレイリーの高さも増していく．春と夏は白い花が目立つが，赤や青もいくらかある．これは主にマメ科植物である．キク科の黄色い花は主に秋に現れる．

Hilaria belangeri プレイリーは主に，テキサス，ニューメキシコ，アリゾナの南西プレイリーのもっとも乾燥した地域にある．これらのプレイリーで優占するのは，その名の由来となった *H. belangeri* である，アゼガヤモドキ属の *Bouteloua eriopoda*，*B. aristoides*，ノゲエノコロ，およびバッファローグラスである．冬は暖かく，夏は乾燥するため，このプレイリー

48. ブルーグラマは，北米の低茎プレイリーの優占種となるイネ科草本の一つで混交プレイリーにも多い．さらに東へ行き，年平均降水量が減少すると，丈が高い草本植物に代わっていく．バッファローグラス（図35参照）やアゼガヤモドキと共優占していることも多い．ブルーグラマは乾燥に対して非常に強く，降水がほとんどない年には，利用可能なバイオマスの大半がブルーグラマに起因するが，その正確なパーセンテージは，その地域が放牧に利用されるかどうかに左右される．
［写真：François Gohier / Ardea London］

の最後のタイプはユーラシアの亜砂漠のいくつかのタイプに非常によく似ており，夏から秋の生育期間には，短茎プレイリーで述べたような決まった進みかたはしない．

中部の混交プレイリー

混交プレイリー群系は，典型ステップに匹敵する．これらは高茎草本（リトルブルーステム）と短茎草本（グラーマグラス，*Bouteloua hirsuta*）が共優占する．こうした2つのグループの共存は，降水量の変動に関係があり，不適な時季には草丈が低く，もっとも強い種が豊富になるが，一方で，中茎の草本と高茎の草本は，条件がより好都合になった場合に優占する．中茎と短茎の比率は，各年の気象条件に適合した植物季節学的サイクルによって，時間の経過とともに変化する．地形の中の位置も重要である．高台の最高所や南西に面した斜面など，乾燥した場所では，短茎草本が有利であるが，もっと湿気がある斜面や谷の底部は高茎草本が優占する．

最北端のプレイリーは，寒冷な季節に育つ種があることが特徴で，たとえばこれにはカモジグサ，ブルーグラマ，バッファローグラス，ハネガヤ属の *Stipa spartea* var. *curtiseta*，およびいくつかのスゲなどである．さらに南へいくと，シルバーブルーステム，キビ属の *Panicum obtusum*，リトルブルーステム，スズメヒゲシバなど，高茎草本の夏の種類が豊富である．

地表面の一部を覆うイワヒバ属の *Selaginella densa* が常にあることが，これらの北部混交プレイリーでの特に興味深い特色である．土壌表面には，ときどき何種類かの地衣類が生育していることがある．植被の合間に散在して，しばしばヨモギ属の *Artemisia cana* やいくつかの矮生のバラ属がパッチ状に生育している．スイカズラ科のウェスターン・スノーベリーのようなその他の低木は，周囲から保護された地域の小規模なパッチを占めている．一方，*Artemisia cana* は，この地域でもっとも乾燥した，砂質土壌の地帯に分布している．

さらに南では，混交プレイリーで行われた初めての研究は限定的だったため，放牧や乾燥で変えられる前の南部混交プレイリーの原植生を特徴づけることには役立たなかった．ネブラスカとカンザスの西の混交プレイリーでは，かつてはリトルブルーステムが優占種であった場所が，カモジグサ属の *Agropyron smithii*，ブルーグラマ，いくつかのスゲ，およびバッファローグラスにとって変わられている．西へ行くと，コロラド州との境近くでは，高茎草本の数はしだいに減り，短茎草本に取ってかわられている．しかしながら，テキサスと西オクラホマの混交プレイリーでは，*Andropogon saccharoides*，マツバシバ属の *Aristida purpurea*，アゼガヤモドキ，スズメヒゲシバなどの長茎草と，短茎草である *Bouteloua hirsuta*（アゼガヤモドキ属）が豊富である．

49. インディアングラスは，北米の高茎プレイリー，特に南部の高茎プレイリーに典型的な植物群落によく見られる要素であり，時には植物バイオマス全体のかなりの割合を占めることもある（図 45 も参照）．インディアングラスはまた，砂丘や，混交プレイリーや低茎プレイリーの河川に近い砂質の土壌で，他の高茎プレイリーに典型的な種類とともに生えている．干し草用に刈り取られてもあまり影響はないが，この味がよい植物種は，家畜に激しく食われる場所から真っ先に姿を消す種類の一つである．このため，この植物が存在するということは，手つかずのプレイリーであるということを表している．
[写真：Richard Day / Oxford Scientific Films]

2.5　パンパ草原の植生

アルゼンチンパンパやウルグアイの「カンポ」（31 ～ 33 ページ）の自生植物は，スズメノヒエ属，キビ属，カモノハシガヤ属，ウシクサ属，オヒゲシバ属，メヒシバ属，エノコログサ属，カゼクサ属など，夏や秋に開花する草本植物と，イチゴツナギ属，スズメノチャヒキ属，ハネガヤ属，コバンソウ属，*Piptochaetium*，オオムギ属，およびヤマアワ属など，春に花が咲いて夏の初めに種子ができる草本植物が混交している．草本植物の植被は常に更新されており，この理由からラプラタ川流域のプレイリーは，1 年の間でも時季によって様相を大きく変える．

この恒常的な更新が，すべての植被を構成する要素に当てはまる．ラプラタ川流域のプレイリーやステップの多年生イネ科草本は，夏の生長停止（パンパの南部および西部の地域に著しい）と冬の生長停止（時折の雨の作用のため，それほど厳しくはない．これは低温とともに植物の生長を刺激する）がある．球根あるいは根茎をもつパンパの地中植物（地下に休眠芽をもつ植物）は，イネ科草本のタソックの間に残されたわずかな空間で，冬の終わりに生長を始め，春に開花して，一年生植物のカーペットとともに土壌を覆うのである．パンパの植生は 11 月と 12 月，すなわち，春の終わりや夏の初めに生長が最高に達する．夏には，湿った低地をのぞくパンパ，ステップ－プレイリーは，ある程度継続的に乾燥した黄色い枯株に覆われる．し

50. リトルブルーステムは，グレートプレーンズの広大な砂質土壌，ネブラスカのサンドヒルで優占する草本植物の一つである．サンドヒルは高度 600 ～ 1200 m において 450 万ヘクタールの面積を占め，北部のプレイリーと南部の混交プレイリーの境界線を示すとみなされる．その他のイネ科およびカヤツリグサ科には，サンドブルーステム，*Calamovilfa longifolia*，および *Stipa comata* などがあり，それにともなってビッグブルーステム，ブルーグラマ，および *Bouteloua hirsuta*，カヤツリグサ科の *Carex heliophila*，*Cyperus schweinitzii* や，スナジカゼクサ，*Oryzopsis hymenoides*，スズメヒゲシバ，およびヤマアラシガヤが生えている．イネ科草本以外で最も特徴的なのはソープウィード（*Yucca glauca*）だが，他にもたくさんあり，その多くは混交北方あるいは南方プレイリーの砂質土壌の立地に生育する．これらの地域に広く分布する低木種はごく少なく，クロウメモドキ科のセアノサス属，バラ科のサクラ属やバラ属である．
［写真：Richard Day / Oxford Scientific Films］

かしながら，東部パンパでは，低木や亜低木の大半が，秋雨が降ったときに花を咲かせる．

今日では，このパンパ地域のすべてが，全面的に農業に転用されたり，家畜の放牧に使用されたりしている．たとえばアルゼンチンでは，パンパ地域はもっとも重要な農業地帯であり，コムギの国内生産の 95 % をもたらし，ウシの数の 60 % を支えている．このため開発がはじまる前の本来の植生を再現することは難しい．実際に当時を知る研究者は，それは樹木がない景観で，植被は高さが 120 cm にもなる高茎草本で構成され，そこでは flechilla すなわちリトルアロー（小さな矢）と呼ばれるハネガヤ属の *Stipa neesiana*，*S. brachychaeta*，*S. trichotoma*，*S. papposa* が優占し，*Piptochaetium* およびマツバシバ属，スズメノヒエ属の *Paspalum quadrifarium*，シマスズメノヒエ，スズメノチャヒキ属の *Bromus unioloides*，そしてこれらの属の別の種やモンツキガヤ，キビ，コバンソウ，イチゴツナギの各属の植物に占められている．

波丘地状のパンパ

波丘地状のパンパ地域は起伏が穏やかにうねり，パラナ川の右岸の支流とラプラタ川の河口の谷，そしてこれら 2 つの川の河岸と，マタンザ川（北側）およびリオ・サラド（南側）の河岸の間のネットワークにより，適切な水はけとなっている．もっとも肥沃な土壌は，flechilla が優占しており，大型のハネガヤ，特に穂状花序が高さ 50 cm になる *S. neesiana* と，*Piptochaetium montividense*，*Aristida murina*，*Stipa pappasa* のような小さな種類で占められ，根茎をもつ夏と秋の植物である *Bothriochloa laguroides* や，シマスズメノヒエのような草本植物と共優占している．

大型のタソック草本は，ほとんどすべてが波丘地状のパンパに生えるほかの草本植物を覆い隠してしまう．春にだけ，波丘地状のパンパは色を変えるが，この外観は *Anemone decapetala*（キンポウゲ科），ハタケニラ属の *Nothoscordum montevidensis*（ユリ科），いくつかのアヤメ科の黄花の *Cypella herbertii* やチリアヤメ，*Sisyrinchium pratense*，そして *S. lexum* といった色彩豊かな花を持つ草本植物がイネ科草本の間で色を添える．ブエノスアイレス州の原野では，多肉質の根と赤みを帯びた花をもつカタバミの一種，*Oxalis perdicaria*（カタバミ科）が多い．

内陸のパンパ

緩やかなパンパの西には，海への排水がない内陸性すなわち内陸流域のパンパがある．この最東端の地域は，波丘地状パンパとの境をなし，アルゼンチン州のコルドバの南東端，サンタフェの南端，ブエノスアイレス州の北西の一角がこれに含まれている．全般に平坦で，固定砂丘を伴い（昔は乾燥した気候であったことを示している），地域の外に源流があるいくつかの水路から水が供給されている．これらは砂質であるため，土壌は良好な内部排水となっているが，それでも大きなプールは雨季には頻繁に氾濫し，弱塩水の湿地帯ができている．最西端の地

51. イネ科草本植物は，ウルグアイやブラジル南端のカンポでも優占する． この地域では，年間の水が不足する期間のせいで，通気の悪いきめの細かい土壌に木本植物が生えることが妨げられ，アルゼンチンのパンパのいくつかの地域に少なくとも構造上はよく似た草本植生が成長するには好都合である．カンポの草本植物には，キク科，カヤツリグサ科，ヒガンバナ科，マメ科のような科の種が含まれるが，この地域では，ハネガヤ属，スズメノヒエ属，エノコログサ属，イチゴツナギ属のようなイネ科植物が優占している．ウルグアイで撮影されたこの写真のとおり，夏には空は晴れ，雨は乏しく，これらのイネ科植物は枯れて，カンポは乾いた草が風にうねる広大な草原へと変わるのである．
［写真：Tony Morrison / South American Pictures］

域では，風によって高い砂丘（médanos）が形成され，他の地域よりも乾燥した条件の中で行われる農業活動によって再活性化されることが多い．

この地域の草原地帯はあまり密集していなかった（わずかに残っているサンプルから判断すると，60 ～ 80 % の植被率）．もっともよく保護された場所を優占する草本植物は，*Sorghastrum pellitum* と *Elyonurus muticus* である．マツバシバ属の *Aristida inversa* も一般に生育し，植被率の多くを占めている．自生の低木には，クマツヅラ属の *Verbena* ［=*Glandularia*］ *hookeriana*（クマツヅラ科），*Macrosiphonia petrae*（キョウチクトウ科），ステビア属の *Stevia satureiifolia*（キク科）がある．パンパ・ステップで優占する低木の下に，多くの種類の一年生植物，たとえばクリノイガ属の *Cenchrus pauciflorus*（イネ科）などが生えている．東端部分にいくと，波丘地状パンパスに似ているが，植物相の構成が異なるハネガヤの草原が現れ，波丘地状パンパより若干低くて，もっと広々としている．

凹地のパンパ

凹地すなわち氾濫原のパンパは，リオサラド盆地として知られる低地からなる．傾斜はゆるやかで，亜湿潤気候にもかかわらず，排水は内陸流域（内陸のみの流れ）か arheic（流れがない）である．1世紀に3～6回ある降水量が多い時期には，広い範囲が長期間水浸しになる．地形の目立った特徴には，砂丘から盛り上がった小規模な丘や，沿海部にある4mほどの海洋堆積物がある．典型的な草原地帯は，波丘地状のパンパ草原と非常によく似ていて，主にシマスズメノヒエ，*Bothriochola laguroides*，およびコバンソウ属の*Briza subaristata*など，同じ優占種のほとんどを共有している．南西部にいくと，*Paspalum quadfrifarium*と*Stipa trichotoma*がパッチ状に現れる．砂丘や海岸の砂地には，ほかの砂質の地域と同様に，キク科植物の*Hyalis argentea*や*Thelesperma megapotamicum*などの長い根茎をもつ多くの砂丘植物（浸水した砂に適応する）がある．ほぼ一年中水浸しの場所は，夏をのぞき，*Glyceria multiflora*や*Amphibromus scabrivalvis*などのイネ科草本，および*Ludwigia peploides*（アカバナ科）や，enteque secoと呼ばれるウシの疾患を引き起こす*Solanum glaucophyllum*（ナス科）のようないくつかの低木に占められている．湿地帯では，もっとも湿気が多い地域と長期間水浸しになる地域が，ホタルイ属の*Scirpus californicus*の密生群落や，イネ科のワイルドライスまたはヒメガマの群落，およびガマを支えている．

南部のパンパ

南部のパンパは，シェラタンディル山脈およびシェラヴェンタナ山脈，それらの丘陵地帯，そしてそれに隣接する露岩地帯から構成され，整然とした河川流路システムがある．扇状地には，露岩地と深い土壌の部分があり，深さ50～200cmのところには石灰質の連続した層があって，その上にシルトが堆積している．やはり，ハネガヤ属*Stipa neesiana*，*S. clarazii*，*S. trichotoma*，*S. tenuis*や*Piptochaetium napostaense*や*P. lejopodum*が優占している．岩石層や丘陵上には，*Paspalum quadrifarium*や，いくつかの種類の回転草（ヒゴタイサイコ属の*Eryngium eburneum*，*E. paniculatum*，*E. horridum*）の草原が優占した独特の植生がある．この湿った地域はシロガネヨシがあり，これが装飾的で背の高いアシに似た穂状花序を生じる．深く，軽い土性の土壌は，高さ2.5mにもなる2種類の有刺低木，*Colletia paradoxa*（クロウメモドキ科）や*Dodonaea angustifolia*（ムクロジ科）が優占している．

メソポタミアパンパ

メソポタミアのパンパは，ウルグアイ川とパラナ川の間，メソポタミア（ギリシャ語で「川の間」，すなわちウルグアイ川とパラナ川の間）と呼ばれるアルゼンチン南端地域にある．地形全体がほとんどなだらかな波丘状で，クチラスと呼ばれる小高い隆起がいくつかある．ここには河川や永久的な水流がネットワークになり，拗水に縁取られている．西にいくと，黄土（レス）の堆積，東にいくと，適切な排水を阻害するモンモリロナイト粘土を多く含む堆積物がある．この地域全体に，「ギルガイ」型の微地形の代表的な例がある（第3巻47～48ページを参照）．植生は，亜熱帯性のイネ科草本の属（ツルメヒシバ，スズメノヒエ，メヒシバ，ウシクサ，カモノハシガヤ）があり，そして*Piptochaetium*，イチゴツナギ，そしてさらにハネガヤのような比較的数が少ない属もある．それでも，主な優占種は*Stipa neesiana*，*S. tenuissima*，およびスズメガヤである．その他の点では，メソポタミアパンパは波丘地状パンパと非常によく似ている．

ウルグアイとリオグランデドスルのカンポ

ウルグアイ川の南にある，南部パンパはウルグアイの1/3を占め，排水を妨げるものがなく，氾濫も適度な地域である．この川は岩石の河床を流れ，河岸林に縁取られている．いくつかの丘陵の花崗岩でできた斜面には水で満たされた小さな凹地があり，水生植物の群落がある．この地域全体，特に西部に多くの露岩地帯があり，丘陵はこの地域の南にある．全般的にみて，この植生は，波丘地状パンパやメソポタミアパンパの植生とそれほど変わりがない．

北部のカンポでは，地形は通常は平坦だが，低い卓状地，露岩地，砂の堆積地が介在しているところもある．リオネグロ川（ウルグアイ）の源流やカマクア川（ブラジル）の両岸の地域では，景観は山がちになる．この亜地区は水はけがよく，主にウルグアイ川に注いでいる．水流は拗水林に縁どられて，ヤシの種類が含まれることもある．また，プールや湿地も多くみられる．山間部では，いくつかの高い山頂部は低くまばらな低木林に覆われている．さらに北に行くと，ハネガヤが減るが，アメリカスズメノヒエ（リオグランデドスルでは，grama

52. シロガネヨシ（パンパスグラス）の大型の株は，パンパの景観の中でもっとも目立つ風景の一つである．この草は，3 m の高さにまでなる茎に，りっぱな銀白色の冠毛をつける．かつて，特に南部パンパの湿った低地で，広大な面積を覆っていたものだが，現在は辺境の地域，砂丘，砂洲，およびいくつかの小川のほとりなどに限られる．これは成長すると温帯地域全体の庭園などで魅力的な花を咲かせるため，パンパの植物の中でももっともよく知られるものの一つである．
［写真：Tony Morrison／South American Pictures］

forquilha，アルゼンチンでは gramilla blanca として知られる）は，ツルメヒシバ（Missionary grass または Jesuit grass）やウシクサ属の *Schizachyrium condensatum* と同様に増加する．

2.6 ニュージーランドと南アフリカの草原

一般的な見方をすると，ニュージーランドの草原は3つのグループ，すなわち長茎の叢生草原，短茎の叢生草原，および低地の芝状草原に分けることができる（今日では外来植物に優占されることがしばしばである）．外観から言えば，ニュージーランドの叢生草原地帯はパンパにとてもよく似ているが，植物相は，ニュージーランドのゆるぎない孤立性から予想されるとおり，ほかのどの草原群系の植物相とも異なる．あまり大きな面積を占めていない南アフリカの草原地帯はそれほど重要ではなく，本節の最後に検討する．

長茎叢生草原

人類がニュージーランドに居住する前は，長茎の叢生草原が森林限界の上部に生育する傾向があった．注目すべき例外として，標高が低い場所に生育するレッドタソック（*Chionochloa rubra*）がある．しかし，現在，長茎叢生プレイリーが占めている地域の多くは，特に伐採，火入れ，継続的な家畜による利用といった人間活動の結果である．南島の南東にあるオタゴの東部では，レッドタソック草原が，特に Horse Range の東端で海面高度に存在する．

北島には，*Chionochloa* 属の優占する叢生植物が4種類ある．これは *C. conspicua*，*C. pallens*，*C. flavescens*，*C. rubra* である．*C. conspicua* はこの属の大半の種に比べて大きく，その円錐花序（散開した不規則な花序）は高さ2 m に達することがある．これは現在，実際には，叢生草原地帯が森林群系に取って変わっている場所に限定されているため，森林や低木林に空き地を形成させる川提や不安定な斜面に広く行きわたって，最近生じた撹乱（増

53. ヤマゴボウ科に属する**メキシコヤマゴボウ（オンブー）**は，高さ18 m に達することがある木だが，10 m を越えることはまれで，公園や庭の観賞用として広く植えられている．たいへん太くふぞろいな幹を持ち，根元には多くの支柱根があり，密集した林冠を形成する．樹皮は厚くて柔らかく，多年生の葉は卵型の長円形で先端がとがり，長い葉柄がある．木質は柔らかく，堅さがあまりない．Arbol de las pampas（「パンパの木」）として広く知られ，かつては河川地域につながるこのバイオームの北東端に，帯状に広く分布していた．パンパの内部に，孤立した個体が生えるが，このことが，オンブーの木がパンパに生えるという考えを生み出した．今日，残存するオンブーの木の大半は，湿気があるサンタフェ（アルゼンチン）のパンパにあるこの木のように，広い私有地の観賞用の樹木である．
［写真：Ramon Folch / ERF］

水，洪水，泥流など）が森林や低木林にギャップを作った場所で先駆種（パイオニア）としての役割を果たす．*C. pallens* と *C. flavescens* が共優占種となる場合もある．*C. pallens* は比較的柔らかい葉と白っぽい中肋を持ち，北島の脊梁山脈の高木限界の上部や，南島の南アルプスに沿って，スノー・タソックが広い範囲に分布している．好まれる生育地は，最近できた水はけのよい崩積層（斜面や崖の基部に堆積した砂層）と沖積層で，レッドタソックと一緒に生育することもある．*C. flavescens* は，北島南部の最も湿潤な溶脱された土壌に生える丈夫な広い葉のレッドタソックである．リムタカ山のいくつかの地点では，標高 730 m までの非常に多様な生育地に *C. flavescens* とレッドタソックの雑種がみられる．レッドタソックは，人目をひく丈夫な赤みがかった葉をもつ植物で，北島の南部全域に生育している．これは湿った斜面で，酸性で季節によって水浸しになる土壌によくある植物で，撹乱にもっとも強い *Chionochloa* の一種だが，過剰な放牧が続いたり，定期的な野火があるとだめになる．火山活動により，熔結凝灰岩，凝灰石，および灰から大きな高原が生じてきた北島の中央部には，レッドタソックが広がるのが常であった．ニュージーランドの標高 1200 m 以上の場所で，現在および過去の気候条件で，レッドタソック群落が極相植生であったのは明らかである．

南島の多くの山の叢生草原は，通常はより複雑である．南島の北部では，長茎叢生草原は，肥沃度・組成がさまざまな広範囲の土壌母材の上にある．こうした群落に生育する *Chionochloa* 種には，*C. pallens*，レッドタソック，*C. australis*，およびまだ記載されていないが *C. flavescens* 複合体とよばれる「確固とした」グループがある．南島の北部は，ほかの種類の *Chionochloa* とはかなり違う *C. australis* の本拠地で，このぎっしりと詰まった短い葉は斜面の下にたれて 30 cm の厚さになる密集したサッチ（草ぶき）を形成している．高山帯では，全般に水はけがよく，酸性で，それほど肥沃ではない山の斜面をこの種が占めることもある．

Chionochloa crassiuscula は，南島の南西，南アルプス山脈の西面にあるフィヨルドランド地域に限定される．この種は，湿った凹地やガリー，溶脱された高山性の浅い土壌に生える．氷河作用によるフィヨルドが多いことから名づけられたフィヨルドランド地域は，高山植生に富んでおり，未だに比較的手つかずのままである．平均年降水量はきわめて高く（1 万 mm 以上），浅いやせた土壌が優位を占めている．*C. cassiuscula* は浅い土壌に生えるが，深い土壌では，湿った斜面に生える *C. acicularis*

54. カンタベリー（ニュージーランド）のワイマカリリ渓谷の**山地にある丈が高いタソックの草原**である．これらのタソックは，季節の移ろいとともに，色の変化が少ししか見られない．秋と初冬には葉の多くが枯れ，写真からわかるような暗い色になる．その後，雪に覆われ，春や夏には緑色の絨毯となる．非常にわずかな例外があるが，ニュージーランドの北島と南島のどちらの草原も，タソックの成長形態を持つ種が優占している．エゾムギ属，ウシノケグサ属，およびイチゴツナギ属のいくつかの種が，標高 700 ～ 1000 m の南島の乾燥地や低地で，高さ 50 cm のタソックを形成し，一方で，*Chionochloa* のいくつかの種（図 36 および 55 参照）は，北島および南島双方の気候がもっと寒冷な高地で草原を形成する．
［写真：Tui de Roy / Auscape international］

や，切り立った斜面に生える「フィヨルド」群の型の *Chionochloa* と入れ替わっている．東部のフィヨルドランドでは，平均降水量が急激に減少し，片岩，珪質粘土岩，第三紀の石灰岩など，さまざまな岩石タイプがある．葉が細い *C. teretifolia* が目立つようになり，局所的に優占している．フィヨルドランドの固有種である *C. spiralis* が，石灰岩や大理石上に局部的に，特に岩石の絶壁に生えている．

南アルプス山脈の脊梁の東では，より乾燥した山系に独自の長茎タソック群落がある．南島中央部のラカイア川の南では，乾燥した山に細長い葉のタソックを形成する *Chionochloa rigida* が，通常優占している．これはキク科の *Celmisia*（tikimu，すなわちマウンテンデイジー），*C. semicordata*，*C. spectabilis* のような *Celmisia* のより大きな種と共生し，またより高い標高では，*C. discolor* や *C. viscosa* と一緒に生える．その他の自生のイネ科草本，特にニュージーランドウインドグラス，*Koeleria novae-zelandia*，*Calamagrostis*［=*Deyeuxia*］*avenoides* や，いくつかの種類の *Rytidosperma* などとともに，広い範囲の低木や草本植物が，これらの草原地帯に生えている．

スチュワート島（南緯 46°）の山地は高度が 900 m を越えることはまれだが，水はけが悪い尾根が，草地，低木林，高山性のクッション・ボッグのモザイクに覆われている．水はけの悪い砂丘と湿った地域は，レッドタソックグラス，シダ類，イグサ類，そして低木類からなる植生が成立している．さらに南の，オークランド諸島，アンティポデス諸島，キャンベル諸島では，*Chionochloa antarctica* がすっかり *Poa litorosa* にとってかわられた．*Chinochloa antarctica* は固有種で，古い繊維質の葉の基部から形成された特徴的な「幹」をもつ．かつては *Pleurophyllum* 属（キク科）の 3 種，*Anisotome* 属（セリ科）の 2 種，*Stilbocarpa* 属（ウコギ科）の 2 種とともに優占種であった，1990 年にキャンベル諸島から野生のヒツジの群れが排除されてからは，*C. antarctica* が広範囲にわたって再生している．

タソック群系，特に茎が短い植物は，たいへん耐性が強い．密生したタソック草原地帯には，優占種以外にも，非常に多様な種の群落を作る草本植物がある．多くは長茎叢生プレイリー，および特にイネ科草本などの背の低いプレイリーに多くみられる．この種のプレイリーには，*Ehrharta*［=*Microlaena*］*stipoides* や特にブルータソックがある．コウボウ属（イネ科）の広葉種は，特に水の浸出がある場所や湿った低地に多い．いくつかのスゲ類やイグサ類が，高茎の草原地帯では非常に一般的にみられる．*Schoenus pauciflorus* は，湿った場所に多くみられ，ほかの *Schoenus* 属（カヤツリグサ科）そして *Empodisma minus* やいくつかの大型のスゲ属と一緒に群落をつくることがある．高所では，*S. pauciflorus* が，*Carpha alpina*（カヤツリグサ科）のようなスゲや *Marsippospermum gracile*（イグサ科）のようなイグサとともに生育している．亜南極の島々，および時にはニュージーランド本島でも，イグサ科の *Rostkovia magellanica* は高山のタソック草原を構成する要素である．

ほぼ 60 種のセルミシア属（*Celmisia*，キク科）のほとんどがニュージーランドに固有のもので，多くがタソック草原に生育する．これらの大きな草本植物は，マウンテンデイジーあるいは tikumu として知られ，おそらく *C. spectabilis* がもっともタソック草原に多い．これは北島南部から南島のワイタキ川流域まで生育している．長茎タソック草原に頻繁にみられるマウンテンデイジーは，*C. semicordata* とその関連種（*C. armstrongii*，*C. coriacea*，*C. lyallii*，*C. monroi*）である．こうした多くのビロード毛（軟毛）が生えた葉鞘に保護された短くて密な茎とシュートは，これらが野火やグレージングに耐えられるようにできているということである．*C. discolor* と *C. incana* は，長茎タソック草原地帯に典型的なマウンテンデイジーの，さまざまなサイズの葉でロゼットを作る特別なグループを形成しており，より乾いた山地の開けた草原地帯に頻繁にみられる．あまり目立たないが，広範囲に広がっているのは細い葉をもつ種で，特に *C. gracilenta* や *C. graminifolia* がある．

スペア（ヤリ）グラスすなわち「Spaniards」（アシフィラ属，セリ科）は，ニュージーランドの長茎タソック草原地帯で二番目に重要な属である．この属はニュージーランドに 30 種類以上あり，ニュージーランドの植物の間では珍しく，硬くて，とげ状の先端をもつ葉と，とげで覆われた花序をもつ．スペアグラスは高さが非常にさまざまで，2～3 m のものもあれば，10 cm しかないものもある．すべての長茎タソ

55. キャンベル島（ニュージーランド）で，**neineis（*Dracophyllum*）の間に生えるイネ科植物 *Chionochloa* の株.** Neineis は，線状でしばしばグラミノイドの葉を持つ低木である．この葉は，シュート先端に房状に生じる．*Dracophyllum* 属（エパクリス科）は，特にこれらが森林群系に取って換わってきた場所では，高茎タソックのプレイリーにおいて二番目によく見られる木質の属種である．
［写真：Kim Westerskov / Oxford Scientific Films］

ック（叢生）草原に頻繁にみられる草本の属には，ほかにキンポウゲ属（キンポウゲ科），*Anisotome* 属（セリ科），ダイコンソウ属（バラ科），*Ourisia* 属（ゴマノハグサ科），アカバナ属（アカバナ科）などがある．種の構成は，*Chionochloa* 属のどの種が優占であるか，斜面の傾斜や向き，土壌のタイプ，水はけ，そして人間が引き起こす撹乱の度合いによって非常に大きく変化する．これらの植物のタソックプレイリーにおける一般的傾向として，タソック間のすき間があくにつれて増えることが多く，この草原は，たとえば連続した草原地帯の標高上限の，より広々とした景観の植生に同化していくのである．

短茎叢生（タソック）草原

短茎タソック草原は，幅広い気候条件・地形条件で生育する．これらは主に亜湿潤地域に存在する．かつては森林や密生した低木林が占めていたが，最初のポリネシア人が入植したときに焼かれた．注目すべき例外に，南島の南部にある山間の盆地がある．ここはブルーウィートグラスの短茎タソック草原は，年平均降水量が 500 mm 未満という降雨が少ない地域に存在している．

短茎タソック草原の主な植物は，ハードタソック，シルバータソック，ブルータソックで，それと一緒に長茎で，散開した（株がまばらな）その他の自生のイネ科草本が，タソック草原のすき間を埋めている．ハードタソックは古い段丘面を優占し，特にそこではスノータソックが排除されてきたが，これは「草原の地虫」と呼ばれるポリナ蛾（*Wiseana*）の幼虫による感染による．シルバータソックは，崩れやすくて適度に肥沃な土壌に広がり，外来種の侵略がある場所でも，生きのびることができる．

56. クイーンズタウン（南島）の近くで撮影されたこの写真のように，**ニュージーランドの低地プレイリー**の起源は，タソック草原や他のニュージーランドの植物群系がそうであるように，ほとんどすべてが人為改変されたものである．入植者によって有蹄動物が家畜や狩猟用にもたらされ，これらがかつては放牧圧がなかった生態系の中で進化してきた多くの典型的な植物（たとえば *Chionochloa* 属の種）を相当数減少させた．火の使用も，その多くが外来種である家畜嗜好性の高い種の拡大に好都合に働いた．これらの営みが草原の構造と植物組成を変えてしまったので，科学者は，わずかに残っている手つかずの地域を観察することによって，もともとの植生を推察するしかない．
［写真：John Shaw / NHPA］

南島北東の降雨量が少ない地域で，緻密な草原が発達できない侵食を受けた場所では，イエローグリーンのブリッスルタソックが，連続する草原が成立できない場所に植被を形成する．しかしながら，標高の高い場所では，ウシノケグサ属の *Fetuca matthewsii* やブルータソックなどが優占する草原がある．

短茎タソックプレイリーは低木が豊富にあり，開出した分枝や葡匐枝を持つものがある．北島の中央部では，短茎タソック草原の名残が，低木のパッチ状群落とモザイクパターンを形作っている．ハードタソックの草原地帯は南島東部全体を通じて一様であるが，シルバータソック草原はしばしば低木林やシダ群落と混じり合う．短茎タソック草原は降雨量が多い地域（年平均が 4000 m を越える）のいくつかの特定部分に入りこんでいる．そこは風が主にフェーン型で（温暖で，乾燥して，下降している），土壌は粗粒質である．

低地の草原地帯

ニュージーランドの低地の草原地帯の多くは，自然の種類組成が記録される前に，徹底的に変えられたり，破壊されたりした．それでもいくつかの地域には，大きめの遺存植生が残っている．それらは南アルプス西部のいくつかの低地の谷の段丘面にある大きな草原，亜南極の島々の海沿いの草原，南島の南東部および北西部の海沿いの芝生や草原などである．南島西部の草原地帯では，ユーラシアから渡来したイネ科草本（シラゲガヤやオオウシノケグサ）やマメ科植物（シャジクソウ属やミヤコグサ属）のマトリックスの中に，おそらくもともとの草本や低木の多くが残存しているのだろう．その他の外来種は，主にヨーロッパや温帯オーストラリアから渡ってきたものだが，北米や南米の温帯地方から移入してきた植物もある．

主な自生の低地イネ科草本は，*Ehrharta*［=*Microlaena*］*stipoides*，*Rytidosperma*（以前はダントニア属や *Notodanthonia* に含まれた）のいくつか，*Poa anceps*［=*P. australis*］，ウシノケグサ属の種，チジミザサ，*Echinopogon ovatus*, *Hierochloe redolens*（カレトゥ）である．これらの種に加え，一年生のイチゴツナギ属植物であるスズメノカタビラ，ベントグラス，ホソムギ，カモガヤ，オニウシノケグサ，ムギクサ，ハルガヤのような帰化したイネ科植物を長く連ねることができる．

イネ科植物に加え，未改良の低地の芝草地には一連のイグサ類やスゲ類，ならびにそれより小さな多くの草本植物が生育している．もっとも多い単子葉植物には，イグサ，スゲ，カヤツリグサがある. もっとも重要な双子葉植物には, アカエナ属（バラ科）, アオイゴケ属（ヒルガオ科）, フウロソウ属（フウロソウ科）, コケサンゴ属（アカネ科）, キンポウゲ属（キンポウゲ科）, ムギワラギク属およびガンセツソウ（いずれもキク科）がある. 定着した外来種には, ナデシコ属（ナデシコ科）, 多くのアザミ属（キク科）, タンポポ類（キク科）, ヤナギタンポポ属, ヤコブボロギク（キク科）, ギシギシ属（タデ科）のいくつか, ブラックベリー（バラ科キイチゴ属）がある. 外来植物の中には低地の草原地帯で重大な問題となってきたものもある. アルゼンチン産の草本イネ科である *Nassella trichotoma* と, キクユグラスは, いずれも侵略的な外来種である.

南アフリカのハイフェルト草原

よく保護されているハイフェルト草原のほとんどが, 中くらいの高さ（80 cm）の叢生イネ科草本からできている. なかでも主要な優占植物は主にフサガルカヤで, これは主に過放牧された場所に生えるアカヒゲガヤ, オガルカヤ属の *Cymbopogon plurinodis*, *Diheteropogon filifolius*, *Digitaria eriantha*, *Setaria flabellata*, *Brachiaria serrata*, *Festuca costata* などと一緒に生える. さらに高所では, スズメノチャヒキ属, *Helictotrichon*, ミノボロ属のような寒冷な季節に生長するほかのイネ科草本が重要になり, また広葉草本のキク科植物（ムギワラギク属, ノボロギク属）などが豊富である. 過放牧は, カルー植生からの低木類の侵入をひき起こしキク科の *Pentzia globosa*, *Stoebe vulgaris*, *Chrysocoma ciliata* や, いくつかのアカシア属の低木種まで侵入してくる.

しかしながら, この地域のほとんどが一世紀半前から開発されるようになり, 今日では, 農作物や牧草のほか, 温帯草原地帯の 1/4 以上をイネ科マツバシバ属の *Aristida junciformis* が占めている. この種は, 耕作されたり, 繰り返し焼かれたり, あるいは家畜の過放牧が激しい土地に再び植物が侵入・定着する最初の段階によくみられる日和見的な種である. それとは逆に, ハイフェルト地帯の南東端部では, オガルカヤ属やススキ属が優占する高茎草原地帯が森林を犠牲にして分布領域を広げてきた.

3. 動物相と生息動物

3.1　草食動物の王国

いずれのバイオームも，動物相の特徴は，主として地域固有種の存在に左右される．ステップとプレイリーにいる動物の固有種は，近隣の森林地帯や砂漠地帯よりもはるかに少ない．哺乳動物種の固有種は，北方林や砂漠バイオームでは70％以上であるのに対し，わずか30％程度である．ステップやプレイリーの多くの動物種は，他のバイオームにもいる．たとえばアジア産の野生ロバであるアジアノロバ，モウコノウマ（プルゼワルスキーウマ），そしてサイガまでもが，ステップと亜砂漠の双方の動物とみなすことができる．アメリカバイソン（バッファロー）は，北米の森林とプレイリーのいずれにも生息している．ヒグマはカナダのプレイリー地帯全域に生息し，高木や低木林が生えるプレイリーにも生息するが，北方林にはあまり見られない．タイリクオオカミは同じように分布している．アオライチョウが，草原と樹木プレイリーのいずれにも生息しているが，その数は少ない．アオライチョウは，ヨモギ属が豊富な場所にしか生息しない．

比較的新しい環境の変わりやすさ

ステップとプレイリーに地域固有の大型動物の数が比較的少ないのは，これらの景観が比較的近年，約2500万年前の中新世早期に現れたものであるためである．周知のとおり，北米やユーラシアでは第四紀（200万年前）になってようやくステップの形成が始まり，ステップの広がりは幾度か氷河の被覆に遮られた．ステップとプレイリーの秩序正しく連なる景観は，1万～1万5000年前に北半球の大陸から氷が消失した後に初めて形成された．

複数のバイオームにまたがって生息する動物が多いのは，基本的に，年間を通じても，年ごとにも，気温や降水量が大きく変化するステップ気候のせいである．この変動性が多様な生態学的条件をつくりだし，このバイオーム内に散在する小規模な断片として，湿地帯から亜砂漠まで広範囲な生息環境をもたらしている．なかには，最後の氷河時代から，交互にやってくる雨期と乾期に耐えながら，現今のステップやプレイリー地域で生活してきた動物もいれば，完新世の著しい気候変化の間にステップに移住した動物もいた．そんな理由から，ステップの湿地帯には，今では温帯や寒冷地の森林，そしてツンドラにさえも多くみられる属の甲虫類（アナバネゴミムシ属，ナガゴミムシ属，*Pelophila* 属）が生息し，ソロンチャク地帯には砂漠や亜砂漠にまで行き渡っている甲虫（ホソクビゴミムシ属，*Cymindis* 属）が生息している．

極端な気候変動のせいで，他のバイオームから移動してくる場合もある．気温が突然上昇すると，ステップでは大型のベニイロフラミンゴを観察することができ，パラのサケイは，南に数千 km もある中央アジアの自然生息地からこのバイオームに入ってくる．非常に寒冷な時期には，カラフトライチョウ（ヌマライチョウ）やユキホオジロなど，ツンドラ北部に生息する動物がステップを訪れる．

生息環境の明確な階層性

ステップの環境は，地下室をもつ二階建ての家に似ている．要するに，ステップとプレイリーでもっともよくみられる動物は，バイオームの唯一の地上層である草本層に生息している．これは大型哺乳動物と，若干の小型種が生息する場所であるが，考慮すべき層がさらに2つある．これは多種類にわたる小型動物がいる地表層と，小型土壌動物相がいる地下層である．

地上層の大型動物のバイオマスが高いのにもかかわらず，哺乳動物種の3分の2，特に小型哺乳類は，その一生のほとんどを生活条件が土壌表面よりも安全で安定した地下の巣穴で過ごす．これらは自分の穴を掘るか，他の動物が掘った穴を利用する．穴居性動物は土壌表面で過ごすこともあり，そこには多数の爬虫類や，クモ，ザトウムシ，甲虫類，カスミカメムシ（カ

57. モウコノウマ（プルゼワルスキーウマ）（上）とウマ（下）. ウマは，草に覆われた広大な平原に最も密接に関わる草食動物だが，その起源はアメリカ大陸の熱帯多雨林にさかのぼる．ウマの最も遠い祖先であるヒラコテリウム［＝エオヒップス属］は，約 6000 万年前，始新世の熱帯多雨林に現れた．ウマは，広大な草原地帯が発達した 2500 万年前の中新世に，はじめて適応放散をはじめた．更新世初期（約 200 万年前）に，ウマ属があらわれ，世界中に急速に広まった．この属からステップに典型的な種のもとで，ウクライナの乾燥した平野を移動するモウコノロバやオナガー，ユーラシアステップのすべてに生息するプルゼワルスキーウマ（第 4 巻，図 237 参照）などが出現した．モウコノロバかプルゼワルスキーウマのいずれかがウマの祖先かもしれないが，モウコノロバの頭蓋の構造は家畜化されたウマのものとはかなり異なっており，またウマとモウコノロバの間の雑種には子供ができない．プルゼワルスキーウマはウマとは遺伝学的に違い，プルゼワルスキーウマの染色体は 66 本であるが，ウマは 64 本である．ウマとプルゼワルスキーウマは現在，一般に，ウマの系統樹の新しい分枝であるとみなされている．
［写真：Rudolf Konig / Jacana / Auscape Pern / The Hutchison Library］

ムスタング・ブロンコ・そしてシマロン

ムスタング，ブロンコ，シマロンという言葉は，脱走奴隷や，群れから離れたヒツジを表す英語ないしスペイン語の用語である.「野生の」「不屈の」という意味もある．この3つの言葉は，特に北米やアルゼンチン・パンパの飼いならされない野生馬にも当てはめられることが多かったため，その意味を引き継いだ.

戦いで傷ついたウマを表現するスー族の彫り物［Robinson Museum, Pierre (SD) / Werner Forman Archive］

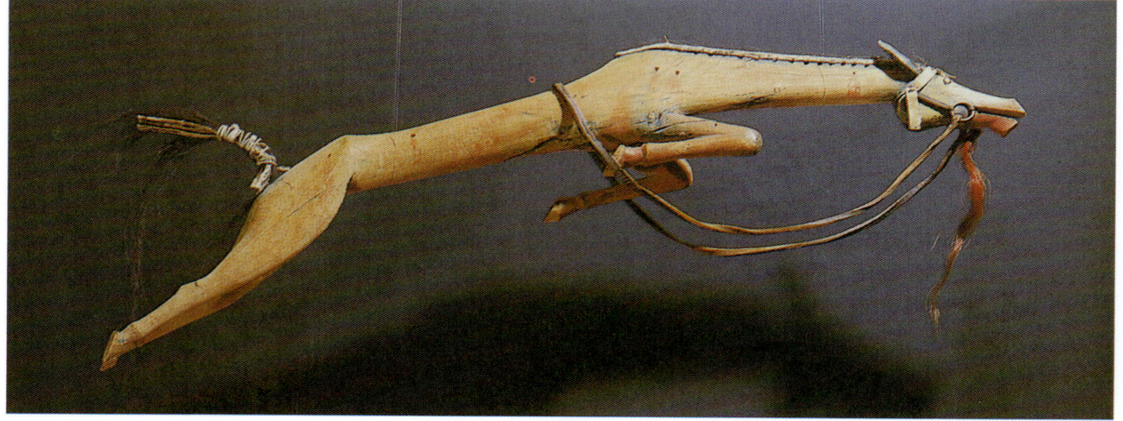

米国ワイオミング州グリーン川流域のムスタングの群れ［John Eastcott & Yva Momatiuk / Planet Earth Pictures］

厳密にいえば，北米や南米には，本当に「野生」であるウマはいない．最後の野生馬は，最後の氷河期の終わりに北米から姿を消した．これはおそらく，大陸に到着した最初の人類によって狩られ，絶滅に追いやられたためである．約2500万年前に草原の景観が地球上にあらわれ，この後にようやくウマの祖先である三本蹄のパレオテリウムが姿を現した．ヒッパリオンは，ガゼルに似たパレオテリウムの一グループである，北米を出て，アラスカを通過し，アラスカとユーラシアを結ぶ海峡を超えて，ヨーロッパ，アジア，そしてアフリカまで広がった．ステップの景観は約500万年後に出現し，その後まもなくプリオヒップスのような一本蹄のウマがあらわれて，ヒッパリオンに取って代わった．ウマは北米が起源であるが，更新世の終わりにはすべての野生馬がアメリカから姿を消した．

1493年のコロンブスの二度目の航海で，コロンブスが一対のウマをサントドミンゴに連れていき，1519年にはエルナン・コルテスが500人のコンキスタドール（征服者）たちと，16頭のウマを連れ，未開地の中心部に入った．ウマと対面したはじめての先住民たちは怖がった．征服の最初の何年かには，多くの戦いでウマの使用が決め手となった．メキシコ征服の後には，インディアス枢機会議（"Consejo de Indias"）が，選ばれた家畜の体系的輸入を要求した．これにウマも含まれていた．ヘルナンド・デ・ソト，パンフィロ・デ・ナルバエス，フランシスコ・バスケス・デ・コロナドが北米にウマを持ち込んだ．言い伝えでは，野生馬は遠征隊から逃げたウマが祖先であるとされているが，実際にはソトとナルバエスのウマは，バスケスやコロナドのウマと同様，インディアンや腹をすかせた飼い主が食べたというのが本当である．

実は，ウマは北米で，歴史上でも新しく驚くべき段階に入った．ヒッパリオンが歩きまわっていたのと同じ場所には，長い隔たりののちに，ふたたびウマが現れた．先住アメリカ人たちは，最初はショックを受けたものの，すぐに投げ縄でウマを乗馬者から引き離すことを覚え，プレイリーへと逃げたウマはそこで野生

ウマを捕獲する情景をバッファロー皮に描いたスケッチ［Smithsonian Institution,Washington / Werner Forman Archive］

にかえった．16 世紀には，スペイン人が半ば野生化したウマの群れに出会ってびっくりした．

スペインの探検家たちは，1598 年までは，リオグランデ川上流域の新しい居留地からグレートプレーンズに向けた旅の中で，東方や北方では野生のウマに出会ったことはなかった．まもなく，アパッチ族，ナヴァホ族，ユト族が彼らを襲撃しはじめ，彼らのウマを奪った．その後その中のいくつかのウマが逃げた．1686 年には，東テキサスの先住アメリカ人がウマを所有し（フランスの探検家ラ・サールが，5 頭のウマを交換したことが知られている），1719 年にはアーカンソー川の両岸に住むポーニー族が多くのウマを所有したことが知られているが，1724 年までにはカンザス州のコマンチ族が，1741 年までにはダコタ州のマンダン族が，1750 年までにはサスカチェワン川（カナダ）沿いに住む部族がウマを所有していた．

ウマは平原インディアンの生活様式を完全に変えた．いくつかをのぞくすべての部族が農耕を捨て，定住生活を捨てた．彼らは騎馬狩猟民となり，バッファローやウマを基盤にした風習や経済を身につけた．ウマを盗むことは，富や名声，そして戦争における勝利を獲得する方法であり，結果的にこれが，この種族の生活様式に密接に関連した．後に，平原インディアンのようなカウボーイたちが，全面的にウマを頼りにするようになった．彼らの馬具，作業，そしてウマそのものはすべてスペインから渡来したものであり，メキシコから平原へと導入された．その 16 世紀以来，カウボーイたちはウマの背から家畜を追ってきた．

伝説的なフォード・ムスタング自動車のシンボル［Richard H. Hart］

George Catlin（1796 ～ 1872）の描いた裸馬を乗りこなすコマンチ族［Peter Newark's Western Americana］

野生のウマはカウボーイたちにとって非常に有用であり，およそ400 m の距離を時速 70 km ものスピードで疾走するように作られた品種，アメリカンクォーターができるに至った．野生馬，すなわちムスタングおよびシマロンは非常に成長が早いために，畜産業者にとって困った問題となった．というのは，これらは放牧地を荒らし，草を食いつくし，家畜の雌馬を連れ去るためである．この野生馬たちは，バイソンと同じ運命を負って無慈悲に殺された．

北米西部の牧草地帯には今でも野生馬がいるが，16 世紀や 17 世紀にスペイン人に知られたムスタングから変化してきている．なぜなら，牧場や農園のインディアンポニー，乗馬用馬，馬車馬，そして米軍のウマとともに育ってきたからである．シマロンは 20 世紀初期に南米のパンパから消え，ムスタングは 1950 年代に北米からほとんど姿を消した．しかしながら，ほとんど子供たちからであるが，大衆からの抗議により，1959 年に法的な保護手段が制定されるに至った．

1971 年まで，牧場主に売るため，ペットフードを作るため，あるいは人間が消費するために野生馬やロバが捕獲された．1971 年にはこうした行為は違法となり，野生動物の群れが確実に生存できるよう，また家畜と野生動物がひとつの生息環境で問題なく共存できる生態学的均衡を維持しようと，土地管理局（BLM）が設けられた．今日，公有地には 5 万頭以上のムスタングおよびロバがいて，居住地の環境収容力を考えるとこれは多すぎる．ムスタングとシマロンは，やがてはアメリカの人々の民俗的記憶の中に居場所を確保するのだろう．

メムシ亜目）などのステップ種の無脊椎動物もいる．ステップの鳥類のほとんどは，草原の上空高く飛ぶよりも，草原の中を羽ばたいたり，土壌表面を走る方を好んでいる．

ステップ種の小型無脊椎動物の 90％以上は，土の中で暮らす．線虫類，ミミズ，いくつかのダニ類，多くの無翅類（トビムシやイシノミ），および多足類（ムカデ類やヤスデ類）など，多くは完全に地中で暮らしている．羽がある昆虫のほとんどを含むその他の種は，生活サイクルの中で層から層へと移動する．これらの卵や幼虫は地下で成長・発達するが，成虫は地上で生殖して分散して，草原上を飛び，草の上を這いまわり，地表面を走るのである．

動物の生活リズム

ステップとプレイリーは活発な環境である．1年を通じた，そして年ごとの，気温と降水量の大きな変動が，非常に不規則で断続的な生態リズムを引き起こす．このリズムに支配されるステップの動物は，生理学的にも行動生物学的にも適切な適応を獲得することにより，環境に順応しなければならなかった．

1年を通じて，また1日の中でさえも，ステップやプレイリーの広々とした地域に棲む大型哺乳類は，グレイジングと運動と休息を交互におこなっている．このようにくりかえす状態の順序や長さは，しばしば変化する．アジアノロバは生活の 50％をグレイジングに費やし，30％を休息に，20％を運動に費やす．このような活動パターンは，季節によって変化し，夏より冬の方がグレイジングの時間が長いが，休息時間はだいたい同じである．一方，下層土に棲む動物は，長く寒い冬により，食物のたくわえや皮下脂肪をうまくやりくりするよう基礎代謝を 25 ～ 30％減らすことを強いられるために，発達のしかたが異なっている．多くのげっ歯類が 7 ～ 8 ヵ月を休眠状態ですごし，ほとんどの昆虫は発生休止に入る（成長と代謝が低下する期間）．

夏の間には，日陰がなく，土壌表面が極度に熱せられるため，動物は季節に応じて行動を変化させることになる．春と秋の日中の種の行動は，夏の間は午前中の涼しい時間に食事のために現れるのみである．地上性の若いリス（ジリス）は，喉が渇き腹をすかせていることが多く，

58. ホソオライチョウの雄は，雌やライバルが見わたせる比較的高い広々とした場所，すなわちレックで，メイティングディスプレイや防御の構えを見せるのが普通である．ネブラスカ州（米国）で撮影された写真に写るソウゲンライチョウは，そのレックでディスプレイを行っている．つばさは広がり，首の羽毛が立ち，目立った紫桃色の肌の斑点を見せている．それから尾を立て，それを急速に振るわせている．同時に，すばやく前進する．通常は曲がったルートをたどる．二羽の雄が同時にディスプレイを行うと，二羽は調和しながら尾を急速に振るわせる．
［写真：John Shaw］

日中のもっとも暑い時間帯に姿を現すこともあるが，8～10分に1回，規則的に巣穴に戻って体を冷やす．秋に南へ渡らない鳥たちには，寒さや食物の不足に対する形態学的，行動生物学的適応を示すことが多い．ホソオライチョウやヨーロッパヤマウズラは，雪の中で群れで身を寄せあって暖を取ることにより寒い夜や雪に耐える．食物が不足する年には，繁殖しない種もあれば，通常とは違う場所で繁殖する種もある．多くの鳥たちが，このような適応のおかげで，人間がプレイリーに住みつき，原野を開墾地へと変えた後も，その重大な変化に適応できたのであった．

ステップとプレイリーの種構成，それらの優占度，およびバイオマスは，すべて不安定である．気温と降水量が大きく変動するために，動物の個体数は，爆発的増加と衰退を交互に繰り返す．北方林では，マツの害虫であるマツカレハ科の *Dendrolimus pini* が，劇的なまでの個体数増加を示し，その数は100倍に増えることもある．それに比べ，群飛するバッタ（トノサマバッタ，*Calliptamus italicus*）など，ユーラシアステップの昆虫の個体数の急増については，個体数は1000倍までたやすく増えることもある．時には，特定のステップ動物の個体数の規模が減少することが，命取りになることがある．たとえば，冷たい雨の天気が6月や7月まで続くと，ヨーロッパヤマウズラ，ヨーロッパウズラ，シギ，および小型のスズメ目のヒナにおける大量死を引き起こすことがある．というのは，これらの種は地上に巣をつくり，これが急速に冷えるためである．

極度の乾燥も，多くのヒナたちが死亡する原因となる．また春の降霜は，多くの小鳥を死なせ，大型の鳥の卵を殺すため，鳥類の個体数に重大な影響を及ぼす．これらは，ステップの動物は個体数が減少すると急速に回復する可能性があり，この回復は，回復期と衰退期が7～8年続くこともある北方林よりもずっと速い．不規則で変化しやすい条件から，これは気むずかしい生態系であるという印象がある．

3.2　大型四肢動物

ステップの地上に生息する大型哺乳類は，3つの主なグループに分けられる．これは，アン

59. **サイガ**は，最近まで，ウクライナからモンゴルまで，ユーラシアのステップ地帯や乾燥地帯全域で見られたアンテロープである．現在は，統制されない狩りのせいで，多くの場所から姿を消しつつある．この狩りは主に角（雄から取れるもののみ）が目的であり，角は東アジアで売られる．東アジアではこの角に薬効があると考えられているのである．サイガは，その鼻の特別な構造（第4巻，図186参照）により，ステップの冷たくて乾燥した空気で呼吸することができ，さらに乾燥地のほこりを防ぐことができる．テリトリーを持たない活動的な動物で，牧草を探して常に動きまわっている．1日に数十km移動し，長期的な季節移動を行う集団もある．サイガは通常は朝と午後遅くに活動し，夏の間は特に，正午の暑い時間には休まなければならない．
［写真：Kenneth W. Fink / Ardea London］

テロープ（小さくて敏速である），雄ウシ（大きく力強い），および野生馬である．この3つにはいくつかの共通点があり，いずれも遊動生活を送り，いずれも群れをなし，いずれも長時間はやく走ることができる．

ユーラシアステップで足がはやいアンテロープは，サイガと，モウコガゼルである．プレイリーでこれらに対応する動物種は，北米のプロングホーン，南アフリカのスプリングボックおよびスタインボック，乾燥パンパの小型のパンパスジカである．

ユーラシアステップはかつて，ヨーロッパバイソンすなわちビーゼントや，オーロックスのような大型雄ウシの生息地であったが，現在はすべてが姿を消している．大型の雄ウシは，今もプレイリーにおいて，アメリカバイソンのプレイリー型であるバッファローに代表されている．パンパには，ヨーロッパ人によって家畜が導入されるまで大型の雄ウシはいなかった．ハイフェルトでは，大型雄ウシのニッチは，これらのプレイリーに固有の亜種であるボンテブレスボックが優占した．

ステップとプレイリーの野生馬は，自然保護区やその他の保護された地域にしか生き残っていない．ユーラシアに残っている野生馬は，アジアノロバおよびモウコノウマ（プルゼワルスキーウマ）で，東ヨーロッパのステップにはターパンが生息しているが，最近絶滅してしまった．北米では，野生馬は最後の氷河時代の終わりに絶滅したが，その後，家畜化したウマがプレイリーに持ち込まれた際に再び現れた．

ハイフェルトのプレイリーでは，野生馬のニッチはサバンナシマウマが占め，19世紀中盤まではクアッガにも占められていたが，これは最後に知られた例が1883年にアムステルダム動物園で死亡したときに絶滅した．ステップとプレイリーで唯一，走る哺乳類がいなかったのは，人類が入る前のニュージーランドであったが，これに相当するニッチは大型鳥類が占めていた．

常に動いている

ステップとプレイリーでは，大型動物は生き残るために常に動き続けていなければならない．むかしでさえも，個体数密度が高いために，有蹄類は常にある場所から別の場所へと動くことを余儀なくされた．大規模な狩猟がはじまる前には，北米のプレイリー約2億7000万ヘクタールに，バッファロー約7500万頭，プロングホーン約4000万頭が生息していた．ここから，むかしの大型草食動物の密度がだいたい分かる（170～173ページも参照）．

すなわち，有蹄類がプレイリーとステップを完全に破壊してしまわなかったとすれば，それは彼らが絶え間なく動きまわっていたためである．彼らがある場所を通り過ぎる場合，草をすべて食べつくすほどの時間はなく，先端しか食べない．この圧迫のダメージがいかに少ないかを示すと，たとえばサイガ1万頭の群れがカザフスタンのステップ地域を通り過ぎた場合，草本植物の植被や土壌はほぼ完全なままなのである．しかしながら，プレイリーやステップの有蹄類に遊動生活を送ることを余儀なくさせる要因はこれだけではない．一シーズンの間にも，そして年によっても，バイオームの地域ごとに大きく違う不安定な気温や降雨収支も，植物の成長に影響をおよぼすことにより，哺乳類の生理学的状態にたいして，間接的にも直接的にも影響を及ぼしている．

動物の動きは行き当たりばったりではなく，生態学的条件の大きな傾度，すなわち，ユーラシアでは北から南，南から北，北米では東から西，西から東の傾度に応じたものである．
毎年移動する種もあれば，数年に一度しか移動しない種もある．冬には，有蹄類は枯死植物体を常食にするのがふつうであるが，北部のステップでは頻繁に降る雪のせいでそれが食べられない．このため，簡単に草が食べられる南部に移動することを余儀なくされる．同様に，夏には，乾燥によって草食動物がステップの北や西の地域に移動する（そのために肉食動物もそうなる）．

捕食者と被食者

危険にさらされた場合，ステップの広々とした空間には，大型動物が隠れる場所はどこにもなく，敵や悪天候から免れる唯一の方法は逃げることである．プロングホーンは時速65～70 kmまで，サイガは時速50 kmまで出すことができる．プロングホーンは，生後2日以内にウマと同じスピードで走れるようになるが，移動中の群れについていくだけの体力がないので，生まれて最初の3週間は，植物に隠れて過ごす．

この期間，母親との接触は1日30分に限定される．モウコノロバあるいはサイガに追いつ

60. プロングホーンの群れが，食物を求めてモンタナ州（米国）のプレイリーを移動している．1 日数百 m しか動いていない．通常，群れはゆっくりと移動する．長距離を移動しなければならないときには時速 45 km の巡航速度で動く．驚かされると，時速 60 ～ 70 km のスピードで逃げる．プロングホーンはつま先が平坦な有蹄類で，プロングホーン科（Antilocapridae）を代表する唯一の動物である．北米プレイリーで最も足が速い，おそらく南北アメリカを合わせても最速で，堅い地面での短距離では時速 85 km を超える．丈が長い草を飛び跳ねなければならないアフリカのサバンナの有蹄類とは異なり，足や首は短く（写真 22 参照）一直線に速く走る低茎草原のプレイリーではより都合が良い．
[写真：Tom Walker / Planet Earth Pictures]

くことは，ウマでもできないし，自動車でも無理である．生後 1 週間のクーランの子は時速 40 km で走ることができ，サイガの群れは時速 150 km ではしるのが通常である．出産から 1 ヵ月後，生後 1 ヵ月のサイガと母親は，生まれた場所から数百 km 離れた場所にいることもある．このため肉食動物が餌を捕まえるためには，はやく走れる必要がある．オオカミやコヨーテは，時速 60 km 以上のスピードに達するが，草食動物なみの体力はないため，短時間しかこの速度で走れない．

北米のプレイリーでは，バッファローやその他の有蹄類の数の減少にともない，捕食動物，特にタイリクオオカミとヒグマの数が減少した．1754 年には，Anthony Henday が，カナダプレイリーの北部地域で膨大な数のオオカミを見たと記し，1 世紀後の 1859 年には，サスカチュワン川沿いのオオカミは「無数にいておとなしい」と言われた．19 世紀の終わり頃にバッファローが大量に殺されて間もなく，オオカミはバッファローが残っていない地域から姿を消し，農業が平原インディアンの原始的な狩猟経済に取ってかわった．オオカミが生息する地域に集約農業が確立された場合には，かならず軋轢がおこり，オオカミの遺存集団のみが現在米国のプレイリーに残っている．

この大型の捕食者は，カナダプレイリーの南半分からは完全に排除されてきたがこの地域の北半分にはまだたくさん残っている．オオカミの数の減少と，この範囲の縮小は，もっと小型の捕食動物であるコヨーテが範囲を広げるのに好都合であった．

群れの戦略

ステップで単独の動物は多くの脅威にさらされている．群れの仲間それぞれの間での密な協調関係が，グループの仲間全員にとっての共同的な防護となる．ステップとプレイリーでは，音は風によってゆがめられ，動物自身のひづめの音に隠される．このため，サイガの一定の鳴き声は，もっとも近くにいる群れの仲間にしか聞こえない．音よりも，視覚的刺激のほうがずっと効果的である．

サイガ，ゼレン（モウコガゼル），およびプロングホーンが跳ねると，尾の下の白い斑点が遠くから見える．このような視覚的な目印は，サイガの巨大な群れでさえも非常に操作しやすいということである．サイガの群れは非常に協調的であり，時速 80 km で走行しながら 90°方向転換するといった複雑な作戦を実行することができる．プロングホーンが捕食者を発見した場合，あるいは何かおかしなものに気づいた場合には，はっきりと目に見える警告の合図として尻の白い部分を上げる．同時にこれらの白い毛の根元にある臭腺が，強い臭いを発する．残念なことに，プロングホーンの場合，人間のような例外的な捕食者に対してはかなり不利である．

群れでの生活は，もっとも弱いもの，特に子供を，嵐や大型の捕食動物から守るのに好都合である．雄のモウコノロバは，体の後ろ側を外に向けてしっかりとした輪を作り，この中では風のスピードは落ち，気温は外側よりも高くなる．子供がいる雌や子供はこの輪の中に隠れる．こうした群れはオオカミから身を守るためにもやはり円を作り，後ろ足で蹴る．

群れの動物の数は，種によって異なる．サイガは最高1万頭という大規模な群れを形成することもできる．19世紀の動物学者の中には，1000頭の群れについて記録しているが，20世紀までにはこれらの群れは50～100頭を越えなくなった．ターパンの群れは10～15頭，モウコノウマ（プルゼワルスキーウマ）は5～11頭で構成される．プレイリーでは，バッファローは10～12頭のグループで草を食べ，パンパスジカは家族で生活した．

群れでの生活は，冬場には特に，食物探しの方策に影響する．群れはもっとも強い雄の誘導で縦列になって移動し，力強いひづめが凍てつく雪の層を粉砕する．この後には，幼い動物が雪の下の枯れ草を楽に食べられるようになる．肉食動物にとっては，餌食の戦略への答えとして，共同の狩猟戦略がきわめて重要であることがしばしばである．たとえば，オオカミは，10～12頭のグループを組み，一団で狩りをする．

グレージングする大型動物のほとんどが，今ではステップ，プレイリー，パンパから姿を消しているが，これらの動物がそこで発揮した習性は，人間がそのバイオームの中で家畜動物の群れを飼うのに非常に役立ってきた．アルゼンチンで始まり，その後世界中に広がった家畜群のグレージング法をみるとよくわかる．アルゼンチンのパンパ地域のほぼ全体が有刺鉄線のフェンスによって規則的な小区画に分けられている．

群れで移動するのにはそれほど慣れていないウシでさえも，柵で囲われた地域間を移動する際には群れとして，あらかじめ予定されたスケジュールにしたがう．家畜のグレージングを受けていない場所はアルファルファやその他の飼料用植物の種子がまかれる．アルゼンチンパンパは，このシステムを利用して，ウシ3000万頭，ヒツジ6000万頭，ウマ8000万頭，ラバおよびロバ数百万頭を維持している．

3.3 ステップの穴掘りたち

小型の哺乳類は，その大半がげっ歯類であり，ステップとプレイリーでは大型哺乳類よりもずっと数が多い．体のサイズが小さいことから，これらの小型哺乳類は有害な気候条件に非常に敏感で，これを避けるために土壌深くの穴に避難する．ユーラシアステップの全哺乳類種の80％が，穴に住んでいる．

下層土の住人

リスはふつう，森林の生息地，木の実，キノコに関係があるが，ステップにも森林と同じくらいのリス科の仲間がいる．たとえば，マーモットは，ステップバイオームには多く生息し，げっ歯類では大きく，全長70 cm，体重9 kgに達する．

マーモットは100種類以上の草本植物を食べ，春にはつぼみや根茎を好むが，夏にはイネ科草本やその他の草本植物の若いシュートをむさぼり食う．マーモットは動物性食物をよけずに，軟体動物や昆虫を草と一緒に食べる．

彼らは，食べた植物組織に含まれる水分を利用するため，水を飲む必要はない．ステップやプレイリーには，ボバクマーモット（タルバガン）など，さまざまな種類のマーモットが生息し，ユーラシアステップの地域に応じてさまざまな地理的形態をもつ．北米のシラガマーモットは，主に西部の山のプレイリーに生息している．

アルゼンチンパンパでは，ビスカーチャが同様のニッチを優占しているが，こちらのほうが小型である．このチンチラ科のげっ歯類は地中の大きな集落に20～50匹で棲む．夜行性であり，イネ科草本や種子を主食とするが，どのような種類の植物性食物も拒まず食べる．

ビスカーチャは木の枝，骨，石，あるいはその他の見つけたものは，なんでも食べられないものでも幅広く穴の入り口に運ぶという変わった習性がある．パンパの私有地で物がなくなった場合，それがビスカーチャが運ぶのに適切なサイズなら，決まって，それはきっと近くのビスカーチャの巣穴のそばにあるだろうということになる．

北米プレイリーでもっとも代表的なげっ歯類，プレイリードッグも，リス科の仲間である．オグロプレイリードッグおよびガニソンプレイリードッグは，非常に組織立った社会システムをもったとても小さな生物である．内部で相互につながった穴に住んでいるが，この穴は表面に高さ50 cm，直径120 cmの土の盛り上がりがあるために位置を特定しやすい．プレイリー

61. プレイリードッグは北米プレイリーで最も重要な穴居性げっ歯類である．一生の半分以上を地下の穴で過ごし，敵から身を守る（写真24参照）．敵を見つけやすいので，集団営巣地で暮す利点がある．危険を感知すると，後ろ足で立って，危険を知らせる合図の鋭い呼び声を送る．営巣地のメンバーすべてが警戒態勢を取って穴の中の避難場所に逃げ込むまで，合図を繰り返す．サウスダコタのプレイリーで撮影されたこの写真は，ピーピーという声で危険が去ったという信号を出し，注意深く出てくる．
［写真：Jim Brandenburg / Minden Pictures］

62. ビスカーチャの巣穴は，地下通路とつながった円形の部屋で，約30匹が住んでいる．大きな巣穴は600 m^2 に達し，30個もの入口がある．それらが果たす役割に応じて，部屋と通路はさまざまである．子供部屋もあれば，寝室，糞の集積場，倉庫もある．子供は穴の中で育てられ訓練される．複雑な地下通路網は，敵に対する有効な防御手段である．穴の中には，食料の蓄えがある．穴は，何世紀にもわたって使い続けられることもある．新しい通路と部屋が永続的に造られ「まち」の創造につながり，さらにここに鳥類，爬虫類，昆虫類，その他のげっ歯類が住み着くこともある．これらは通常，ビスカーチャに使用されない領域に住む．北米のプレイリードッグの集団営巣地にも，他の動物が住んでいる．
［図：Jordi Corbera，いくつかの資料に基づいて作成］

ドッグという名前がついたのは（事実に反してイヌに関連があるかのように思わせる），その吠えるような叫び声のせいである．これらは草食性で，繁殖地の近くに生えた草本植物を主食とする．20 世紀の初期には，プレイリードッグの集団が 1000 万～ 4000 万ヘクタールを覆ったが，1960 年までには約 60 万ヘクタールに減ってしまった．

プレイリードッグがいなくなることは，プレイリー生態系にとってゆゆしい脅威である．なぜならプレイリードッグがいる生態系には，いない生態系よりも，多くの小型の哺乳類や節足動物，陸生の捕食動物，個体数や密度がさらに大きな鳥類がいるためである．約 170 種の脊椎動物が，多かれ少なかれ，プレイリードッグの活動に依存しているのである．

これらのげっ歯類の存在は，植物の多様性を高める傾向があり，家畜や牧草地によい影響をあたえる．プレイリードッグの個体数の減少は，ミヤマチドリ，ソウゲンノスリ，スイフトギツネの個体数が減少する原因であると同様に，クロアシイタチが絶滅の危機にさらされている理由のひとつであると考えられている．

地上性のリスやジリスは，ユーラシアにも北米にも数多く生息し，プレイリードッグによく似ている．これらの小型で，よく動く，賢い動物は，車が来る道路を渡って楽しむ．この不幸な習性により，自動車の車輪に轢かれて多数が命を落としている．ステップに生息するもっとも小さなげっ歯類は，ヒメキヌゲネズミ，ロボロフスキーキヌゲネズミ，タビキヌゲネズミ，やその他のハムスター類で，その近縁種はすべて寒冷砂漠に生息している．ステップに生息するほとんどのハムスターは，最長 7 ～ 10 cm である．この愛嬌たっぷりの小さく毛も柔らかな動物は，短い尾，小さな耳をもち，巣穴に住む．ハムスターは人間との生活に順応し，巣穴と同様に人の手のひらの上でもくつろぐ．ステップとプレイリーにはウサギ目の種（ウサギやノウサギ）はげっ歯類よりも少ないが，いくつかの種は非常に数が多くなることがある．もっとも典型的なステップのウサギは，げっ歯類のように巣穴に住むナキウサギ，すなわち声を出して鳴くノウサギである（ステップナキウサギ，ダウリアナキウサギ）．

穴の生活

地下で暮らすということは，ステップのげっ歯類とその他の小型哺乳類が，冬場の寒冷な気候や夏場のからからの日照りなどの有害な環境因子を避けられるということであり，さらに食物不足を乗り越えるために食料を蓄えることができるということでもある．しかし巣穴で暮らすには，まず巣穴を掘り，その中に地上よりも快適な環境を作らなければならない．

彼らの巣穴は非常に多様である．なぜなら穴は，深くも浅くも，単純にも複雑にも，永久的にも一時的にもなり得るからである．一般的なヒメミユビトビネズミは，傾斜した単純な通路を持ち，ほとんど土壌表面に届きそうなものがある．マーモット，よくいるキタモグラレミング，ナキウサギなどは，多数の相互につながった通路からなるさらに複雑な巣穴をつくる．

マーモットの巣穴は，通常 3 ～ 7 m の深さで，穴を掘る際に，年間 0.8 ～ 2.7 m^3 の土を取り除く．捕食者が巣に進入するのに使われる可能性がある通路の未使用部分は，糞によって塗り固められた特別な障害物で遮断されている．これは 1.5 m の長さに及ぶこともある．マーモットハンターは，これらの障害物を壊す金てこが必要である．

土壌表面に排出された土は堆積される．これは数 cm の高さしかないが，種によっては 50 cm に達することもある．これらの漏斗形の入口の塚には多くの役割がある．雨から巣穴を守り，入口から水が入るのを防ぐダムのようなものを作る．そして，夏には過剰な熱，冬には寒さから守ってくれるのである．

彼らの見張り場である塚のてっぺんからは，周囲の開けた景観を監視することができる．巣穴から出たときに，ジリス，プレイリードッグ，マーモット，そしてその他多くのステップのげっ歯類は，入口の塚のてっぺんに登り，周囲を調べられるように後ろ足で体をまっすぐに持ち上げる．この直立の姿勢は，げっ歯類だけではなく，多くのステップ動物に特有で，もっとも小さなイタチ類のイイズナや，アジアのステップケナガイタチなどの小型の捕食動物にみられる．

ほとんどすべてのステップの捕食動物の生活も，穴掘り動物の生活とつながっている．タイリクオオカミのような大型肉食動物ですら，子供を訓練する際のメニューに小型のげっ歯類が含まれている．オオカミよりも小さなコヨーテは通常，ウサギやプレイリードッグや，その他のげっ歯類を食べる．ユーラシアのコサックギツネや，北米のスイフトギツネ，キットギツネのような小型のキツネは，げっ歯類を食べるばかりでなく，それらの巣穴を一時的避難所として使用したり，永続的な住みかにまでする．

貯蔵への情熱

ステップの気候が不規則であるということは，ステップとプレイリーの草本植物の利用可能性が年によって大きく変わるということである．大型哺乳類は，食物を求めて移動しつづけることによってこの問題を解決している．しかしながら，このやり方は，小型の哺乳類にとってあまりに多くのエネルギーを要するため，彼らは食料を蓄える．乾燥した，草を含め多くの

63. シラガマーモットも，北米プレイリーの穴居性げっ歯類である．通常は，ワシントン州やモンタナ州（米国北西部）からアラスカまでの，広々とした空間や森林の辺縁に生息する．主に緑色の草を食べるが，果実，豆果，種子も食べるし，ときには昆虫も食べる．ほかのマーモットと同様に，寝坊であると評判である．
シラガマーモットは，長くて深い季節的な睡眠状態に入り，雪が融けはじめる暖かな日には，ときどき目覚めて短い散歩をする．冬眠中は夏に蓄積した脂肪の蓄えで生きながらえる．この脂肪は体重の 20 % にまでなることもある．気候がよくなると，目を覚まして，急いで相手を探し，また寒い気候が戻って休眠しなければならなくなる前に，子を成す．
[写真 :Tom Ulrich / Oxford Scientific Films]

64. 冬に備えて岩の間に草を貯めている時に，思いがけず撮影された**アメリカナキウサギ**．その短くて丸い耳，短い脚，小さな体（体長約30 cm）のせいでげっ歯類のように見えるが，ナキウサギはウサギ目の動物であり，ノウサギや飼いウサギとより密接に関連がある．ウサギ目や他のプレイリーのげっ歯類がするようには，ナキウサギは冬眠せず（図63参照），冬の間，ずっと活動し，気候が良い間に蓄えた植物性物質を食べて生活する．主にイネ科草本植物を集めて，石の下や岩の裂け目に貯める前に，積み重ねて乾かすこともある．
［写真：Bob Gurr / Natural Science Photos］

草本植物は，高い栄養価があるため，この蓄えの一部をなしている．ユーラシアステップのほぼ75種の哺乳類のうちの約52種が冬のために食料を蓄える．

ナキウサギは，典型的なステップに生息し，冬を越すために，1匹あたり約20 kgの食物を集める．これは森林地帯南部に棲む同系統種が集める量の7倍以上である．小型のタビキヌゲネズミはさらに寒さに敏感で，やはり植物性の食物を20 kg蓄える．この蓄えが大量であるため，ヒメキヌゲネズミは，大半の穴に住むげっ歯類とは違って，冬眠する必要がない．げっ歯類が消費する食物量がどのくらいかというと，夏には多くのプレイリードッグの家族が穴の周りの半径15 m以内の植物をほとんど食いつくすのである．個体数が急増した年には，とても小さなブラントハタネズミは，生息するモンゴルステップの植物量の90 %を破壊することがある．これは植物をまるごと食べるため，植物を根こそぎにする可能性すらある．

植物を蓄えるよりも，夏の間に脂肪を蓄積するほうが，蓄えを貯蔵する方法として優れている．マーモットは夏の間に800～1200 gの脂肪を蓄える．この大量の蓄えのおかげで，この動物は年間8ヶ月の間，中断せずに眠ることができるが，この脂肪の蓄えが不十分であれば，蓄積しておいた乾燥した草を食べる．マーモットは，1日に約350 gの緑色植物物質を食べ，活動する100日の間に，およそ37 kgの緑色植物物質を食べる．1ヘクタールにつき25匹という密度では，成体のマーモットは1ヘクタールにつき925 kgの植物性物質を食べる．メクラネズミ属の*Spalax hungaricus*は，毎日，自分と同じ重量（500 g）の食物を消費する．北米プレイリーで実施された実験で，げっ歯類から保護されているものの家畜によって草が食べられる区画は，1ヘクタールあたり約6.3トンの植物があった．げっ歯類が入ることができた地域には，草の量は1ヘクタールあたり0.8トンであると見積もられ，げっ歯類と家畜の群れがいずれも存在する地域では，草は1ヘクタールあたり0.3トンしかなかった．したがって，げっ歯類は，大型哺乳類よりもはるかに多い植物バイオマスを食べると結論することができた．

集落戦略

地下に隠れる能力が，直面する危険すべてか

65. カザフスタンのこの写真の通り，**オオメクラネズミの大きな切歯と著しく退化した目**のせいで外見が奇妙に見える．オオメクラネズミは地下で生活する．短くて幅広い前脚には頑丈な爪があって，力強く穴を掘ることができる．中指の爪は特に強く，その左右の指は長さが 1/3 しかない．また外側の指は非常に短い．さらにメクラネズミは穴を掘るのに大きくて強力な切歯も使い，ぶ厚い根さえもかじって進むことができる．メクラネズミの口の柔らかい内側部分は変化し，こうした歯列の劇的な変化は，ほかのげっ歯類にも起こっている．切歯の根元と鼻孔の距離は非常に小さく，口は巨大な切歯で覆われているため，開口が非常に小さい．メクラネズミは，手足や歯のほかに，穴を掘るのに堅い皮の層に覆われた幅広い鼻も使う．彼らの地下生活には良い聴覚も鋭い視覚も必要ないため，目や耳が衰えてきたのである．
［写真：Roland Seitre / Bios / Still Pictures］

ら小さなげっ歯類を守るわけではない．要するに，集団の仲間との間の相互協力と役割分担が，重大な要因なのである．こうした実現可能な有利さを最大限に利用するために，こうした小型の哺乳類は密集した個体群になって生活しなければならない．ステップにおけるげっ歯類の個体数密度は，非常に高いことがある．1 km^2 の中にヒメメクラネズミ 2000 匹，ジリス 5000 ～ 2000 匹あるいは同数のマーモットが生息する．プレイリードッグの個体数はさらに高いことがある．

別々の家族単位で占められた穴は互いに近いのが通常で，よく利用される通路のネットワークで接続され，最速で走って通ることができる．視力と聴力は弱いが，それにもかかわらず巣穴の近くで草を食べるげっ歯類は，ほぼ完全に近隣の仲間の姿を見たり声を聞いたりすることができる．これらは近隣の仲間を注意深く見て，仲間から仲間へ伝達される警告信号には即座に反応する．こうした観察や警告のシステムは非常に効果的なため，捕食者は気づかれずに近づくのはとても難しい．たとえば，マーモットは集団生活に適応しているため，近隣の仲間がいないと元気がなく，怖がって十分な時間草を食べて過ごさない．そのため，越冬や子育てがうまくいかない．自らの意思で一匹になったげっ歯類も，できれば，数百 m，あるいは数 km も移動して，別の集団と合流するのである．

3.4　開けた空間の鳥類

ユーラシアステップおよびアメリカのプレイリーやパンパには，600 種以上の鳥類が生息する．ステップを車で旅すると，100 km ごとに 50 ～ 60 種に属する約 600 羽の鳥をみかける．しかし，これらの種のほとんどが，拠水林，湿草地，湖畔の土手など，そのバイオームにさほど特徴的でもない特別な生態系に棲む．実際，ステップとプレイリーに典型的な鳥類は，このバイオームの全鳥類相の約 1/4 しかない．

比較的乏しい鳥類相

湿地帯にくらべ，草本平原の鳥類相は，種数，個体群の規模のいずれに関しても乏しい．湿地帯を別にすると，北米プレイリーの生息環境に限定される鳥類は 9 種である．さらに 19 種がプレイリーに大きく依存しているが，プレイリーに限定されているわけではなく，隣接する植物群落を頻繁に訪れる．

ステップやプレイリーの低平な植生には鳥が隠れる場所がなく，樹木が少ないということは，多くが土壌に巣作りするということである（北米プレイリーの鳥類種の53％，世界の残りの地域でも同程度）．アナホリフクロウなど，いくつかの鳥類は，地下のうち捨てられたげっ歯類の巣穴にまで巣をつくる．その他の鳥類は，暑さから逃れるために穴に隠れる．このような空間の囲いがなくむき出しであるという性質から，大半の鳥は地上すれすれに飛ぶか，哺乳類をしのぐ利点を最大限に生かして空高く飛ばなければならない．いずれの手段もステップの鳥たちが利用するが，これらの鳥類は，生活様式に応じて2つの大きなグループ，すなわち走るのが専門の鳥と飛ぶのが専門の鳥に分類できる．

走る鳥：疾走する羽

このバイオームでもっとも大きな鳥は，南米のパンパやカンポに生息するアメリカレアであり，これは南米のダチョウとしても知られている．レアはダチョウとは関連はないが，身長（最高170 cm），体重（最高50 kg）と米国のどの鳥よりもはるかに大きいこと，長い首と短く平らな羽，強い足など，多くの類似点がある．レアは3本指の短い足を持っているが，ダチョウは2本指でもっと大きい．

ユーラシアで唯一，身長・体重がいずれもレアと同等である鳥は，ノガンで，レアと同様に，疲れ知らずの走り屋である．ノガンは，ユーラシアの低地ステップや山地ステップに生息している．この巨大な羽をはばたかせながら走る場合にしか飛び上がることができないが，こうした問題にもかかわらず，一度飛び上がってしまえば，一定のはばたきで比較的上手に速く飛ぶ．地上にいるときには，植物の間に身を隠し，その白みがかった赤い色でカムフラージュする．ユーラシアの低地ステップや山地ステップには，ときどきノガン科の別な仲間，ヒメノガンもみることができる．このヒメノガンは，ノガンに似ていて，同様の生活様式をもつが，ずっと小型である．

北米のプレイリーでは，アオライチョウ，キジオライチョウ，そして特にソウゲンライチョウのようないくつかのライチョウ亜科の仲間が，ノガンと同様の役割を果たしている．ソウゲンライチョウ，ヒメソウゲンライチョウ，お

66. アルゼンチンで撮影された写真は，草原の植物に隠れた巣の中で一かえしの卵を抱く**雄のアメリカレア**である．レアは珍しい繁殖戦略を持ち，雄が主要な役割を果たす．雄はテリトリーを選び，ほかの雄を追い払い，2～12羽の雌を集め，メイティングディスプレイを行い，雌のどれかと交尾する．それから，前もって凹地の植物の間に準備しておいた巣に雌を連れていくと，雌はそこで卵を産む．その後，雌はほかの雄と交尾するために去り，雄は残って多くの卵（13～30個）をかえし，ひなを育てるのである．ひなは，5，6ヶ月の間父親の指導のもとにとどまる．なぜならこの期間は捕食動物の餌食になりやすいからである．
［写真：John Waters / Planet Earth Pictures］

67. 雄のノガンは，繁殖シーズンがはじまると，雌を惹きつけるために，**はなばなしいメイティングディスプレイを行う．**雄は喉の小袋をふくらませ，尾を立てて雪のように白い下部の羽を見せ，翼を扇状に広げて，普段は隠しているほかの羽をさらす．雄は，これを行う間，完全に静止したままだが，完全に膨らんでいて白いので数 km 先にも見えており，慎重に眺めている近隣の雌の中の一羽が近づいてくるのをただ待てば，雄は交尾することができる．交尾のあと，雌は，乾燥した草に覆われた地面の一つの穴の巣の中に，2，3 個のオリーブグリーンの卵を産む．25 日間抱いた後，卵はかえってひなが生まれる．ひなはすでに綿毛で覆われており，間もなく巣を離れる．［写真：Stefan Mayer / Ardea London］

よび尾が細いホソオライチョウはすべて，交配期の間に行われる雄の壮観なディスプレーが注目に値する．このとき雄は，雌をひきつけるために首の両側にある特徴的な気嚢を膨らませるのである．

ステップとプレイリーには，ノガンやライチョウのほかにも大型の走る鳥がいる．北米プレイリーは，アメリカシロヅルの生息地である．アメリカシロヅルは，背が高く，細身で白いが，羽がない頭部に赤い斑点がある．アネハヅルはユーラシアステップにみられ，頭の横に長くて密集した白い羽のふさがあるのが特徴で，おさげの若い女の子を連想させる．アネハヅルはツルの中でもっとも小さく，現在は絶滅しつつあるが，かつては数が非常に多く，今でもウクライナのいくつかの村で，飼いならされた家禽の中で土をついばんでいるのを見ることができる．

多くの小型のスズメ目の鳥（タヒバリ属，セキレイ属，スナチムシクイ属）は，ステップの草原や小丘に生息する．ヨーロッパビンズイが良い例である．これは，体が小さくて地面に似た配色であるにもかかわらず，ステップの開けた草原では隠れることができず，代わりに走るほうを選ぶ．さえずるときには低木の小枝にとまるが，重さが 23 g もないため，この鳥を難なく支えることができる．土の上を走る場合には，後ろ足で体を起こしたまま，ほぼ直立状態になるため，周囲がよく見える．ほかの走る鳥のように，ヨーロッパビンズイは巣作りにはあまり時間をかけない．というのは，見つけられるどんな穴にでも巣作りをするからで，有蹄類のひづめの跡にでも巣を作るのである．卵は 5 個生む．秋には，ほかのステップの鳥たちと同じように，熱帯地方に移動する．

飛ぶ鳥：大地と空の間で

生活様式が走る鳥とは完全に異なるステップの鳥類の第二グループがある．これらの種の成鳥は，活動的な生活のほとんどを飛んで過ごし，かなり高い場所を飛んでいることが多く，巣ごもりのときだけ地上に降りる．このグループには，ワシ（ソウゲンワシ，イヌワシ），タカ（ニシオオノスリ，アカケアシノスリ），チュウヒ（ウスハイイロチュウヒ，ハネナガチュウヒ）などの捕食する大型鳥類，そしてもっと小さなハヤ

68. セアカカマドドリはパンパで最もよく知られた鳥の一つである． この鳥は粘土で，柵柱，電信柱，田舎の建物の軒にかまど型の巣を作るが，これは人間を恐れずにともに生活できる非常に社交的な鳥だからである．街でも見られるし，パンパのほとんどの動物よりも簡単に近づくことができる．その閉じた巣は球形または卵形で，直径が 20 ～ 30 cm で，2 cm の厚さの壁があり，粘土と植物の繊維からできている．秋に建設がはじまり，作業は冬の間中続くため，春に準備できる．作業が終わったときには巣はパン焼き釜に似ているので，カマドドリとして知られている．常に側面にある入り口は小さな応接間に通じ，それから狭い通路が草で縁取られた主要な部屋につながる．そこで雌が卵を産む．この小さなカマドドリは南米のパンパやその他の広々とした場所や，樹木がある場所，低地から高度 3500 m までに生息している．
［写真：J. L. Klein & M.L. Hubert / Still Pictures］

ブサ（ヒメチョウゲンボウ，ソウゲンハヤブサ）や，その他の捕食しない鳥類がある．

ステップのソウゲンワシは，これらの捕食する鳥類の中でもっとも大きく，翼幅は 1.5 m に達することもある．これが，きわめて良い視力で餌を捜しながら何時間も滑空する．いったん餌物を選んだら，ワシはそれにむかって舞い降り，餌物に打ち当たって足のバランスを崩させ，短く強い爪で餌物をつかむ．この美しい鳥は東ヨーロッパのステップから，中央アジアまでの間に生息している．今日，ステップのワシでもっとも数が多い個体群は，ヴォルガ川の下流域，ウラル山脈の南部，および西カザフスタンに住み，100 km^2 の地域に 12 個に達する巣作りするツガイがいることもある．

捕食する鳥類に加え，虫や穀類を食べる多くの鳥がステップの上空高く飛んでいる．これにはタシギ，そして特にヒバリが含まれ，ヒバリ，デュポンヒバリ，ヒメコウテンシ，そのほかの同じ属種の仲間，そのほかのヒバリ科の仲間などがいる．これらのすべての鳥が，ひらけた土地に生息するほかの鳥のように，巣が見つかるのを防ぐための行動的適応をもつ．これには，巣から離れた場所に降りてから，巣まで歩くこと，あるいは捕食動物を引き離すために傷ついたふりをすることなどが含まれる．ユーラシア

69. **ヒバリ**は，朗らかに歌いながら垂直に上昇するため，わかりやすい．ツバメと同じかもう少し大きい．どのような気候でも，翼をすばやくはためかせて，ほとんど同じ場所に何時間もとどまる．ヒバリの長い音楽的な歌は，朝始まって，夕方まで続く．その翼は，ほかのヒバリ科の鳥のように，長くて幅広いため，100 ～ 150 m の高さまで上昇して，急降下することができる．巣の位置を知られないように，約 20 m 離れたところに来ると唄うのを止めて，円を描いて滑り降りる．ヒバリ科の鳥は，翼を使って食物を得るのではなく，植物を餌にしたり，地面で餌を取り，繁殖もする．ヒバリの好きな食物は，種子や昆虫である．［写真：Morton Strange］

ステップにもっとも多いヒバリ科の鳥は，ヒバリ，ヒメコウテンシ，クロコウテンシである．ヒバリは北米やニュージーランドに持ち込まれ，いずれの地域にもよく適応してきた．ユーラシアステップにはヒバリが非常に多く，生息するすべての鳥の 30 ～ 45 % を占める．

3.5 ステップの爬虫類

よく知られているように，爬虫類は変温動物で，暑熱を好む．このため，赤道から離れると数が少なくなる．ステップとプレイリーのバイオームは温帯に位置しており，爬虫類の種類は寒冷砂漠の半分しかないが，北方林よりは多い．ステップの爬虫類が活動するのは，日中のもっとも温かい時間帯と，1 年のもっとも温かい時期のみである．残りの時間は，土壌の乾いた亀裂やげっ歯類が掘って放棄した穴に隠れて過ごす．

腹で這う

彼らの変温性の故に，温帯地域の爬虫類，特にステップとプレイリーの爬虫類は，とりまく環境の中でもっとも温かい場所を選ぶ．これに

70. アナホリフクロウは，プレイリードッグやほかの哺乳類が放棄した地下の穴に巣作る捕食鳥である．北米プレイリーの全域，特にプレイリードッグが最も多い混交プレイリーや低茎プレイリーに生息する．写真は，サウスダコタ州の高茎プレイリーに生息するアナホリフクロウである．北米の寒冷砂漠（図 62，および第 4 巻の図 200 参照）や南米のパンパにも生息する．そこでは，ビスカーチャが放棄した穴に巣を作るため，パンパスフクロウやビスカーチャフクロウの名前がつけられている．［写真：Jim Brandenburg / Minden Pictures］

71. 体長がほぼ3mに達することがある**巨大なオオレーサー**は，大半が哺乳類のげっ歯類に支配されるユーラシアステップに一番よく見られる爬虫類の一つである．ステップのバイオームは，冷血脊椎動物（両生類と爬虫類）に特に適しているわけではないが，その動物相にはいくつかの種類のヘビ，トカゲ，カメがいる．クチヒロカイマンは，ときどきアルゼンチンのパンパの川で見られたことがあった．ステップでは，爬虫類の数は地域的な環境条件に大きく左右され，一般にはより温かい南部の地域に行くと増える．北米の高茎プレイリーの両生類と爬虫類の研究から，ノースダコタ州には，オクラホマ州の10倍の両生類および爬虫類がいることがわかっている．
［写真：Petr Velensky / Planet Earth Pictures］

は土壌の表面が含まれる．たとえばカザフスタンのステップでは，晴れわたる夏の日には土壌表面の温度が45℃～50℃になり，高さ2mの気温はわずか20～25℃，土中では16℃～18℃しかないこともある．

爬虫類の体の構造は，日光で温められた土壌にできるだけ近い位置に保たれるようにできている．そのような理由で，ステップでは非常にすくない爬虫類の動物相に，短い脚のトカゲや小型ヘビがいるのである．ステップのトカゲやヘビはすべて保護色である．土壌の色に似て，黒と茶の間の黒ずんだ色であるのが普通で，草色のものもいる．たとえば，中央アジアステップの石ころだらけの地域に住むガマトカゲは，土壌を覆う小石と同じ色で，緑色をおびている場合もあれば，茶色をおびている場合も，黄色をおびている場合もある．

トカゲとヘビ

ユーラシアステップにもっとも多く生息するトカゲ類は，コモチカナヘビ属ニワカナヘビ，ミドリカナヘビ，*Eremias argus* である．*E. argus* も，ガマトカゲの多くの種類と同様に，中央アジアステップのもっとも乾燥した地域に生息する．

バルカンとウラルの間に棲むステップヘビには，オオレーサーがあり，これは全長2mに達するものもいる．毒は持たないが非常に攻撃的で，人間と出くわすと，逃げずに球状に丸まって，シューという大きな音をたてる．ほかにはノハラクサリヘビがステップに代表的なヘビで，これは猛毒をもつが非常に臆病で，自分より大きな動物に遭うと隠れようとする．このヘビは，傷つけられたり邪魔されたりした場合にしか攻撃しない．いくつかの地域内でのクサリヘビの総個体数は非常に多い．コーカサスの丘陵地帯やカザフスタンのステップの中には，個体数密度が1 km^2 につき2000～6000匹に達するところもある．

ユーラシアステップと似た北米のプレイリーは，爬虫類の多様性は比較的低い．もっとも多いトカゲはハシリトカゲで，もっとも多いヘビは，ヘビの中でももっとも速く移動するアメリカレーサーである（1.6 m/秒）．

その他のヘビはステップに生息している．これには，体がオレンジや赤みをおび，かみ傷は痛いが致命症となるのは稀なアメリカマムシ，体長1mに達する可能性がある極めて猛毒のセイブガラガラヘビなどがある．

3.6　幅広い昆虫相

ステップの昆虫の90％は，生活史のある段階で土の中で暮らす．残りの無脊椎動物は，土中か土壌表面のいずれであっても，生活史の100％をそこで暮らす．土壌にひきつけられる

72. チョウ，トンボ，甲虫などの異なる目に属する昆虫が，ステップやプレイリーバイオームの典型である．多くは土壌に住むが，草本植生に身を隠し植物を食べるものもいる．幼虫期には，チョウのような鱗翅目だけが植物を食べ，奪葉から植物の成長に重大な役割を果たすこともある．たとえば *Spiris striata*（右側の写真）は，ステップによく見られる．この例（シベリアステップのノボシビルスクで6月に撮影）は，繭から出てきたばかりで，飛び立つ前に羽を広げて乾かしている．植生の間を飛ぶ昆虫には，トンボ目（トンボの仲間）が含まれるが，肉食性の幼虫は水生で，水辺の植物群落でしか見られない．ヤンマ科の *Aeshna serrata* は，成虫が，生まれた水たまりや池から比較的遠い距離まで移動する．写真は1匹の雄で，春に西シベリアのクルマカン湖岸で撮影された．土中に多い昆虫は，甲虫目である．一生を土中で過ごす甲虫や，後翅を守る硬い角皮や頑丈な翅鞘（保護的な前部の翅）があって広い生息地を活用する甲虫もいる．これらは食物が植物，無脊椎動物，死んだ有機物などさまざまである．広い範囲に生息するものもあれば，ハンミョウ属の *Cicindela transbaikalica*（左下）のように，特定の生息地に限られるものもある．ハンミョウは，シベリアステップ南西部の河や湖の砂堆に生息し，6月に撮影された．[写真：Oleg Kosterin および Ilya Lyubechanskii（左下）]

のにはいくつかの理由がある．そこでは風はそれほど強くなく，土壌の温度変化は気温の変化ほど激しくはなく，（もっとも過酷な乾燥時でも）土壌の相対湿度は 30％を下回ることがなく，地下における植物バイオマスは地上バイオマスより 20 倍も大きい．

あまり知られていない世界

ステップの無脊椎動物は，脊椎動物ほど研究されてこなかった．おおまかな見積もりによれば，ステップの無脊椎動物は $1\ km^2$ につき数千種であり，個体数は極めて多い．$1\ km^2$ の面積のステップには，アリの巣が 40 万個ある場合もあり，それぞれに数千匹のアリが棲む．$1\ m^2$ に約3万匹のダニやトビムシ，約 200 匹の甲虫類，最高 50 匹の双翅類ハエ，最高 150 匹の貧毛類環形動物などがいる．ステップ $1\ km^2$ に，およそ 2012 匹の無脊椎動物がいることになる．

ニュージーランドのプレイリーには，6000 万～8000 万年もの期間孤立した場所で進化し，全体として動物相が非常に乏しいが，同時に珍しい種類が豊富である．陸生哺乳類がいないことから，人類出現以前の動物相は鳥類と無脊椎動物が優位を占めていた．背が高い叢生イネ科草原における草食哺乳類に相当する生態的地位を占める無翼鳥モア（オオモア属）が絶滅した後，無脊椎動物がニュージーランドのプレイリーで全面的に優占してきた．昼行性の蝶はわずかであるし，社会性ミツバチやジガバチはいないが，夜行性の蝶，甲虫，バッタや，双翅類のハエが豊富にいる．さらに，ウェタ（大型のカマドウマ科の昆虫，第6巻155ページ，第9巻328～329ページ参照）として知られる羽のない大型バッタ（Deinacrididae）や，大型ミミズ（最長1m，直径1cm以上），大型のナメクジやカタツムリもいる．

昆虫の王国

森林に棲む昆虫の多くのグループは地上または地下に棲むが，ステップとプレイリーの代表的な昆虫は地中にしか住まない．北方林に生息するアリは大きな巣を作り，土壌表面にドーム型に盛り上がっているが（たとえば，クロヤマアリ属のヨーロッパアカヤマアリ，*Formica pratensis*），ステップに棲むアリは地中深くに巣をつくり，ドームの隆起は小さいか隆起していないかのどちらかである（*F. polyctena* など）．

直翅類（バッタ目バッタ亜目）は，色鮮やかで鳴き声に特徴があるため，草原では目立っている．ステップには何十種というバッタがいるが，そのいくつかは，ライフサイクルの中に群生相がある（*Calliptamus italicus*，トノサマバッタなど）．群生相の直翅類はステップの渓谷に住み，暑く乾燥した年にステップに押し寄せてくる．夏の間に，一匹の雌のバッタの子孫が，同じ期間にヒツジ2頭が食べるのと同量の新鮮な葉を食べる．結果として，何千ものバッタの群れに侵攻されてきたステップ，プレイリー，パンパは荒廃し，砂漠に似た状態になってしまう．サイガも，ヒツジによる集中グレージングも，それに匹敵する荒廃の原因にはなりえない．成虫のバッタは時速15kmで移動でき，1日で数十km，あるいは数百kmも飛ぶことが可能である．

土壌表面は非常に熱くなる可能性があり，ひきしまったキチン質の外骨格（丈夫で角質の外皮）をもつ甲虫が優位を占めている．甲虫は，この外骨格のおかげで高温に耐えられるのである．こうした甲虫類には，釣り鐘状の鞘羽（保護の役目をする前羽）があることが多く，下にある空隙が，暑く乾いた外気からこの昆虫を守る．甲虫の呼吸器系の気管は，つまり外の空気ではなくこの空隙にむけて開いていて，甲虫の体積の半分もの容積を占めていることもある．空隙の空気は常に水蒸気で100％飽和し，気温が低く，昆虫の呼吸に理想的な気体の混合物を含んでいる．

ステップとプレイリーに生息する多くの昆虫は，いくつかの摂食方法を併用する．軟翅甲虫類は，捕食と植物物質の消費とを組み合わせる．ステップの昆虫は，自分が食べる大量の植物物質から水分を摂取する．暑い時期には，ステップに数多く生息するバッタは，毎日自分の体重の何倍もの食物を食べなければならない．物質の多くは，糞として速やかに排泄されるが昆虫は水分を摂食する．乾季の水不足のために，オサムシ科の昆虫などの肉食昆虫は，他の無脊椎動物の捕獲と，植物の柔らかなシュートの摂取とを交互に行う．

バッタ，カブトムシ，およびハエ（双翅）目（ハエ，カ，ブヨ）やハチ（膜翅）目（スズメバチ，ミツバチ，アリ）を含むステップの多くの昆虫は，腸や内臓の周囲の脂肪組織（脂肪体）に，大量の脂肪を蓄積する．脂肪体の細胞は，ラクダのこぶや，いくつかのヒツジの品種kuirikに匹敵する（第4巻，動物資源の利用，参照）．脂肪体は昆虫の体重の40％に相当することもあり，グリコーゲンやタンパク質の含有物がある．脂肪とグリコーゲンは少量の水を分泌し，ほとんどの深刻な状況にこれが利用される．

4. 川と湖の生物

4.1 ステップとプレイリーの水

比較的降雨が少ないことと蒸発が多いことが組み合わさり，ステップとプレイリーのバイオームのほとんどの地域で必然的に水が不足する．冬には，ステップとプレイリーの多くの地域で大量の積雪があり，春にそれが融解すると河川に水を供給して，湖の氾濫を引き起こす．

水路と地下水面

ステップやプレイリーを流れる大きな川は，必ずといってよいほど山地あるいは隣接する森林バイオームに起源を発し，大部分がこの流域で占められていることがしばしばである．ステップ地域内の小川の流れは春にしかなく，夏にはほぼ完全に干上がる．ステップ地域の数少ない湖は一般に水量がすくなく，互いの距離は長く隔たっている．しかしいくつかのステップやプレイリーには，ロシアではbliudtsa，カナダではポットホールとして知られる小さなプールが数多く存在する．これらは通常は直径数十mしかなく（もっと大きいものもある），浅いのが普通で，深さは数十cmから1.5～2mである．プールの多くが，夏にはほぼ完全に干上がり，冬には凍結する．このため，池に魚がめったにいないのは意外なことではないが，もっとも深いため池にはヨーロッパブナやキンギョがいることもある．

湖が比較的豊富なステップ地域の一つが，西シベリア南部のイルティシ川やオビ川の流域にあるバラバークランダステップであり，ここでは3万個以上の湖が3万km^{2}以上の面積を占めている．大半が，面積は1km^{2}未満と非常に小さいが，中にはチャヌイ湖，ウブス湖，サルトラン湖といった大きな湖もあり，これらは面積が数百km^{2}におよぶ．

ステップとプレイリーにある湖は，大半が出口をもたない．すなわち内湖である．これらの湖はミネラル含有率が高いことが多く，しばしば塩分を含み，非常に塩分が濃いこともあり，塩化物，炭酸塩，硫酸塩が豊富である．非常に

73. **オノン川は，ダウリアステップ**（モンゴルのユーラシアステップの北東端）**を流れ，**アムダリア川の主要な支流である．オノン川の支流は多くの異なる入江に注ぎ，写真に見られるのがその一つStari Onon である．これはチタ市（ロシア連邦の極東）ニジニツァスチェイの中を流れている．オノン川は，ステップを横切る大半の川と同じく，周囲の山地に源流がある．ステップでは年平均降水量が低く，大規模な川や湖を形成するのに不十分だが，雪解水は，いくつかの湖や小規模な川，そして小川に注ぎ込むには十分である．しかしながら，降水量だけが水の蓄積に影響を及ぼす要因ではない．土壌の特性(水の分布を決定する)や土壌に張る根圏のネットワーク（水を一部抽出する），そして植物の蒸散作用，この場合にはイネ科草本の影響も受けている．
［写真：Oleg Kosterin］

塩分が多い（過塩性）湖の中には，塩が晶出し，商業的に抽出することができるところもある．意外なことに，ステップとプレイリーの内湖の中には淡水のものもある．これは，湖の入り組んだ形から説明がつくのが通常である．多くの入り江がほとんど閉鎖して本体から孤立し，塩分の流れを変え，蒸発皿の働きをしているのである．水路によって連結されている近隣の湖でさえ，非常にさまざまな塩度を示すことがある．カザフスタンのクルガル・ジノ湖（北緯50° 30′東経70°）の水は，塩気があるが（塩分1.0～3.2 g/l），（連結されている）テンギス湖の水は塩分含有率がたいへん高く（約60 g/l，北東部の湾では270 g/l以上），非常に塩辛い．たとえば，チャヌイ湖水系では，若干の水の流れがある小さなチャヌイ湖は淡水であり，出口がほとんどない大きなチャヌイ湖の水は塩気がある．

水の収支

ステップの湖は該当する年の水文学的収支に応じて大きさが変動するため，その容量（および数）を評価するのは簡単ではない．継続的に行われた観察によれば，バラバステップで最大のチャヌイ湖は，複雑な一連の水位変化にみまわれている．水位が非常に低かった1903年には，湖の面積は2980 km^{2}あった．1914年までには水位が2 m上昇し，湖の面積は4900 km^{2}まで増加した．

翌年，水位が下がり始め，この傾向は1937～1940年まで続いた．このとき，湖の水位はほぼ3 m下がり，面積は1914年の半分未満まで下がった（2300 km^{2}未満まで縮小した）．1950年代に水位が再び上がり始め，約2 m上昇したが，その後再び下がり始めた．南シベリアの実例を示す文献中には，わずか数年という期間で新しい湖が形成され，それから乾燥したり，ほとんど干上がったりしたが，その後もう一度水がいっぱいになったという報告がある．その地域の人々は，同じ場所を，ある年は干草用の牧草の収穫に，またある年は魚やその他の水生動物の捕獲にと利用し続けた．

ステップとプレイリーを流れる川も，水位の大きな変化を示すという特徴がある．春の増水（融雪あるいは雨による氾濫）に加え，秋には激しい雨によって急上昇が生じることがある．激しい水の流れが土壌を侵食し，水を栄養豊かにし，湖盆は沈泥が埋積し，ついには姿を消す．こうした過程は，土が軽い場所や，自然の植被がほとんど残っていない場所に特に集中的に生じる．乾燥したカザフスタン北部の未開の地域を開墾することにより，1950年代と1960年代には非常に深刻な土壌侵食が生じ，ステップの多くの小規模な湖が埋積し，消えた．

小規模な湖のわずかな水位の変動が，これらの体積に大きな変化をもたらすのだと仮定すると，湖の塩分濃度が大きく変動しても不思議ではない．塩分濃度は一シーズン中に変動する可能性もある．塩分濃度は通常は春の雪融け期間に低下し，乾燥する夏と水が凍る冬の間に増加する．

4.2　水生生物

塩分濃度が異常に高い湖は，まったく生物がいないかもしれないが，多くの湖は緑藻藻類（シオヒゲムシ，これが豊富だと水がピンク色になる）やブラインシュリンプ（Artemia，甲殻類）のような生物が生息する．水収支の変動，荒涼とした森林，周期的な酸素の欠乏は，たいていの生物にとって不都合に思えるが，ステップの水域はほとんどが生物に満ちているといえる．

ステップ湖の植物プランクトンは，シアノバクテリア（藻類の一種）が優位を占めていることが多いが，一方で動物プランクトンは，塩水では特にワムシ（輪形の無脊椎動物）や枝角類（ミジンコ）が優位を占める．水が浅いこと，熱をよく吸収すること，生物が豊富であることはすべて，多く底生（湖底に生息する）生物の成長に好都合である．冬には凍結してしまい，そのために魚がいない小規模な湖は，湖底に棲む底生生物（ベントス）が特に多い．ベントスのバイオマスは，主に昆虫の幼虫（ユスリカ，トビケラ目，カゲロウ目），貧毛類，ヒル，端脚類の甲殻類（ヨコエビ属），および軟体動物からなり，0.2～0.4 kg/m^{2}に達する場合がある．ベントスのバイオマスはより大きな湖ほど低いのが普通であり，単為生殖性のブラインシュリンプ*Artemia salina*の個体数がきわめて多い．ブラインシュリンプの卵は，厚い卵嚢にしっかりと保護され，長期の干ばつや寒冷期間を乗り越えることができる．ブラインシュリンプがもっとも豊富な湖岸は卵の層にすっかり覆われることがある．こうしたブラインシュリンプの卵は水族館に売るために採集されることもある．温かな塩水にもどされると，数日以内に

74.ロシアでは bliudtsa として知られる「甌穴群」は，小さくて浅い一時的な湖や水たまりである. これは起伏の小さな凹地に雨水が溜まったときに形成され，土中に排水されるときの水の動きによって掘り出されて広げられることが多い（写真 141 も参照）. このサウスダコタ州（米国）のプレイリーの空からの眺めから，どれほど広い土地が，こうした小さな水の集まりに覆われるものなのかがわかる. 1 年を通じて水がたまっている甌穴もあるが，大半は夏に完全に干上がるため，水生の動物相は多くない. しかし，乾燥期に耐えられる生物や生活の中で一定期間だけ水を必要とする生物がそこにコロニーを形成している.
［写真：Jim Brandenburg / Minden Pictures］

ヴォルガ川

ヴォルガ川の源流は，ノヴゴロドに近いヴァルダイ丘陵の，標高わずか228 m の位置にあり，広大な川はここで湿原に注ぐちっぽけな小川として始まる．多くの支流がこのちっぽけな小川に合流し，ロシアの中心部を横切って，森林やステップの間を3531 km にわたって流れる世界有数の大河となる．この川はロシア人たちの心の中で特別な位置を占めており，詩によって賛美され，作家や画家に描かれてきた．ヴォルガ川はロシア人たちの誇りの源なのである．

ヴォルガ川は，ヨーロッパ最長の川であり，ヨーロッパの川の中でも最大の水量を誇る．この流域は136万 km^2 を占め，テキサスのほぼ2倍の面積がある．上流はタイガの南や針葉樹林・落葉樹林に流れ込み，中流は樹木ステップを通過し，その後，草原ステップ，亜砂漠，そして砂漠の中をも走る．そしてカスピ海へと流れ込み，年間240 km^3 の水を注ぐのである．

ヴォルガ川中流域の光景［Vadim Gippenreiter］

ヴォルガ川デルタのヨシの茂みと湿地
[Bomford & Borrill / Survival Anglia / Oxford Scientific Films]

ロシアの歴史の中で，ヴォルガ川は重大な役割を果たしてきた．ロシア連邦に住む人々の38％が，ヴォルガ川の広大な流域を居住地にしており，ヴラディーミル，スズダリ，トヴェーリ（ソビエト時代のカリーニン），ロストフナダヌー，ヤロスラヴリといった古い町が含まれる．ヴォルガ川は8世紀までに，中央アジアからの金属や織物，スラブ族の国々から革，蝋，蜂蜜を運ぶ東西の主要な通商路であった．13世紀にタタール族とモンゴル族の侵攻を受けた後に通商は途絶えたが，14世紀に再び始まった．

16世紀の中盤に，イワン4世（恐怖のイワン雷帝）がカザン・ハン国，アストラハン・ハン国を征服し，ヴォルガ川全域をロシアの支配下に置いた．これがヴォルガ川に沿った通商の急発展を引き起こした．17世紀は，ニズニノヴゴロド（ソビエト時代のゴーリキー），アストラハン，ヤロスラブリ，コストロマのような都市の著しい成長，そしてサマラ，サラトフ，ツァーリツィン（スターリングラド，後にボルゴグラードの旧称）などの新しい主要貿易都市が誕生した．19世紀の初期には，運河水門のシステムによってヴォルガ川上流とネバ川流域（マリーンスカヤ水系）が合流し，1820年には初の蒸気船がヴォルガ川に到着したが，長い間，大型帆船が優勢のままであった．大型帆船は，burlakiと呼ばれる大勢の運搬人夫につながれた引き綱で，上流まで引っ張っていかなければならなかった．何世紀にもわたり，船の引き上げがヴォルガ川岸に住む人々の多くの主要な仕事であった．19世紀半ばまで，ヴォルガ川沿岸には約30万人のburlakiが住んでいた．

ヴォルガ川とその支流に沿ってダムが建設される前は，ヴォルガ川には74の魚種および亜種が記録されてきた．この数は移入により増加してきたが，大半の種類の魚の個体数は減っている．この状況は，チョウザメ，サケ，カスピ海産アローサのような商業的に重要な魚を含め，遡河魚（川上で産卵する魚）の個体群に特に悪い．こうした魚はカスピ海の，特に水が浅い北部（北緯45～46°）で餌を得るのが常で，産卵のためにヴォルガ川上流か，カスピ海に流れ込む別の川の上流に上らなければならなかった．オオチョウザメ（ベルーガ）は，タイガ南部，リビンスク（北緯58°）のはるか上流までたどり着いたものであるし，ロシアチョウザメはヴォルガ川の上流にみられるのが普通であった．その一方で，サケやホワイトフィッシュの関連種であるインクヌーは，トヴェーリまで上ったり，カマ川，ベラヤ川，ウファ川を上ってヴォルガ川の河口から3000 km以上もあるクラスノウフィムスクの町まで至った．

アストラハン州ヴォルガ川下流域のチョウザメ漁［A. Grachtchenkov / The Hutchison Library］

ヴォルガ川の中流域および上流域の貯水池の建設は，産卵のための遡上がより短くなったこと，そして産卵する範囲が劇的に狭まったことを意味する．現在，ヴォルガ川の遡河魚のほとんどは，河口から 500 km もないヴォルゴグラードダムまでしか遡上できないため，ヴォルガ川下流に残っている産卵に適した場所に卵を産まなければならない．カスピ海産アローサ（カスピアロサ）などの数種の魚だけが，魚梯の助けを借りてなんとかダムを通り抜け，ヴォルゴグラード貯水池に入る．魚梯を上って，次のダムであるサラトフ水力発電所を超える魚はさらに少なく，次の貯水池をうまく超えるものはいない．この状況は，新しい水の収支が回遊魚を混乱させるという事実によってさらに悪化する．たとえばチョウザメは，比較的強い流れに逆らって川上に泳ぐのが普通であり，こうした流れに誘導されて，産卵するきれいな砂堆を見つける．しかし，新しい貯水池は川よりも湖に似ており，チョウザメは産卵に適した場所をどこにも見つけることができない．産卵するかわりに，卵を再吸収して下流に戻る．

産卵場所の悲劇的な減少，ヴォルガ川の水文学的収支の変化，および産業汚染により，漁獲高は劇的に減少してきた．1919 年には，チョウザメ 2 万 7000 トンが揚がったが，1993 年には漁獲高は 3200 トンに減少していた．自然の産卵場所の消失は，捕獲された際に雄雌の成魚が入れられる養殖場によってある程度補われている．成魚から卵子と精子を採取し，卵を人工授精させてから孵化させる．小魚は自力で生きていけるようになるまで（通常は 3 g の重量に達する頃まで）養殖され，ヴォルガ川やカスピ海に流れ込むその他の川の下流に放流される．ソビエト連邦の崩壊により，チョウザメ漁の管理が大きく弱体化してしまった．カスピ海の北部では，新設国家いくつかの国籍の漁船が集中的に漁を行ったために，産卵場所から海へと戻る魚ほとんどすべてを捕獲してしまう．

ヴォルガ川は流れ続けている．しかし，これはロシア人が何世紀にもわたって愛してきた川と同じ川なのだろうか？

に引っ張るヴォルガ川の運搬人 [National Museum of Russia, Saint Petersburg / Archiv für Kunst und Geschichte, Berlin]

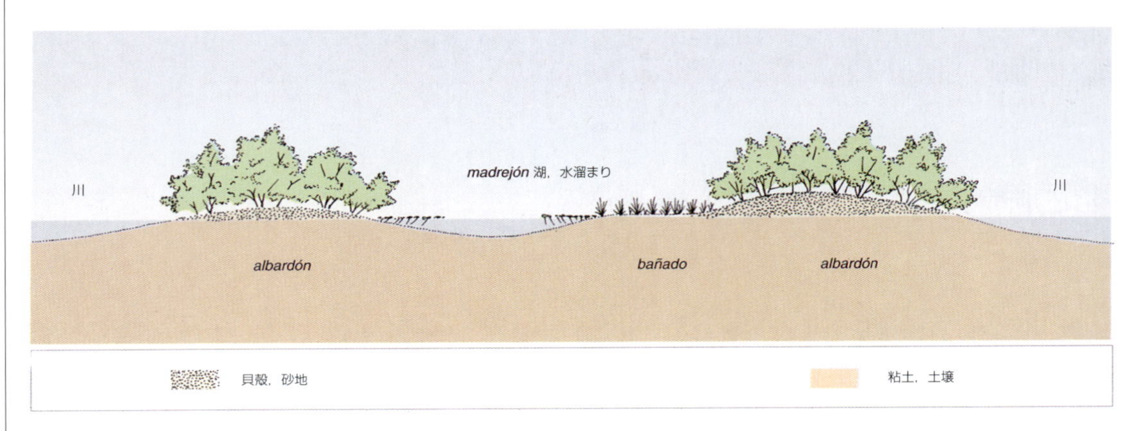

75. ブエノスアイレス州（アルゼンチン）のパラナ川流域の albardone にある**エノキの一種（*Celtis tala*）とヤナギの一種（*Salix humboldtiana*）の群落.** パラナ川の両岸のこの谷では，陸生と水生の環境が交互になり，陸地は島となる．これらの島は川によって運ばれた物質が堆積した丘である．この島の内側は低くなっていて，水浸しになることもある盆地を形成し，通常は水たまりや湖沼が占めている．これらの水たまりに囲まれた丘が alberdone で，年代に応じて，川の水位の継続的な変動や，その場所の圧密作用の結果水の侵食には比較的強い．alberdone の低部にある不透水性の場所は，banados と呼ばれ，雨水が一時的に溜まっている．固められた層位がない若い土壌は，疎開した樹木群落に覆われ，パンパに唯一の樹木群落である拠水林を形成している．優占する木は，背が低くて（4～10 m），ねじれ，トゲが多いエノキ属である．これに，小さな樹木，低木，つる植物，着生植物が加わる．湿った場所は，多くの地衣類，蘚苔類，菌類を支えている．川床にもっとも近い alberdone がより若く，*S. humboldtiana* や *Tessaria integrifolia* など先駆植物の群落に占められている．albardone の森林には，昆虫と鳥類の豊かな動物相があるが，これは樹木が虫や鳥に食物と隠れ場所をもたらしているからである．［図：Jordi Corbera，Rodolfo de la Peria に基づく．1991 年］

（ノープリウス）幼生が生まれる．これは水族館の魚にとって優れた食物源である．

湿地帯の植生

プレイリーの永続的な湿地帯や一過性の湿地帯は常に生物に満ち，水不足や栄養不足をこうむらないため，その植生は特に豊かである．水が浅いこと，大量の有機物･栄養物があること，そして日光の照射を制限する陰がないことにより，水生植物が急速に成長するままになる．水生植物は非常に急速に伸びるため，いくつかの水域では，植物に覆われた部分の面積が，開水面の面積を超えている．

水面に浮かぶのは，アオウキクサ類や，水生シダ類のサンショウモ属などの個体群である．水中に生える種類には，ヒルムシロ属（ヒルムシロ科），フサモ属（アリトウグサ科），マツモ属（マツモ科），ロシアで地域的に teloreza として知られるウォーターソルジャー（トチカガミ科），そして北米プレイリーのコカナダモ属（トチカガミ科）などがある．ヒルムシロ属のその他の種類やスイレン科のその他の種類は湖底に根を張っているが，水面に浮く葉や水面上に伸びる花序ができる．

しかしながらそのバイオマスのほとんどは，陽生植物の植生と一致する．水辺から離れると，特に巣作りや巣立ちの時期に数え切れないほどの水鳥に隠れ場と食物を与えるスパルティナ，イグサ，ガマ，ヨシの広い群落（ベッド）がある．こうした植物はほとんどがイネ科植物やスゲであるが，これらはステップやプレイリーにおける水路に沿った植生でもっとも一般的な特徴である．テキサス州南部では，メキシコ湾岸に沿って伸びる沿海池沼の縁で，沿海プレイリーがしだいにスパルティナ，イグサ，およびヨシに変わるが，その種組成はため池の水の塩分濃度に左右される．*Spartina spartinae* が優占する地域は純群落を形成することすらあり，こうした池沼の近くの一部が氾濫した砂土の数千ヘクタールを占める．しかしながら，さらに塩分が多く，氾濫頻度が多い地域では，共優占種はイグサ属の *Juncus roemerianus* およびヒガタアシである．パンパやカンポの汽水域の縁にもスパルティナが生える領域が多いが，違う優占種の *S. brasiliensis* と *S. montevidensis* である．淡水の池沼の縁は同様の成帯構造を示すが，水底の状態や水の流れの特徴といった非常に局所的な要因に応じて散在していることがしばしばである．ワイルドライス（イネ科），から *Scirpus californicus* のイグサ群落への遷移がある．もっとも深くて永続的な水域のガマの優占部（ヒメガマ，ガマ，および *Typha* の別種）にはじまり，もっとも浅くて散発的な水域へ向かって変化する．そこではルリヤナギ（ナス科，南米から帰化）の花や黒い実が異彩をはなっている．

メソポタミア地方のパンパには，土壌が砂質で水はけがよく，一時的に水浸しになる地域がいくつかあり，そこにはブラジルヤシの壮大な樹木群がある．この非常に温和な地域は，もっと熱帯に近いアルゼンチンの南メソポタミア地域のヤタイヤシの森やチャコの近隣地帯とある点まで同等である．ブラジルヤシの森はチャコほど大きくも広くもないが，これらは種の多様性が高い場所の代表である．いずれも樹幹や樹冠の植物相や，非常に豊かな下層植生によるものであり，またこの豊かな植物相を可能にする栄養分の豊富さのおかげでもある．

魚類相

通常，ステップ湖の魚類相は非常に乏しいが，魚の数は多く，バイオマスが非常に大きいこと

76. パンパの湿地や，その他一時的に水浸しになった場所**の辺縁部の植生**は，青々と茂り，種が豊富で，その大半がこれらの生態系に限られる．たとえば，パラグアイのロチャ地方の湿地でアルゼンチンの国の樹であるアメリカディコとともに写真に写るブラジルヤシがそうである．Jelly palm はパンパがサバンナと接する温帯気候地域の湿地に生え，ヤタイヤシに似た生態学的役割を果たし，アルゼンチンのメソポタミア地域，特に Palmar de Colon 地域や，熱帯気候のその他の地域の砂質の土壌に大きなヤシの樹群を形成する．いずれの種類も，寒さにも乾燥にも強く，熱や直射日光に耐えることができるし，十分に水が供給されれば，非常に早く成長する．ブラジルヤシは最高 4 m に達するが，ヤタイヤシは最高 12 m に達し，8 m を越えるのはふつうである．これらブチアヤシはウルグアイやブラジルのパンパが原産で，現在は世界中の熱帯・亜熱帯地域に広く植えられているが，種子は発芽しにくい．オレンジ色の実は楕円形でおよそ 2，3 cm であり，ジャムを作るのに利用できる．［写真：Adolf de Sostoa & Xavier Ferrer］

77. ラプラタ川流域のパラナ川やウルグアイ川，サラド川やパンパの多くのプールや湿地**では，魚が豊富で多様である.** これらの川の源流や，アマゾン川流域でも生息する種類がある．たとえば，大型のナマズ目のピメロドゥス科やパクー（レッドコロソーマ）がある．これはピラニアに近い体長 50 ～ 70 cm，体重が 15 kg にもなるセルラサルムス科で，食材としても貴重である．その他の種類は，ラプラタ川やその周辺に限定される体長 30 ～ 50 cm のアテリノプシス科，ペヘレイなどがある．テトラゴノプテルス科には，肉食性と雑食性のものがある．たとえば全長 100 cm を越えるドラド（図 113 参照）や，ボガ，サバロ，全長50 ～ 60 cm を越えないピラカンジューバなどがある．ピメロドゥス科には鱗ががなく，大きな口をもつ腐食性で，泥水に頻繁に出入りし，長くて触角機能がある付属器を使って誘導する．これには，体長が 100 ～ 125 cm あり，体重が 40 ～ 50 kg に達する有名なピンタード（図 113 参照）やスルビン，イエローベーグル，体長が60 ～ 70 cm あり，市場で大量に売られているパティなどがある．ドラス科には，骨ばった甲に覆われた側線をもつ珍しいアルマード，*Oxydoras kneri* がある．ニベ科には，ラプラタクローカーなどがある．
［図：Jordi Corbera］

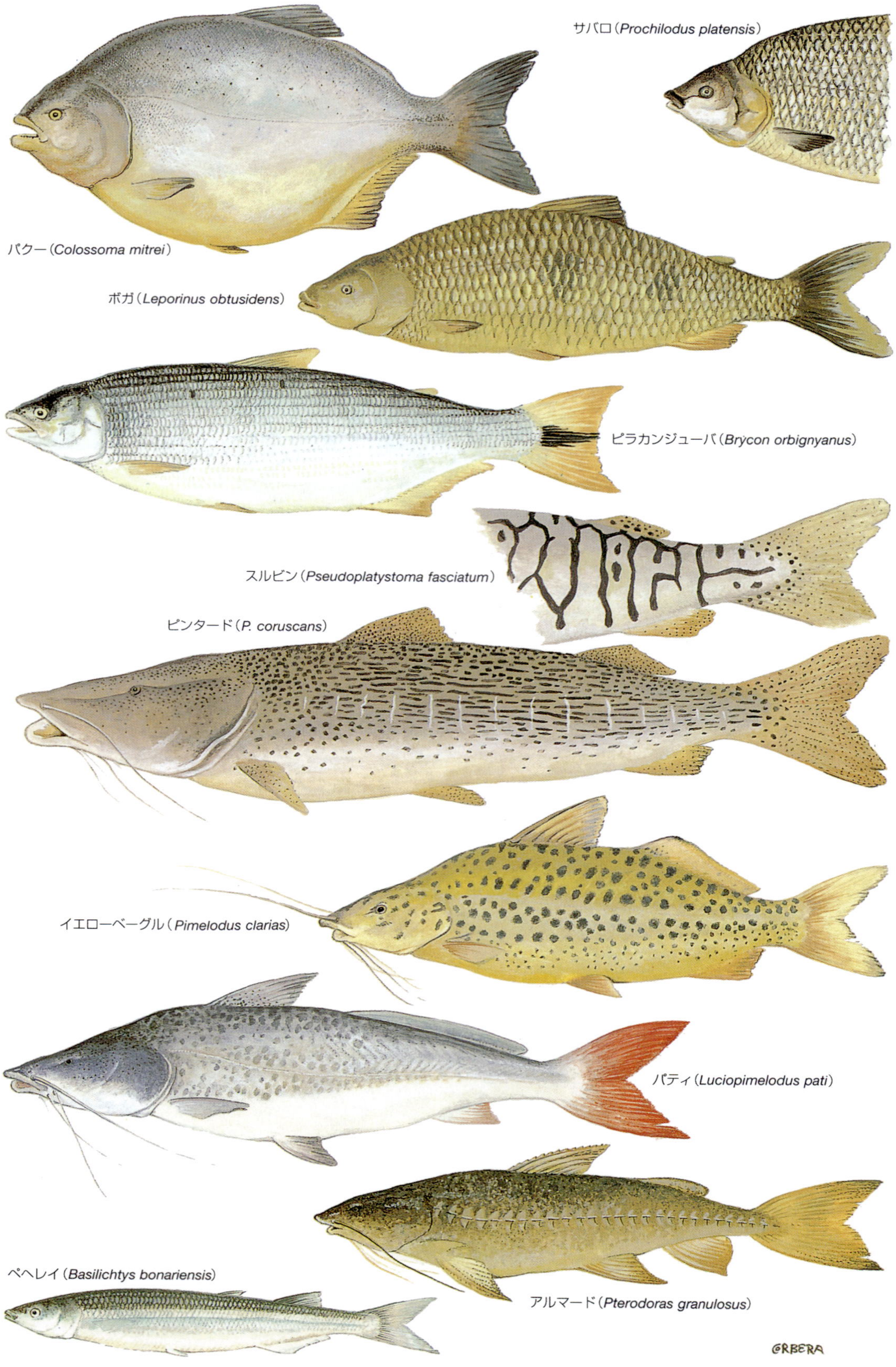

サバロ（*Prochilodus platensis*）
パクー（*Colossoma mitrei*）
ボガ（*Leporinus obtusidens*）
ピラカンジューバ（*Brycon orbignyanus*）
スルビン（*Pseudoplatystoma fasciatum*）
ピンタード（*P. coruscans*）
イエローベーグル（*Pimelodus clarias*）
パティ（*Luciopimelodus pati*）
ペヘレイ（*Basilichtys bonariensis*）
アルマード（*Pterodoras granulosus*）

CRBERA

がある．長年，こうした湖の多くには漁場が存在してきたが，漁獲高は変化しやすく，水位に直接左右される．ユーラシアステップの湖の優占種は，ローチ，ゴールデンオルフェ，ヨーロピアンパーチ，ノーザンパイク，および2種類のヨーロッパブナおよびキンギョである．これらの種類は広い範囲にわたってみられ，このタイプの水域には限定されない．さらに，どれもが大量の子を産み，急速に成長する．そしてどれもが過酷な条件，特に塩分の極度な増加や水に溶けた大量酸素の急激な減少に対してたいへん耐性がある．

ステップの多くの水域では，1年を通じた酸素濃度の大きな変化が，魚が住めるかどうかを決定する重要な要因である．生長期間に光合成によってできた莫大な量の物質は，腐食性生物や従属栄養菌（有機物から栄養を摂る細菌）に分解され，多くの酸素を消費する．氷が融けると，風が水の最上層をめくり上げ（小さな湖では，ほとんど水全体が柱となってめくり上がる），水は大気中の酸素で飽和し，有機物の酸化に消費される酸素は補充される．冬になると状況はかなり違う．

微生物は有機物を分解し続けるが，氷の層の妨げにより，水と空気の間にはガス交換はほとんどない．さらに，雪に覆われた厚い氷の層の下では，他の季節のように酸素をもたらす光合成はほとんど行われない．その結果生じる深刻な酸素不足によって魚が死ぬ．これはステップの湖ではしばしば生じることである．湖でもっとも氷結に強い魚はヨーロッパブナおよびキンギョだが，それらですら極寒の条件には勝てない．

水鳥

ステップの水域では水鳥も重要である．過去には，こうしたステップ湖の多くは，豊富な食物や適切な営巣地があることから，アヒル，ハクチョウ，ガン，オオバンや，その他の繁殖期，換羽期，移動中の鳥たちにとって理想的であった．

渉水鳥，潜水鳥，カワセミ，サギ，サンカノゴイ，クイナ，ソリハシセイタカシギなど，他の種類もいる．残念なことに，こうした領域に人が介入することがこれらの鳥の多くにとって致命的であった．

カナダのアルバータ州のプレイリーの「ポットホール」地域は，北アメリカ全域中でもっとも重要なアヒルの繁殖地であり，北アメリカの狩猟者たちによって殺された全アヒルのほぼ60％はここで殺された．ここで繁殖する種類には，アメリカホシハジロ，アカオタテガモ，ナキハクチョウ，カナダガンなどがある．

ハジロ，ホオジロガモ，アイサなどの潜水カモは，主にプレイリーの大湿地帯を繁殖後の羽の生え変わりや休息の場として利用する．これらの永久湿地帯は食物がふんだんにあり，飛べない期間である換羽期の鳥にとって非常に安全な避難所である．いくつかの湖，たとえばカナダの南部平野の湖は，多くの種にとっての重要な生息地である．これをはっきりと表すのは，マガモやオナガガモ，アメリカヒドリ，ミカヅキマアジ，コガモ，そして数種のガンやカナダ

78. カオジロブロンズトキは，アルゼンチンのカンポス・デ・トゥユ保護区の湿地や，水田や水浸しの牧草地などのパンパの淡水領域で観察される．これは，長いくちばしを使って泥の中の甲殻類，昆虫，ミミズ，小魚を探す．ヨシや泥でバスケット状の巣を作り，雌がそこに2，3個の卵を産む．カオジロブロンズトキは，数千羽で構成されることもある集団で生活する群生の鳥で，しばしばウやカモメと一緒の群れになる．空中に行くと，通常は大群でそれを行う．色彩は黒っぽいので，赤い足と白い縁取りがある顔の赤い斑点で区別される．
［写真：Adolf de Sostoa & Xavier Farrer］

79. ナキハクチョウ. 白い羽衣，完全に黒いくちばしを持つ．ワイオミング州（米国）の国立ヘラジカ保護区の湖で，常食である水草を探している．これらのハクチョウは，プレイリーの池や沼で見られることが多いが，プレイリーのバイオームには限らず，北米のツンドラや北方林にも生息する．プレイリーに住む個体群は，ほとんどすべてが定住性であり，局所的な移動をするだけだが，もっとずっと北に住む個体群は，冬が近づくと，太平洋沿岸に移動する．ナキハクチョウは，北米で最大のハクチョウで，体長 150 ～ 180 cm，翼幅 250 cm，体重 7.3 ～ 12.2 kg に達する．［写真：Gunter Ziesler / Bruce Colemon Collection］

ヅルなど，秋に穀物畑で食物を求める水鳥たちである．

過去何年もの間，莫大な数の水鳥が，南シベリアの湖で捕獲されてきた．夏の換羽期には，網を使ってただ捕獲されるばかりであった．公式的な統計によれば，1931 年だけで，250 万羽の水鳥（アヒルおよびガチョウ）が西シベリアステップの水域で殺され，北カザフスタンの貯水池では約 28 万 5000 羽が捕獲された．専門家によれば，捕獲された鳥の半数以上は記録されていないため，狩られた鳥の実際の規模を推定することは非常にむずかしいようである．1930 年代には，換羽期の鳥を網で捕獲する共同狩猟で，一度に 2000 ～ 5000 羽捕獲できた．卵の採集も水鳥にはきわめて有害であった．入手したデータによれば，1930 年代に，チャヌイ湖水系の一地点だけで，900 万個の食用卵が採集され，さらに多くの卵が壊された．

こうした水鳥のほとんどすべての個体群が大きく減少した．多くの地域では，ヨシのベッドで占められた領域も，湖の縁の見当違いな「改良」のために大きく減少してきた．漁業条件を改善するために河岸の低木林を定期的に焼いたことが，重大な被害を与えてきた．このすべてが，専門家の間に大きな懸念をもたらしている．特に，西シベリアおよび北カザフスタンの南部の湖が，長い間，越冬地に移動する何千羽という水鳥の飛来地であったことを重んじている．

III

ステップとプレイリーの人々

1. ステップとプレイリーにおける人間の居住

80. ブラックフット同盟に所属するKainar族の戦士長，名前はSteemick-o-sucks（「雄のバッファローの尻の脂肪」）．この絵は1832年に，1830年代に北米インディアンの生活を記録したジョージ・カトリンによって描かれた．白人がやってきた後のブラックフット・インディアンの歴史は，遊牧生活を送るプレイリー・インディアンの大半の歴史を象徴している．彼らはもともとカナダのエドモントン地域の森林から来た部族で，北のサスカチュワン川から南のイエローストーン川まで，プレイリーの広い地域を支配し，自然と調和して暮らしていた．彼らの生活様式は，ヨーロッパからの移住者がやってきて妨げられた．ブラックフット族の遊牧性の戦闘的生活は18世紀，馬の到来とともにはじまった．1820年に白人移住者とはじめて接触し，その数年後の1837年に天然痘の流行によって人口がほぼ半減した．さらに，1845，1857，1870年にも天然痘が流行し，ウイスキーと同様にヨーロッパ人入植者がブラックフット族のテリトリーに入る権利を獲得させた．バッファローが消えた後，1883年の冬は極度に寒く，ブラックフット族の1/4が死亡した．カナダの保護区で生活していた他の部族は，あまりひどい影響は受けなかったが，ブラックフット族は，ほかの北米インディアンと同様20世紀初頭までには，自由とともに彼らの物質的・精神的な持てるものを失ってしまった．［写真：Peter Newarl's Western Memorabilia］

1.1 ステップとプレイリーの人々の遠い起源

ステップとプレイリーのバイオームは，もっとも小さなバイオームの一つで，占める面積はせいぜい12億 ヘクタールである．ステップとプレイリーの面積の半分以上（66％）がユーラシア，22％が北米，8％が南米で，南アフリカやニュージーランドが占める面積は小さい．これは人間の活動によってもっとも大きく変貌させられてきたバイオームの一つで，現在この面積の4分の3が耕作され，残りのほぼすべてが集約放牧に使用されている．このために，現在の状況から，バイオームの最初の状況がどうであったかを推理しようとすることも，このバイオームの正確な境界線を推測することも難しい．

ユーラシアとアメリカの重大な絶滅期

最初の人類は，南米ステップに居住した人々を除けば，ステップとプレイリーに自分たちがいたという痕跡をあまり残さなかった（第1巻233～234ページ参照）．いくつかの洞窟の壁や天井に描かれた人や動物の絵や，ユーラシアステップで見つかった旧石器時代の「ヴィーナス」像によって，このバイオームに昔住んでいた人たちが世界をどのように見て，どのように理解していたのかがおおまかにわかる．米国の短茎プレイリーや混交プレイリーに人が存在したという最初の痕跡は1万3000年前で，ユーラシアで見つかったものほど明らかではない．発見されたこれらのほとんどが化石化した湖のほとりに作られており，マンモスやその他の大型哺乳類を狩っていた小規模集団が残したものであった．

氷河が後退し，気候が暖かくなると，新しい人類文化発達の時代である中石器時代が始まった．その位置に応じて，中石器時代は1万4000～1万2000年前に始まり，およそ8000～7000年前まで続いた．気候が徐々に暖かくなると，動物相の変化を引き起こした．しかし，動物に対して人類活動が及ぼした影響が，気候変化が及ぼした影響よりも大きいということは無視できない．中石器時代の終わりまでには，ユーラシアでは，他の大型哺乳類と同様に，マンモスが絶滅した．おそらく人類によって一掃されたのだろう．南北アメリカでは，およそ1万1000年前までにマンモス，野生馬，ラクダ，大型のナマケモノや，その他の種類の大型哺乳類が絶滅し，この後，ハンターたちはバッファローに専念しなければならなかった．彼らが新しい文化を発展させ，このいくつかの側面がヨーロッパ人の入植まで残った．たとえば，1850年頃に，南アルバータのブラックフット族は，それまでどおり，バッファローを岩壁から追い落とした．これは旧石器時代以来，ずっと使用されていた狩猟方法である．

中石器時代以来，弓や矢などのさまざまな武器や道具が絶えず改良されていたが，これがこの時代に加わった非常に重要なものの代表である．人々は，この同じ時代にイヌを飼うようになっていたようである．中石器時代には，狩猟・採集のほかに，河や湖の岸辺での魚釣りが発達した．たとえば南シベリアのハカスステップの湖岸では，考古学者が，石の道具を使った文化から，狩猟民や漁民が住んでいた名残を発見している．

新石器時代のユーラシアステップにおける農業と牧畜

ユーラシアでは，氷原が後退してから5000～6000年後に新石器時代が始まった．新石器時代の始まりや終わりは地域によって異なり，居住地域での人の集団の発達も一定ではないため，一般的な年代を決定するのは難しい．新石器時代でもっとも重要な進歩は，新しい形の経済，すなわち生産経済を採り入れたことであった．これは農業と牧畜業を基盤とするもので，これによって人々は一定した食物供給を確保するために先々の計画を立てることができた．この新しい経済のおかげで食物採集にあてる時間が少なくなり，生活水準が著しく高まった．農業と牧畜業の出現は非常に重要であったため，これは時として新石器革命として知られている（第1巻268～277ページ参照）．

ユーラシアのステップバイオームは，ほとんどの新石器時代の遺跡がある地域の一つである．ステップ南端の居住者は，かなり早期にもっとも重要な新石器時代の中心地と接触するようになった．最初の家畜動物や栽培植物，そして新石器時代の経済は，すぐにステップの人々に届き，その多くがそれを取り入れた．農業活動が行われたというもっとも古い痕跡は，7000～6000年前で，東ヨーロッパ南部のステップ地域にはじまり，バグ川の南側流域（いずれもウクライナ），ドニエプル川とドニエステル川の間の南ウクライナにある．6000～5000年前に，ドニエプル川とカルパティア山脈の間の広大な地域に，ククテニ・トリポーリエ文化が起こった．この文化をつくった人々は，農業と牧畜を両立させたが，狩猟はまだ重要ではなかった．

ステップに住む種族は主に，牧畜を営んで暮らしていた．なぜなら，初期の農業形態で耕すには，ステップの土壌はあまりにやせていたからである．牧畜社会は，ヨーロッパステップに6000年以上前に発生していたようである．約5000年前に，カスピ海の北の種族が，南シベリア，エニセイ川上流域のハカス低地へと牧畜を持ち込んだ．ここに新しく登場したのが，シベリアではそれまで知られていなかった身体的特徴をもつユーロポイド人であり，彼らが家畜化されたウマ，ウシ，ヒツジを連れてきたのである．シベリアに農業が発生した時期を特定できるものは残っていないが，シベリアステップに農業が最初に起こったときには，モンゴルではまだ牧畜は知られていなかった．

銅器時代とウマの家畜化

銅器時代（金石併用時代としても知られる）は，銅の使用が広まった時代で，5000年以上前に，いくつかの農耕地域，特にククテニ・トリポーリエ文化の地域で始まり，数世紀のうちに（5000～4000年前），ステップ地帯に広がっていた．この時代には，ヨーロッパステップの牧畜種族が単一の文化的また（みたところ）単一の民族的なコミュニティを形成し，これがウクライナのドニエプル川からカザフスタンのエンバ川までおよんだ．考古学者は，墓穴を塚（土を盛り上げたもの）で被っただけで印をつけない彼らの簡単な埋葬方法の特徴にちなみ，この文化を「古代墓堀文化」と名づけた．こうしたステップの居住者たちは，ウシ，ヒツジ，ウマなどの家畜を飼っていた．どのような組み合わせで家畜を飼うのかは，それぞれの場所の環境条件に応じて違っていた．川からもっとも遠い地域ではヒツジを飼育し，ドニエプル川やドン川の谷にあって氾濫する可能性がある地域ではウシを飼育したが，樹木ステップの谷や草原ステップでは主にウマを育てた．墓堀文化の種族は農業も行っていたと思われる．彼らは狭い面積に種をまき，一定の場所に住んでいたが，これが定住性の生活様式を示している．

4500～4000年前に，墓堀文化をもつ種族がククテニ・トリポーリエ文化の人々をドニエプル中部へと押しやり，このために関係がある地域では牧畜の重要性が高まった．4000年前より少し以前に，この墓堀文化がほかの牧畜文化にとって代わられた．これは「地下墓地（カタコンベ）文化」といい，やはり埋葬形式にちなんで名づけられたものである．この文化の人々は，墓堀文化の血を引くわけではなく，北コーカサスからやってきた．

南シベリアのステップで銅器時代を代表するのは，ユーロポイド族によって北方から導入されたアファナシェヴォ文化である．ユーロポイド文化の人々は牧畜民族であり，農業の知識を持っていた．おそらく彼らが南シベリアへ農業を伝えたのだろう．彼らは，半ば地中に埋まっているか，木製のあばら家で構成される永久的な村に住み，家畜は主にウシだったが，ウマやヒツジも飼っていた．

ウマの飼育は，ステップでの牧畜の発達において非常に重要であった．家畜化されたウマを飼育したという最古の証拠は，7000～6000年前で，ヴォルガ川下流域の墓から出土したものである．黒海の北部を囲む地域で，ウマの家畜化を示す最古の遺跡は6000～5000年前にさかのぼる．さらに，同じ時代の孤立したいくつかの村では，発見されたほぼすべての動物の骨がウマのものであった．こうした村の一つ（ドニエプル川流域のDereiivka）では，儀式的埋葬地の跡の中心部に種馬の頭骨があった．北カザフスタンでは，同様の新石器時代～金石併用時代の遺跡に膨大な数のウマの骨が残っていた（発見された動物の骨の99.9％）．したがって，すでに野生馬がいた東ヨーロッパおよびカザフ

81. 彩紋陶磁器 は，5800 ～ 5000 年前にカルパチア山脈に広がった銅器時代のククテニ・トリポリエ文化の最も特徴的な要素である．この器は，典型的な二円錐形を示しており，大きな粘土の窯の中で高温で焼かれてから，いくつかの色で曲線，渦巻き，白い溝彫りを利用して塗られている．ククテニ・トリポリエ文化は，プルート川とドニエプル川沿いにある二つの場所にちなんで名づけられた．その陶磁器は特徴的だが，ドナウ川からカルパチア山脈にやってきた先行文化の要素をいくつかもっている．［写真：Ashmolean Museum, Oxford］

スタンの乾燥ステップは，ウマが家畜化された最初の場所の一つであると考えるのが妥当であると思われる．実際にウマの飼育は，こうした地域のいくつかにとって主要な営みとなった．古代メソポタミアも，ウマが家畜化された最初の地域の一つであったかもしれない．7000 ～ 6000 年前の西アジアの考古学的遺跡では，家畜化されたウマの彫像がみられるが，それ以前の時代にこの地域に野生馬がいたことを示す証拠はない．

インド・ヨーロッパ語族の到来と荷馬車の発明

大昔にユーラシアステップに居住した人々がどのような言語を話したのかは知られていないが，6000 ～ 5000 年前までにはこの地域でインド・ヨーロッパ語（すなわちインド・ヨーロッパ祖語）が話されていたと思われる理由がある．何人かの研究者は，現在用いられているインド・ヨーロッパ語に直接関係がある言語を話した最初の人々が，黒海の北側周辺やヴォルガ川の下流域に住んでいたのだと提唱している．彼らは，そこから多くの地域へと，またヨーロッパの西海岸からスリランカへと渡り，モンゴルのステップへと広がったということである．

その他，インド・ヨーロッパ語族が発生したのは西アジアで，7000 ～ 6000 年前に彼らはそこに住み，共通の言語をもっていたと考える研究者もいる．これらの仮説は相反しているが，5000 年前まではインド・ヨーロッパ語族が東ヨーロッパのステップに住んでいたという考えで一致している（第 7 巻 174 ページ参照）．ウマはこれよりずっと以前に家畜化されており，「horse（馬）」という単語はインド・ヨーロッパが起源である．

5000 ～ 4000 年前の考古学的遺跡からは，インド－ヨーロッパ語族と結びつける特定の考古学的文化はほとんど出土していないが，4000 ～ 3000 年前に青銅の使用が広まったときに，状況が変化した．青銅器時代のステップ文化と，インド・ヨーロッパ語族から派生したインド・イラン語族との関連性を示すもっともらしい論証がある．この時代でもっとも重要なステップ文化は，アンドロノヴォ文化と材木墓（スルプナ）文化である．アンドロノヴォ文化の種族は現在のカザフスタンに住み，3600 年前にそこから南シベリア全域に広がり，後には中央アジア全域へと広がっていった．もともと材木墓文化は，ヴォルガ川の中流域とウラル山脈の南部を占めていたが，その後は西のドニエプル川方面，南のブーク川の下流域へと広がった．こうした文化が，そこにいた地域住民を吸収してきたのだと思われる．この吸収された人びとが牧畜種族であり，彼らの経済を補足する営みとして農業（鍬を使用）や狩猟を行ったのだろう．いずれの文化も，主に家畜の群れを飼い，冬には動物たちを小屋で育てていたし，どちらも定住生活を送り，底が平らな容器を作り，青銅製の道具も類似していた．実際，アンドロノヴォ文化は，材木墓文化と非常によく似ていたため，これらが密接に関連していたと仮定するのが妥当である．

インド・イラン語族の文化は，それらの言語や，リグ・ヴェーダやアベスタ（ゾロアスター教の聖典）のような書かれたものから復元されてきた．インド・イラン語族は，それ以前には大きな河川があるステップに住み，経済は基本的に牧畜を基盤にしていた．彼らは自分たちの神に「広大な牧草地の主」あるいは「家畜の恵みを下さる人」といった名をつけ，家畜の牧草地が限りなく存在する世界として来世を表現した．彼らが神に捧げることができた最高の生けにえはウマであり，これに続いて雄牛とヒツジが重要視された．ほかのインド・ヨーロッパ語族とは違ってインド・イラン語族はブタを飼わず，フタコブラクダを飼っていた．ウマの飼育は，主に引き馬を育てるために著しく発達した．リグ・ヴェーダとアベスタのいずれにおいても，馬車に乗っているということが神を表す主な象徴のひとつであった．インド・イラン語族の文化の特徴を考古学的遺跡と比較すると，4000 ～ 3000 年前にアンドロノヴォ文化を形成したステップの部族は，インド・イラン語族であったと仮定できる．アンドロノヴォ文化の経済は主に牧畜を基盤とし，複雑でもあった．彼らは，ラクダも飼育したが，ブタは飼わなかった．彼らは，ウマ，フタコブラクダ，雄牛，ヒツジを尊び，火を崇拝した．これらが死ぬと，柵で囲った墳丘（クルガン，第 4 巻 383 ページ参照）の下の墓に埋め，人が死んだ場合には埋めるか焼くかであった．リグ・ヴェーダとアベスタでは，インド・イラン語族を，長身で，皮膚の色が薄く，髪の色は明るいと表現している．つまり，アンドロノヴォ文化の種族と，ヨーロッパ人は，最近まで共通の祖先をもつと思われる．

インド・イラン語族の歴史的運命は，動物を動力源とする輸送，特にウマで引く馬車がのちに発達し用いられたことに関連付けられるのが普通である．4000 ～ 3000 年前に，ウマで引く二輪の軍用軽馬車が中国からギリシャへと広まった．約 3700 年前には，ヒクソス人（西アジア起源だが不明．おそらくさまざまな種族の混合）が二輪の馬車でエジプト（ウマは知られていなかった）を侵略した．考古学的データによれば，ウマを基盤とした輸送は，主にステップで発達したことが裏づけられた．アンドロノヴォ文化をもつ部族は，雄牛やラクダのように，荷車を引く動物として，特別な重い馬車馬を飼っていた．南ウラルのステップのシンタイシュタ川の両岸には，3600 ～ 3400 年にできた豪華な墳丘（クルガン）があるが，そこからの出土品の中に，インド・イラン語族が使用したタイプの木製の車輪がある戦闘用軽馬車が見つかっている．

ウマを基盤とした輸送の拡大により，インド・ヨーロッパ語族の著しい発展が可能となった．5000 ～ 4000 年前には，インド・イラン語族の人々がヨーロッパに住みつきはじめ，はるか西アジアにまで広がり，4000 ～ 3000 年前には，イランやヒンドスタンに侵入した．考古学的遺跡から，こうしたインド・イラン語族（すなわちアンドロノヴォ民族）の人々が移動したルートを，中央アジアの南部からシベリア南部へとたどることができる．新疆のロプノール湖の湖岸では，3700 年前からの墓地の遺跡にユーロポイド人の遺骨が埋葬されていることがわかっている．彼らの衣服には，アンドロノヴォ文化に典型のてっぺんが尖ったフェルトの帽子があった．

荷車を引くためにウマを使うというアイデアは，おそらくインド・ヨーロッパ語族の間，さらに厳密に言えばインド・イラン語族の間にもち上がったものである．しかし，この新しい技術を広めたのはインド・アーリア語族で，彼らは荷馬車製造を行う階級まで存在した．ヒッタイト人は，アジアに定住した最初のインド・ヨーロッパ語族の一つである．文書資料により，3800 ～ 3600 年前には，ヒッタイト人の軍隊に荷馬車があったことが知られている．この時期に，引き馬に必要な世話を扱うフルリ人（起源が不明である非インド・ヨーロッパ語族）の中で，書き記された訓話があり，この中の基本用語は，インド・イラン語族から発生した荷馬車やウマに乗るための馬具と符合していた．ウマの繁殖に関わる民族グループを調べると，こうした言語学上の借用が示唆的である．

82. この17世紀の彫刻のように，チンギスハーンの時代（12～13世紀）に**モンゴル人が使った車輪つき家屋**は，主にウィリアム・ルブルックやジョヴァンニ・ダ・ピアン・デル・カルピネ（プラノ・カルピニのジョン，13世紀）のようなヨーロッパ人旅行者の詳細な記述から知られている．これらの革新的な住居は，スキタイ人やサカ人（3000年前）と同様に，約4000年前にユーラシアステップのインド・イラン語系の羊飼いが使っていたし，その他の遊牧民によっても使用されていた．16世紀になってもカザフ人がこれを利用していた．ノガイ人は，二輪車を基盤にしたオタウという軽い住居を建てた．これは16～17世紀まで広く利用されていた．19世紀の半ばまでには，新婚夫婦のための住居として使用されるのみになり，また1930年までには，消滅してしまった．四輪車を基盤とした同じタイプの家は，20世紀初期にサマルカンド周辺で，半遊牧民であったウズベク人やキプチャク人の間でまだ使用されていた．
[写真：Hulton Getty]

ほかの利点に加えて，輸送にウマを使用したことにより，牧畜業者は新しい領域に移住しやすくなった．3000年より少し前に，牧畜業を営む種族や彼らの家畜の群れが，天山山脈やパミール高原の山岳の牧草地へとたどりついた．新しい放牧地帯へと広がるにともない，人口は増加し，より可動的な生活様式が受け入れられた．研究者の中には，インド・イラン語族が遊牧民グループであると考える人もいるが，この考え方は疑問視されてきた．実際のところ，遊牧民はもう少し後になってウマの背中に乗ることが一般的になった頃に到着した．

1.2 歴史時代のユーラシアステップにおける集落形成

遊牧は，広範囲な牧畜経済という特殊な条件に対応した移動性の生活様式である．動物が牧草を食べ尽くしてしまうと，家畜の群れ，牧夫，そしてその家族全体が動かなければならないため，牧夫と家畜のみが移動する季節移動遊牧とは異なるものであった．この移動性の生活様式が現れた時期を正確に断定するのは難しい．これは，上で述べたように，牧畜民族が徐々に移動性になっていったからである．たとえば，インド･イラン語族は，まわりを囲った荷馬車（要するに車輪の上に家がある）を持っていたので，動きながらの生活に慣れていた．私たちが知っているような遊牧生活は，馬術に堪能なスキタイ族が歴史の背景に登場したことと一般に関係がある．徒歩や馬車は砂地や湿った地面の移動には適さないが，ウマの鞍に乗ればこれよりずっと快適である．特に，邪魔な荷物がほとんどない場合には，さらに馬車よりも速い．

ステップの最初の騎馬民族

スキタイ族やサカ族は，人類史上初の騎馬民族であった．ヘロドトスは，彼らのことを優れた騎馬射手であると語った．彼らは，全速力でウマを走らせながら自分の身体を後方へ向けて，自分たちを追ってくる敵に弓を射ることができた．しかしこれはスキタイ族が現れる以前に乗馬が知られていなかったということではない．考古遺物は，乗馬はアンドロノヴォ文化を持つ南シベリアにあったことを示している．3700年前に書かれた（しかしこれより以前に作られた）シュメール人の伝説には，背に乗っていた人を地上に投げ出したウマの話がある．ラムセス2世の碑文（墓標）には，ウマに乗るエジプト人が描かれている．これは3400～3300年前のものである．6000～5000年前，あるいはさらにそれ以前に（ウマが家畜化されてから若干の後に），走るのが速すぎて統制できないウマの群れの中で，馬飼いがそのいくつかのウマに乗って他のウマを統制したのだという仮説もある．ウクライナのDereiivkaの集落では，約5500年前のものと推定される角製品の破片がいくつか見つかっている．これは細工がほどこされ，穴がうがってあるもので，単に頭部馬具である可能性もある．スキタイ族とサカ族にはじまって，ユーラシアステップの牧畜民族がウマに乗り始め，それが彼らの生活様式の一部となった．男たちは生活の多くをウマの背に乗って過ごし，隣国の人々を打ち負かしたり，村を破壊することができる強力な軍隊を組織した．

ヘロドトスによれば，約2800年前にスキタイ族は中央アジアから黒海付近のステップまで移動したようだ．そこでは遊牧民族としては親類関係にあるサカ族が生活を続けていた．スキタイ族の祖先は同じ自然条件の中に住んでいたというのに，なぜ遊牧を取り入れたのだろうか？　気候変化が原因だと，しばしば提案されてきた．つまり約4000年前に決定的に乾燥化したのである．実際に，3500～3300年前は非常に乾燥した時期であった．このほか，スキタイ族が遊牧式の生活様式を取り入れた主な理由が乗り物としてのウマの使用が広まったことであるのはあきらかである．もちろん，遠方の土地への移動や移住はその前から生じていたが，人類の歴史の中ではすでに散発的で珍しい出来事となっていた．18世紀にカザフ人もそうだったように，ウマに乗ることで，冬には牧

83. 2500年前にさかのぼるパジリク古墳群（シベリア南部のアルタイ山脈）の凍った墓にあったフェルトのタペストリーに，**アジア人ではない風貌の遊牧民が馬に乗る姿**が描かれている．遊牧民の長のものである，こうした墓の一つから，織物，金属の破片，わずかな木や角，皮，鞍嚢，馬具，ベルト，およびこのタペストリーが出ていて，それらが遊牧民族の文化に典型的なウマに関連したいくつかの特徴を示している．遊牧民の戦士は刺繍がほどこされたカフタンやケープを着て，装飾されたウマの鞍に乗っているが，あぶみはついていない（あぶみは紀元前約500年になって初めて発明され，戦争技術をすっかり変えた）．墓で発見されたほぼ50頭のウマの骨や関連の物品を研究した結果，それらの重大な発見の中でも，南シベリアで現在使用されている頭部馬具がパジリク古墳群の凍結した墓で発見されたものと非常によく似ていることがわかっている．
[写真：Novosti, London]

場を放棄し，1000 ～ 1500 km を移動して，それから牧場に戻るという1年サイクルを取り入れることが可能になった．彼らの乗馬技術も，非常に多くの民族との対立の中では大きな強みとなった．

黒海地域に落ち着くと，スキタイ族はその侵略を南方へと向け，コーカサス山脈を超えていった．2700年前の数十年の間に，西アジアの一部を支配し，エジプト国境に及んだ．最後にはメディア人に駆逐されて西アジアには戻らなかったが，スキタイ人とその同族の民族は，数世紀の間，ユーラシアステップを彼らの支配下に置いていたのである．スキタイ文化の考古学的遺跡は，ハンガリーからモンゴルにかけて発見されている．この時代でもっとも重要な墓碑のひとつに，トゥーバのアルジャン古墳（クルガン）がある．これはスキタイの王の墓で，2800年前のものと推定される．スキタイ人の部族は王の支配力のもとで優れた結束力を見せ，約500年間，黒海の周囲のステップを支配した．ところが2300年前には同族のサルマティア人によって滅ぼされ追放されてしまった．残るスキタイ人のグループは，数世紀の間クリミア半島に住み続けた．

テュルク族の領土

太古以来，特に東部のステップでは北から南への移住もあったが，過去2000年にわたるステップの民族の移動は，大部分が東から西へのものだった．テュルクとモンゴルの遊牧民が中国に到着したのはかなり昔のことであった．中国の万里の長城は，紀元前400年頃に築城が開始された．中国人が北方からの襲撃をいかに恐れていたのかがわかる．ステップの南端をふちどるこの巨大防壁は，西暦3世紀に完成し，定住した農耕民族である中国人とモンゴルの騎馬民族の遊牧牧畜文化とを分け隔てた．生物地理学的な面と文化的な面の双方で民族を分断する人工建造物は，これが世界初にして唯一である．

ステップでは民族によって話す言語もさまざまで，ヘロドトスは，黒海周辺のスキタイ人が支配した地域で話されたあらゆる言語について見解を述べた．たとえば3世紀には，ゲルマン語派の民族ゴート人が黒海周辺のステップの西部にやってきた．この時代から9世紀までの間に，ウゴル語派のマジャール人がウラル南部と黒海の北部沿岸の地域を通過していった．しかし，マジャール人が通ったにもかかわらず，この地域は3000年の間，イラン語系言語，次いでテュルク語系言語という，2つの主要な言語グループに属する言語が行き渡っていた．スキタイ族の言語は，サカ族の言語と同様に，インド・ヨーロッパ語族のイラン語グループに属する．これらの言語，そしておそらくその先祖が使っていた言語が，Danube（ドナウ：ダニューブ），Dnieper（ドニエプル），Dniester（ドニエストル），Don（ドン）のような河川の名称を私たちにもたらしたのである．これらはすべて，「水」を意味する語根「don」に由来している．スキタイ人を追い払ったサルマティア人は，非常に近い言語を話していた．紀元1世紀には，サルマティア人からアラニ人が分離し，コーカサスの北に広がるステップを制圧した．アラニ人は，4世紀にフン族に打ち破られ，アラニ族の一部がフン族とともに西へと向かった．こうして彼らは，ユーラシアステップの他のどの民族よりも西に移動したのである．フン族に敗れた後の410年には，多くのアラニ人がスワビア人とヴァンダル人を伴ってイベリア半島にたどりつき，しばらくの間そこに住んだ．その後，西ゴート族の圧力により，アラニ人はヴァンダル人とともに北アフリカへと移り住んだ．

西暦1500年までの間，遊牧民族の集団と軍隊がユーラシアステップを通って移動したことにより，政治情勢に何度も変化が生じ，これまで広大な地域に影響を及ぼしてきた．歴史から取り残されていたステップの遊牧民族は，結局は文明世界の歴史における重大な出来事を引き起こすきっかけとなったのである．彼らは戦闘力によって，広大な地域を制圧し，それまで住んでいた民族を追い払ったり（時には自国の隣人に恐れられる遊牧民であった），婚姻関係を作ったりした．これによって，スキタイ族，サルマティア族，フン族が次々と消滅し，その後はキタン人やその他の多くの民族が消滅した．その一方で，モンゴル族は範囲を広げ，テュルク族はさらにそれ以上の範囲にまで広がった．

テュルク民族は南シベリアから移動して，西シベリア，ヤクーチア－サハ，中央アジアおよび当時の新疆，南ロシア，ウクライナ，クリミア，北コーカサスおよびトランスコーカサス，小アジア，イランの北部，アフガニスタンのス

84. トゥヴスタ・モヒーラ古墳から出土したスキタイ人の金色のむながいが，ヒツジの乳を搾ったり，動物の皮で衣類を作るというような遊牧民族の日常生活の光景をあらわしている．スキタイ人は，2400年前に中央アジアやヨーロッパ南東部のステップ地帯で生活していた遊牧性の牧畜民族であった．彼らはテントで暮らし，たくさんのヒツジの群れ，ウシ，若干のウマを育てていた．遺体を埋葬した場所に墓がある以外には，固定的な住居は持たず，新しい牧草地を求めて家畜とともに常に移動していた．その地帯が乾燥してくると，動物に草を食べさせるためにさらに遠くへ遠くへと旅しなければならなかった．このため，乗ったりテントを運ぶのに使うウマは，彼らにとってさらに重要になり，結局は最も重要な所有物となった．
［写真：The Hermitage, Saint Petersburg / E. T. Archive］

85. 南シベリアのハカシア・ミヌシンスク地方には，王墓の巨大な埋葬地に，2400～2300年前のタガール文化の支配者の神殿の**立石と弔いの記念碑**がある．タガール文化の名前は，エニセイ川のタガール島から来たもので，およそ2700～2100年前にミヌシンスク盆地で発達した．タガール経済は半遊牧性であり，発達した灌漑システムがあった．職人たちは，ステップ民族と共有する動物の様式で，武器や陶器に装飾をほどこした．タガール文化は，サカ，サルマティア，スキタイ人と同じ時代であり，エニセイ川上流の青銅器時代初期（3200～2700年前）のカラスク文化を継承したタシュティク文化を生み出した．カラスク文化とタガール文化は，民族学的に同種のユーロポイドに属する（中国文化の影響が若干ある）．タシュティク文化の時代とは違う墓は，別の民族グループの人々がいることを表わしている．これは，彼らの特徴である漆喰のトーテムマスクからもわかる．トーテムマスクは，モンゴロイドの特徴がある人もいれば，ユーロポイドの特徴もいることを示す．彼らの経済は牧畜，農業，鉄製道具の製作を基盤とするものだった．馬勒がついたトナカイを表す木製の文様は，トナカイの家畜化を示すもっとも古い歴史データの一つである．
[写真：Mikhail A. Bogomolov]

テップに住み着いた．紀元1世紀には西へと移動する連続的な波がいくつか生じた．5世紀以来，ステップの歴史とは，かなりのところテュルク民族の歴史であった．中国の資料によれば，強大な突厥（Tuju あるいは Tuku テュルク族としても知られる）の汗国が，アラル海から満州の西側国境まで，南モンゴルから中国の万里の長城までの広大な地域に建国された．彼らが文字で書かれた文献で言及された最初のテュルク民族であった．テュルク族の汗国は，隣国であるビザンチン，ペルシャ，中国にとって常に不安材料となった．

この汗国は7世紀に分裂し，8世紀には消滅した．テュルク語系民族のさまざまな国家連合が，続けてユーラシアステップの上に生じ，西に向かって移動して，進路に住む民族を追い払った．たとえばハンガリー人（すなわちマジャール人）がその例であり，彼らは最終的にパンノニア（西ハンガリー，オーストリア，および近接する地域；第7巻173～175ページ参照）に住み着いた．7世紀までに，ハザール族の汗国がドニエプル川からカスピ海までのステップを支配し，結果としてバルト海～黒海，ヨーロッパ～オリエントの交易ルートを支配した．ハザール族は，同じ条件でビザンチウム（現在のイスタンブール）に対処する生粋の帝国を建設し，これがコーカサスの通過を試みるアラブ人たちを撃退した．ビザンチン帝国と最初のロシア公国（バルト海から黒海へのルートに沿って発達していた．特にキエフ公国）の同盟のみがハザール人をどうにか打ち破り，10世紀半ばより後には，北部と西部の国境を押し戻した．

一方，遠く東では，カスピ海の北部周辺地域のステップの，ボルガ川とウラル川の間にペチェネーグ族の連合が8世紀と9世紀に起こった．ほぼ同時にオグズ族の連合がシルダリヤ川の下流域やアラル海の沿岸に生じたが，彼らが後のトルクメン人である．7世紀には，カザフスタンの南東に突騎施部が現れ，続いて8世紀から10世紀には，カルルク人が現れた．ペチェネーグ族は，9世紀後半にオグズ族によって西の方へと押しやられ，その後はステップの一部を支配した後，ロシア人およびハザール人の抵抗を受けた．しかしペチェネーグ人は，ビザンチウムに決定的に打ち破られ，最終的にウクライナや南ロシアのステップのスラブ民族と混ざっていった．

10世紀には，おそらくイルティシ川の両岸

86. 人間の姿をした10世紀の弔いの石碑が，カザフスタンのアラコル湖に近いプレイリーの草原の中にぽつんと立っている．これは，中世にカザフスタン東部を支配したテュルク民族のキマク文化のものかもしれない．彼らは後に，15世紀後期～16世紀初期に事実上ステップ地帯全体を支配していたカザフの大遊牧民帝国に統合した．［写真：Mikhail Bogomolov］

87. チンギス・ハン（中国語で「世界の支配者」を意味する名前）とその4人の息子たちの物語は一連の軍事的成功であり，モンゴル騎兵隊の並外れた技能，度胸，無法さによるものであった．チンギス・ハンは，1167年にモンゴルのオノン川のほとりに生まれ，父親イェスゲイは王族の一員であった．チンギス・ハンはテムジンと名づけられた．この名前は，テムジンが生まれた時に父が破ったリーダーに因んだものであった．1206年には，自分をモンゴル帝国の支配者であると宣言し，チンギス・ハンの名前となった．常にウマに乗り，9年後，中国北部の多くを征服し，西へと進んでいった．写真は，ラシードゥッディーンが記した『集史』の14世紀の挿絵である．チンギス・ハンは王座に座り，従者に囲まれ，彼が遊牧民族（生活全体をウマに乗って過ごす人，他の生活方法を知らなかった）の忠誠心の上に築いてきた帝国の絶対支配を示しており，これはハンが彼の組織化能力の結果として指導力のもとに統一したものである．帝国は，地中海から太平洋まで広がり，その大きさと性質のため，歴史的にも珍しかった．なぜならチンギス・ハンは，ウマをほとんど下りることなく多くの定住民族の統治を維持しようとしたからである．
［写真：Bibliotheque Nationale, Paris / Archive für Kunst und Geschjchte Berlin］

で，キプチャク族の連合が起こった（ロシア人にはポロヴェツ族として，ビザンチンにはクマン族として知られる）．11世紀の中盤～12世紀後半には，キプチャク族がドニエプル川まで広がってペチェネーグ族を完全に追い払った．そしてハザール人に取って代わり，ロシア公国を繰り返し攻撃して略奪した（1093年にキエフを略奪）．ドニエプル川からイルティシ川までで，彼らが占拠したステップの広大な領域は，13世紀にモンゴルの征服によってその支配を終えるまでの数世紀の間，「キプチャクステップ」として知られた．

これと並行して，イスラム教が広まったことから，アラブ人はユーラシアステップの入り口のコーカサス地域のみならず中央アジアにも到達した．7世紀の初頭にペルシャのササン朝が滅びた後，アラブ人と中央アジアの亜砂漠およびステップに住むテュルク族連合の間で衝突が始まった．アラブ人は，カルルクのようなテュルク族の国家連合のいくつかと同盟を結んだことによって戦闘力を獲得し，地域から中国人を永久追放したほどであった．その他はイスラム教を受け入れ，バグダッドのカリフ統治区域か，崩壊中に生じた国家に組み込まれた．これはオグズ族の一グループであるセルジューク族に起こったことである．セルジューク族は7世紀にブハラの首長国の主要な防衛力となり，後に支配した．その後，西アジアを広範囲に征服し，小アジアの多くを含め，アムダリアからペルシア湾，インダス川から地中海へと伸びる国家を形成した．これにはビザンチン帝国から勝ち取った小アジアの多くを含んでいる．したがって，彼らは現在トルコとなっている場所に住み着いた最初のテュルク（トルコ）民族であり，キリスト教徒の十字軍としての反応を刺激した要因のひとつとなった．

モンゴル人の拡大

8世紀～10世紀の間に，さまざまなテュルク民族が旧東突厥地域に次々と侵入した．まず8世紀にウイグル人（現在は新疆に居住）が，その1世紀後にエニセイ川上流からキルギス人が侵入している（第4巻385～386ページ参照）．キルギス人はその後，キタイ（契丹）人に取って代わられた．これはテュルク族ではなくトゥングース族（第4巻382ページ参照）で，もともとは満州にいた民族である．何世紀かの間，中国の北東部国境地域を攻撃した後，キタイ人は現在のモンゴル，満州，中国北東部を含めた帝国を建国し，北京を首都とした．国王は中国式の生活を取り入れ，遼王朝（916～1125年）を築いたが，間もなく代々の中国皇帝となることを望んだ（第6巻参照）．キタイ人は，別のトゥングース人である金王朝（女真族）に主権を譲り渡した後，西へと移住した．彼らは1140年にトランスオクシアナ（アムダリア川の東部地域で，当時はオクサス川で知られていた）と現在カザフスタンである場所を支配し，西遼（カラキタイ）として知られるようになった．

金と西遼は，非常に短い期間の帝国であった．これは13世紀初期にはモンゴルステップに新たな軍事勢力，チンギス・ハン率いるモンゴル族が現れたためであった．チンギス・ハンの軍事上・政治上の優れた技能により，テュルク族とモンゴル族は彼の支配のもとで統一し（1206年），金（1211～1234年），西遼（1218年），コラスミアや，かつてセルジュク朝であった場所の多くの地域（1219～1224年）が征服され，中世の帝国の中でも最大の帝国を形成した．

強大なモンゴル勢力ができたことから，侵攻した西のロシアから東の中国に及ぶ領域が統一され，ステップに住む人々の政治的発展の重要なポイントとなった．チンギス・ハンとその子孫の征服は，ステップが自分の意志を文明世界全体に強いることができたことを示した．ステップに住む人々はこのような効果的な軍事戦略をもち，非常に綿密に調整されていたため，ユーラシア大陸のかなり広い領域を支配するようになった．彼らは，その時代のもっとも強大な国々を勝ち取っただけではなく，征服した領地すべてに影響力の強い中央集権国家の構造を強いた．隊商の交易が大きく成長し，このような莫大な領域の政治的統一により，過度の問題もなく遠隔地まで物品を輸送できるようになった．

チンギス・ハンによるモンゴル帝国の誕生は偶然生じたものではなかった．それとは逆に，それ以前に強力な民族連合や国家を作ってきた遊牧民族の政治的伝統の結果だったのである．ユーラシアステップやその他のユーラシアの多くにモンゴル人が侵攻したことも，それ以前に生じていたステップ民族の大きな変化や移動の終焉を示していた．チンギス・ハンの時代の後，民族移動はさらにまばらになり，非常に明確な地域に限定された．

チンギス・ハンの遺産

1227年にチンギス・ハンが死んだとき，帝国は彼の4人の息子に分割され，4つの巨大な国家が残った．南ロシアや西カザフスタンのステップ，およびキプチャクステップはジュチに残されたが，ジュチは父のチンギス・ハンと同年に死亡したため，その息子であり，後にキプチャク・ハン国として知られる国の創設者であるバトゥに継承された．西シベリアと中央カザフスタンのステップはオゴタイに渡された．東カザフスタンのステップとカラキタン国の残りはヤガタイに渡された．モンゴルのステップは，大汗として知られたトゥルイに残された．

チンギス・ハンは遊牧民族に，定住民族に対する完全支配権をもたらした．しかし，モンゴ

88. モンゴル帝国は，アジアのほぼ全域とヨーロッパの一部を含み，歴史上最大の帝国である．チンギス・ハンと後継者の騎馬兵は，ユーラシアステップのテュルクやモンゴルの民族（キルギス族，タタール族，ウイグル族など）を統一した．1227 年にチンギスが死ぬと，四つのハン国に分割されたが，議会によって選ばれた大ハンの権力のもとにあった．1259 年に大ハン，モンケの死後に崩壊しその後，王位の相続をめぐって内乱が起こり，フビライ・ハンが勝利した．フビライは，元朝の創始者である．
［地図：IDEM，いくつかの情報源に基づく］

ル帝国のような国家組織の業務は，主に定住民族によって行われた．ひとりの助言者が彼に，「ウマの背に乗って帝国を征服できるが，統治するにはウマに乗っていては不可能である」と言ったのである．1220 年以降～ 13 世紀全体を通じて，行政職員，職人，および商人を集めることを狙って新しい都市が作られた．これにもかかわらず，1269 年には，クルルタイ（全モンゴル族の大集会）において，出席者はステップや山地に居住したい，都市を避けて住みたいという意志を再表明した．

帝国初期のモンゴル人エリートは，かつて征服した土地に住むよりも，自分たちの都市を創設した．この理由はおそらく，定住民族に近すぎる場所には行きたくなかったこと，あるいは近すぎる場所には住みたくなかったこと，またあるいは特有の習慣や生活様式を共有したくなかったことだと考えられる．それでも，遊牧民族と定住民族は，遊牧によって築かれた国家の中で密接に協力しあった．教養と経験がないことから，多くの遊牧民は行政的な業務ができず，モンゴル人のリーダーは，主にウイグル人，ペルシャ人，中国人という，地域の定住民族から行政幹部を選ばなければならなかった．彼らの帝国都市は多くの行政経験を積んでいたためである．このため，モンゴル人のリーダーが都市に居住した際には，定住民族のコミュニティのリーダーと会い，最終的に彼らの文化を採用し，ほかの遊牧民族にそれを強いた．

キプチャク・ハン国の場合は非常に異なっていて，この国はモンゴル・ハン国の最西端に位置し，その指導者はモンゴル人だが民族はほとんどがトルコ系民族かイスラム教信者であった．バトゥの指揮のもと，キプチャク・ハン国はボルガのブルガリア人を支配下に置いたり，ステップのロシアの都市国家を剥奪・破壊したことによって大きな勢力となり，その統治者たちはモンゴル・ハン国（1238 ～ 1240 年）の領臣となった．それに続く軍事行動において，バトゥはキエフを滅ぼし（1241 年），シレジアやハンガリーという遠く西方にまで勢力を伸ばした．彼は強力な中央集権国家を作り，その首都バトゥ・サライをヴォルガ川の下流域に設立した．その後，首都は，上流のベルケ・サライに移された．ピーク時には，ベルケ・サライにはおそらく60万人の人口があり，この時代のステップで最大の都市となった．ベルケ・サライは1395年にはティムール（英語ではタメルラン）によって滅ぼされた．

14世紀後半～15世紀初頭には，ティムールの破壊的な軍事行動が行われる前にはもう，キプチャク・ハン国は衰退し，いくつかの国家に分裂して，それぞれの国がさまざまなステップ地域や，その遊牧民族あるいは定住民族を支配していた．それらはシビリ，アスラハン，カザン，クリミア，ノガイの遊牧民のハン国であった．これらのハン国の間に生じた頻繁な戦いが，ロシア属国の統治者に対するモンゴルの支配力，特にモスクワの公国に対する支配力を弱めた．イワン3世（イヴァン大公，1440年～1505年）は，モスクワを，ロシア正教会と「第三ローマ」の本拠地であると宣言した（「第二ローマ」はコンスタンチノープル［ビザンチン］として知られたが，1453年にオスマントルコに占領された）．イワン3世は，リャザニとプスコフを除くすべてのロシア公国を支配下に置き，キプチャク・ハン国に侵攻することを拒絶して，将来ロシアが南部ステップへと拡張するための基礎を作った．

ティムール，すなわちティムール・レンク（テュルク語で「足の不自由なティムール」）は，英語ではタメルラン（Tamerlane あるいは Tamburlaine）として知られ（1336～1405年）自らをチャガタイ・ハン国の支配者であると褒め称えたが，彼はテュルク民族でもイスラム教徒でもあり，チンギス・ハンの帝国を再建しようとした．彼の主な軍事力はチャガタイと名乗るモンゴルの騎手たちから成り，髪型（弁髪）や衣類はステップのモンゴル族に伝統的なものであった．これらの軍事力をもって，ティムールはキプチャク・ハン国を滅ぼし，メソポタミアと，インドの一部を征服した．この国家の中心地がサマルカンドで，そこで彼は莫大な財宝を蓄積し，壮麗な建築物を建て，伝統工芸の手法や学問を輸入した．ティムールが破壊的な攻撃を行ったり，兵力で得た町の全住民を集団処刑したことを考えれば，彼のクリエイティブな実績は彼の破壊的征服に比べて影が薄い．

モンゴル帝国が衰退し始めると，定住民族が住む地域を遊牧民がさらに頻繁に攻撃した．ティムールが，ステップに対して何度かの報復の奇襲をかけたが，彼の継承者はウズベク（14世紀初頭に統治したキプチャクのハン国のひとつ Özbeg に由来する名称）と名乗るテュルク

89. カラコルム（Khara-Khorin）は，1220年にチンギス・ハンにより，帝国の首都としてオルホン川の右岸に建設された．ほかの町は定住民によって建設され，その後，遊牧民に征服され支配された．遊牧民は，その生活様式にも関わらず，行政，貿易，手工業の施設を必要としたのである．しかし，カラコルムは最初からモンゴル帝国の首都として設計されたため，しばらくの間は非常に重要な都市であった．ジョヴァンニ・ダ・ピアン・デル・カルピネ（プラノ・カルピニのジョン，c.1180～1252）やマルコ・ポーロ（1254～1324）のような13世紀の旅行者が，ここをモンゴルの貴族社会の行政に身を奉げる職人でいっぱいの町だと記述した．チンギス・ハンの息子の一人であるオゴタイは，この町を要塞化した．この写真は町の城壁の細部である．首都をカーンバリクに移すと，カラコルムは衰退し始め，中国の元朝（チンギス・ハンの血統）の首都として短い間，復活した後，16世紀についに放棄された．
［写真：Stephen Pern / The Huchison Library］

民族グループの攻撃には抵抗できなかった．15 世紀の前半には，これらの民族はシャイバーニとその後継者であるシャイバーニドの指揮のもとで「遊牧民族国家」を作り，その支配を中央アジアにまで延ばし，そこで民族の一部が定住化した．一方，シルダリヤとバルハシ湖の間のステップに，テュルク民族の新しい連盟国，カザフ・ハン国が興った．17 世紀には，カザフ・ハン国は 3 つの遊牧民集団に分裂した．バルハシ湖とアラル海の南部の間のジェティス（セミレチ）の大オルド（Vlu-Juz），バルハシ湖とアラル海の間の中オルド（Urta-Juz），およびアラル海とウラル川の間の小オルド（Kachi-Juz）である（第 4 巻 Ⅲ.1.2「ユーラシアの寒冷砂漠の人々」参照）．

一方，チンギス・ハンとその継承者（クビライ・ハンまで）によって征服されたステップと東部の領地は，大ハンのモンゴル帝国の中に統一されたままであった．クビライ・ハンは，モンゴル帝国の首都をカラコルムからカンバルク（前の Taidu あるいは Ta-Tu，現在の北京）に移し，新疆の南の中国の征服を完了し（1279 年），さらに仏教へと改宗した．実際には，クビライ・ハンは（おそらく進んで）中国の皇帝となり，帝国におけるモンゴル人の強力な地位にもかかわらず，司法機関や統治機関を中国式に組織した．このようなわけで，クビライ・ハンは中国の元王朝（1280 ～ 1368 年）の創立者とみなされている．明王朝の政権が起こったことにより，モンゴル人は中国から追放されてステップへと戻った．そこで彼らを待っていたものは，チンギス・ハンが軍事行動を起こす前と同じ状況であった．

14 世紀後半および 15 世紀初頭には，チンギス・ハンの末裔が，ステップの政治的主導権をオイラート（Oirat）モンゴル族に明け渡した．中国は，モンゴル族がそれ以上南，あるいは東に勢力を広げようとするのを阻止したため，オイラート人が西にしか侵略を進めることができなかった．16 世紀中盤～ 17 世紀初頭には，モンゴル族がチベット仏教に改宗したのちに，オイラート人がコラスミアのオアシスを攻撃し，ボルガ川の下流域（カルムイクとして知られる地域）に到達した．その後，17 世紀中盤には，ジュンガル・ハンの統治下でモンゴル・オイラート族が統合して同盟国を作り，軍事力は増大するままとなり，18 世紀には，中央アジアに最後の遊牧民族の帝国を設立したが，1758 年には中国人に滅ぼされた．

17 世紀と 18 世紀を通じて，中央アジアとカザフのステップの居住者たちは，オイラート人の攻撃に悩まされていた．1723 ～ 1725 年には，これらは特にカザフ人に対して破壊的であった．この期間，中央アジアにおける平常の生活はほぼ完全に機能停止した．カザフ人，カラカルパク人，キルギス人は，オイラート人の前で闘争し，オアシス周辺や川岸の耕作地帯で放牧していた家畜を連れて，町や村へと分かれていった．この後，恐ろしい飢饉が起こり，人肉食いの例もいくつか引き起こされた．ブハラのわずか 2 つの地域に人が残るのみになり，サマルカンドは数十年の間，完全に放棄された．

ジュンガル・ハン国は内部衝突や中国との絶え間ない小競り合いによって弱体化した．中国人とカザフ人は，ジュンガル軍に対して大勝利をおさめ，最終的にジュンガルは，すでに述べているように，1758 年に中国の統治下に置かれた．このとき，ユーラシアステップの独立は阻止され，その政治的重要性は奪われた．16 世紀にロシアが北アジアと中央アジアを統治し始めると，遊牧民族は，中国あるいはロシアのいずれかの一部となった．1731 年には，ロシアは，オイラート人の攻撃に対処するロシア援軍を求めたカザフの小オルドに対して保護権を確立していた．10 年後，中オルドと大オルドの一部も，ロシアの保護領となった．

ロシアによる植民

16 世紀，ロシアは東方への関心を変化させはじめた．特にモスクワ公国主導の統一が，その傾向を強めていった．皇帝のイヴァン 4 世（イヴァン雷帝）は，カザン・ハン国を 1552 年に，1556 年にはアストラ・ハン国を征服した．いずれもキプチャク・ハン国（ジョチ・ウルス）を継承した国であった．16 世紀末の，1595 年にはシベリア西部のシビル・ハン国（タタール・ハン国としても知られている）が服属した．同国の首都であったシビル（カシリク）の近くに，ロシア人は都市トボリスクを 1587 年に建設した．ロシア人農奴は，豊かな土壌をもったシベリアステップに定住するようになった．貧困と農奴制から逃れるために，彼らは父祖の地を離れて来たのである．17 世紀までには，バイカル湖東岸のブリヤートに至るステップや森林地帯全域に，ロシア人農村が散在するようになっていた．ジュンガル帝国のオイラト人がカザフの遊牧民を滅ぼしていく一方で，ロシアはユーラシア大陸ステップの北部の植民地化を確かなものにしていっていた．たとえば，タタールの都市の近くに要塞都市を建設している（1586年にはテュメニ，1587年にトボリスク，1628年にクラスノヤルスク）．18世紀には，現在はロシア・アルタイとして知られている地に，彼らの定住地が生まれていった．そして，トボル川の上流，続いてイルティシ川の上流域，東はトムスクまでに要塞が建設されていった．1703年，オイラト人は，キルギス人がそれまで住んでいたミヌシンスク・ステップから，彼らをジュンガリアの地に強制的に移動させた．この出来事は，間接的にだがロシアの拡大に資することになった．当時住んでいた（そして今も住んでいる）アルタイ人とカザフ人は，それまで人が住んでいなかった地に定住するようになったものの，ロシア人が彼らを統治するようになった．1735年には，エニセイ川からサヤン山脈までの全域で，ロシア人の数が他の民族を圧倒していた．

急速な東方への進出とは異なり，スラブ系による南方，現在のロシア～ウクライナ・ステップ地域への植民は，遅れてはじまりスピードもゆっくりであった．16～17世紀には，ロシアは要塞化された一連の都市を建設して南の境界の守りを固め，境界を固定するようになった．たとえば，オリョール（1566年建設），ヴォロネジ（1586年），ベルゴロド（1593年）などである．その間に，ステップ地域においては，クマン人（キプチャク人）の末裔たちや，14世紀末には自身をノガイと称するようになった他のテュルク系の民族が遊牧民として住み続けていた．ヴォルガ川周辺のステップ地域において，タタールの名を受け入れるようになった遊牧民もいる．それは，1475年からテュルク人スルタンの従属国であったクリミア・ハン国の遊牧民がそうしたのと同様であった．クリミア・タタールによるウクライナやロシア南縁への絶え間のない攻撃は，多くの人命の喪失や甚大な破壊をもたらした．その破壊はとてもひどいもので，15世紀までには，ロシアの南縁であったドニエプル川沿岸の広い地域が無住の地となってしまった．そうした地域には，ポーランド，ロシア，コサック（語源は自由人・放浪者という説もある）からの独特な集団が定住するようになった．ほとんどのコサック人は，スラブ人主人のやっかいな農奴制から逃れてきたアウトロー（無法者）か農夫であった．彼らはなんとかして半定住の自由なコミュニティをつくり，また軍事組織化を進めて，クリミア・タタールから自身を守れるようにした．実際に16世紀以降，他のコサック人コミュニティがドン川流域に生まれ，さらにヤイク川（1775年以降はウラル川と呼ばれるようになった）沿い，南コーカサスと続いた．17世紀初頭までには，ドン・コサックはモスクワからの独立を確保していた．それゆえに，当時のコサック人襲撃に対するトルコ帝国スルタンからの不服申し立てを，ロシア帝国のツァーが無視することになったのである．

18世紀の後半，エカチェリーナ2世（女帝エカチェリーナ）治政下において，ロシアは黒海への進出を大々的に行った．1781年には，オスマントルコからその支配下にあったクリミアを含めたウクライナを併合し，1793年にはドニエプル川右岸の，それまではポーランド領であった現ウクライナ部分を獲得した．ロシアの力は，北部コーカサス地方でも強化されていった．そのときから，ステップ地域における民族構成が急速に変わり始めた．ロシア人と同様に，関係当局は，数多くのギリシア人，ブルガリア人，アルバニア人，モルダヴィア人，グルジア人を定住させた．1762・1763年，エカチェリーナ2世は，東・中央ヨーロッパ，特にドイツから農夫を招き，ロシアのステップ地域に定住させた．新しい移住者には特典が与えられていた．10年以内に，総計32000人以上の100をこえる単位の移住村が，サラトフからカムイシンまでのヴォルガ川周辺に建設された．20世紀初頭までにドイツ人は，ウクライナのステップ地域に35万人以上，クリミアに約5万人，ヴォルガ地域に43万人以上が住むようになっていた．遊牧民の運命は悲惨なものであった．ベッサラビアのブルガル・ステップからカザフスタンの北西部までの，彼らがそれまで生活できた地域は，次第に縮小されていった．1630年にはカルムイク人の攻撃を受け，その後は頻発した内部抗争が，彼らをばらばらにした．17世紀後半から18世紀初頭において，ステンカ・ラージンによって率いられたコサックの反乱（1660～1670）によって，ロシアはヴォルガ地域を諦めざるをえなくなり，彼らの主たる領域は北部コーカサスになった．18世紀末，トルコの影響を恐れるロシアは，北コーカサス山脈の山麓の丘の新しい地域にノガイ人を定住させて，どんな不満に対しても冷酷に抑え込んだ．19世紀初頭までに，行政当局はノガイ人を説得して，定住生活をするようにさせた．クリミア戦争（1853～1856）後には，ロシアの法の不公正さへの不満をもつ，18万人をこえるノガイ人がトルコ領内に住むようなった．1864年中には，タヴリッチ管理地域には，37人のノガイ人しか残っていなかった．遊牧民の時代のもので現在も残っているものは，積石のあるクルガン型墳墓くらいなものである．そうではあっても，アストラ・ハン国管理地域には，1904年段階でも36万8000人の遊牧民（22万1000人がカザフ人，13万4000人がカルムイク人）が居住し，領域の40％を所有していた．

少しずつではあるが，スラブ系民族はカザフスタンのステップ地域に植民していった．現在のカザフスタン地域におけるカザフ人は，1860年段階では人口の92％であったのに対し，1897年には80％，1914年には58.5％になった．同時期におけるカザフ人の絶対人数は増えている（1870年から1914年までに113万人増えている）ので，この数字は，カザフスタン地域への大量の移民があったことを示している．1891～1895年に認められた法律によって，現在のCIS（独立国家共同体）の中央アジア共和国に対応する，トルコ地域への移民に対するロシア帝国の主権は放棄された．それは，ロシアのツァーリストたちが，彼らに主権を与える前に，緩衝となる空白地域を設けることを欲したからでもあった．トルキスタン地域への移民を統治する特別法が，1903年までには裁可されなかったが，8年後の1911年には，中央アジアのジェティス地域に，総人口17万5000人にもおよぶ155のロシア人村が存在していた．

ソヴィエトからポストソビエト時代のカザフスタン

ソ連時代において，ステップ地域の人口は増えていった．1926年，カザフ自治ソヴィエト社会主義共和国（当時）の57％のおおよそ360万人がカザフ人であった．1930年代の強制的な集団化と定住生活への適応は，カザフ人にとってはとても否定的な影響をもった．1930年代，約160万人のカザフ人が餓えて死ぬかソ連から逃げ出した．1937年のセンサスによると，カザフ人はカザフスタンの人口の38.8％になり，ロシア人とウクライナ人が半数以上を占めるようになった．1930年代を通しての非カザフ人の流入は，スターリン期の強制退去と同様に，この地域の産業化と大都市の成長の結果であった．集団化の時代のあいだ，カザフスタンは（シベリアと同様に）ソ連のヨーロッパ地域からの数多くの農民たちの故郷となっていった．たとえば，1930～1931年には，5万人をこえる人々が，この地域へ追放させられている．

1937年に，9万5000人の韓国人が極東からカザフスタンの地に追放させられている．1941年から1943年のあいだには，ヴォルガ川流域のドイツ人（約35万人）やカルムイク人が，そして，1944年にはチェチェン人やイングーシ人などの民族も住んでいた北コーカサスから，カザフスタンへと強制移住させられている．1949年には82万人をこえる「特別移住」があった．ただし数年後の1957年以降に，彼らは元の地に戻り始めた．こうした動きと並行して，1954年から1956年のあいだに64万人が，北カザフスタンを「処女地」として植民にやってきている．

1959年，カザフスタンにおけるカザフ人は人口の30％しかおらず，ロシア人とウクライナ人とで50％，ドイツ人が7％になっていた．1989年以降になってやっと，人口の急増によってカザフ人がカザフ共和国の最大民族になった（1979～1989年で22.7％増）．ソ連の解体がはじまったとき，カザフスタン（他の中央アジア共和国でも）に居住するスラブ系の帰還を促すさまざまな措置が講じられた．1989年から1994年までに，25万人をこえるロシア人とウクライナ人がカザフスタンの地を棄て，多くのドイツ人（約25万人）がヴォルガ流域やカザフスタンからドイツに戻っていった．

以前の支配者によるあてにならない独立

17世紀において，清代の中国がモンゴルを支配していた．彼らの独立は，1911年の新王朝の滅亡までまたねばならなかったが，その後の中国は，現在では内モンゴル自治区とされるモンゴルの一部分を領有した．1921年のモンゴル革命に続く時期に，モンゴル人民共和国が当時のロシア国内主流のボルシェビキの圧力のもとに建設された．この期間，モンゴル人は1918年の64万7500人から，1985年の186万6300人まで増えた．近隣地域，おもに中国やソ連からの人口流入がモンゴル人にも影響を

90. 閲兵式のコサック人乗馬者と，ロシア騎兵隊の襲撃におけるコサック人乗馬者． コサック人は，カザフ人と同様に，「自由な人」を意味するトルコ語が由来であり，実際には逃亡した奴隷や冒険者たちで，15 世紀に，ロシア帝国のはずれのトルコ語を話す遊牧民グループと接触がある地帯に住みついた．彼らはロシア民族とは距離をおき，大いなる自由を楽しみ，自分たちの支配者を自分たちで選んだ．ウクライナの歴史において重大な役割を果たしたウクライナ語を話すザポリージャ·コサックをのぞき，コサック人たちはみなロシア語を話すギリシア正教徒であった．自分たちの自立を守るために，彼らは熟練の馬乗りとなり，強力な防衛力となった．帝政ロシア皇帝は，ロシア帝国の拡大中にこれらの軍をしばしば利用した．たとえば，16 世紀の西シベリアにおける戦いや，1850 年にカザフ人に包囲された時である．そのため，彼らは熟練の馬乗りとも見なされ（上図），あるいはロシア親衛隊（下図）の一部を成すこともしばしばであった．20 世紀の初期に，ドン川，クバン，テレク，アストラハンなどに 300 万人以上のコサック人が居住していた．ソヴィエト連邦が崩壊して以来，彼らは好戦的なロシア民族主義者であり続け，かつて自分たちの土地の一部であったカザフスタン地域の所有権を主張している．
［写真：Hulton Getty］

与えていたが，人口全体への影響はあまりなかった．1980 年代初期，元からの居住者であるモンゴル·カルカは，人口の 80％を占めていた．中華人民共和国の主権下にある内モンゴルにおいて，モンゴル人人口は増え続けているものの，中国人（漢民族）移民人口の伸び率のほうが少し上回っている．その人口は，自治共和国の半数を占めるようになり，都市部や南方・東方の農業開拓地域に集住している．

1.3　南北アメリカのプレイリーの移住

南北アメリカが，現代人（*Homo sapiens sapiens*）が移り住んだ最後の大陸だったのは明らかである．あらゆる証拠から，彼らが 4 万～1 万 3000 年前にベーリンジア陸橋を通じて北東アジアから渡ってきたことがわかっている．

現代人の上陸

現代人がアメリカに上陸した時期については，北アメリカで知られている最古の考古学的遺跡に基づいて推定しなければならない．アラスカや近接するユーコンテリトリー（カナダ）では考古学的遺跡がほとんど発見されておらず，人が居住していたことを示すもっとも古い証拠は，キール山脈（ユーコンテリトリー）のブルーフィッシュ洞窟で発見された遺跡である．これらの遺跡を2万年以上前のものと考える研究者もいるが，これは1万5000年前～1万3000年前のものであると思われる．この遺跡での発見物が作成された技術は，3万年以上前にシベリアで発見された物に使われた技術と共通している．これは，現代人が北東アジアから北アメリカへと渡ったことを裏付けるものだろう．

しかし，北アメリカにおいてもっとも豊富に発見されるのは，氷河が後退していた時代の約1万1500年前のものであると推定されるクロービス文化の矢じりである．クロービス文化は，これらの手工品が最初に発見された場所，すなわちニューメキシコ東部のクロービスという地名にちなんで名づけられた．クロービスの尖頭器（ポイント）は，先端がとがった典型的な石の飛び道具で，作られた年代は，正確には1万2000年～1万1200年の間であると推定されている．これはマンモス，バク，ウマなど，大型動物を仕留めるために作られ使用された．それらはすべて更新世に北アメリカに棲息していた動物である．クロービスの尖頭器は北アメリカ中で発見されており，いかに急速に移動していったのかがわかる．アジア起源の同等の道具とはかなり違うが，これはカナダとロッキーの氷河の間の氷のない回廊を最初にぬけて，その後プレイリーへと到着するという，南に移動した人間が取り組まなければならなかったまったく異なる環境条件の結果である．

大型哺乳類が絶滅するまで狩られた後，北アメリカの狩猟者たちは，それほど重い武器が必要ではないプレイリーのバッファロー狩りに転じ，フォルサム型尖頭器として知られる新しい矢じりを作った（写真91参照）．北アメリカの歴史において，1000～3000年前のこの時代はアルカイック期として知られている．フォルサム文化の人々は狩猟によって暮らしを立てていたが，植物資源を使ったり，海や湖の生物を獲ったりもしていた．この時代の多くの道具は，穀物やその他の植物性の食料を粉砕するすりこぎやすり鉢など，主に食物を調理するためのものであった．材質は石だけでなく，動物の骨，貝などの軟体動物の殻，粘土があり，その後には銅も使用された．北アメリカで最古の墓地もアルカイック期のものであると推定される．

この時代の人間集団は，資源の利用に長けていた．1年を通じて食べられる植物を定期的かつふんだんに採集できる地域に居住したため，半定住的な生活様式を取り入れるようになった．技術的な進歩が大きな人口増加につながり，氷河の後退によって砂漠化の進行にみまわれた乾燥地域も含めて以前は無人だった広大な面積の土地に人々が居住した．

この時期のよく知られる遺跡のひとつが，カスパー（ワイオミング州）にあるもので，1万年以上前のものである．残存物からわかっているのは，15～20人ほどの狩猟者がこの場所で，約75頭の大型バッファローの絶滅種 *Bison occidentalis* や，さらに少数のアメリカラクダの絶滅種 *Camelops* を砂丘の浸水した凹地へと追い込み，そこで殺したことである．こうした大型バッファローの骨が，鋭利な刃がついた道具で解体されたことを示している．また，この群れの構成を年齢や性別から分析して，秋に殺されたことが判明している．

アメリカ大陸に住む人々の起源：遺伝子と言語

アメリカの言語は約1000個が記録されており，そのうち600個が現在も使用されている．言語学の専門家は，これらはアジアから渡ってきた人々のグループが話していたものに違いないと考えている．もっとも広く受け入れられている仮説のひとつは，基本語彙であるとみなされる300個の単語を複数言語間で比較することである（深く分析するのではなく，広く分析する）．これらの単語を比べると，既知の言語を大きく3つに分類することが可能である．エスキモー・アレウト語群には10言語が，ナデネ大語群には38言語が，アメリカインディアン言語群にはそれ以外のすべての言語が含まれる（第2巻180ページ；第4巻177～179，393～399ページ；第5巻195～198ページ；

第7巻180～189ページ；第9巻76～84ページ参照）．それらの年代を推定するための言語の統計分析（言語年代学）を使用すれば，それらの言語がどの時期に分離したのかを推定することができる．アメリカインディアン言語の分離は，約1万1000年前に起こり，ナ・デネ大語族は9000～4000年前に，エスキモー・アレウト語族は約4000年前に分離したようである．

純粋な先住アメリカ人，すなわちヨーロッパ人が到着する前にアメリカに居住していた民族の子孫が話す言語には，共通した特徴がいくつかある．体格に関しては，アメリカインディアンには，目の上の蒙古ひだ，高いほお骨，黒い目・黒い体毛，顔面の毛が少ないことなど，北東アジアのモンゴロイドと共通した特徴がある．アジア人グループとアメリカ人グループの間の身体的な分化は，アジアにおいては平面的な顔と低い鼻が特徴であるモンゴロイドが形成される前に生じた．また，アメリカ全体で有史以前の遺跡で発見された，約9000人分の20万個以上の歯のパーツを形態分析した結果，すべての先住アメリカ人が，中国北部，モンゴル，日本，シベリア東部の遺跡にあったモンゴロイドの特徴をもつ歯形の特徴と共通していた．共通する特徴のひとつがいわゆる中国型歯列で，シャベル型の切歯がみられることが多く，臼歯には咬頭（臼歯の表面の尖った部分）が5個あり，第一臼歯には3本の歯根がある．南東アジア，インドネシア，およびポリネシアの南モンゴロイドは，先に述べたような特徴はめったにみられない中国型歯列で，4個の咬頭を持つ臼歯がみられる頻度が非常に高い．言い換えれば，すべての先住アメリカ人のグループの歯の形態はかなり似ていて，北東ユーラシアのモンゴロイドを除けば，ユーラシアに住む人々よりも共通点が多いということである．これらの形態学的類似性は，共通の起源であることを示しているのかもしれない．

一方，形態上の変化がアメリカ大陸の南より北のほうに大きいという事実は，移住したグループはまず北アメリカに到着したということを示唆している．これらの歯の形態学に基づいて民族の分類を試みるさまざまな研究により（1997年当時にはまだ議論の最中である），上に述べた言語グループと一致する3つのグループを定めることができ，3度の移住の波があったことに符号する可能性がある．最初の波は南アメリカの先住アメリカ人のすべてと北アメリカの先住アメリカ人の一部にみられ，第2の波はナ・デネ大語族の言語に対応し，第3の波はイヌイット族（エスキモー）とアレウト族にみられる．

91. 1万～7000年前の**精巧なフォルサムポイント．** 前の時代のクローヴィスポイント（1万3000～9000年）の後を継ぐもの．クローヴィス文化のポイント（尖頭器）は，マンモスや大型の貧歯類の骨とともに発見されているが，フォルサムポイントは主に，アンテロープや特にバッファローなど，もっと小さな動物の骨とともに発見され，新しい狩猟法が古代アメリカ人によって採用されたことを示している．フォルサムポイントは，クローヴィスポイントよりも小さく，土台が凹面で溝が彫られているため握りやすい．これらは装置を用いて発射され，強い力で獲物の肉に刺さる．写真のフォルサムポイントは長さがほぼ4.5 cmで，珪岩から彫られている．約1万年前のものであり，ニューメキシコ州（米国）のフォルサム遺跡から見つかった．この名前は，フォルサム文化に使われている．
［写真：Maxwell Museum Anthropology, Albuquerque（NM）/ Werner Forman Archive］

ヨーロッパ人到着前のアメリカのプレイリーの住人

アメリカにおける狩猟採集経済から生産経済への変化は，ユーラシアにおける変化とは非常に異なるものであった（第1巻277～278ページを参照）．8000～7000年前に，2つの異

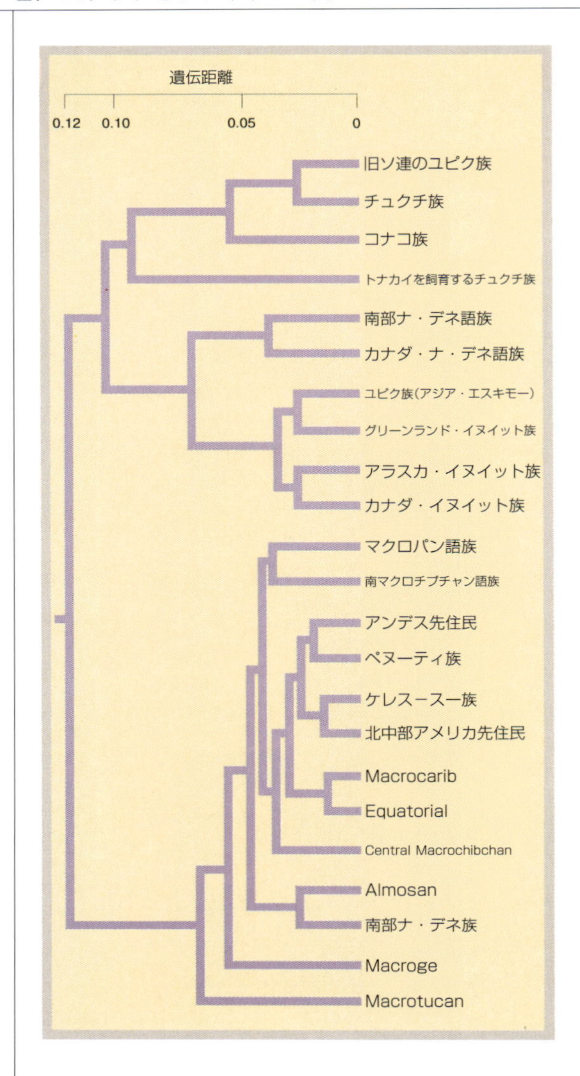

92. 異なる北米の民族間と，異なる言語間の遺伝的関係を示すデンドログラム． 近さの程度はグラフ上部の目盛りが示す．系統図は2種の大きなグループを示している．一つが，エスキモー・アレウト語族やチュクチ族，コリヤーク族などを含むエスキモー語派であり，もう一つは，他のすべてのインディアンの民族を含む語派である．ナ・デネ語族のグループだけが分割され，北部のナ・デネ語族はエスキモーの系統を形成し，南部のナ・デネ語族（アパッチ族やナバホ族）は，アメリカインディアンの系統を形成する．これは，ナ・デネ語を話す南部の民族が，北部の民族よりもアメリカインディアンのグループと混ざり合った程度が大きかったためであるかもしれず，アメリカインディアンの構成要素が，本来のナ・デネ語族の構成要素を隠したということである．これによって双方が単一のグループに集まってきたのだろう．エスキモー・アレウト語族の民族が，チュクチ語族やコリヤーク語族と関連づけられるという事実は，グループ間の言語学上の関連性と一致しており，二つのグループが近い時期に共通の起源をもつという仮説を裏付けている．
［図：IDEM，Cavalli-Sforzaに基づく，1993年］

なる農業複合体が，アメリカの2ヶ所の地域で生じた．ひとつがメキシコ高地，もうひとつがペルーのアンデス山脈である．この2つは互いに遠く離れ，またいずれもプレイリーからは離れた場所にあった．その大部分は，トウモロコシ，カボチャ属，ヒョウタンおよびインゲンマメ属が基盤であった．これらの農業複合体は，ユーラシアの農業複合体よりも普及が遅く，普及させるのが困難であったが，彼らは非常に異なる環境から種を組み込んだのである．これは南北アメリカのバイオームのとてつもない多様性を考えれば意外なことではない．

新石器時代の大変革についての，アメリカとユーラシアの間のもうひとつの違いは，アメリカでは動物がほとんど家畜化されていなかったことである．おそらく，最初の人間とともに，飼いならされたイヌがアメリカに到着したと思われる．アメリカで家畜化されていた唯一の動物は，シチメンチョウ，ノバリケン，モルモット，ラマおよびアルパカのみであった．

とにかく，500年前に最初のヨーロッパ人が到着した際には，新石器時代の大変革はアメリカの全民族に行き渡っていたわけではなかった．7000～5000年前にウィスコンシンやその周辺地域の居住地で使用されていた銅製の道具は，アメリカにおいて知られている銅製造のもっとも古い例である．これらの居留地は，当時は森林や長茎草本のプレイリーの混交植生に覆われていたはずの場所にあった．しかし，プレイリーにおける新石器文化後期の大きな変化は，ヨーロッパ人が到着した後に生じた．ウマや鉄の矢じりが持ち込まれ，そしてその後に小火器が持ち込まれたのである．

約2000年前にプレイリーの東部に定着した種族が，原始的な農業と窯業を導入した．3000年以上前には，ミズーリ川や支流の流域に農業を行う民族がいくつか住んでいたが，プレイリー南部は現在アメリカ合衆国の南西部の州にあたる地域の農業文化の影響を長い間受けていた．8～9世紀までに，プレイリーの集落には平原に定住する際に統合整理する伝統があった．各々の家族たちが，約1ヘクタールの面積にトウモロコシ，豆，カボチャ，ヒマワリを栽培していた．彼らはまた，バッファローや，その他多くの哺乳類，鳥類，爬虫類，両生類，魚類も狩猟していた．16世紀までに，初のスペイン人の探検家が，南プレイリー地域に異なる2つの生活様式を発見した．ミシシッピ川流域に及ぶ東部地域には狩猟を行う農耕民族がいる一方で，西部地域には，徒歩で旅をし，移動しながらバッファローやアンテロープを狩って生活する遊牧民が住んでいた．こうした徒歩で移動する狩猟者たちは，遊牧民族文化の特徴の多くを取り入れ，その後その文化は18世紀および19世紀にプレイリーを占領したウマに乗る狩猟者や戦士の間に広がった．

この状況は，南アメリカのプレイリーと似ていた．そこでは，ラプラタ川の河口付近の地域で，ヨーロッパからの入植者が狩猟採集民族を発見したが（現在ウルグアイである場所に住んでいたチャルーア族，パンパの平原に住んでいたケランディ族［パンパインディアン］），その前の何世紀かのうちに北部のチャコから移り住んできていた民族であった．彼らはそれら，投げ縄を使用したり，おそらく木や骨でできた槍を用いて，グアナコを狩り，これによって肉や

93. 18～19 世紀にヨーロッパ人移住者が到着したとき，**アルゴンキン語族とスー語族に属するインディアン部族がプレイリーを支配していた．** アルゴンキン語族は，北部地域を支配し，スー語族は中央地域を支配していた．南部のグレートプレーンズは，ユートアステク語族やカドー族が支配し，アサバスカ語族（カイオワ・アパッチ族）やその他の孤立した言語族がいた．当時，平原インディアンの総人口は少なく，部族は小さかった．たとえば，ブラックフット族は無数にある部族の一つであったが，1780 年にはそのうちの約 1 万 5000 人しかいなかった．南からウマが，西から武器がやってきてプレイリーの人口が増加し始めた．この地域に早くからいる住人についてはわからないが，クーテナイ族，フラットヘッド族，そして特にショショニ族（アラパホ族の西側に居住していた）のような部族が近隣の高原やグレートベースンに住み，バッファローを狩りにプレイリーに出向いた．プレイリーに住む人々は，さまざまな方角からやってきた．アルゴンキン語族は五大湖や亜北極圏，スー族は北部タイガ，アサバスカ語族も北部，ショショニ族とカイオワ族は西部，カド族は南部の出身である．少数の部族は定住して遊牧民族と取引を行ったが，大半は遊牧性の生活様式を取り入れ，夏は西や北に，秋は南や東に，季節的な移動をしながらバッファローの群れを追った．ブラックフット族，スー族，クロー族，シャイアン族，コマンチ族，ポーニー族，その他の多くの部族は，一

皮を補給した．彼らはこの皮で，特に現在ブエノスアイレス州である南部の山岳地で，すみかとしての天幕を作った．グアナコがいないさらに北部では，パンパスジカや，アメリカレア，およびダーウィンレアを狩った．自然のすみかや樹木がないこと，水の質が悪いこと，グアナコの数が少ないことが，完新世中にパンパの低地における人口が少なかったことを説明する主な要因であった．

1.4 南北アメリカのプレイリーの征服

プレイリーは，13 世紀の長く深刻な旱魃のせいでほとんど人が居住しないままになっていたように思われるが，その後の世紀以降にはさまざまな起源のいくつかのグループが再び住むようになった．この再定住は，これらのグループの民族移動やヨーロッパ人の入植の影響も受けた．このように，プレイリーは，まずアメリ般的なアメリカ・インディアンのイメージとなる．彼らは，共通の文化的個性すなわち，平原インディアン文化を共有していた．彼らは共通の言語をもたなかったが，行動生物学者から「Poetry in Motion（動きの中の詩）」と描写される身振りの言語を用いて意志の疎通ができ，取引をし，取り決めに同意し，物語を伝えることができた．
［地図：IDEM，複数の情報に基づく］

カインディアンに征服され，その後ヨーロッパ人に征服された．この移住においては，ウマが重要な役割を果たした．

ウマを基盤とした文化

ウマが普及し始めた当時は，平原インディアンたちの間には，多くの地理的な違い，言語の違い，文化の違いが数多く存在した．しかし，ウマのおかげでそれらはある程度まで統一され，ウマの育成や売買などの生産経済の要素を伴うバッファロー狩りと，その他の先住インディアンの人々や，ヨーロッパを起源としこの大陸に影響を及ぼしたそれぞれの地域のために戦った人々の双方とを結びつけた．

17世紀中に，ニュースペイン副王国（ヌエバ・エスパーニャ副王領）の北部からのスペイン移住者の影響により，辺境に住むアメリカインディアンの一部がウマに精通し始めた．南部大平原のコマンチ族が，ウマに乗り，飼育した最初のインディアンだったようだが，ウマやその乗り方は，南から北へと急速に広がり，プレイリー中に広がった．南西部のもっとも遠方のプレイリーに住む民族（アパッチ族，コマンチ族，ウィチタおよび南部ユト族）が最初にウマを取り入れたが，1700年までには，プラット川の南側，およびミシシッピ川の下流域に住む部族はすべて，ウマを所有していた．戦闘的なコマンチ族は，農業を営んでいなかったが1705年には非常に優れた乗馬者であったと言われ，1708年以降にはニューメキシコの牧場への攻撃がますます頻繁になった．18世紀後半には，リオグランデからサスカチュワンまでのプレイリーの住人がすべてウマを所有していた．

プレイリーでウマの飼育を始めた部族の多くは東部の出身である．イギリス人の入植が進んだために彼らは東部を去ったのであった．オマハ族，ポンカ族，オサガ族，カンザス族，クアポ族はすべて，古来より農耕民族であったが，オハイオ川流域から，ミズーリ川やアーカンソー川流域のプレイリーへとやってきた．マンダン族，ヒダーツァ族，また，平原オジブワ族はタイガ地域からプレイリーへと移動し，その一方で，それまで農民でありマコモの野生種を採取していたスー族と同様，シャイアン（半定住農耕民族）がグレートレーク地方から到着した．ショショーニ族とコマンチ族の人々は，グレートベースンの亜砂漠から来た．それらの民族はすべて，プレイリーの環境条件に適応して，ウマの育成を取り入れ，ウマの背に乗ってバッファローを狩り，獣皮を売買した．コマンチ族とウート族がウマをもっとも多く所有する部族であった．19世紀前半までには，コマンチ族の中には100～300頭のウマやラバを所有するものもあった．ウマやラバはたいへん価値があるとみなされたので，こうした部族の戦士は，50～200頭の動物の群を持っていれば非常に幸運であると考えられた．

武器を使用する技術は，これらの部族の多くのメンバーがとてつもない戦士になるということを意味し，部族間や種々の民族の間で衝突が多くなった．この戦闘の主な目的は敵を殺すのではなく敵のウマを奪うことにあった．死者を出すほどの戦闘時には，略奪に加えて，犠牲者の頭皮が剥ぎ取られた．この戦闘気質は，グレートプレーンズにわたる重要な貿易ネットワークの確立の邪魔にはならなかった．もっとも遠い南西部に住む部族は，スペインの植民地に接していたため，ウマ，サドル，布地，馬勒を容易に買うことができたが，小火器は購入できなかった．武器は，北方林で毛皮を採取する動物を捕獲するために，ハドソン湾会社のインディアンたちに自由に売られていた．ウマの範囲は南西部から北部および東部へ広がったが，その一方で小火器は北東部から南部および西部へと広がった．クロー族は，こうした貿易ネットワークを築く際に決定的な役割を果たしていたよ

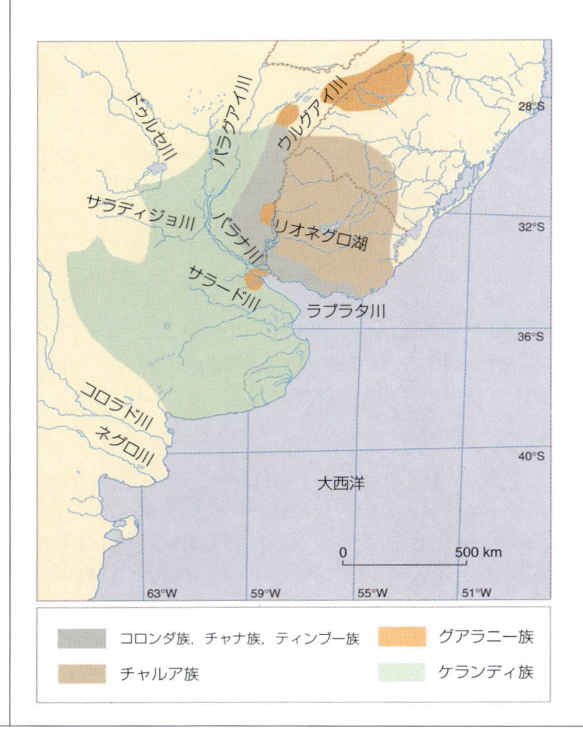

94. 16世紀にヨーロッパ人が移住してきた当時の，**南米パンパの種々なアメリカ先住民．** 7個の大きな部族があり，どの部族についても現在はほとんど何も知られていない．最も多いのがケランディとチャルーアで，いずれも狩猟，漁獲，採集によって生活した遊牧民族であった．ヨーロッパ人が移住してくると，彼らの生活様式が急速に変化した．白人の移住者によってパンパに持ち込まれたウマの乗り方をおぼえ，相互や白人と共同で戦う大規模な集団を形成した．ケランディは17世紀の終わりには姿を消し，チャルーアは18世紀初めに姿を消した．この地域のその他の先住民族は同じ運命に遭い，今でも残っているのは，もともとは熱帯多雨林の出身で，14～15世紀にラプラタ川の近くに移住してきたグアラニー族だけである．
［地図：IDEM，いくつかの情報に基づく］

うである．

パンパでは，先住民の生活様式は，ヨーロッパ人とのはじめての接触の後に大きな変化があった．これらの接触が，導入された家畜（入植者が運んできたものだが，すぐに彼らの管理から逃れ野生化した）．最初のスペイン人居住地の「野生」の家畜やヒツジの数は，すぐに増えすぎたため，ウシやウマを育てるよりも出かけていって狩るほうが簡単であった．パンパの草原地帯はすぐに動物でいっぱいになり，以前なら想像もつかないほど大量の肉，脂肪，皮がもたらされた．これが不安定な植民地の居住地での生活を保証する助けとなったが，内陸や，アンデス山脈からも先住民族グループを引きつけることにもなった．

これらのグループの移動性は，特に 17 世紀に，ウマを得た後に途方もなく高まった．17 世紀の終わりまでには，チリのマプチェ族のグループがパンパに到着し，貿易を始めたが，彼らは以前は自国においては農耕民であった．彼らは家畜売買人となり，家畜を売るためにチリに輸送したのであった．時間がたつにつれ，彼らは専門の馬飼いや狩猟者になっていった．彼らが好む獲物とは，食料にもなり，乗ることにも使えるウマであった．しかし，ラプラタ川や，そこへ流れ込む別の川の河口域沿岸にコンキスタドールが住み着いた瞬間から，ヨーロッパ文化は情け容赦なく「荒野」（パンパが知られるとおり）に向かって進行し，先住の部族は，西方や南方の，より乾燥している地域へと押しやられていった．

英国・米国による北アメリカプレイリーへの入植

最初のヨーロッパの入植者は，17 世紀に北アメリカの大西洋岸に到着したが，かなり後までプレイリーには住み着かなかった．1776 年に，アメリカの独立宣言が採択された際，13ヶ所の植民地がアパラチア山脈の東のみに勢力を固めていた．独立宣言では，米国議会は，インディアンの種族を完全に独立国家とし，アメリカ合衆国との合意に達する十分な権力を有すると認めた．それらは，一連の特別の条約によって領域を与えられることになっていた．また，法律はインディアンの権利を確認して可決された．しかしながら，同時にそれらの土地は強奪されていた．1783 ～ 1887 年の間に，嘘や，統率者の買収，恐怖に基づいて，インディアン

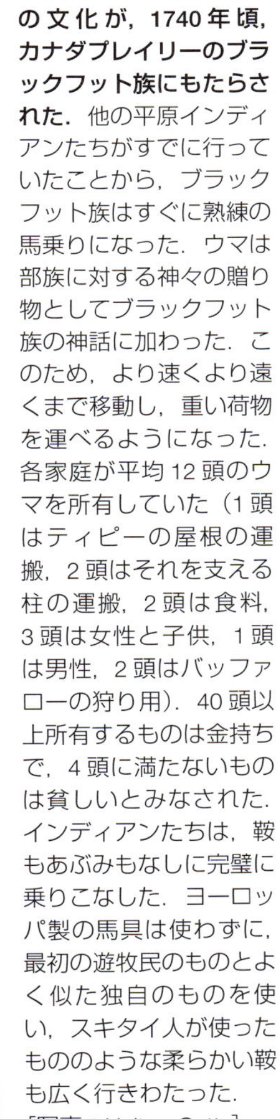

95. ウマと乗馬が基盤の文化が，1740 年頃，カナダプレイリーのブラックフット族にもたらされた． 他の平原インディアンたちがすでに行っていたことから，ブラックフット族はすぐに熟練の馬乗りになった．ウマは部族に対する神々の贈り物としてブラックフット族の神話に加わった．このため，より速くより遠くまで移動し，重い荷物を運べるようになった．各家庭が平均 12 頭のウマを所有していた（1 頭はティピーの屋根の運搬，2 頭はそれを支える柱の運搬，2 頭は食料，3 頭は女性と子供，1 頭は男性，2 頭はバッファローの狩り用）．40 頭以上所有するものは金持ちで，4 頭に満たないものは貧しいとみなされた．インディアンたちは，鞍もあぶみもなしに完璧に乗りこなした．ヨーロッパ製の馬具は使わずに，最初の遊牧民のものとよく似た独自のものを使い，スキタイ人が使ったもののような柔らかい鞍も広く行きわたった．

［写真：Hulton Getty］

ティピーとユルト

遊牧民は家を持ち歩く．そのテントや住宅は設営や解体が簡単で，放浪生活の中で遊牧民を守ってくれる．中国の詩人，白居易（772 年～846 年）がこう詠んだ．

風でも吹かない限り，ユルトはたわまないし，
その出っ張りは雨をはじきとばしてくれる
隅もなく，縁もないが
それは暖かく，歓迎してくれる

アジアのユルトと北アメリカのティピーは，この種の移動建築のもっともよい例である．

カラコルム山脈近くのモンゴルの野営地［François Gohier / Ardea London］

ユルトを設営するモンゴル人［Stephen Pern / The Hutchison Library］

タイプに応じて，ユルトは2匹のラクダ，あるいは3～4頭のウマに運ばせることができる．ユルトは2～3時間で設営でき，ごく簡単に解体できる．（フェルトが雨の進入を防ぐため）雨に対しては優れた避難場所であり，またフェルトが日光を遮断するし，覆いを引き上げれば枝で編んだ骨組みの間を涼しい風が通り抜けるので，夏の炎天下の中でも快適である．設計が良いため，19世紀にはロシアの兵士がユルトを軍隊で使用することを検討したほどである．

簡単に解体できるユルトは，1000年頃に古代テュルク人によって作られ，その後世に知られたようである．これらは昔の携帯用家屋（車輪のある家，複雑なテントなど）を，木製の骨組みを加え，革製の覆いをフェルトに替えることによって改良してきたものである．アフガニスタンのハザール族は，20世紀に入っても，先端が円錐状の典型的なドーム型屋根がある中世風ユルトを使用していた．ハザール族とウズベキスタンのロカイ族のユルトの壁は，通常，一方の先端にもう一方を重ねた2列の格子の上に建っている．モンゴルやカルムイクのユルトの円蓋を支える支柱は真っすぐだが，カザフやキルギスの屋根を支える支柱は湾曲している．このため，モンゴルのユルトは円錐型だが，カザフ・トルクメンのユルトは丸型である．モンゴルのユルトには円蓋の縁を支える2，3本の梁があったが，テュルク人のユルトに梁が使われたという記録はない．

モンゴルのユルトのドア扉［Stephen Pern / The Hutchison Library］

モンゴリアのユルトの内部［Mike Langford / Auscape International］

こうした民族の古来のしきたりの多くが，ユルトでの生活にかかわりがある．内部の空間は，非常に厳重に分けられている．上席はかならず，風から守られている壁である．上席に座る人の右側のユルトの半分のスペースに，この壁に向かって男性が座る．左半分が女性の場所である．女性が座る左側には武器もウマの鞍も置かれないし，男性の側に調理器具を入れることも恥ずべきこととみなされた．テュルクの人々は，ユルトの入り口を東に向けたが，モンゴルの人々は南に向けた．もっとも重要な場所は，炉床と敷居であった．そこには立つことも座ることも許されなかった．カラカルパク人の間では，花嫁が花婿のユルトにはじめて入るときに，花嫁は敷居にひざまずき，額をそこにつけ，それから，右足でまたいで入らなければならなかった．子供を産んだあとの胎盤なども，敷居の下に埋められた．儀式の際に高い地位にあるカザフ，キルギス，カラカルパク，トルクメンのシャーマンは，煙管を抜けて頂塔へ上がり，そこから魂の召喚を続けるのだった．

1845 年に Paul Kane の手による絵画による
ヒューロン族原住民の野営地
［Peter Newark's American Pictures］

プレイリー草原のピーガン族（ブラックフット族）ティピーを描いた Kari Bodmer による版画［Sotherby's］

北アメリカの平原インディアンは，異なるタイプの移動式住居，ティピー（teppie：「家」をあらわすダコタ州の方言）を持っていた．ティピーは tipi とも綴り，一組の大きな棒を円状に並べて先端でまとめたもので支えた円錐形のテントである．この棒で組んだ骨組みは，次に，縫い合わせたバッファローの皮で覆われる．シクシカ族（すなわち北部に住むブラックフット族）は暖炉を3つ設けるためのスペースがあるティピーを作ったが，大きさは種族の伝統や個人の経済状況に応じて変えることができた．品質が良く，縫い方がきれいな屋根を持つことは，特別な地位にあることを説明していた．獣皮はさまざまな色どりに塗られたり，絵画で覆われたりしていた．ティピーの上席は，ユルトと同様に，風からもっとも守られた場所であった．来客がなければ，この場所には家族

クマの爪とバッファローの頭部をデザインしたスー族のモカシン靴
［Pohrt Collection, Plains Indian Museum, BBHC, Cody (Wyoming) / Werner Forman Archive］

バッファローの皮に描かれたショショニ族［H.W.Read Collection, Plains Indian Museum, BBHC, Cody（Wyoming）／Werner Forman Archive］

の中でもっとも高齢な人が座った．ティピーに住む人々は，通常，板の上で，バッファローの皮をかけ，足を火に向けて眠った．

ティピーの歴史はユルトほど複雑ではない．これはユーラシアのタイガやツンドラに最初に住んだ人たちの円錐型チュムを思い出させるが，この類似性はおそらく偶然の一致ではない．すべてのことから，ティピーとユルトは新石器時代に放浪した狩猟者たちが使った住居を引き継いだものだということが示されている．アジア北東部から北アメリカにわたってきた人々は，自分の住む家を自分たちで持ってきた．これがおそらく私たちが現在知っているのとだいたい同じ形状になっていたのだろう．この設計に対してアメリカ人が貢献したのは，てっぺん部分の煙突の穴から風が入るのを防ぐ交差した棒であった．

このティピーの設計は，円を重んじる世界の概念を反映したものであった．多くの人々は，古代人にしろ現代人にしろ，普通のロッジよりも円形のバンガローを好んできたし，ユルトの平面図も丸い．人類はかならず円を重要なシンボルとみなしてきたのである．オグララ・スー族のインディアンは円を神聖なものとみなしたが，これは円がエネルギーの「循環」や，部族の神が創造した命を象徴するものだからである．すなわち，円は，宇宙を示す彼らのシンボルだった．世界の四隅が円の中にあり，その円は，そこを通る４つの風ともつながっていたのである．なんといっても，昼と夜，そして天体が，すべて周期的に動き，時間の区切りを表したり，全体の中の時間の位置を表しているのである．

シベリアのチャム内のセリクプ族の子供 [Andrey Zvoznikov／The Hutchison Library]

ティピー正面に立つブラックフット族の戦士（19世紀後半のカナダ・グライヒエン）[Peter Newark's Western Americana]

ティピーは女性のものであるとみなされた．女性がバッファローの皮を縫い合わせ，長旅のときには彼女たちが運ぶことが多かった．ティピーを組み立てる作業と解体する作業は女性の仕事だった．ユーラシアのステップでも，ユルトの扱いはやはり女性にまかされたし，ユルトは嫁入り道具になくてはならないものだった．つまりティピーやユルトの型は母から娘へと受け継がれるもので，家庭の存続を確かなものにしたのだが，これ以上に大切なものはなかっただろう．

96. ウマが到来するまで，平原インディアンは家畜といえば，イヌしか知らなかった． 彼らの歴史は，ウマが来る前と後に分けられる．彼らはイヌを狩猟や写真のように，トラボイで物を運ぶために利用した．イヌは，2本の棒（ティピーの柱が多い）で作ったソリにつながれた．トラボイは，ティピーを運んだり，年寄りや病人を運ぶために利用された．イヌは，バッファロー狩りが成功すると，野営地に肉を運ぶためにも使われた．男たちは足で歩き，女たちに向かってバッファローを追いたてる．女性は，イヌとソリで半円の障壁を作り，群れを狙った．イヌは，部族の精神世界の中で重要な役割を果たした．ダコタ族には，「イヌの踊り」があり，ウマを「巨大なイヌ」と呼んだ．ウマが現われた後には，イヌは富の象徴となり，ウマを飼う余裕がない人たちに不可欠となった．この1880年頃の写真では，ティピーの前に鼻に穴をあけたインディアンとソリとイヌがいる．その3年前，アイダホの居留地に移住させられそうなときにネズパース族の戦士が立ち上がり，多くの襲撃が起こって死者を出した．女性と子供を含むすべてが，ジョーゼフ酋長に率いられ，カナダへの2750 kmの距離を15週間かけて敗走し，境界まで65 kmのところで足止めされた．
［写真：Peter Newark's Western America］

を従わせる合計370の契約が結ばれた．首長が気難しく，契約を結ぶことを拒否すると，武装したグループがインディアンの村を襲撃して，人々を殺し，住居を燃やし，作物を破壊した．インディアンが武器を取ると，「秩序を回復させる」ために軍隊が召集された．

19世紀前半に，入植者は絶え間なく西方へと向かい，これがプレイリー地帯に到達した．「白人国家」はインディアンと一緒に生活することは望まず，彼らが支配した地域から，それらを「浄化」した．独立したままでいたいというこの要望の一環として，連邦政府は，特別保留地，すなわち（少なくとも理論上は）先住民族の居住者によって治められる保留地を設立すると決定した．1825年には，ジェームス・モンロー（1758～1831）は，二度目の大統領職の最後に，インディアンが再定住することが「インディアンを全滅から守り，彼らの幸福を保証するだろう」と宣言した．1830年には，インディアン移住法（Indian Removal Act）により，ミシシッピ川の東に住むインディアン国家と，彼らの土地の購入や川の西側への輸送についての交渉を行う権限を大統領に与えた．これが永遠に彼らのものと認識されることとなった．白人入植者は，特別な許可なく，現在オクラホマ州であるこの地域に居住したり，この地域で狩猟を行ったり売買したりすることを禁止された．いくつかの部族が自分たちの土地を放棄することを拒否したことから暴力行為が起こり，このために軍隊が介入して彼らを移動させることが大目に見られた．たとえば，1836～1837年の冬に，政府は1万人以上のクリーク族インディアンに，アラバマを出て雪で覆われたアーカンソーを歩くよう強制した．その移動の途中や野営地で，1000人を越えるインディアンが死亡した．チェロキー族の運命はさらに過酷で，それらの新しい地域へ移動することを強いられた5万人の約半分が死んだ．1840年頃までに，インディアンたちは，ミシシッピ川の東側にあった彼らのほぼすべての領地から追放された．

1840年以降の数十年間に大量のヨーロッパ移民がアメリカに流入したことで，ミシシッピ川の両岸あるいはもっと東部にあるセントルイスなどの町の毛皮業者と売買を続けていた平原インディアンの脆いバランスを変えた．多くの入植者の当初の目的はプレイリーに定住することではなく，そこを通ってもっと魅力あるオレゴン地域へ行くことだったが，何千人もの移民がやってきて，進んで小区画の土地を購入してそれを耕したことが，この状況を変えた．1840～1848年の間に，約1万2000人の移民がミズーリ州のインデペンデンスを出発し，オレゴン・トレイルをたどってコロンビア・バレーへと到着した．さらに南のサンタフェ・トレイルも，平原インディアンの領地を横切る人々によく利用された．実際にサンタフェ・トレイルは，メキシコが米国までの北部領域を譲渡するまでは，米国とメキシコを結ぶ主要な陸の通商路であった．移民とインディアンの間の頻繁な衝突，軍隊がいくつかの旅の商人を保護したという事実，そしておよびインディアンの行動や領地を制限したいとの望みが，1850年代初期からの，インディアン国家との新たな拘束的条約の締結につながった．これらの条約を白人は守らず，19世紀後半にインディアン戦争を引き起こした．

19世紀後半は，荷馬車の隊商による「ワイルドウエスト」への入植，カリフォルニアへの「ゴールドラッシュ」，コロラドへの「シルバーラッシュ」，そして北米を横断する鉄道の建設などが起こった時期である．また，先祖代々の土地をめぐる権利を維持しようとしてインディアンが抵抗した時期でもあった．ミネソタのダコタ族（スー族）インディアンの暴動（1862年）が，1891年まで続く戦争時代の始まりとなった．1851年に締結した条約により，ダコタ族は自分たちの土地の多くを放棄することを強いられ，その代わりにミネソタ川の上流域に特別保留地が与えられた．この状況を見ると，彼らが特別保留地で耐えなければならなかったであろう状況を見てすぐに，ダコタ族は反逆を起こし，軍隊による攻撃に抵抗した後に，現在サウスダコタとなっている地域に送り込まれた．この争いは，終わるどころか，新たな洪水をもたらした鉄道建設によってますます悪くなった．1872年までには，白人が見境なくバッファローを大量に殺したことによって，ダコタ族は生計の手段を奪われていた．彼らはふたたび武器を取ったが，打ち破られ，報復攻撃に苦しんだ．特別保留地の1/3が占拠され，1882年にはさらに大きな土地が奪われた．土地を失ったことや，バッファローの大量虐殺は，彼らにとって苦難と飢餓を意味し，1890年には新たな紛争が始まった．大規模な軍隊が暴動を制圧し，1890年12月29日に，200人以上の男女および子供が，ウーンデッドニー保留地で虐殺された．

1887年の一般土地割当法は，特別保留地の大半の土地を個々の小区画地に配分し，保留地に住むインディアンがいったん小区画地を受け取ってしまえば，「残り」の土地（6000万ヘクタール中3600万ヘクタール）は連邦政府のものとした．これによって新しい入植者を定住させることができた．この結果は明らかに酷すぎるものであったため，この条例は廃止され，代

97. 2度目のフォートララミー条約の調印（1868年）． 1851年に調印されたこの条約は，平原インディアンとの初の条約で，北部プレイリーの部族（ラコタ族，シャイアン族，アラパホ族，クロー族，アリカラ族，アシニボイン族，アトシーナ族，マンダン族）が居住する開拓地帯を確立し，族長と，インディアンと白人の間の仲介者が任命された．2年後，南部プレイリーのコマンチ族，カイオワ族，カイオワ・アパッチ族とのフォートアトキンソン条約が調印された．しかし，政府はグレートプレーンズの主要な貿易ルートの戦略的に重要な場所を確保し続け，フォートララミーのような軍事的拠点を建設した．1854年，ウシをめぐる些細な事件がきっかけで，平原インディアンとの戦争開始となり，断続的だが血なまぐさい戦争がウーンデッドニーの大虐殺まで40年間続いた．インディアン部族のすべてが土地を失った．1868年にはフォートララミーの2度目の条約が調印された．インディアンにいくらかの譲歩がなされ，現在サウスダコタ州にある広大なスー族の居留地の境界が定められた．しかし数年後，黄金熱が新たな条約違反を引き起こし，スー族の居留地は白人移住者の障害とみなされ，さらなる戦争が起こり，1889年にはインディアンは居留地の大部分を引き渡した．
［写真：Peter Newark's Historical Pictures］

98. 現在のオクラホマ州にある**インディアン居留地へと移動する途中のチェロキー族.** 1838～39年の冬，ミシシッピ川の東部，現在のジョージア州の土地を守るチェロキー族の戦いの結末である. 闘争は，1830年に，インディアン強制移住法とともに始まった. この法律は，ジャクソン大統領にインディアンの同意のもとにミシシッピ川の東側から西側の地域に移す権力を認め，新しい西部のテリトリーの永久所有権を受け取れば，放棄した土地の支払いも行われるとされていた. インディアンたちはこれを信用しなかった. 当時，綿花のブームが始まり，白人移住者たちが法律を破っていたからであった. いくつかの部族は移住を選んだが，不運にも，チェロキー族のテリトリーで金が発見され，入植者はインディアンを移住させるよう圧力をかけた. 最高裁は，チェロキー族の権利を認めたが，ジャクソン大統領が裁定を無視して強制的に移住させた. 1835年12月のニューエコタの条約で，オクラホマに移住させた. イラストは1942年にRobert Lindneuxが描いた. チェロキー族は軍隊に付き添われ，徒歩や馬によって西へ向かう「涙の旅路」にある. オクラホマに到着し，自分たちの政府を組織したが，移住した人たちの¼は，餓えや寒さや悲しみのために，旅の途中で死亡した.
［写真：Woolaroc Museum，Bartlesville，Oklahoma］

わりに1934年にインディアン再組織法（IRA）が制定された. これは今後，各部族の公共地を小区画に分割することを禁止するもので（部族はメンバーに個人の権利を割り当てることができたが），定住させていない「過剰な」土地を新しい入植者に返還し，土地の買い戻しや，教育，健康，社会的計画のために資金を配分し，またインディアンが合衆国憲法や市民の基本的な権利に反駁しなければ，彼らが成文法を採用できるという権利を制定した. 実際，これはインディアンが米国の完全な市民と認められた1924年からわずか10年後のことであった.

南米プレイリーへのラテンアメリカ人とクレオール人の入植

コンキスタドール（征服者）にとって，パンパ地域に定住することは簡単ではなかった.
北アメリカでの状況とは違って先住民族はあまりいなかったし，彼らは遊牧民や半遊牧民として生活したり，働くことには慣れていなかった. 侵略者が到着したときには，この地域には家畜化された動物や栽培された植物はなかった. 狩ることができた大半の動物は，入植者には未知のものであり，とにかく，1534年に現在ブエノスアイレスである土地に上陸した1500人を支えるのに十分な獲物がなかった. このため，そのうちのあまりに多くが，飢えやインディアンの攻撃によって死亡したため，遠征隊はわずかに500人そこそこに減ってしまった. 1580年にフアン・デ・ギャレイが到着するまで，ブエノスアイレスはひとつにまとまらず，25年後になってはじめて，カトリック教会のフランシスコ会やイエズス会が彼らの使命を見出し始めた. これがウルグアイのカンポにおける最初のヨーロッパ人定住であった. ポルトガル人によるコロニア・デル・サクラメントの発見が，ラプラタ川の河口域の片側や，その反対のブエノスアイレスにおいて，土地所有権を求めての戦いの時代を開始させ，これは1828年にウルグアイが独立を勝ち取るまで続いた.

後になって，野生化していた多数の家畜が，入植者の繁栄，さらにはインディアンたちの繁栄を守った. 野生化した動物の数が十分な間は，スペイン人はウシを捕らえることに専念した. その一方で，インディアンは主に雌雄のウマを捕らえた. 18世紀以降になると，野生化した家畜が乏しくなった. これは，インディアンによるウマの大規模捕獲と同様，入植者が増大する皮革の輸出を満たすために行った牛狩り（vaquerias）のせいであった. 1778年にキングチャールズ3世が，独占を減らし，スペインのいくつかの港を使用した貿易を促進すると

99. ウーンデッドニーの虐殺は，平原インディアンの占拠地の悲劇的な結末を示した．多くのスー族が霊の踊りのためにサウスダコタ州ウーンデッドニーに集まり，1890年12月，非武装の150人以上の男性，女性，子供が，ビッグフット酋長とともに虐殺された．そのすべてが，ラコタのミニコンジュ族に属した．霊の踊りは（女性が参加しているのに）戦争の踊りだと軍隊に誤解され，第7騎兵隊が送られ，抵抗していたインディアン，ブラック・コヨーテが，銃を発砲したのに対して，兵士たちは無差別に発砲し，大砲で野営地を破壊した．写真は，凍ったインディアンの遺体が共同墓地に積み重ねられたものである．皮肉にも，霊の踊りの儀式の目的は，戦わずにより良い世界をもたらすことで，ネヴァダ州の砂漠で，パイユートの預言者ウォーヴォーカが，日食の間に霊感を得て作った．儀式は1889年にプレイリーのスー族の間に広まった．四夜連続で続き，昔の生活様式に帰する教義の明示，さらに，刑罰として白人が大地から洪水でぬぐい取られ，死人や，死んだバッファローや動物が目覚めるだろうと予見した．ペヨーテ信仰の太陽の踊りと同様に，この新しい「インディアンの信仰」は，敵意のある世界の中でもう一度彼らが居場所を見つけ魂の形を探し求めるものであったが，白人には誤解され非難された．
［写真：Peter Mark's Western Americana］

いう措置を講じた．それは合法的な輸出の増加に結びついたが，密輸入を減らすことにはならなかった．合法にしろ違法にしろ，輸出が増加したことで，皮革の価値は上がり，牛狩りがなくなった．大掛かりな柵で囲まれた私有地「エスタンシア」の発生にもつながった．そこでは，家畜が自由に草をはみ，それまでなかった種類の労働者，ガウチョが監視を行った．皮革を保存するために用いる方法も改善した．ブタは飼わず，皮と毛を取るためにヒツジが飼育された．

最初の衝突を除けば，18世紀の中盤までは先住民族とスペイン人の間に重大な対立はなかった．ブエノスアイレスやパンパの人々は，革製品，羽毛，革の布地や織物を，マテ茶（飲料）や砂糖からタバコ，ナイフ，アルコール飲料に至る製品を求めるインディアンたちと交換した．この状況が変わったのは，入植者が自分たちの経済の発達や人口増加のために，それまで自然の辺境地として受け入れられていたサラド川の南部や西部にエスタンシアを作り始めたときである．その結果として，インディアンたちは，囲いに入れた家畜に徐々に誘われて，ますます増える入植者居住地に押し入り始めた．マプチェインディアンが増えたことが多くの暴力的な急襲（malones）をまねき，これによってクレオールの家畜資源がかなり減少した．処罰のための遠征隊に遭遇した先住民族に無差別に報復行為を行ったため，それまで友好的だったインディアンたちを反逆へと駆り立てた．

1816年には，1810年に始まった過程の最後に，南部の連合州が，首都のスペインからの独立を宣言し，ラプラタ川の前総督の全域の統治を正式に宣言した．これは，都市の貴族（連合共和国が欲しかった）と内陸の地主（連邦が欲しかった）が対立する動乱期を引き起こした．この対立は，1825年に，unitariosの管理の下に連合を設立し，新しい組織を立ち上げるという合意に達するまで続いた．1825～1829年の間に，フアン・マヌエル・ド・ローザス（1793－1877）（フェデラリストである土地所有者であり，自分が所有する市民軍のリーダー）が，ブエノスアイレス州の次の政府により，インディアンとの友好的な関係を続けることや，その後に新しい境界線を決めることを委ねられた．ちょうどこの時期，深刻な干ばつによって約150万頭の動物が死に，さらに多くの動物が水を求めて州の南へと逃れた．砂ぼこりの層は，所有地の境界線も隠している．

1829～1852年に，ローザスは，ブエノスアイレス州において，フェデラリストのリーダーたちを排除あるいは統制するための独裁的な方法を用いて絶対的な力を身につけた．彼はインディアンに対する政策を変更し，自分が敵から取り上げた家畜を彼らに与えることによって

100. 神聖ローマ帝国カール５世の軍務にあったアンダルシア人征服者により，1535年にラプラタ川の左岸に**建設された直後の初期のブエノスアイレスの町**が描かれている．この版画は，1599年にニュルンベルクで発行された本 Wahrhafftige Historien Einer Wunderbaren（「The True Stories of a Fantastic Journey by Ship」）の中に見られる．この本は，ブエノスアイレスの町の創建に参加したドイツ人傭兵であり冒険家であるウルリッヒ・シュミードルによって書かれた．シュミードルは，メンドサがブエノスアイレスの基盤を川の右岸に作り，土の壁で町を守ったと説明している．彼は，この町は当初，食料が不足したために非常に苛酷であり，このために何度かの暴動が起こったということも記録した．最初の町はインディアンによって破壊され，居住者は町を放棄してしまったが，もう一人のスペイン人征服者ファン・ド・ガライ（1528～1583年）が，1580年に町を再建し，それ以来，ブエノスアイレスは重要性を増し続けてきた．
［写真：Archiv für Kunst und Geschichte, Berlin］

平和を維持しようとした．ローザスの政権が終わるまで，アルゼンチンは（1810年と同じように）「革の文明」であったし，ブエノスアイレス州はアルゼンチン連合の他の部分から離れようとしていた．1829年には，ローザスはブエノスアイレス州の知事に選出された．彼の委任統治後，1833年には，彼は2000人の民衆と４万頭のウマの頭として，インディアン撲滅運動を開始したが，この目的は，ウマの飼育をしやすくすることや，塩湖の塩の堆積の利用を確実にすることであった．１年のうちに，１万人以上のインディアンたちが虐殺され，彼らの土地約１万 km^2 が奪い取られていた．この初めての「砂漠」の征服はつかの間のことあったが，数年以内に国境はもとの位置に戻った．「インディアン」問題を解決するために，国の一方からもう一方まで375 kmの濠を掘ったが，これは散発的に起こるインディアンの襲撃を防ぐには十分ではなかった．1879年の撲滅運動では，アルゼンチン将軍フレオ・ロカがリオネグロに到達し，そこに南部の国境を設定した．このため，インディアンからさらに40万 km^2 の土地を取った．ネイティブインディアンは，もはや私有地の使用人として生き延びた少数の人や，アルゼンチンの軍隊に組み込まれた若干の「友好的な」インディアンしかいなかった．ペフエンチェの最後の首長であるJuan Calcufarは，1873年に死亡したが，1929年までにチャコ（パラグアイの国境付近）において，アルゼンチン軍によるインディアンの無差別大量虐殺の報告がある．

1.5　ステップとプレイリーの人々

世界中のステップおよびプレイリーに住むさまざまな人の集団は，隣接した地域と常に接触をもってきた．多くの場合，今日でさえも，これらのグループは大きな隣接する２つのバイオームの間でウマの背に乗って生活し，大型草食動物の群れとともに季節移動を行っている．

ユーラシアステップの住人

ユーラシアのステップに住む人々は，その起源についても，民族構成についても非常にさまざまである．1990年代の初めには，ユーラシアステップに8000万人以上の人々が住んでいたが，比較的最近住み着いた人々（16世紀あるいは17世紀以来，現在の居住地に住み着いた家系の子孫）と，古くからの居住者（もともとの遊牧民集団の子孫）との間のバランスは，地域によって異なる．現在でも，1989年に約17万人を数えたカルムイク人のように（ヴォルガ川の下流域：第4巻387ページ），スラブ民族が居住しているところに移住していった遊牧民族もある．

ヨーロッパのバイオームには，かつての遊牧民の子孫である集団はほとんどいないが，ステップの住人すべての祖先が，最近あるいは遠い過去には遊牧民だった．カルムイク人のほかに，こうしたグループには，ほぼすべてがコーカサス北部に住むトルコ語を話すノガイ族（7万5000人）や，やはりトルコ語を話すクリミア系タタール人の一部（約20万人）が含まれる．

しかし，ヨーロッパステップの居住者の大部分は，さまざまなスラブ民族（2500万人を超えるロシア人，同数のウクライナ人，少数のブルガリア人，セルビア人，およびその他のスラブ民族）と，ルーマニア人（約800万人），マジャール人（約1000万人）で構成されている．

アジアのステップ地域のほとんどは，カザフスタン共和国の中にある．カザフ人（653万5000人いるが，すべてがステップに住んでいるわけではない）は，共和国の人口の約半数を占めているが，さらに63万6000人のカザフ人がロシア連邦に住んでいる．南シベリアのステップ地域は，東ヨーロッパからの移住者（ロ

101. 自分たちの手工芸製品を売る**クレオールショップの前にいるパンパのインディアン**が，コンラッド・マーテンスによって水彩絵の具で描かれた19世紀のこの絵の中に見られる．この絵は，19世紀の初期に，パンパのインディアンたちが，スペイン人移住者と，タバコ，アルコール，ナイフなどを求めて取引していたことを示している．スペイン人が，ケランディあるいは「パンパスインディアン」として一般に知るパンパのインディアンは，実際には，いくつかの部族に属していた．なかでも，たとえば北西部にはケチュアがあり，東に行くとテウェルチェ族や，ペウェンチェ族（Aruacan oeuen［マツの木］とche［人々］が由来），マンサネーロ族がいた．これらの集団は非常に分散していたため，人口密度は低かった．パンパスインディアンは，棒の骨組みを馬の皮で覆ったシンプルなテントに住んでいた．衣類はほとんど着ていなかったが，スペイン人が入ってきた後には，図の2人のインディアンがそうであるように，衣類を身につけるようになった．パンパスインディアンは，主にウマを狩り，ウシを捕まえ，それを他のインディアンやスペイン人に売ることによって暮らしを立てていた．
［写真：Tony Morrison / South American Pictures］

102. カザフ族は，粗放的牧畜を農業（灌漑農業と乾地農業）や漁業（大規模な河川流域におけるもの）と結びつけた**半遊牧民である．**長年の中央アジアの考古学研究により，青銅器時代の住民の多くはこれと似た生活様式を送っていたことがわかっている．歴史の流れを通じて，気候変化と種々の政治的変化により，状況に応じた牧畜や農業の重要性の変動が生じた．19 世紀の後期～20 世紀の初期には，遊牧生活と典型的な定住生活の様式の中間の多種多様な生活様式があった．［写真：Novosti, London］

シア人，ウクライナ人，ドイツ人，タタール人ほか）の子孫が占めている．この地域は現在は非常に都会化されているが，最近まで遊牧民だったグループもある．たとえば，自分たちを 3 つの独立した人民共和国（アルタイ，テレ，テレウト）であると考える人口がトータルで 4 万人であるアルタイ人や，9 万人のカザフ人，合計 20 万 7000 人のトゥバ人，そして合計 42 万人のブリヤート人などである．カルムイク人やブリヤート人はモンゴル語を話すが，その他はテュルク語を話す．

モンゴルは，約 240 万人という人口を持ち（1995 年），その多くがステップ地帯に住んでいる．モンゴル人とモンゴル語族が人口の 90 % 以上を占める一方で，カザフ人やトゥバ人などテュルク語を話す民族は 7 %，中国語を話す民族は 3 % である．約 30 万人のカザフ人が，過去数年のうちにモンゴルを離れており，そのほとんどがカザフへ帰っている．内モンゴル自治区（中国）では，1984 年には 240 万人のモンゴル人が居住していたが，この国の人口合計 2100 万人のうち 1800 万人が中国人で，わずかに少数民族が居住していた．地方に居住する中国人の住民のほぼすべてが，ステップバイオームではない都市部に住んでいる．

現在，ほぼすべての遊牧民族の子孫が定住生活を送っている．牧畜業によって暮らしている人でさえも同様である．その多く（カザフ人の 1/4，モンゴル人の半数）が，都市に住んでいる．定住生活の環境，特に都会での暮らしは，こうした遊牧民族の昔ながらの文化的特徴が時代遅れになってきていることを意味するが，彼らの子孫は自分の先祖の文化遺産を非常に尊重している．

北アメリカのプレイリーの住人

北アメリカのプレイリー地帯の範囲は，州境と一致するわけではないため，プレイリーの人口について信頼できる数字を出すことは難しい．プレイリーバイオームの大半（すべてではない）を含むサウスダコタ・ノースダコタ州，カンザス州，ネブラスカ州，オクラホマ州の人口は，合計900万人である．近接する州（およびカナダの州）にあるプレイリーバイオーム地帯の人口を加えると，米国（その大半がテキサス州の都市地域）にはさらに1000万人，カナダには約150万人いるかもしれない．これらは，アフリカ系やさらに少数のアメリカインディアンの合計して2000万人以上となり，そのうちアフリカ系アメリカ人の割合は非常に小さく，アメリカインディアンとなるとさらに小数になるが，その多くは保護区に住んでいる．

数が少ないにもかかわらず，プレイリーに住むアメリカインディアンは，現在では2世紀前よりも多様になっている．これは北アメリカの植民地化の歴史によって説明がつく．さらに1830年には，北アメリカ社会の人種的偏見が反映されたのは，インディアンの人々の大半をミシシッピ川の東側の州から西側の地域まで公然と動かそうとした法律である（インディアン移動法）．「文明化された5つの部族（チェロキー族，チョクトー族，チカソー族，クリーク族およびセミノール族）に，現在オクラホマ州である場所に領地が与えられた（第7巻の183，188ページ参照）．このようなイロコイ語族（チェロキー族）とマスコギ語族（チョクトー族，チカソー族，クリーク族，セミノール族）に，1930年代以前にはミシシッピ川の東側に住んでいた，スー語族（ダコタ族，デーギハ族，チウェレ族，マンダン族，ヒダーツァ族），アルゴンキン語族（アラパホ族，アツィナ族，クリー族，オジブワ族，ブラックフット族，シャイアン族），カド語族（アリカラ族，ポーニー族，ウィチタ族），カイオワ・タノ語族（カイオワ族），ユト・アステカ語族（コマンチ族，ユト族，ショショーニ族）が加えられた．19世紀後半のインディアン戦争は，生き残ったわずかな平原インディアンが保留地に移住させられて終結した．結果的に彼らは完全にアイデンティティを失い，ほかのネイティブインディアングループか主流である米国社会に溶け込まされた．

現在，40万人のネイティブインディアンがプレイリーに住んでいる．その1/4がカナダに住み，ほぼ半数がオクラホマ州にある以前の領地に居住している．プレイリーを代表する住人であるスー族のほとんどが，サウスダコタ州（3万人）およびノースダコタ州（1万2000人）の特別保留地で暮らしている．しかし多くの人々が，インディアン人口の実際の数字は，正式に発表されている数字よりはるかに大きく，おそらく2倍であると考えている．多くのインディアン民族は，19世紀後半以来ずっと特別保留地（多くの場合，本来の居住地域からかなり離れている）で生活しているが，混血のインディアンも大勢いるし，米国・カナダ社会の「人種のるつぼ」に溶け込んでいるインディアンも多く，しばしば大きな成功をおさめている．

国	都市	人口
アルゼンチン	ブエノスアイレス	2,960,976
ブラジル	ポルトアグレ	1,237,223
米国	ダラス	1,022,830
	ヒューストン	1,702,086
ロシア	ボルゴグラード	1,000,400
	ロストフ・ナ・ドヌー	1,023,200
	カザン	1,092,300
	チェリャビンスク	1,124,500
	オムスク	1,161,200
	サマーラ	1,222,500
	ノボシビルスク	1,418,200
ウクライナ	オデッサ	1,073,000
	ドネツク	1,114,000
	ドニプロペトロフスク	1,176,000
ウルグアイ	モンテビデオ	1,383,660
中国	吉林	1,036,858
	チチハル	1,070,051
	太源	1,533,884
	長春	1,679,270
	ハルビン	2,443,398

103. 100万人以上の人口があるステップとプレイリーの都市． ステップやプレイリーに最初に定住したのは，基本的に遊牧民であった．彼らは後に多くの永久的な農業·牧畜の中心地を作り，その後間もなく，多くの大都市が育った．もしも，町の中心地の居住者だけでなく，周辺の都市地域の住人をすべて含めるのなら，人口に与えられる数字は，特に広い範囲を占める北部および南部のプレイリーの都市においては，もっと大きくなっただろう．したがって，ヒューストンの人口（170万2086人）は，中心から離れた地域が含まれれば，ほぼ倍である（322万8000人）．同様に，ダラスの人口は，フォートワースの住民も含めると，372万5000人に増大する．ブエノスアイレスの人口は，大都市地域全体を含めると1000万人以上になる．大都市地域の人口を計算して求めるなら，多くの都市をリストに加えなければならなかっただろう．たとえば米国では，7大都市が100万人以上の住人がいることになっただろう（ダラス，ヒューストンの他に，サンアントニオ，カンサスシティ，デンヴァー，セントルイス，ミネアポリスーセントポール）．
［出典：複数の情報源による］

南アメリカのプレイリーの住人

プレイリー地帯は，米国では人口密度が低い地域だが，アルゼンチンではブエノスアイレスやほぼすべての大都市が収まり，国内でももっとも発達し，もっとも人口密度が高い地域である．ブエノスアイレス州（首都を含む）は人口1500万人である．ウルグアイの人口の半分を含むモンテビデオも，プレイリー地帯に位置する．

パンパ地帯では，インディアン人口はゼロに近く，すべての居住者がヨーロッパからの移民の子孫で，スペインやイタリアからの移民が主である．しかし，ヨーロッパのその他の地域や中東各国に祖先をもつ人々も多い．多くが，ラプラタ川周辺の地域で人口が増加したために，1世紀前にアルゼンチン，ブラジル，ウルグアイに到着した移民の子，あるいは孫である．

南アフリカのプレイリーの住人

14世紀から15世紀の初期まで，現在南アフリカである地は，コイサン語族の狩猟採集民族

104. パウワウは，病気を治したり，狩りや戦争の成功を後押しするための**平原インディアンの儀式であった．**パウワウ（powwow）という言葉は，「魔術師」，あるいは逐語的に「彼は夢を見ている」という意味の「powwaw」または「pow ah」というアルゴンキン語(ナラガンセット語)に由来する．パウワウを行う目的は，同盟としての支持を求めるために，踊り，儀式，魔術を用いて自然の力を呼び出すことであった．パウワウは現在，いくつかの部族のリズムや踊りをまとめた社会的集いとなっている．このブラックフットインディアンがエドモントン（カナダ）における部族のパウワウで行っているように，彼らは共通に結びつきを強め，民族の伝統を再確認する．インディアンとインディアン以外のものがどちらも参加し，色彩豊かな踊りを楽しむパウワウの巡回すら存在する．彼らは，さまざまな様式の踊りのコンテストを催し，お金を稼ぐために踊る「スター」もいる．インディアンの儀式の世界の一部となったサンダンスやその他の儀式に生じたように，パウワウはある程度ショーとなるために霊的な性質の部分を失ってきた．これにもかかわらず，パウワウはまだ過去に根づいた部族間の親交の行いであり，その意味で，今でも偉大な「癒し」の力を保持している．
［写真：Brian Moser / The Hutchison Library］

の少数グループが住んでいただけだったようである．15 世紀の初期に，初めてバンツー族の農民と遊牧民が到着した．ハイフェルト地帯はほとんどが牧畜文化や半遊牧文化であったが，彼らはさらに農業を行い，鉄を鍛える方法も知っていた．しかし，19 世紀の初頭には，17 世紀にケープ植民地に住み着いたアフリカーナー族の拡大，そして南アフリカの現在クワズル・ナタール州である土地に住むシゴニ族の拡大のために，この地域に確立された部族構造が崩れた．これが深刻な過疎化につながった．プレイリー地帯は未開発の地として残り，そこでは，ソト族，ンゴニ族，アフリカーナー族，グリカ族（コイサン語族とアフリカーナー族出身の民族が混ざっている）などの半遊牧民族が自由に野営することができた．

ナポレオン戦争のあいだケープ植民地は英国人が征服したことによって英国の法規が導入された．これは，植民地において伝統であったアフリカーナーの民族的優勢を改めるもので，1833 年にはついに奴隷解放に至った．これにより，アフリカーナーたちは，主導者の一人の言葉でいえば「神の定める法と，種族および宗教の本来の違いに反する」とみなしてこの出来事を拒絶した．これが Voortek（グレートトレック）と呼ばれる民族と家畜の大移動を引き起こした（1835 年から 1843 年の間に約 1 万 2000 人）．彼らは，コロニー植民地の国境を越え，主にハイフェルト地帯の高地へと移動し，そこでオレンジ自由国とトランスバールを建国した．これは現在では南アフリカ共和国の州となっている．彼らはその地域に住むバンツー族と繰り返し衝突を起こし，モシュシュが率いるソト族（バソト）のいくつかのグループのみが，英国の保護を求めて，オレンジ川とカレドン川の上流にある領土をどうにか守りぬいた．これが現在の独立国レソトである．

アフリカーナーのオレンジ自由国およびトランスバールにおけるヨーロッパ起源の住民は，19 世紀後半になってようやく増え始めた．これは，キンバリーでダイヤモンド（1870 年），ウィトワーテルスランドで金（1886 年）が発見された後のことで，これがカリフォルニアやオーストラリアよりも大きなゴールドラッシュを引き起こしたのである．白人人口が 20 年のうちに 5 倍になり，大部分が田舎であった土地が，ほとんど都会に変わった．ほとんどがケープ植民地からのアフリカーナーであったが，移民には多くの英国人とドイツ人が含まれていたため，住民の構成も変わった．

しだいに英国やポルトガルの保護領あるいは植民地に囲まれていき，ここを通って輸出品を送らなければならず，1889 ～ 1892 年のボーア戦争の後にはハイフェルト地帯のアフリカーナー人の領土は大英帝国の一部になった．1919 年には，もとのアフリカーナーの領土は南アフリカ連邦となり，1961 年には独立共和国となって，英連邦から撤退した．20 世紀には，人種を隔離する「アパルトヘイト」政策が，ほとんどの南アフリカの白人によって進められ，最近になってようやく廃止された．それでも，すでに多数民族であったバンツー族でもっとも高い人口増加がみられ，現在はハイフェルト地帯の人口の 3/4 を占めている．

ハイベルト地帯は，南アフリカ経済の中心地であり，大きな港町を考慮に入れなければ，ヨハネスバーグ，プレトリア，ブルームフォンティーンなどの都市や，ウィトワーテルスランドのような鉱工業地帯に，南アフリカのほとんどの人口を含んでいる．この多様な住民の 3/4 である約 100 万人は，バンツー語族のさまざまな民族グループに属しており，その半分はソト族，残りは主にツォンガ族，ズールー族，コサ族，ンデベレ族である．住民のほぼ 1/4 は，ヨーロッパ人を祖先にもち，そのほとんどが 17 世紀にケープ植民地に到着したオランダ，ドイツ，フランスからの移民の子孫アフリカーナーである．残りは，ほぼ全部が英国人を祖先にもつものである．混血や，主にインド出身のアジア人を祖先にもつ少数民族もいた．

1.6 ステップとプレイリーにおける健康と病気

行き過ぎた肉体労働，頻繁な小競り合いや戦い，過酷な気候が何を意味するかといえば，強く健康な人だけが遊牧民社会の一員として十分に適応できたということである．屋外を移動する生活と，栄養に富んだ食事が，彼らの健康を保証した．19 世紀には，ヨーロッパの医師が，アジアの遊牧民の女性は出産中の合併症がめったに起こらないこと，そして出産前後の死亡率が非常に低いことに気づいていた．1894 年には，カザフスタンのステップで働くロシア人医師は，出産で死亡した女性が一人でもいたという話を聞いたことがなかったと記した．衛生状態が良くないことを考えれば，これはカザフ女性の丈夫さによるものに他ならないと彼は考えた．カザフ女性は，ユーラシアステップの他の地域の女性と同様，しゃがんで子供を産み，3 日のうちに馬の背に乗って帰っていったという．

ステップの遊牧民の疾患

過去に遊牧民がかかった病気については信頼できるデータがない．19 世紀後半および 20 世紀の初期に，ユーラシアステップに住む遊牧民や半遊牧民の集団がかかった主な疾患は，結核，梅毒，その他の性病，消化器系の不調，トラコーマ（感染性の眼の疾患），結膜炎，リウマチ，天然痘，発疹チフス，麻疹などがあり，これらはしばしば伝染病として発生した．マラリアはカスピ海からトランスバイカル地域のステップまでの範囲で発生していた．遊牧民たちは彼らを脅かすハンセン病のことも知っており，病人を焼いたりもしたようである．

これらの疾患はすべて，ヨーロッパからの移住者も含めたステップやその周辺地域の定住者をも襲ったが，遊牧民の場合，そのいくつかは明らかに社会的原因によるものであった．19

105. 多くの平原インディアンの共同体が，ほぼ完全に米国社会に組み込まれてきたが，自分たちの伝統やアイデンティティの印を維持し更新しようとしてきたものもいる．たとえばミネアポリス（ミネソタ州）に近いミスティック湖にあるこのカジノのように，主にスー族やオジブワ族の居留地に増えたインディアンカジノがそうである．このカジノには，ラスベガスやアトランティックシティーにあるものと同じ賭博用テーブルやスロットマシーンがある．しかしそのデザインや装飾は，インディアンの伝統を反映している．その円構造は生命の大きな輪を象徴し，七つの同心円に内部宇宙が配置されて，スー族の七部族を表している．夜には，外面のイルミネーションがティピの形を映し出し，50 km 離れた距離からも見える．カジノを設置したインディアン共同体にとって，カジノは非常に儲かる経済活動となり，失業率が高く，将来性が低く，社会から排除され，かなりの期間アルコール中毒の影響を受けた地域の中で，共同体の多くのメンバーが職を得る助けとなっている．
［写真：Antonio Ribeira / Gamma］

果てしない汽車

ヒロク駅に到着するシベリア横断鉄道（20 世紀初頭）
[A.Kuznetsov／Alexander Meledian Collection／Mary Evans Picture Library]

19 世紀には，帝政ロシアと米国には共通点がなかった．しかしどちらも領土の問題を抱えていた．いずれも中心部は果てしないステップあるいはプレイリーが占めていた．こうした領地の東西は，つながらずに，分断されていた．ロシアでは乏しい環境にある古来の通り道により，米国ではわずかな人しか旅行しないルートにより．それがすべて，鉄道が拡張したことで変化した．寝ているうちに，鉄道はロシア帝国の東端に到達し，米国の西岸まで横断したのだった．

シベリア横断鉄道は，ウラル地方のチェリャビンスクからウラジオストックまで 7416 km を走り，ヨーロッパロシアをシベリアや極東とつないでいる．最初の鉄道延長工事は 1891 ～ 1904 年の間に行われた．これは 1888 年に開始された黒海からサマルカンドまで xaitan arabasi（つまり鉄道の「悪魔の客車」）を運ぶ建設工事の続きであった．20 世紀初頭までに，列車はオレンブルグを出て，カザフスタンのステップを通り，バイカル湖付近まで走った．中国との契約により，シベリア横断鉄道は，1905 年に開通したウラジオストックまでの途中に満州を通過できた．1916 年，さらにアムール川の北部に路線が建設された．つまり線路はロシアの土壌全体のルートを旅することができるようになったのである．

シベリア横断鉄道の駅と旅行客［Patrick Landmann／Gamma］

シベリア横断鉄道の建設計画は，1850 年に開始された．このとき，西からシベリアまでたどり着く唯一の方法は荷馬車がつけた道筋をたどることだけであった．この道は，雪融けの時期である春と，雨がふる秋には通行することができなかった．線路は，豊かなシベリアを痛めつけるように作らなければならなかった．線路は，戦略的にも軍事的にも重要であり，日本の脅威だけがこの作業の励みとなった．1887 年に予備的な研究がはじまり，1891 年にはロシア皇帝アレクサンドル 3 世が作業をはじめるよう命じた．チェリャビンスク川からオビ川までの西方面への線路の延長には川以外の大きな障害はなく，むしろオビ川とイルクーツク川の間の起伏のほうがずっと大変であった．バイカル湖周辺の地域では，永久凍土層が存在するという，さらに大変な問題があったのだが，もっとも困難をきわめた工事は，インゴダ川やシルカ川の狭く曲がりくねった渓谷を通るスレテンスクからチタまでの行程にあった．この方面の多くの場所では，山々の斜面が川のふちまで差しせまり，陸地といえば，もっぱら高水位の水であふれた水域に近い細長い土地であった．堤防を築かなければならず，これが長期にわたる難工事となった．バイカル湖そのものも深刻な問題であった．バイカル港とクルツク駅を結ぶ 84 km の線路は，岩石が多い地域を爆破し（計 7 km のトンネル），湿った低地や川に，多数の桟敷，堤防，運河，橋などを築かなければならなかったことを物語っている．

シベリア横断鉄道の線路［Mike Langford／Auscape International］

シベリア横断鉄道の車掌［Mike Langford／Auscape International］

シベリア横断鉄道は，完成よりもかなり早くに使用されるようになった．1897年には，列車は，西はチェリャビンスクとイルクーツクの間を，東はウラジオストックとハバロフスクの間を走り始めた．バイカル湖に近い地域は，1900年に，湖の東沿岸のミソヴァヤ駅から，スレテンスクまでが完成した．湖をまわる鉄道は建設が難しかったため，しばらくの間，列車はフェリーで湖を渡った．これらのフェリー列車は1900年に使用されるようになり，チェリャビンスクと，シルカ川やアムール川に近い太平洋沿岸に繋がっていたスレテンスクとを結んだ．

シベリア横断鉄道が操業を開始すると，村や町が急速に発展し始め，多くの貧しい農民が黒海沿岸からシベリアへと移住した．シベリア鉄道は，1897年から1899年の間に，運命を変えようとする50万人以上の人々をシベリアまで運んだ．最初は，1日に4便しかなく，不十分だったが，歴史全体を通じて，シルクロードが運んだ物資量は，初期のどの時期のシベリア鉄道にも及ばない．

モスクワとウラジオストックを結ぶシベリア横断鉄道支線の客車
［Victoria Ivleva／The Hutchison Library］

この数十年前に，北米のプレイリーにも，同様の鉄道が建設されていた．1845年には，中国との取り引きを行うニューヨークの商人，アサ・ホイットニーが，米国議会に対し，米国東部の鉄道線路は，太平洋に到達する路線ともっと結びつけるべきだと進言した．彼の考えは最初は拒絶された．これは，飼いならせない「Wild West（大西部）」の広大な砂漠地帯や山脈地帯を横切ることは不可能だと考えられたからである．1862年7月1日に，議会はついにこの計画を認め，翌年には最初のレールが敷かれた．

鉄道建設には，2社が委託された．セントラル・パシフィック鉄道がカリフォルニアのシエラ・ネヴァダを横断する難しいラインを担当し，ユニオン・パシフィック鉄道がミシシッピ川にのぞむオマハ（ネブラスカ）から西側のライン，すなわちオクラホマ，カンザス，コロラドの南部のプレイリーを横切る鉄道を建設しなければならなかった．

両社は，指示された接合ポイントに先に到達するよう競いあった．この接合ポイントは，本来ならサウスパス（ワイオミング）の予定だったが，実際にはもっと西にあるプロモントリー（ユタ州オグデン）となった．最初はセントラル・パシフィック鉄道が先行していたにもかかわらず，ユニオン・パシフィック鉄道が先に到達したためである．

セントラル・パシフィック鉄道は，工事のほとんどを，約7000人もの中国人の「クーリー（低賃金労働者）」を雇って行わせたが，一方でユニオン・パシフィック鉄道は罪人や無法者などを含むあらゆる種類の人々を雇った．この過酷な工事は，インディアンの襲撃により状況が悪化した．鉄道敷設が進展するにつれ，ユニオン・パシフィック鉄道の建設には移動式の「町」がついてまわった．これは酒場やダンスフロア，賭博台などを備えた巨大テントで占められ，そのまわりは酒場やギャンブル場が囲んでいた．労働者，娼婦，バーテンダー，トランプ詐欺師，見張り，浮浪者，無法者など，3000人の人々が，西へと向かう風変わりな旅の冒険隊を形成していた．彼らの印象は，シベリア横断鉄道の過酷な工程とは非常に異なるものだったろう．しかし，1869年5月19日には，クーリーたちと冒険家たちは，オグデンで合流した．こうして，北米のプレイリーは，列車で横断できるようになった．ユーラシアのステップが何十年かの後にそうであるように．

北米プレイリーでの大陸横断鉄道用線路敷設作業（1869年）
[Archiv für Kunst und Geschichte，Berlin]

大西洋と太平洋を結ぶ鉄道の情景，Francis F Palmer によるカラー石版画（1868年）
[Archiv für Kunst und Geschichte，Berlin]

世紀および20世紀の初期において，十分な衣類や食事を用意できない貧しい人々の大規模な社会階層の間で，遊牧生活が全体的に減少していることがわかった．

1930年代には，何人かの医師がブリヤート族の女性における不妊の原因を詳細に調べ，主な原因は生殖器官の不十分な発達であるという結論に達した．これは，社会的に排除された状態や，ビタミン不足の食事により健康状態が悪かったことが原因であった．

遊牧生活・半遊牧生活の特殊な性質も伝染病の蔓延を助長した．モンゴル人は一般的に体を洗う習慣がなかったし，イスラム教に改宗した遊牧民がかならずしも信仰する宗教に定められた沐浴を実行したわけではなかった．さらに，風に吹かれた砂やほこりが，移動式テントの焚き火から流れてくる煙と同様に，眼の疾患の原因となった．1940年代まで，中央アジアと南シベリアでは，トラコーマの原因として失明した人が一般にみられた．

その他の疾患は，文化的伝統に直接関連があった．たとえば，ステップの多くの地域で腺ペストがときどき発生したが，ブリヤート族の中の伝染病であった．1930年代までブリヤート族の中ではほぼ毎年伝染病が発生したが，これはボバクマーモット（タルバガン）の皮や肉の取引によって広がったものであった．このげっ歯類の動物は，腺ペストを運び，ノミによって人間へと運ばれたのである．

女性における健康上の問題は，非常に若い年齢での結婚が原因であった．イスラム教では，女性は9歳という年齢で結婚ができるとみなし，女性は体が十分に発達しないうちに結婚することが多かった．1920年代にカザフ人の間で行った調査によれば，女性のほぼ半数が初潮を迎える前に結婚していた．

帝政ロシア政府は，天然痘，腺ペスト，マラリアと闘う一連の方法を取り入れたが，医学の助けをもってしても，求められる結果は得られなかった．20世紀の冒頭には，いくつかの出版物により，ブリヤート族は必ず滅びてしまうだろうとすら言われていた．しかし，1930年代までには，ソビエト連邦が打ち出した健康保護システムが効を奏しはじめていた．しかし，ソビエト連邦の崩壊以来，中央アジア共和国の医療サービスや，ロシア連邦の医療サービスまでが，全体的に廃れている．

プレイリーの遊牧民の疾患

北アメリカでは，特別保留地区に留まらせるまでは，プレイリーの遊牧民の疾患について直接的な知識を得ることができなかった．これらの集団が，移民によってヨーロッパから持ち込まれた伝染病に非常に弱かったということを示す間接的な証拠がある．これは外来の伝染病に対して自然免疫がなかったためである．推定で，アメリカインディアンの集団の90％が，植民地時代の最初の1世紀の間に，ヨーロッパからの移住者とともに入ってきた疾患が原因で死亡した．ブラックフット族やアシニボイン族では，1836年に天然痘が破壊的に流行し，1837年にはマンダン族やアリカラ族を襲った（1600人中，生存者はわずか128人）．シャイアン族では，1849年にコレラが破壊的に発生した．

しかし，平原インディアンの間では，その他のいわゆる「社会的」疾患（トラコーマ，結核など）が広がるのは，遊牧性の生活様式のためではなく，特別保留地域のひどい環境が原因である．ヨーロッパ人との接触は，「強い酒」によって生じるアルコール依存症などのその他の社会的疾患にインディアンをさらした．医療サービスは，最近までは不十分で，天然痘の集団予防接種は1930年代になってようやく行われるようになった．1940年代以降からは，平原インディアンの居住環境が大きく改善されたが，いくつかの社会的疾患が高発生する根本的理由（貧困，境界的な立場）の中には，完全に消えないものもあった．

2．野草の採集と野生動物の捕獲

2.1　栽培せずに集める

ステップとプレイリーの植物資源は，ステップに住む民族の生活において重大な役割を担ってきたが，現在もそれは変わらない．新たに入ってきた入植者が，アジアのステップや北米プレイリーに住み着いたとき，彼らは自分たちの農業経験や技術を持ち込み，ある場合には，その地域での経験も有効に利用した．シベリアステップでは，南ロシアとウクライナからの入植者が，新しい地域での生活に非常によく適合した．彼らは主要な薬草や作物，そして産業となる作物のことを知っていたし，またその土地を合理的に使う方法も知っていたのである．しかし，ラプラタ川河口域沿岸に上陸した最初のヨーロッパ人入植者は，多大な尽力を費やさないと何も産み出さない土地であることを知って非常に落胆した．数世紀の後，米国やカナダのプレイリーに住み着いたヨーロッパ人入植者も同じ問題を経験し，最初の何年かに多くの人が飢えにより死亡した．ステップとプレイリーの非常に肥沃な土壌は，今は穀類やその他の多くの農作物の栽培に優れているが，野生植物の採集の伝統は生き残り，もとからある植被のいくつかは残っている．

果実と野菜

ステップとプレイリーで採集されたもっとも一般的で，なおかつ豊富な果実は，野生のバラ科植物の果実であった．その多くは，オランダイチゴ属，ブラックベリーおよびラズベリーなどキイチゴ属，チェリーおよびプラムなどサクラ属，ローズヒップなどバラ属，フサスグリ，グズベリーなどスグリ属の実（スグリ科）など，現在は栽培されているものである．北米プレイリーも，リンゴ，プラム，チェリーやその他多くのみずみずしい果実のように，採集できる野生の果実をもたらしてくれている．そのほとんとが小さくて，現代人の味覚にとっては酸味が強いが，さまざまなビタミン類が豊富である．

106. アメリカハゼノキの花序．他のウルシ属と同様に，その実は北米インディアンにより，レモネードのようなさわやかな飲み物を作るのに使われた．プレイリーやステップの他の果実はジャムやアルコール飲料を作るのに使用され，食べ物や飲み物に甘味を加えるために現地の住人が利用する唯一の砂糖の原料となることもしばしばであった．これらの野生の果実には，糖分（5 〜 15 %），栄養的に重要な有機酸（0.5 〜 2 %），ビタミンC（2 〜 4 mg/g），およびその他のビタミン（B_1，B_2，PP_4）を含有する．現在も用いられている伝統技術だが，この果実を乾燥させることで，冬の間に優れた食材をもたらす．生の果実各 100 g は 40 〜 45 カロリーだが，ドライフルーツにすると 100 g につき 200 〜 240 カロリーである．
［写真：Ken Cole / Natural Science Photos］

107. ヒマワリは北米原産で非常に多様であり，野生種も栽培種もある（写真 128 参照）．ヒマワリやその他の植物の種子を採集することは，多くの平原インディアン部族の昔ながらの活動であった．この写真は，ウィンドリバーインディアン居留地（ワイオミング州）で撮影されたもので，女性たちが昔と同じ方法で種をとっている．ヒマワリの野生種は北米南西部の砂漠の湿った微小生育地にしか生えないが，雑草として東部プレイリー全域に広がっているようである．ヒマワリの栽培種化は，ゆっくりと行われ，広くいきわたってきたようであり，インディアンは，背が高く，単茎，頭状花序（花の房）が少ない頑丈な植物を選んだ．3000 年のヒマワリの栽培種化の形跡は，アリゾナで発見されている．ヨーロッパ人移住者が北米に着いたとき，ヒマワリは北米の多くの地域でインディアンのあまり重要ではない作物であった．栄養価が高い種子はこんがりと焼いたり，ひいて粉状にした．また種子から油を抽出する部族もあった．
[写真：John and Yva Momatiuk / Planet Earth Pictures]

川の近くにある樹木は，クルミ属，ペカン属，ハシバミ属の実，コナラ属のドングリがなり，乾燥したいくつかの地域ではマツ属の実を採集することができた．北米のこのバイオームにあたる地域の南西部にある，もっと乾燥した低地プレイリーでは，プロソピス属が非常に価値のある食糧であった．

バイモ属やユリ科と同様に，野生のネギ属の球根も採集された．また，シモツケソウ属の *Filipendula vulgaris* [*F. hexapetala*]，スベリヒユ科の *Claytonia tuberosa*，バラモンジン，イブキトラノオ，ムカゴトラノオなど，でんぷんを多く含む地下貯蔵器官を持つステップの植物が定期的に採集され，利用された．北米のプレイリーでは，アザミ，イグサや，英国からの入植者に「ビスケットルート」(*Lomatium bicolor*) として知られたセリ科植物，*Psoralea esculenta*（マメ科オランダビユ属），いくつかのオモダカ属，およびいくつかの種類のイグサやホタルイ属を含む多くの植物の地下貯蔵器官が採集され，これらが炭水化物源となった．ヒマワリの種子やいくつかの種類のイネ科草本やアブラナ科の種子も消費された．

サラダとして生で食べられる植物は，ステップの民族の食事の中で重要な役割を果たしている．これには，ギシギシ属（スイバ属，タデ科），ミチヤナギ属（タデ科），ダイコン属やブニアス属などのアブラナ科植物，タンポポ属，ノゲシ属，キクニガナ属などのキク科植物，ハコベ属（ナデシコ科），エゾボウフウ属，ハナウド属，ミツバグサ属などのセリ科植物，サクラソウ属（サクラソウ科）などがある．

香料，香辛料，はちみつを産生する植物

暑い夏には，ステップの大気はさまざまな植物の芳香でいっぱいになる．主に香るのは，新鮮な干草や，シソ科植物（ヨウシュイブキジャコウソウ，*Thymus marschallianus*，*Salvia nutans*，*S. pratensis*），セリ科植物（ニンジン，ノラニンジン，*Seseli* [=*Libanotis*] *intermedia*，ヒメウイキョウ）や，その他のグループの植物に多く含まれる精油である．たとえば，ロシア，ウクライナ，カザフスタンでは，約 20 種類のさまざまな精油がステップの植物から採取され，その量にして年間 2500 トンにのぼる．こうした精油のほとんどは香料に使用されるが，現在は合成化合物に取って代わられつつある．ステップの植物で，もっとも重要な精油の原料となるものは，タイム（イブキジャコウソウ属），セージ（サルビア属），ニンジン，

ショウブである．

香辛料となる植物は，熱帯のみに生えているのではない．これはステップの民族によく知られ，ヒメウイキョウやアンゼリカ（セイヨウトウキや *Angelica sylvestris*）のようなセリ科植物の種子，ヨウシュイブキジャコウソウなどのシソ科植物の葉，オレガノ，レモンバーム，いくつかの種類のミント，そしてオウシュウヨモギやセイヨウノコギリソウなどのキク科植物の葉などを用いて，食物に味付けをしている．これらの植物の中には，ウォッカやベルモットなどのアルコール飲料の製造に使用されるものもいくつかある．たとえば，イネ科のスイートグラスやその他のステップのハーブで風味をつけたウォッカは非常に人気がある．ベルモットも，いくつかのヨモギ類を含め，ハーブを混ぜ合わせたものの抽出液で製造されている．

ギリシャの哲学者デモクリトス（紀元前460～370頃）は，90歳まで生きたが，健康を維持する最良の方法は，花の蜜で内臓を掃除することだと言い，また西洋でアビケンナとしてのほうがよく知られるアリー・アルフセイン・イブン・スィーナ（980年にトランスオクサニアのブハラで誕生，1037年にイランのハマダンで死亡）は，花の蜜を食べると若さが保たれると述べている．ムラサキツメクサ（レッドクローバー）や，シロツメクサ（ホワイトクローバー），マウンテンクローバー，ウマゴヤシ属，シナガワハギ属，セインフォイン（イガマメ属）やその他多くの種類のように，多くのステップのマメ科植物が蜜の原料として高く評価されている．

薬草

ステップとプレイリーは，南北アメリカの先住民やユーラシアステップの遊牧民によく知られるとおり，食用植物の源であるだけでなく，薬用植物も採取できる．チベット，中国，アラブの伝統医学において推奨される多くの植物は，ステップからの草本植物である．チベットの伝統医学で使用される植物の半分以上が，ブリヤートやモンゴルのステップの植物相から得られたものであり，その他のものはヒマラヤの山岳“ステップ”から得られる．アジアのこの地域での幾千年もの経験が，植物を基盤にしたヒーリング科学の創造へと繋がった．

たとえば，チベット医学では，カワラボウフウ属（セリ科）を含め，腫瘍に対して有効な植物ベースの治療がいくつかある．イトヒメハギ（ヒメハギ科）やセンダイハギ属（マメ科）は肺疾患の治療に使用されている．イワベンケイソウは，多くの疾患に使用された．中国伝統医学では，ステップの植物をそれほど多く使用するわけではないが，やはりこれらの特別な治療効果を理解し，党参（キキョウ科植物）を含む植物をよく使用した．この特性はチョウセンニンジン（薬用人参），ショウヨウダイオウ，ウラルカンゾウ（リコリス）と似ている．アラビア医学でも，血管拡張作用がある活性成分アトロピンを果実に多く含有するナス科のマンドラゴラ（マンドレイク）やヒヨスなど，いくつかのステップの植物を使用した．

これらの植物の多くは，西洋の薬局方で公認された活性成分を持ち，これらを含有する製剤はどの薬剤師も手に入る．ステップ産のもので，もっともよく知られる薬用植物は，ロシアでは“99個の病気を治すハーブ”として知られるセントジョーンズワート（セイヨウオトギリソウ），止血（血液凝固）作用があるヤロー（セイヨウノコギリソウ），心臓病や腎臓病の治療に使用されるヨウシュフクジュソウ，肝臓病や胆嚢の疾患の治療に使用されるホタルサイコ属，胆汁分泌を調節するムギワラギク属などである．

タンニンを産生する植物，染料となる植物，繊維となる植物

3000年以上の間，ステップの植物は野生動物や家畜動物の皮なめしに使用されてきた．いまだに，合成されたものに加え，ヤナギ属やコナラ属の樹皮，*Polygonum coriarium*（タデ科）などのいくつかのタデ科植物の根，ギシギシ属の根，ヒマラヤユキノシタ属の *Bergenia crassifolia* やフウロソウ属の *Geranium collinum* の葉など，多くの植物が使用されている．

ステップの植物の中には，染料となるものもある．たとえば，黒は，コナラ属の葉のこぶから，青や緑はホソバタイセイから，赤はセイヨウアカネやシリアンルーから取れる．ステップの植物には，サポニンを含むものがある．これは水中で石けんのような泡を出す物質で，これにはサボンソウ，シュッコンカスミソウ，コゴメビユや，ナデシコ属，センダイハギ属，シナガワハギ属，レンリソウ属などがある．

このバイオームには繊維となる植物が数多く生えている．特にイネ科植物で，これらは紐，

108. **センダイハギ属の *Thermopsis lanceolata* はステップの住人に去痰薬としてよく知られている薬草である．** このマメ科植物は黄色い花を咲かせ，ステップ植生や，ステップを横切る川の砂質の両岸に生育している．写真に写る花は，バイカル湖地方南東部のニジニイシァスツェイの町に近いオノン川の右岸に生えていた．*T. lanceolata* はその属の中で薬効がある唯一の種ではない．ステップに生育する関連種は，すべて相対的に量が多いアルカロイドを含有するため，昔から腫瘍などの多くの疾患を治すために利用されてきた．
［写真：Oleg Kosterin］

ロープ，織物やカゴを作るのに，何千年もの間，使用されてきた．たとえばアルゼンチンでは，パンパのイネ科植物であるシロガネヨシ属の *Cortaderia dioica* が，カゴや紙を作るのに使われる．ユーラシアステップでは，コムギ，オオムギ，トウモロコシ，アワなどの多くの栽培穀草と同様，多くの種類のスゲ属，ヤマアワ属，ハネガヤ属も，カゴを作るために使用される．セントペテルスブルグ植物研究所の博物館には，セイヨウイラクサ，スゲ属，アサや，その他の繊維植物のように，さまざまな植物から作られた織物や衣類の標本がある．ハネガヤ属の *Stipa pulcherrima*，*Stipa longiplumosa*，*Stipa lipskyi*，*Stipa lingua* のように，羽のようなのぎを持つハネガヤは，しばしばロックガーデンのオーナメントとして，またドライフラワーの花束用に *Stipa pulcherrima* が育てられる．*Stipa magnifica*，*Stipa longiplumosa*，*Stipa lipskyi*，*Stipa lingua* など，人目をひくのぎを持つ中央アジアの種類も，ロックガーデンで栽培される．

2.2 ユーラシアステップの狩猟

地形や土壌が大きく異なるステップとステップ森林は，トナカイ，モウコガゼル，サイガ，ノロジカ，アカシカ，ヘラジカ，イノシシなど，数多くの，そして多くの種類の，野生の有蹄類を支えている．これらは，その他の哺乳類や鳥類とともに，狩猟の主な対象動物である．

狩猟

これらの野生動物の狩猟は，常にステップの人々に人気がある活動であった．肉や革を採取するための狩りに加え，ステップの人々は野生動物の狩猟をスポーツとしても楽しんだ．中世には，ステップの多くの遊牧民族グループにとって，狩猟はまだ生きるための主要な手段であった．9 世紀および 10 世紀のアラビア人作家たちは，アジアステップのトルコ人は主に野生動物を食べていたと記述した．アル・ジャーヒズとして知られるアラビアのナチュラリスト Abu Uthman Amr ibn Bahr ibn Manbub al-Djahiz は，トルコ人は野生動物の肉が好きなだけであると書いたが，10 世紀のアラブの旅人アル・マスウーディ Abu' l-Hassan Ali al-Mas Udi の見解では，トルコ人は狩猟以外の方法を知らなかったということである．マスウーディは中央アジアとコーカサスを旅していたが，この時代までは，トルコ人は実際には遊牧民族であり，彼らにとって狩りはメインとなる行為ではなく二次的なものだった．

狩猟の対象となる動物の種類も，ステップ民族のさまざまな文化的伝統の特殊な特徴の影響を受けてきた．イスラム教を信仰する土地では，イノシシを食べることは（したがって狩ることも）禁じられた．無宗教であった時代には，オグズ人，キメク人をはじめとするトルコ民族は，げっ歯類，カラス類，さらにはハイタカまで問題なく食べていたが，イスラム教を取り入れた後には，これらを食べることを止めた．ブリヤ

109. タカ狩りは，ユーラシアステップの遊牧民族によって長年行われてきた． モンゴル帝国の時代には，この絹に描かれた，タカを連れて狩りを行うチンギス・ハンのように，この形態の狩りが非常に広まった．タカ狩りには，訓練されたタカが必要なため，常にお金持ちの趣味であった（第7巻，図182参照）．カザフ人のように，現代にもタカの訓練や競争が大好きな民族もいるが，これは経済的に重要な活動というより，むしろ娯楽のためである．タカやオオタカを伴って狩りを行い，野生のカモ，キジ，ノウサギなどの小さな獲物を捕まえたが，オオカミ，キツネ，イノシシのような大型の獲物はウマに乗って追いかける．イヌも狩りに利用されたが（絵にも見られる），その役割はさまざまであった．たとえばカザフ人は，狩りにも家畜の見張りにもイヌをほとんど使わない．おそらくこれはイスラム教の影響でイヌを不潔な動物だとみなすからだろう．さらに東部のカザフ人の中には，天山山脈のように，プレイリー地帯よりも山が多い地帯で，イヌを連れて狩りをするグループもある．［写真：Archiv für Kunst und Geschichte, Berlin］

ート族やモンゴル族はボバクマーモットの肉を食べ，その皮を利用するが，ステップのイスラム教徒（カザフ族，キルギス族，ノガイ族）はこの動物の肉は不浄であるとみなしている．

狩りの方法

狩りの方法のいくつかは，遊牧民族の生活環境を基盤として確立された．これにはウマの背から見事に打ちとめる方法があり，これはすべての遊牧民族が行っていた．チンギス・ハンの息子の一人であるジョチが命を落としたのは，カザフスタンのステップでモウコノロバを仕留めようとしている最中である．キルギス族は，20 世紀の半ばまで，ウマの背に乗り，イヌを従えて，野生のヤギを狩り続けた．野生の動物は，個人あるいは小グループによってウマから狩られたが，ナチュラリストのアル・ジャーヒズは，狩猟中の，特に，モウコガゼルやモウコノロバを狩る際の技術と耐久力を賞賛した．彼らが使用した武器には，弓と矢，もり，棒などがあったが，トゥバ族はさらに，野生のウマを狩るために，ukriuk（先に投げ縄がついた棒）も使用した．

ステップでは，特別に訓練した猛禽類の鳥（タカ，コンドル，ワシの類）を使って野生動物を狩ることが非常に人気があったため，鷹狩りはこうした文化に特有の手法であった．鷹狩りは遊牧民が現れる以前に中央アジアの広大な土地で発生したように思われるが，最初の記録資料では，突厥の時代（6～8 世紀）にさかのぼる．狩りに使う鳥は主に，マーモット，ノウサギ，キツネのような比較的小さな動物の捕獲に使用された．17 世紀には，カザフ族は野生のウマの捕獲のためにタカを訓練したが，現在でもカザフ族やキルギス族はイヌワシを使って，オオカミ，ノロジカ，マウンテンゴートなどを狩っており，ワシを使ってクマを狩ったという記録さえ存在する．この狩猟の方法は，約 2000 年前にステップからヨーロッパへと伝わった．中世には，鷹狩りは貴族階級に非常に人気が高く，14 世紀から 17 世紀の間には，ロシアの君主がこの狩猟方法を非常に好んでいたようである．

狩猟には多様な武器と道具が使用された．スキタイ人の時代以来，遊牧民族は優れた弓使いであり，飛んでいる鳥を射止めることができた．17 世紀には小火器が使用されるようになり，19 世紀には金属製の罠が広まった．

毛皮のために動物を狩る

特にイルティシ川，ウラル川，エンバ川といったステップを流れる河川流域の森林地帯では，毛皮を得るための狩猟は長年非常に重要であった．そこでは，19 世紀になってもなお，ビーバーやキツネが多く生息していた．遊牧民族は，草原ステップと森林バイオームを持つ森林ステップの間の北部境界地域や，山岳地帯全域でクロテン，マツテン，オコジョなどを狩り，衣類の製造用に販売した．毛皮は中央アジアのオアシスの市場へと運ばれれるのが普通であり，9 世紀にはトルコ系キメク人がビーバーの毛皮をビザンティウムまで輸送した．たとえば，鮮やかな黄色い毛皮を持つさまざまなキツネの皮革は，非常に価値があるもので，オグズ人の首長の服にしか使われなかった．

遊牧民はさらに，トラ，ヒョウ，クマも狩っていた．これらは，イルティシ川流域，アルタイ山脈，タルバガタイ山脈，およびアムダリア川のデルタ地帯など，ステップのいくつかの地域に，最近まで比較的多く生息していた．肉食動物，特にオオカミを狩ったのは，家畜動物に対する危険性を取り除こうという意図があった．19 世紀には，黒海のステップで，オオカミに対する全面的な狩りが計画され，1843 年と 1845 年の 2 回だけで，3000 頭以上のオオカミが殺された．1750 年代には，コサック系ザポリズズヤ人が，毎年 4000 頭分のオオカミやキツネの毛皮をロシアに売った．このことから，この伝統的な行為がいかに重要だったのかがわかる．

2.3　北米および南米のプレイリーの狩り

米国のプレイリーでは，狩りはもはやそれほど重要ではない．しかし狩りは，ヨーロッパ人の入植後しばらくの間の南北プレイリーに住んでいた多くの人々の生活手段であり，こうした民族が追い出されるまでのいくつかの地域における生活手段であった．狩りは非常に文明化されたパンパでいまだに行われているが，主にスポーツとしてである．

バッファローの狩り

北米プレイリーのアメリカインディアン民族にとって，バッファロー（アメリカバイソン）はもっとも重要な動物であり，彼らは生活に必要な資源のほとんどを，バッファローから得て

110. インディアンは主に夏にバッファローを狩った. ウマが導入される前は，バッファロー狩りは全集団で参加した．平原インディアンの生活にウマが入った後には（写真 95，96 も参照），狩りは男だけで行われ，優れたウマを頼みとした．ブラックフットの狩人はバッファロー狩りの特別な訓練をしたウマを所有した．これらのウマは，できるだけバッファローに近づき，矢を放つ音がきこえると場を離れた．こうして，攻撃者に向かって引き返し，ウマや騎乗者が怪我するのを防いだ．ジョージ・キャトリンによって描かれたこの North American Indian Portfolio のリトグラフ（1830 年）は弓，矢，槍を使ったバッファロー狩りの方法は，火器を使用した狩りに取って変わられることは決してなかったことを示す．
［写真：E. T. Archive］

いた．平原インディアンが銃やウマを取り入れる前には，バッファローは徒歩で狩られていたが，これは狩人にとってもっとも危険性が高い方法であった．ウマ（南部平原から）や小火器が入ってきたことにより，狩りはよりいっそう効果的になった．これによりインディアンたちは移動しやすくなった．そのときまでインディアンが所有していたのは運搬用のイヌのみだったのである．

平原インディアンの生活様式は，このようにバッファローを中心に回っていた．男たちがバッファローの皮をはいで肉を切り落とし，女たちがその肉と皮を加工した．肉は，脂肪の少ない乾燥肉を細かく砕いて溶かした脂肪と混ぜた「ペミカン」など，さまざまな形に加工された．また，バッファローの皮を使って，ティピーの屋根や，衣類，靴，狩猟の道具，馬具などを作った．バッファローの骨は針や武器を作るために使用し，歯からは多くの種類の装飾品を作った．

プレイリーには，2 つの種類の採集的狩猟があった．バッファローの群れを輪になって囲み，その地面を打つ方法と，ウマの背から打つ方法である．地面を打つほうがより一般的であり，狩猟参加者すべての正確な協調を頼みとするため，しっかりとまとまる必要があった．動物に近づく際，狩猟者は二手に分かれて動物を囲んだ．二つのグループのそれぞれに命令を下すリーダーがいた．狩りのルールにより，二つのグループが合流するまでは，どの動物にも攻撃してはならなかったが，バッファローを取り囲んだらすぐにでも，リーダーが命令を発して狩猟が始まった．歴史家の中には，平原インディアンの狩りの受け持ち場所の構成は，ユーラシアステップの遊牧民族（モンゴル族，ブリヤート族，トゥバ族）のものと似ており，特に狩りのグループが二手に分かれるところがよく似ていると指摘している人がいる．

ヨーロッパ人が上陸すると，バッファローの大量虐殺が始まった．ステップの境界地域に居住するインディアン女性が縫った上質の毛皮の衣類に大きな需要があった．19 世紀の初頭には，インディアンたちが入植者とバッファローの皮革の取引を行った．女性の手工芸の価値が高まったことによって，裕福なインディアンの間で一夫多妻制が定着した．さらに侵略の際に捕われた囚人が労働力となった．1780 年代にこの取引が開始されると，北部の毛皮商人からの需要が最大に高まった．毛皮商人やインディアンコミュニティに供給するために，各年 10 万～ 30 万頭のバッファローが殺されなければならなかった．毛皮の卸売り業が発展した 1830 年頃にはバッファローは絶滅への道をたどり始め，ヨーロッパを起源とする人々が増加したことにより，殺されるバッファローの数がますます増えた．インディアンの経済や文化にバッファローがどれだけ重要であったのかを考えると，これは彼らにとって完全なる破滅であり，19 世紀の後半にはさらに事態は悪化した．

バッファローの虐殺

プレイリーに居住する農民は自分たちの家畜を連れ，動物たちは放牧のための牧草地が必要だった．生き延びるために，開拓者は耕作するためにも，動物に草を食べさせるためにも，広い場所が必要だった．彼らはバッファローの土地を求めた．インディアンによって行われた控えめな狩りは，莫大な数のバッファローの群れにはあまり影響を及ぼさず，この土地に人が居住したとき，バッファローはなんとかして駆除すべき問題となった．入植者の数が算術的に増えるにつれ，バッファローの個体数は幾何学的に減少した．バッファローの個体数の減少は壊滅的であった．

冬季に生草を食むバッファロー［Erwin and Peggy Bauer / Bruce Coleman Collection］

初期の探検家の日記には，バッファローがいかに豊富だったのかが記録してあった．家畜動物の群れほどに密集したバッファローの群れの間を 320 km 旅したことや，アーカンソー川の両岸のように，今日なら考えられない場所にいるバッファローの群れの間を旅したことを記述した人もいる．ヨーロッパ人が入ってくる前には，7500 万頭のバッファローすなわちアメリカバイソンが，プレイリーで草を食べていた．プレイリーに人が植民した最初の 1 世紀の間は，開拓者たちは約 4000 万頭を駆逐し，次の半世紀に残り半分のほとんどすべてが殺された．記録によれば，鉄道会社によって輸送された獣皮は，1868 年には 150 万頭分，1872 年には 700 万頭分，1874 年には 300 万頭分と記録されており，これが殺戮の規模をリアルに認識させてくれる．1889 年までには，北米の各プレイリーを合わせて，野生のバッファローはわずか 800 頭ぐらいしかいなくなっていた．このような短い期間でこれほど大量の大型哺乳動物が駆除された例はない．

プレイリーで生草を食むバッファロー（アメリカバイソン）の群れ［Jim Brandenburg / Minden Pictures］

ひとつの解釈として，基本的な原因は人間の自然な狩猟本能であり，攻撃にさらされやすい空間で静かに草をはむ大型動物の大群は火器の標的になりやすかったために，極端な事態がひき起こされたのだと説明された．バッファローの個体数がわずかに回復すると，これらを対象とした研究により，バッファローはその体重と大きさにもかかわらず，時速 50 km のスピードで走り，いかなる危険からも難なくかわして疾走できることが判明した．すべてのウマがバッファローに追いつけるわけではなく，ましてや背中に人を乗せていれば追いつけはしなかっただろう．さらに，ほかのほとんどのステップやプレイリーの動物と同様に，バッファローは非常に嗅覚がすぐれ，火器の射程距離よりはるかに遠い 2 km 離れた敵を察知できる．したがって，バッファローの狩りは，見掛けほど簡単ではない．しかしながら，開拓者たちは必要に駆られていた．そしてもしも「狩猟本能」が存在したなら，これは野生のウマ（ムスタング）などのほかの草食動物に向けられていたはずだが，実際は 19 世紀の人々には，計画的に狩猟を行った人は少なかった．このことから，計画的な狩猟が莫大な数のバッファローが消えた主な原因であるということは非常に疑わしい．

提起されている解釈がもうひとつある．バッファローの絶滅は，激烈であるが，まったく意味のない虐殺であるということである．それは多くの事実によってはっきりと裏付けられた解釈である．たとえばこれは，1820 ～ 1865 年の間に，レッドリヴァー（カナダ，マニトバ州）が，年平均 17 万 6000 頭のバッファロー（一人あたり 55 頭）を殺したとの報告からわかる．1 頭あたり約 27 kg の乾燥肉が取れるため，これはすべての男女，子供に対して，年間約 1.5 トンの乾燥肉ということになり，彼らが食べることができたと思われる量の少なくとも三倍以上である．これよって，バッファロー 3 頭に 2 頭は，楽しみのために殺されたとの結論が導き出せるかもしれない．そしてこれは，多くの報告書に，バッファローの舌のみが利用され，残りの大きな体は無駄に捨てられたと記述されているという事実によって裏付けられる．さらにこれは，実は人々がおもしろがって汽車からバッファローを撃ったという歴史的な記録事項として知られているが，実際の解釈は多少違っている．

記録によれば，レッドリヴァー植民地の 3140 人の開拓者たちは，1820 年に，540 台の荷馬車を持つバッファロー狩猟遠征隊を組織した．これは，ほとんどすべての成人男性労働者が，楽しみのためのバッファロー虐殺に出かけるために，自分の分野の必要な作業を放棄したということを意味しているのだろうか？　もっとも適当な答えは，彼らはそれを，穀物の害虫に対処するのと同様，彼らはそれをすべきことだと考えたということである．

James H. Moser が 1888 年に描いたバッファロー猟師．ここではバッファローは無抵抗な動物として表現されている．［Peter Newark's Western Americana］

1870年の版画に見られるスポーツとしての列車からのバッファロー狩り
［Peter Newark's Western Americana］

1870年頃のダッジシティ（米国）でのバッファロー皮の集積
［Peter Newark's Western Americana］

プレイリーの主な個体数を構成した7500万頭のバッファローは，年間約4億500万トン（乾燥重量），1頭につき約6トンの草を消費した．プレイリーの一次生産は1 km^{2}につき約600トンである．したがって，バッファローが止めどなく草を食べれば，プレイリー約270万km^{2}の植物生産の1/4を消費したということである．プレイリーは，バッファローに加え，約4000万頭のプロングホーンや何千匹という飢えたげっ歯類を支えたため，これらが草を食べることも非常に大きな圧力をかけた．入植者は単純にこれらすべてと競争できなかっただけである．

有蹄動物が1年365日食べ，植物は6ヶ月間しか生育期間がないため，このような多数の草食動物をプレイリーで放牧させた負担は莫大なものであり，一見して不可能に思われる．心に留めなければならないことだが，プレイリー1 km^{2}が，バッファロー28頭，プロングホーン15頭を支えたのだということを数字が示している．バッファロー1頭は，草本植物を年間6トン（乾燥重量），プロングホーンは800 kg食べるため，それらの有蹄動物は草本植物を1 km^{2}につき170～180トン（乾燥重量）消費したに違いない．

プロングホーンやバッファローがいったんこのシーンから消されてしまうと，この草本植物は家畜が食べたのだろうし，あるいは土地が耕されていたに違いない．これは，バッファローがすべて1世紀とたたないうちに殺されてしまったという事実を無いものにするわけではないが，しばしば提起されるとおりに，これこそが，狩りは楽しみのために行われたのだという考え方を止めさせるのである．そうであったにしても，東アフリカのサヴァンナを今でも闊歩しているまだら模様のヌーの大群のように，バッファローの大群がプレイリー中を自由に歩き回る光景は，二度と再び見られないのが現実である．

111. パンパスインディアン文化と最も典型的に関連がある仕掛けの一つがボーラである. このインディアンは，スペイン人にケランディ(Querandi)，あるいは単純にパンパスインディアンとして知られ，このTheodr Götzによる着色された絵に見られるように，ボーラは大型動物や鳥を狩るために彼らに一番好まれた武器であった．ボーラはこぶし大の玉で，石や，時には金属で作られており，革で覆われ，1 mの長さの革ひもの先に結ばれていた．これらの石は一人，または三人のグループで，スピードをつけるために狩人の頭上で回され，獲物の足に向かって投げられ，これが足にからんで逃げるのを阻止した．18世紀初期までに，野生のウマはめったに見られなくなりはじめ，パンパスインディアンはこの武器の新しい利用方法を見出し，燃えた藁で覆ったボーラで私有地を攻撃して家畜を盗んだ．
［写真：Archiv für Kunst und Geschichte, Berlin］

プロングホーン，その他の古今の狩猟動物の狩り

1880年代にバッファローが事実上消滅したということは，インディアンたちが，アカシカ，オジロジカ，プロングホーンのように，ほかの大型哺乳動物をより集中的に狩らなければならないということであった．プロングホーンは，非常に好奇心の強い動物で，最初の入植者はこの性質を利用してこの動物を彼らの火器の射程距離までひきつけた．狩猟者が布きれを棒に結びつけてそれを揺らすと，プロングホーンが何だろうかと近くによってくる．このために，プロングホーンは狩りやすい標的のままであった．プロングホーンの数は，19世紀中ばには数百万頭いたものが，1920年には約1万3000頭に減少した．しかしながら，保護計画が助けとなって，プロングホーンの数は約50万頭まで増加している．

バッファロー，プロングホーン，そしてその他の有蹄動物が少なくなったために，平原インディアンが入手できる食料資源が制限されてしまったため，彼らは特定の鳥類が取れるということを頼みにするようになった．ほかの大型の狩猟対象動物が減少すると，大型で数が多く，肉の質が高いホソオライチョウ，アオライチョウ，エリマキライチョウのよう種類が重要な食料源となった．

南米のパンパでは，バッファローほど大型の有蹄動物は棲息していなかった．インディアンたちにとって狩猟はあまり重要ではなかったが，彼らは狩りを行っていて，主に彼らが羽を珍重していたアメリカレアを捕獲していた．レアの狩りには，ボーラを使用した．ボーラとは，テニスボールサイズの1対の玉を回しながら投げるもので，正確に投げると，獲物の足にからまったり，首の周りに巻きついた．パンパにおける狩猟は，現在では主にスポーツのために行われ，アカシカ，野ブタとして知られる野生に戻った家畜のブタ，そしてビスカーチャのような輸入種が主な対象であった．もっとも広範囲に狩られた原産種は，ビスカーチャやさまざまな種類のカンムリシギダチョウである．

水鳥の狩猟

インディアンは，水鳥を捕まえる機会は少なく，繁殖シーズンの間のみであった．この季節には，卵やまだ飛べないヒナを獲るのが簡単であるし，羽の生え変わる時期の成鳥を見つけられた．ときどきアヒルを狩ったが，それほど多くはなかった．ある地域では，春の間，それほど長くはない間に，多くの水鳥が島に巣を作るため，卵の採集が重要であったが，これは継続的な活動ではなかった．バッファローが消滅した後でも，また肉を必要としたにもかかわらず，平原インディアンには，豊富な水鳥を狩るものがほとんどいなかった．一方，これらの鳥はヨーロッパ人にとっては価値ある食料で，水鳥の狩猟は彼らが好む娯楽の一つであった．19世紀初頭までには，ハクチョウの羽の売買が大きな商売となっていた．毎年，皮も含めて幾千羽分のハクチョウの羽が輸出された．この大半がナキハクチョウであった．羽や卵の売買はアメリカシロヅルや南カナダの平原のナキハクチョウの多くを排除したが，狩猟はほかの種類の水鳥にはあまり影響を与えなかった．水鳥は，プレイリーが大きく姿を変え，このためにその生息地の多くが消えた19世紀後半になってはじめて減少し始めた．

スポーツや生活のための水鳥の狩りは今後続いていくと考えるのが妥当であり，管理目標にはこれを考慮に入れなければならない．野生生物の保護に努める組織と農業文化社会のいずれにも難題がある．これらの鳥類が穀類に与える損害を解決するという問題である．しかしながら，水鳥が直面している主な問題は生息地破壊が進行していることである．土地所有者に，これらの鳥類やその他の野生動物の必要を考慮するよう奨励するためには，なんらかの誘因が必要である．

2.4　漁業

ユーラシアステップには，魚が豊富に生息する川や湖が数多い．これらの水域の近くに住む人間のグループはほとんどすべてがそこで漁を行ってきたし，アメリカのプレイリーやパンパの川や湖，その他の水域でも同じことが言える．

ユーラシアステップにおける漁業

驚いたことに，中世アラビアの著作家によると，漁業は遊牧民族の典型的な活動であった．アンダルシアの地理学者アル・イドリィースィー（1100～1166年）は，テュルク系キメク人に関して詳細に記しており，彼らが米，肉，魚を食べ，釣り針や網を用いて豊富な魚を獲っていたと述べた．テュルク系オグズ人について述べた著作物は，漁業で生活するものもいて，主に黒海沿岸やアラル海およびバイカル湖の湖岸に住む定住者あるいは半定住者がそうであることを示している．

18世紀および19世紀には，ほとんどすべての遊牧民族・半遊牧民族が魚を獲った．古代より，漁業はバイカル湖の湖岸やセレンゲ川の下流域に住むブリヤート人の経済の支えのひとつ

112. **チョウザメ**やその他の魚**の捕獲**は，ヴォルガ川の三角州における大切な経済活動であるが，この漁獲高が，水力発電所の貯水池建設以来，大きく減少してきた．魚は，産卵以外の時期にはカスピ海の深部で暮らすが，夏になるとそこを離れて産卵のためにヴォルガ川をのぼる．その時期に，チョウザメが捕獲される．チョウザメの肉は食用で，ヒレはアイシングラス（一種のゼラチン：にかわ）を作るために用いられる．しかし，最も有名なチョウザメ製品は断然その卵（はらこ）であり，塩漬けされ熟成させられて，キャビアとして売られる．ヴォルガ産チョウザメの卵からできるものは，最高の値打ちがあるキャビアの種類の中に入る．
［写真：Bomford & Borrill / Survival Anglia / Oxford Scientific Films］

113. パンパを流れる川の岸沿いには魚を売る多くの露店がある. この露店（アルゼンチン，サンタフェ）は，パラナ川で獲れた魚，すなわちドラド（列の両端），ピンタード（中央と右側），ピアバーラ（真ん中）を売っている．皮をはがれたコイプーもある．コイプーは専門家の市場において貴重であり，そこではヌートリアとして知られる．こうした露店は，常に牧畜地帯として知られてきたパンパの住民に関連がある典型的なイメージの中には入らない．同じことがステップとプレイリーのバイオームのほかの地域にあてはまった．そこには牧草地が豊富で，水流は短くて断続していることが多く，たくさんの魚類相を保持することができないのである．大きな水流に近い村だけが，漁を主要な活動にしてきた（写真 112 参照）．さらに北米のパンパとプレイリーのいずれにおいても，漁業は地元の住民の食生活に豊富なたんぱく質をもたらしてきた．
［写真：Ramon Folch / ERF］

であった．モンゴル人は，ほかの遊牧民族とは違い，漁業を拒否した．魚に対するこの姿勢は，ある意味，生物を殺すことを禁じる仏教の規範に関連している可能性がある．このように魚を拒絶したにもかかわらず，この大きな湖（フヴスゴル湖，ブイル湖，フールン湖）の周辺や，魚が豊富なオノン川やヘルレン川の両岸に住むモンゴル人は，飢饉の年には魚を食べた．フヴスゴル湖の地域に住んだ別のグループのモンゴル人は，20 世紀まで，漁業を伝統的な活動として行っていた．彼らの漁師グループ（アルテリ）は，網を仕掛けて魚を獲った．彼らは，獲物の一部を食べ，一部は家畜のために乾燥させ貯蔵し，冬の間はこの乾燥させた魚を少しずつ与えた．

もっとも大きな獲物はローチ，ゴールデンオルフェ，ヨーロピヤンパーチ，ノーザンパイクなどである．漁業は，ヨーロッパステップの大河，特にヴォルガ川の下流域では重要な活動である．そこでは，チョウザメ類（オオチョウザメ，ロシアチョウザメ），インクヌー，およびカスピシャッド（カスピアロサ属）など，多くの非常に価値がある種類が捕獲される．

北米および南米のプレイリーにおける漁業

プレイリーやパンパのインディアンでは，わずかなグループしか定期的な漁業を行わなかった．彼らは条件が好ましい場所では魚を獲ったが，漁業はインディアンの経済や生活様式，あるいは魚の数にあまり影響を及ぼさなかった．

しかしながら，魚釣りは，現在はかなり重要である．パラナ川やラプラタ川の下流域の湿潤なパンパでは，漁獲高が高い．多様な魚類相は，大陸の大規模な熱帯河川の魚に関連がある．ドラド，ピアパーラ（ボガ），サバロ，ペヘレイなどの捕獲と販売を基盤に，魚釣りと結合させた船舶漁業もある．これらの魚は，スルビン（ピンタード，タイガーショベルノーズキャットフィッシュ），レッドコロソーマ，あるいは *Oxydoras kneri* など，パラナ川やウルグアイ川の中流・上流に典型的なほかの魚とともに水揚げされている．

3. 牧畜と農業

3.1 草原とその開拓

遊牧性の牧畜業者は，自分たちの家畜に永続的かつ安価に餌を与えるためにはステップが優れた場所であることをよく知っている．なぜなら，ステップが非常に肥沃であるからである．家畜を自然の牧草地に連れていって放牧させれば，余分な世話や高価な餌の補充の必要がないため，家畜小屋に入れた場合の 1/5 ～ 1/10 しかコストがかからない．1 単位面積あたりの家畜の産出力は家畜小屋の家畜の方が高いため，これはすべて相対的である．

世界のウシ，ヒツジ，ウマのほとんどが，ステップで飼育されているが，家畜育成はバイオームの全てで同じ方法で行われているわけではない. より乾燥したステップとプレイリーでは，ほとんどの土地が牧畜に使用されているが，湿潤な地域は主に乾燥作物，特に穀類の耕作に利用されている．北米の短茎草本プレイリーの半分以上が，現在放牧に使用されているが，高茎草本プレイリーはほぼ 90 % が，現在，単一作物の栽培に使用されている．短茎草本プレイリー地域の多くや，混交プレイリー地域のいくつかは，乾地農業には不適当である．しかしながら，湿潤プレイリーでは，栽培するのに非常に好ましい条件であるため，もともとの自然牧草地は散在する断片でしか残っていない．

草原と放牧

家畜に食べさせるために使用する土地は，放牧できる牧草地と，草原とに分けられる．放牧できる牧草地は，通常，イネ科やマメ科の草本種や変種またその他の家畜が好む植物，および時に人が播種した種から構成されるのが普通である．これらの牧草地は，灌水および肥料が与えられることもあり，侵入してくる「雑草」は通常は枯らされる．本当の草原は，自生のイネ科草本，マメ科草本，広葉低木，およびその他、人の手を介さずに野生で育つ植物から構成されている．草原は，家畜と野生動物のいずれにとっても優れた食料源であるし，娯楽や水資源の調節など，他の目的にも使用できる．

ウシは主に草原で草を食べるが，ヒツジは低木や灌木も食べる．草本植物や広葉低木が豊富な牧草地は，ウシの単独より，ヤギやヒツジの組合せのほうが適している．牧養力（その土地が支えることができる 1 単位面積あたりの動物の数）を知ることは，需要と一致した食物供給を確実にする管理手段の一要素である．したがって実際には，春の生長の開始時期や牧草地に圧力がかかる時期には，ウシを放牧させておくべきではない．家畜に食べさせる牧草地の生長を速めるような条件である場所（草の生長が遅くて一定でないステップではまれである）では，土地を区画に分け，ある場所で家畜を放牧し，ほかの場所を回復させる価値がある．

耕作された牧草地は非常に生産力があるかもしれないが，しばしば湿気が多すぎ，石が多すぎ，勾配が急すぎて耕せない場所で見い出されることになる．こうした不都合な条件にもかかわらず，乾燥飼料の収穫は年間 1 ヘクタールにつき 10 ～ 15 トンである．このような収量の高い牧草地の牧養力は，1 年の大半の時期で，1 ヘクタールにつきおとなのウシ 2 ～ 3 頭ぐらいで，多くのヒツジの 4 ～ 5 倍である．したがって管理は，家畜が必要とする食物量と，牧草地の量や質とが確実に一致するよう注意することから成り立ち，牧草地が干ばつや冷害のために生長しない場合には，補足的なエネルギーとタンパク質を供給しなければならない．飼料の量は，肥料，灌漑，雑草抑制を改善することや，飼料植物の改良品種を植えることによって増やすことが可能である．人工的な牧草地は，植物が過剰放牧や生産性の低下によるストレスで老化したり枯れたりした場合に，新たな種まきを行うことが可能な気候条件をもつ場所に設定されることが普通である．

干し草の刈り取り

世界のステップやプレイリーがもたらすもっとも価値ある植物資源は，長年にわたり，そし

114. ヘンティー山脈（モンゴル中央部）で，**刈り取った牧草を**乾かすために**広げている若い農夫．** 牧草はこの地域の牧畜社会にとって重要な資源であり，収穫が乏しいと大きな経済損失となる．ステップの植物はタンパク質，アルブミン，脂肪が豊富で，砂漠の植物より塩分が少なく，森林やツンドラの植物よりセルロースが少ないので家畜に適している．よく調整された干し草は，ビタミンや必須アミノ酸（バリン，ロイシン，リシン，メチオニン，フェニルアラニン）も豊富で，干し草1トンは，品質が乏しい干し草2，3トンと同じ価値がある．干し草の栄養価は，植物が違えば化学組成も変わるので構成する植物の栄養価に左右される．イネ科植物には塩分（7.7％）と脂肪（2.9％）が少ない．一方でマメ科植物にはタンパク質（18.4％）とアルブミン（14.1％）が多い．これはアブラナ科植物と同様で（それぞれ20.4％，13.4％），アブラナ科植物は塩分（14.0％）の含有量が多い．
［写真：Stephen Pern / Still Pictures］

ておそらく現在も，干し草である．人間が野生動物を家畜化し始めて間もなく，それが新しい問題を生み出した．牧草地がない場合（すなわち干ばつの時や，雪が草原を覆う冬季間），どのように餌を食べさせるのかである．気候が比較的温暖で雪がないステップ地域（東アジア，中央アジア，アルゼンチン，南アフリカ，ニュージーランド）では，家畜は1年中草を食べることができ，干し草にするために牧草を刈り取る必要はない．ロシア，ウクライナ，カザフスタンのステップ，およびモンゴルや北米のいくつかの孤立した地域になると，干し草を作ることがより一般的である．

ヨーロッパロシアとウクライナの北部ステップでは，干し草は主に，イネ科植物（ウシノケグサ，イナゴツナギ，カモジグサ，オオアワガエリ），マメ科植物（シャクジソウ，ウマゴヤシ，シナカワハギ），そして春や初夏に生長するその他いくつかの草本植物（サルビア）で構成される．アジアロシアのステップでは，干し草畑は，イネ科植物（ノガリヤス，エゾムギ，カモジグサ，ウシノケグサ，ハネガヤ），スゲ属，キク科植物（ヨモギギク類），そしてその他の草本植物が優占している．ユーラシアの南部ステップでは，干草は春に湿った低地で生産され，夏には湿地が干上がった場所やソロンチャク土で作られる．干し草を準備する際には，休閑地からも収穫されるのが普通だが，ここの干し草にはステップのものよりも雑草が多く含まれる．

動物の群れが，ステップとプレイリーの草原に生えるすべての植物を食べるわけではない．トクサ，キンポウゲ，セリ科の多くの有毒な種類，不快な匂いがあるもの，そしてその他の食べられないものがある．乳牛に与える植物性食品の成分は，生産されるミルクの品質，味，匂いに影響を及ぼす．その他，シソ科植物，キク科植物，セリ科などの植物は，高濃度のグルコシド，アルカロイド，あるいは精油を含み，干し草の成分には良くない影響を及ぼすが，ステップで草を食べる群れは，通常はどの種類が食べられるのかを知っている．

草を1年ごと，あるいは定期的に刈り取ることは，植生の植物相の構成や発達に決定的な影響を与えるため，刈り取りには，明確に性質が定義づけられた特別な種類のグループを選ぶようになってきた．これは生長シーズンが始まる時期や，干し草が刈り取られる前に，素早く生長し，開花し，種をつける時間がある日和見主義の草本植物，あるいは生長シーズンに素早く生長し，冬に入って最初の霜が降りる前に種をつける種類の場合もある．これらは目立って丈が短く（丈が短いために鎌で刈り取れないということである），風や水や動物によって常に種子が到達するおかげで存在が維持できている．

全世界の，自然の草原地帯は減少しつつある．これは粗放農業が集約的農業に取ってかわられつつあり，干し草の生産が，特別な肥料散布技術や精選された株の種子を使用して飼料植物を栽培する方法に取ってかわられつつあるためである．生産は自然のステップやプレイリーよりも高いが，より多くのエネルギーや資源を投入する必要もある．多くのステップのイネ科植物や，その他の草本植物が，チモシー，ヒロハノウシノケグサ，オオウシノケグサ，オーチャー

115. オガラ帯水層は，水に侵食されたロッキー山脈からの堆積物として，何百万年もかけて形成された現在の北米の南西プレイリーの地下に砂礫や砂として堆積してきた．これらの堆積物が不透水性の岩盤の上に多孔質層を形成し，雨や雪解け水を蓄積した．この地域の最初の農民たちが作物（主に穀類）に水をやるためにこの水資源を利用したが，1950 年代になって現代の科学技術を用いた大規模な開発が始まった．これによって，降雨や水流により回復できるよりもはるかに多量の水を引き出すことができた．20 年後，あきらかに無尽蔵の地下水面は 3.5 m 低下したが，この傾向は，より良い水の管理やより適切な技術により（降水量の増加に助けられて）減速した．しかし，テキサス州とカンサス州には，帯水層からいまだに多くの水を汲み出し続けている場所もある．
［地図：IDEM，複数の情報源による］

ドグラス（カモガヤ），ムラサキツメクサ，シロツメクサ，ムラサキウマゴヤシ（アルファルファ），シロバナノシナガワハギ，キクイモ（エルサレムアーティチョーク）などの飼料植物の祖先である．現在ステップにおける多くの植物育種場が，大量の種子を生産しているが，特に，人工牧草地の播種や産業によって破壊された土地の回復に利用される飼料植物が多い．

今日のステップとプレイリーの草原

ステップバイオームは現在，ユーラシアの自然草原の約 3 億 2000 万ヘクタールを占めている．もっとも広い地域が，モンゴル，カザフスタン，中国である．ウクライナでは，人工牧草地と自然牧草地の 460 万ヘクタールが 250 万頭にのぼるウシを支え，さらに広大な牧草地があるカザフスタンでは（1 億 5000 万ヘクタール），ウシが 900 万頭未満，ヒツジとヤギ 3600 万頭いる．モンゴルでは，ヒツジが，群を抜いて多い家畜動物であり，1 億 2500 万ヘクタールの牧草地が 2000 万頭のヒツジとヤギ，200 万頭のウマ，および 200 万頭のウシを支えている．ロシアでは，家畜に食べさせたり干し草として刈られたりする人工牧草地が約 5000 万ヘクタールを占め，ほかの先進国と同様に，動物の飼料やかいばの使用を基盤としている牧畜業もある．ロシアにおけるヒツジとヤギの総数は，6000 万～ 6500 万頭で，ウシは約 5500 万～ 6000 万頭いる．

カナダでは，プレイリーと牧草地は現在約 2000 万ヘクタールを占めており，約 1300 万～ 1400 万頭のウシを支えている．米国は，最大数のウシとヒツジを抱えている．ウシは 1 億 1700 万頭で，そのうち 5900 万頭がプレイリー地帯にある州に住み，ヒツジは約 1310 万頭で，そのうち 430 万頭がプレイリー地帯がある州に住んでいる．東部プレイリーでは，すべての家畜が人工牧草地の草を食べたり，乾燥飼料，サイレージ（乾燥していない飼料），穀類が与えられている．西部プレイリーでは，家畜は自然の牧草地で草を食べ，干ばつや厳しい積雪があったとき，あるいは授乳期間や肥育期間など，必要が高まったときに，耕作した牧草地のみで食べさせたり，乾燥飼料や穀類を食べさせる．

東部プレイリーのさらに生産性が高い人工牧草地の牧養力は，通常 1 ヘクタールあたりの動物数で表現し，西部プレイリーの自然の牧草地の牧養力は，動物 1 頭あたりの面積（ha）であらわすのが普通である．西部プレイリーでは，家畜が使用できる生産量は，通常，1 ヘクタールあたりおよそ 1 ～ 3 トンかそれ以下で，もっとも生産力が高いのは川に近い地域である．モンタナ州，ワイオミング州，サウスダコタ州およびノースダコタ州の混交プレイリーでは，ウシや仔ウシを支えるのに約 9 ～ 10 ヘクタールの牧草地と，若干の乾燥飼料と穀類が，1 年を通じて必要とされている．コロラド州，オクラホマ州西部，テキサス州西部の短茎プレイリーでは，ほぼ2倍の広さの面積が必要とされるが（18～20ヘクタール），一方，ネブラスカ州，カンザス州，テキサス州東部～中央部，およびオクラホマ州に残る高茎プレイリーでは，その半分しか必要とされない（4～5ヘクタール）．

ウシやヒツジだけが，プレイリー地帯で草を食べる家畜ではない．ヤギも130万頭以上いて，そのほとんどすべてがテキサス州にいる．またウマ，ラバ，ロバが60万頭，「野生の」ウマが約5万頭，半家畜化したバッファローが5万頭以上である．その他の野生動物も多数おり，ミュールジカやオジロジカも含め，シカが800万頭以上，プロングホーンが約50万頭（米国内と世界の合計の90％である），アメリカヘラジカが24万頭である．

ラプラタ川流域のプレイリーにおける放牧圧も強い．ウルグアイは農業と牧畜両方のために使用している極端な例である．アメリカ大陸で唯一，市街地を除くすべての土地が農業か牧畜に利用されている国である．ウルグアイは大半が平坦で波丘地外観を持ち，その約80％が草原で覆われている．残る20％は，主に南部に位置する土地で，農業に利用されている．ブラジル南部の広々としたプレイリーには，アルゼンチンと同様に，大規模な牧畜の私有地がある．ラプラタ川流域のほぼ9000ヘクタールのプレイリーには，現在約1億頭の家畜がいるが（ウシ5700万～6000万頭，ヒツジ約3600万頭），これはすなわち，この地域，特にアルゼンチンに，世界で第4位か5位の数の家畜がいることを示している．

ニュージーランドは，小さいが，やはり多数の家畜がいる．約1400万ヘクタールの草原があり，これは人工の牧草地や，ヨーロッパから持ち込まれた植物に侵略された草原に覆われて，ヒツジが約7000万頭，ウシが約900万頭いる．ここでは，アルゼンチンのパンパや，新しい土地の農業移植がヨーロッパの草原管理システムの適用につながった他の土地すべてがそうであったように，景観と植被が劇的に変化させられてきた．

3.2　重要な家畜動物

ステップとプレイリーは，人間がはじめて草食動物を家畜化するという最初の試みを行った場の一つである．植物性の食品が利用できるということは，野生の有蹄動物が長い間同じ場所にとどまるということであり，このために最初の未開民族たちが狩猟経済から比較的簡単な動物の家畜化へと変化できたのである．野生動物の群れを追って人間のグループが行った旅は，最終的に遊牧に取って変わられた．

ウマ

ウマは速くて便利な輸送手段で，荷を引く動物として優れていて，肉，ミルク，皮，そして尾やたてがみから長い毛がもたらされる．遊牧民族は，ウマなしではいられなかった．たとえば，カザフスタンでは，19～20世紀の間には，ウマがすべての家畜数の約13％を占め，いくつかの孤立した地域では，36％を占めていた．1983年には，ウマはモンゴルの家畜総数の28％以上を占めていた．

ウマは，雪の下に埋まった食料さえ，ひづめで地面を蹴って雪をかくことによって見つけることもできる．これは，牛飼いにとっての良いガイドでもある．ウマが同じ場所で雪をかき続け，他を見向きもしないなら，ウマが何らかの牧草を発見したのだとわかるのである．ウマは群れ生活のための知覚が非常に発達している．ウマの群れが突発的に強い冬の嵐に襲われたら，彼らはまず自然の避難場所を探すし，見つからなければ群れを構成するウマたちが三角陣を組む．ウマはオオカミから身を守る方法も知っていて，（モンゴル族やカザフ族のような）多くの遊牧民たちは，時には夜間でさえ，牧夫の保護をつけずにウマの群れを放牧した．そうではあっても，その大きさやその他の性格により，ウマは比較的難しい動物である．なぜなら，放牧のためには広い場所が必要であるため，頻繁に移動しなければならないからである．

ラクダ

ユーラシアステップには，フタコブラクダが棲む．これはおそらく5000～4500年前に，おそらくイラン北部のどこかで家畜化された．その後，4000～3500年前に，メソポタミアや黒海の北部沿岸のステップから，モンゴルまで広がった．中世の時代には，フタコブラクダが生息するステップ地域は劇的に減少し，最終的にはカザフスタンからモンゴルまでの地域に限定されたが，15～19世紀の間には，ロシアのボロネジの町の近く（モスクワの南，約

116. グリーン山脈（ワイオミング州）で，**投げ縄でムスタングを捕まえているカウボーイ．** 19世紀には，推定200万頭のムスタング（野生馬）がいた（84～87ページ参照）．現在は，約50万頭と思われるが，米国西部にはまだいくつかの群れが見られる．カウボーイはウマと密接に関わり，家畜の群れを管理する必要性の結果として行動を開始した．その数は，何千頭ということも多く（写真143参照），19世紀末にはプレイリーを占めていた．家畜を世話する各カウボーイは，夏を通じて8～14頭のウマが必要なので大牧場には数百頭のウマがいた．ウマはよく訓練されていて，群れから1頭のウシを引き離したり，素早い回転や素早い動きが可能で，騎乗者が降りたときには，つながなくても必ず同じ場所にとどまっていた．カウボーイの乗馬の才能，特にブロンコに乗る能力が，最初のロデオショーを生み出した．
［写真：John Eastcott & Yva Momatiuk / Planet Earth Pictures］

450 km）にラクダが生息していた．カザフ人は，トルクメン人と同様に，雄のヒトコブラクダと雌のフタコブラクダをかけあわせて作った雑種のラクダの体力を非常に重要視した．19世紀後半と20世紀初頭には，ラクダはユーラシアステップの総家畜数の約4％を占め，いくつかの地域では13％に達した．さらに最近のデータによれば，たとえば1983年にはモンゴルで，ラクダが総家畜数の6％以上を占めたことが判明している．

ラクダは，荷物を引かせる役畜として優れた動物で，いったん家畜化されると，フタコブラクダはすぐに荷車を引く仕事につかせることができる．3000～2000年前に，ユーラシアと北アフリカのいずれにおいても，ラクダは役畜として広く使用され，現在でも，モンゴルでは荷車を引くラクダを見ることが多い．現在は，乗用として広く使用され，さらにミルク（14～16か月の授乳期間には雌のラクダ1頭でバケツ40～80杯），毛（年間1頭につき4～8 kg）が取れるし，屠殺した後には，肉や脂肪も利用される．たいへん丈夫であまり手がかからないことが利点である．暑さや寒さのいずれにも耐えられ，10日間も食料や水なしで済ませることができる．塩水で間に合わせることができ，速く歩き，200～300 kgの重さに耐える．主な不都合は，雪の下の牧草を見つけることができないということである．

ウシ

ウシは1年の多くを家畜小屋に住まわせなければならず，歩くのが遅いため，牧牛には遊牧よりも定住生活様式が適している．しかし遊牧者たちは，ウシを放棄しなかった．なぜなら，ウシは豊富な肉とミルクを生産するからである．約8か月続く授乳期間には，ウシはバケツ45～60杯も産出する．さらに，モンゴル拡大中（13世紀）には，雄ウシはユルトを運ぶ荷車につながれて，役畜として利用された．19世紀後半および20世紀初頭には，ダークハットモンゴル人が，雄ウシに載せられるだけのものをすべて積んだ．カザフスタンでは同じ時期に，ウシは全家畜の12％以上を占め，29％に達する地域もあった．1983年には，モンゴルでは，ウシはまだ総家畜数の29％を占めていた．

ウシは，非常に手がかかる．雪の下の牧草の見つけ方を知らないし，群れで生活することがあまり得意ではなく，一定の監視下に置く必要がある．さらにウシは，牧草地をあまり上手に利用しない．草本植物やイネ科植物の先端は食べるが，あとは残してしてしまう．古代の遊牧民は，貧しくてウシに草を食べさせるために移動できない場合には，家畜小屋で飼わなければならなかった．したがって，ウシを飼っているということは，半遊牧経済であることを示していると考えられる．

ヒツジとヤギ

ヒツジは肉，獣脂，革，毛を産出し，順応性があり，手がかからず，非常に生産的である．ウマは牧草地に20ヘクタールが必要だが，ヒツジは5～7ヘクタールで済ますことができる．従順な動物で，群れに従う傾向があるため，

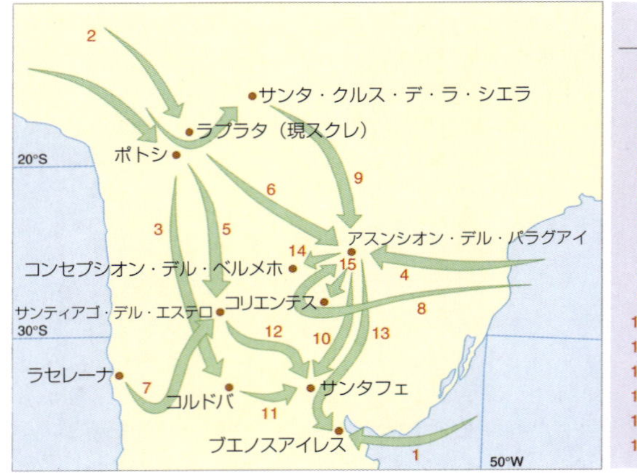

	年	導入者	家畜
1	1536	ペトロ・デ・メンドーサ	ウマ
2	1538	ペトロ・デ・アンスレス	ウマ
3	1542	ディエゴ・ロハス	ウマ
4	1542	アルバル・ヌニェス・カベサ・デ・バーカ	ウマ
5	1549-50	フアン・ヌニェス・デ・プラド	ヒツジ，ウマ
6	1550	ヌフロ・デ・チャベス	ヒツジ，ヤギ
7	1552	フランシスコ・デ・アギーレ&フアン・ペレス・デ・スリータ	ウシ
8	1555	ペトロ・デ・ゴエス	ウマ
9	1568	フェリペ・デ・カセレス	ウマ，ヒツジ，ヤギ
10	1573	フアン・デ・ガライ	ウマ，ヒツジ
11	1573	フアン・デ・ガライ	ウシ，ウマ
12	1576	フアン・デ・ガライ	ウシ
13	1580	フアン・デ・ガライ	ウマ，ウシ，ヒツジ
14	1587	アロンソ・デ・ベラ・イ・アラゴン	ウマ，ウシ，ヒツジ
15	1588	フアン・トッレス・デ・ベラ・イ・アラゴン	ウシ，ウマ，ヒツジ

117. アルゼンチンへの家畜の導入．これは16世紀にはじまり，農業とともに牧畜業は現在アルゼンチン経済の基盤である．表は，16世紀に行われた導入，すなわち，責任者名，動物の種類，および場所を示している．最初に導入されたのは，新しく発見された陸地を横断するために探検家たちが必要とした馬であった．16世紀中期にはじめて，ウシ，ヒツジ，ヤギが導入された．ヒツジの数は急激に増え，19世紀の後期までには，ウシがもっとも重要な肉と肉製品の源となった．
［地図：IDEM，複数の情報源による，1985年］

放牧させやすい．ヒツジは，塩水も飲めるし，冬には寒さに耐え，雪が10～12 cm未満の深さなら，前足で雪を払って牧草を見つけることができる．19世紀後半および20世紀初頭には，カザフスタンで，ヒツジは総家畜数の60％を占め，75～80頭に到達する地域もあった．モンゴルでは，1983年には，ヒツジがまだ総家畜数の60％を占めていた．

授乳期中（4～5カ月間）には，ヒツジは20～25リットルのミルクを産出する．さらに年に2回，毛刈りされ，羊毛が2～2.5 kg取れる．ヒツジを飼うことの不利点の一つは，移動が遅いことである（草を食べさせながら陸路で0.6～1.2 km/h，草を食べなければ1.5 km/h）．移動が遅いため，ヒツジは水が飲める場所から4～5 km以上は離れられないと推定される．ヤギもステップに住むが，あまり生産的ではない．

ヤギは，必要とする食べ物が単純な，手がかからない動物だが，ヒツジほどの肉や毛はもた

118. 毛糸と食肉を目的として，1850年頃に**パンパで大規模な羊の飼育**が始まった．パンパに定住した最初のスペイン人は主にウシやウマを育て，これによって広大な地域を自在に歩き回ることができた．19世紀中頃には，ヨーロッパの移住者が数多くパンパに到着しはじめ，このために人口が急激に増え，牧羊がますます重要になった．鉄道が牧畜をさらに後押しし，1857年以降に，肉を沿岸地域まで長距離輸送したり，輸出したりすることができた．これにより，パンパは世界で最も重要な牧畜産業の中心地の一つとなり，食肉製造を専門とした．
［写真：Robert Van der Hilst / Gamma］

らさないし（第5巻Ⅲ－3章参照），肉やミルクや毛の品質は良くないと考えられている．

3.3　遊牧性牧畜と定住性牧畜

遊牧性牧畜は，ユーラシアステップで発生した，草本生態系の均衡を破壊しない独特の方式である．この方式は，バイカル湖のステップや，モンゴルおよびカザフスタンのステップで20世紀の半ばまで続いた．このタイプの牧畜は，7000～5000年前にステップで発生したようであるが，このことはすべての研究者に受け入れられているわけではなく，これより前にヨーロッパで発生していたと示唆する人もいる．カザフスタンのステップやヴォルガ川中流域の森林ステップに新石器時代の種族による牧畜活動の形跡が発見されているが，考古学者によってこれは8000年前あるいは7000年前のものであると推定されている．しかしながら，最終的には遊牧性牧畜は，4000～2000年前の間に，徐々に定着していった．

ステップにおける牧畜の季節的周期

冬は，寒さと雪によって家畜に草を食べさせるのが難しくなるため，遊牧者にとってもっとも厳しい時期である．このため，昔から牧畜者は，風から身を守ることができる険しい地形の場所で冬を過ごすことを選んだ．このように冬を過ごす場所は，通常は南方にあり，比較的暖かかった．カザフスタン北部では，冬の野営地は森林ステップの北部に据えることが多い．そこでは森林が防風林となり，風よけになってくれるのである．冬の牧草地に求められる重要な点は，雪があまり深くまで（10～12 cm）積もらないことである．そうでなければ，動物が雪を掻いて草を食べることができないからである．これはつまり，雪が長いこと地面を覆っていない牧草地帯は，非常に価値があるということである．冬の野営地は，さらに水を入手しやすい場所でなければならないし，人間にとっては，焚き木が手に入る場所を見つけることも重要である．

カザフ人とキルギス人は，どの年の冬も，同じ場所で過ごした．モンゴル人は，冬の間にも

119. 牧畜業者にとって最も大変な冬の脅威は，土壌表面の凍結した雪の層（ジュト）である． これは，雨や，短期間の暖かい時期の雪解けで雪が湿り，その後また凍結したもので，土壌があまりに厚い雪の層に覆われるために馬がひづめでかいても壊れない．ステップの昔の遊牧民は，この種類の霜が6～12年ごとという周期性を伴って現われ，しばしば広大な面積を覆うことを発見した．氷の層のせいで，動物は草に到達することができない．これはアルタイ山脈（中国新疆ウイグル自治区）で牧草を探そうとしている写真の動物に生じているのと同じで，過去には多くの家畜の間に死を招いた（50％以上）．これを防ぐために，遊牧民たちは斧で氷を割り，シャベルでこれをばらまいたが，氷が厚いとあまり効果がなかった．
［写真：Sarah Errington / The Hutchison Library］

移動を続けたが，夏ほど頻繁ではなかった．自然と気候の条件によって決まるモンゴル人の生活様式の特徴である．モンゴルの多くは，高度がとても高い位置にあり，冬の強い風が雪を方々に吹き散らすために，地面に積もらない．つまり，動物たちは食べ物を容易に見つけることができるということである．しかしながら，カザフスタンでは，雪が深く積もるために移動することがたいへん難しく，カザフ人たちは場所を移動せず，冬の野営地で3～6ヶ月間過ごすのが普通である．

夏もたいへんな季節である．冬を乗り切るために必要なたくわえを，動物たちが蓄積する時期なのである．家畜たちは，脂肪の蓄積を作るために十分な食べ物が必要である．したがって夏の放牧場所は広くて生産的でなければならず，遊牧民は，綿密な放牧地のローテーションに従うことで，この問題を解決した．実用的かつ合理的な考えに基づいて論理的に連続していく遊牧民の旅は，とても統制がとれているため，毎年営まれなければならなかった．19世紀後半に，カザフ人の生活を研究していた学者が，遊牧民のそれぞれの家族グループ（aul）が，その年のその日にどこにいるのかを予想することが可能であると記した．夏には，遊牧民は休むことができたが，積み重ねてきた遊牧に関わるたくさんの仕事は，いまだに相当なものである．夏の間のもっとも大変な仕事は，動物のために水が飲める場所を探すことである．

春と秋の放牧場所は，夏と冬の放牧地を結ぶルートの途中にあるが，植生のタイプが異なる．雪が解け始めると，遊牧民たちは急いで冬の野営地をはなれるため，家畜たちは，次の冬に頼みの綱となる植物層は食べなかった．春には，群れが弱まり，新たに生まれた若い家畜が速く移動する群れについていけないため，あまり急いで移動しない．一般の経験によれば，ヒツジやウシの出産にもっとも適した時期は4月であった．なぜなら，気候が暖かくなり，新鮮な植物や，雪融け水あるいは川の水が豊富にあったからである．遊牧民は，春には，主に若い動物の世話や，毛刈りや，1日に何回も行う搾乳，そして日常生活に必要な多くの物の準備に，大きく尽力しなければならなかった．

とても短い秋には，遊牧民たちは冬の放牧地に急いで移動しなければならなかった．旅の速度は，夏の野営地と冬の野営地の距離によって異なった．群れが冬の野営地に近づくと，前年の冬には深い雪に覆われて草が食べられなかった場所で放牧された．秋には，さらにたくさんの仕事があった．冬の野営地に到着する直前に，動物の多くが殺され，肉が用意された．ヒツジには二度目の毛刈りを行い，その後，雌ウシと交尾させなければならなかった．冬のシーズンのために，焚き木をたくわえ，貯蔵場所を準備する必要もあった．最初の雪が積もると，遊牧民たちは決まった冬の牧草地へと移動した．

冬には特に，家畜は種類に応じて別々に放牧された．動物たちは互いの進路に入り込むため，一緒に放牧させることは有効ではなかった．大型の動物（ウシ，ラクダ，ウマ）は自分のひづめで雪に深い穴を残し，これらが硬く凍結して，ヒツジが草にありつくのが困難になるのである．小型の家畜動物は，見つけるものは何でも食べるため，ヒツジがすでに食べてしまった場所で他の動物を放牧しても意味がないのである．このため，異なる家畜動物は，別々に放牧されたのである．ひづめで雪を掻く方法を知らないウシやラクダは，雪ですっかり覆われてはいない区域に連れていかれた．積雪があまりに深くなったら，ショベルで除かなければならなかった．ウマは一番離れた場所に連れていかれ，野営地に近い牧草地はヒツジやヤギのために残しておいた．これは，カザフ人が，冬の野営地にウマを入れるとほかの動物にとって良くないと考えたためである．したがって，ヒツジ，ヤギ，ウシ，ラクダは，固定的な冬の野営地の周辺に放牧し，毎晩，囲いに戻ってきたが，ウマは牧草地から牧草地へと動きっぱなしで，時には1日に50 km移動することもあった．ウマの群れは，冬の野営地から北に200 km以上離れた夏の放牧地にしばしば連れていかれた．秋の雨の後，これらの場所は，ふたたび丈が長い密集した草本に覆われ，夏には水が氾濫していたり受け付けられなかったりした場所や，あまりに遠かったり，あまりに不便だったり，水がなくて利用できなかった放牧地でさえも利用できた．

ステップにおける定住性牧畜の採用

遊牧性の牧畜においては，放牧の方法は，一カ所の徹底的な活用を基盤とし，その後別の場所に移動したため，牧草地が回復できた．そのようなわけで，放牧のサイクルは数年，あるいは数十年続くこともあった．遊牧民のグループは，家族あるいは村全体で移動し，これがバシ

120. カザフ人はさまざまな乳製品を手に入れる． クルト（qurt）と呼ばれる乾燥チーズや，バシキール人，ブリヤート人，ヤクート人などの他の民族にも作られている飲み物であるクミス（kumiss）など．クミスは発酵させたロバの乳から作られ，大きな革の袋に入れて貯蔵される．乳に加え，家畜はステップの遊牧民にその他多くの製品をもたらしてくれる．肉は最も重要な食材の一つである．遊牧民は飼っていた動物の肉（イヌをのぞく）を食べたのであり，ウマを用いて今でも価値が高いソーセージを作った．さらに動物たちは牧畜民にフェルト（ヒツジ）や繊維（ヒツジとヤギ）を作るウール，そして皮や毛をもたらした．皮は衣類やさまざまな種類の物，特に液体を入れる容器を作るのに広く利用された．ウマの毛はスキタイ人によって弓のつるを作るために利用され，カザフ人やその他の民族は，それを楽器に用いた．たきぎが手に入らない場所では，家畜動物，特にウシの糞が今でも燃料として使われている．
［写真：Stephen Pern / Still Pictures］

コルトスタン，カザフスタン，モンゴル，新疆，そしてシベリアのいくつかの地域で生き延びる遊牧民の生活方法であったが，地域によってわずかな違いはあった．高度が低い山や中位の山では，草が放牧に対応できるようになると大きな群れ（主にヤギとヒツジ，ウシはまれ）がある場所から別な場所へと移動する季節移動を基盤とした移牧と似た放牧方式の中で，遊牧性牧畜は，ユニークなものであった．この遊牧民の放牧戦略は，米国では，「車輪上の遊牧」に変換されてきた．これは，春と初夏に，牧草地のどこに栄養価が高い草が生えているのかによって，雄の仔ウシをある場所から別の場所に移動させることを基盤とするものである．結果的に，家畜の成長速度と肉の品質が優れたものになる．

技術の進歩はさらに，牧畜経済に新しい需要を生み出している．農学的手法によって，ステップとプレイリーの自然植生が元に戻ってきた．多くの地域では，今では畑での飼料植物の栽培のほうが自然草原を利用するよりも重要である．しかしながら，遊牧民は各地域にもっとも適した植生の種類と同様に，野営地においてさえも，放牧の新しい形を見つけようとしてきた．自由放牧（野生または半野生）は，利用を調整するいくつかの方法に取って代わられ，一時的に囲い（飼育小屋）に入れ始めたり，羊小屋での飼育にしている．

自由で非体系的なステップの自由放牧に代わるものとして，17 世紀に，囲い地のローテーションを基盤にしたシステムが（ウクライナおよびロシアで）用いられるようになった．これは基本的に，柵によって牧草地を多くの独立した区画（16 ～ 24）に分けるというものである．

馬の背中の生活

ウマは，遊牧民の，ステップ生活の危険や困難を分かち合う最良の友である．オグズ族の叙事詩「デデ・コルクトの書」では，ウマに乗る者がウマに話しかけ，「私は君をウマとは呼ばない．君のことは兄弟と呼ぼう」と言うのである．ウマを飼育したことで有名なウズベクのロカイ族は，父親や祖父たちが，自分たちの乗用馬を，妻や子よりもいかに大切に思っていたのかを20世紀半ばになってもなお思い出せたことだろう．ステップに住む人々にとって，美しいウマを所有したいという願いはあまりに強かったため，それが欲しいと考えながら，一生を過ごしたのかもしれない．他の動物を盗むことは非難されたが，馬泥棒は大胆な偉業であるとみなされた．

ローマの歴史家アミアヌス・マルケリヌス（紀元4世紀）は，アラン人（古代スキタイ人）は小さな子供のときに乗馬を習い，歩くことは不名誉なことであると考えたのだと書いた．アラビア人学者で，アル・ジャーヒズとして知られた‘Uthman’ Amir ibn Bahr Ibn Mabbub al-Djahiz（紀元9世紀）は，これを裏づけ，「トルコ人は地上にいるよりウマの背ですごすほうが多い」と記した．1000年後，ロシアの東洋学者ラードロフ（V. V. Radlov，19世紀）はこのように観察した．「アルタイ人は，うまく歩けない．非常にゆっくりと，足を引きずり，よろよろしながら歩くが，ウマの背に乗るや否や，彼のふるまいは一変した．ウマに乗ると，彼は適所にいると感じ，目つきはより和らぎ，姿勢はぴんと真っ直ぐになる．新しい血が彼の血管を流れているようだ．ウマと乗馬者は，ひとつになるのである」

馬上の弓射手，スキタイ人青銅像（紀元前2500年）
［Ancient Art and Architecture Collection］

騎手が描かれた 13 世紀モンゴルの陶器
[Ancient Art and Architecture Collection]

新疆（中国）での馬上のカザフ人家族
[Sarah Errington / The Hutchison Library]

良いウマであるためには，走るのが速くなければならなかった．これは，人気がある物語や叙事詩の中にはっきりと表れている．英雄が乗るウマは常に矢のように駆け，騎乗者が戦いに参入するときには，乗馬の訓練と技術に直接左右された．主の命令に従うウマは，乗る者の力を倍増した．戦士が落馬させられると，ウマはその傍らに立って主を守った．長旅の際には，遊牧民はしばしばウマを二頭したがえ，一頭が疲れると，地上に足を下ろさずに，もう一頭のウマに飛び乗ればよかった．鞍の下にはいつも肉片が置かれ，ウマが駆けると肉が柔らかくなるしくみであった．このためウマは，戦争と平和のいずれにおいても不可欠であったし，ウマに必要なのは週に一掴みの大麦だけであった．

ウマは常に崇高さと力のしるしであり，シンボルであった．カザフ人の間では，裕福な人は「atkamner」として知られた．これは「ウマに乗る人」あるいは「紳士」という意味である．ステップに住むすべての人々の夢は，銀のペンダントで輝く洒落た馬具で，自分のウマを飾ることである．これは長年の倹約的な生活の象徴であった．礼儀作法のルールの中にもウマと密接に関連したものがあった．高齢者や社会階級の高い者への尊敬のしるしとして，ステップの人々は，ウマを手綱でひいて歩いて彼らへ近づいた．したがって，たとえばカザフ人はハーンのユルトに近づくときには，決してウマには乗らず，歩いてゆく．

スキタイの黄金製帯状髪飾りに彫られたペガサス（翼をもった馬）（紀元前 2600 年頃）
[Muséum Archéologique, Chatillon-sur-Seine / Giraudon]

ウマの競技はステップの人々の生活の中で重要な役割を担った．ウマの競走はカザフ人が好んで見るもので，一族のどのようなお祝いごとでも催された．ウマがゴールに近づくと，みな前に殺到してウマの尻をたたき始めたし，荒っぽい人たちはゴールに突進していって参加者の周りに人だかりを作った．トルクメン人は，数日の間，勝ったウマを行進させ，部族のほかの人たちにウマを見せて知らしめた．中央アジアで非常に人気があったほかの競技には，**kukpar**（カザフ語で“**kokpar**”，ウズベク語では“**uloq**”）というものがあった．これはウマに乗る者が大勢参加して，ヤギの死骸を争奪するものであった．**kukpar** は荒々しく過酷な戦いで，怪我や損傷をまねくこともしばしばであった．カザフ人は優れた技術を要する競技も好んだ．ウマが小走りしている間に，騎乗者は体を曲げて地面のコインをひろいあげなければならない．これは非常に難しく，最熟練の騎乗者でさえウマから落ちることもありうる．ウマの背に乗って戦うことは，現在でもキルギス人の間で非常に人気がある．隣国の民族を攻撃していたユーラシアステップ

モンゴルの鞍
[Stephen Pern / The Hutchison Library]

の遊牧民生活の特徴のひとつとして，女性もウマに乗るということがあった．アマゾネスの古代伝説（伝説的な女性戦士の種族）は，特にギリシャ人の関心をひいたが，これはそもそもその戦士が女性であり，ウマに乗っていたからであった．ヒポクラテス（紀元前5～4世紀）は，たとえ女性が荷馬車で暮らし，男性が常にウマに乗っていても，彼らの生活様式はスキタイ人女性がみなウマの乗り方を知っていることを示していると書いた．女性にとって，ウマに乗ることは，これらの民族が広範囲に移動した時期に，非常に広く行き渡ったというだけでのことあった．

遊牧民には，ウマに関する多くの信仰と伝説があった．たとえば，男性が雌馬に乗ることは不名誉なことであり，ウマと騎乗者は，同性でなければならなかった．アフガニスタンからバシコルトスタン（バシキリア）まで，湖や小川に住み，家畜馬の祖先である魔法のウマの伝説があった．遊牧民はさらに tulpar と呼ばれる，翼のあるウマの存在を信じていた．トルコ民族の叙事詩では，英雄とそのウマの特別な関係性がつねに強調されている．ウマは乗るものの忠実な伴侶であり助手であるばかりか，先見の明があったため，擁護者であり，管理者であり，賢い助言を与える者でもあった．

ウマはさらに，晩年，主に尽くさなければならなかった．スキタイ人やサカ人は，貴族をウマとともに埋葬した．これはステップで10世紀まで続いた習慣であった．ウマは同じ墓穴には埋められなかったが，重要なことは，彼らが晩年にともに暮らしたということであり，特別な儀式を行ってこのことを確かなものとした．最も身分の低いステップ居住者でもウマなしで移動することができなかったが，神に仕えるものであり，人間の世界と神の世界の媒介者であるシャーマンにとって，歩いて移動することは受け入れがたいことであった．このため，シャーマンはウマの背に乗り，上界・下界の世界の精神への架空の旅を行った．他の誰にも見えないウマの背であったが，ウマとシャーマンは，非常に重要だったのである．

カザフの騎乗ゲーム
[Sarah Errington / The Hutchison Library]

Bayan Olgiy
[Vanessa S. Boeye / The Hutchison Library]

121．伝統的な牧畜の変化遊牧性から定住性へは，それまでの遊牧性の牧畜民の生活を変えたが，モンゴルの牧畜民による典型的なウルガ（urga）など，家畜育成の技やノウハウのいくつかを残している．ウルガは，写真の騎乗者が使っているような，長い棒の先端についた投げ縄である．これは搾乳，畜殺，焼印のために，群れから一頭を離すのに大いに役立つ．この種類の投げ縄は，小型のモンゴル馬に乗る際にはほとんど必ず利用されるが，住民が定住するようになると重要性を失ってきた．ステップの遊牧民は，新鮮な牧草地を求めて移動を続ける中でこれのおかげで群れを追うことができたため，かつては非常に重要であった．
［写真：Stephen Pern / The Hutchison Library］

各区画は1シーズンにつき2～4週間，家畜に食べさせる．このローテーションは，春に植物が8～10 cmになると開始される．区画の1/3が食べられると，最初の区画の草はふたたび8～10 cmの高さになり，家畜はそこに戻って新しい若葉を食べる．それから動物はまだ食べられていない区画に連れていかれる．放牧期間は最後の区画が食べられるまで続く．今日では，長茎プレイリーやステップ草原など，比較的多湿な地域の草本の質を改善するために，干し草の一部が収穫される．

放牧のプロセスを通じて，利用できる草本の有用性，入手しやすさ，および量はさまざまである．5月中の家畜の体重増加を100％とみると，6月の体重増加は88％，7月は78％，8月は65％，9月は58％，10月は35％である．生長期間には，植物飼料の栄養価は大きく低下するが，これは植物原料が二酸化珪素（動物の歯を弱らせる）やセルロース（消化するのに多大なエネルギーを要する）など，一連の有害物質を含有するようになるからである．今でも自然のステップやプレイリーが存在する国では，放牧改善の取り組みは，放牧に役立つ飼料の利用効率を高める方向に向かっている．

通常の家畜放牧に必要とされる牧草地の面積や囲いの数を正確に計算するには，次の情報が必要である：放牧期間の長さ（通常は，180日～250日），必要な飼料の量（家畜1頭あたり2～3トン），および生産量（1シーズンに2～3トン/ha）．たとえば，比較的多湿な北部ステップでは，ウシ100頭の群れは平均200～400ヘクタールの牧草地を約20区画に分割する必要がある．乾燥ステップにおいては，同数の家畜は300～900ヘクタールを約30区画に分割する必要がある．人工牧草地では，高い生産性があるため，各家畜あたりの必要面積は小さい（一頭あたり1～1.5ヘクタール強）．

平原インディアンのウマの飼育

平原インディアンは約3世紀にわたってウマの飼育を行った．インディアンは，独自の放牧・管理方法を生み出し，冬季間には特別なケアをした．彼らの牧畜は粗放的で，ウマは1年を通じて野外で草を食べたが，牧草地を拡張する可能性は限られていた．18世紀には，遊牧民による牧畜がプレイリー全体に広まり，土地は区画され，異なる民族間，そして時には単一民族内の異なるグループ間で分配された．

牧草地を得る必要性が，闘争や移住の動機となった．ユーラシアと同様に，遊牧生活は季節周期的で，気候がよい期間を通じて行われた．インディアンたちは，ふつう森や低木林の，川や小川に近い場所に置かれた常設の野営地で冬を過ごし，雪が激しくてウマが飼料を得られないときには，インディアンが木の伐採後に貯蔵してあるポプラの樹皮が与えられた．冬は苛酷で，多くのウマが痩せたり，死んだりしたが，春の牧草地で，再び体重を取り戻した．そのほとんどのウマを所有していたインディアンであるコマンチ族は，ウマの肉を食べ，皮を利用し

122. インディアンには，野生の動物を捕まえる技能を獲得した部族があった． ウマを捕らえるブラックフットインディアンが表現されたジョージ·カトリンによる版画．ウマがプレイリーに導入された後（図 95 参照），インディアンたちは急速に優れた馬術家になり，なかでも，このことによって伝統的なバッファロー狩りの伝統的な方法を放棄し，馬上から狩るようになった（図 110 参照）．とりわけブラックフット族とシャイアン族はウマの捕獲のプロであり，次のような方法を用いた．騎乗者が群れに入り，何頭かのウマを分離させ，それからウマを降りて，選んだウマを自分の足で追いかけた．この狩りの方法を観察して注意深く描写したカトリンによれば，野生のウマはまっすぐには走らず，左にそれるため，狩人はそれを遮って近づくことができた．驚いたウマは再び逃げ，ウマとインディアンはこのようなことをおそらく1日中続けていたのだろう．ウマは最後に消耗して怯えるので，インディアンはこれを利用して投げ縄を首に投げかけた．インディアンが飼っているウマを使わずに「プレイリーのムスタングよりも速く走って」野生のウマを狩る様は，カトリンの言葉では「驚くべき光景」であった．
［写真：Archiv für Kunst und Geschichte, Berlin］

ていた．

インディアンは，各部族から，最高の雌馬と雄馬を選ぶことで，より良いウマを繁殖させた．彼らは2種の特別な品種を作った．ピント（まだら馬）とアパルーサである．これらは，訓練用，乗用馬としての訓練用，荷物の運搬，イヌが引くよりも大きなそりを牽引することなどに優れていた．米軍高官がインディアンを抑えようとしたときにウマの群れを壊滅しようとしたという事実から，これらの動物が平原インディアンにとってどれほど重要だったのかをうかがい知ることができる．植民地化により，純粋な牧畜業者になることは阻まれたが，彼らはすでにこの道筋をたどり始めていた．

北米プレイリーの入植者による牧畜

17 世紀には，ニューメキシコやテキサスのスペイン系入植者が，南部の平原に牧畜を伝えた．実際には，おそらくウシやウマは最初のヨーロッパ人入植者より早くにプレイリーに到達していたのだろう．このバイオームは，大型の草本植物に覆われた平原が最も野性的なインディアンにしか住めない不毛の荒野だと考えられた時期には，使節団やプレイリーのはずれの私有地から逃げた動物にとって生きやすい環境であった．リオ・グランデ川とサンアントニオ川に挟まれた現在のテキサス南部であるプレイリー南端では，18 世紀と 19 世紀に大規模な家畜農場が出現し始めた．米国の入植者は，19 世紀の初期にテキサスに到着し，すぐにスペイン系メキシコ人の数よりも多くなり始め，スペイン系メキシコ人の牧畜の伝統と，北米人の開拓精神や辺境文化とが，実りある融合をとげた．この融合が伝説に名高い「カウボーイ」——家畜を管理し，プレイリーの大規模な私有地である牧場の世話をする馬乗り——を生んだ．

この後，カンザスのプレイリーのほうがテキサスのプレイリーよりも鉄道に近いために，カンザスのプレイリーが利用されるようになった．最初は家畜を越冬させるために使用されただけだったが，後に，バッファローが絶滅させられ，インディアンが脅威ではなくなってからは，永続的に使用された．その後，コロラドやその他の北部州のプレイリーが利用されるようになった．1870 年代は，他の多くのものが北部地方プレイリーに入ってきた．1870 年には，シカゴに初の缶詰肉の工場が作られ，缶詰製造によって牛肉の需要が高まった．この時期，牧牛民に続いて，牧羊を行う人や，農業を行う最初の移民がプレイリーに住み着いた．1874 年に有刺鉄線が発明されたことで，農民や牧畜民は自分たちの所有地をうまい具合に隔て，家畜の群れが互いに混ざりあうことや，家畜が畑に入ることを防いだ．また，このときまでにはプレイリーの特徴だった移動可能性が低減し，そのためそれが何年もの間，争いのもととなった．

1880 年代は，プレイリーの牧畜の発展においてきわめて重要であった．政府から与えられた土地を耕しに来る入植者の新しい波が起こってプレイリーの土地をさらに減らすことになっ

123. キャトルトレイルを通ってテキサスからアビリーンまで移動している光景．1866年以降，牧牛者が，米国北部や北東部の大都市の市場に，キャトルトレイルを通って，セデーリア，カンザスシティー，アビリーン，ドッジシティー，エルズワースなど，鉄道網を用いて群れを移動させた．ウシは，五大湖の東にある大都市のと殺場に輸送され，雄の子牛はコーンベルトの農場で太らされた．キャトルトレイルは，ときには1500 km以上で，カウボーイたちは，困難と危険に直面した．「長距離ドライブ」では，1868年から1871年までの4年のうちに，150万頭のウシがアビリーン（カンザス州）へ到着できなかった．しかし1870年だけでも，約70万頭のウシが，約5000人のカウボーイに導かれてアビリーンに到着した．
［写真：Peter Newark's Western Americana］

ただけでなく，同時にこの要素がプレイリーへの決定的な植民という問題をももたらしたようである．初めての大規模な砂塵あらしが1880年の春に発生し，新たに利用し始めた土地に侵食が起こり始める兆しとなった．このことが，ニューメキシコのリオ・グランデからアイオワのミズーリ川の両岸にわたる広範囲な土地に影響を及ぼし，1885年～1886年の寒冷な冬がカンザスやオクラホマの数万頭の畜牛を死に至らしめた．それに続く春と夏（1886年）は，モンタナ，ワイオミング，ネブラスカやテキサスの西部が，暑くて乾燥していた．7月までには牧草はわずかしか残っておらず，家畜は飼料不足で弱った体で冬を迎えた．1886～1887年の冬はさらに状態は悪化し，降雪量が非常に多く，気温は零下50℃まで落ち込んだ．その間，気温がゆるむ期間を幾度かはさんだことで，雪が解けてその後に再び凍結してしまい，家畜が

124. 産業化した家畜育成業は，テキサス州（米国）における主要な経済活動で，もう一つが石油採掘である．テキサス州が独立し，後に米国と結びついたとき，ウシの牧場は急速に増加し，巨大なものもあった．南北戦争（1861年～1865年）が肉と革の需要を高め，戦争の終わりには，テキサス州には約500万頭のウシがいた．テキサスのほとんどが今でも家畜育成に利用されているが，このアマリロ西部の牧場のように，集約的である．
［写真：François Gohier / Ardea London］

雪の下の草を見つけることが完全に阻まれた．春が訪れたときには，グレートプレーンズの家畜は30％以上失われ，場所によっては90％にものぼった．

とにかく，牧畜がカナダのプレイリーの北端に広がったのと同じ時期に，あまり好ましくない地域は穀物栽培が牧畜に取って代わり始めた．現在，粗放的な牧畜はプレイリーの西端の地域，つまりアルバータとテキサスの間のロッキー山脈の麓に集中している．これまでのロングホーン種（クリオロ種）のウシは，寒冷な冬や乾燥した夏に耐えうる，顔が白いヘレフォード種などの英国産のショートホーン種に取って代わられている．米国のトウモロコシ生産地帯（コーンベルト）（およびプレイリー地帯の新しく灌漑された地域で1945年以来成長してきた混合農業）には，特にワイオミングやコロラドからニューメキシコにかけての西端部の草原に，いまだに多くの牧場があり，4歳未満の雄牛を食肉用に売れるようになるまで飼う．

南米のパンパの牧畜

16世紀のアルゼンチンパンパは，ヨーロッパ人がアメリカで発見した最初の草原地帯の辺境であった．ブエノスアイレスの創設者ペドロ・デ・メンドーサに同行したドイツ人傭兵Ulrich Schmidelは，ラプラタ川に近い地域を旅する間（1534～1554年）に報告を書き，1567年にフランクフルトで出版された．彼の記述によれば，遠征隊は72頭の雌雄のウマとともに到着し，1535年のクウェランディ・インディアンによるブエノスアイレス破壊から何頭かが逃れた後に，急速に数が増えた．50年のうちに（1585年までに），推定8万頭が，完全に野生化するか，再建された町の郊外に生存していた．1573年にフアン・デ・ガライによって畜牛が輸入され，すぐにパンパは政府所有の畜牛でいっぱいになった．ほどなくして，ウマやウシの狩りが始まった．

羊毛の輸出禁止令など，スペイン王によって課せられた貿易の障壁は，独立によってすべてなくなった．ブエノスアイレス州の南部に，肉の塩漬け工場が無数に設立された．これらを所有したのは，穀物栽培や牧畜を営む大規模な地域を所有，あるいは管理する地主や企業であった．フアン・マヌエル・デ・ローザ（1829～1852年）の長期にわたる独裁期間に，ヒツジの改良種を育てようとした私有地の多くが消滅した．これは動物を監視する人員が不足していたことや，迷い出たヒツジをまとめるためのウマが不足していたために，多くのヒツジがいなくなったためである．1860年までに，ふたたび農業が盛んになった．これはちょうど，産業革命後で，先進国において農業が放棄されていた時期のことであった．

1850年～1875年の間には，ブエノスアイレス州でヒツジの数が大きく増加し（コルドバ，サンタフェ，エントレ・リオスではそれより増加が少なかった），ヒツジの生産がウシの生産を上回った．1845年に鉄条網の柵が初めて使用され，家畜利用の増大により畑の価値が高まったため，一般的に使用されるようになった．ブエノスアイレス州の地方人口が増加したが，これはヒツジの生産が次第に盛んになったため

125. ウシの皮をはぐガウチョのグループの写真． 19世紀の後期に撮影された，ガウチョもウシやヒツジの大群を監視する馬乗りで，プレイリーのカウボーイのパンパ版であった．彼らは，最初の移住者の子孫で，インディアンの血も混ざっていることも多かった．また，パンパの広大な乾いた平原を，家畜の群れに付き添い（しばしば何千頭というウシ），厳しく寂しい生活を送った．彼らはインディアンたちとつきあい，彼らを食い物にした地主に立ち向かった．彼らの典型的な服装は，帽子，ポンチョ，ウエストで結ぶズボン（chirip），革のブーツで構成された．武器として銀の柄がついたナイフ（ファコン）を携帯したが，インディアンの投げ縄を使用することを学び，これを動物の群れを管理したり，狩ったりするために活用した．
［写真：Hulton Getty］

でもある．家畜を飼育する土地や穀物畑が柵で区切られたので，ウシやウマを狩ることが過去のものとなり，羊毛の生産は食肉製造と一緒にされるようになった．これがすべて，ラプラタ地域のすべての国における経済発展と人口増加をみちびいた．同時に，コルドバ，サンタフェ，エントレ・リオスの土地の区画は，ヨーロッパからの移住者に居住地として譲渡された．

鉄道が建設された後の1870年頃，パンパではさらに目立った変化が生じた．ウシの改良種が導入された（ウルグアイにヘレフォード種，アルゼンチンにショートホーン種やアバディーン・アンガス種）．缶詰肉はヨーロッパに輸出することが可能であったし，肉の輸出は最初の冷凍設備開発の後押しで増加した（1882年）．冷凍設備は，羊肉のために初めて使用されたが，1880年代に急速に広まった．羊毛生産には優れているがブエノスアイレス南部の低湿パンパにはあまり適さないメリノ種のヒツジは，食肉生産により適した種類で堅い牧草に順応するリンカン種に取って代わられた．19世紀の終わりまでには，ヒツジの数は約7500万頭でピークとなり，もっと良い牧草地を必要とする他の種類がより重要になった．メリノ種は，冷凍室がなかったパタゴニアのやせた亜砂漠へ移された．

1887年に，アルゼンチン辺境の整理統合と拡大により，同国に畜牛の需要が高まった．畜牛は，植民地建設に最適な家畜である．なぜならウシは長距離を歩き，苛酷な状況に耐え，牧草地を改善し，土地を肥沃にすることができるからで，ウシとヒツジの両方を飼うことは明らかに好都合なことであった．塩漬けの牛肉は，輸出される肉の主な形態であり続けたが（チリ，ウルグアイ，ブラジルへの冷凍での輸出20％，生きたウシ28％に比べ，48％），牛肉が羊肉に負けていた市場占有率を回復させたのは生きたウシの輸出であった．

1880年代の全般的な経済成長により，労働者の需要が非常に高くなった．多くの土地所有者は経験や農業器具が不足していたため，土地を小区画に細分して，これを独自の財産や経験を持つ入植者に3年契約で貸し，入植者はコムギやトウモロコシを栽培した．農業は広まり，じきに農業が優勢な西の「乾燥パンパ」と，300～1800頭の群れによる家畜育成（主にウシ）に変わらず使用された東部の「湿潤パンパ」の間には，明らかな違いができた．この地域の地所のほとんどが家畜には新しい牧草地で草を食べさせるのみで（出産からと畜までの完全プロセスを行うところや，品種の改良を意図してえり抜いた家畜を育てるカバナスと呼ばれるところがわずかにあるが），市場用に肥育することはしない．肥育は，西部農業地域における混合利用の中では実施されている．

ウルグアイとブラジルのカンポでは，ウシと

126. アルゼンチンの湿度の高いパンパにおいて家畜育成を行っている農園． サンタフェの近くにあり，2名の作業員が，シュートすなわち通路（brete）を通すことによって家畜を分けている．パンパでは，最初のヨーロッパ人移住者の到着とともに牧畜が始まった（図117参照）．長い間，動物は，ガウチョの監視のもと，草に覆われた広大な平野で自由に牧草を食べるだけで，半野生であった（図125参照）．19世紀の中期には，ヒツジがウシに取ってかわりはじめ（図118参照），大牧場はウシを西へ移動させなければならなかった．人工牧草地やアルファルファ農園の導入，家畜の病気の管理，ヨーロッパ品種の導入による遺伝的改良のすべてが間もなく，集約的な家畜生産を基盤にした地方の産業化に結びついた．これは他のバイオームの地域にも生じている（図124参照）．現在，多くのパンパ地域が，人工牧草地を基盤として農業と牧畜を結びつけた混合農業を行っている．しかし，湿気があるパンパでは，牧畜は農業を行う土地に変えられている．
［写真：Ramon Folch / ERF］

ヒツジのいずれをも飼育しているが，ヒツジの数は減少中で，総産出高はアルゼンチンのパンパよりも低い．それでも，ウルグアイの輸出による収益の約半分は食肉によるもので，食肉の世界貿易の2/3は，南米プレイリーから生じている．

3.4 農業活動

卓越する気温と湿度の条件によって，ステップとプレイリーは，コムギ，トウモロコシ，オオムギ，オートムギ，テンサイ，ジャガイモの栽培に優れている．北方林バイオームとは違い，湿気が度を越す年はなく，土壌表面の温度が零下20℃を下回る年はない．秋や冬に栽培される作物についていうと，これは非常に重要な要素である．気温が10℃を超える総日数は，シベリアやモンゴル北部のステップを除くと通常140～160日に達するため，これらの地域は主に牧草地として使用される．砂漠バイオームとは異なり，ステップの湿潤な気候条件は，1年の半分以上が最適であり，寒冷な冬には積雪層によって土壌表面が低温になるのを防ぐ．ステップとプレイリーが，隣接する北方林と似た気候となっている場所でも，ステップとプレイリーのほうがやはりずっと農業に適している．樹木がない平原の肥沃なチェルノーゼムの土壌は，コムギやトウモロコシなどの栽培にエネルギーをあまり費やさないからである．

ステップとプレイリーは，世界の農業経済において最重要な役割を果たしている．草原生態系，温帯性気候，豊かな土壌を持つ地域（特にチェルノーゼム）は，過去2世紀の間，先進国にとっての主要な食料源となってきた．これらの平原地域はすべて，米国，カナダ，アルゼンチン，ウクライナ，ロシア，カザフスタン，ニュージーランドにある（オーストラリア南部にも似た地域がいくつかあるが，気候はかなり違う）．中国，インド，ブラジルなどの多くの大国では，生産物は国内市場を対象としているが，温帯ステップの農業・牧畜製品の多くは輸出用である．

農業利用のさまざまな形態

ステップとプレイリーにおいて成功をおさめる農業は，さまざまな形態の利用を効果的に組み合わせる必要がある．湿度が十分で気温の型が好ましい地域では集約的利用，乾燥した草原では粗放的利用，適度に乾燥した地域や最適状態にない温度条件を持つ地域では，この2つが組み合わされる．集約的な牧畜は，このバイオームの比較的乾燥した地域の特徴で，ここでは小麦の栽培には適さない．牧場タイプの農場へと組織化されたこの種の牧畜は，この活動が伝統的な生活方式であった国や地域に特有である．これは，モンゴル，中国北部，カザフスタ

127. ステップとプレイリーバイオームの広大な地域は，コムギの栽培に利用されている．なかにはコムギしか生えない地域もあり，降雨が多い地域では，小麦は混合農業システムの一部として栽培されている．このようなことは，北部の草原ステップ地帯，ヴォルガ川の西部，北米プレイリーの東端地域，大都市圏に近いパンパ地域（大都市複合体）で生じている．しかし，ヴォルガ川西部にあるロシアステップ，カザフスタンステップ，コーンベルトの西端の北および南のプレイリーは，いまでもコムギの主要な生産地である．写真は，二人のウクライナ人農場労働者が，小麦畑での刈り入れ中に休憩を取っているところである．［写真：Vadim Korijhin / The Hutchison Library］

ン，コーカサス，アルゼンチン，ニュージーランドが当てはまり，土地面積が広い農場を作ることができる．

集約農業は主に大規模な穀物栽培の形態を取り，米国，カナダ，ウクライナ，ヨーロッパ・ロシアの南部，シベリア南部（アルタイ）のプレイリーの多くや，カザフスタン，アルゼンチン，ウルグアイに点在するわずかな地域において（ほかにはバイオームが異なるオーストラリア南部の地域でも）実施されている．これらの全地帯が，穀類（主にコムギ，次にトウモロコシ），商品作物（テンサイ，ジャガイモ，ダイズ），油料作物（ヒマワリ，ナタネ）の世界市場の一部を形成している．バイオームの北部地域や大都市周辺では，集約的混合経済（農業・牧畜）が行われている．これは家畜飼料（グリーン・コーン，ダイズ，アルファルファ，ナタネ，他）の生産と連動し，米国，ロシア中部，ウクライナ北部のいくつかの地域と，アルゼンチン，ウルグアイ，カナダの散在する地域で実施されている．

このバイオームで現在行われている農業は，ユーラシアや南北アメリカに住む人たちによって過去に開発された作物と技術が混ざりあったもので，現在の気候と市場の条件，および世界のステップやプレイリー地域それぞれの機械化の範囲に適合している．いずれにしても，穀物（コムギ，次に飼料用の牧草）が歴史的に最も重要な作物であった．今日でさえも，このバイオームで最も典型的な景観は，粗放的で大規模な，非常に機械化された穀物畑である．

穀物や飼料の栽培

コムギは，ステップとプレイリー全体のいたるところで，広範囲にわたって栽培されている．コムギ製品は，先進国において，人々のエネルギー必要量の 1/4 以上を供給する．途上国（中国北部など）のいくつかの地域では，この比率はおそらくもっと高いだろう．コムギ属には約 30 の品種があり，野生種も栽培種も存在し（第 5 巻Ⅲ－2 章参照），そのほとんどがコーカサス山脈やアジア西部が原産地である．1528 年に最初の穀類が南米に，1602 年には米国に持ち込まれたし，カナダでは，1802 年になって穀類が栽培されるようになった．コムギは，たとえばトウモロコシよりも乾燥した気候に順応し，プレイリー地帯の中間部，米国の短茎草本プレイリーの湿潤な地域，ロシアやウクライナのステップ，および他のステップやプレイリーのよく似た地域で栽培されている．コムギ栽培は，19 世紀，20 世紀になってようやく北米の現在の境界に到達した．これは，より骨の折れる農作業の多くが機械化し（トラクター，脱穀機の発明，その後の，収穫機の開発など）それが拡大した時期の最初のころと同時期である．カザフスタンなど，ほかの地域では，現在コムギ栽培が行われている地域の大半が，1950 年代に起こった大きな変化の結果である．

オオムギは，コムギよりも生育期間が短いため，コムギに最適の地域よりも涼しく高湿な気候を持つステップやプレイリーで栽培されるのが普通である．独立国家共同体（CIS）は世界のオオムギ生産高の 30％以上を生産し，カナダ，米国，フランス，ドイツ，スペイン，トルコ，オーストラリアも大量のオオムギを生産している．このオオムギの大半が動物の飼料に利用されているが，さらにビール製造のためのモルト作りも多くのオオムギが使われている．このバイオーム内で 2 番目の生産高をほこるのがオートムギやライムギである．これは，これらが涼しく高湿な気候によく適応するためである（第 7 巻 233 ～ 240 ページ参照）．

トウモロコシはおそらく，アメリカインディアンが世界のほかの地域に貢献している最も重要なものであろう．トウモロコシ（コーンはメイズとも呼ばれる）は，ヨーロッパ人に征服される前に北米に定住していたすべての先住民族に知られていて，いまでも，現在コーンベルトとして知られる北米の長茎プレイリーが優占する地域や，隣接した落葉樹林地帯の代表的な作物である．トウモロコシは春に作付けされ，よく育つには暖かさが必要で，最低 100 ～ 150 日の生育期間がある．南北アメリカ全体で広く栽培され，15 世紀の終わりにはヨーロッパにふたたび戻り，17 世紀までにはロシアで栽培されていた．モロコシは，コーンベルトの西や南，および大半の熱帯地方の国々の，トウモロコシには乾燥しすぎる地域で栽培されている．米国のモロコシ生産高は，年間約 1400 万トンで，そのほとんどが動物の飼料に使用される．

トウモロコシもモロコシも，人間が摂取する穀類というよりも，青刈り飼料として，あるいは動物飼料に利用するために栽培される．ダイズも，同様の目的で使用される（第 7 巻 241 ～ 243 ページ参照）．ダイズは，中国が原産のマメ科植物で，現在コーンベルトや南米プレイリーにおいて広く普及し，収穫の多い作物である．しかし，飼料用植物が通常意味するものは，牧草（新鮮なまま，収穫して，畜舎で使用，あるいは乾燥させたり干し草にして）のように，家畜飼料として重要な役割を果たす．その多くは深い根茎を持つ草本植物か，窒素固定細菌を持つマメ科植物であるため，これらは環境保護プロジェクトの一環として，土壌の保全や改善になくてはならないものである．飼料用作物は，プレイリー地帯のかなりの面積の土地を覆い，反芻動物によって食べられる飼料のほとんどを供給している．米国では，牧草地帯や草原地帯のものも含め，これらの作物は，推定でウシの飼料の83％，ヒツジの飼料の91％を供給している．

アルファルファは収穫量が多く，栄養が豊富で，適応性が高いので，「飼料用植物の女王」と呼ばれてきた．アジアのステップや地中海地方が原産だが，現在では世界中に広まっている．米国では，アルファルファの単一栽培や，アルファルファと草本植物の混合栽培により，1993年には面積約1000万ヘクタールの土地から，飼料の1億7000万トン以上が生産された．この半分以上が，プレイリー地帯にある州から生産されたものであった．同じ州が，その他の飼料用植物6000万トンの約半分を生産しているが，これにはクローバー（シャジクソウ属），カモガヤ，ウシノケグサ属，スズメノチャヒキ属，その他の外来種，ならびにメリケンカルカヤ属，ソルトグラス属，プレイリーコードグラスのような自生種，そのほかカモジグサ属やハネガヤ属のような湿地植物など，多くの種や品種が含まれている．

ユーラシアステップの農業

ヨーロッパ・ロシア，モルダヴィア，ウクライナで，ステップへの植民が始まるのは比較的遅く，300～200年前であった．これ以前は，dikoie polie（未開の地方）は，北の森林から黒海沿岸の南部の土地までの辺境で，ここはトルコ人に支配されていた．遊牧民が定住するようになった原因はおそらく肥沃なチェルノーゼム土であった．チェルノーゼムの土壌は，北部の移住者に，より良くより確かな収穫をもたらしたためである（森林地帯では，収穫が常に少なく不安定．これはコムギが，ロシア中部よりも，あるいは少なくとも北方のタイガよりも暖かい気候条件を必要とするため）．16世紀および17世紀には，特殊な半遊牧性の移住者がステップに定住し始めた．これは，ステップの端に住み，農業と牧畜によって生計を立てるコサック人であった．彼らの経済活動は，遊牧性ステップ民族の特徴と，スラブ民族の農業技術を兼ね備えていた．そのたくましさゆえ，17世紀および18世紀には，シベリア，バイカル湖地域，極東のステップ地域まで植民することができた．

128. **ヒマワリ**は，温和な北米を原産地とする植物である．ヨーロッパ人が到着したとき，ヒマワリはカナダからメキシコまで多くの場所で広く栽培されていた．16世紀の初期には，ニューメキシコ州のスペイン人がヒマワリの種をヨーロッパに持っていった．数世紀の間，この成長が早くて背が高い（4 mにもなる）植物は，飾りとして栽培されているだけだった．ロシア人がはじめて，種子から油を取るためにヒマワリを栽培してきた．これは18世紀後期のことであった．現在は，世界で最も重要な油料穀物の一つであり，生産の大半がヨーロッパ東部，アルゼンチン，米国のものである．
［写真：Sue Cunningham Photographic］

19世紀初頭には，ロシア帝国のヨーロッパ地域のステップへの植民が激しくなった．1800～1860年の間に，ウクライナと，ロシアのヴォルガ川地方において，2000万ヘクタールの新しい土地が耕作されるようになった．この土地のほとんどに穀類が植えられ，農場はほとんど必ず，北部の農場よりも規模が大きかった．かくしてロシア帝国は，その歴史上はじめて穀物の輸出超過国となり，実際，米国に続いて世界第二位の輸出国となった．1880年までには，ヨーロッパ・ロシアのステップには，未開発の土地はほとんど残っておらず，ウラル

129. 1880年代の版画に見られるのは，**レッドリバー流域の**ボナンザ（bonanza）と呼ばれる農業と牧畜を行う大農場の一つで，**刈り入れと，機械によって束ねる作業が行われている光景**である．最初のボナンザ農場は，1876年にノースダコタ州のファーゴの近郊に設立された．これらの農場は数千頭のウマやラバ，数百人の労働者，そして機械を所有し，数千ヘクタールにおよぶ保有地においてコムギやその他の穀物を生産していた．ボナンザ農場は長くは続かず，もっと小さくて効率の良い農場に取ってかわられ，雇人ではなく農場の所有者自身の手で管理された．
［写真：Hulton Getty］

山脈の東のステップの植民が始まった．19世紀後期の何年かと，20世紀初めには，ロシアとウクライナからの移住者の大波が押し寄せて，南シベリアのステップに住み着いた．1906～1914年の間には，約350万人の人々が，東ヨーロッパの人口過密な地域から，ウラル川の下流域，カザフスタン北部，およびアルタイ川の丘陵地帯の裾へと移住した．この期間に，約4200万ヘクタールの未開地がはじめて耕作された．

ユーラシアステップの主要な地域は，旧ソビエト連邦の諸国であり（ロシア，ウクライナ，カザフスタン），ほぼ完全に変化している．モンゴルでは，ステップのかなりの地域がいまだに自然の放牧地として利用されており，植生は大きく退行しているとしても，さしあたって，このバイオームの典型的な生物相の遺伝子源は維持されている．耕作された畑はコムギ，オートムギ，オオムギ，テンサイ，ライムギ，ヒマワリ，トウモロコシ，飼料作物，およびジャガイモの栽培に使用され，ステップ地域の約60％を占めている．全チェルノーゼム土の約75％が耕作されている．最も退行しているのは，ウクライナ，ロシア（ロシア中部，ヴォルガ川～南ウラルの地域），およびカザフスタンのステップの景観である．そこでは，チェルノーゼム土の80～90％が耕作され，谷底，氾濫原，および侵食された斜面上では，自然の草原地帯が荒廃地となっている．

北米プレイリーの農業

北米プレイリーは，かつて何千頭というバッファローの群れが歩きまわっていた場所で，現在はほとんどがコムギとトウモロコシ畑である．これらの畑には，給水塔と穀物の貯蔵庫を備えた農場と小規模な鉄道駅で構成された緑の島がある．ヨーロッパ人がこの大陸へ植民する前に，およそ200万人の先住民族がプレイリー地域に住んでいた．彼らは農業を行った経験がほとんどなく，少数の民族がトウモロコシ，カボチャ，マメ類の作り方を知っていただけであった．米国とカナダでは，東部地域とカリフォルニアで，事実上ヨーロッパ人の手法に沿った穀類生産が始まった．これはプレイリーが耕作される前に起こったことであり，1860年以降に移住者（特に，ロシアとウクライナのステップ地域の農民）が入ってきた後に始まった．

最初のヨーロッパ人移住者は，これらの深い土壌がどれだけ肥沃であるかを信じもしなかった．なぜなら，彼らは北米東部の森林地帯からやってきて，土壌がやせているから木が育たないのだと思ったのであった．彼らは家を建てるためにも，燃料としても木が必要だったので，最初は樹木に覆われた谷にしか住まなかった．しかし，長茎プレイリーが非常に生産力があるとわかると，鋤で耕して耕地へと変えた．乾燥した短茎プレイリーと混交プレイリーの転換はさらに遅く，あまり徹底していなかった．19世紀のはじめには，耕作あるいは放牧された土地は，公易市場や交易所の周り，主要な川沿い，ロッキー山脈の麓のみにしかなかった．居住者

130. **アルファルファ**は，家畜に食べさせるためにステップとプレイリーに導入された最初の飼料用作物の一つであり，このとき粗放的牧畜システムは，農業と牧畜の混合システムに取ってかわられた．現在，カンザス州（米国）で撮影されたこの写真に見られるような，広大なアルファルファの農園があり，灌漑システムが配置された中央の井戸のまわりでらせん状に穀物が収穫される．この井戸は3ヵ月の長さの成長期の間だけ使用される．カンザス州のこの農場や他の多くの似たような畑で栽培されるアルファルファは，この州の約300万頭のウシに食べさせるために利用される．コムギやダイズなど，飼料用ではない穀物も重要である．
[写真：Jim Richardson]

やときどき通る狩猟者の必要を満たすにはこれで十分だったのである．

1845年と1861年にテキサスとカンザスが合衆国の州となったとき，米国東部では，農業はすでに大きく発展していた．1874年にロシアからの移住者であるメノ派教徒によってトルコの赤小麦（Red wheat）が持ち込まれた後，カンザス州ではこれが最も重要な作物となった．ネブラスカの人口は，1862年にホームステッド法が議会で承認されるまで，ほとんど完全にミズーリ川沿いに集中したままであった．ホームステッド法とは，成人男性あるいは世帯主に対し，土地一区画65ヘクタールまでを，5年間居住地あるいは農地に利用することを条件に，10ドルで給付されるというもので，5年が経過すると，その土地は追加金の支払いで彼らの永久的な所有物となった．1870年までには，州人口は約12万3000人にまで増加し，分布状態はさらに均等になった．1857年には，ノースダコタやサウスダコタの東部に，若干の農民が移り住んだが，米国の南北戦争やインディアンの反乱により，大規模な植民地化は1870年代までできなかった．

モンタナ州，ノースダコタ州，ワイオミング州，アイオワ州，イリノイ州，インディアナ州，ミシガン州のプレイリーには，米国の大規模農業のほとんど（コムギとトウモロコシに特化）や，チェルノーゼム地帯で最もよく伸びる食用植物のひとつであるダイズの栽培地域が含まれている．北米プレイリーの土壌の自然な肥沃度や，高度な農業技術の発展が，米国を世界の主要な農業生産国にしてきた．北米の農業地帯には，トウモロコシがおよそ2700万ヘクタール，ダイズ2200万ヘクタール，オートムギ500万ヘクタール，アルファルファ1000万～1200万ヘクタール，ジャガイモ60万ヘクタール，テンサイ500万ヘクタールがある．これはトウモロコシ1億500万トン，コムギ6000万～7000万トン，ダイズ約5000万トン，テンサイ2700万～3000万トン，ジャガイモ1400万～1500万トン，オートムギ700万～1000万トンの生産に相当する．

カナダでは，中央にあるマニトバ州，サスカチェワン州，アルバータ州の肥沃な土壌が，ウクライナやロシア南部のステップの土壌に非常によく似ていることが判明した．したがって，これらの地域から来た移住民にとって，穀類，野菜，ジャガイモを栽培したり，干ばつと戦ったり，冬の間に家畜に飼料を与えるための複雑な農業技術を適応させることは簡単なことであった．カナダは現在，農業生産物および食物生産物の生産と販売において世界主要国のひとつである．世界第二位のコムギ輸出国であり（約1800万トンという年間生産量の半分を輸出），さらにオオムギ，オートムギ，アマの生産量の約30～50％を輸出している．コムギの栽培面積は約1000万ヘクタールで，オオムギが460万ヘクタール，オートムギが240万ヘクタールである．かつてのプレイリーの広範な地域が，現在トウモロコシ，ジャガイモ，ナタネに利用されている．全体で，農業開発に適した7000万ヘクタール中，4400万ヘクタールが現在耕作されていて，わずか2400万人の国家にとっては大きなものといえる．

南米のパンパの農業

18世紀以降は，アルゼンチンとウルグアイのパンパで，その時期までその土地の唯一の利用法だった牧畜の成長とともに，コムギの栽培を基盤とした農業が始まった．コムギ栽培は，アルゼンチンでは1862年，ウルグアイでは1865年にようやく大きく広がり始めた．これは第一に，アルゼンチン，ブラジル，パラグアイの内乱や衝突，そしてその後の，ブラジル，ウルグアイ，アルゼンチンがパラグアイと戦ったパラグアイ戦争（三国同盟戦争としても知られる：1865～1870年）が原因である．1870年になって，農業はようやく少数人口の必要を満たしたが，この後，政治の変化や，農業機械の導入，有刺鉄線の普及，先住民族による攻撃からの防護，鉄道の建設，移民の増加，銀行の創設など，一連の有利な環境に恵まれた．

1880年には，アルゼンチンで，はじめて輸出用コムギに剰余があったが，それでも，19世紀の終わりまでは，家畜輸出額が農業輸出額を上回っていた．1880年と1884年の間には，農業輸出と家畜輸出が等しくなったが，それ以来，輸出用の農業生産物の量は家畜輸出の量を上回っている．半世紀あまり，最適なパンパ気候の中にある並外れて肥沃な土地の2000万ヘクタールが，耕作された．この地域には小麦が植えられ，これとともにトウモロコシ，モロコシ，ヒマワリなどの穀類や油糧種子作物，ならびに増加する家畜に飼料を与えるためのアルファルファや人工牧草などが植えられた．1930年代には，パンパ地帯は世界の穀類輸出量の約

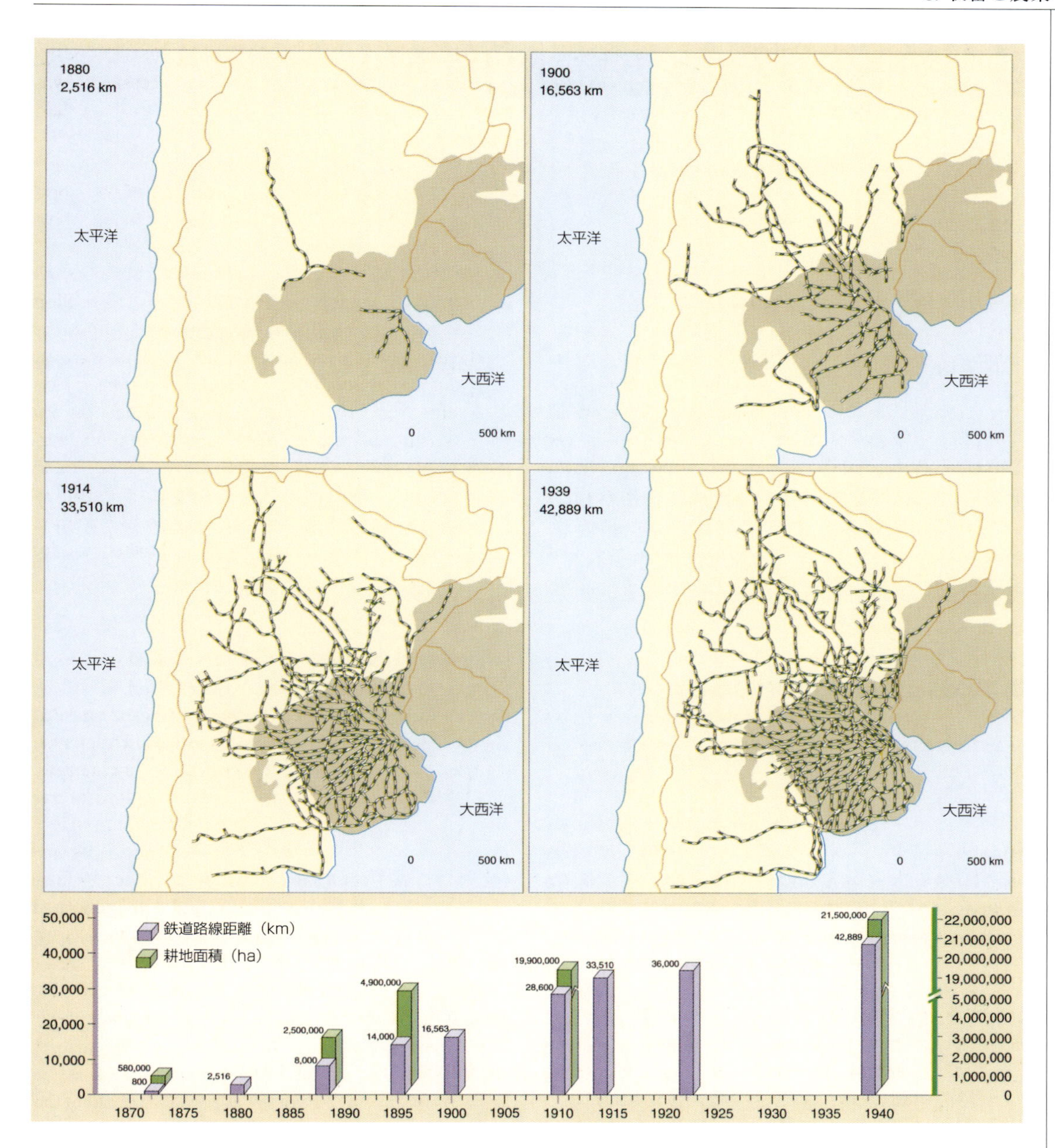

131. アルゼンチンでは，鉄道システムの建設と同時に農業が発達した． 鉄道は 19 世紀後半に広がり始め（上の図），耕作面積の増加を伴った（下の図）．図にはアルゼンチンのデータしか入っていないが，南米の残りの地域に同様の相互関係がある．最初の鉄道建設の前には，輸送機関がまったくないことが，内戦，インディアンの脅威，熟練農業労働者不足とともに，農業発達の障害の一つであった．1870 年まで，アルゼンチン農業は地方の必要を満たすだけで，国は小麦（米国，チリ，オーストラリアから），砂糖（ブラジルとキューバから），油（地中海盆地から）など多くの製品を輸入しなければならなかった．最初の鉄道はブエノスアイレスとコルドバで建設され，周囲が農業中心地になりはじめた．このとき，サンタフェのような，新たな農業地域が確立された．農業生産物が輸出され，農業は急激に景気づいた．1895 年までには 1 万 4000 km の鉄道が敷かれ，約 500 万ヘクタールが耕作されたが，11 年後の 1906 年には合計 2 万 km の鉄道が敷かれ，1300 万ヘクタールが耕作され，そのほぼ半分が小麦栽培に使用されていた．1906 年には，鉄道が 3400 万人の乗客と 2700 万トンの物資を輸送した．

［地図：IDEM, Kühn（1930 年），E. Llorens & R. García Mata（1940 年）に基づく］

半分を生産し，世界最大の食肉輸出国であった．20 世紀の終わりには，パンパにおける農業生産の総額は，アルゼンチンの農業総生産額の約 65 % であった．ウルグアイは主に穀類と野菜を生産し，生産量は国の南部に集中している．

雨の多いパンパでは，農業地帯に応じて分化された作物を用いて，輪作が行われる．ロザリオの北部では，夏の雨が豊富で，トウモロコシが最も広範囲に栽培される作物である．春に雨が多く，夏は乾燥する西部および南西部では，コムギが栽培されているが，南東部は基本的に牧畜に専念している．コムギやトウモロコシに加え，亜麻も栽培される．これは，この作物が一般的に栽培されているロシアからの移住者によって持ち込まれた．挙げるに値するのは，若干のパンパ地域，特にブエノスアイレス州の北西部とコルドバ州の南西部で行われている，珍しい牧畜と農業の混合についてである．そこでは，農業者と牧畜業者が同じ区画を交互に利用する．休閑に入った土地は放牧地として利用され，疲労の兆候がみえた放牧地は再び耕作され，4，5 年の間，作物が栽培される．実際に，この輪作体系は，20 世紀の初期に，ウクライナやロシアのチェルノーゼム地域ですでに習慣的に行われていた．

4. 管理の論争と環境問題

132. コスタネラ・スル（Costanera Sur）生態保護区は，ブエノスアイレスの大都市地域の一部を形成する350ヘクタールの湿地帯である．これは，人によって最も変えられてきたバイオームの一つである．ステップやプレイリーの生物学的多様性の保護が，どのようにして，バイオームにおける人の支配と開発と完全に共存しているかの良い例である．この保護区は，開発されつつあったラプラタ川右岸沿いの地域を占めている．もともとのプロジェクトは，川から水路を作り，その地に排水設備を作り，それを満たした乾燥陸地を利用できるようにし，その後その上に建設することであった．水路は建設されたが，このプロジェクトは1980年代初期に放棄された．雨水は，水路によって形成されたダムに遮られ，これによって水生植物が侵入し，動物相に非常に適した生息環境となった．大都市地帯に1200万人の居住者がいるような都市ブエノスアイレスに非常に近いにもかかわらず，放棄された干拓地は短期間のうちに湿地に変わって生物でいっぱいになった．1986年には，この地域は多様な植生と野生動物が生育するために，自然公園および生態学的保護区であると宣言された．生育する植物には，前面にあるシロガネヨシ（図52参照）のタソックなど，パンパにもっとも典型的なものも含まれる．
[写真:Frank Nowikowski / South American Pictures]

4.1　耕作されたバイオーム

世界中のバイオームのほとんどで，自然景観は，農地や牧草地と入れ替わっているが，農業はステップやプレイリーバイオームのほとんど100％を占め，70％が耕作され，28％が家畜動物の群れに草を食べさせるために使用されている．約1％ばかりが保護されたり，粗放な放牧に使用されている．1％未満が都市中心部，交通機関，あるいは天然資源採取や産業活動で占められている．

あまり残っていない自然の景観

ユーラシアで最も広範囲に残存している自然ステップ地域は，土地の利用方法が何世紀も変わらないモンゴルにある．土地は，半遊牧民族の家畜にゆったりと生草を食べさせるために利用されている．だいたい西ヨーロッパぐらいの広さがある広大な大地では，柵のない開放的な放牧がいまだに行われていて，森や山岳地帯だけが自由な行動を遮っている．社会情勢や政治情勢は変化しつつあり，これらの伝統的な土地利用方法もおそらく変化することだろう．しかし，比較的最近まで広大な面積に及んでいたこのバイオームのほかの地域は，現在は小規模な区画へと縮小されている．損なわれていないステップやプレイリーに生息していた植物や動物の種類のほとんどは，農業生態系の中では生きられないし，その逆のこともいえる．

ステップ地帯では，手つかずの生態系がある地域の割合は，過去10世紀の間に完全に変化し，ユーラシア以外の地域では，過去のわずか2世紀のうちに変化している．自然景観で覆われた地域は次第に小さくなってきたが，その一方で，農業景観に覆われた地域は増え続けてきた．ユーラシアでは，農業の北限は，10世紀以来，北へ600 km動いている．北米では，過去1世紀半の間に，最も東寄りのプレイリーで，ナラ類のサバンナが3万km^2消え，同様に北米プレイリー地帯と多少なりとも重なる地域を持つ中西部の8個の主要な州で，さらに40万km^2が消えている．さらに多くの土地が耕作されてきたため，以前はステップ，プレイ

リー，牧草地，森林であった地域間の生態学的な違いは減ってきており，農業は，ユーラシアと北米のいずれにおいても，むき出しで樹木のない景観である地域をほぼ2倍に増やした.

不安定なバランスの農業システム

手つかずのステップ生態系は，一次生産者によって吸収された化学成分をリサイクルし，それらを土壌に戻す. 人が農業生態系から穀類を収穫すると，1 km² につき，だいたい窒素 7 ～ 9 トン，リン 1 ～ 2 トン，カリウム 1.5 ～ 2.5 トンをも取り出す. 耕作によって生物学的多様性と土壌が失われた結果として，農業生態系は植物から溶脱によって栄養塩を失う. たとえば，硝酸塩が水に溶けると，土壌の上部 50 cm から，植物の根が届かない 3 ～ 4 m の深さへと移動する. 撹乱されていない土壌では，硝酸塩は，密集した根のほとんどが集中する腐植層にとどまっている. 土壌が耕作されると，特に乾燥している年には，腐植土の最も軽くて最も肥沃な部分を，風が吹き飛ばしてしまう. 風速約 10 m/ 秒を超えると，ステップ土壌からの腐植土の損失が深刻になる. 風速 15 ～ 20 m/ 秒では砂塵あらしが吹き上がる. このような場合には，風が腐植土を吹き飛ばす速度は，腐植土が作られる速度（年間 0.3 mm）よりもずっと速い.

人間が引き起こした植被の変化，特にある地域におけるステップ植物相の組成変化は，故意あるいは偶然に新しい植物種が持ち込まれた結果であり，これは植物群落の生物季節学的（季節周期的）変化に反映されている. 過去数十年，農業活動は明らかにステップ群落の季節的変化に影響を及ぼしてきた. ステップの北部では，ブニアス属の *Bunias orientalis* のような新しい種があらわれ，四季を通じた植被の色彩変化に影響を及ぼしている. 結果として，ステップの典型的な色彩変化の季節周期が，19 世紀後半および 20 世紀初頭にはじめて研究されて以来変化し，現在，いくつかの牧草ステップでは，色彩相の数は 17 個に増えている.

「自然の」ステップやプレイリーは，かつては無限であると思われていたが, 残念なことに, 20 世紀の終わりまでにはほとんど残っていなかった. バッファローの大きな群れや，野生馬の群れはもはや存在しない. 北半球の温帯地域の多くは，かつては豊かで色とりどりの草原地帯に覆われていたが，現在は耕作されている. 現在，ステップの植被は果てしない穀物畑で構成され，時折人工林の帯が割り込む. 数少ない保存地域や保護区には，手つかずの，あるいはほぼ手つかずの，ステップやプレイリーの小規模な断片が含まれているが，これらが占めている地域は，耕作された土地面積と比べると微々たるものである. ユーラシアステップの大半が位置する旧ソビエト連邦の広大なステップ地域は，わずか 7 ヵ所の保護地域しか作られていない.

133. パンパ中央に植えられた小規模な林地が，ウルグアイのサルトの近くで撮影されたこの写真のように，もともと樹木がなかった単調で平坦な景観を破っている. 農業を改善するために，パンパや他のバイオームの地域に樹木が導入された. 林業の専門家は，局地的に卓越する風と直角に 15 ～ 30 m の幅の森林地帯があると，風の速度と強度を抑え，積雪を遅らせ，作物の生長に好ましい小気候を作るだろうと提案した. 19 世紀後期には，米国，カナダ，ロシア，アルゼンチン，ロシア，カナダのステップとプレイリーのバイオームで大掛かりな植林が始まった. これらの数十 km の長さがある森林地帯は，地上のかなりの面積を占めるが，結局，経済的な重要性はあまりなかった. 森林はただ 100 ～ 150 m の距離の小気候に影響を及ぼすだけである. 草原に覆われた広大な地域に影響を及ぼすためには，保護林のネットワークは非常に密集していなければならないだろうが，それほど多くの木を植えるのは費用が高く，結果として土壌の乾燥が生じるため，これはほとんど不可能である. ［写真：Adolf de Sostoa & Xavier Ferrer］

しかしながら，今後考えられる農業戦略の変化を考慮に入れると，ステップやプレイリーの生物多様性を保護するためには，ステップとプレイリーの保護区を作り維持していくことが非常に重要である．これらの保護区は，これらがほとんど消えてしまった地域において，ステップ生態系の再生の中心地として働く可能性がある．過去には農業で占められていた地域において自然保護を行った経験から，人の介入がなくなれば，30 ～ 50 年以内にその土地が徐々に本来のステップやプレイリーに戻ることがわかっている．

4.2　動物相への撹乱

種の絶滅と新種の発生は，非常にゆっくりではあっても，常に生じている．それでも，どこかの地域でどの時期かに，これらの過程がふつうよりも速くに起こっているかもしれない．これはステップやプレイリーで起こっていたことであり，そこでは過去 2500 万年の間に，数知れない動物種が進化して，その後，絶滅したり，ほかの地域に移動したりした．さらに，過去 5 世紀にわたり，ステップ地域の 90 % の動物相が，完全に形を変えている．

減少している種と最近の移入種

狩猟，耕作，および大型家畜動物のための放牧地としてのステップやプレイリーの利用は，これらの地域に，大型草食哺乳類の消滅をもたらしてきた．このステップの草食動物相の種の半分はすぐに失われ，残り半分のうち，サイガとモウコガゼルのみがアジアのステップに野生で残った．その他の生存種は，保護区域や動物園で見られるだけである．10 世紀以来，人類はステップをしっかりと管理してきて，サイガの地域や個体数は劇的に減少した．そのときまでは，サイガは最も豊富な有蹄動物であった．20 世紀初頭までには，これらレイヨウは，わずかにアジアに残ったものの，ヨーロッパからはほぼ完全に姿を消した．全体で，以前は何百万頭もいたうち，数百頭しか生き残っていなかった．20 世紀半ばまでに，サイガは人間からは忘れられ，その個体数は 250 万 km^2 の地域に約 200 万頭まで回復した．今日，サイガは再び狩られ，その数は急速に減少しつつある．

ユーラシアステップでは，ヨーロッパバイソン，オーロックスすなわち野生の雄牛，アジアノロバ，およびプルゼワルスキーウマは，もはや野生では見られない．モウコノウマは，20 世紀のはじめまでは，野生で生存していた．これは 1879 年に発見され，その後の 20 年間にヨーロッパの動物園のためにサンプルが捕獲された．現在，動物園，地域の公園，および保護地域で暮らしているこのウマのサンプル 200 頭は，すべて管理下で生まれたもので，野生ではひとつも見られない．北米プレイリーの大型草食動物の大半に，同様の減少がみられている．北米プレイリーには，19 世紀の終わりには，何百万頭というバッファローやプロングホーンが生息していたが，現在プロングホーンはおよそ 50 万頭，バッファローは 3 万頭しかおらず，そのすべてが保護区で保護されている．パンパでは，パンパスジカやグアナコは，ずっと昔にウシ，ヒツジ，ウマに取って代わられた．

げっ歯類の個体数も極端に減少している．ユーラシアでも，ボバクマーモットの個体数とこれらの分布区域が極度に減少している．パンパでは，ビスカーチャも極端に減少している．しかし，ステップバイオームのげっ歯類には，プレイリードッグほど劇的に減っているものはない（208 ページ参照）．しかし，クロハラハムスターは人間が支配する地域でも容易に生き延びることができ，地面の端に穴を掘る．ユーラシアステップのジリスや北米プレイリーのプレイリードッグに生じたのとちょうど同じように，ハムスターはふたたび彼らに適した条件を見つけている．これは穀物畑が現れたためであり，彼らの食物供給が今では根本的に人間の営みに依存するほどである．

ヤブノウサギは，農業景観の中で人間と不自由なく共存できる数少ないステップ動物のひとつである．穀物畑や，干し草にするために狩られる牧草地に生息するが，水浸しの場所だけは避ける．これは，パンパにうまく持ち込まれ，現在はここで最も一般的に動き回っている種類である．さらにニュージーランドにも持ち込まれ，海抜 0 m から 2000 m まで，ほぼすべての草原にいる．主に競技用の動物として持ち込まれた．その他の草食動物には，ダマジカ，アカシカ，ニホンジカ，スイロク，ルサジカ，オジロジカ，シャモア，ヒマラヤタール，ヘラジカなどがあり，その中には自然の植生や動物相に重大な影響を及ぼしてきたものもある．

農業や牧畜が拡大した結果として，大型鳥類が大きく減少してきた．アメリカレアは，今や

134. 野生馬，すなわちターパンは 19 世紀の終わりには，ウクライナやロシア南部のステップで絶滅した．これは 1850 年代には，カルパティア山脈からウラル山脈までのヨーロッパ東部のステップや森林に生息していたし，コーカサス山脈のステップには，最高で 70 頭の群れが存在した．これは狩りや一般の馬との交雑が直接影響して絶滅した．なぜなら雄馬はしばしば家畜化された雌馬と交雑させられたからである．1879 年に，ウクライナのアスカニアノヴァ自然保護区で，最後の野生のターパンが殺され，そのすぐ後に，モスクワの動物園で捕獲されていた最後の一頭が死んだ．1930 年代には，ターパンと同族の個々の馬からの選択的交雑を行うことによって，この種を再現するという試みがなされた．最も成功した試みはポーランドで行われたもので，ポーランドでは現在，数百頭の新ターパンの個体群があり，その 2 頭が写真に写っている．ヨーロッパや米国の動物園には他のターパンがいる．
［写真：Tony & Liz Bomford / Survival Anglia / Oxford Scientific Films］

135. オーロックス，すなわち野生の雄牛は，家畜化されたウシの祖先である17世紀初期にヨーロッパのステップで絶滅した．最後の個体は，この種類が希少になった後しばらくたった1627年に殺された．この500年前に，ウラジーミル2世モノマフ，すなわちキエフ大公ウラジーミル2世（1053年～1125年）は，自分の「(モノマフ公の）庭訓」(1117年に息子たちへの助言として書かれた政治的遺言)で，オーロックスを狩ることは非常に危険であると述べた．ターパン（図134参照）の場合のように，オーロックスの特徴を表す家畜品種の選択的交雑が1940年代に始まり，写真のように新しいオーロックスができている．オーロックスやその他の野生の動物が絶滅した理由は，これらの動物が地方の遊牧民族にとって重要ではなかったことである．狩猟で生活を立てる人々とは違い，遊牧民族は野生動物には頼らずに家畜動物に頼り，野生動物ではなく自分たちが飼う群れの世話に力を注いだのである．
［写真：Patrick Fagot / NHPA］

パンパにおいては事実上絶滅しているし，アメリカシロヅルは，同様にプレイリーから消えてしまった．またアネハヅルはユーラシアステップにわずかしか残っていない．ノガンやヒメノガンはステップで生き残ってきたが，数は危険なレベルにまで減少している．ヒメノガンは，一般に耕作された畑を避けるが，ノガンはそのような場所に頻繁にやってくる．しかし，これらの地域は自然のステップでの個体群の半分を支えるのみである．一般に，ノガンの場合と同様に，耕作された土地における鳥類の多様性は，未開発のステップに関しては，非常に減少しているが，小型の穀食鳥類や食虫性の鳥類の数は増加している．

昆虫相の変化

20世紀半ばにカザフスタンの未開墾地に人々の植民がはじまった時，小麦畑の昆虫類の種類は，かつてステップに見られた数のわずか半分しかなかったが，その一方で，新たに出現した種はなかった．植物群落の単純化により，多くの種が単一種に変わり，そこに生息する昆虫数を調整する要因が減った．結果として，ある種は非常に多くなり，そのほかは減少したり姿を消したりした．たとえば，アリの仲間 *Leptothorax nassonovi* は未開墾のステップでは1 m^2 につき約17匹のレベルであったものが，耕作地では0.03 /m^2 に減少した．ステップのゴキブリ *Ectobius duskei* の数は，2.8 /m^2 から0.003 /m^2 に減少し，キマルトビムシは7.6 /m^2 から0.2 /m^2 へと減少した．その一方で，数が増えた昆虫もある．たとえば，*Phyllotreta vittula*（ハムシ科）は，0.05 /m^2 から1.1 /m^2 に増えているし，ヤガ科ヨウトガ亜科の *Apamea anceps* は0.09 /m^2 から2.3 /m^2，クダアザミウマ科の *Haplothrips tritia* は1.1 /m^2 から300 /m^2 へと増加した．

耕作下におかれた土地の動物相の特徴は，本来のステップ種が，以前なら小湿地，ソロンチャク，湖岸や河岸などの湿った区域に見られた種と置き換わるということがある．農作物が移入されると，これらの種に適した新しい生息環境が作り出されることが多いということである．河岸で繁殖するが，ステップで餌を食べたり作物を常食にするイナゴ *Calliptamus italicus* は，農業が導入されると，数が増えて，活発になる．幸運なことに，オサムシ科などの多くの肉食性昆虫も，以前の生息地を離れて，耕作地帯に住みつき，そこで大きく数を増やして，作物を常食とする昆虫の数を抑制し始めた．

ヨーロッパ人は，多くの外来植物および動物を，北米プレイリーに持ち込み，在来の昆虫と新来の昆虫の間の衝突をもたらした．以前は差しさわりのない種であったクギバチ科の

Cephus cinctus など，プレイリーの昆虫の多くが，新たに持ち込まれた作物や家畜にとっては有害な虫となった．もともとのプレイリーでは，これは草本植物の茎に生息していたが，その後ずっと穀物の害虫となってきた．

人の居住地がプレイリー中に広がると，最初は野生動物の大規模な群れを常食としていたらしいブヨや蚊が，家畜や牧場で働く人たちに注意を向けた．ブヨはウシやその他の動物を攻撃し，蚊にはウマやヒトにとって命取りになる可能性がある馬脳炎を伝染させるものがある．ブヨも蚊も完全に排除されたことはなく，彼らはプレイリーでの人間の定着を制限してきたし，いずれにしても鈍らせてきた．

昆虫には，農業生産を向上させるために，故意にプレイリーに持ち込まれてきたものもある．たとえば，アルファルファハキリバチは，1948 年に，アルファルファにおける受粉と，それに伴う種子の生産を改善するために，ヨーロッパあるいは小アジアから米国西部に持ち込まれた．これは米国の北西へと広がり，その後カナダプレイリーに渡った．その他の種は生物学的防除として使用されている．セイヨウオトギリソウ（セントジョーンズワート）を抑制する甲虫，ウナダレヒレアザミを制御するゾウムシや，アブラムシを制御するテントウムシも若干ある．

生息地の喪失と，意図的な種の根絶

生息地の破壊が，プレイリーの動物が直面する最も重大な脅威である．これはすでに，スウィフトギツネ，クロアシイタチ，ヒグマのようないくつかの種がほぼ完全に失われる原因となっている．ミヤマチドリ，フエコチドリ，およびエスキモーコシャクシギ，カナダプレイリーのいくつかの鳥類が，絶滅種のリストに載っている．鳥類に直接影響を及ぼす要因には，河岸植生の排除，湿地帯の排水，草原から耕作地への転換がある．間接的に脅威となるものには，殺虫剤，除草剤，肥料の使用や，畑の耕作に使う農業機械がある．いくつかの鳥における巣の密度と繁殖の成功は，耕作していない土地で最

136. サウスダコタ州（米国）のプレイリーの草原にいる**二匹の若いスイフトギツネ**．このキツネは，北米プレイリーでもっとも絶滅の危機にある種の一つである．その自然の生息環境が失われたこと（現在は耕作されている）と，コヨーテや有害であるとみなされるその他の動物を殺すために使用された毒の投与によって汚染されたことにより，米国プレイリーのスイフトギツネの数は急激に減り，スイフトギツネは 1930 年代にはカナダのプレイリーから消えた．1983 年には，スイフトギツネをカナダに再導入するためのプログラムが開始された．これは，コロラド州，ワイオミング州，サウスダコタ州（米国）で個体を捕獲し，アルバータ州やサスカチュワン州でそれらを放すというやり方で実施された．何百匹という動物が放され，多くが生き延びた．大規模な汚染が容認されなくなっていたためにこの計画が成功してきたのだと思われる．
［写真：Jim Brandenburg / Minden Pictures］

も高く，定期的に耕作が行われている土地では非常に低いことがわかっている．これは農業機械による巣の破壊だけでなく，植物の被覆がなくなったために捕食者や悪天候による危険が高まったことも原因である．

プレイリーの動物にとってのもうひとつの脅威は，プレイリードッグのように，家畜と人間に悪い影響を与えるために，有害動物であるとみなされている種を故意に絶滅させることである．プレイリードッグの個体数の減少は，州と国家が打ち立てた，有害動物を排除し，大規模な牧場に利益を与えるというプログラムによるところが大きい．1902 年には，プレイリードッグが放牧地を 50 ～ 70 % 減少させるという誤った結論が出された．これにより何百万匹というプレイリードッグが毒殺される結果となり，最新の調査からプレイリードッグと家畜の間の競合の程度はわずか 4 ～ 7 % であることが判明しても，これはいまだに続いている．ウシ 1 頭と子牛 1 頭で食べるのと同じ量の草を消費するには，プレイリードッグは約 300 匹いなければならない．最近の研究から，プレイリードッグと共存しているウシと，そうでないウシの体重に目立った違いはないことがわかっている．むしろ，げっ歯類が群棲している場所は，草が柔らかくて栄養に富んでいるため，ウシはそのような場所で好んで草を食べるのである．

プレイリードッグの個体数の極端な減少は，それを食べる主な捕食動物のひとつ，クロアシイタチ（イタチ科）にとっては破滅的であった．北米のほとんどで，何年もの間，このクロアシイタチは，たとえ絶滅はしなくても，絶滅の危険にさらされていると考えられた．1981 年に，ワイオミング州で個体群がひとつ発見され，いっそうの調査に 3 年間奮闘した後，総個体数は，1984 年で 129 匹であると推定された．1985 年には，管理下で繁殖させるために何匹かが捕獲されたが，そのうち 2 匹が捕獲する前に感染していたイヌジステンバーのために残念ながら死亡した．同時に，野生の個体群の監視によって，かなりの数が減っていることが確認された．その後，クロアシイタチすべてをわなで捕獲するという決定がなされ，1987 年 2 月に最後のオスが捕獲された．

捕獲されたのは全部でわずか 18 匹であった．1991 年までに，クロアシイタチの数は 10 倍に増え，その中に野生に返せるものがあるのかどうかが検討された．1991 年 10 月に 49 匹の若いイタチが放され，最低でも 10 匹がその年の終わりまで生存していたと思われた．1992 年 7 月には，野生で生まれた 2 匹の若いイタチが確認され，同年のさらに後に，さらに 91 匹が放された．管理下にあるものの数はいまだに増えており，ますます多くの場所で繁殖させられている．今後，再投入することによりクロアシイタチが野生に帰ることが期待される．

営巣地の撹乱は，狩猟と同様に，カナダ内陸の湖に生息するモモイロペリカンなど多くの水鳥の個体群の数を大きく減らす原因となってきた．ボート，釣り人，旅行者の数が増えたことも，すべてペリカンの集団営巣地を撹乱する．規制されない狩りと同様に，1960 年半ば以来，これはカナダの個体数を約 1 万 6000 つがいも減少させてきた．鳥獣保護区域の宣言とともに，これを保護するための教育的キャンペーンにより，ペリカンが確実に生存できるようにしてきたため，現在その数は増加している．深刻なまでに減少している種はほかにアメリカシロヅルがあり，1941 年に野生で生き残っていたのは，わずか 15 羽である．この越冬地と繁殖地の保護と，この 2 ヶ所の移動中に撃ち落とすことを公に強く禁じたことで，わずか 140 羽しかいないものの，野生個体数は増えている．

4.3　放牧地に関する問題

ステップまたプレイリーの特定の場所が耐えうる放牧圧を，正確な数字で出すことは難しい．昔は，草原地帯は，極度に激しい放牧圧にもかかわらず衰退しなかった．草食動物の種類が多かったこと，これらが移動していたということ，そして植物の種類が非常に多様であったことがその理由である．移動性の野生の有蹄動物が，遊牧性あるいは半遊牧性の家畜動物に置き換わったことは，局所的な過放牧を引き起こし，生態系をもとの状態に戻すことができる植物の消失を招いた．

放牧の圧力下にあるステップとプレイリーの進化

家畜動物と野生動物のいずれにしても，草食動物とステップに生える植物の共進化が，さまざまな形で現れてきた．第一に，家畜に食べられる植物のほとんどが，大きな放牧の負荷に耐

137. プレイリーを焼くことが何千年もの間，行われてきた． インディアンは，狩りの目的としてプレイリーを焼き，彼らが「赤いバッファロー」と呼ぶ火を用いて，欲しい動物を追い立てた．農民は草原を維持し植生を改善するために，管理された火を使用することを学んだ．火は，栄養分を閉じ込めステップの植物の成長や他の種子の発芽を妨げる落葉を焼く．特に森林のはずれで木本植物の侵入を遅らせ，プレイリーを樹木がない状態に保つ．これは家畜の放牧に利用する場合には望ましい．写真は，故意に仕掛けた火が，オクラホマ州（米国）の高茎プレイリーを焼いている．
［写真：Jim Brandenburg / Minden Pictures］

えることができる深い根を持つ多年草である．第二に，ステップに生える植物のほとんどすべてが，家畜に踏みつけられても新芽を出し，生長を続けることができる．こうした新しい芽は，植物の生長が遅い季節には，高品質の補足的な飼料となる．熟練した羊飼いは，季節周期を通じての放牧地の利用方法を計画する際に，このことを考慮に入れる．

第三に，ステップの植物や動物には，進化の過程を通じて，相互に有益な関係性を作り出すものもある．たとえば，ヒツジの唾液に含まれる物質は，食べられた後の植物の新芽の発生を刺激する．第四に，放牧地の植物群落には，草食動物によって加えられる放牧圧と共存できるさまざまな生長戦略を持つ種がある．種々の生長戦略を持つこうした植物は，家畜からあたえられる放牧圧に対してさまざまな反応をする．茎が短く，よく発達した根系を持つステップ種は，激しい放牧圧に抵抗できる．放牧圧が高まるにつれ，植物群落は変化し，乾燥地帯に特有の植物が好湿性の植物に置き換わってくる．

ロシア南部の乾燥ステップでは，5段階の植生の退行が確認される．第一段階である①「不十分な放牧圧（insufficient grazing pressure）」では，植物の枯死した地下部分が大量に集積し，これがステップ植物の生長を妨げる．ヒメカモジグサやコスズメノチャヒキのように，根茎がある草本植物（地下茎があるもの）が優占になりはじめる．②「中程度の放牧圧（moderate grazing pressure）」の段階になると，ハネガヤ属やウシノケグサ属のような自然のステップに典型の叢生（タソック）植物が現れる．一年生あるいは二年生の植物はほとんどなくなる．この段階では，生産力が最も高い．③「ハネガヤ退行（needlegrass destruction）」の段階では，さまざまな種類のハネガヤ属が減り，ウシノケグサ属の *Festuca sulcata* ［=*F. valesiaca*］のように，ほかのあまり嗜好性の高くない種類が優占する．生産量や植物相の多様性が減少する．④「ウシノケグサ退行 fescue destruction」の段階では，*F. sulcata* が，ほとんどなくなり，チャボノカタビラのようなエフェメロイド（ephemeroid）が次第に優占となる．放牧地帯の生産性は劇的に低下し，風食が目立つ．⑤最終段階の「完全な踏み付け（total trampling）」では，自然植生が完全に壊れ，一年生雑草が優占となる（ハマアカザ属，ミチヤナギ属ほか）．

ステップとプレイリーバイオームのさまざまな地域すべてにおいて，牧草地の退行は同様の形で生じ，同じ生態的地位を占める植物は，違う種に属していても，それぞれの段階に存在している．この数十年間にいっそう激しくなっている大陸間の活発な生物学的交流が，破壊されたステップにおける植被が世界中でしだいに均一化してくるという結果をもたらした．プレイリー，パンパ，そしてニュージーランドの草原地帯での回復プロセスの第一段階が，現在すべてヨーロッパステップからの植物種で占められているのと同様，破壊された植被の回復も，世界中でしだいに均一になりつつある．

違う戦略を持つ植物と，違う起源を持つ植物の組み合わせで，ステップ草原地帯における飼料の生産は比較的安定している．たとえば，北米プレイリーとユーラシアステップの双方を合わせた草原地帯が含むのは，北方のイネ科草本（ハネガヤ属，カモジグサ属，ヤマアワ属，イチゴツナギ属，ヌカホ属，ウシノケグサ属）と南方のイネ科草本（ミヤマチャヒキ，*Festuca sulcata*，ミノボロ属，ウシクサ属，ネズミノオ属，アゼガヤモドキ属）である．放牧地帯では，これらの草本が非常に短期間で生長し，いずれのタイプもほとんど1年中食物を供給してくれる．しかしながら，ステップに典型的な混交した植物群落が，種類がわずかしかない人工牧草地と入れ替われば，1年を通じた生産量の変動はもっと大きくなる．

ステップとプレイリーの放牧は，控えめな放牧であっても，高茎草本植生の割合を減少させ，短茎草本植生の割合を増やす．イネ科草本に関しては，比較的豊富なほかの植物も，動物の好みに相関して変化する．放牧がより強くなるにつれて嗜好性の強い植物種の密度や活力は低下し，一方で，侵略的な低木を含め，非嗜好性の植物種が植被をより大きく占める．これらの変化を知ることは，推定される本来の植物相の構成と比較して，食べられた植生の状態を評価する上での助けとなる．これを行うために，それぞれのタイプの牧草地帯にとって指標となる植物が割り出され，それらが放牧の結果として増加しているのか減少しているのかに応じて，増加種あるいは減少種として記録される．

ステップとプレイリーの放牧管理

牧草地の季節的変化がなくなる，群れあたりの動物個体数の増加，水溜まりの増加あるいは減少などの自然草原の従来の利用の変化が，自然生態系を退行させ，それらを荒地にする可能性がある．これは，ここ一世紀のうちに，黒海北部やカザフスタンの北部のステップで生じたことである．この間には，家畜の踏みつけによって土壌が破壊された後に，土壌表層が風によって吹き飛ばされた．これはモンゴルでも生じた．これは，何千年にもわたって存在してきた個人が私有する群れの放牧システムが，共産主義のコルホーズ（集団農場）やソフホーズ（国営農場）に置き換わったときに起こった．さらに最近では，1980年代にドン川の下流域のカルムイキアのステップで，同様のことが生じた．運河や，水を放牧地に供給するシステムが建設された後，ヒツジの数が大きく増加したため，あまり生産性が高くない放牧地に対する放牧圧が過大になった．これにより，放牧地の破壊，冬期間の家畜の大規模な死亡，および砂漠化の始まりを引き起こした．

北米のプレイリーも同じ問題に悩んできた．わずか200年の間に，米国やカナダの人口が増加するにつれて，バッファローはウシに取って替わられてきた．しかしながら，ウシが持ち込まれた後に，放牧を集中的に管理することができなかったために，プレイリーの生産性の高い牧畜方法の発展に重要な役割を果たしていた草原の，深刻なまでの退行を引き起こしてきた．この方法は，自然の放牧地や大牧場におけるさまざまな形態の粗放的放牧に，人工草地，囲い地，畜舎の中での集約的形態の牛乳および食肉生産とを組み合わせたものである．

最初の大規模な家畜農園（先住民族のウマの群れは含まない）は，19世紀初期にテキサスに設立され，このひな形は，1870年までに，北に広がってカナダプレイリーにまで至っていた．先住民族から取り上げられた土地の多くの耕作と同様に，大農場の拡大は1890年までには放牧地の不足を招いた．管理の誤り，過放牧，過酷な冬により，20世紀のはじめには，これらの牧場経営者のほとんどが失業に追い込まれ，その後，彼らの土地のほとんどが穀物生産に切り替えられた．カナダでは，アルバータ州南東部とサスカチュワン州の近接地域のみで粗放的牧畜が行われている．米国では，プレイリーの西端の，ロッキー山脈の麓のみでウシの飼育が実施されていて，そこでは多くのヒツジも育てられている．プレイリー地帯の残りの地域では，ウシの飼育は，作物の輪作システムの一環として行われるだけであるが，ウシの頭数は過去数十年のうちに大きく増加してきた．

南米のパンパでは，ヒツジは20世紀の初期にしだいにウシにとってかわられ，これが播種

138. 植物目録を作ることは，どの保護プロジェクトにとっても基本的な先行条件である．目録により，どの植物群落がその生態学的条件の中に生育しているのかを知る．植物目録を作成するためには，それぞれの植物群落を代表する均質部分を選択し，それから観察者が記録するのは，生育するすべての植物種（撹乱のないプレイリー一区画に，200 ～ 400 種の自生種が含まれることもある），各種類の優占度，それらが通常共存するほかの種類，その調査区の地形および生態学的条件に関するすべてのデータ（場所の方位や傾斜，高度，土壌のタイプなど），および植物の外的特徴，草丈，および被度などである．写真は，北米プレイリーの目録を作成しているNature Conservancy（自然地域を守ることによって生物多様性を保護することを目的とした非営利組織）の研究員である．
[写真：Jim Brandenburg / Minden Pictures]

人工牧草地や飼料用植物(特にアルファルファ)農園の導入，ヨーロッパ産の生産性のある品種の選択，動物の疾患との闘いへとつながった．今日，北部，低地，南部のパンパでは，農業（穀物栽培）とウシの飼育が，安定状態にある．放牧の負荷は年間 1 ヘクタールあたりおよそ 0.8 ～ 1 頭である．亜湿潤地帯と乾燥地帯にはさまれた内陸の地域では，放牧地が一部退行し，過放牧が発生し，土地は牧畜と農業のいずれにも使用されている．放牧の負荷は年間 1 ヘクタールにつきウシが 0.25 ～ 0.5 頭しかない．半乾燥地域では，いまだに自然のプレイリーが相当数残っているが，風の侵食がかなりある．放牧の負荷は年間 1 ヘクタールにつきウシが 0.1 ～ 0.5 頭である．

ニュージーランドの牧草地と草原地帯

マオリ族は，牧畜を行っていた新石器時代の農耕民族で，村と村の間の移動や，現在は絶滅したオオモアの狩猟を容易にするために，乾燥した広大な面積の草原地帯と低木林を焼いた．10 世紀以来，これらの炎は，南島の東半分の森林群系を破壊し，北島のいくらかの森林地域を破壊してきた．これらの地域，特に年間の平均降水量が 1000 ～ 1500 mm 未満の地域では，森林は叢生（タソック）の草原地帯に替わってきた．

19 世紀にヨーロッパ人入植者が移り住んできたことにより，ニュージーランドの草原地帯は劇的に変化した．多くの入植者がヒツジを飼育し，牧草を得るために森や低木林や草原を無差別に焼き，広い面積の土地を自生植物と外来植物（大半がヨーロッパ原産だが，オーストラリアや南アフリカ原産のものもある）の混交した粗悪な草地にしてしまった．これらの草原地帯は自生種が優占していたが，入植者が持ち込んだ干ばつに強い植物種がしだいに多くなっていった．早い時期に品質の悪い種子の混合を使用したことが，多くの雑草種の移入に有利に働き，そのいくつかはいまだに生き残っている．この後，純度が保証された種子の混合が使用され，後には過燐酸肥料や微量元素が行き渡った．これと，クローバーの導入によって，窒素の産生を大きく増加させた．

これらのプロセスは，家畜の交替とともに，ニュージーランドの田舎の景観を変えてきた．放牧用の牧草地の管理は，非常に高度の技術を必要とする傾向があり，1年を通じて草本の高い生産を必要とする．山岳の草原地帯の場合には，土壌の栄養分，土壌の構造，植生の種組成と構造に対する放牧の影響を調べた研究が，現在の管理モデルが長期にわたって適用できるか示唆する提言として利用されるべきである．雑草(主にヤナギタンポポ属のようなキク科植物)の移入と，ウサギの個体数増加の2つが，だんだん重要な問題となってきた．

乾燥した斜面にある著しく広い面積の草原地帯では，生産量のレベルがこれまで減少してきたため，経済的に生き残れるかどうかが現在危機にさらされている．同時に，放牧が行われてきたいくつかの広い領域が，現在，森や農林結合（アグロフォレストリー）地帯に変わってきている．そのほか，もっぱら人工肥料や化学除草剤を基盤とした牧草地管理に替えて，生じている重要な変化には，実行可能な方法として，有機農業が増加したり，自然の農薬を使用するようになったことがあげられる．

放牧地を守る一つの要因；適度な放牧

ユーラシアステップに残る未開墾部分の保護を扱っている科学者たちは，ひとつのパラドクスを見出している．これらの植物群落がより熱心に，より効果的に守られ，人間が及ぼす影響が少なくなるほど，ステップはより急速に退行したり消失していってしまうということである．完全に保護されている群落は，植被が完全に退行し，わずかな樹木が散在する低木群落に変わった．人の影響がほどほどで，たとえば，動物の群れに食べられるか，干し草にするために刈りとられると，植物群落は好ましい反応をする．これは，人類が出現する前にステップが存在していたのかどうかという問題を提起する．もしも存在したなら，当時，人間による利用に匹敵する役割を果たしていた要因は何だったのだろう．

ステップの植生が全面的に保護されたときに退行してしまう主な原因は，腐朽しない落葉が大きく蓄積することで（「ステップのフェルト」として知られる），これは1ヘクタールあたり8～10トンに達する可能性がある．この蓄積は，毎年秋に枯死する植物の地上部バイオマスから出たものである．この枯死したバイオマスは，年間1ヘクタールにつき4～8トンに相当することもあり，完全に分解する時間がないので，毎年，少しずつ蓄積する．ステップのフェルトは蒸発を大きく減らし，表土の水分収支を改善するが，イネ科型のタソック（叢生）植物の生長を妨げ，根茎植物の生長を促進する．総状植物や叢生植物からの生存競争が減るということは，低木や，樹木までもが生長できるということである．このフェルトは植物の種子を保持することができ,種子はこの層に遮られて，地面に達することができずに枯死してしまうのである．ステップの植物相の多様性は，極端に低下するが，これは大半が多くの多年生草本が失われたことによる．

自然条件下では，落雷によって生じる火災と同様，多くの植食性（植物を食べる）動物が，落葉の厚い層が蓄積するのを妨げている．人間が住みつく前に，ユーラシアのステップは，サイガや，野生馬であるターパンの群れに食べられていた．北米では，バッファローやプロングホーンが，多くのげっ歯類やいくつかの昆虫とともに，プレイリーの植生に同様の圧力をかけていた．最近の研究から，適度な放牧は，典型的なステップ植生の形成に欠かせないことが判明しており，これは昔は，上述した有蹄動物によって行われたのである．

植物バイオマスの多くを食べ，それによって落葉を生産できる物質を大きく減少させるのと同様に，有蹄動物に踏まれることによる落葉の破壊も欠かせない．踏みつけは，多くの植物の種子を，土壌へと進入させる助けとなる．種子の中には，踏まれて土壌に埋めこまれるとさらに良く発芽するものもある．

したがって，残っているステップとプレイリーを維持するには，家畜動物が，野生動物の草

139. 家畜動物の群れは，このアルゼンチンのメソポタミアのエントレ・リオス州のパンパでガウチョに追われるウマの群れのように，自然または人工の牧草地で草を食べる．自然の牧草地はもともとの草原だが，人工の牧草地は外来の草本種を植えて造成され，自生種は外来種によって排除される．このしくみは，20世紀初期に米国で，過放牧によってプレイリーの牧草地が破壊されるのを防ぐために作られた．これは，極相（もっとも生産力がある時）に近い生態系の維持と，その環境収容力，すなわち植物相の組成を変えることなくウシを維持できる最大数を確定することで成り立つ．
［写真：Tony Morrison / South American Pictures］

を食べる負荷にとってかわる，ある程度の広範囲な放牧が必要である．もちろん，バッファローやプロングホーン，野生馬やサイガ，シカやガゼルの巨大な群れに覆われていたステップとプレイリーに戻すことはまったく不可能であるが，ユーラシアステップで何千年もの間（南北アメリカ，アフリカ，オセアニアでも，ここ何百年の間）行われてきた粗放的な放牧は，安定していて，ステップ生態系における比較的高い水準の生物学的多様性を維持することができる．したがって．放牧，耕作，あるいは侵食によって破壊されたステップ生態系の回復可能性については，楽観視できる．多くの国々が，放牧地帯の生態系の回復については経験豊かであり，良い結果を得てきた．土壌を整え，ステップ特有の植物の種子をまき，回復させたい植生を囲いで仕切った後には，生態系は急速に本来のものに近い状態に戻る．同時に，腐葉土の集積と，物理的および化学的特性の向上によって，ステップ土壌の生産力の潜在的可能性が回復する．

4.4　農業活動の影響

世界の作物種のほとんどが，肥沃で耕作しやすいステップ土壌で栽培できる．このバイオーム，特に北米の，コムギやトウモロコシの栽培に利用される広範囲な地域は，疑いなく世界の人々に基本的な食材を供給するのに欠かせない．しかしながら，1930年代にみられたように，これには裏面がある．それが「ダストボール（黄塵地帯）」であり，これがプレイリー地域の州，ならびに近接する州の何千もの小規模農家を崩壊させた．

景観の改変

農業の性質がしだいに集約的になってきたため，耕地が増えたこと，干し草採取の排除，以前は手つかずだったステップ地域を耕作した結果として，かつてはステップやプレイリーが占めていた場所が継続的に失われている．生産性が高くなければならない単一栽培（一種類の作物を栽培）に利用する畑に農薬や肥料が多く使用されることが原因の，近隣の農業地帯からの化学汚染もあるかもしれない．

このバイオームにおける農業と牧畜が産業モデルに変化したことは，プレイリーの自然の景観と遺伝的資産を変えた．米国のモンタナ州，ノースダコタ州，ワイオミング州，アイオワ州，イリノイ州，インディアナ州，ミシガン州は，最も重要な穀物生産地であり，穀物栽培によって自然遺産のほとんどを失ってきた州である．「プレイリー州」として知られるイリノイ州は，もともとはほとんど高茎プレイリーに覆われていたが，将来の世代のために高茎プレイリーの代表的なサンプルを保存するため，ある法律が

140. すっかり広大な小麦畑になっているプレイリー. モンタナ州（米国）プレイリーには農業に向く豊かな土壌があり，このことがヨーロッパ人移住者をプレイリーに住むよう促す重大な要因であった．19 世紀までには，農業の拡大によりすでに北米のプレイリー地帯の大半が耕作されていた．さらに最近では，もっとも湿ったプレイリーである高茎プレイリーが，もともとの植生を優占するものとは違う種類のイネ科草本である穀類を栽培するために耕作されている．ユーラシアステップがそうであるように，乾燥したプレイリーほど，牧畜，特にウシの飼育に使用される傾向があったが，このバイオームのその地域では，ヒツジが主要な家畜動物である．
［写真：Adrian Warren / Ardea London］

1930 年に承認されたとき，イリノイ州最後の保存にふさわしい場所はまさに耕作されたばかりだということがわかった．今日，アイオワ州の 90 % とイリノイ州の 80 % が耕作されている（40 % がトウモロコシ）．

カナダでは，プレイリー地域の耕作された領域が，開発問題に直面している．その状況は，飢饉，家畜飼料の不足，耕作限界地の放棄をまねいた数年間の干ばつによって引き起こされてきたものである．さらに，集約的な土地利用により，風と水による侵食がより大きくなった．この結果は，このバイオーム全体で明らかである．9 万ヘクタール以上に及ぶ有名なグラスランド国立公園でさえも，放棄された農場が見られ，そこでは典型的なプレイリーの植生が回復しつつある．しかしながら，自然の肥沃度が失われることによりこのプロセスは複雑になり，またユーラシア原産のステップの草本植物と雑草（スズメノチャヒキ属，カモジグサ属，イチゴツナギ属）があるために，再生した植生は背があまりに高いのである．

ポットホール（甌穴）

しだいに増える集約農業が原因の，特に重要な生息地消滅のケースは，カナダと北米のプレイリーの小湿地帯，ポットホールの消滅である．カナダのアルバータ州，サスカチュワン州，マニトバ州の南部 3 分 1 の地域に沿って続くプレイリーには，400 万以上のポットホールがあり，米国のアイオワ州，ミネソタ州，ノースダコタ州，サウスダコタ州，モンタナ州に広がっている．ポットホールの地域は，総面積で約 7700 万ヘクタールにおよび（イベリア半島の 1.5 倍の大きさと同等），カナダにはこの約 65 % がある．

ポットホールのサイズ，形，出現率は非常にさまざまで，昔その地域を覆った氷冠が残したものである．これらは，増水（雪融けや大雨によって生じる氾濫）した水の吸収，栄養素の蓄積，下層土への地下水面の補充，家畜動物に対する水と飼料の供給など，これらが果たすほかの役割のほかに，プレイリーのほぼすべての動物種を維持することに重大な役割をはたしている．科学技術の進歩が農業の発達を刺激すると，ポットホール地域の約 68 % が穀物の集約的栽培に使われた．

1930 年までには，トラクターの使用によってラバやウマの飼料を生産する必要がなくなり，これによって，前は放牧に利用された土地が，換金作物のために使用される．1960 年以来，灌漑の利用により，農業と機械の規模は大きくなってきた．これらやその他の農業行為は，政府の政策とともに，ポットホールの排水や，近接する高地の利用を促進してきた．

そのため，プレイリーのポットホール地域は，1850 年代にこの地域への入植が始まって以来，

141. 北米のポットホール地帯（図 74 参照）は，プレイリーの他の場所がそうであるように，人間の行動によって変化してきている．ノースダコタ州で撮影されたこの写真に見られるように，寒冷な気候であるにもかかわらず，景観のほとんどは耕地へと変わってきた．ポットホールからの付加的な水分は，農業者が装飾的な樹木，通常はこの北部の地域に固有のアメリカヤマナラシを植えることができる．この地域の低地の典型的な作物は，穀類と油糧植物である．丘の斜面は春の霜に当たりやすく，オートムギやオオムギのような寒さに最も強い穀類しか栽培できない．
［写真：Eric Mayer / Liaison / Zardoya］

劇的に減少してきた．1850 年には，湿地帯は先に述べた北米の州のプレイリー地帯の 16 ～ 18 % だったが，現在はわずか 8 % を占めるのみである．カナダには，土地利用の変化，肥料や農薬による水質汚染，侵食，道路の建設の結果として退化してきた小湿地帯が数多く存在する．これらの要因によって，20 世紀には，本来のポットホール地帯の約 71 % が失われてきた．

4.5　産業と鉱業の影響

20 世紀には，ステップとプレイリーのバイオームに，大規模な産業集中が生じ始めた．これが起こったのは，長距離輸送ルートが近づいたことと，北米およびユーラシアのプレイリーに石炭や石油の莫大な鉱床が存在したことが原因である．安い原料から得られる安価なエネルギーがあることが，これらの大規模な発電所の周囲に金属加工業，化学工場およびその他の産業施設を建設することに有利だった．

産業汚染の影響

これらの産業の多くの廃棄物には，重金属あるいはフッ素や硫黄の気体化合物が含まれている．それらは植物や動物に対して生理学的に有害な作用があり，自然の植物や動物群集の種組成や構造に変化をもたらす．植物によってこうした毒性の気体に対する感受性は異なる．植物の中には，気体の摂取や吸収を制限する形態的・生理的適応を持っているために(厚いクチクラ，気孔の開き具合を調節できる能力，毛や蝋による特に葉の表面の保護)，こうした気体に対する抵抗性が高いものもある．これが，広葉草本，特にマメ科植物が，イネ科植物や低木ほどこうした気体の作用に影響されない理由である．

シベリア東部のステップで行われたフィールド実験では，ホウキギ属の *Kochia prostrata*，ナデシコ属，ヨモギ属のマンシュウアサギリソウ，ハマニンニク属，およびミノボロ属の *Koeleria gracilis* のように，硫化水素とフッ素化合物に最も抵抗性が高い種が典型的なステップ種であることが判明した．ムレスズメ属の *Caragana pygmaea* およびチョウセンガリヤス属の *Cleistogenes squarrosa* は，抵抗性があまりない．広葉イネ科草本（イチゴツナギ属，スズメノチャヒキ属）や叢生のイネ科草本（ハネガヤ，ウシノケグサ）は汚染に非常によく耐えるが，チューリップのような繊細な春の短命植物はこれにはまったく耐えられない．マメ科の低木（ムレスズメ）の栄養器官の生長は，生育条件があまり適切でない場合，有毒ガスの影響でその年の後半まで遅れる．ネギ属のような球根植物の中には，球根が形成されない株もある．

これらの有毒ガスは，樹木にはあまり影響はなく，低木，草本植物，乾生形態の低木にはむしろ影響が増大する．したがって，ガス状の硫黄あるいはフッ素化合物を定期的に摂取すると，広葉草本やイネ科草本の植被は，砂漠や亜砂漠に典型的な植生におき変わる．ステップ植生が，寒冷砂漠に典型的なものに変わると，落葉のような有機物のインプット量が減少する．結果として，ステップ土壌の薄い腐葉土の層は，有機物の新たな投入が止まってしまう．土壌はさまざまな化合物を吸収し，物理的特性や化学的特性の変化をもたらす．フッ化ナトリウムや二酸化硫黄が土壌に入ると，分解してフッ化ナトリウム酸や硫酸になり，これが土壌のアルカリ度を低下させる．

チェルノーゼム土の炭酸塩集積層に侵入したフッ化ナトリウムや硫酸塩は，炭酸カルシウムを炭酸水素カルシウムに換える．ナトリウムイオンや炭酸水素イオンの増加は，大量の炭酸水素ナトリウムの形成，そしてさらに炭酸ナトリウムの形成につながる．また，土壌の二酸化炭素の分解システムを変える．夏の，雨が多い時期には，土壌からの二酸化炭素の放出が通常よりも少なく，乾燥する時期には，それが多くなる．この土壌状況の変化が，植物と動物双方の種組成と状態に影響を与える．

無脊椎動物は，土壌の重金属の蓄積に非常に敏感で，汚染されていない場所での多様性は，常に汚染された場所での多様性よりもはるかに高い．土壌や植物組織内で重金属の濃度が高まると，動物の組織中でも高まるが，植食動物や腐食動物より捕食動物のほうが程度が大きい．動物の単位体重あたりの鉛とカドミウムの濃度は，植物と土壌での濃度より高いことがある．この汚染は主に草本植物層，土壌表面，および表土層位で生きる生物を攻撃する．このため，多くの甲虫やその他の節足動物（オサムシ［オサムシ科］，ムカデ類［イシムカデ科］，ハネカクシなど）が動物集団から消えつつある．深さ5 cm 以上の土壌層位には，汚染にあまり敏感でないミミズ（貧毛類）やハエ（双翅目）の幼虫が多い．こういった理由で，ステップの生態系では，個体群中の雌雄の分布や，異なる栄養段階に応じた相対的個体数と同様に，動物群集の構造が急速に変化している．汚染によって，雌が多く誕生し，繁殖の時期が変わり，捕食動物のバイオマスと，草食動物のバイオマスの間の比率が変化している．

天然資源採取の影響

ステップとプレイリーバイオームは，鉱物の埋蔵が非常に豊かである．世界最大の石炭の鉱床は，ユーラシアステップの地下，ウクライナのヴァトゥーチン，アレクサンドリア，ドネツク，ゴルロフカ，ロシアのシャフティ，カザフスタンのカラガンディ，エキバストス，およびシベリアのケメロボ，ノボクズネツク，ナザロヴォ，シャルイポボ，チェルノゴルスク，カンスク，チェレンホヴォなどの都市の近くにある．これらの地域はすべて鉱床の埋蔵量が並外れて多い．たとえば，南シベリアのカンスク・アチンスクの石炭の鉱床には，6000 億トンの埋蔵量がある．これらの鉱床からの石炭だけでも，1200 年間，5ヶ所の大規模な火力発電所に十分供給できるだろう．この種類の3つの発電所が，ナザロボとシャルイポボの町の近くで操業中であり，それぞれが1年間に石炭7万トンを消費している．

これら 6000 億トンの潜在する石炭のうち，1500 億トンが地下わずか数十 m の地表近くにあり，鉱物は，すばやく安価に，いい加減なやり方で採掘されている．坑夫は石炭にかぶさっている土と岩石をすべて除去した．これらの鉱床での作業はあまりに激しいため，約 320 万ヘクタールのカンスクアチンスクの褐炭の堆積盆地全体が，石炭と鉱物の廃棄物の大規模な地帯になるだろう．同じことが，石炭鉱床を持つほかのステップ地域で生じており，そこでは露天掘りに特有の巨大なくぼみで傷跡がついている．その一方で，廃棄物はぼた山に積み上げられ，しばしば植物や動物に有毒な成分を含んでいる．

ステップ地域の鉱業廃棄物が占める地域は，ロシア，ウクライナ，カザフスタンで 2000 万ヘクタールばかりであり，米国では 150 万ヘクタールである．有毒な廃棄物ですらある鉱業廃棄物で覆われた多くの地域は，肥沃な表土で覆って草本植物を植えることで回復する可能性があるが，これはもちろん費用がかかる．100 ヘクタールの土地の植被を回復させるのに，米国では約 30 万ドルかかるが，修復された景観がもともとのプレイリーの外観と植物相と動物相の種組成を復活させるので，結果は好ましい．鉱業廃棄物の毒性のない岩も，人間の介入がなくても自然に回復するが，最も望ましい条件下であっても，ハネガヤ属の最初の株が現れるまでに 25 ～ 30 年かかり，典型的な土壌が形成

されるのには1世紀以上かかる.

水力発電所の影響

多くの水力発電所が，周辺地域の工業化に必要なエネルギーを生産するために，このバイオームに建設されたが，これは河川に非常に悪い影響を及ぼしている．これはヴォルガ川ではっきりと示されている．ヴォルガ川のデルタは，水量が減ったことと，川が運ぶ沈殿物の量が減ったことから，危険なほど急速に後退している．海が前進する速度が（年間約15 km）続くなら，現在のデルタのほぼ200万ヘクタールが30～40年のうちに消えているかもしれない．下流のヴォルガ川は，ステップと亜砂漠地帯を通り抜けながら，ねじれた木の幹のように流れている．川が狭い曲流をたどるヴォルゴクラート近くでは，川床は，現在，その全長で最も大規模な最後の水力発電所（2.5メガワット）に遮られている．サマラ（ソビエト時代のクイビシェフ）の都市地域では，ヴォルガ川は，ヴォルガの丘陵の西側山地の周囲に，狭い曲流を形成している．もう少し上流のサマラ水力発電所の貯水池は，川を維持し，65万ヘクタールに及ぶ大規模な湖を形成している．そこには，やはりその水流に多くのダムを持ち，ヴォルガ川最大の支流であるカマ川が注いでいる．第二次世界大戦の前の1930年代には，ヴォルガ川の上流（イヴァンコヴォ，ウグリチ，リビンスクの近くにすでにダムと水力発電所が建設されていたが，戦後この川の中流域および下流域におけるダム建設が，この川の生態系と，地域全体の生態環境を変化させた．水力発電所のダムは，年間約400億キロワットを生じるが，水浸しになりやすい肥沃な湿地の約400万ヘクタールに恒久的に出水するという犠牲を払っている．多大であると考えられる損害は，何世紀もの間この川が与えてくれた主要な資源だった魚類相にも影響を及ぼしてきた.

4.6 ステップとプレイリーの型にはまらない利用

プレイリーとステップの中の自然のままの地域と，環境保護が重要であるとみなされている場所とが現実として希少であることが，放牧地帯を多様な目的，この中で，リクレーション的利用が現在とても重要な役割を果たしているが，に利用するように調整するような管理方法を確立する必要があるということに気づきはじめている.

リクリエーションと集団の想像力

ステップとプレイリーにおけるリクリエーション活動は，森林や山地ほど重要ではないが，これらは着実に増加している．草原地帯は，ウォーキングやハイキングに非常に適しているし，小川や河川では釣りやウォータースポーツに，野生動物の狩りや，写真撮影や，観察に，あるいは単純に世界で最も人の居住が少ないバイオームのひとつのその美しさや寂しさを楽しむことに適している．さらに，「洗練された」英雄や生存している先住民族の神話に結びつく

142. シャフトイの炭坑は，グルシェフカ川の上流域にあり，ユーラシアステップの地下の巨大な石炭鉱床を開発する多くの鉱山の一つである．シャフトイは19世紀初期に採鉱の中心地として現われ，1881年までには都市の中心地となっていた．現在は，ウクライナのステップ地域でもっとも重要な石炭鉱山の一つであり，品質の高い石炭（特に無煙炭）と同様に鉄鉱石も産出する．露天掘りの鉱山がみなそうであるように，シャフトイ鉱山は，広大な土地を細長くいくつも掘り，もとの景観を破壊する有毒残留物の莫大な廃棄物の山をつくる．この町の名前は，実はロシア語で「穴」という意味である．まちの周辺に数多くある穴に関係があると思われる．その穴のそばには廃棄物の山があり，その多くが内側深くではゆっくりと燃えている．
［写真：Cuck Nacke / Gamma］

143. カウボーイは今では米国神話の主役の一つである．カウボーイは一般に極西部地方の植民に関連づけられるが，実際にはプレイリーが産んだのである．カウボーイの姿は非常に広まって，小説，映画，テレビの連続番組，広告などに登場してきた．カウボーイにあるとされる長所（勇敢であり，道義心，独立心，騎士道的精神がある）は，米国社会が決めたことである．しかし，この理想化されたカウボーイの姿は，完全に非現実的である．カウボーイ映画とは違って，カウボーイになるのは骨が折れて退屈だし，射撃の名手になるよりも，上手な乗り手になることのほうがずっと重要なのである．
［写真：John Eastcott & Yva Momatiuk / Planet Earth Pictures］

象徴的な重要性がある．

生物多様性の保護

土地のほとんどがすでに集約農業に利用されている草原地帯を，農業よりもリクレーションに利用することには，リスクもある．このバイオームの草原地帯には，たとえ細菌から無脊椎動物までの小さな生物を考慮に入れないとしても，米国に生息する哺乳類の 80％，鳥類の 70％を占める，何百という野生動物や植物の種があることを忘れてはならない．クロアシイタチやアメリカシロヅルなど，そこに住む植物種や動物種の多くは，絶滅の危機に瀕している．ある場所では，著しく魅力のある植物は，個体群をもはや維持できないほど持続的でない採集のインパクトを受けているし，そのほかでは，主要なリスクは土壌侵食と植被の喪失であり，その結果としての砂漠化の危険性がある．管理の目的は，環境の質の改善，狩猟や採集の抑制と禁止，競合種の導入排除，消失した自生種をその生息地に再導入するなど，時には衝突が起こるような幅広い手段を用いて，自生植物と動物の健全な個体群を維持することであるべきである．

今でさえ，米国やカナダでは，プレイリーを守ろうとする人々が作る多くの団体や，専門的に組織化された何千人という環境復元の専門家が努力しているにもかかわらず，プレイリーの断片ですら，その本来の状態のように回復したケースはほとんどない．しかしながら，北米の自然なプレイリーは生態学的に復元する必要があるのだと認識されたことで，「野生植物農場」が設立された．そこでは，このバイオームに典型的なイネ科草本，広葉草本，若干の低木種が栽培されている．独立国家共同体（CIS）（モルドヴァ，ウクライナ，南ロシア，および西カザフスタン）のヨーロッパ地域では，農業のためのステップの使用は，わずかな未開墾の地域にだけ残っていて，その地域のすべてが，自然保護区として保護されている．

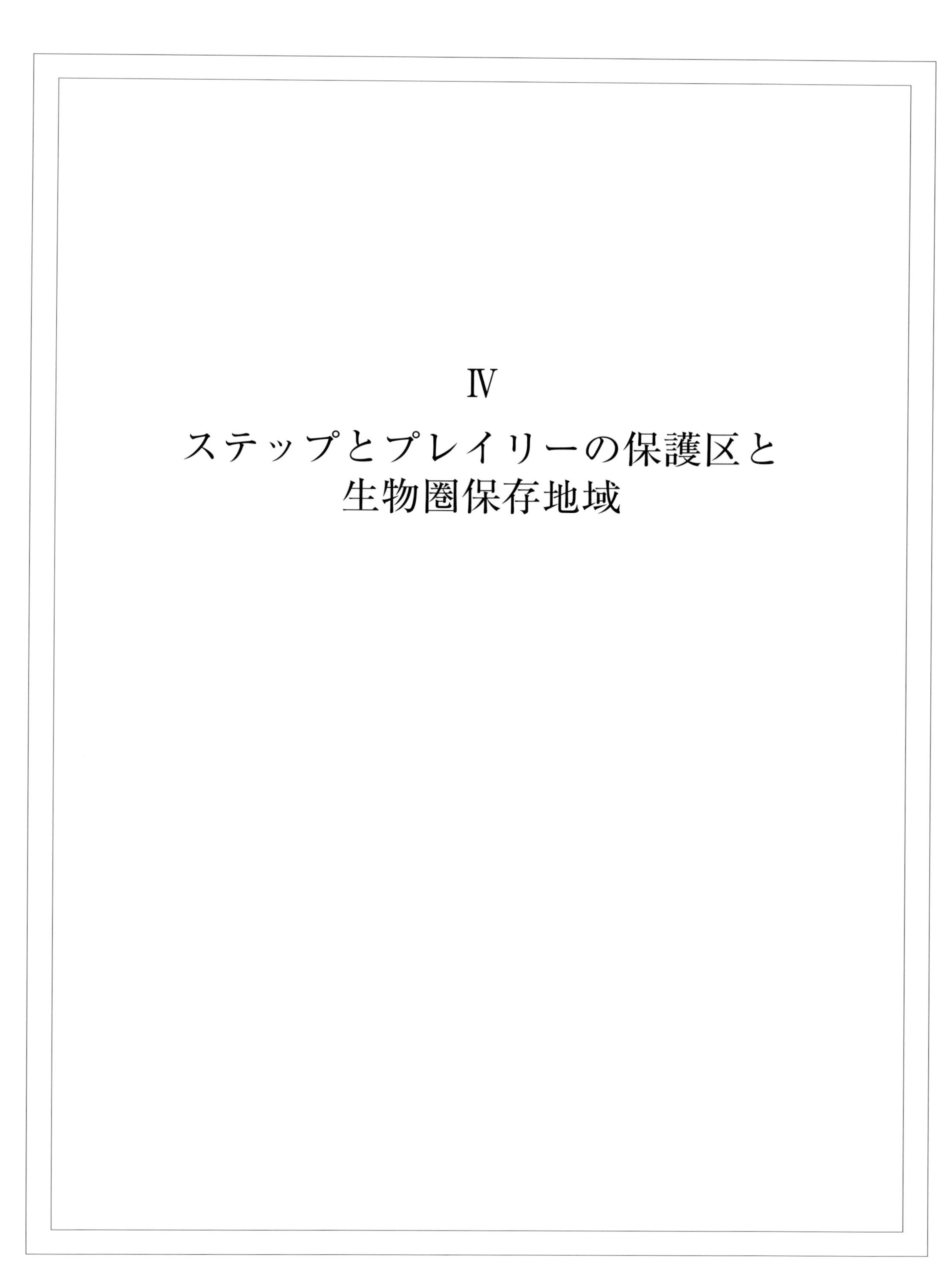

Ⅳ
ステップとプレイリーの保護区と生物圏保存地域

1. 世界の保護されているステップとプレイリー

1.1　一般的考察

ほぼ全世界のステップとプレイリーが，人間や家畜動物の行動に影響を受けてきたといえる．これは，自然のままの地域と，半自然の地域を含め，多くの植物相が多様であるために，植生地帯が熱帯多雨林と同じくらいに豊富な地域もあるからである．たとえば，アルゼンチンとウルグアイのパンパには，400 種以上の草本植物が生育し，多くが外来種で，ブラジルのセラード地帯の草本種の数を上回る．この高い植物相の多様性はパンパで草を食べる家畜のおかげである．これが外来種による移入を促進したのであり，それがなければ外来種はより侵略的な自生種には太刀打ちできなかっただろう．

しかし，動物の多様性は，少なくとも大型動物に関しては乏しい．世界の鳥類の 5 % 未満，哺乳類の 6 % 未満が，無防備な空間での生活に適合することを余儀なくされている．これには，ステップやプレイリーだけでなく，サバンナ，亜砂漠，高山草原なども含まれる．このバイオームの鳥類すべてに共通する特徴は，すばやく，予測不能に散らばる傾向である．この特徴があるからこそ，幅広く散在し，予測不可能な気候の中にある食物のたくわえを利用することができるのである．彼らが広範囲な場所を移動するという事実が，彼らを保護することをいっそう困難にしている．

このバイオームのほとんどがこうむっている退行にもかかわらず，将来に向けての希望はある．このような優占的役割を果たしているイネ科草本が，全バイオマスのかなりの比率を占めている．イネ科草本の種の大半が，集中的な開発とストレスの状況に大きな抵抗性があり，これらは他の植物群よりもずっと（葉を失ったり火災で焼失するような）物理的なダメージへの耐性や適応性が高い．激しい搾取にさらされるとき，多くのイネ科草本は，群落の構造と機能の大きな変化に耐えることができ，さらに栽培することが可能である．人間のイネ科草本への依存は，他のどの科の植物より大きい．

1.2　自然公園と保護地域

ほぼ 9 億ヘクタールの温帯草原のうち，なんらかの形で保護されているのは，わずか 699 万 8200 ヘクタールの小規模な地域，すなわちおよそ 0.8 % のみである．この保護された地域は 194 ヶ所の地域に分割される．

オープンスペースの保護

アルゼンチンとウルグアイのパンパは，このバイオームで，もっとも高い割合の保護地域を持つ（166 万 1100 ヘクタール，南米プレイリーの草原地帯の約 3.2 %）．代表的なのが，アルゼンチンのカンポス・デル・トゥジュ（3500 ヘクタール）と，ウルグアイの天然記念物コスタ・アトランティカ・ナチュラル・モニュメント（1 万 4200 ヘクタール）である．ユーラシアステップの保護地域の総面積はもっと広いが（357 万 5100 ヘクタール），このバイオームの総面積の 1.5 % を占めるにすぎない．とはいっても，ユーラシアでは，保護地域の面積はほかの地域よりも広い傾向がある．

ステップの注目すべき保護地域には，モンゴルのアルトゥール狩猟保護区（79 万 9300 ヘクタール），ルーマニアとウクライナのドナウデルタ生物圏保存地域と世界遺産地区の一部（58 万ヘクタール），中国のフルン・ヌル湖（ダライ湖）自然保護区（40 万ヘクタール），カザフスタンの 23 万 7100 ヘクタールを覆うコルガルジュン・ザポヴェニク（自然保護区とほぼ同じ，第 4 巻 465 ページ参照）（23 万 7100 ヘクタール）などがある．独立国家共同体（CIS）の各共和国では，効果的なザポヴェニク（自然保護区）の移植は，地域住民が入ることを禁じられることを意味するため，保護地域の導入や拡張を，自然の空間を使用する権利の剥奪であると解釈している．しかしこれは，地域の持続的発展の促進を意図した生物圏保存地域の設定とは正反対である．

144. **バッドランズ国立公園**（米国サウスダコタ州）は，北米プレイリーにおける保護区の一つである．大渓谷，尾根，突起，ドームなどの景観は，風と雨によって漸新世の岩と堆積物から造られたもので，侵食過程は今も続いている．この公園は，混交プレイリーが短茎プレイリーに合流するバッドランズ地域の中心にある．年平均降水量は低く（400 mm 強），大半が春と夏に激しい暴風雨として降る．水の不足と植生の乏しさ，そして険しい起伏が，この地に最初にたどりついた人々に，「バッドランド（悪い土地）」の名前を思いつかせた．それ以前でさえ，スー族がこの土地を「使えない土地」を意味する mako shika という名前で呼んだ．この地域は本当に人間が住むには適さない．切り立った斜面は耕せないし，まばらな植被は家畜動物による過放牧に弱い．この地域は土着の動植物にはそれほど不適切ではなく，その多様性のおかげでこの地はプレイリーの生態系をよく表している．［写真：Tom Till / Auscape International］

145. 巣穴から現われた**雌のクロアシイタチの成獣.** おそらく一番好きな獲物であるオジロプレイリードッグが放棄した巣穴だろう. クロアシイタチはカンザス州(米国)のコンザプレイリーに生息し, 北米で最も絶滅の危機に瀕した種の一つである. 多くの地域で, プレイリードッグが死に, それに続いて地下の町がなくなったため, 科学者は決して多くないこのイタチ科動物が, 絶滅してしまったと考えるに至った. しかし, 1981年, 生き延びた個体群がワイオミング州(米国)で発見され, 捕獲繁殖プログラムを開始するために何匹かが捕らえられた. 繁殖はワイオミング州の施設で始まり, その後ヴァージニア州やネブラスカ州で行われ, 捕獲して繁殖された個体は最終的に野生に戻された. クロアシイタチは, 主な餌動物であるプレイリードッグが放棄した穴で暮らすため, 生物学者はこれらを放す前に, プレイリードッグが最も多い場所を突きとめた.
[写真: Franz J. Camenzind / Planet Earth Pictures]

北米プレイリーには, 絶対的な意味でも (17万7000ヘクタール) 相対的な意味でも (1.3%), もっとも小さな保護区がある. カナダのアルバータ州にはグラスランド国立公園 (9万ヘクタール) と州立恐竜 (ダイナソー) 公園と世界遺産 (6600ヘクタール) のような注目に値する保護地域がいくつかある. 米国には, バッドランズ国立公園 (9万8400ヘクタール) やセオドア・ルーズベルト国立公園 (2万8100ヘクタール) がある. 北米プレイリーの保護地域は, 自然遺産はもちろん, 地域の文化遺産の保護も確立してきた. 州立恐竜公園には, グレートプレーンズ文化を代表する考古学的遺跡がいくつかあり, バッドランズ国立公園の56%は, オグララ・スー族が管理している. いくつかの保護戦略が, カナダの連邦政府および州政府によって企てられてきた. たとえば, 連邦政府と, サスカチュワン州の間で, グラスランド国立公園を作るという契約に署名がなされた. 保護地域ができると, プロングホーンやバッファローのようなこのバイオームのもっとも特徴的な種が確実に生き残ることができるだろう.

大型動物の保護

カナダのいくつかの保護地域は, 特にプレイリーの動物相のうち大型草食動物を保護するために作られた. カナダ中部や西部の広野を闊歩していた何百万というバッファローが1889年までには1000頭を若干上回る程度まで減少していたことを心に留めて欲しい. そのほか, アカシカやプロングホーンのような大型哺乳類が, 同じような非運を経験した. 過去には推定5000万頭のプロングホーンが生息し, ほとんどが広々としたプレイリーにいたが, 1915年までには数が減ってアルバータ州南東部やサスカチュワン南西部にわずかな群れがいるだけになっていた. 食べられる草本植物の量が増加したことと, 小型の草本植物が侵入したことは, ホリネズミ, リチャードソンジリス, オグロプレイリードッグのような小型哺乳類にとって好都合だった.

カナダプレイリーの動物相, 特に大型動物の大幅な減少が, 20世紀初頭以来, 多くの保護戦略につながり, 1905～1915年の間に狩猟を規制する法律が承認された. 1908年には, バッファローの群れが生存していた場所の短茎プレイリー (バッファロー国立公園) に, 4万4000ヘクタールの鳥獣保護区が作られた. 1922年までに群れは6000頭に増え, 公園が支えられる個体数を大きく超えていた. 過剰になった動物のために他の場所を見つけられず, 1923年には2000頭が間引かれた. しかし, バッファロー国立公園は, プロングホーンを生き延びさせることができず, ほかに3つのプレイリーが国立公園に指定された. ネミスカン (2100ヘクタール), ワワスケシー (1万5400ヘクタール), メンスワク (4400ヘクタール) である. プロングホーンはめざましく増加して絶滅の危機から脱し, 3つの国立公園は1930～1947年の間に, 不必要であるとみなされ指定からはずされた.

米国の中央プレーンとコンザプレイリー生物圏保存地域のような保護地域のいくつかは, かつてアルバータ州やサスカチュワン州からアリゾナ州やテキサス州の北東部までの中央プレイリーの大半を占めていたクロアシイタチが生き残る助けとなったかもしれないが, 現在は絶滅の危機に瀕している (206ページ参照).

2. ステップとプレイリーにおける UNESCO 生物圏保存地域

2.1 ステップとプレイリーにおける生物圏保存地域

ステップとプレイリーバイオームにある21ヶ所の生物圏保存地域は10ヶ国に散らばり，総面積およそ800万ヘクタールに及んでいる．この面積の半分以上がモンゴルのゴビ砂漠にあり，このほとんどが寒冷砂漠と亜砂漠のバイオームにある（4巻「寒冷砂漠と半砂漠の保護区と生物圏保存地域」を参照）．

ステップとプレイリーの生物圏保存地域が直面している脅威は，内部にも外部にもある．これらが比較的小規模であるということと，完全に耕地に囲まれていることが多いという事実，すなわち，事実上，孤島であるということが，それらをよりいっそう微妙な状況に追い込むのである．これはロシア連邦の中央チェルノーゼム生物圏保存地域のケースにはっきりと表されている．そこはあまりにも小さいために生存に適した数の鳥類や哺乳類を支えることができないし，植物種を保護するにも小さすぎる．カナダのライディングマウンテンのような，もっと大きな保護区でさえ，周辺地域の集約農業による同様の圧力に耐えているのである．農業以外の外部からの脅威には，空気や水の汚染の結果として，土地の価値が失われることがあげられ，中央チェルノーゼム生物圏保存地域では深刻である．この地域の周囲は，鉛濃度が第二次世界大戦中の6倍あるのだが，おそらく近隣の露天の鉄採掘が空気や下層土の水を汚染しているのだろう．保護区を脅かす内部の要因には，過放牧やたきぎの過剰な採集（ゴビ国立公園の北部地域）であれ，違法な狩猟や漁労（ソホンド自然保護区）であれ，リクレーションを目的とした過剰な建設工事（ライディングマウンテン生物圏保存地域）であれ，管理の悪さと過剰な資源利用が含まれている．

ユーラシアの生物圏保存地域の保全と軋轢

ロシア連邦とウクライナは，当初から，UNESCOのMABプログラムに参加してきた．ウクライナとルーマニアのいずれにも入るドナウ・デルタ生物圏保存地域のほかに，ユーラシアステップには，ウクライナにチェルノモルスコエ生物圏保存地域（8万7300ヘクタール）とアウカニヤ・ノヴァ（3万3000ヘクタール）の2つ，ロシアにソホンディンスキー生物圏保存地域（21万1000ヘクタール），中央チェルノーゼム生物圏保存地域（131万6819ヘクタール），ウヴス・ヌール盆地の3つの生物圏保存地域がある．これらの保護区は，3つの主要な地域における生物学的研究により大きな関心が向けられ，動物相と植物相の目録の作成，生態系の状態の研究，絶滅の危機に瀕した希少な植物種や動物種の監視が行われている．観光は厳重に規制されているため，サービスの基幹施設は未発達である．積極的に観光を推奨しているアルゼンチンのパルケ・コステロ・デル・スル（南部湾岸公園）生物圏保存地域（3万ヘクタール），ルーマニアとウクライナの国境をまたぐドナウ・デルタ生物圏保存地域（58万ヘクタール），カナダのライディングマウンテン生物圏保存地域（29万7000ヘクタール）とは対照的である．たとえば，ライディングマウンテン生物圏保存地域には，1981～82年のシーズン中に，84万2436人の観光客があり，またその設備にはキャンプに適したサイト657ヶ所，湖のいくつかで使用するためのボート，オリエンテーションセンターなどがある．

ドナウ・デルタ生物圏保存地域は，黒海沿岸（ルーマニア東部）のポンティク・ステップ生物地理区系にある．ここは，1992年に生物圏保存地域に指定され，1993年には世界遺産に指定された．このデルタ地域は79万9000ヘクタールに及び，そのうち67万9000ヘクタールがルーマニアに，12万ヘクタールがウクライナにある．これらはヨーロッパでも珍しい動的な湿地帯システムを形成し，非常に多様な湿性生育環境を持つ．この地域は，そこに巣をつくる鳥にとっても，移動性の鳥にとっても，複数の国にまたがる重要性があり，全世界にわ

146. ステップとプレイリーの生物圏保存地域（1998年）． 名称には，面積（ヘクタール）と生物圏保存地域であると宣言された年を書き添えてある．ステップとプレイリーのバイオームにおける21個の生物圏保存地域は10カ国にあり，モンゴルのゴビ生物圏保存地域と中国のシリンゴル生物圏保存地域を除き，全体的にやや小規模である．保護地域の総面積は800万ヘクタール以上で，その大半がユーラシア大陸にあるが，さまざまな保護地域のすべてがステップかプレイリーだというわけではない．プレイリーとステップのバイオームの土壌が牧畜や農業に適しているという事実は，これらの保護区が小規模であり，さらに保存を脅かすということである．最も小さな保護区の中には米国のコンザプレイリーがあり（3500ヘクタール），最も大きな保護区の中には500万ヘクタール以上におよぶゴビ生物圏保存地域が含まれている（第4巻図251参照）．これらの保護区のうち二つは，1997年に承認された．これはフェンリン（中国）とウヴス·ヌール盆地（ロシア連邦）である．
［地図：IDEM，UNESCO MAB's Program のデータより］

たって絶滅の危機に瀕しているいくつかの種が生息している．デルタはさらに，ドナウ流域と黒海の間のきわめて重要な推移帯でもある．

1990年以来，この地域はドナウ・デルタ生物圏保存地域当局によって管理されてきた．ここでは，主要な目標を，デルタの自然生態系を，本来の場所での遺伝資源保護，長期的な環境モニタリング，教育の促進，そして可能な限り，地域を管理し，地方共同体を統合的に発展させていくことと定義してきた．

ドナウ・デルタの約20％はウクライナの領土内にあり，これが完全に保護されれば，この20％は生物圏保存地域に加えられるはずである．その時点で，ドナウ川によって下流に広げられた高濃度の重金属，殺虫剤（DDTを含む），除草剤，肥料が，デルタの生態系にとっての主な脅威となる．藻類の大発生は魚類相が脅かされるし，水の汚染はいくつかの移動性動物種が劇的に減少したことの原因であると思われる．1980年代には，ルーマニアの共産主義政権が，この地域の経済的利用を行おうとし，1990年までに農業生産を3倍にしようとした．約9万7000ヘクタールが農業用地となり，そのうち5万ヘクタールがポルダー（干拓地）を作ることによって灌漑された．シレアサポルダーは特に害があり，7500ヘクタールにおよんで，東の自然堤防や拠水林の地域を破壊した．デルタ全体のほぼ1/3が転換されつつあったが，1989年12月に政権が倒れた時点でこれが成し遂げられていたのは，このわずか1/3であった．

内モンゴル自治区（中国）のシリンゴル自然ステップ保全地域生物圏保存地域（107万8600ヘクタール）は，保護の目的のためには非常に価値がある．中国の保護地域網では，ステップ生態系の代表性は非常に弱い．5つの核心地域が確定され，その中はすべての経済活動が禁止されている．そこにも，モンゴルのゴビ国立公園にも，何千年もの間行われてきたのと同じ方法で家畜の放牧を行う半遊牧民がいまだに住んでいるのである．このため，過去1世紀の間に，ステップの性質は，野生動物の群れのほぼ完全な絶滅に伴って，劇的に変わってきた．多くの動物種が絶滅するまで狩られ，限定された牧草地をめぐって家畜動物と競うために，その他の残った種すべてが孤立して生き残る遺存個体群である．

北米の生物圏保存地域における研究

プレイリー生態系を示す米国の2つの生物圏保存地域は，セントラルプレーンズ実験地域（6210ヘクタール）とコンザプレイリー生物圏保存地域であり，実験生態学的保護区（EER）ネットワークの一部を成している．米国のEERは，主な自然生態系を代表しているといわれ，個々の種と相互作用をしている種個体群を含めて，長期的な研究に精力が注がれている．生物圏保存地域は，遺伝的多様性を保存し，国際的な研究と教育を奨励するために作られたもので，EERは国家規模で補完的な目的を達成しようと努めている．なかには，異なる実験生態学的保護区同士で，ある程度の協力をしている州や地域もあるが，現在では大半が完全に独立している．彼らは，通常は，生息地の保護，教育，あるいは土地管理機関のプログラムのように，特定の最重要の目的を持っている．

たとえば，コンザプレイリー実験保護区は，現存するもっとも大きなウシクサプレイリー（*Andropogon gerardii* や，同属のその他の種）地域であり，生態学研究のために保護されている．1972～1975年の間，さまざまな時期にさまざまな頻度で，火入れと刈入れの影響につ

147. コンザプレイリー自然地域，1978年に生物圏保存地域と宣言された．この地域はカンザス州（米国）で3487ヘクタールの，高茎プレイリーの典型である．この保護区の，約90％が高茎プレイリーに覆われ，残りの10％が耕作地（4％）と特に低地の最下部で，自生の樹木群（6％）に覆われている．コンザプレイリーは100年以上の間，牧草地として利用されているが，緩やかな放牧のおかげで，もとからある草本種の多くが維持されてきた．生態学的研究が，コンザプレイリーに大きな重要性をもたらした．実施された研究は，温帯草原の生態系において自然の火災が果たす役割を判定し，自然の群落に対する火災の影響と，放牧に利用される群落への影響とを比較しようと努めた．バッファロー，アメリカアカシカ，プロングホーンなど，野生の大型草食動物を繁殖させるために，一つのプロジェクトも準備されている．別のプロジェクトは，ウシやウマの野生種を研究している．［写真：Nigel Tucker / Planet Earth Pictures］

いて調べる比較試験が行われた．1977年に，この地域はかなり拡大されたため，実験には分水界全体も含めることができた．落雷によって発生する火の作用を模擬実験するために，いくつかの小規模な地域で計画的な火入れが行われた．火入れと放牧を組み合わせた取り扱いについては，現在研究がなされている．これらの実験から期待されるのは，自然生態系に関する私たちの理解を深め，放牧や耕作が行われる地域に対する比較の基盤を作り，いくつかの管理形態による好ましくない結果を示し，河川の水質や水量ならびに侵食速度に対するこれらの影響を立証することである．

2.2 ユーラシアステップの生物圏保存地域

ユーラシアステップには14ヶ所の生物圏保存地域があり，ほぼ8000万ヘクタールを占めている．これは，中国，モンゴル，ロシア連邦，ウクライナ，ルーマニア，ハンガリー，オーストリアである．大きさはさまざまだが（ハンガリー湖のFerto 生物圏保存地域の1250ヘクタールから大ゴビ生物圏保存地域530万ヘクタールまで），これらの保存地域は，可能な限り，資源を維持できる持続可能な生活様式の保存と維持管理に貢献している．

Chernomoskiy（黒海）とアスカニヤ・ノヴァ生物圏保存地域

ユーラシアステップ地域のもっとも重要な生物圏保存地域には，サイズは小さいが，ウクライナ南部のアスカニヤ・ノヴァとChernomoskiy（黒海）生物圏保存地域の2つがある．これはドニエプル川下流域とカルキニッキー湾の間にあり，クリミア半島の西部を本土から切り離している．

アスカニヤ・ノヴァ生物圏保存地域は，ヘルソン州のチャプリンカ地域の，黒海の沿岸平野の南東にある（北緯46° 28′，東経33° 55′）．これはステップの中ではじめて保護された地域であったため，歴史的にたいへん重要である．1898年には，当時のアスカニヤ・ノヴァの所有者だったFrederich E. Falts-Fein（1863～1920年）が，ポーランド人植物学者のJosef K. Paczoskiの忠告にしたがい，ステップを農業や牧畜の干渉がないように仕切った．皇帝ニコライ1世がアスカニヤ・ノヴァをアンハルト・ケーティンの君主に与え，その後はロシアに農業革命を導入するための主要な地所のひとつとなった．20世紀のはじめから，1917年にロシア革命に続いて起こった市民戦争の始まりまで，地所には，農業事業のほかに，順化公園や動物園もあった．1919年には，地所はウクライナ人民教育委員会が管理するようになり，1921年には，国有の自然保護区となった．これは旧ソビエト連邦のzapovedniki（国立保護区）ネットワークの重要な要素のひとつであったが，現在はウクライナでもっとも重要な保護区のひとつとなっている．これは1984年に生物圏保存地域と宣言され，現在は3万3300ヘクタールの面積があり，そのうち，まだ一度も耕されていない1500ヘクタールを含めて1万1000ヘクタールが厳重に保護されている．

黒海生物圏保存地域はアスカニヤ・ノヴァの南西に向かって広がり，ドニエプル川とブーグ川の河口とカルキニッキー湾の間の湾岸域に4つの単位で構成されている（北緯46° 28′，東経32° 00′）．これは1972年に設立され，1984年に生物圏保存地域に指定された（Chernomorskiy 生物圏保存地域）．これは総面積にして8万7300ヘクタールにおよび，そのうち9400ヘクタールは陸地，残りが水域である．1973年には，Yagorlytskiy Zaliv（湾）やTendrovskiy Zaliv（湾）のような水域が，ラムサール会議のもとで，国際的に重要な湿地帯に指定された．この陸地帯は，Ivano-Rybalchanskiy（3000ヘクタール），ソレノエオゼロ（2200ヘクタール），Volizhin Forest（200ヘクタール），Yaghorlyskiy Zaliv（湾）（900ヘクタール），Potevka（1200ヘクタール），Tendronskiya Island（1300ヘクタール），Dovhi Island and Kruhli Island（500ヘクタール），およびさらに小さな5つの島が100ヘクタールを占めている（Babin，Oriliv，Smalenity，Kinskiy，Sibirskiy）．

自然の特徴と価値

第四紀氷河期の間，黒海沿岸の平野は，氷河の氷に覆われていた．氷河の動きによって岩からはがれ落ちた岩石の破片が，氷堆石として積もっていることから，丘陵地帯や広い低地帯など，この地域に特徴的な地形があるのかなぜなのかがわかる．黒海やアスカニヤ・ノヴァ生物圏保存地域がある平野は，南南西に向かって緩やかに傾斜している．この地域には，直径2～8 m，深さ10～20 cmの，「ポッド」と呼ばれる凹地が多数ある．このうちもっとも大きなものは，春には周期的に水浸しになるポッドで，ボリショイ Chaplinka と呼ばれている．この地域には川は単一ではなく，地下水面は土壌表面より約 19 m 下にある．これらのポッドは粘土のレスで縁取られ，蓄積された水を保持する傾向にある．これは夏の終わりまで続くことが多い．

気候は乾燥した大陸性で，夏は暑くて長く，冬は寒い．月平均気温は，1 月には－3.6℃で 7 月には 23.4℃と変動があり，年間平均降水量はわずか 380 mm である．春には通常，乾燥した風が吹き，砂塵嵐の原因となる．冬（12 月中盤から 3 月）には，雪が 10 cm まで積もることがある．

ステップの植生には，耐乾性のイネ科草本の若干うっ閉した群落がある．アスカニヤ・ノヴァのハネガヤステップは，多くの種類のハネガヤ属（*Stipa lessingiana*，*S.ucrainica*，*S. capillata*）やウシノケグサ属の *Festuca sulcata* やミノボロ属のミノボロのようなその他のイネ科草本が優占する．水浸しの場所には，花が目立つイグサ（ハナイ科）やアブラガヤ属のスゲ *Scirpus supinus* が生える一方で，ポッドにはオオスズメノテッポウやカモジグサ属の *Agropyron pseudocaesium* のようなイネ科草本が生えている．春には，チューリップ属の *Tulipa schrenkii*，*T. biebersteinii*，ムラサキモウズイカ，ナンキンアヤメなどの顕花植物が現れる．アスカニヤ・ノヴァの維管束植物相は 417 種があるが，そのうち 40 種はウクライナ南部に固有のものであり，66 種は旧ソビエト連邦で絶滅の危機に瀕した種を掲載したレッドデータブックに載っている．

黒海自然保護区における陸地の植物相は，黒海北部に達するステップの植物相によく見られ，数多くの固有種がある．*Goniolimon graminifolium*（イソマツ科）やキク科の *Jurinea laxa* や *Tragopogon borysthenicus* が砂質のステップに固有である．*Dianthus platyodon*（ナデシコ科）や *Senecio borysthenicus* は，石の多いステップによく見られる．カバノキ科の *Betula borysthenica* やサンザシ *Crataegus helenolae* は，少ししか残っていない茂みに生えている．イネ科草本の *Festuca laeviuscula* やヌカボ属の *Agrostis subulicola* は，砂質の土壌上の刈り取り草地に特有である．保護区の残りは，海岸線に近い淡水や塩水の湿地帯や，島々からできている．この保護区には 595 種の維管束植物が記録されており，そのうち，イネ科草本のエゾムギ属の *Elymus*［=*Elytrigia*］*stipifolia* やヤグルマギク属の *Centaurea taliewii*（キク科）など，21 種は旧ソビエト連邦の絶滅が危惧される植物種のレッドデータブックに希少であるとして記載されている．

148. ウクライナ南部の**黒海生物圏保存地域**では，Yahorlik や Tendra の湾に陸地（地域の 95 %）があり，湿地もある．写真は Ivano－Ribalchanski 地区の景観であり，この保護区の陸域である．保護区は平坦ではない砂地が約 3000 ヘクタールにおよび，黒海周辺のステップに典型的な草本植物の植生に覆われ，固有種がいくらか存在する．写真のような低地や「ポッド」として知られる凹地の土壌は湿っていて，これらがコナラ属，ヤマナラシ属，カバノキ属，およびその他の広葉樹の小さな茂みを支えている．
［写真：Ismail Mukhin］

ステップの景観は単調だが，この 2 つの保護区に生息する鳥類の動物相は非常に豊富で変化に富んでいる．アネハヅルなど，多くの絶滅危惧種がここには豊富に生息している．この品種は，人間が作り出した環境に適合していると考えられ，耕作された地域における繁殖に成功している．世界でもっとも大きな鳥のひとつであるノガンも絶滅の危機に瀕しており，アスカニヤ・ノヴァは，ウクライナでこの鳥が生存する最後の場所となっている．絶滅の危険性が非常に高い猛禽であるソウゲンワシは，まだ生息している．ヨーロッパヤマウズラ，イシチドリ，ヒメコウテンシなど，もっと豊富な種類と同様，ナベコウやハヤブサも生息している．

アスカニヤ・ノヴァに生息するげっ歯類にはジリス属のヨーロッパハタリス，クロハラハムスター，シャカイハタネズミ，およびタタールハツカネズミなどがある．スペイントガリネズミ，小型のヤマコウモリ *Nyctalus leisleri*，大型のヤマコウモリ *N. lasiopterus*，マダライタチ，オコジョなど，Chernomskiye（黒海）生物圏保存地域に生息する哺乳類の品種のいくつかは，旧ソビエト連邦の絶滅危惧種のレッドデータブックに掲載されている．

管理と問題

自然なステップ生態系を保護するために，アスカニヤ・ノヴァと黒海自然保護区が設立された．何年かの間は，これには，地球的，地域的，局所的な生態学および生物学研究を行うという狙いがあった．現在は，経済活動がきちんと規制される厳重な保護体制のもとで，ウクライナ科学アカデミーが管理している．自然の群落や生育環境を変化させたり，脅かしたりする場合がある活動は，核心地域，および緩衝帯や推移帯では禁止されている．

Chernomoskiy 生物圏保存地域では，研究対象に，黒海北西部の，ドナウ川とドニエプル川の下流域の水資源複合体の建設を意図した地区における環境条件の変化をモニターすることが含まれている．これはさらに，南部のステップと汽水性湿地帯の間の推移帯（移行帯）の動態を研究するためにも，またドナウデルタにおける構造上・機能上の特性を分析するためにも，優れた場所である．さらに，巣作りや移動をする鳥の群れにおける季節的な変動や1年を通じた変動の調査に関係がある鳥を記録するプログラムもある．この地域には，7か所の集中的利用域があり，黒海の8個の島も含まれる．緩衝帯は Yahorlic State 鳥類保護区から成る．さらに，保護区域周辺の陸と水域のさまざまな地域，1 km 幅の保護地帯がある．

アスカニヤ・ノヴァは，ハネガヤステップやチェルノーゼムの群系における発達上の変化を研究できる残された場所であるだけでなく，ステップの環境を向上させて，その生物学的生産力を高めるために，導入できそうな品種の環境順化を研究する重要な実験区域でもある．この保護区の設備には，十分に設備が整った実験室，博物館，植物園，動物園，実験的な品種改良地区，科学図書室などが含まれる．さらに，厳重に保護された，面積1万1000ヘクタールにおよぶ核心地域もある．この地域の現状は，場所によってはいくらか改変されてきたため，保護区は自生種の繁殖に関する共同研究に協力するために飼育下繁殖プログラムに参加することができる．いくつかの種では繁殖に成功しており，ノガン，アジアノロバ，プルゼワルスキーウマ（モウコノウマ），サイガのほか，グレビーシマウマ，ハーテビースト，オジロヌー（ヌー属），ダーウィンレア，エミューなどの外来種も多くいる．実験的繁殖地区が保護区域を形成し，面積が約1万7400ヘクタールにおよび，アスカニヤ・ノヴァステップ動物相繁殖研究所によって管理されている．面積の狭い地域も牧草地にするために保護され，400種以上を所有する植物園がある．1 km の幅があり，さらに4800ヘクタールにおよぶ外部保護地帯がある．

2.3 北米プレイリーの生物圏保存地域

現在，北米のプレイリーに4つの生物圏保存地域があり，2つがカナダ，2つが米国にある．これらはほぼ36万ヘクタールにおよび，基本的に混交プレイリーか短茎プレイリーからなる．したがってこの生物圏保存地域ネットワークでは，その他の種類のプレイリーは含まれていない．

中央平原生物圏保存地域

中央平原生物圏保存地域がその一部を形成する短茎プレイリーは，北緯41°（コロラド州とワイオミング州の州境）から北緯32°（テキサス西部），米国の中央グレートプレーンズのほぼ2800万ヘクタールにおよんでいる．ロッキー山脈の麓の丘陵地帯は，短茎プレイリーの西限であり，もっとも東の地点は西経100° で，北はカンザス州，南はテキサス州の間のオクラホマの「パンハンドル（フライパンの柄のように細長く突き出した地域）」にある．標高1650 m のコロラド州のピードモント地域には，中央平原生物圏保存地域の実験エリアが置かれている．これは北緯40° 50′，西経105° 45′，コロラド州北西部の中西部グレートプレーンズにあり，コロラド州とワイオミング州の州境の南14 km で，ナンの北方，約8 km のところに位置する．面積にして6500ヘクタールにおよび，その95 % を連邦政府が所有し，残りが個人所有であるが，農業試験場の管理下に置かれている．これは1976年6月に MAB 計画の生物圏保存地域として承認された．

149. アカエリツメナガホオジロは，小スズメ目フィンチ類（アトリ科）の小型の鳥である．北米の低茎プレイリーに多いが，混交プレイリーや高茎プレイリーにも生息する．その生息域はカナダ南部から米国のコロラド州やカンサス州におよぶが，冬には北に住むグループは南へ移動して米国南西部やメキシコ北部で寒冷な季節を過ごす．いくつかの研究で，ホオジロは過放牧されていない限り牧草地帯に巣を作るのを好むことが判明しているように，ホオジロは，他の鳥類と同様に，ウシの存在によく適合してきた．
［写真：Bob & Clara Calhoun / Bruce Colemen Collection］

自然の特徴と価値

この地域は，グレートプレーンズ地形区内にあり，大半がなだらかな起伏の平原から成るが，大なり小なりの侵食作用によって形成されてきた深くて狭い小渓谷や，孤立した丘も存在する．この保護区は，ロッキー山脈の前山の約1675 m から，東に向かって徐々に低くなり，中央低地帯の約 600 m の地点で終わる．この地域の構造地質学は，わずかに変形した古生代の物質の上に重なる中生代と新生代の累層がある．中生代の累層は白亜質の地向斜（谷のような凹地）の浅い上部に堆積した海成堆積物で形成されているが，新生代の構造は，ロッキー山脈から来た堆積物に由来する．この地域は，ミズーリ川やミシシッピ川へと流出しており，河床は広くて比較的浅く，両岸は切り立っている．谷は比較的平坦な河間地域で隔てられている．土壌は，大部分が壌土，砂質壌土，および粘質壌土で，Pierre Shale 構造からの片岩や砂岩，あるいは沖積土の物質上に形成されている．

気候は北米の大陸中央地域に特有のものである．降水量と気温の分布は非常に季節的で，5月，6月，7月，8月が最高である．年平均降水量は，110 ～ 550 mm で，平均 310 mm である．月平均気温は 1 月の －12℃が最低で，7月の 30℃が最高である．グレートプレーンズ上の空は通常晴れており，潜在的な日射時間の平均量は，60 % を下回ることなく，1 年のほとんどが 70 % 近い．この地域の年間の無霜期間は 150 日である．

一般に，生物圏保存地域の高地地域は，亜低木種のブルーグラマやウチワサボテン属の *Opuntia polyacantha* の群落が優占している．さらにマンシュウアサギリソウ，*Chryso thamnus nauseosus*，*Eriogonum effusum*，*Gutierrezia sarothrae* などもある．低地では，優占するイネ科草本はブルーグラマかバッファローグラスであり，もっと少ないが *Opuntia polyacantha* もある．塩性・アルカリ性土壌を持つ低地帯は，イネ科草本であるカモジグサ属の *Agropyron smithii* やソルトグラス属の *Distichlis stricta* が優占し，バッファローグラスは少ない．

歴史的にみれば，グレートプレーンズは常にバッファローと関わりを持ってきたが，これはきわめて大きな群れが，西部辺境の開拓時代に探検家や著述家に感銘を与えたことも理由にあるし，彼らを絶滅に追い込んだ文化的変化のせいでもある．しかし今日は，プロングホーンが，短茎プレイリーで大きな群れになって住む唯一の大型哺乳類である．その密度は，1 世紀半前には 1 km^2 につき 1.5 頭だったのに比べ，現在では 0.42 頭であると推定される．中央平原生物圏保存地域実験地区におけるげっ歯類の構成は，ジュウサンセンジリスが優占であるが，シロアシネズミ属の *Peromyscus leucogaster*，キタバッタネズミ，トウブホリネズミ，オグロプレイリードッグなども生息している．その他，生息している小型の哺乳類には，オグロジャックウサギ，オジロジャックウサギがいる．

短茎プレイリーでもっとも多く生息する猛禽類は，イヌワシ，アメリカワシミミズク，アカケアシノスリ，ハイイロチュウヒ，およびアレチノスリがある．燕雀目には，ハマヒバリ，アカエリツメナガホオジロ，シロハラツメナガホオジロおよびミヤマチドリがいる．

もっとも豊富にいる爬虫類の種類は，プレイリーガラガラヘビ，セイブシシハナヘビ，およびゴファースネークという3種のヘビである．もっとも注目すべき両生類は，ウッドハウスヒキガエル，プレーンズヒキガエル，ヒョウガエルである．

管理と問題

短茎プレイリーでは，土地の利用方法は，粗放的放牧（面積の約60％）と，穀物栽培（(灌漑農法・乾燥農法)（残りの面積を均等に占めている)）に分かれる．劣化を防いだり軽減するために従うべき牧草地管理形態がそうであるように，牧草地が劣化する理由はわかっているが，伝統的な方法と同様に，人口統計学的・社会経済的な制約が，必要とされる管理の教訓を適用することを邪魔することがある．1930年代の「黄塵地帯（Dust Bowl)」の災厄から得た教訓により，維持と回復を目ざして，基本的な生態学原理と理にかなった方法に基づいた管理システムを確立するに至った．

中央平原実験地区は，基礎研究に関連した問題について多くのデータを生み出しており，より建設的な研究の潜在性は計り知れない．森林サービス（1939～1961年）やさまざまな農業研究サービス（1961～現在）が，森林再生から，牧草地や放牧管理の改善に至るまで，特に環境収容力や再生の可能性について，生態学のさまざまな面について調査を実施してきた．1968年以来，プレイリーバイオームを研究する米国の国際生物学事業計画（International Biological Program（IBP)）と，その継承団体である国立資源生態研究所（National Resources Ecological Laboratory（NREL)）のグループは，実験対象地域の生態系の主な構造的・機能的特徴を調査し，得られたデータの処理を行ってきた．1939年以来，この現場の多くが，0.8ヘクタールの囲いをめぐらせた区画や，さまざまな放牧の圧力（高・中・低）にさらされる種々の区域に分割されてきた．家畜やその他の利用方法に対して，この地域のほとんどの歴史が既知のものである．関連するデータや詳細な気象の測定が行われ，降水量メーターのネットワークが管理されている．NRELも，いくつかの実験用の小型集水界や土壌ライシメーター，そしてオフィスや実験室や宿泊施設があるフィールド設備を維持している．

このすべてにより，季節の終わりに残っているブルーグラマの牧草量に基づき，家畜に必要な牧草貯蔵量に対するガイドラインを作成することができた．これらのガイドラインは，生産が中程度または大量であった年には適用しやすいが，生産が通常よりも低い年には，農家は望ましい量よりも集中的に牧草を無理に食べさせることがあり，動物と牧草地そのもののいずれにも害になることがある．短茎プレイリーの劣化した部分は，2通りの方法で再生させることができる．自生植物か，輸入植物を作付けすることである．どちらの場合にも，結果はその地域の自然の制約，特に，低くて変わりやすい降水量に大きく左右される．特に寒冷な季節には非常に低い．この地域の牧場経営者にとって重大なひとつの問題は，早春には質の高い飼料が手に入らないことである．このため，牧草地を修復するための多くのプロジェクトが，寒冷な季節に生長して春には飼い葉を供給してくれる品種を見つけようと努めてきた．

2.4　南米パンパの生物圏保存地域

南米パンパの草原地帯の唯一の生物圏保存地域はブエノスアイレス州（アルゼンチン）のパルケ・コステロ・デル・スルである．ウルグアイのバナドス・デル・エステ生物圏保存地域が同じ地域にあるが，別の巻で湿地として検討する（第10巻488～491ページ)．近くにあるパルケ・アトランティコ・マル・チキータ（アルゼンチン）もやはり湿地であり，1996年に生物圏保存地域に指定された．

パルケ・コステロ・デル・スル生物圏保存地域

パルケ・コステロ・デル・スル 生物圏保存地域は，バイヤ・サンボロンボンからの海岸線とラプラタ川の河口の南端から成り，ほぼ南緯35° 20′，西経57° 30′である．ブエノスアイレスの街のほぼ南西130 kmにあって，ハイウ

150. セイブシシハナヘビは，中央平原実験区域（Central Plains Experimental Area）生物圏保存地域で最も一般的に見られるヘビである．この名前は，変わった形の上を向いた口先から来ており，同属の別の種類のヘビにも見られる．他のシシバナヘビと同様に，ほとんど両生類のみ（特にヒキガエル）を食べて生きている．脅かされると，シューという音を出し，フードコブラのように頭と首を平らにする．これは自分を大きく見せて，敵を脅かすためである．頭と首を平らにするのは，脊椎の関節上で旋回できる特別な頚骨によるものである．この脅しが失敗すると，腹を上に向けてひっくり返り，口をあけて舌をたらして死んだふりをする．これは死体の肉も食べる捕食動物に対してはあまり成功しない作戦である．しかし，もとに戻されるとふたたびひっくり返り，生きていることをはっきりと示す．この相手を威嚇する防衛作戦にもかかわらず，これは実は人間には無害である．［写真：John Cancalosi / Auscape International］

ェイで行くことができる．この3万ヘクタールの場所は，CEPA財団（環境調査およびプロジェクト・センター）によるプロジェクトにしたがい，1984年にMAB計画によって，UNESCO生物圏保存地域として承認された．ここはパンパで最初の生物圏保存地域であり，エコトーン（この場合，ラプラタ川水系がある生態移行帯）内の位置と同様に，自然的価値のほかに人類学的価値があると考えられた最初の一つである．

自然の特徴と価値

パルケ・コステロ・デル・スル（南部沿岸公園）は，本来，氾濫しやすいパンパの平らな地域である．海岸線は，ラプラタ川河口に平行に走る沖積土の平野で構成されている．海抜0～5mと，傾斜が穏やかなこの海岸は，波によって堆積した貝殻の破片が積もった結果である．もっと内陸であるが，やはり海岸線に平行な地域には，貝殻の破片と砂が，互層となって堆積し，小さくうねった小砂丘や，砂が固定した古砂丘を形成している．これらの隆起は乾燥したり，湿った凹地の周囲にあり，その幅は100～300mという変動がある．これらの砂丘は，通常は高さ約4mを越えないが，砂とレス（黄土）に覆われたプント・ピエドラスの南部ではより高い高度に達する．砂や貝殻片を生じる物質は，長期にわたる風の作用と，第四紀の海面の地球的変化に端を発するものだと考えられる．小丘や砂丘を，ラプラタ川に流れ込む水流が縫うように流れている．さらに，潮の干満から引き起こされた水流網もあり，それがこの地域を曲がりくねりながら走っている．地形は平坦で，地下水面は高いため，土壌は塩分を含む傾向があり，地下水面の深さと塩度が土壌がどの程度湛水するかを決定する．しかし，海岸線全体にわたって，土壌の大半は沖積土である．

この地域の気候はやや多湿の温帯で，低気圧帯の動き，弱くて変動する風，高い湿度，アンデス山脈の雨影になる部分に影響され，このために降水量は東から西へ行くにつれて減少する．年間に2回の明確な雨季があり，年平均降水量は約850mmである．最暖月の平均気温は23℃，最寒月の平均気温は13℃である．

この保護地域には，水浸しになるパンパに特有の植生があり，*Bothriochloa laguroides*，シマスズメノヒエ，コバンソウ属の *Briza subaristata*，およびその他のイネ科草本が優占する．浸水が長く続いているもっとも湿った地域では，キビ属の *Panicum milioides*，*P. gouinii*，およびヌカボ属の *Agrostis jurgensii* が豊富である．夏をのぞき土壌表面を水が覆う場所では，植物群落はイネ科草本であるドジョウツナギ属 *Glyceria multiflora*，アンフィブロマス属 *Amphibromus scabrivalvis* と，亜低木の *Ludwigia peploides*（チョウジタデ属），およびナス属の *Solanum malacoxylon* が優占する．これは南アメリカで石灰沈着症(enteque seco）として知られる家畜疾患（カルシウム血

151. カンムリサケビドリは，コステロ･デル･スル公園生物圏保存地域の（一般にアルゼンチンパンパスの）最も注目すべき鳥の一つである．湖畔，湿地，その他の水浸しになった場所で見られることが多いが，繁殖期以外は，乾燥した地域にもいるし，耕作された畑でもよく見られる．必ず水のそばに巣作りをし，その巣は近くで見つけた乾いた草で作る．雄と雌はよく似ていて，どちらも卵をかえしてひなの世話をする助けとなる．ひなは，2，3日しか巣の中にいない．これはカモと関連があるサケビドリ科の鳥で，そのスペイン語名（Chaja）は，大きく耳ざわりで何度も繰り返される声にちなんでいる．その声は，飛んでいるときにも発され，ほぼ3 km 先からでもきこえる．
［写真：Bill Coaster / NHPA］

症）の原因となる．

年中水であふれている多くのため池，沼地，水溜まりには，数種のイグサが群生している．ふつうは，ひとつの生育地において優占するのは一種である．この地域でもっとも一般的なイグサである *Scirpus californicus* の群落，イネ科のワイルドライスの密生群落（crane breaks），ガマ群落（ガマおよびヒメガマ）があり，湿地帯では，イネ科のヒガタアシと *Spartina montevidensis* が見られる．塩分を含む土壌では，もっとも重要なイネ科草本は，*S. montevidensis*，*Distichlis spicata*，*Chloris halophila* や，その他の好塩性植物である．貝殻の破片の層や，古砂丘には，エノキの仲間の *Celtis tala* のとげだらけの乾生のしげみがある．

哺乳類の中でも，パンパの主要な大型草食動物は，パンパスジカであるが，バイヤ州のサンボロンボンの近辺に，およそ300頭しか残っていないことが判明している．外来種であるケープノウサギは，現在は非常に多い．アルマジロのいくつかは個体数が多い．たとえばケナガアルマジロ，ヒメアルマジロ，ムリタアルマジロなどである．サンボロンボン周辺の水浸しの地域に，ヌートリアの亜種 *Myocastor coypus bonariensis* やヒメグリソンが生息している．げっ歯類には，不正な狩猟に脅かされるビスカーチャの亜種 *Lagostomus maximus maximus*，そしてモルモット（テンジクネズミ科のテンジクネズミ，クイ，ヤマクイ属），およびツコツコがいる．生き残っている数少ない捕食動物には，ますます希少になるパンパスギツネ，アルゼンチンスカンク，ヒメグリソンの亜種（*Galictis cuja huronax*），ジョフロワネコ，オセロットなどがいる．ピューマの亜種（*F. concolor hudsoni*）がかつて保護区内の森林地帯に生息していたが，現在は絶滅した．

鳥類はさらにもっと多く，保護区は渡り鳥にとって重要であり，南部の冬季間にはパタゴニアの鳥類にとって，夏の間は多く区の種類にとって重要な場所である．もっとも注目すべきは，ダイゼン，コフタオビチドリ，ムネアカチドリ，アメリカオグロシギである．その他の鳥類には，カオジロブロンズトキ，チリフラミンゴ，チマンゴカラカラ，イワインコなどがいる．さらに，アメリカトキコウ，ゴイサギやナンベイレンカクのような水鳥もいる．もっとも注目すべき大型鳥類は，カンムリサケビドリやアメリカレアである．レアは，かつて広々とした草原地帯に非常によく見られる種類だったが，この大きな体，走る習性，金網のフェンスの普及，など全てが抑制のない狩猟とあいまって，公園の個体数がたった20羽にまで減少する原因となった．

文化遺産

この地域には，ガウチョ文化のもっとも代表的な特徴がいくつか含まれる．18世紀から20世紀の建築物を持つ立派な農園（エスタンシア）が6か所ある．これらは本物の住宅と農業と牧畜の複合体であり，産業革命前の技術的特徴と現代の特徴がミックスしたもので，さまざまな種類の住居，庭園，農業用建築物，冷凍倉庫，風力システム，水を汲むための電力システムなどがある．さらに，保護地域全体にわたって，多くの小規模な建築物や設備が散在している．これらがパンパに特徴的な農業システム複合体を形成し，非常によく保存され，保護面，経済面，文化面で完全に維持されている．こうした要素が，この保護区でもっとも代表的な特徴のひとつであり，これらがガウチョの特徴の文化や，ウマの世界局面を持つ集団の想像力に関連し，同時に 19 世紀と 20 世紀初頭の移住や植民の彷徨の特徴を保存している．永久的に伝統農業を営み，同時に種々の技術や民芸品を製作する十数のグループがある．

管理の問題

パルケ・コステロ・デル・スル は，「開かれた」保護区として管理され，自然遺産と文化遺産の保存を目的とした活動を行っている．この狙いを達成するため，経済的に持続可能な活動によってこの遺産の適切な管理のバランスを保つシステムが開発されてきた．管理は，この地域でもっとも大きな町，マグダレーナ市庁，CEPA 財団，および多くの関与する地域住民（田舎の土地所有者や，保護団体など）の責任である．

管理の問題は，まさに保護地域の性質から起こるが，これらは本質的に重要である．なぜなら，問題は禁止や制限を取り入れることによってみえなくなるわけではなく，相反する利益を単に折り合わせることを超えることも含むのである．この考えは，保護区に影響される地域住民と，進んだ土地管理技術を導入しようとする訪問者のいずれにおいても，新しい姿勢をとるということである．確立されてきた例外的な地帯設定にもかかわらず，自然の価値はいくぶん失われてきた．たとえば，ピューマの亜種 *Felis concolor hudsoni* が現在はこの地域から完全に消滅し，その他の多くの種類が，絶滅の危機に瀕している．1980 年には，合計 443 万 7291 頭のヌートリアの毛皮がアルゼンチンから，米国やヨーロッパに輸出されたが，そのうち 80 % が，ブエノスアイレス州で捕獲されたものであった．乱開発に加え，不適切な農業技術によって，侵食に関係した問題が生じた．

1994 年，CEPA 財団は，Red de Reserves en Costelacion Camino del Gaucho（Gaucho Road Constellation Network of Reserves）と

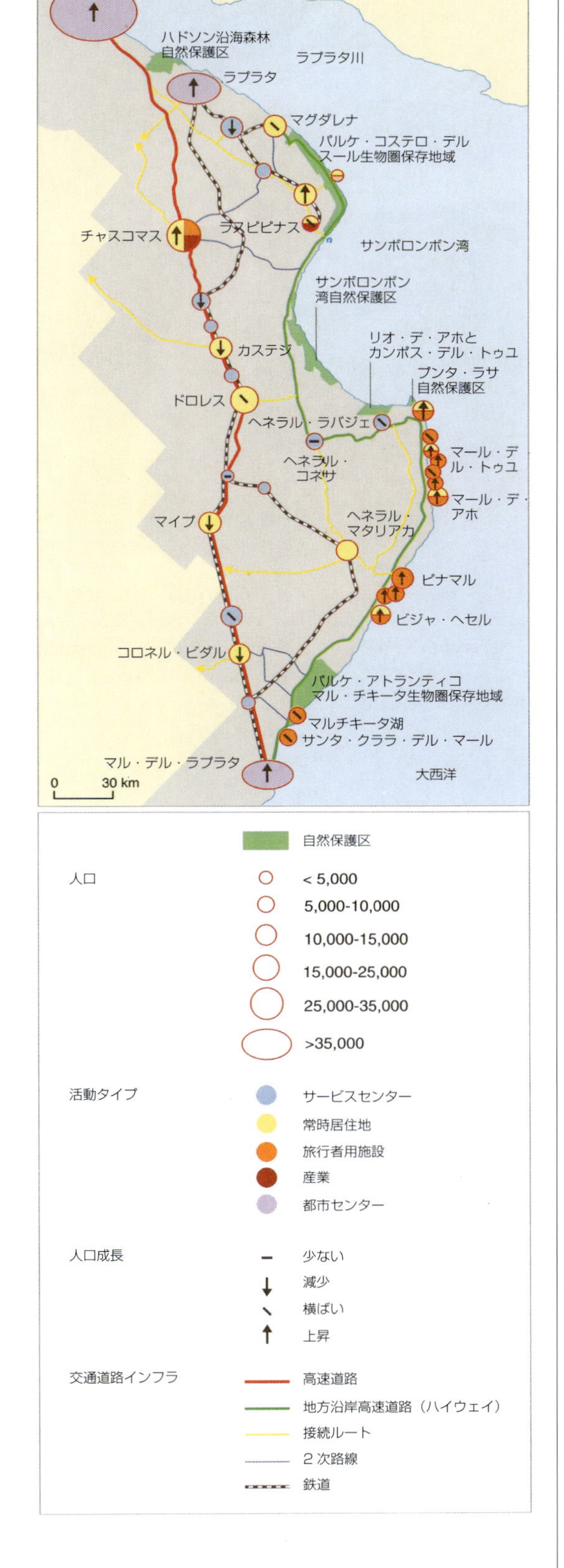

152. コステロ・デル・スル公園周辺の生物圏保存地域の配置. アルゼンチンパンパのコステロ・デル・スルは，ブエノスアイレスとマル・デラ・プラタの町の間にある自然保護区の中心的な要素である．この地帯にはこの州で 3 番目に大きな都市（三番目はラプラタ）があり，アルゼンチンで最も高度に都市化し変化した地域の一つである．内陸の町に加え，海岸沿いに町の住人の別荘が数多く建てられてきた．たとえばデル・トゥユ海地帯である．これら三つのすべての都市の人口は絶えず増加し（ヘネラル・コネサを除く），もともとのパンパをふさぎつつあり，現在ほとんどが消失している．このため，土地利用計画には，コステロ・デル・スル公園のような自然保護区を作ることを含めなければならない．これらの保護区は海岸沿いのすべてに見られ，プレイリー地帯と，さらには湿地帯も保護しており，観光地を訪れる人々にリクレーションの機会を提供している．自然の生態系を保護することと，持続可能なやり方でそれらが利用されることを確実にすることに加え，公園はさらに文化遺産を保存しようと努めている．最後に作られた保護区はマル・チキータ大西洋公園であった．
［地図：IDEM，CEPA Foundation による最初の計画に基づく．1995 年，ラプラタ］

153. 銀のベルト，ブーツ，アイゼンとともに**伝統的な衣装を身につけたパンパの農夫．** 誤った民間伝承は，これらの定住性の牧畜業者を，広範囲を移動するガウチョと結びつけている．彼らは，衣装の特徴や家畜や馬を管理する技術をいくらか受け継いできたが，ほとんど残っていない．あまり尊敬されないただの牧夫であったガウチョは，19世紀初期に尊敬されるようになり始めた．それは独立にむかって奮闘していた時代で，この時期彼らは純粋な人気もののヒーローになった．彼らのバラッド（民謡）や伝説がガウチョ文学を生み，これがアルゼンチンの重要な文化的伝統となった．しかし，19世紀の終わりには，パンパの伝統的な牧畜経済は，集約的牧畜業によって取ってかわられ，ガウチョは農家あるいは農場労働者として働かなければならなかった．
［写真：Chris Sharp / South American Pictures］

呼ばれる，生物圏保存地域を結びつけたネットワークを創り出すというアイデアを打ち出した．このネットワークは，ブエノスアイレス州の海岸線全体を覆い（パルケ・コステロ・デル・スル とパルケ・アトランティコ・マル・チキータの生物圏保存地域），北はウルグアイの海岸線（バンバドス・デル・エステ生物圏保存地域）と，ブラジルのリオ・グランデ・ド・スル州の南の，多少なりとも保護された空間を結びつけている——すなわちガウチョ文化を共有し，同時に海と陸の移行帯であるすべての地域である．

北方針葉樹林
すなわちタイガ

森の中は，冷たく湿った暗がりが支配する．雲が太陽を隠せば，タイガは暗くなり，すべてが灰色に変わってしまう．晴れた日には，太陽に照らされた木の幹や，きらめく針葉樹，花々，コケ類，そして多彩な地衣植物が，たとえようのない環境を作る．草木はとても密集していて，枝の合間から太陽が見えないこともある．

Vladimir Arseniev
Dersu Uzala (1921)

I
針葉樹の王国

1. 寒冷な森林

1.1 タイガの概念

ロシア語やモンゴル語が起源の「タイガ」という言葉（ヤクート語で，tia は「森」を意味する）は，世界中のほとんどすべての言語に取り入れられてきた．タイガという言葉には，多くのさまざまな科学的定義と日常的な用い方があるが，最も一般的には，北半球の北部に広範囲に伸びる細長い地帯を走り，温帯の最北地域の厳しい気候条件にさらされる北方針葉樹林のことを言う．

何がタイガで，何がタイガでないのか

タイガは，北風の神様の名前であるラテン語の boreas（ギリシャ語で *βορεαζ*）に由来する「北方林（boreal forest)」としても知られている．南部の高地や，亜熱帯地方の山地の亜高山帯にも，タイガと呼べる針葉樹林がある．

逆に，すべての針葉樹林がタイガとみなされるわけではない．たとえば，地中海盆地の広い地域は，構造，概観，植物相が，シベリアやヨーロッパ北部のマツ林よりも，隣り合った地中海沿岸（第 5 巻 p.75 参照）の多年生の硬葉樹林地帯に似たフランスカイガンショウ（カイガンマツ），カラブリアマツ，あるいはアレッポマツのようなマツ林で覆われている．南半球にも，タイガとの共通性がまったくなく，どちらかといえば温帯のローレル林（laurisilva）（第 6 巻参照）に似た，イヌマキ属，ダンマーすなわちナギモドキ属，ナンヨウスギ属，リムノキ属のような針葉樹が優占する多くの森林がある．

典型的なタイガ

タイガは世界の陸地のおよそ 10 % を占め，熱帯地方以外では北半球で最も広い植生である．タイガのあるところはどこも同じ環境条件であり，世界の異なった地域（カナダ，シベリア，ピレネー山脈，ヒマラヤ山脈）でも同じような外観をしている．タイガの針葉樹はすべて，強化のためのよく発達した厚膜組織をもつ細長い針状の葉をもつ．これらは主に，トウヒ属，モミ属，マツ属，カラマツ属，ツガ属のようなマツ科植物である．北方林は濃い緑の葉をもつ樹木トウヒ，モミ，ツガや，ゴヨウマツ亜属のマツが優占する「暗いタイガ」として知られ，薄い緑の葉をもつカラマツやその他の種類のマツ科植物が優占する森林は，「明るいタイガ」として知られる．タイガの生態系には，ネズ（ビャクシン）属（ヒノキ科）など，他の科の針葉樹も含むことがある．

タイガを構成する樹木は種類が少なく，そのすべてがほぼ完全に北半球に限定される種類である．タイガでは，針葉樹ではない樹木はほとんどない．落葉樹はほとんどなく，落葉樹林では代表的とは言えないカバノキ属やヤマナラシ属が時々見られるだけである（第 7 巻 p.73, 78 参照）．これらの落葉広葉樹（および唯一の落葉性針葉樹であるカラマツ）をのぞけば，タイガの樹木はすべて常緑樹である．ほとんどのタイガの生態系において，樹木の植被は密で，1 年中維持される．したがって，タイガバイオームは，1 年の半分が低温であるにもかかわらず，比較的高い年生産量を示す．タイガの森は世界でもっとも大規模な材木の産地であるため，人間にとっても非常に重要である．

1.2 ほとんど 1 年中雪が降る

タイガの景観が発達する必須条件は，降水に由来する水分が蒸発によって失われる水分を上回る多湿な気候である．典型的なタイガの森林では，降水量の 50 ～ 70 % が蒸発し，残りの水分が排水を活発にする．排水が妨げられる場所には，湿地ができる．たとえば，ヨーロッパ東部～中部のタイガでは，年平均降水量は約 750 mm であるが，蒸発は約 450 mm しかない．多くの地域で，9 月の初旬に永続的な雪の層ができ，翌年の夏の初めまで融けない．高木や低木は 5 月後半まで新葉を出さず，7 月でさえも，夜間に霜が降りる．

154. フィンランドタイガにおける日没時のマツ林. タイガは，北はツンドラ，南は落葉広葉樹林，ステップ，温帯草原などにはさまれ，ユーラシアや北米の北部を被うバイオームである．針葉樹林がタイガに典型的で密な森林を形成し，日光が土壌に届かない．このため，下層の植生は乏しく，湿潤な立地に生える草本，コケ類，地衣類の層を背の低い常緑性低木（特にツツジ科植物）が覆う．タイガで最も豊富な植物は樹木で，モミ属，トウヒ属，マツ属などの常緑針葉樹だが，カラマツ属のように落葉樹もある．ヤナギ属やカバノキ属など，冬の低温や雪に耐える広葉樹の小さなパッチも見られる．森林は，湿地，ミズゴケ湿地，あるいは湖によって途切れていることが多く，ここでは，昆虫が豊富である．森林の動物相は小型動物のノウサギ，ハタネズミ（ハタネズミ亜科），リス（リス科）やイスカなどの針葉樹の種子を食べる種類で構成されている．また，トナカイ（北米ではカリブー），ヘラジカ（北米ではムース），オオヤマネコなどのもっと大きな動物は，食料を得るために隣接するバイオームに移動する．多くの食虫鳥類も北方林で夏を過ごすが，冬には遠い南へと移動する．
［写真：Michel Gunther / Bios / Still Pictures］

155. タイガでは雪はしばしばかなり深く積もる． この写真フィンランドのリーシトゥントゥリ国立公園の雪に覆われたトウヒ林．このバイオームの気温が低いということは，つまり降水はほとんど全部が雪として降り，冬の間中，土壌と植物を覆う固い雪の層を作る．春に雪融けが始まると，常緑性の針葉樹（冬の間も葉を保っている）は，すぐに光合成を始めることができ，このため非常に短い生育期間を最大限に利用することができる．このことが，タイガが常緑性の森林で構成される理由の一つである．落葉樹の場合たいへん短い生育期間に葉を作れないため，こうした環境条件の中では生き延びることができない．
[写真:Jan Tove Johansson / Planet Earth Pictures]

寒気と樹木植生

タイガの景観タイプは，主として，利用するエネルギー量によって決まる．北方林では，日射として受けるエネルギーの年総量は約 70 ～ 100 kcal/cm^2 であり，受け取る放射と反射する量の年間エネルギー収支は約 25 ～ 30 kcal/cm^2 である．これらの樹木は，最も気温が高い月（最暖月）の平均気温が 10℃を下回る場所では生長しない．はるか北では，最暖月は通常 7 月だが，海岸地域では 8 月であることが多い．森林景観にとっては，10℃でも不十分である．もっと南の，7 月の等温線（平均気温が等しい地域を結んだ線）が 12℃と 13℃である地域（あるいは山の標高の低い地域）に，最も密集した，すなわち，うっ閉した北方林が存在している．7 月の平均等温線が 13 ～ 10℃である疎開した北方林－ツンドラ地帯では，樹木はストレスの兆候を示し，発育が妨げられ，樹高が低く，矮性でまばらである．夏の気温上昇が，降水量の減少とあいまって，針葉樹の分布を制限している．一般的な法則として，色の濃い針葉樹（モミ，トウヒ，ツガ）は，7 月の等温線が 18 ～ 19℃である南部の平原では生育せず，谷部や日陰斜面に限られる．

緯度が高ければ高いほど，植生の相観を決定する生態学的要因として，気温の重要性が高くなる．ツンドラでは，気温のみが重要な役割を果たす．ツンドラの南，すなわち東シベリアでは，気温条件が等しい隣接地域が北方林やステップを支えることがある．地球上のほかの地域（極地をのぞく）と同様に，これらの地域が，森林，ステップ，砂漠のどの生態系を支えるのかは，基本的に湿度の状態に左右される．山脈が海からの湿った空気塊の動きを遮断すると，山の背後の地域は，森林ではなくステップとなるだろう（第 9 巻 p.191 図 117 参照）．土壌の種類の違いも，湿度の状態が好適であるかどうかを決める場合がある．粘土質の土壌は降水が土中に浸透するのを妨げる．砂質の土壌は，水分を土中に浸透させるままにする（保持しない）ため，樹木は生長するのに十分な水を得られない．

水の利用可能性と雪の決定的な役割

通常，年間降水量が 400 mm 未満で，水の付加的な供給がなければ，樹木，特に針葉樹は，森林ツンドラのように，育ち方が弱々しく，生長阻害が起きる．シベリア東部，特にサハ共和国では，森林は，平均年間降水量がめったに 300 mm に達せず，200 mm 以下の年もあるような場所に存在する．北アメリカ大陸のカナダ北西部ユーコン川流域も，年間降水量が非常に

156. 写真のカナダトウヒなど，**旗のように見える片寄った樹冠の樹木**（旗形樹型）は顕著な風が常に一定方向から吹く地域で見られる．これは気候条件が，所定の地域に生える植物の種類だけではなく，その生長の仕方を決定するということの一例である．その他の例には，「スカート」がついた木や，発育が阻害された木がある．スカートがある樹木は常に小さく，枝の大半は幹の下の方，すなわち冬に雪に覆われる高さよりも下につく．これは，木が真っ直ぐ上には伸びずに横に広がり，限られた高さにまでしか到達しないことを意味している．これらの樹木は高木限界の上で生じる．ここでは，低い気温による負の影響は，強風や積雪層の厚さによって左右され，雪の上に出た部分はどの若木も，風に叩かれたり，かちかちに凍ったりする．このために，樹木は，低く平らで小型の形を取ることを余儀なくされる．
［写真：Konrad Wothe / Oxford Scientific Films］

少なく，240 ～ 260 mm で世界中の多くの砂漠に匹敵する．これらの森林は，サハ共和国やユーコン川のように土壌の下に永久凍土層があって，樹木は，解けた永久凍土層や凍った土壌表面で空気中の水分の結露から水分を得ることができる．

タイガは，非常に大陸的な気候を持つ単一の地域としてみなされることが多いが，北アメリカにあるこのバイオームの地域は非常に多様である．そこには，プレイリー地域の亜湿潤タイガから，オンタリオ州北部の湿潤タイガ，そしてカナダ東部の過湿潤タイガまで，多くの生態気候が近接している．樹木が育つ場所はエネルギー，降水量，および生育期間の長さがすべて十分にあるが，森林における優占種は異なる場合がある．これらのすべての生態気候に共通する特徴は，落葉広葉樹よりも針葉樹に好都合であるということである．広葉樹は，気候条件が亜湿潤あるいは温帯性である場所，少し前に森林火災が生じたことがある場所，および河川沿いの湿地帯のみで優占，あるいは針葉樹と共優占する．

雪は土壌温度と地表近くの空気層の温度の間の変化量を劇的に低下させる．このため，雪は土壌を暖かく維持するし，冬には土壌は常に空気よりも暖かく（深さ 50 cm では，土壌温度は空気の温度よりも 15 ～ 20℃高い），したがって植物の根を凍った土壌から保護するので，雪の覆いがあることは植生にとって非常に有益である．極端に寒い冬には，タイガに生える多くの植物は，平坦で緩んだ雪の層の保護（熱伝導が非常に悪い）が冬期中保たれてこそ生きていられる．

ユーラシアでは，年平均気温や雪の層の厚さが永久凍土層の分布を決定する．年平均気温が 0℃を超え，冬の降水量が豊富なユーラシアのタイガ地帯では，永久凍土層の南限は，タイガの限界よりも北のツンドラ地帯にある．しかしながら，第四紀の氷河期中には現在ヨーロッパのタイガ地帯である場所全体に永久凍土層が存在したことを示す証拠がある．気候が並外れて大陸的で，冬の降雪が少ないエニセイ川の東に行くと，永久凍土の南限は急激に南に移動する．

針葉樹のさまざまな気候耐性

北方林は，7 月の平均気温が 12 ～ 20℃（通常は 15 ～ 18℃）の地域で生育し，これらの地域では，年平均降水量が 200 ～ 1000 mm という幅がある．タイガ，特に暗いタイガが育つのに必要な条件の一つは，夏の何カ月かに大気の湿度が高いことである．タイガの樹木は，たとえ灌漑水があっても，乾燥地帯では育たない．

157. タイガは，夏が訪れると最も楽しげに見える． ユーラシア大陸に次いで，地球上で二番目に大きな森林に含まれるデナリ（米国，アラスカ）のこの写真に見られるように，雪が融け，樹木はあざやかな緑になり，下層は花でいっぱいになる．これらの森は，クロトウヒとカナダトウヒで構成され，ヤマナラシやアメリカシラカンバのような落葉樹と混交してこの地域全体に生育するのが典型的である．アメリカカラマツはもっとも湿った土壌に生育し，バルサムモミが最も好む生育地は湖や川のほとりである．マツの中にもこの地域に生育する種がある．タイガにおいてそうであるように，特に北部の地域では，下層植生が乏しく，土壌はしばしば冠水し，そこには湿地や泥炭湿地があることが多い．［写真：David A. Ponton / Planet Earth Pictures］

北方林では，樹齢60年をかなり下回るトウヒが，高さ30 mに達しているというのに，トビリシ植物園（グルジア）では60年になるトウヒのほとんどが10 mの高さに満たないし，この樹齢では，年老いて枯れてしまう．土壌水分が豊富であっても，熱い乾燥した空気中で激しく蒸散が行われるために，タイガの種類は水分損失を補うことができないのである．

一方，ほとんどの針葉樹が，並外れて寒さに強い．冬のシベリア東部の気温は－60℃にまで下がる可能性がある．非常に寒い冬と熱い夏が交互する大陸地域では，年間を通じた気温の幅は100℃になることもあるが，それでもダフリアカラマツや，その他の針葉樹の生長を妨げない．

北米では，もっとも寒い北方林である地衣におおわれた疎開した北方林に典型的な気候は，クリー湖（サスカチュワン）の年平均気温－2.7℃，降水量414 mmという気候から，もっと湿度が高く，年平均気温が－4.1℃，降水量が783 mmであるケベックのニッチュコンの気候まで幅がある．さらに北部の針葉樹林は，もっと暖かくて，年平均気温が0～4℃ではあるが，東と西で降水量に大きく差がある．パス（マニトバ州）は年平均降水量が454 mmしかないが，キャメロン滝（オンタリオ州）は796 mmの降水があるし，ニューファウンドランドのセントジョーンズの海洋性気候では，降水量は1500 mmを超える．気候条件は，南部のオンタリオ州やケベック州，カナダ沿海州がさらに暖かい．そこは年平均気温が4～7℃で，混交林が見られる．また，オンタリオ州の山地の森林では，たとえば年平均降水量が964 mmである．

スカンジナビア西部のタイガでは，1月の月平均気温は3℃であるが，シベリアにはこの平均が－52℃にもなる地域があるように，タイガの森林ができる要因は，冬が厳しいか穏やかであるかには関係ない．本当に重要な条件は，季節変化と，長い冬である．タイガ生態系を，多くの面で似ている熱帯山地の雲霧林とこれほど違うものにするのは長い冬である．

最後になるが，西ヨーロッパの最も大陸的な地域では，降水が山間の凹地に到達するのを山脈が妨げており，ヨーロッパの山地に典型的な暗い針葉樹林は，たとえば，中央アルプスではヨーロッパカラマツの森林に取って代わられている．明らかに，中央アルプスはシベリアほど大陸的な気候ではないが，アルプスに大型の森林が存在しているという事実が，重大な一般法則を反映している．すなわちタイガ地域の中では，同様の気候変化が，植生における同様の反応を生じさせている．

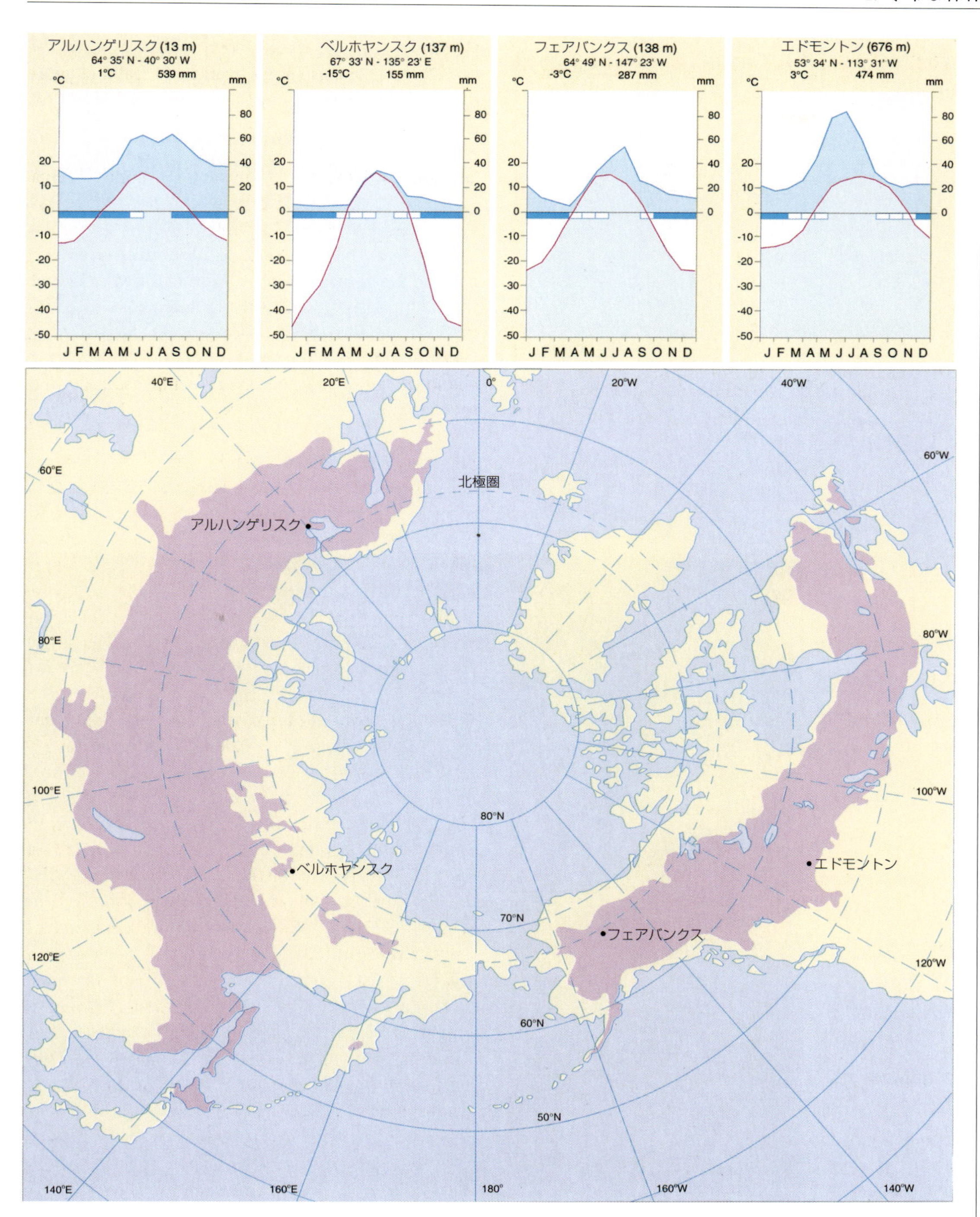

158. タイガバイオームは，北半球にしかない．これはツンドラの南に連続した地帯を形成している．その気候は非常に季節周期的で，長くて非常に寒い冬と，短くて暑い夏がある．タイガの4カ所から集めた気温と降水量のグラフからは，降水量(冬には雪として降る)は低く，主に温かい季節に降ることがわかる．年間平均降水量は通常400～600 mmだが，北部の地域，たとえば北緯67度のベルホヤンスクでは，ほぼ150 mmである．降水がこれより少ない他のバイオームはツンドラか砂漠である．気温が非常に低く，蒸発も少ないので，植物の生長が可能なのである．1年間のほとんどに霜があるが（図の青く塗られた横棒部分），短い夏には気温が高いことがあり，このために1年を通じた気温較差がとても大きい．ベルホヤンスクでは，年間の気温較差は63度だが，シベリア東部のカラマツ林では，100度以上になることもある．
[地図：IDEM，複数の情報源に基づく]

フィヨルド

「フィヨルド（fjordまたはfiord）」は，古ノルド語のfforthrに由来するノルウェー語で，ノルウェーには非常にたくさんのフィヨルドがある．他の場所にもフィヨルドはあり，たとえば，北極や南極のほぼ無人の島々，南方のチリやアルゼンチン，北米の北部，グリーンランド，アイスランド，ニュージーランドなどがそうである．さらに，バルカン半島のコトル湾フィヨルドのように，もっと温和な気候の地域にもいくつかのフィヨルドがある．それにもかかわらず，ノルウェーほどフィヨルドが人々の生活に影響を及ぼしている場所はない．

ERH-1 衛星から送られてきたフォールスカラー画像合成によるノルウェー南部のフィヨルド（1992～1993）［ESA / ESRIN 提供 Frascati,1995］

スカンジナビアのバイキングたちは，オーディンとその兄弟たちが巨人イミルの身体からこの世を作ったのだと考えた．イミルの肉が大地になり，血が海と川になり，骨が山となり，歯が崖になったのである．しかし，北欧神話は，北方の陸地が氷に覆われ，その周辺の海が凍りついていたとは言っていない．巨大な氷河が山地から降りてきて，垂直に切り立った深い谷を掘った．約1万2000年前には，気候は暖かくなり，氷は後退し，海の水位は上がって，これらの氷が刻んだ険しい谷を満たした．こうしてフィヨルドが形成されたのである．

冬期のロフォーテン島 Reine［Rolf Sørensen and Jorn Olsen / NHPA］

ノルウェーの海岸線は際立って切れ込みが深い．この海岸線はおよそ 2650 km という距離に及ぶが，全長は約 2 万 1347 km あり，1000 をはるかに超えるフィヨルドがある．フィヨルドは深く，時には 1200 m 以上の深さがある．最も長いフィヨルドは，ソグネフィヨルド（204 km）だが，ヴァランゲルフィヨルド，ポルサンゲンフィヨルド，ヴェストフィヨルド，トロンヘイムフィヨルド，ハンダンゲルフィヨルド，オスロフィヨルドのように，同じように重要なフィヨルドが約 30 ある．これらは氷河谷であるため，目を引くような切り立った側面の景観に，非常にさまざまな上陸場，内湾，懸谷がプラスされている．

フィヨルドの水はいつも穏やかである．このことや，きわめて寒い気候は，生物学的活動が低いことを意味している．緯度が低い地域では外海の水の動きがなく，また頂上に白い氷河を冠り斜面に森林をまとった高山に囲まれているため，フィヨルドの内側にいると，海の傍にいるような感じがせず，まるで中央ヨーロッパのアルプス山脈（これも氷河が起源である）の大きな内陸湖周辺のような，高山の景観の中にいる気分である．

フィヨルドは優れた穏やかな海上交通ルートである一方で，その山の起伏は陸上を旅するのにはなはだしい障害となる．この問題がノルウェーの工学技術部門の発達を促進し，ノルウェーは，居住者一人あたりのトンネル数が，ほかのどの国よりも多い．フィヨルドはノルウェー人同士を結びつけてきたが，堂々たる山々の上流域は，スカンジナビアのほかの地域から彼らを孤立させてきた．最も特徴あるフィヨルド地域であるノルウェー西部に住む人たちは，珍しい文化を作り，独特の特質を持ち続けてきた．

ロフォーテン島 Ninsfjord の漁港［Christophe Boisvieux / Gamma］

ノルウェーの町同士をつなぐフェリー航路は 150 以上あり，物資や乗り物や乗客を輸送している．科学技術の進歩はフィヨルドにおけるコミュニケーションを大きく変え，橋や水中トンネルがフェリーと入れ替わりつつある．なぜなら住民が，いつでもすぐにフィヨルドを渡ることができる常設の通路を求めるからである．1982 年以来，多数のトンネルが建設され，さらなるプロジェクトが進行中である．これらのトンネルは，長さ 1700 m のものから 3800 m のものまであり，深さは 56 m のものから 150 m のものまである．現在，長さ 14 km，深さ 600 m にもなるトンネルが計画段階にある．

フィヨルドはかつて居住者たちの避難場所となっていた．この寒くて閉鎖的な地域での生活は，やはり厳しかった．当時，フィヨルドに住む人々は，夏には漁業，農業，牧畜を行い，冬には工芸を行って生計を立てていた．これらの営みは今でも残っているが，外洋での漁業以外は，最小限にしかない．

日没時の Auriandsfjord［Rolf Sørensen and Jorn Olsen / NHPA］

ロフォーテン島 Trollfjord ［Tui de Roy / Oxford Scientific Films］

オーレスンの港町 ［Knudsens fotosenter］

ノルウェー人は，豊富な樹木を利用できるように，水力発電を活用して水力のこぎりを動かした．山から流れる大量の水と，大規模な斜面は，ノルウェーがヨーロッパ最大の水力発電の生産国であることを意味している．水力発電は，値段が安く，再生可能で，無公害性だが，環境にそれほど優しくない産業に対して大規模かつ大量に供給される．大量の電力と水が利用できることがアルミニウム精錬を可能にし，ノルウェーはヨーロッパで最大のアルミニウム生産国である．世界のほかの地域では，ニュージーランドもアルミニウムの主要な生産国であり，同様の自然条件を活用している．多くのフィヨルドの末端を金属細工や電気化学の工場が占め，船積み用商品を扱うのに理想の立地となっている．

工場が本来の景観を変化させてこなかった場所では，フィヨルドは観光客も招き寄せる．クルーズ船やフェリーが，こうした深い渓谷を上っていく．そこには，目を引く景観と壮観な滝があり，水が直接，滝になって海へと落ちる場所もある．人工であれ天然であれ，すべての美しいものと同様に，フィヨルド自体が商業活用できる壮大な見世物となるのである．

2. 居住に適さない，寒冷，形成途中の土壌

2.1 土壌の成分と過程

寒い冬には，タイガの土壌は非常に深い部分まで凍結することがあり，春の終わりや夏の初めになって初めて融け出す．しかし，非常に大陸的な地域をのぞけば，タイガでは永久凍土はあまり見られないが，季節的に凍結するということは，土壌が特別な形態学的特徴をもっていることを意味する．微生物が活動できないほど寒いために，葉の分解が遅く，何年も費やすので，厚い腐葉土の層を形成する．

土壌の構造と酸性度

土壌成分である鉱物粒子の大きさの分布状態が，北方林の分布に大きな役割を果たす．針葉樹は，保水力が大きい軽くて粗い土を好む．砂質の土壌はそれほど多くの水分を保持できないので，多くの水分を必要とはしないマツが優占している．モミはヨーロッパのタイガ全体にわたって存在し，湿気が必要で，粗い粘土質の土壌に好んで生えている．

タイガの土壌はさまざまな理由で酸性度が高い（pH 3.5 ～ 4.5）．主な理由は，その土壌が形成されている土壌母材である．このバイオームの多くでは，これらは二酸化ケイ素が豊富で塩基性陽イオンが乏しい．石灰岩などの塩基性の岩石が露出していることは珍しいが，おもしろいことにこれらは多様である．たとえば，サハ共和国の南部は，カラマツが生える単調で沼沢性のカラマツタイガが優占し，植物相が乏しく非生産的であるが，石灰岩の露出部分は発見しやすい．なぜなら，これらは，多様性が高い生産的なマツ林に覆われているからである．土壌が酸性になる第二の理由は，針葉樹の針葉，枝，松かさなどの落葉層はミネラルが乏しく，C/N 比が非常に高いため（70 以上であることが多い），土壌の酸性度を埋め合わせる塩基性陽イオンを放出しないことである．

土壌表面に集積する落葉（O 層）は，タイガの一生において重大な役割を果たす．この層位は，OL 層，OF 層，OHi 層に細分割できる．これらは多少なりとも落葉の分解の程度に応じて大きく変化し，植物の生長に必要なミネラル成分と化合する安定した有機成分を順次に生じる．有機物の残骸に蓄積された栄養分は，微生物の活動によって徐々に放出され，これによって植物は次第に利用できるようになる．酸性の媒体では，この分解を引き起こす主な生物は菌類であるが，これらは特定の温度でのみ活発になる．

枯死した植物遺体から成る落葉層には，タイガの植物の根のほとんどが含まれており，限られた土壌肥沃度をできるだけ利用するために，この根が落葉層全体に張りめぐらされるのである．永久凍土層が土壌表面の近くで形成されれば，凍結した層では根が生長できないため，落葉層がさらに重要になる．しかし落葉層が植物にとって必ずしもプラスに働くわけではない．たとえば，マツ，モミや，小さな種子をつけるその他の樹木が落とす種子は，落葉層の中ではうまく発芽しない．タイガでは，モミ，カラマツ，マツの実生は，腐った枝や腐朽した樹幹の上など，落葉があまり集積していないところで生長することが多い．

ポドゾルの形成

土壌母材が砂質であったり栄養分が乏しかったりする寒冷な環境で，土壌が，過剰な水の浸透にさらされると，土壌断面を通じてポドゾル化作用が生じる．実際には，二つのプロセスが生じる．一つめは，鉄陽イオンやアルミニウム陽イオンを含有する腐葉土の可溶性のキレート化合物の形成と移動であり（cheluviation），二つめは，それらが深い位置に集積されることである．フルボ酸は，これらの環境における主要な複合有機化合物である．そこでは，環境条件が有機物の分解を遅らせ，好酸性の菌類の活動に有利に働く．フルボ酸のカルボキシル群およびフェノール群が，鉄やアルミニウムのような多価の金属陽イオンを非常に効率よく捕らえる場所となる．

フルボ酸は溶解するが，ほんのわずかである．鉄やアルミニウムで飽和するため，フルボ酸の溶解性は，これらが沈殿するまで減少する．土壌がこれらの金属イオンを多く含有していなければ，フルボ酸は水によってかなりの距離まで運ばれることがあり，それは数百 m におよぶこともあり，「黒水（black water)」の排出をもたらす．ほとんどの場合，これらはわずか数 cm の深さまで移動して，スポディク B 層として知られる，有機化合物，鉄，アルミニウムが蓄積した黒ずんだ層を作る．この洗脱された表面の層は酸性度が高く，このため粘土は酸の加水分解により分解される．この後，最も抵抗性のある鉱物が溶脱された層に蓄積し，極端な場合には，残ったものといえば，ほとんど純粋な石英の砂であることがある．

グライ化

土壌水分が過剰になると浸水状態になり，それが年間の一時期のこともあれば，一年中のこともある．水浸しになった土壌は，グライ化のプロセスの差により形態はさまざまである．土壌が水浸しになり，有機物が存在していると，入手できるわずかな酸素を生物（根，微生物）が急速に使い果たすため，嫌気性生物の活動に好都合になる．そのため酸化（陽電荷の増加をもたらす）から，還元状態となり（陽電荷の減少をもたらす），鉄，マンガン，イオウのような成分が減少する．

酸化状態では，鉄とマンガンはふつう不溶性酸化物の形で土壌に存在し，黄色っぽいか，茶色，あるいは赤みがかっている．還元状態では，鉄化合物が青みがかっているか，灰色がかっており，浸水した土壌に典型的である．さらに還元された鉄化合物は，水溶性であり，水中移動する．浸水がひどくて，地下水面がゆっくりと排水すると，土壌は酸化鉄を失い，土壌それ自身の色のみを表す．分解された還元鉄を保有する土壌水分が，亀裂や，前には根が占めていた空間に到達すると，酸化の環境へと入り込み，溶解状態だった鉄やマンガンの酸化物が沈殿する．したがって土壌層位は灰色の基質内がオレンジ色の斑点でいっぱいになる．この種類の土壌形態は，酸化と還元の状態が交互に起こっていることを示す．

土壌の浸水は植生に影響を及ぼし，植生はこのような環境条件に適合した植物で構成されている．土壌の浸水が年間数カ月続いただけで根

159. ポドゾルの形成は，リグニン（木質のセルロースと結合した部分）の蓄積と関連がある．リグニンは，寒冷な気候の中でゆっくりと分解して，有機物の複合体を形成する．これが無機質に作用してキレート化による移動を引き起こす（このときに，金属イオンがキレート化合物を形成する）．サンクトペテルブルグに近い micropodzol のこの断面図からわかるように，ポドゾルの土壌の中に三つの異なる層位が見分けられる．表面の層位は構造が通常繊維質である腐葉土の黒い層から成る．この下には，10 cm 以下の厚さの白っぽい A 層があり，灰が含まれているかのように見える（ロシア語で pod は「下」，zola は「灰」を意味する）．A 層の粘土や他のケイ酸塩は，フルボ酸の作用を受け，分解による産物が複合体を形成し，下の B 層に集積する（図 161 参照）．これは黒っぽい色で，赤みを帯びていることもある（図 162 参照）．
［写真：O. Spaargaren / ISRIC, Wageningen］

の成長をひどく制限する．着色された斑点があるからといって，必ずしも土壌が浸水状態にあるというわけではない．こうした色のついた斑点が過去の浸水によってできた場合もある．地形学的分析，化学試験，土壌母材からの形成過程，そして現在の植生のすべてが，浸水によって土壌がどこまで影響を受けているのかを判断する補足的情報となる．

湿原の形成

植物遺体が生じる速さに比べて，遺体が分解されるのが非常に遅いと，集積し湿原が形成される．湿原はほとんどすべての緯度，ほとんどすべてのバイオームに存在するが，特にタイガに多い．タイガでは，低温で水分が過剰であり，強度に酸性で貧栄養の土壌によって，有機物の分解が非常に遅いという条件が作り出される．これは，泥炭の形成に特有の性質である．

ほとんどの泥炭湿原が，内部流域の凹地で形成される．そこでは，上で述べた要因により，有機物が非常にゆっくりと分解する．水の飽和の程度と地下水面の深さに差があるということは，湿原の端から中央までに植生の成帯構造が形成される，中央の植生が最も浸水に適合している．凹地が水で満たされている場合でも，条件が貧栄養や酸性のままであったり，有機毒素が残存する限りは，泥炭は成長しつづける．泥炭は成長して本来の水位を超え，水が中央に向かってではなく，中央から外に向かって排水されるにつれ，外部から取り入れる栄養素がさらに減少する．したがって湿原は当初の領域を越えて広がり，その周囲に湿地帯を形成する．穏やかに波打つ起伏がある比較的湿った領域では，小規模な低地に最初にできた湿原は，最終的に結合して，一続きの泥炭層を形成する．

泥炭質の凹地が浅ければ，植生はその下にある鉱物質から栄養分を吸収することができる．泥炭が根よりも深くなっているなら，溶脱あるいは固定による損失により，植物はよりいっそう少なくなる栄養分で生き延びることを強いられる．発達する植生はこの状況に適応しており，一般に低い多様性を示す．一般的に，非常に深い場所では植物遺体がよりよく分解されるものである．泥炭は3つのタイプに分けることができる．まず，植物の種類や器官がまだ認めることができる繊維質段階，次いで植物の特徴をもはや認めることができない腐朽物質段階，そして構造が中間体である腐植物質である．

160. 湿地や冠水した土壌は，タイガの景観に典型的であり，広い地域に及ぶことが多い．カナダだけでも，1億ヘクタール以上にも及び，ケベック州北西部，アルバータ州，マニトバ州，オンタリオ州の北部を占めている．これらの湿地があるのは，気候が雨がちで蒸発が少ないからでもあるし，地質学的に見て，これらの北方林が比較的近い時期に出現したからでもある（最後の氷期の後）．これらの水浸しで沼地状になった地域の大半は，このミシガン州（米国）ルース郡にあるこの湿地のように，クロトウヒとアメリカカラマツの森の中にある基本的な湿地あるいは酸性の泥炭湿地である．泥炭湿地ができるのは，過剰な降水量，高い湿度，腐食栄養条件，乏しい排水，遅い分解の結果であり，これはミズゴケの蓄積を加速して高層湿原に変える助けとなる要因である（図196，197参照）．
［写真：Rod Planck / NHPA］

2.2 タイガにおけるさまざまな土壌型

ステップやプレイリーバイオームの土壌とは異なり，タイガの土壌は肥沃ではなく，農業的重要性はあまりない．不毛のポドゾルは，肥沃なチェルノーゼムとは明確に違う．チェルノーゼムとポドゾルは，グライやポドブルや，その他多くの種類の土壌と同様に，もともとはロシアの農民によってつけられた普通の名称であったが，科学的語彙に加わり，土壌科学で使用される用語となった．ロシアの自然科学者であり土壌科学者であるV.V. ドクチャーエフ（1846～1903）がこれらの一般に普及している用語を標準化し，さらに正確な科学的意味を与えた．

ポドゾル

ポドゾルはほぼ4億8000万ヘクタールに及び，そのほとんどがタイガの森で占められた北半球の温帯や北方林帯にある．ロシアの用語でpodzolは，もともとは薪を燃やした後にストーブ内に残った灰色がかった灰にちなんで使われていた．ロシアの農民は，この意味範囲を広げて，同じ色をした特定の種類の土壌をこう呼んだ．

よく発達した典型的なポドゾルは，腐植土化した有機物が集積した無機A層の上に有機物のO層がのっている．この下には，大きく溶脱され，アルビックE層として知られる明るい色のE層がある．この下には，未分化の暗褐色あるいは黒色のスポディクB層（Bhs），あるいは鉄またはアルミニウムの三二酸化物の集積層の上に溶脱された有機物から成る層（Bh）がある．

A層は，一部腐植や鉱物（石英粒子が多い）が混じった有機物の混合物で構成され，厚さ1～5 cmの落葉層（O層）で覆われている．その色が灰色であることが土壌につけられた名前の由来であるalbic E層（E）は，ほぼ全体的に，高度に溶脱された石英の粒子でできている．E層は，冬に土壌が凍るとできる2～3 mmの厚さの層に層化されることが多い．鉱物の酸性加水分解が活発な，この成長に不適な媒体には，根はほとんど存在しない．その他の成分は最終的に加水分解され，残るものといえば，存在する鉱物の中で最も抵抗力のある石英のみである．砂の含有率が高いということは，植物はわずかな栄養分しか得られないということである．下に横たわるスポディクB層は，有機物の中で鉄やアルミニウムの三二酸化物が優位を

161. このカナダのポドゾルのように，ポドゾルは，寒冷で湿った環境と，酸性化した植生（通常は針葉樹），分解に耐えるケイ酸塩に富んだ透水性の高い土壌母材の中で形成される．これらは，タイガバイオーム全体に見られる特徴である．これはポドゾル化，すなわち鉄やアルミニウムが，有機物とともに，A層（図159参照）から洗い出されてB層に沈積するプロセスの結果である．樹齢が長い針葉樹の葉はゆっくりと分解し，また下層は乏しく気温は低いので（微生物の活動を衰えさせる），ポドゾルにはプレイリーや温帯の森林の土壌よりもずっと腐植が少なく，農業には向かない．
［写真：D. Cereutzberg / ISRIC, Wageningen］

162. 湿性鉄型グライ化ポドゾルは，タイガの土壌の中で最も一般的な土壌タイプである．これらは非常に湿った場所でしか形成されず，サンクトペテルブルグ（ロシア）に近いこの湿性鉄型ポドゾルに見られるように，下層をなすB層の赤みを帯びた色が特徴である．この赤っぽい色は，三二酸化鉄の蓄積によるものである．これはポドゾルの種類の中でも，気候や土壌母材の組成が様々な北方林で生じる唯一のものであり，他の多くの要因が土壌（土壌の組成）の多様性を引き起こす．
［写真：O. Spaagaren / ISRIC, Wageningen］

占めるタイガの乾燥地域では赤みを帯びているが，より湿った地域のスポディクB層は，有機物が優占する結果として，黒ずんだ色をしている．

ポドゾルの物質的特徴は，その砂質構造の特徴，つまり，それらは多くの水分を保持できないということによって決定づけられる．激しい溶脱と陽イオン保持能力が低い結果，これらの化学的肥沃度は非常に低い．表面の層は酸性で，pH が 3.5 ～ 4.5 である．これはさらに下層ではわずかに増え，最大 pH 5.5 となる．こうした酸性の環境条件では，アルミニウムは可動性があり，植物にとって有毒な濃度に達する可能性がある．生物学的な活性はほとんどない．有機物は主に，菌類やいくつかの昆虫およびその他のわずかな小型の節足動物によって分解される．これらの特徴は，全体として，ポドゾルは農業に向かないということを意味する．

ポドゾルビソル

このバイオームの南部地帯の，タイガ独特の真のポドゾルと落葉樹林のルビソルの間に，この2つの地域に生じる形成プロセスのいくつか，すなわちポドゾル化と粘土の集積作用を共有する土壌がある．（第7巻 p.20 ～ 22）．これらはポドゾルビソルと呼ばれる．面積約2億5000万ヘクタールに及び，そのほとんどがポーランドから中央シベリアへと走る地帯に位置している．

ポドゾルビソルでもっとも典型的な層配列は，albic E層の上に薄暗い色（オークル色）のA層が重なっている．このE層は，粘土が集積した下層のBt層を貫通する突出部を形成している．この下に，土壌形成プロセスがあまり影響しなかったC層がある．Bt層の上にE層があるということは，1年間の中で水が土壌に浸透する時期が多いことを表している．集積された粘土によってBt層の排水孔が次第に遮られると，結果的に排水を阻害し，表面層の浸水につながる．凍結した層，あるいはさらに永久凍土の存在が，1年の何カ月かの間，ポドゾルビソルの水の収支に大きく影響する．ポドゾルがそうであるように，ポドゾルビソルの酸度が弱く，栄養分の含有が少ないこと，1年の多くの期間凍結するという事実が，ほとんど林業にしか使用できないことを意味している．

ヒストソル

タイガには沼地のような土壌もある．上層における泥炭の形成と下層におけるグライ化という，2つの関連したプロセスが湿原の形成につながっている．泥炭は，嫌気性の条件，すなわち酸素不在で分解した際にできる．言い換えれば，沼地の土壌は水分で完全に飽和しているため，酸素はすべて排出される．こうした条件の中では有機物の分解が不完全で，リグニン，蝋のように，中間物質が集積する．大半の沼地の土壌で，有機的（histic）H層は1～2mの厚さで，グライ化を受けた無機質層の上に存在するのが普通である．

高層湿原は貧栄養で酸性であり，大半がミズゴケの遺体でできている．凹地にある谷湿原は栄養分の含有がより高く，酸性度が低い．泥炭は，人間によって広く利用される価値ある資源である．低層湿原の泥炭は良い肥料であり，高層湿原の泥炭は，燃料として，家畜の敷きわらとして，膨軟剤生成の原料として，さらにはアルコール飲料の風味付けとしても利用されている．

グライソル

立地の起伏が浸水を引き起こすと，土壌は過剰な水分でいっぱいになり，酸素不足からグライ化が始まることがある．外面的な兆候は，好水性植物の存在と，青，灰色，オリーブグリーンなどの色の土壌である．こうした土壌はロシアの農民には gley として知られている．これは黒ずんだ灰色の A 層の上に締まりのない落葉層がある．A 層は急に斑点のある灰色とオリーブグリーンの Bq 層へと変わる．これは重度のグライ化を受けており，深くなるほど嫌気性が増す．

全体として世界中でグライソルは約 6 億 2500 万ヘクタールを占め，その 3 分の 2 は北方林地域にある．グライソルは長引く浸水と酸素の減少が根の成長を阻害するため，植物の生長には不都合である．

永久凍土とポドブル

永久凍土における土壌形成（第 9 巻 p.13 ～ 16 参照）は完全に異なる．土壌が完全に凍結する永久凍土は，ユーラシアや米国のもっとも大陸的な地域の，特にタイガやツンドラ地帯に典型的である．これらは 5 億ヘクタール以上の広大な地域に見られ，フミン酸および酸化鉄（双方とも非常に可動的である）が表面に集積していることが特徴である．タイガの凍結した土壌は，グライ化を示すことが多い．

凍結した土壌の発達は，硬い土壌母材の上に生じるのが普通で，有機物が非常にゆっくりと分解するきわめて寒冷な条件によって引き起こされる．永久凍土の土壌では，凍結と融解の期間や，水分を遮断しグライ化を引き起こす永久凍土の厚さに応じて，水分が上下する．これらの土壌では水分は上にも下にも移動し，これが交互に生じる凍結と融解にも影響を受けて，土壌の特徴はほとんど均質である．

同様の気候的条件だが，土壌がもっと軽い場所では，違う種類の土壌が発達している．これはロシア人にはポドブル（podbur）として知られている．永久凍土の地域では，軽い土壌は重い土壌よりもずっと深くまで溶け，ポドブルが形成されることがある．ポドブルの土壌は永久凍土の土壌とポドゾルの中間物である．永久凍土と同様，ポドブル土壌は，結氷淘汰作用（cryoturbation）によって均質な土壌断面構造を示す．それにもかかわらずグライ化は生じず，水はけが良い場所では，水は下に向かって浸透し，これによってポドゾルの形成が引き起こされることがある．

163. グライソルは緑や灰色がかったまだら模様を示すのが普通であり，このカナダタイガの土壌の写真からわかるように，発達が乏しく，大部分は上部 50 cm のところに多くの水分を含んでいる．これらは水浸しの環境で形成され，微生物が酸素をほとんど使ってしまうために，酸化第二鉄から酸化第一鉄への還元が優位を占める．第一鉄化合物は水溶性で，層から簡単に洗い流されるので，土壌が白くなる．嫌気性と好気性の条件が交互になった場合には，年に何度かは，鉄が第二鉄化合物になるに十分な酸素があることもある．グライソルは，モレーン堆積物の上に形成されることもあるし，ツツジ科植物，ミズゴケ，およびその他の湿地帯の植物の植被を支えていることも多い．
［写真：D.Creutzberg / ISRIC, Wageningen］

3. 世界のタイガ

3.1 ユーラシアの北方針葉樹林

タイガ地帯は，大西洋から太平洋まで，7億ヘクタール以上の莫大な面積を占めており，その85％がロシア連邦にある．北極圏がある緯度では，タイガ地帯は西から東まで約7000 kmにおよび，北緯60°では，8000 km以上の長さがある．タイガの平均的な南北の幅は約1000～1200 kmだが，エニセイ川とレナ川の間の地域など，最大50％広い地域もある．ユーラシアのタイガには，東ヨーロッパや西シベリア低地の低地針葉樹林や，山地タイガがあり，北西ヨーロッパや中央および東部シベリアの広い地域を占めている．

タイガバイオームの南限や北限を正確に決めるのは難しい．なぜなら常に推移帯が存在するからである．北は，常に北方林がツンドラへと変わり，ある地域では，辺境がはっきりとしているが，ツンドラの中にも所々に針葉樹林が存在している．この推移が移行帯であり，中央および東部シベリアの広い地域を占め，ツンドラ森林（tundra forest）あるいは森林ツンドラ（tree tundra）と呼ばれている．タイガの南端は広葉樹林またはステップと接しているのが普通である．

北ヨーロッパのタイガ

ヨーロッパでは，タイガ地帯の南北の幅は700～800 kmであり，これにはノルウェイ，スウェーデン，フィンランドの多くと，ヨーロッパロシアの北部が含まれる．南に行くと，ヨーロッパタイガは，南タイガと呼ばれることがある針葉樹林と広葉樹林が混ざった幅広い地帯によって，広葉樹林のバイオームと境をなしている．南タイガは，スカンジナビア南部のいくつかの地域，スコットランド北部，バルト諸国，ポーランドおよびベラルーシのいくつかの地域，ならびにヨーロッパロシアの中部地域にある．土壌における変化は，南タイガの植生が，針葉樹林と広葉樹林のパッチが互い違いになってモザイク状になっていることが多いことを意味する．全体として，ヨーロッパの北方林の南端は，ヨーロッパナラの分布北限とほぼ符号する．

スカンジナビア半島の大西洋沿岸のタイガには，いくつかの珍しい特色がある．北緯62°～66°の間の，スカンジナビアの山地の西側斜面にある細いタイガの部分は穏やかで湿潤な海洋性気候をもつので，他のタイガ地帯とは異なる．山地では，年間降水量は2000 mmに達することもあり，秋と冬に最大となる．これは厚い積雪層ができるということである．無霜期間は5～6カ月続き，他の北方林よりも長い．夏は通常涼しく，7月中旬の気温は15℃未満である．スカンジナビア半島の北部では，北方針葉樹林が北極圏のずっと北に生えている．

さらに東では，スカンジナビア山脈が雨影を作っている．降水量は少なくなり，ピークは夏で，気温の年較差は大きくなる．気候は典型的な北方林帯のもので，中程度に大陸性，あるいは温帯性ですらある．土壌においてポドゾルの形成は非常に頻繁で，永久凍土はほとんどなく，たくさんの泥炭湿原があるが，西シベリアほどではない．植被は全体的にトウヒ林が優占し，かなりのカバノキが混生する．緯度方向で分割した3つのサブゾーン，すなわち北タイガ，中央タイガ，南タイガが代表的である．他の北方林地域に比べて，東ヨーロッパの北方林帯は比較的人口密度が高い．

シベリアのタイガ

広葉樹林や，針葉樹と広葉樹の混交林は，気候がより大陸的になるにつれて次第に減少し，ウラル山脈の東側にはほとんど存在していない．その場所，すなわち西シベリア平原の南では，タイガはステップと直接，接している．推移帯には，ステップ森林と，カバノキやポプラの原生林地帯がある．タイガ地帯の幅は，600～650 kmへと狭まる．これは温かい大西洋の影響から遠ざかるので，タイガの北限が南に移動するからである．他方南限界は，乾燥した気

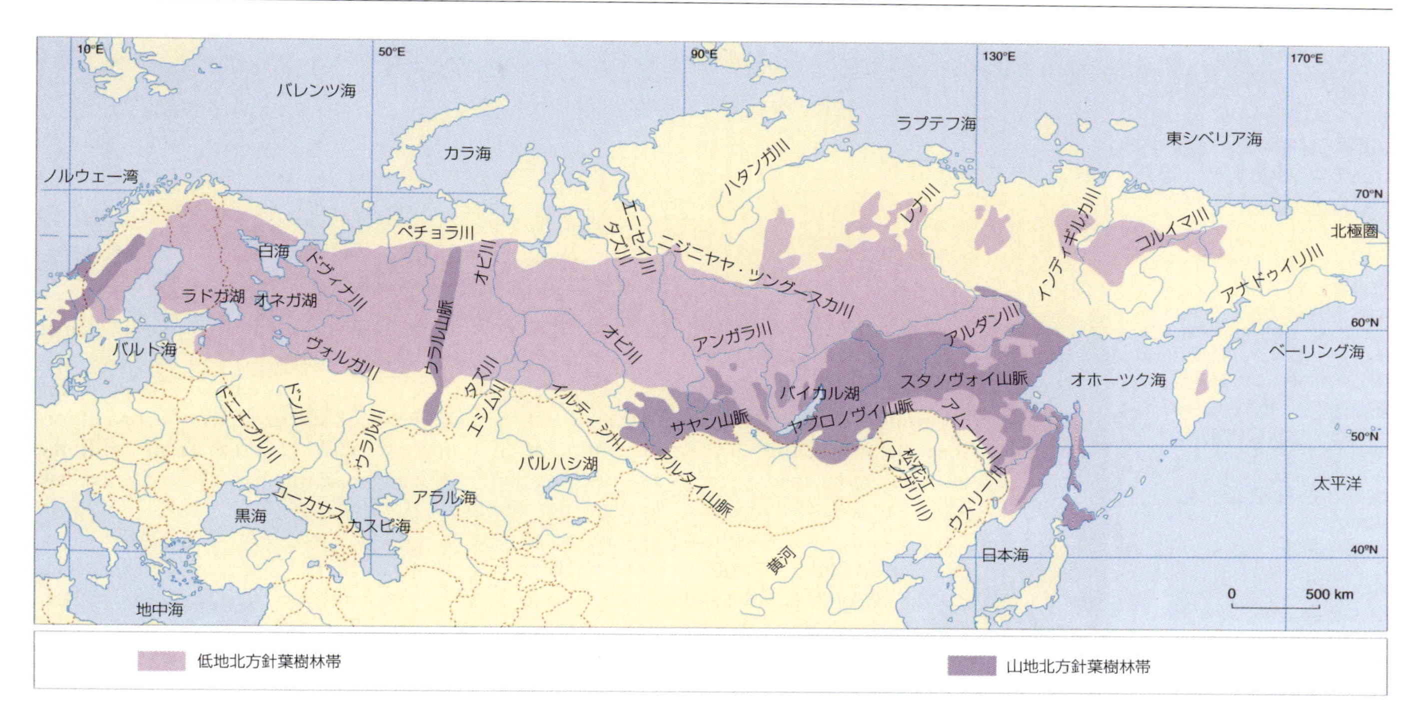

164. ユーラシア大陸の針葉樹林は，北極圏の南のほぼ北緯50度～70度の間をベルト状に走っている．これらはスカンジナビア半島からシベリアまで長く細い帯を形成し，ツンドラバイオームの南，中央アジアのステップやヨーロッパ・西アジアの落葉樹林の北にある．森林のかたまりは連続しているが均質ではない．なぜなら，この広大な地域（7億ヘクタール）の中には北と南の気候差があり，東と西はさらに大きな気候差があるからである．たとえば，北部タイガ（ツンドラと接している），中央部タイガ，南部タイガ（ステップや落葉樹林と境をなしている）の間には差ができるのが普通である．大きな地形学的単位も，異なる種類のタイガの境界をなす．たとえば，ウラル山脈はあきらかにヨーロッパタイガとアジアタイガを分けへだてている．
［地図：出典，複数の情報源に基づく］

候と，夏がより暑いという事実によって北へと移動する．気候は，冬のシベリア高気圧や，北極地方からしばしば到来する寒気団の影響を大きく受ける．起伏の平坦さやその他の要因が重なって，平原に湿原の形成が大規模に生じる．湿原は集水域全体を覆い，森林は谷にしかみられない．西シベリアにおいて北方林を形成する主な樹種は，シベリアトウヒとシベリアマツである．

エニセイ川とレナ川下流域の間の中央シベリアでは，タイガの北限は北極圏に近づき，中には北限が北極圏の限界線を越えている地域もある．タイミール半島東部には世界でも最北端の森林がある．北緯72°23′のハタンガ川流域にあるカラマツの森林である．タイガの南端は北緯52°まで南下し，その緯度線ではステップが西シベリアの平原を占めている．これに伴い，中央シベリアではタイガ地帯が北から南まで1500 kmにもわたることがある．これは，中央シベリア高原が非常に高いからではなく（500～700 m），その気候が非常に大陸的だからである．夏の平均気温は西シベリアよりも高いが，これはタイガが北に向かってさらに発達できることを意味する．大陸性気候では冬における雪の層は薄い．これは永久凍土の地域がより広いということである．夏にはこの永久凍土が樹木に付加的な水分をもたらし，森林は通常よりもずっと南まで発達することができる．中央および東シベリアの大陸性の気候条件では，タイガは主に色の薄い針葉樹林，特にカラマツ林が代表的だが，特に中央シベリアの南部では，マツ林も非常に典型的である．

東シベリアでは，気候がきわめて大陸的で（7月と1月の平均気温の差は約60℃），タイガ地帯はさらに広く，北から南は1600 kmにもおよぶ．しかしながら，非常に大陸的な気候は広大な非森林地域の発生にもつながってきた．西シベリアでは森林と湿原が交互にあるが，東シベリアでは，夏の高温少雨のため，ステップの部分が多く存在する．こうしたステップの部分は，凹地地形，山地の南斜面，サハ共和国中央の低地の乾燥した丘で特に目立ち，標準的なタイガと，ツンドラ森林の最北端地域のどちらにも発生する．世界で最も面積の広い永久凍土は東シベリアにある．ポドゾルの形成はほとんど起こらず，優占する土壌は永久凍土のタイガ土壌である．東ヨーロッパや西シベリアとは異なり，山岳的な地形と降水量が少ないことにより，湿原はほとんど見られない．

極東のタイガ

極東では，タイガはユーラシアの他の地域ほど北へは広がっていないが，南へ向かってはさらに南方におよぶ．この北限は北緯60°未満であり，Djudjur低地とKolymskiy山脈の間に接しているが，南限は北緯約49°で，アムール

165. 世界で最北にある森林は，この雪で覆われた写真に見られる，**タズ川に近い中央シベリアのカラマツ林である．**これらは大半がダフリアカラマツの純林であり，ダフリアカラマツは氷に耐性がある種で，非常に浅い土壌でも生長し（1 m，あるいはたった 50 cm のこともある），比較的夏が暑いこの地帯の極めて大陸的な気候によく適応している．ここには，氷河期前の遺存種と考えられているシベリアトウヒがわずかに混生している．下層はあまり発達せず，低木，いくつかの種類の草本やコケ類，豊富な地衣類が優占している（第 9 巻の図 15 参照）．
［写真：Andrey Zvoznikov / The Hutchison Library］

川の中流域や，さらに南部のサハリン島や日本の北方四島にまでおよんでいる．北から南へと走る山脈では，タイガはさらに南の中国北東部や朝鮮半島にまで達する．日本の山地には山地タイガがほぼ連なっている地帯がある．これは北海道北部の海抜 0 m の場所に始まり，本州中部の北緯 36 °で標高 2500 m に達している．

極東のタイガは，夏に太平洋から来るモンスーンに伴って，豊富な降雨がある．7 月と 8 月には，月間平均降水量は 100 mm を超える．この地域はシベリア高気圧の影響を受けるため，冬の気温は非常に低く，降雪はほとんどない．海岸から西へと移ると，山脈が南北に並んでいるため，海の影響は急激に少なくなる．高湿の夏と寒冷な冬が，タイガの植生が北へ広がることを阻んでいるが，針葉樹の種類は，南方に広がることが可能であり，ユーラシア中部では砂漠が占めている緯度にまで広がることができる．モンスーン気候がある地帯は，極東タイガの 2 つの主な樹木種であるエゾマツやトウシラベ（シベリアホワイトファー）が分布する地域と一致する．極東タイガの南部では，多くの種類の高木，低木，つる植物が分布し，黒色森林土壌，および豊富で珍しい動物相をもつ森林がある．

3.2　北米の北方針葉樹林

北米の北方林帯はユーラシア大陸の北方林帯と非常によく似ていて，ユーラシアのタイガの地理学や生態学を決定づけるほとんどの要因の影響を受けている．タイガは南アラスカの広い領域を占め，カナダ全体，特にカナダ楯状地で優占する森林である．これは，ユーコン準州の北部からハドソン湾の南部に始まり，オンタリオやケベックの中部を横切ってニューファウンドランドにいたる，6300 km の連続した巨大な弧状地帯を占めている．

北米タイガの奇妙な分布

ユーラシア大陸がそうであるように，北米のタイガ地帯は途切れない帯を形成し，幅が 1000 km の地域もあり，太平洋から大西洋まで走っている．しかし弧状を成している北米タイガの森林の分布は，ユーラシア大陸に見られる東西の分布とは非常に異なる．

北米では，海岸線に並行して走る山脈によって形成された地形の障壁（南北），北極海が南に延長しハドソン湾にまで至ること（冬の間中，凍結している），またメキシコ湾からの高湿な

166. 北海道の沼の平地域におけるタイガの秋の彩色. この針葉樹林帯や，日本のその他の北方領土の針葉樹林帯は，極東でもっとも南にあるタイガである. 針葉樹林は，ほぼ海抜0mから本州でもっとも高い山の標高約2500mまで生育する. そこで優占するのはモミ属のオオシラビソとシラビソである. シラビソは高温になるために積雪が少ない西向斜面に生えるが，オオシラビソはより寒冷な東向斜面に生育する. 日本の針葉樹林でよく見られるその他の種類としては，エゾマツ，アカエゾマツ，カラマツ，ヒノキなどがあるが，ヒノキはあまり多くはない.
［写真：Orion / Bruce Coleman Collection］

熱帯性の空気の流れを遮る横断路の障壁（東西）がないことが合わさって，熱帯気団と極気団が接触する比較的安定した地帯が確立されている. この北米の気候の特色が北方林の分布に対して及ぼす影響は重要であるため，北方林とツンドラ（地衣類がある開けた森林の北部まで）の間の推移帯は，夏季における極前線の平均的な位置と一致し，その一方で，北方林の南端は極前線の冬の平均的位置と一致する.

緯度に伴う帯状分布

北米の北方林は通常2つの亜帯に分割される. 典型的な北方林（トウヒ，マツ，アメリカカラマツ，モミ，ポプラ，カンバなどがある）と開けたタイガ林（地衣類，トウヒ，アメリカカラマツがある）である. さらに南の，オンタリオ州やケベック州の南部の北方林と，カナダ南部および南東部の温帯落葉広葉樹林の間には，針葉樹（トウヒ，モミ，ストローブマツ，カナダアカマツ）と落葉広葉樹（ナラ，カエデ，トリネコ，ブナ）がモザイク状に生える混交林の推移帯があるが，多くの研究者はこれを北方林の一部とみなしている. ユーラシアタイガがそうであるように，北米のタイガにも多くの湿原があるが，シベリアやヨーロッパとは違って，色の濃い針葉樹林，特にクロトウヒが優占している. これを除けば，これらは非常によく似た植物相である.

アラスカの北方林は，ブルックス山脈の低地部から，南は北緯57°のブリティッシュコロンビアの山地まで分布し，そこでは亜高山帯の森林となって，太平洋沿岸の湿潤温帯林からそれを分離している. カナダとアラスカの間の辺境沿いの北部地域にあるマッケンジー川の河口付近では，北米タイガの森林がさらに北緯約69°に達する. これはユーコン準州の南部〜南東部，亜北極圏地域からアルバータ州のポプラがあるプレイリーまでの間，約1800kmを走っている. ノースウエスト準州の西部を除けば，その北限は明らかに南東に動き，ハドソン湾の南端沿いに走っている. ハドソン湾の冷たい水は著しく気温を下げ（北緯51°，ケルン，ヘント，南イングランドの緯度で，7月の平均気温は15.5℃），北緯54〜55°（だいたいベルファスト，キール，モスクワの緯度）でタイガ生態系からツンドラ生態系へと置き換わることを可能にしている. 北緯50°〜52°の間であるタイガ森林の南限は，南へと動いて北緯49°で，南すなわちマニトバ州の南西部にあるウィニペグ湖の南へと動いて北緯49°で，ほとんど米国との

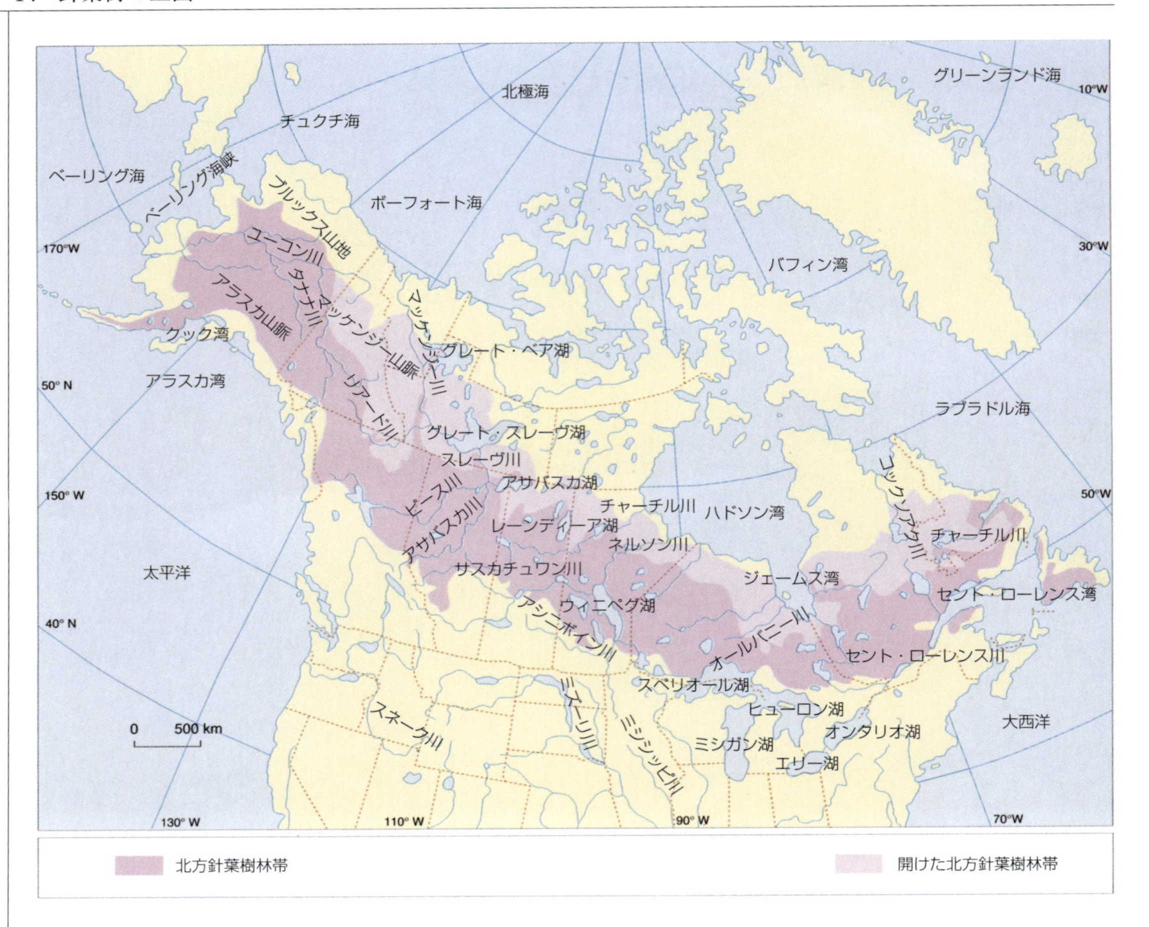

167. 北米の北方針葉樹林は，最も幅広い場所で幅 1000 km の円弧を形作り，アラスカからカナダを通って大西洋のラブラドル沿岸まで，大陸の北部に沿ってのびている．タイガは，北のツンドラと南のプレイリー（西と中央）および落葉樹林（東）の間に位置する．プレイリーとの推移帯は森林に覆われてもいるが，針葉樹よりもアメリカヤマナラシが優占する．落葉樹林との推移帯は，針葉樹と落葉樹の混交林で構成される．この連続した広大な地域は外観は均一であるが，おおざっぱに二つの種類に分けることができる．北方林はうっ閉して密集しているが，開けた北方林は，もっと小型でまばらに生える樹木で構成され，これらは樹木ツンドラと置き換わる．
［地図：複数の情報源からの出典］

国境に達する．

北方林は，オンタリオ州中部および北部，およびアンガバ半島とセントローレンス低地を除くケベックの大半を占めている．これらはケベック州からラブラドル北部の大西洋沿岸まで，東〜北東に伸び，ニューファウンドランド州の大半を占めている．カナダで五大湖・セントローレンス・アカディア林として知られる混交林は，オンタリオ州およびケベック州の南部，東海岸諸州の大半（ニューブランスウイック，プリンスエドワード島，ノバスコシア），米国の五大湖およびニューイングランド周辺の州のいくつかの地域を占めている．

3.3 亜高山帯針葉樹林

タイガの森林によく似た針葉樹林生態系が典型的なタイガバイオームの南限のはるか南の山地に見られる．山地の垂直分布帯は，緯度的成帯と多くの類似性を示している．ヨーロッパ中部および西部，コーカサス，中央アジア，ヒマラヤ山脈，中国，ロッキー山脈などの山地はすべて，林冠を針葉樹が占める垂直分布帯を有している．これらの山地の針葉樹林は，低地のタイガ地帯と同じ植物属（しばしば同じ植物種）が優占する植物相をもつ．これらの亜高山帯の気候も典型的なタイガと似ているが，年間を通じた気温の較差は，赤道に近づくにつれて減少する．これらの山地地域が低地のタイガ地帯から離れるほど，典型的なタイガの植物属・種はあまり存在しなくなり，タイガ以外の植物相の構成要素の数が増える．

ユーラシアの亜高山帯のタイガ

ピレネー山脈やアルプス山脈には亜高山帯の針葉樹林が広がり，樹木の種類組成は，北ヨーロッパのタイガ地帯のものによく似ている．たとえば，マツやモミを代表するのは同じ種であり，ヨーロッパ中部のマツの分布は北ヨーロッパのそれらの地域まで途切れることなく連続している．人間の介入はこれらの成長の早い樹木に好都合なので，現代の亜高山帯のマツ林は，どれが自然のもので，どれが人工のものなのかの区別をつけるのが非常に難しくなっている．

168. この写真に見られる森林のように，**低地のタイガの森林と似た針葉樹林を持つ山岳地帯もある．** これはカラチャイ・チェルケス共和国（ロシア連邦）のドンバイに近いテベルダ保護区にある．これら山地の針葉樹林は，典型的な北方低地のタイガとは異なる．夏には，高度が上がるほど気温が低くなる（100 m につき 0.5 ℃）．一方，タイガの山地は変わった種類の垂直分布を示す．これは各所の条件に応じてかなり異なる場合があるが，通常は最も低い地帯が低地タイガの続きであり，山の中腹地帯では，亜高山帯低木林，矮性化した森林，そして雲霧林などに置き換わる．高山には山岳ツンドラがある．山岳タイガでは，地形性の要因（海抜高度，方位，傾斜）が特に重要である．なぜなら，それらが小気候，水の収支に直接影響し，その結果，植被の性質に影響を及ぼすからである．たとえば，南北に走る山脈では，南へ南へと移動するにつれ，針葉樹林が生育する高度がだんだんと高くなる．
［写真：Vadim Gippenreiter］

コーカサス，特に多湿の気候を持つ西部地域に，もっとも大きな高度差を包含する亜高山帯の針葉樹林帯がある．したがって，たとえば，コーカサスの北側 1400 ～ 1900 m の間，および南側 1200 ～ 1900 m の間に，針葉樹林帯がある．主な樹木はコーカサスモミであり，この樹木は栄養に富んだ土壌や湿度が高い場所では，高さが 80 m，幹の直径が 1.5 ～ 2 m に達する可能性がある．コーカサスのモミやトウヒ林の一つの特徴は，典型的な北方林帯の植物が落葉広葉樹林に典型的な植物と共存するタイプの下層植生があるということであり，このことはコーカサスの暗色の森林土壌の栄養塩レベルが比較的高いことによってある程度説明される．これは，栄養塩については非常に要求の厳しい落葉広葉樹林の樹木種の成長に好都合なのである．

中央アジアの天山山脈の非常に乾燥した気候条件の中に，珍しい亜高山帯林の帯がある．これは非常に非典型的なトウヒ林で，暗色の低地タイガ林と同じぐらい密集して狭まった林冠を形成している．これは優占種であるシュレンクトウヒ（ゴダイサントウヒ，テンシャントウヒとしても知られる）の生態学的特性が原因である．これは他の種類のトウヒよりも多くの光を必要とし，それほど高い湿度は必要ない．その進化において，このトウヒは夏の終わりごろの厳しい乾燥条件に耐えるように適応してきたのである．この適応には，7 月の初めの成長停止が含まれる．これは，この植物の生育期間が 50 ～ 55 日の長さしかないことを意味する．根系は他のトウヒよりも深く，土壌や，花崗岩や片岩の裂け目の中を，深く伸びる．このようなわけで，天山山脈のトウヒは強い風に対して非常に耐性がある．この北方林帯は，天山山脈の標高 1700 ～ 2700 m の位置にあり（テンシャントウヒは標高 3200 m に達することがある），湿潤な北向き斜面でもっともよく生育する（たとえば，キルギスタンでは，トウヒ林の 96 % が北向斜面にある）．

北米の亜高山帯のタイガ

亜高山帯あるいは山地タイガが，ロッキー山脈の広い地域を占めている．広くいえば，この針葉樹林帯はロッキー山脈沿いに走り，南になるほど高度の高い場所にある．すなわち，北緯 65 °のアラスカおよびカナダの北方林地帯の低地から，北緯 19 °のメキシコの火山性山脈の高峰，またさらに南のグアテマラ西部の高地にまで至る．緯度の異なるこれらの森林を異なる樹木種が占めるが，エンゲルマントウヒやアメリカトガサワラ（ベイマツ，ダグラスファー）のようないくつかの種は，ロッキー山脈の針葉樹林地帯のほぼ全域にわたって分布している．

多くの場合，ロッキー山脈の針葉樹林は森林限界を形成している．北緯 61 °では，森林限界は 1400 m であり，次第に高くなって（緯度ごとにおよそ 100 m），ワイオミング州やコロラド州（北緯 38 °～ 43 °）では 3000 ～ 3500 m，メキシコ中部（北緯 20 °）では 4000 m である．ロッキー山脈南部（コロラド州）では，山地の針葉樹林の帯は，海抜 2100 ～ 3000 m にある．ここでは，年平均気温は 1400 m で 8 ℃，3750 m で −3.3℃である．年平均降水量は針葉樹林帯の下部で 500 mm，上部で 1000 mm である．

米国南東部の乾燥地帯とメキシコ北部では，ロッキー山脈のタイガ地帯は，乾燥プレイリーと亜砂漠に直接接している．水不足が生じると，疎開した低い針葉樹林が発達し，メキシコショクヨウマツ，ピニヨンマツや，ヒトツブビャクシンやワニガワビャクシンのような他の小型の樹木が優占する．これらは滅多に 7 m を超えず，丸い樹冠とほぼ低木状の生育型をもち，幹は基部の近くで分岐している．

II
タイガの生物

1. タイガの生態学的機能

1.1　木本層の重要な役割

木本層はタイガ生態系において重要な役割を果たしている．このバイオマスは，他のすべての動植物をあわせたものよりはるかに大きい．針葉樹林の林冠は，日陰をつくり，空気を湿らせ，気温の変動を和らげ，風の速度を弱めることで，特別な環境を作り出す．この環境は，樹木の林冠がない付近の開けた土地とは非常に異なっている．

樹木の主要な役割

針葉樹林の密集した林冠の下では，植物はほとんど育たない．太陽の光を必要とする多くの植物は，北方林の薄暗がりの中では，生長することができず耐陰性のある植物だけが競争上有利になる．高木が下層へと落とす日陰が，低木層に及ぼす唯一の影響というわけではない．高木の根も，より小さな樹木にとって必要な水分や養分を吸収してしまう. 針葉樹の針葉と茎は，小さな植物の上に落ちてそれらを覆ってしまうし，一方で有毒物質も放出する．落葉層は，多くの草本植物，さらに樹木そのものの種子の発芽にとって克服しがたい障害となることが多い．樹木個体群は，温帯の落葉樹林や熱帯林ほど多様ではない．原生の北方林や，近い過去に伐倒されたり焼けたりしたことのない北方林では，単一種，あるいは多くても 2 種類で構成されるのが普通の木本層の中で，下層を識別するのはほとんど不可能である．3 種類や 4 種類の植物が共存する北方林は非常に少ない．もし 4 種類以上あるなら，その生態系は遷移の途中段階にあると考えられる．

原生タイガ林の樹木個体群のもう一つの特徴は，樹齢階分布が均一でないことである．森林の再生は遅いし限界がある．これは北方林の暗い陰の中では樹木の成長が遅く，若木のほとんどが，光不足と成木との競争から枯死してしまうからである．成熟した樹木が枯れて，地上に倒れた場合にだけ空地ができ，短期間，若木の生長に好都合な条件ができる．この空地に生えた幸運な若木はその生長を早め，成熟した大きさまで到達することができる．したがって林冠層には，さまざまな樹齢の木が含まれることになる．これらの樹木が急速に生長を開始するのは，10 歳の時に始まることもあるし，50 歳の時に始まることもあるからである．

樹齢は違うがすべて同じ種に属する樹木が生える森林の個体群密度は非常に高いのが普通である．それでも，これは原始林のそれぞれの部分に最大多数の樹木が生える暗いタイガの北方林の中でのことである．明るい針葉樹林は，低木層での火災が頻繁に繰り返される場所にあるか，あまり条件のよくない場所を占めているかのどちらかである．火災が繰り返し起こると，森林は密集する暇がない．好ましくない環境では，土壌条件，あるいは水や栄養分の不足が，密集した森林の成立を困難にする．

林冠下の低い多様性

タイガでは，樹木が密集すればするほど下層の多様性が低くなる．暗い針葉樹林における個体群が非常に密集している場合，林冠の陰になった領域のかなりの部分には，まったく植物がない．原則として，植生のないこうした領域の存在が，外来種の出現に向いた条件を作り出すのは当然であるが，暗い針葉樹の生態系はあまりに過密で，その中の環境条件があまりに特殊なため，外来種の出現はない．他の植物はとてもそこでは生育できないのである．

一般に，タイガには高木層の下に低木層がある．これは通常 1 ～ 4 m の高さがあり，その高さは高木層の密度に依存する．低木層は中央部や北部のタイガには少なく，南部のタイガでもっともよく発達する．低木層は，日陰に強い少数の種類から成り，ビャクシン属，ハンノキ属，バラ属や，その他いくつかの種類がある．低木層は森林の生活において重大な役割を担うことがある．たとえば，営巣地としての役割である．多くのタイガの動物が，バラ属，スイカズラ属，ヨーロッパキイチゴの実や，ハイマツ

169. ユーコン準州のこの写真からわかるように，**カナダのタイガは森林，湿地，湖のジグソーパズルのようである．** ユーコン川は 2500 km 以上の長さで，4000 m^3/s 以上の流量があり，このためにユーコン川は米国の針葉樹林を流れる最大規模の川の一つとなっている．この川はユーコン準州（カナダ）の南東部にあるタギシュ湖から発生し，アラスカを東西に横切り，ノートン湾でベーリング海に注ぐ．川はカナダのタイガ(そして，フィンランドのタイガ)に典型的な「千の湖」の景観を横切る．そこでは森の領域が，水で覆われた広大な領域と互い違いになり，相互につながっていることも多い．カナダにはこのような湖が 25 万以上あり，先の更新世の氷河時代に莫大な氷河によって掘られた凹地を占めている．ユーコン準州は，大半が草本性ツンドラに覆われ，現在はこの地域で広大な森林を形成しているトウヒやその他の針葉樹は，それまで遠く南へと後退していた．氷河時代の終わりには，氷が後退したためにこれらは北へと戻った．
[写真:Stephen Krasseman / NHPA]

の松果を餌にしている．ハンノキの根には窒素固定放線菌を含む根粒があるので，土壌は硝酸塩にも富む．

低木層の下は，草本層であるが，北方林に典型的な背が低く（最大 60 cm），木質で枝分かれした多年生植物が存在するため，亜低木層と呼ぶこともできる．コケモモ，ビルベリー（セイヨウスノキ），リンネソウなど，タイガの草本植物のほとんどすべてが多年生である．そのすべてがツンドラや高山などほかの寒冷な地域やタイガの湿地帯に特有のものである．低木層と同様に，草本層の生育も立木密度に比例する．

最下層は土壌表面に生える地衣類やコケ類で構成されている．地衣類は一般に多くの光を必要とするが，コケ類の大半の北方種は耐陰性がある．耐陰性があるということは，大半の北方林ではコケの層が厚くて青々としていることを意味する．地衣類は，日当たりのよい場所や，砂丘のマツ林など，乾燥したやせた砂質土壌に生える疎林に限定される傾向があるため，タイガでは地衣類ですっかり覆われているのを見るのはまれである．こうした地衣類は，乾季には非常に脆弱になるため，その上を歩くと足元で踏み砕かれる．

熱帯林とは違い，北方林には，つる植物のような別の植生がほとんどない．熱帯多雨林には通常つる植物が豊富に生えているが，タイガにはないに等しい．ほぼ唯一の例外がセンニンソウ属である．熱帯多雨林では，着生する顕花植物が非常に多いが（第 2 巻「多雨林の生物」，「赤道山地雲霧林」参照），タイガでは，着生植物（土壌のかわりに他の植物上に生えるが，寄生するわけではない）として生えるのはコケ類，地衣類，藻類のみである．それらは浸透圧が高いので，必要な水分のほとんどを大気中から得ている．これらの着生植物，特に樹木の枝から垂れ下がる樹状地衣植物（低木状の外観を持つ地衣植物）は，大気汚染，特に二酸化硫黄に非常に敏感であるため，大気汚染の良い指標となる．生えている地衣植物の種類やそれらの状況を記録すれば，その地域の大気汚染の仮評価ができる．着生地衣植物がまったく生えていなければ，大気は甚だしく汚染されているということである．

下層のモザイク状分布

ときどき，タイガ林の亜低木とコケ類の層は，パッチ状に分布し，モザイク模様になっている．植被がほとんどない場所があるかと思えば，単一種のみがぎっしりと覆っている場合もある．したがって，トウヒの森にはヒメマイヅルソウ，ツマトリソウ属のツマトリソウおよびスターフラワー，コミヤマカタバミや，その他の植物が生えている部分が比較的大きいパッチ状になっていることがある．これらのモザイクは，大半が環境条件の不均質を反映したものであり，これが湿った小凹地の種組成が，平坦な場所のものとは異なる理由である．

これらの小凹地（クレーター：根返り穴）は，樹木が強風によって根こそぎ吹き倒されたとき（風倒木）に形成される．下層の植物の再分布は，だいたいがこの風倒木が原因である．この根返り穴には湿気を好む植物が生える．樹木が風倒したときに根に付着している多量の土は，固まっていなくて水はけが良く，当面は草本植物や低木にとって優れた生育環境となる．腐朽した幹は，コケ類や地衣類を豊富に宿らせている．多くのタイガ生態系において，樹木の種子がうまく発芽するほとんど唯一の場所は，倒れた丸太や樹幹の上である．ほかの場所では落葉層が発芽を妨げる．

地上での日光の強さも，モザイクの形成に重要な役割を果たす．日光が地上に届く林冠ギャップは，草本植物や低木種の生長にとって条件がもっとも好ましい場所であり，かわりにコケ類や地衣類の層の生長は妨げられる．対照的に，樹木が密集していて地表が暗い場所には，草本植物や低木が少なく，コケ類の層が非常によく発達している．このモザイクの構造は，ヤクーチアのカラマツ林などの，開けた森林地帯では非常にはっきりとしている．たとえば，樹木の被覆の下ではコケ類が優占し，被覆のない地表では地衣類が優占している．

このモザイク分布に貢献するもう一つの要因は，いくつかの植物の生長様式である．多くの北方の草本植物や小低木は，地下茎や地上の走出枝（匍匐茎）をつけることで横に広がることができ，これによって新たなモザイクパッチを形成する．数種類の動物の活動も，このモザイク分布に関与している．特に，土中に巣を作る穴居性の哺乳類や，アリのような社会性昆虫類がそうである．しかし，タイガにはこれらの動物はあまりいないため，モザイク形成に対するこれらの貢献はほとんど重要性がない．

1.2 一次生産とバイオマス

北方針葉樹林は，有機物の大半が，（熱帯のように）地上のバイオマスとしてではなく，枯死した未分解の植物遺体として，あるいは根として，土壌や落葉落枝層に蓄積するという点で，温帯落葉樹林や熱帯多雨林とは異なる．言い換えれば，生きたバイオマスよりも，未分解の枯死植物物質のほうが多い．

バイオマスの蓄積

植物バイオマスは，森林によって大きく違いがある．おおまかにいえば，北から南へ行くにつれて，また非常に大陸的な気候から海洋性気候への勾配に沿って，単位面積あたりの植物バイオマスが増える．したがって，東ヨーロッパとシベリアの平原のトウヒ林は，北部タイガの100～200トン/haから，中央タイガの200～270トン/ha，南部タイガの270～350トン/haまで，植物バイオマスの変動を示すのが普通である．これはツンドラの植物バイオマスの何倍もの大きさであるが，落葉樹林のような，その他の種類の森林よりはかなり低い．ヤクーチア中部のきわめて大陸的な気候では，植物バイオマスは50～120トン/haという値にまで下がることがあるし，冠水した森林では50～170トン/haとなり，開けた湿地になると9～17トン/haという低い値になる．植物バイオマスの大半，すなわち60～80％が，樹木の幹にある．中央および南部タイガの成熟した森林は，400～500 m^3/haを算出することがある．光合成器官（緑葉）は5～10％を占め，根は残りの20～30％を占める．

北方林では，動物のバイオマスは植物バイオマスよりはるかに小さいが，それも，北から南へ，大陸性気候から海洋性気候へと移るにつれて増加する．ヨーロッパタイガの動物バイオマスは，北亜帯の100 kg/haから，南部亜帯の300 kg/haまで，増加する．動物バイオマスの約90％は，落葉落枝や上部土壌層に生息する腐生植物食者（decay-eaters）で構成されている．林冠に生息する植食性（plant-eating）の無脊椎動物は，さらに10 kg/haを占め，全体として脊椎動物は，わずか2 kg/haを提供するのみである．また，ヤクーチア中部ではもっと少なく，0.44 kg/haである．

170. アラスカにおける**北米タイガの草本層**が，アメリカハリブキ(ウコギ科）を示している．タイガの下層がみずみずしい場所もある．たとえば湿気が多い場所や，樹木が倒れて空地を作っている場所では，日光が下層に到達することができる．すると，さまざまな科に属する草本植物や低木種が成長することができるのである．その多くは，セイヨウスノキとその関連種（スノキ属）やビャクシンのように，果実を実らせ，この森に生息する動物や，日が長くなり始める頃に南からタイガにやってくる多くの動物が，この果実を食べる．こうした空地が林冠に覆われると，それらの植物は枯れはしないが，下生えが大きく衰える．草本植物や低木層の生長が抑制されるのは，林冠の日陰になることだけが原因ではなく，土壌の種類，落葉落枝層など，多くの要因にもよるし，特に樹木の根との競合は，土壌から窒素やミネラルのほとんどを吸収して，低木，草本植物，コケ類の生長を妨げる．
［写真：Antoni Agelet］

171. タイガの針葉樹の根は，最も乾燥した場所から水分を得ることにうまく適合し，水浸しの状態，高酸性の環境条件，そして栄養分があまり得られない状況に耐えることができる．さらに栄養分の含有量が低いポドゾルに生える多くの針葉樹が，それらが形成してきた厚い酸性の落葉落枝層（粗腐植）の上で，ほとんど腐生生活を営んでいる．それらが可能な理由は，その細根系の大半が，落葉層の下層に限定されており，また，それがある場合には A_h 層に限定されるからである．ポドゾルの粗腐植は，大半の分解者にとっては棲むのに不適な環境だが，自由生活性および共生性の真菌の菌糸体（栄養体の部分）は，なんの問題もなくそこで生長することができる．
[写真:Vadium Gippenreiter]

栄養分と生産力

ヨーロッパ北部とシベリア西部のタイガでは，植物バイオマスの年間生産量は，4～6トン/ha であり，シベリア東部では 2 トン/ha，タイガの中央部ではこの数字は 6～8 トン/ha，タイガ南部では 8～10 トン/ha に達し，さらに多い場所もある．この増加量の約半分が針葉樹林の針葉の形である．タイガの泥炭湿地では，植物バイオマスの年間増加量は 3～7 トン/ha で，その 80％がミズゴケに相当するが，樹木や泥炭湿地からの果実の産出は，0.2～1 トン/ha である．植物バイオマスの増加量の大部分（3～7 トン/ha）は，毎年落とされる，落葉層の枯死物質の一部を形成する．落葉層の 50％は針葉樹の葉から，20～30％は植物の多年生地上器官から，10～20％は根の残骸から成る．落ちた部分は非常にゆっくりと分解するため，落葉の厚い層が集積し，その 20～50 トン/ha 以上という量は，年間を通じて落ちた植物バイオマスの数倍である（湿地林では 10 年以上の落葉量の）．

陸上生物群集では，光合成の純生産量は，3％を超えないのが普通であるが，針葉樹林はもっとも光合成の効率が良い群落のひとつである．これは 1～3％の値に達し，落葉広葉樹林の 2～3 倍，砂漠群集の 10～100 倍である．北方林の植物の大半が常緑性であるため，厳しい気候条件であるにもかかわらず 1 年の間の寒冷な時期にも光合成を行うことができ，このためにタイガにおける生産レベルは非常に高い．これまで針葉樹林がすべての乾燥地の 10％を占めることができ，その他のほとんどの維管束植物にとって気候条件が好ましくない場所で主要な植生となっているのも，こうした理由であるのは確かである．

豊富な草食動物と腐食性生物

タイガの脊椎動物は主に草食動物である．有蹄類，無数のげっ歯類，ライチョウ，そしてその他の多くの動物が，高木や低木の栄養成長部分によって生きている．果実と種子は，リス，シマリス，アカネズミのような哺乳類，そして，ホシガラスやイスカなどの鳥類の主要な食料である．げっ歯類や昆虫の中にも同様のものがいるが，鳥類は，タイガの種子生産物の大半を食べる．また多くのさまざまな種類の動物が，草本植物や小型の低木の実や葉を食べるし，地衣類や，わずかであるがコケ類も食べる．彼らが消費する植物バイオマスは，植物バイオマスの年間増加量の1％未満であるが，消費される種子生産物の割合はもっと高い．

大半の無脊椎動物は腐食性で，落葉落枝層や上部土壌層に生息している．最も豊富にいるグループは，節足動物（昆虫，特にトビムシ），ササラダニ，ムカデのような唇脚類，ワラジムシ，さまざまなぜん虫（線虫類，ヒメミミズ類，ミミズ），緩歩類などであり，多くの原生生物も生息する．これらの動物や原生動物の数は，1㎡につき数百万匹の値にまで達することがある．ダニ（ササラダニ，コナダニ）は，北方林の落葉落枝層や土壌に，1 m^2 につき約8400万匹いる．さらに大きな土中の無脊椎動物，特にミミズは，土に穴を掘って，通路を作るが，このおかげで，水分の吸収機能が高まるばかりか，土壌に酸素が供給され，酸素濃度が増加するのである．

腐生生物は，枯死した植物器官，動物の死骸（死食性），あるいは排泄物（糞食性）を常食にする．これらはいずれも，こうした物質を直接的に無機化したり，無機化を完全なものにする細菌や腐生真菌のその後の活動に好ましい環境を作ったりする．タイガの無脊椎動物は，落ちて間もない葉はほとんど消化しないが，これらが含むフェノール物質の一部を雨が洗い流してしまうと，もっと消化しやすくなる．この後，落葉落枝はより小さな断片に砕かれ，その表面積を大きく広げる．これによって無脊椎動物の新しいグループがそれを利用しやすくなる．無脊椎動物は，種の多様性や豊富さ，環境条件に応じて，落葉落枝や土壌の植物遺体の無機化の速度を3～8倍速めるのである．

腐生無脊椎動物には2つの種類がある．窒素を放出するものと，炭素を放出するものである．窒素を放出する無脊椎動物には，ミミズ，ヒメミミズ類，ハエの幼虫（双翅類），トビムシなどがあり，主に窒素含有物質の分解と無機化に関与していて，そのいくつかは腐葉土の形成に関係がある．二つめのグループは，ヤスデ，

172. シベリアシマリスは，年中，針葉樹の種子を食べて暮らすタイガの多くの脊椎動物の一つである．この写真が示すように，シベリアシマリスは針葉樹の種子を食べる．この場合は，シベリアマツの種子である．この動物は，果鱗をはがし，マツの実を取り除き，ハムスター（キヌゲネズミ科）のように，ほお袋をいっぱいにする．それから，マツの実を巣穴に運び，そこにある特別な貯蔵室に置く．シマリスは，穴の中で休眠状態で冬を過ごし，時々起き出して貯蔵したマツの実をいくらか食べるのである．しかし，本当の休眠状態には入らない．シベリアシマリスは，シベリアには限定されず，ユーラシアの針葉樹林の広い地域に生息する．
[写真:Vadium Gippenreiter]

173. トラキチランは，タイガに生育する多くの腐生植物（枯死した植物から栄養をとる）である．中緯度温帯に生える多くの緑色植物は，多かれ少なかれ，有機栄養で生育できる．すなわち光合成よりもむしろ有機物から摂取するということであり，この能力を発達させてきた植物なら，タイガの森の密集した林冠の下で成長することができる．腐生植物が発達するために基本的に不可欠なのは，光合成にとって不十分な光である．森林内の光のレベルが開けた場所の1％未満であると，緑色の維管束植物は生長することができない．1％未満で，「森の被陰死」が始まり，腐生植物だけが生長することができる．針葉樹林の落葉落枝に蓄積した大量の死んだ有機物が，これらの植物の発達に好都合に働く．
［写真：Tom Leach/Oxford Scientific Films］

ワラジムシ，甲虫の幼虫や成虫から構成される．これらは主に窒素が非常に乏しい物質の分解に関与している．消化管に生息する共生微生物は，こうした無脊椎動物が食べる食物の消化に活発な役割を果たす．これらの腸内共生生物は，土壌の微生物を含むことが多く，これらが腸内の好ましい環境（多くの食物，比較的一定な温度や湿度，化学的に中性の環境）の中で有機物を分解することができる．同様に動物が食べた植物物質を分解して，宿主の成長を促進するビタミンやその他の物質を分泌する．無脊椎動物の腸，さらにはその排泄物の中では，アンモニア化成作用が強く，腐植の形成が起こり，さらに大気中の窒素が固定される．

枯死したバイオマスを利用する腐生植物およびその他の消費者

タイガの最も明確な特徴の一つは，そこで生育する腐生植物と半腐生植物の数が非常に多いことである．このことをはっきりと示すのは，ギンリョウソウモドキなどシャクジョウソウ科の種，いくつかのラン類，たとえばヒメミヤマウズラ，ホザキイチョウラン，コフタバラン，トラキチランなど，そしてヒカゲノカズラの配偶体である．ツツジ科イチヤクソウ属のいくつかの種では半腐生植物的生活様式が特徴的である．半腐生植物の生活様式のおかげで，北方林の植物は落葉落枝層のゆっくりと分解する大量の有機物を利用することができる．光がわずかなときには，植物は自家栄養（光合成により自分の食物を作り出す）よりもこの有機物を利用するほうが好都合である．顕花植物における腐生性の進化の次のステップは寄生性の発達であるが，北方林には寄生植物はほとんどない．おそらく唯一のものがオニク属のオニク（ハマウツボ科）であり，シベリアのタイガに非常によくみられるハンノキの根の寄生植物である．

細菌，および分解者である真菌類は，枯死した有機物の遺体の分解と無機化のプロセスを完全にする．腐食性生物と分解者は，基本的に生態系で同じ役割を果たす．いずれもデトリタスの複雑な有機分子を単純な分子に分解し，食物資源としてそれらを吸収する．分解者の群集は，他の群集と同じ程度あるいはそれ以上に，その営みや組成が多岐にわたる可能性がある．気温が低ければ低いほど分解者の数は少なくなるし，それらの活動性も低下する．これらの活動は，酸性度が非常に高い条件でも大きく低下する．酸性の土壌に生える寒冷な北方林では，その活動性が比較的低いため，有機物の遺体の分解は遅く，厚い落葉層が集積し，有機物に富んだ土壌ができる．

真菌および細菌の胞子はいたるところに存在する．これらは動植物が死んだ時に，その体表あるいは体内に存在していることが多い．これらの日和見性の分解者は，アミノ酸や糖など，エネルギーが豊富な有機化合物を利用しようとする．これには糸状菌（アオカビ，ケカビ，クモノスカビ）や酵母菌（*Saccharomyces* など）

が含まれる．糖が分解されると，分解者の数が増加する．まず最初に，デンプンの分解を専門とするもの，次にヘミセルロースを分解するもの，さらにその次にペクチンやタンパク質を分解するものが続く．セルロース（植物の細胞壁の繊維）は分解に対して抵抗性が大きく，リグニン（セルロースを結合するもの）は，さらに抵抗性が大きく，コルク化をおこすスベリンやクチン（蝋質で樹脂性の植物の被覆）は，既知の有機物の中でも最も抵抗性が高い有機物に入る．大半の分解者の種類は，限られた種類の化合物しか分解することができない．たとえば，材を攻撃する真菌は，主に2種類の特殊化された分解者に分けられる．一つのグループはセルロースを破壊するが，リグニンは無傷なままである（乾腐）．もう一方のグループは主にリグニンを破壊するが，セルロースは無傷なままである（白腐れ）．タイガでは，乾腐は主に *Coniophora*，カワラタケ，キカイガラタケなどの属の種類が原因であるが，白腐れは主にツリガネタケ，キウロコタケ，ナラタケなどの属の種類が原因で生じる．

菌根の基本的な役割

真菌はタイガ生態系において重要であるが，これは真菌が有機物の分解だけでなく，維管束植物の根と菌根を形成する（共生関係）という，もう一つの重大な役割を果たすためである．これは最も一般的な独立栄養植物と従属栄養植物の共生の形態である．70～90％のタイガの植物が，通常は接合菌と菌根を形成するが，針葉樹は，担子菌（ときには子嚢菌）と菌根を形成するのが普通である．盤菌類が，多数のツツジ科植物の最も一般的な共生相手である．

菌根には2種類ある．真菌が根の細胞に入り込んだ内生菌根と，真菌が細胞間で成長して根を覆った外生菌根である．いずれの場合も，その関係性は双方の共生相手にとって有益なものである．針葉樹の根に外生菌根を形成する真菌の中には，それらの根と接触しなければ，子実体（キノコ）を形成したり，胞子を撒き散らしたりできないものもある．真菌は，根本的に植物から炭水化物や，さらにはなんらかのビタミンを摂取する．植物は，真菌から主要栄養素（リンと窒素）や，若干の微量元素（亜鉛，イオウ，ストロンチウム），ならびにビタミンおよび若干の生長物質を獲得する．根から生えている発達した菌糸体（真菌の栄養体部分）は，植物がより効果的に養分を摂取できるようにする．これは菌糸体の表面積が，それが生えてき

174. 菌類は針葉樹林生態系に非常に重要である． 菌類の中には，幅広い枯死有機物を分解するものもある．ナラタケ（写真の *Armillaria mellea*）など，他の菌類は，樹皮の下に菌糸（糸のような菌糸体部分）として生え，木のリグニンを分解する．森林の土壌に蓄積する大量の未分解の酸性の葉は，土壌の栄養分をすべて含有することになるが，これは，樹木が生存するのに不可欠な針葉樹（およびその他の維管束植物）の根と菌根菌の間にできる共生関係のために生じるわけではない．これらの菌類は落葉落枝層に生え，栄養分が土壌から洗脱されて植物が入手できなくなる前に，自分と共生する樹木に栄養を移す助けとなる．この関係が共生であり，植物に提供した栄養分のお返しとして，菌類は自分で作れない炭水化物を得る．

［写真：Kim Taylor / Bruce Coleman Collection］

ている根の何百倍にもなる場合があるためである．菌糸の外殻(菌糸体を構成する糸状の部分)は，貯蔵器官としても働き，水分の貯蔵にも関与している．この外殻はさらに，有害な環境因子や有毒物質の攻撃から，物理的にも（根を苞む），生化学的にも（まわりの土壌に抗生物質を注入する）根を守る．

菌根はタイガにおいて非常に重要な役割を果たす．タイガの土壌は栄養が乏しいし，イオンが固定された状態にあって，植物が必要とするイオンが吸収できないことが多い．固定されたイオンは，根の周囲から半径約 1.5 mm の領域で涸渇される．しかし，菌根を形成することによって，根はおよそ 20 ～ 30 mm の距離からでも，あるいは 80 mm という距離からでもイオンを摂取することができる．タイガに生えるランは，ツツジ科イチヤクソウ属植物の一部と同様に，共生真菌に密接に依存している．これらのランの多くの種子は，真菌がなければ発芽しない．ランは，土壌のセルロースとリグニンを消費できる真菌を伴う菌根を形成し，その真菌は腐生性を残したまま，植物に炭水化物を供給する．これらのタイガのランや多くのツツジ科イチヤクソウ属植物の地下腐生期は，種類に応じて 2 ～ 15 年続くことがある．植物が独立栄養期に入る時に，その菌根は消失する．小さな種子から生長するこうした植物の胚は，これらの菌根がなければ，生き残ることができない可能性があった．

共生菌根は，一般的に，腐植有機物から栄養源を得る生活様式に密接に関連があり，葉緑素が欠如した植物のすべてに存在している．一連の実験により，シャクジョウソウがその炭水化物を真菌から得ていることは疑う余地もないことが判明している．この種は葉緑素が欠けた顕花植物であり，タイガのモミ林に生えている．真菌は実際，炭水化物を針葉樹（通常はマツ）から得ている．したがって，シャクジョウソウは本当の腐生植物ではなく，樹木の寄生植物なのであり，炭水化物を間接的に，真菌との共生関係を通じて，樹木から得ている．

1.3　北方の環境への適応

北方林は湿度の高い気候を持つ地域に限定されるが，タイガの針葉樹の大半が常緑樹であり，非常に乾生形態的である．すなわち，水不足への適応があるということである．乾生形態や，その他いくつかの適応について以下で検討する．

針葉樹の乾生適応形態

乾生形態をもつ針葉樹は，針状に変化した葉をもち，比較的数の多い表皮細胞，陥没した気孔，蒸散を弱める厚いクチクラがある．乾生形態の常緑葉は，北方林のほかの多くの維管束植物に典型的であり，これにはヒカゲノカズラのようなシダ植物，およびシャクナゲ（ツツジ科ツツジ属），ブルーベリー / クランベリー / カウベリー（スノキ属），イソツツジ（ツツジ科），ヒメシャクナゲ（ツツジ科ヒメシャクナゲ属），クマコケモモ（ツツジ科），ギョリュウモドキ（ツツジ科），イチヤクソウ（ツツジ科イチヤクソウ属），ウメガサソウ（ツツジ科ウメガサソウ属），イチゲイチヤクソウ（ツツジ科イチゲイチヤクソウ属），セイヨウガンコウラン（ツツジ科），リンネソウ（スイカズラ科），ツルツゲ（モチノキ科），ミヤマシキミの仲間の *Skimmia repens*（ミカン科）などが含まれる．常緑樹の葉は，しばしば，先祖の特徴を現している．針葉樹の中ではカラマツの落葉する性質は，進化の中で比較的最近獲得されたものと考えられている．

北方植物は一連の理由で乾生形態を取っているが，その理由は必ずしも乾燥した気候条件に関係あるわけではない．多くの実験から，これらの場所にみられる乾生形態は，タイガや高層湿原のいずれにもみられる窒素不足ややせた土壌といった条件が引き起こすことがわかっている．窒素含有の肥料を用いれば，植物の乾生形態の性質があまり現れなくなる．

「生理的乾燥」の概念も提起されてきた．これは，冷たい酸性土壌が，植物の水吸収を妨げるというものである．タイガでは，乾生形態植物の生育型は，光合成期間を長くする常緑性と関連がある．寒冷な季節には，針葉樹の葉による正味の光合成同化量は非常に少ないが，同じ緯度の落葉樹と比較すると，常緑樹の光合成期間は春には早く始まり，秋には遅くに終わる．それでも，維管束組織内の水の輸送が困難なのはまさに冬であり，このために植物は蒸散による水分の損失を減らさなければならない．そのようなわけで，タイガの多くの樹木に乾生形態の葉ができるのである．

薄暗い森林の生息環境を好む

タイガの植物は，薄暗い環境に適合している．ブルーベリー（スノキ属）は，照度が，開けた環境の2％（1/50）しかない森林環境でも生長できるし，コミヤマカタバミは，開けた場所のわずか1/70の照度で生き延びることができる．針葉樹の若木，特にトウヒ属，モミ属，アメリカトガサワラなどの若木は，暗い林床に適応している．暗い針葉樹林の多くの植物は，生育期間全体を通じて弱い日光に適応している．

コミヤマカタバミ，ミヤマタニタデやウサギシダのようないくつかのタイガの植物の葉は，非常にもろく，日陰でのみよく生長する．多くの北方林の植物種は，ルイヨウショウマ属（キンポウゲ科），セイヨウメシダやミヤマシダのようないくつかの北方系のシダ，そしていくつかのイネ科植物（フサガヤ属およびアズマガヤ属）は，それらの葉面積を増やすことによって陰地に適応している．日光が乏しいということが，多くの植物が腐生の生活様式をとり入れている理由の一つである．

繁殖への適応

北方林のほぼすべての樹木が風媒受粉である．しかし大半の双子葉の草本植物は，昆虫によって受粉される．ヤナギ属，バラ属（バラ科），ナナカマド属，サクラ属やその他の核果，エリカ属（ツツジ科）のようないくつかの小高木や多くの低木も同様である．タイガにおける草本層や亜低木層にある植物の多くは白い花をつける．これは暗い森林で目立ちやすい．白い花は，昆虫にその植物の位置を特定させ，受粉させやすくする．白い花をつけるものには，コケモモ，イチヤクソウ（ツツジ科イチヤクソウ属），ヒメマイヅルソウ，ツマトリソウおよびスターフラワー，ゴゼンタチバナや，その他の多くの植物がある．

動物は植物の花の受粉を助けるだけでなく，種子を散布する．たとえば，ホシガラスやシベリアシマリスは，伐採されるか，焼き払われたヨーロッパハイマツの森の再生に貢献している．ヒグマやヨーロッパオオライチョウは，いずれも実がなる低木の分布を助ける．昆虫は，コケ類の胞子や地衣類の繁殖子を運ぶし，フンコロガシやミミズは，土壌に種子を埋める助けをする．アリ，鳥類，哺乳類は，種子を分散させるのに役立つ．その分散には3つの方法があり，動物付着散布，貯食散布，動物被食散布の3つがある．

175. 乾生形態の常緑性針葉は，厳しい北方の気候に対してとった樹木の主要な適応構造である．これらの葉は，低温，雪，風，そして特に乾燥した気候条件に耐えることができる．この葉がもつ針のような形と表皮の蝋の膜が過剰な蒸散を防ぎ，外部環境が固く凍結する冬の何ヶ月かの間に得られるわずかな水分を保持する助けとなる．大半の針葉樹の葉は長持ちし，何年もの間，枝にとどまっている．例外は，気温が非常に低くなると葉を落とし，そして春になると新しい葉をつけるカラマツ属やその他のいくつかの落葉樹だけである（図178参照）．写真は，ユーラシアタイガで最も一般的な針葉樹であるヨーロッパアカマツの枝である．この写真から，雌球果（中央）と四つの雄球果が見られる．これらは色が黄色く，前年の若枝の周辺にできている．マツの場合，葉は短い若枝にでき，各グループの葉の数は種類によって異なる（ヨーロッパアカマツの場合は1グループに2本）．ヒマラヤスギやカラマツの場合は，葉は無数にあり，房になってついている．［写真：John Lythgoe / Planet Earth Pictures］

動物付着散布は，動物（特に大型哺乳類）の体に付着し実や種子が受動的に運ばれるものである．タイガには大型哺乳類が少ないため，この種子散布方法はタイガではあまり広範囲には起こらない．ほとんど唯一の例外といっていいのはリンネソウである．これはとても小さな乾いた実が小さな鉤状のもので被われていて，多くの哺乳類の毛につきやすくなっている．

貯食散布は，北方林ではもっと一般的で，この散布が生じるのは，アリ，げっ歯類，鳥類が，貯蔵するために種子を集めたのに，それらを食べてまわらなかったために，芽が出る場合である．しかし，タイガで最も一般的な種子散布方法は，動物被食散布である．この場合，種子が動物の消化器官を通過した後にも発芽機能を保持している．種子は，若木にとって優れた肥料である動物の糞の中に堆積する．この方法で種子を散布する多くのタイガの植物種の中には，シベリアマツ，ハイマツ，ビャクシン，コケモモ，ビルベリー（セイヨウスノキ），クマコケモモ，ルイヨウショウマ属，マイヅルソウ，バラ属，ナナカマド属などがある．

鳥類は，主要な散布者である．ヨーロッパロシアのタイガ中部だけでも，たとえばクマコケモモの実を餌にする鳥類は23種，セイヨウガンコウランを餌にするのは20種，セイヨウナナカマドを餌にするものが14種，イヌバラを餌にするものが13種，クロマメノキを餌にするものが10種いる．秋に昆虫の個体数が減少したときに，ツグミ，コマドリ，ズクロムシクイのような食虫性の鳥類が多肉質の果実を食べ

176. タイガの花の多くは白色をしているので，授粉する昆虫が暗い森の中で見やすい．コミヤマカタバミ（上）やスターフラワー（下）がこの例である．コミヤマカタバミは，興味深い花のつき方と授粉適応性を示す．他の花の花粉によって授粉できるように開いた普通の花をつけるが，自家受粉する閉鎖花もつける．通常の花は昼間に咲いて夜に閉じ，昆虫によって授粉される花の典型的な特徴を示す．花は白くて大きく（直径最大2.5 cm），花弁に黄色い蜜腺があるが，ほとんど昆虫は訪れず，種子は自家受粉によって作られる．閉鎖花は小さく（約3 mm），花をつけても，開放花の種子が熟しはじめる夏の終わりまで，落葉落枝の中に隠れたままであることが多い．花弁は小さな鱗状にまで縮まり，葯は開かない．つまり，葯の内部で花粉が熟す．その後，壁を通り，柱頭に向かって，それから子房に向かって，成長してくる．スターフラワーの白い花にはチョウやハチや蜜を吸うハエがやってくるが，他家受粉はさほど重要ではない．一般的に自家受粉で繁殖したり，ほふく茎（ランナー）により無性的に繁殖する．ほふく茎は，根付いて先端に若芽を生じ，塊茎，新芽，二次的な根を持つ．秋には植物もほふく茎も枯死するが，根づいた塊茎が翌年に発芽する．
［写真：P. Clement / Bruce Coleman Collection and Dick Scott / Natural Science Photos］

るようになることに注目すると面白い．

哺乳類の中には，こうした多肉質の果実を食べて，これらの散布に一役買うものもある．これには，ヒグマ，マツテン，クロテン，オコジョ，ノウサギなどのウサギ，キタリスやシベリアシマリスのようないくつかのげっ歯類などがある．いくつかの植物は，種子が動物の消化器官を通らなければ発芽しないため，このようにして散布されなければならないのである．

北方林では，気候が厳しいために，植物は毎年咲くわけではなく，時には悪天候によって花が全滅する場合もあることに注目することも大切である．これによって非常に多くの種類の草本種や低木種が，植生を再生する特別な方法を作り出してきたのである．タイガに生えるほとんどすべての草本植物は多年草であり，これらの草本種や低木種には，土壌の上層に長い根茎があったり，土壌表面や落葉落枝層の中に広がる地上茎があり，新たな場所へと横方向に伸びることができる．これが意味することは，タイ

177. アリは種子を方々にまき散らす主な動物の一つである．アリが種子を巣に運ぶとき，必ずいくつかをこぼす．写真は，雪の層が融ける前の，タズ川流域のシベリアタイガで，アリの巣で行われる春の最初の活動である．アリ散布 myrmecochory は，変わった動物散布の一つで，シオガマギク属，スズメノヤリ属，オウシュウサイシン，*Galeobdolon* [= *Lamiastrum*] *luteum* など，多くの草本植物において非常に重要である．こうしたアリとの共進化の結果として，アリ散布植物の種子は，アリが好んで食べる特別な構造，エライオソーム（油脂が付着した物質）を発達させてきた．アリはエライオソームを食べてしまうと，種子を巣から出すため，それをばらまく助けとなる．アリが散布する植物の種子にはエライオソームは付着していない．コミヤマカタバミ（図 176 参照）の多くの種子は，アリによって散布される．たとえば，スウェーデンの森には，ヨーロッパアカヤマアリのコロニーが夏の間に 3 万 6480 個の種子を運ぶのが観察された（しかし，途中でいくつ失われたのだろうか？）．［写真：Andrey Zvoznikov / The Hutchison Library］

ガには，実際に単一個体でできた植生の広いパッチが存在することもあるということである．

1.4　変化と撹乱

タイガは，空間的には均一だが，時間的には均一ではない．その外観は季節の移り変わりとともに大きく変化する．野火やその他の撹乱も，北方林の景観に重大な変化をもたらしている．

季節のサイクル

冬には，土壌は凍結して硬くなるのが普通である．すなわち植物は，こうした条件に耐えて休眠するか，露出したまま凍結するか，乾燥によって，枯死してしまう．針葉樹の針葉の厚いクチクラは，表面積が小さく，冬の間にほとんど水分を失わず，大半の針葉樹は，広葉樹やカラマツとは違って，冬の間に葉を落とさない．丈夫で革質の堅い葉をもつ樹木は，水分維持のための一つの戦略として葉を落とすが，また組織の破壊を防ぐために，樹液中に多くの糖分を蓄積して不凍液として働かせることにより，組織を丈夫にするのである．もちろん，すべてが雪に完全に覆われる．

春には，針葉樹は冬の間に枯死した葉を落とすのが普通で，栄養芽の中にすでに形成されていたシュートは，葉が開き，芽がほころびるまでには発達し始める．トウヒ，モミ，カナダアカマツやヨーロッパアカマツは，早春にはふつうは暗緑色だが，バンクスマツは，さらに枯れた針葉をもつために赤い色をしている．しかし，ひとたび新しい葉が出ると，シュートは薄緑色である．暗緑色は，この落葉性カラマツの新しい針葉の淡い緑色と鮮烈なコントラストとなる．この時期は，低木層の乾生形態の植物が生長を始める時でもある．夏が進むにつれて，被陰がだんだんとそれらの生長を制限するようになるからである．前年に生じた針葉樹の雌球果は，春に受粉され，シュートの原基（最初の原基部分）が新しい側芽を形成し始める．これは翌春の枝や球果（松かさ）になるものである．北方林の伐採跡地にある露岩地や，最近火事で焼けたばかりの場所では，夏の低木類がさまざまな種類の果実をもたらす．

コケ類が生長し，ツツジ科の低木が葉や花を付けていくと，ミズゴケ湿地でさえも，薄暗さや陰鬱さをなくして，赤や黄緑や茶色味を帯びる．湖や湿地の土手は，アヒル，ガチョウ，サギ，ペリカンやその他の渡り鳥が食餌や繁殖のためにやってくるため，非常に活気のある場所になる．この時期は，マスクラットがイグサ類を集めて，湿地の中央に巣を作ったり，巣を広げ，ビーバーが木を倒して，それを後に食べたり，ダムを作るのに使ったりするのである（p.314 参照）．

秋には，何百万という鳥類がツンドラや亜北

178. このトウヒ属とヨーロッパカラマツの混交林のように，**秋には，カラマツの森は黄色に変わる．** カラマツはほとんど唯一の落葉針葉樹である．カラマツの葉は春には明るい淡い緑色で，夏にはもっと濃い緑に変わり，秋にはオレンジか濃い黄色になり，その後，葉が落ちる．冬には，この木には葉がなく，むき出しで節が多い枝がはっきりと見える．春に生じる柔らかい新しい葉は，他のほとんどの針葉樹の葉よりも柔らかい．カラマツは，落葉樹であることに加え，他の樹木が生殖しない非常に厳しい気候条件の中で球果を作るという点において，他の針葉樹とは異なっている．ほとんどの針葉樹のように，カラマツは，幹がまっすぐにのび，頂は細くて均整がとれた円錐形である．枝は上にむかってカーブしていることが多く，樹齢が高い木は下部の枝が非常に長い．
[写真：Sandro Prato / Bruce Coleman Collection]

極地帯から南への移動の途中にタイガに立ち寄る．この時期，ビーバーは，木を倒したり，泥だらけの通路から水路まで枝を運ぶことに懸命に取り組んでいる．水路に小枝を沈め，ダムからさかのぼったぬかるんだ川上にそれを埋めて，来たる冬に備えた食料庫にする．

広葉樹は芽の形成を終えることによって冬への身支度をし，冬に備えて組織を硬くし，葉を落とす．秋には，針葉樹も翌年のための芽を準備し終え，多くの木が種子を落とす．この点に関しては，マツ類は独特である．1年以内に受粉した球果は翌年までは種子を形成しないためである．

タイガの火災

大陸性の気候をもつ地域では，森林火災は通常，下層の腐葉土を焼く地表火である．地表火は，タイガの景観に最大の影響を与える自然因子の一つである．これらの大陸的地域では，冬には降雪が少なく，降水量の大半が夏に雨として降る．つまり，雪融け後であり，雨が降り始める前の5月や6月には，地表火が発生しやすい気候条件となる．タイガの森林に典型的な，有機物の分解が遅いという条件も，こうした火災に好条件であり，下層が極めて乾燥する春には，火花が一回生じただけで火災が起こって方々に広がる可能性がある．

タイガの森林火災は，広大な地域に影響を及ぼす可能性がある．1915年には，シベリア西部および中部での壊滅的な火災が，イベリア半島のほぼ5倍の面積を焼いた．1915年には，降水量が通常の3分の1ぐらいしかなく，火災は5月に始まり，8月まで燃え尽きなかった．この火災はサヤン山脈からエニセイ川の下流域まで，オビ川からトゥングースカ川の源流までの地域を焼いた．濃厚な煙が数十 km にわたって広がり，河川輸送は見合わせなければならず，多くの地域が生活必需品を手に入れることができなかった．家畜は灰をかぶった草を食べられず，家畜の群れは死に始めていた．暑い空気と煙が雲を火災地から排除し，水蒸気の凝結を完全に停止させた．北米では，シベリアと同じぐらい森林火災が頻繁である．北米タイガの広大な地域では，過去500年の間に森林火災がなかった地域はおそらく一つもないだろう．

樹冠火(樹冠が燃え森林の最上層に影響する)は，タイガのすべての種類の樹木にとって同等に破壊的であるが，地表火の影響は植物の種類によって異なる．明るいタイガでは，カラマツやマツのような針葉樹は，厚い樹皮と深い根をもち，下層では比較的うまく火災に耐えることができる．バンクスマツは，長年松かさの内部に種子を保持して，火災時に，松かさが破裂すると，種子を飛ばして発芽する．一方，暗い針葉樹のタイガでは，火災が，樹皮が薄くて根が浅いトウヒやモミに多大なダメージを与え，弱い地表火の後でも枯死してしまう．カラマツは下層の火災にうまく耐えることができるし，モミやトウヒ以上に低温や凍結状態の土壌に耐えることもできる．このために，気候が非常に大陸的なシベリア東部には，広大な面積の明るい針葉樹のタイガが存在するのである．

遷移と成熟

二次遷移の最も良い例の一つが，火災後のタイガの回復である．これには，針葉樹なみに耐寒性があり成長が早い，ユーラシアのカバノキやヨーロッパヤマナラシ，北米のアメリカヤマナラシなど，成長に多く条件を要しない広葉樹林の途中相段階が含まれることが多い．タイガの森林に一度ギャップと呼ばれる林冠の穴ができると，数年以内に落葉性の樹木種で満たされる．火災によって破壊された場所には同じ様に落葉樹が侵入定着するが，こうした空地は，もっと大きくなる傾向がある．比較的短い期間で，カバノキやポプラは最大限の樹高に達する．それに対して，遷移の初期段階では落葉樹と張り合えない耐陰性の強い針葉樹は，落葉樹の林冠の下層に生える．

さらに，カバノキやポプラが密度の高い林冠を形成すると，光が十分に当たらなくなり落葉広葉樹の実生は生長が止まってしまうが，針葉樹の苗木はめざましく好都合な条件におかれる．数十年後に，針葉樹が生長してカバノキやポプラよりも高くなると，針葉樹がそれらを被圧するようになってくる．落葉樹林のギャップに生えた，陽生の低木や，草本植物は，タイガに典型的な低木や草本種に取って代わられる．

タイガ地帯の中では，針葉樹林が原生林，あるいは成熟林とみなされ，落葉樹林は二次林と

179 火災跡地雑草ヤナギラン（アカバナ科）. アラスカ南部（米国）の北方林において，火災の後に生育する紫がかったピンク色の花は，火災によってできた空き地にはよく見られ，遷移の初期段階に通常優占する草本植物である．2～3年のうちに，火災跡地雑草やその他の侵略的な多年生草本は，種子が土の中で忍耐強く待機していた低木種（特にカエデ属，キイチゴ属，メギ属，シャクナゲ属，ソリチャ属）に取って替わられる．遷移の最初の段階では，植物相の組成は，空き地のタイプや火災の強さに応じてさまざまである．この後，小型の樹木が生えはじめ，樹冠の被度が閉じるにつれ，草本植物と低木の多様性とバイオマスが急速に低下する．次の200年以内に火災が生じず，森林が伐採されなければ，ついには樹木が完全に優占するようになり，密集した途切れのない林冠を形成するが，この状況はまれである．［写真：Kenneth W. Fink / Ardea London］

みなされる．条件が極端（すなわち土壌が湿りすぎていたり，乾燥しすぎている場合）でなければ，モミやトウヒはカラマツやマツを駆逐してしまう．したがって，明るいタイガは二次林ともみなされる．地表火がある程度の規則をもって生じた場合には，暗いタイガにはカラマツやマツにとって代わる時間はなく，明るいタイガによる優占がいつまでも続く可能性がある．

森林の害虫

タイガの無脊椎動物は，死んだ有機物を分解することだけにとどまらない．たとえば植食性（植物を食べる）昆虫は，ときどき北方林に深刻な損害をもたらすことがある．*Dendrolimus sibiricus* や *Dendrolimus pini*（カレハガ科），ならびに green Scotch pine caterpillar すなわちシャクトリムシの一種シャクガ科 *Bupalus piniara* のような多くの植食性の鱗翅類の幼虫は，針葉樹の葉を食べるし，いくつかのハマキガの幼虫は，若いシュートの芽を食べる．ハバチ（ハバチ科）やキバチ（キバチ科）のように幼虫が樹木の組織中で成長する膜翅類や，ハムシ（ハムシ科）の幼虫によって重大な損害が生じることもある．

しかしながら，人間が損害として認識することが，必ずしも生態系にとって有害であるとは限らない．北方林では（特に単純な植生では），葉を食べる昆虫の大発生は，周期性を示すようである．シャクガ科の *Bupalus piniara* の個体数は，4～10 年の期間の中で 5 桁の変動があり，1 m^2 につき約 1 匹から，1 m^2 につき 1 万匹にまで増加することがある．それでも，北米のトウヒの芽を食べるトウヒノシントメハマキ（ハマキガ科）の研究によって示される通り，これらの発生は生態系レベルの現象である．なぜなら，葉を食べる昆虫や，それらの寄生虫や捕食者，そして影響される樹木（主にカナダトウヒ，およびバルサムモミ）はすべて一緒に進化してきたからである．

樹木のバイオマスが増えるにつれ，最も大きく最も古い木はハマキガ科のガの幼虫の行動の影響をより受けやすくなり，規則的な食葉の結果としてそれらの多くが枯死してしまう．枯死した木や，昆虫の糞や遺体の分解がすべて，森林の土壌に栄養分を返す．若木は，覆いが取り除かれた後には昆虫の攻撃に対してより大きな抵抗力を持ち，急速に成長し，数年の間に林冠の上層まで到達する可能性がある．同時に，ガの幼虫の寄生虫や捕食者はすぐに数が減る．北方林を長期間にわたって観察すると，ガの幼虫はタイガの群集において，規則的な植分の若返りを確実にする要因として働いていることが明らかである．ガの幼虫の攻撃は，生態系における自然な部分であり，大発生のピーク時に樹木が死んだり傷ついたりしているのを見れば人は大異変だと思うが，決してそうではないのである．

その他，樹木の害虫の主なグループには，カミキリムシ科の幼虫があり，このグループには，pine borers，longihorn beetles，sawyers，longhorn beetles などが含まれる．これらの幼虫，たとえば，ヒゲナガカミキリ類（ヒメシラフヒゲナガカミキリ，M. *galloprovincialis*，トドマツカミキリ）などは，枯死した樹木を餌にするのと同様に，生きた樹木も攻撃するため，森林の生産に莫大な損失をもたらす．キクイムシ（キクイムシ科）も深刻な損害をもたらす．たとえば，北米の山岳林では，若い木立が倒れる原因となる．しかし，この場合には，キクイムシは，ガの幼虫がそうであるように，森林の密度を低下させることで，森林の生産性を高めることにも貢献する．このようなわけで，森林学の専門家の中には，ある種類の森林ではキクイムシの個体数を，定期的に，管理下のもとで増加させることが適切であると勧める人もいる．

180. 木に穴をあけるカミキリムシの幼虫（カミキリムシ科）は，樹木を完全に破壊し，枯れた樹木の幹や枝の分解に非常に重大な役割を担い，結果としてタイガ生態系の機能において重要な役割を果たす．腐食性の甲虫と同様に，多くのカミキリムシ科の幼虫が，腸管壁や，脂肪体の中に菌細胞塊と呼ばれる組織がありその中に，大気中の窒素を固定してたんぱく質に変える腐生真菌が棲んでいる．これらの共生生物によって，カミキリムシ科の幼虫は純粋なセルロースを餌にすることができる．林の中での生活にもっとも適合した種類は，それらが消費する餌の量の最大 20 % までを吸収することができる．いくつかの種類の甲虫の消化液には，他の動物にはまれな酵素，セルラーゼが含まれる．セルラーゼは，樹木の最も抵抗性の高い成分の一つ，セルロースを単糖へと分解する．アオスジカミキリのように，この酵素を作らない種類の昆虫は，約 10 % のデンプンと消化しやすい糖を含有する生きた樹木でのみ成長することができる．この写真で見られるカミキリムシ科の甲虫は，*Monochamus* 属であり，無脊椎動物に多い寄生虫 gamarid ダニが寄生する．
［写真：Scott Camazine / Oxford Scientific Films］

リンネソウ

J.Swan によるリンネソウの花のスケッチ［E. T. Archive］

Flora Lapponica（1737）から，M. Hoffman による版画のラップ衣装をまとったカール・フォン・リンネ［Archiv für Kunst und Geschichte, Berlin］

1732 年，ウプサラ大学（スウェーデン）の 25 歳の学生だったカール・フォン・リンネは，はじめての一人の探検に出発した．この若き科学者は，スカンジナビア半島の北部にあり，当時まだ知られていない未開地であったラップランドを目指した．2 世紀後，リンネを書いた伝記作家 T. M. Fries はこう書いている．「結果の観点から言うと，これはこれまでスウェーデンで手がけられた中で，最も重要な旅であった」

リンネソウの花［Laurie Campbell / NHPA］

この旅は夏の4ヶ月の間続き，山岳のタイガやツンドラの平原を通過し，荒れ狂う川を越え，ぬかるむ湿地を渡る行程の中でリンネが出会う障害物を克服するためには，かなりの忍耐が必要だった．この地域はほとんど人が住んでおらず，いかなる種類の助けも頼める相手がいなかったし，彼の通常の食料は，塩気のないパンと，トナカイのミルク，乾燥した魚であった．リンネは9月にウプサラに戻り，同年，『Flora Lapponica』を執筆した．彼が探検した地域の植物相に関するこの短い論文は，1737年にアムステルダムで出版された．構想がよく練られたこの本は，この種の科学的研究の中では権威あるものであり，いまだに『Flora』の名で知られている．しかしリンネの活動は，この『Flora』を生み出すにとどまらなかった．

カール・フォン・リンネは1707年にスウェーデン南部で，質素な牧師の家庭に生まれた．学校では，熱心に勉強をしなかった．その時代の共通語であったラテン語を習得できず，有名な科学者であった時代でさえ，彼の手紙やスピーチは，ラテン語に翻訳された．彼が本当に関心があったのは，鉱物，動物，そして特に植物であった．この魅了された状態と，研究に対する途方もない才能と，自然誌に対する豊富な知識のおかげで，彼は大学の研究を成し遂げ，30歳という年齢までにはヨーロッパにおける主要な博物学者の一人になれたのである．

1735年には，オランダにおける大学研究を終え，博士の称号を得た．オランダでの自分の研究のことを話すとき，リンネはあたりまえに，恥ずかしげもなく（彼は控えめな人ではなかった）自分は3年の間に，先人たちが全人生において執筆したものより多くのものを執筆し，より多くのことを発見し，より多くの経験を植物学的知識の中に取り入れたのだと述べた．

現代スウェーデン紙幣のカール・フォン・リンネ（1707～1778）肖像

J. Swanによるリンネソウの花の詳細スケッチ
［E. T. Archive］

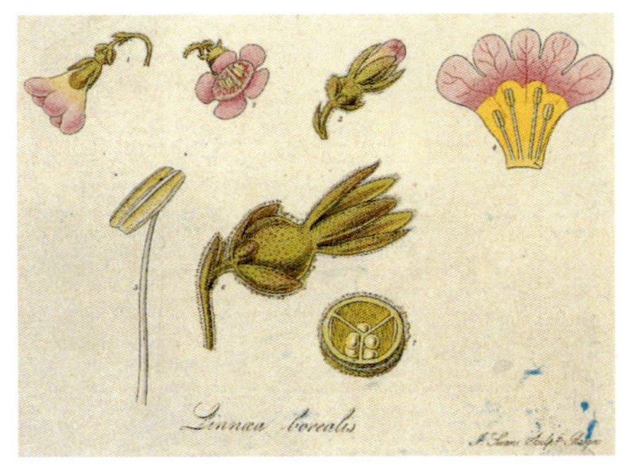

リンネは，オランダにおいて最初の重要な作品，『Systema naturae（自然の体系）』（1735年）を発表し，7版を重ねた．また，『Bibliotheca botanica（植物学書誌）』（1736年），『Genera plantarum（植物の属）』（1736年）や，その他多くの作品を発表した．オランダでの滞在期間の終わりまでに，彼は半ば冗談で「植物学の公爵」として知られていた．十分に彼が受けるに値する肩書きであった．

彼は，自分自身の物質的幸福を改善するために自分の技術を用いることをなんら惜しまなかった．スウェーデンに戻ると，数カ月のうちにストックホルムで最先端をゆく博士となった．彼は王室行事日報を取り扱い，「街の博士たちが全員寄せ集めてもかなわないほど稼いでいた」ということである．しかし，彼は自分の科学的活動を終わらせる意思はなかった．鉱物学や植物学に関する輝かしい講義を行い，1739年には，Kungliga Vetenskapsakademien（スウェーデン王立科学アカデミー）を援助して，その最初の学長となった．1742年にウプサラ大学の教授の座に就いたことが，彼の科学的活動の中で最も実りある時代の始まりであった．彼は『Species plantarum』（1753年）など，一生の間に1年に1冊，計72冊の本を出版した．

Flora Lapponica（1737）のタイトル・ページとM. Hoffmanによる扉絵
［The Linnean Society, London］

E Bibl. Linn. propria. 1784. J E Smith.

CAROLI LINNÆI
Doct. Med. & Acad. Imp. Nat. Cur. Soc.
FLORA
LAPPONICA
Exhibens
PLANTAS
Per
LAPPONIAM
Crescentes, secundum Systema Sexuale
Collectas in Itinere
Impensis
SOC. REG. LITTER. ET SCIENT. SVECIÆ
A. CIƆ IƆ CC XXXII.
Instituto.
Additis
Synonymis, & Locis Natalibus Omnium,
Descriptionibus & Figuris Rariorum,
Viribus Medicatis & Oeconomicis
Plurimarum.

AMSTELÆDAMI,
Apud SALOMONEM SCHOUTEN.
CIƆ IƆ CC XXXVII.

リンネは非常に活動的な教師であったが，彼の同時代の同僚とはかなり異なっていた．大学の授業に加え，個人授業も行った．彼に人気があったということは，つまり彼には大勢の生徒がいたということである．100 ～ 150 人という人数は，当時のウプサラ大学には 600 ～ 700 人しか学生がいなかったことを考慮に入れると，非常に大勢である．春や秋には科学エクスカーションを計画し，しばしば 200 人以上の学生が参加した．これは 12 時間にも及ぶエクスカーションとなる可能性があった．年をとってはじめて，リンネはこのエクスカーションを 7 時間の長さにとどめるようになった．

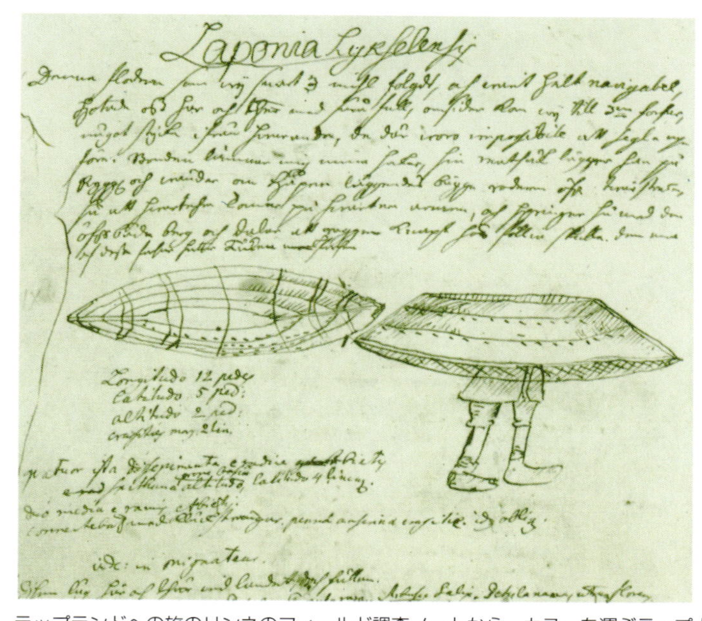

ラップランドへの旅のリンネのフィールド調査ノートから，カヌーを運ぶラップ人（サーミ）のスケッチ［Linnean Society, London］

Systema Naturae 第二版（1740）タイトル・ページ［Linnean Society, London］

CAROLI LINNÆI
Naturæ Curiosorum *Dioscoridis Secundi*
SYSTEMA
NATURÆ
IN QUO
NATURÆ REGNA TRIA,
SECUNDUM
CLASSES, ORDINES, GENERA, SPECIES,
SYSTEMATICE PROPONUNTUR.
Editio Secunda, Auctior.
STOCKHOLMIÆ
Apud GOTTFR. KIESEWETTER.
1740.

ほとんどがヨーロッパの科学アカデミー出身である彼の学生や協力者たちは，全世界で研究を行った．彼らも，その時代で最も重要な遠征に参加した．つまり，リンネは何千もの植物を初めて科学的に記載することができたということである．彼は，それまで博士や教授には与えられたことのなかった貴族の肩書きと，北極星勲章（スウェーデンによって授与される最高の勲章）を受けるという栄誉が与えられた．カール・フォン・リンネ（自分の著作物には Linnaeus と署名していた）は，生物の分類に対して万国共通のシステムを作ることによって，自然科学を完全に改革した後，1778 年にこの世を去った．

リンネは北欧の森の荒涼とした美しさと，そこに生育する植物たちを愛し続けた．『Flora Lapponica』の図の一つに，丸みのある葉と小さな白やピンクの花をつけた芝状に生える植物があり，planta nostra（「私たちの植物」）と記されている．この植物は，この科学者の盾形記章にあり，さらに彼の彫刻像のすべてにある．このリンネソウという植物は，ヨーロッパ中部や南部の高山と同様，タイガやツンドラにも生えているスイカズラ科の植物である．リンネはこの植物を非常に好み，1737 年に，オランダの植物学者 Johan Gronovius が若いスウェーデンの友人に敬意を表して，*Linnaea borealis* という学名をつけた．リンネのラップランドへの旅は彼の人生を変えた．この上品なタイガの植物はそのことをいつでも優しく見守っている．

2. 植物の生活

2.1　いたるところに同じ樹木種が

熱帯多雨林を数 km 進めば，数十種の樹木を見るだろうし，その他の植物種は，数百，あるいは数千ということもある．それに比べ，タイガでは，数百，あるいは数千 km^2 という広大な面積が，著しく均一で単調な森林に覆われていることがある．単一の高木種が完全に優占している場合がある一方で，草本層や低木層は 1～2 種が完全に優占していることもある．外来種を除くと，ユーラシアタイガに生育する維管束植物は 2000 種を下回る．

植物の低い多様性

植物の多様性が低いのは，主に厳しい気候のせいである．冬が 9 カ月も続くことがあり，土壌が強い酸性で養分が乏しいので，わずかな植物しか正常に育つことができないのである．タイガ固有の顕花植物の科は一つもなく，属が 2～3 あるのみである．タイガには，比較的大きな科あるいは亜科，ならびにいくつかの属に属する，比較的多数の種が生育している．

種数の多い科には，カバノキ科，ヤナギ科，イチヤクソウ科，イグサ科，ツツジ科などがある．タイガに生える，多くの種を持つ属には，スゲ属（カヤツリグサ科），ワタスゲ属（カヤツリグサ科），ノガリヤス属およびエゾムギ属（イネ科），キジムシロ属，バラ属，キイチゴ属（バラ科），ユキノシタ属（ユキノシタ科），その他いくつかの種類がある．カタバミ科には，約 900 種の種類があり，その大半が熱帯性だが，タイガにはわずか一種類，一般的なコミヤマカタバミしか生えない．ウマノスズグサ科には，400 以上の種があり，その大半が熱帯性か亜熱帯性であるが，タイガには南部に生える種オウシュウサイシン一種しかない．顕花植物で最大の科であるラン科には，3 万種以上の種類があるが，タイガに生えるラン科植物は 50 種に満たなく，そのほとんどが珍しい種類である．

タイガバイオーム全体で優占するのは高木の約十数種，その大半が常緑針葉樹だが，これは大半が生育環境が厳しいためである．針葉樹は 2 つのタイプに分類できる．北米のトウヒ属，モミ属，ツガ属，トガサワラ属などの暗い色の針葉樹と，カラマツ属やマツ属のような明るい色の針葉樹である．驚いたことに，これらの環境で生育が盛んな落葉広葉樹もいくつかある．たとえば，カバノキ属やポプラやヤマナラシ属などがあり，特に南方の亜湿性タイガで見られる．しかし，これらは，遷移の初期段階や，多湿な平原にしか生育せず，成熟した森林には生育しないことが多い．

これらの属の種類は必ずしも明確に区別されるわけではない．ヨーロッパのタイガには，オウシュウシラカンバの種が数十種あるとみなす専門家もいるが，本当の熟練者にしか区別することができない．カラマツの分類もやりにくい．極東のタイガにはカラマツが 10 種以上あると考える専門家もいるが，4 種か 5 種しか認識できないと考える人も，それらは交雑しあうので分類が難しいと主張する人もいる．また，極東タイガの種々のカラマツすべてが，非常に多様な形を持つ単一種の中の形態に過ぎないのだと考える専門家もいる．何世紀にもわたって植物相が研究されてきたヨーロッパでも，植物学者はドイツトウヒ（オウシュウトウヒ）とシベリアトウヒを区別するのに苦労する．ヨーロッパロシアのタイガ地域のほぼ全体に，雑種起源の単一種であるフィンランドトウヒとみなす人もいる中間形態のトウヒがある．

暗い色の針葉樹：トウヒとモミ

ヨーロッパタイガを覆う森林は普通，ドイツトウヒが優占する暗い色の針葉樹林である．ヨーロッパロシアの北東部では，この森林は，シベリアトウヒへと置き替わる．これは，シベリア北部を横切って太平洋沿岸に及ぶ広大な地域を覆う同属種である．日本や朝鮮半島のいくつかの地域では，別の同属種，ヤツガタケトウヒも，いくつかの小規模な地域で優占している．エゾマツには平たい針葉がある．これがロシア

181. モミ（モミ属）とトウヒ（トウヒ属）は，「暗い色の針葉樹」である．これらは背が高い常緑樹であり，密集して均整が取れた円錐型の樹冠である．球果は枝に直立してできるが，トウヒの球果は実ると下に垂れる．アメリカトガサワラ（ダグラスファー）の球果もそうである．アメリカトガサワラは，高さが100 m，幹の周囲が5 mに達することもあり，北米の北西沿岸の湿度が高い温帯多雨林に最も典型的な樹木の一つである．トウヒは，短い苞を隠すのに十分大きい果鱗があるが，モミの中には，トウシラベのように，熟すと苞がはみ出るものもある．アメリカトガサワラも，果鱗の間に長いとがった苞がある球果を実らせる．バルサムモミなど，熟した球果の果鱗と苞が分解して落ち，硬い軸が長い間，枝に残っているものもある．多くのモミやトウヒの葉は，砕かれると臭いを発する．これには，メントールの香りがするシベリアモミ，クロトウヒ，シベリアトウヒ，バルサムの香りがするバルサムモミがあるが，その他のものは，カナダトウヒのように不快な臭いがする．
［図：Jordi Corbera］

極東地域の沿岸地帯，朝鮮半島，日本の北部の島で森林を形成している．

ユーラシア大陸のトウヒ類はみな習性が似ている．他の暗い色の針葉樹と同様に，トウヒは秋に葉を落とさない．そのため冬には，蒸散や蒸発による水分の損失が，落葉樹のものよりかなり大きい．こうして常に水分が必要であるということが，暗い針葉樹が乾燥した土壌，低い空中湿度，極度の凍結に耐えられない理由である．トウヒは，耐陰性が非常に強く，成長はゆっくりで，主に粘土質やローム質の土壌に生育する．高い林冠の深い陰は，トウヒ林が常に暗くて涼しいということを意味している．植物遺体の分解は非常に遅く，そのために林床は枯死した枝や幹で覆われている．このすべてが，トウヒ老齢林を，おとぎ話の森か何かのように見せている．長い間，北欧の民間伝承では，トウヒの森に，木のゴブリン，ノーム，トロールといった小人の妖精や，あらゆる種類の悪魔を棲まわせている．トウヒの森は，白い雪と濃緑の葉群が対照を成す冬に，もっとも魅力がある．

北米タイガの平原には，さらに2つの種類のトウヒが生育する．クロトウヒ（bog spruce としても知られる）と，カナダトウヒで，これは西はアラスカから東はラブラドルまで，そして南側は北部ロッキー山脈，五大湖，ニューイングランドにまで生息している．カナダトウヒは，45 m に達する強い幹，大きく長い枝，槍型（幅が狭く先細り）の薄い青緑の樹冠をもつ美しい木である．カナダトウヒの気品は，見た目の冴えないクロトウヒとはまったく対照的である．クロトウヒは背が高くなく（10 ～ 12 m を超えることはまれ），均整が取れていない．か細く湾曲した幹をもち，その上部は風によってほうきのような房状の形になる．生態学的な点からみると，カナダトウヒは，比較的湿気を好むが，比較的豊かな肥沃な水はけの良い土壌を好む．反対に，クロトウヒは永久凍土上部にある土壌や，泥炭地，泥炭の浮島でも見られることが多い．そこでは，鉱質土壌なしにどうにか生長しているのである．

このような生育地は，マッケンジー川集水域や，その他の米国の北部や北西部地域に典型的で，そこでは広大な領域がクロトウヒの暗い森に覆われている．これらの生育地はクロトウヒにとって最も好ましいというわけではなく，競争力に欠けるために，そこに生育するのである．他種との競争がないサスカチュワン中部の水はけのよい肥沃な土壌では，クロトウヒは 30 m の高さにまで成長できるし，その林はカナダ北部の厳しい気候で生えるものとは外観が非常に異なる．これら2種類のトウヒは，寿命についても大きく異なる．カナダトウヒは600年にもおよび，クロトウヒは350年を超えることがまれである．カナダトウヒ林は，クロトウヒ林よりもさまざまな撹乱の影響（人為的な撹乱も含む）を受けやすい．

モミ属は，もう一つの広範囲な分布を示す暗い色の針葉樹の属である．モミは北方に向かっては，あまり遠くまで分布を広げない．北部では，トウヒやマツやカラマツに置き換わるのである．ヨーロッパでもっとも一般的なモミはヨーロッパモミである，主にピレネー山脈からカルパチア山脈までの，ヨーロッパ中部および南部の山地で見られるが，ヨーロッパ北部のタイガ地帯にまでは伸びてこない．ヨーロッパでは，タイガのバイオームに実際によく見られる唯一のモミ属はシベリアモミで，ヨーロッパの北東端，ウラル山脈の山麓地帯に生育する．この範囲はシベリアトウヒと大体一致する．いずれの種も，大きな生態学的類似性を示し，トウヒとモミが混交した森林を形成することも多い．極東にある同様の混交林は，エゾマツとトウシラベで構成される．モミは，生態学的耐性の範囲がトウヒよりも狭く，トウヒよりも耐陰性があるにもかかわらず，寒さや気温の変動に弱く，湿度や肥沃な土壌を必要とする．このため，トウヒはモミよりも山の高いところ，そしてモミよりも北に生息している．

高い標高にあるメキシコやメソアメリカのモミ林には，最南端の北方林と考えられるものがある．メキシコ中部では，北緯20度の高度 4000 m の場所にメキシコギンモミが生育する地域があり，さらに南にはグアテマラモミが生育している．北米のモミの大半は，ユーラシアのモミのように，山岳地域に見られる．北米タイガ地帯は，比較的小さな樹木であるバルサムモミが生えていることが特徴である．このモミは含油樹脂（カナダバルサム）で有名であり，顕微鏡のスライドグラス上に医学や生物学の試料をマウントするために広く使用されている．北米の北方林では，別の種類の暗い色の針葉樹が，モミ類として知られ，その中でも最も重要なのが，アメリカトガサワラ（ベイマツ）である．これは世界でもっとも大きな樹木の一つであり，高さが 100 m，幹の基部では直径が 5 m

に達する可能性がある．これは主にロッキー山脈に限られ，低地の北方林では滅多に見られない．北米太平洋沿岸の温帯森林ではどこでも，主要な種の一つである（第6巻「亜熱帯・暖温帯多雨林」参照）．

明るい色の針葉樹：マツとカラマツ

ヨーロッパタイガの最も一般的な明るい色の針葉樹は，ヨーロッパアカマツである．スコットランドから太平洋まで，北はノルウェイ北部（北緯70°）から南はイベリア半島や小アジア（アナトリア）の山地までの範囲に及ぶ．森林を形成する針葉樹にこれほどの広い範囲を占めるものは他にない．ヨーロッパアカマツの環境耐性は暗い色の針葉樹よりもずっと幅広く，ヨーロッパの平原と山地のいずれでも，この領域全体を通じて広い範囲の生育環境にみられる．マツにとって最適な環境条件は，トウヒとほぼ完全に一致するが，トウヒがマツと一緒に生える場合には，トウヒはマツを駆逐するし，外部の撹乱要因がなければ，トウヒは結果的にマツと置き換わってしまう．これらの幅広い生態学的耐性により，マツは，トウヒが生育できない場所か，トウヒがマツと競合できない場所に生える．ヨーロッパタイガでマツがトウヒに打ち勝つことができるのは，マツ林に地衣類（ヤグラゴケやハナゴケ）の下生えがある，やせて乾燥し，しばしば砂質である土壌，厳しい気候であるにもかかわらずマツが生育できる湿地，そして低木層でしばしば火災が起きる場所である．

通常は暗い色の針葉樹とみなされるシベリアマツの範囲は，ドビナ川流域（ヨーロッパロシア）からレナ川の流域（シベリア東部）まで，北は北極圏まで，南はモンゴル北部まで延びている．最初のロシア人探検家が15世紀に東へ旅したとき，彼らは柔らかい葉と香りのよい材をもつこの針葉樹を発見した．彼らが馴染んだマツとは似ていなかったので，見たことはないが聖書で読んだヒマラヤスギ（cedar）に違いないと彼らは考え，それ以来，これはロシア語で「Cedar」として知られてきた．これは通常，極東に生えるチョウセンゴヨウや，ヨーロッパハイマツとともに，ゴヨウマツ亜属のゴヨウマツ節（*Cembra*）に分類されることが普通である．この3種はすべて習性を同じくし，他の大半のマツのように，葉が2個ではなく，5個の房状にできる．シベリアマツとチョウセンゴヨウは背が高く（43 mにもなる），非常に密集した円錐形の樹冠を持つ．シベリアマツが純林で生えることはまれで，中央タイガの針葉樹混交林には多く見られる．その一方で，チョウセンゴヨウは東アジアの針葉樹と落葉広葉樹の混交林において優占する樹木の一つである（第7巻p.108～111参照）．

ハイマツも，*Haploxylon* 亜属のゴヨウマツ節に属する．これはシベリア東部や極東の山地の高木限界に密生林を形成する4～5 mの低木である．この森林の構造により，ハイマツは霜の開始時に独特の方法で雪を捕らえる．したがって，雪がそれを保護するため，より北方へ，山のより高所へと分布を広げることができる．北東アジアの山地におけるハイマツの高度帯では，雪の層が非常に厚いことがある．これは，幹や枝が雪のほとんどを捕らえ吹き払われるのを妨げるような構造をしているためでもある．ハイマツの種子は食べられるが，主に鳥やクマや，シマリス（burunduk）が食べる．

北米には，言及するに値する主要なマツが2種類ある．バンクスマツとポンデローサマツである．バンクスマツは，南の平原タイガに特有で，北部では主に砂質の土壌に群生し，ユーラシアのオウシュウアカマツのように，地衣類の地被があるマツ林を形成する．定期的な火災が，それが広がるのに好都合である．ポンデローサマツは厳密に言えばタイガの種ではなく，どち

182. ヨーロッパモミの球果は，長さ15 cmの円筒形で，熟すと下垂するトウヒ（トウヒ属）の球果とは違って，木の高い部分の枝に群れとなって直立してついている．この平たい果鱗はとがった苞に覆われ，苞はしばしば下向きにカーブして樹脂をしたたらせている．それぞれの果鱗に大きな三角形の羽根がついた種子が二つある．若い球果は，薄い緑色で，熟してはじめて写真に見られるような濃い茶色になる．ヨーロッパモミの球果はまるごと落ちるのではなく，徐々に落ちる．初秋には，果鱗と苞が一つずつ落下し，冬の間中，枝上にむき出しの中央軸が残っている．
［写真：Antoni Agelet］

183. **タイガのマツ（マツ属）とカラマツ（カラマツ属）**は，「明るい色の針葉樹」である．マツは若いうちは楕円〜円錐形の樹冠をもち，生長すると不規則になる．マツの葉は固い針状で，単独あるいは最大5本のかたまりになってつく．バンクスマツ，ヨレハマツ，ヨーロッパアカマツは，2本の房となって針葉をつけるが，ポンデローサマツは3本の房となって針葉をつける．ストローブゴヨウとシベリアマツは5本の房となって針葉をつける．マツは冬の間すべての葉）をすっかり落とすわけではないが，ヨーロッパアカマツ（タイガ以外にも広く分布する）は非常に寒冷な冬には黄色に変わる．カラマツはふつう円錐型の樹冠を持つが，マツ以上に薄くて柔らかい葉が枝から遠い場所に密集した房となってできる．カラマツとマツの球果も違う．カラマツの球果は常に単独で直立する．マツの球果は房をなし，熟すと下垂することがあり，たとえばストローブゴヨウのように円筒形で，細くて樹脂を含む．バンクスマツの球果は，長い円錐形で，完全に均整が取れているわけではなく，単独あるいは3個か4個の房をなす．球果の中には熟すと開くものもあれば，閉じたままのものもある．シベリアマツの樹脂に覆われた球果は閉じたままであり，種子が熟すと，小型のげっ歯類か小鳥によって球果が開かれたときに分散する．セイブカラマツやダフリアカラマツなど，伸出した苞をもつ球果もある．［図：Jordi corbera］

らかといえばロッキー山脈のマツ林に典型で，それは一種のシンボルとなっている．西部劇やテレビシリーズで背景として使用されるため，世界中の人々によく知られるようになった．ワシントン州の海面高度からアリゾナ州の3000 m までの高度の，すべての方向に面した斜面に生育している．

カラマツは，タイガに特有の明るい色の針葉樹として，最後に言及するグループである．カラマツは，ほかのすべてのマツ科植物とは異なり，冬にはその針葉を落とすなど，季節周期的な成長パターンをたどる．カラマツの生態はマツと似ており，カラマツと暗い色の針葉樹の間の相互作用は，マツと暗い色の針葉樹の間の相互作用と同じである．カラマツがマツと違う主な点は，カラマツが極度に寒さに強いことであり，カラマツはほかの樹木種よりもずっと北方に生えることができるのである．ユーラシアタイガにおけるカラマツの範囲は，シベリアトウヒやシベリアモミのものと似ており，ヨーロッパロシアの北部から太平洋まで延びている．ユーラシアタイガ地帯全体に，カラマツ属は互いに容易に交雑する多くの近縁な同属種がある．カラマツの主な種類には，西から東に，北ヨーロッパのシベリアカラマツ，シベリア中央部，モンゴル北部，中国北東部の全体に生えるダフリアカラマツあるいはグイマツ，がある．カムチャッカ半島，サハリン島，千島列島などに生えるカムチャッカカラマツがある．ロシアでは，カラマツは森林の樹木でもっとも広く分布する属である．ロシアタイガの半分のほぼ2億6000万ヘクタールがカラマツ林に相当する．

北米で最も広く分布するカラマツはアメリカカラマツで，その範囲にはカナダのほぼすべてとアラスカの一部が含まれる．セイブカラマツは樹高80 m に達し，主にロッキー山脈の北部に生える．そこでは，定期的な地表火によって維持される大規模で非常に生産性の高い森林が形成されている．

184. ポンデローザマツは米国の針葉樹林すべての約3分の1を占める．写真は，オレゴン州（米国）のデシュート国有林のポンデローサマツである．ポンデローサマツはヨレハマツの森と同様，原生林ではないが，下層の定期的で繰り返される火災を受けやすい生育環境で発達してきた永続性のある群落である．アリゾナ州では，ほとんど毎年，ポンデローサマツの火災が生じているが，コロラド州では25～40年おきである．20世紀初期にこれらの森林を管理使用し始めたとき，火災を防止するために取られた手段が，予期しない結果をもたらしてきた．下層が焼けないため，条件は若い樹木の生長に好都合に働き，密集して増える．火災が起こると，枯れた部分だけが焼けるわけではなく，樹木はほとんどすべて焼ける．炎は樹冠まで到達することもあり，樹冠部では炎が急速に広がり管理下に置くことは難しいため，悲惨な結果となる場合がある．
［写真：Charrie Ott / Bruce Coleman Collection］

北方の落葉広葉樹：カバノキ，アスペン，ポプラ

タイガには，いくつかの落葉広葉樹も生えている．ユーラシアのオウシュウシラカンバやアスペン（ヨーロッパヤマナラシ），北米のアメリカシラカンバやアメリカヤマナラシのように，針葉樹林の少数の構成要素として，あるいは火災後の遷移の初期段階に純林を形成している．ユーラシアのドロノキや，北米のバルサムポプラが川岸や氾濫原によく見られ，そこではそれらが沖積堆積物上での最初の生長段階ではとんど純林を形成するが，これらはやがて針葉樹に置きかえられる．

185. ヨーロッパカラマツの雌花は，その色や形のために「カラマツのバラ」として知られることもある．球果は，直径が約 1 cm で，深紅色の苞鱗があり，5 〜 10 年生の強い枝の先端につく．若い枝には 1 〜 6 個の雌の球果がつくが，古い枝にはもっと多くの球果ができる．雌の球果は，低い枝の先の下面につく小さく黄色っぽい白の雄の球果よりも約 15 日早くに開く．成熟すると，雌の球果は赤らみ，その後，緑色になり，完全に熟すと，黒っぽい色の卵型の球果となる（図 183 参照）．
［写真：Jan Tove Johansson / Planet Earth Pictures］

2.2 低木層のまばらな好酸性植物相

タイガの低木層は，多様性の低い維管束植物を支えている．このバイオームの種の多様性は気候に直接関連し，北方や内陸へ行くほど多様性が低くなる．しかしながら，北方林における草本種の種類の数は，木本種の数よりもかなり多い．ほとんどのタイガの森林は，酸性の基岩の上に生え，このため好石灰植物はほとんど存在しないか，非常に局在する．タイガに典型の草本植物，株状低木，低木は，非常に広い分布域をもつことがある．これらの種のいくつかは，ユーラシアや北米の北方林帯全体にわたって存在し，gray alder（*Alnus incana*），オオタカネバラ（バラ科），ラズベリー，ヨーロッパキイチゴ（バラ科），コケモモ（ツツジ科），ブルーベリー，クロマメノキ，セイヨウガンコウラン（ガンコウラン科），リンネソウ（スイカズラ科），イチゲイチヤクソウ（イチヤクソウ［ツツジ科］），ヒメミヤマウズラ（ラン科），ならびにスギカズラ（ヒカゲノカズラ科）などのヒカゲノカズラ科植物や，フサスギナ（トクサ科）などのトクサ属植物など，周北極型分布を示す．

小高木と大低木

北方林では，ビャクシン類が最も多い低木性針葉樹である，ヨーロッパのタイガでは，ビャクシン類は北米にも生えるセイヨウネズが代表的である．シベリアでは，シベリアビャクシンが代表的で，セイヨウネズと非常によく似ている．ロシアの極東では，ビャクシンはあまりよく知られていない一連の種類が代表的である．ビャクシンは 5 〜 6 m の高さにまでまっすぐに伸びることもあるが，通常は低木で，匍匐性，すなわち地を這うことさえある．山地の高い場所に見られる．ビャクシンは日光を必要とする陽樹で，明るい色の森林の中で最も典型的である．マツやカラマツの森林にトウヒが生え，それが広がると，ビャクシンは十分な光を得られずに枯れてしまう．

ハンノキは通常は低木だが，高木状の生育形態を示すこともある．これはハンノキ属の *Alnus incana* や *A. fruticosa* にもっとも多く見られる．氷河が後退したアラスカでは，*A. crispa* の密生林が遷移の最初の段階の一つであり，その後シトカトウヒが続く．ハンノキに加え，林冠の下には，シベリア東部や極東のハイマツなど，樹木状の種類が他にもある．北米や極東タイガの南端では，北方林の下層に，いくつかの種類の低木性カエデ，アジアのオガラバナや北米のアメリカヤマモミジなどが重要な役割を果たしている．

米国のタイガでは，森林の辺縁や遷移の初期段階の部分に，ピンチェリー，チョークチェリー，サスカトゥーンベリーやその他のいくつかの属種，カナダプラム，カナダハシバミなど，大型の低木と背の低い高木がいくつかある．アカクキミズキが，開けた森林のカナダタイガに常によく見られ，その一方で，土壌があまり酸性ではない開けた森林のパッチや，混交林で，ポイズンアイビーがよく見られる．この植物は，触れると有毒で，ウルシオールを産生する．これはラッカーに使用されるフェノール類化合物で，多くの人々の皮膚が重度の炎症を引き起こし，大きな水泡が出る．

小低木と矮生低木

北方林の下層には，多くの種類のバラ属（もっとも広範囲にあるのがオオタカネバラ），ブラックベリーおよびラズベリー（キイチゴ属），スグリ（スグリ属，特にトカチスグリ，シベリア東部および北米産），およびエゾノウワミズザクラ（サクラ属）のような小さな核果，スイカズラ属（ケヨノミ，*Lonicera. dioica* など），ヤナギ属，およびその他の低木や矮生低木がある．

タイガ地帯で最も特徴的な低木には，常緑のコケモモおよび落葉性のセイヨウスノキがある．いずれの種類も，ユーラシアに生育し，コケモモは北米タイガにも生育する．北米タイガでは，セイヨウスノキはもっとも近い同属種カナディアンブルーベリーと置き換わる．ヨーロッパのタイガでは，コケモモは通常，乾燥したローム質の砂質土壌に生育するが，セイヨウスノキはより湿ったローム質の土壌を好む．

セイヨウスノキはコケモモより寒さに敏感であるため，ヨーロッパタイガでは雪が多い場所に生育できる．セイヨウスノキの寒さへの抵抗性が低いことが，なぜシベリア東部に少ないのかを説明している．シベリア東部では気候が極めて大陸的で冬が極めて寒冷だが，雪が少ないし，草本層や低木層は完全にコケモモに優占されている．ユーラシアと北米の双方の泥炭湿地

186. 針葉樹と落葉樹の混交タイガが占めているウラル山脈の中央部．優占する針葉樹はシベリアトウヒ，シベリアモミ，シベリアマツである．東部の斜面下部を，オウシュウアカマツが優占し，斜面上部をシベリアカラマツが優占する．写真は，秋に撮影されたもので，さまざまな種類の落葉樹の黄色い秋の色が，常緑の針葉樹をバックに浮き立っている．ウラル山脈の高標高では，植被は若干の樹木が散在する草原地帯であり，一番高い場所ではツンドラである．厚い草本層は，樹木の種子が発芽するのを妨げる．例外は高木の樹冠下であり，そこでは日射量が少ないために草本植物の被度が非常に少ない．深く湿った土壌では，草本植物の根が密にからまり，実生の定着をいっそう妨げている．
［写真：Konrad Wothe / Survival Anglia / Oxford Scientific Films］

187. ハンノキ属の *Alnus incana* の実 ロフォーテン諸島（ノルウェー）に生育する．球果のような果実は長さ 1 cm，幅 0.8 cm で，薄い緑色をしており，秋には木質に変わって開く．これはマツやヌマスギのような本当の球果ではない．この木は球果を作る裸子植物ではなく，カバノキの仲間（カバノキ科）の被子植物なのである．ハンノキは，北方林で唯一窒素固定ができる植物である．窒素固定は，ほかのバイオームでは主にマメ科植物の役割である．ハンノキは根に根粒を作るが，その中の微生物は窒素固定菌ではなく，放線菌である（真菌のような糸状体や移動する胞子，精胞子を形成する）．これらの窒素固定放線菌のおかげで，ハンノキは競争に有利で，もっとも暗い森の中でさえ，トウヒの林冠の下で急速に広がる．ハンノキはさらにほかの落葉樹よりも早くに葉を出し，遅くに葉を落とす．
［写真：Xavier Font］

や開放的で湿った森林に，クランベリーの仲間の小型のツルコケモモ，オオミノツルコケモモ，カナダのあまり湿っていない森林に生えるローブッシュブルーベリーなどが含まれることもある．

北方林には，イソツツジ属（ツツジ科）の多くの種がある．ヨーロッパタイガでは，これらは通常湿原に生育するが，シベリアでは比較的乾燥した土壌のカラマツ林に特に多く見られる．ユーラシアタイガでは，もっとも一般的な種は，イソツツジであり，北米ではラブラドルティーである．ギョリュウモドキ（ツツジ科）は，ヨーロッパ北部のマツ林に特有である．ギョリュウモドキは非常にやせた酸性の土壌に生えることによって他の植物との競争を避ける．こうした環境では，植物はできるだけ葉からの水分損失を減らすことがとても大切である．ギョリュウモドキの葉は管のように丸まって，気孔からの空気の流れを抑えている．すなわちそれとともに蒸発を抑えているのである．

酸性土壌を持つ開けた乾燥地には，アメリカタイガのクマコケモモや，種々の常緑のシラタマノキ属，特にウィンターグリーンなど，その他のヒースの仲間（ツツジ科）が生育している．リンネソウ（スイカズラ科）は，北部タイガの森林に非常に広範囲に生育する全北区の植物である．ゴゼンタチバナ（ミズキ科）およびサンドチェリー（バラ科）は北米タイガにのみ生育する．

草本植物

イチヤクソウ（ツツジ科，時にイチヤクソウ科とされる）の仲間である草本性の常緑植物 *Pyrola rotundifolia*，ベニバナイチヤクソウ，オオウメガサソウ，コイチヤクソウ，*Orthilia. obtusata*，およびイチゲイチヤクソウは，タイガ生態系に重要な役割を果たす．コミヤマカタバミやマイヅルソウ（ユリ科）も，非常に一般的である．これらの種の研究により，北方林，特に暗い色の針葉樹の，深い陰地やその他の特徴によって，それらが習性や形態に関して類似した適応を身につけたことが判明している．これらの種の中では，栄養繁殖は少なくとも種子による分散と同じぐらい重要であり，他家受粉は多くの場合，自家受粉に置き換わってきた．しかしこれらはいまだに虫媒植物に典型的な派手な花をつけ続けて昆虫を引きつけているようにみえる．

コミヤマカタバミは，南部と中央タイガ，特にユーラシアや北米の暗い色の針葉樹林においてもっとも広範囲に分布する草本植物である．しかし，これは実際には北方植物とみなすことはできない．なぜなら，これは寒冷なタイガよりも，比較的暖かい，針葉樹と落葉樹の混交林でもっともよく成長するからである．ツマトリソウ（サクラソウ科）の生育域には，ユーラシ

188. コケモモは，その幅広い生態学的耐性が特徴の矮生常緑低木である．実をつけるために多くの日光が必要なため，開けた日当たりの良い森林や，広々とした場所（草原，ヒース，さらに泥炭湿地）に生育する．極度に日陰の条件では，生育し花は咲かせるが，種子を実らせることは難しい．コケモモには細い地下茎がありテリトリーを維持するが，新しい領域には広がらない．コケモモは，古い部分が枯れて新しい部分が伸びるため，常に更新されている．データによれば，概して100～200年生きるが，個々のシュート（5～7年しか生きられない）のことではなく，全体的なクローン，すなわち単一の地下茎ネットワークによって互いにつながっているすべての株のことである．写真は，アラスカ（米国）のカトマイ国立公園のコケ類・地衣類の間に実をつけたものである．
［写真：Jeff Foot / Auscape international］

アタイガ全体が含まれるが，スターフラワーは北米に生育する．コミヤマカタバミとは異なり，草本層や亜低木層において優占種になることはない．

ヒメマイヅルソウ（マイヅルソウ属，ユリ科）は，コミヤマカタバミと同じように南部タイガ地帯と針葉樹－落葉広葉樹混交林に多く分布する．その分布域はユーラシア・タイガ全域に及んでいるが，近縁のカナダマイヅルソウは北米に分布する．ヒメマイヅルソウは貧栄養土壌に耐性があり，耐陰性は非常に強い．これらの種は根茎によって栄養繁殖し，昆虫を引き寄せそうな良い香りのする花をつけるが，花は自家受粉する．

タイガの草本層と亜低木層には，多くの維管束陰花植物（胞子によって繁殖する植物）がある．中でも重要なのは，シダ類であり，たとえばワラビ，セイヨウメシダやセイヨウオシダ，さらにシラネワラビ，ウサギシダ，イワウサギシダ，ミヤマシダなどがある．これらの広く切れ込みが深い葉は，タイガ森林の深い陰地によく適応している．北方林は，ヤチスギナ，スギナ，フサスギナのような多くのトクサ属も生育している．タイガの森に通常生育している植物には，スギカズラ，ヒカゲノカズラ，ヒカゲノカズラの一種 *Lycopodium obscurum* などのいくつかのヒカゲノカズラ類が含まれる．これらの陰花植物の大半は生育域が非常に広く，また栄養繁殖する傾向もある．

2.3　蘚苔類と地衣類の豊富な植物相

タイガの気候と地形の双方が，分解が遅い地域における樹木と蘚苔類（コケ類）の，資源を求める直接競争を刺激する．蘚苔類が非常に優勢となるため，湿って水浸しのタイガの広大な地域は，足元が不安定な湿原や，コケ類が優占する泥炭地に覆われており，莫大な量の炭素をとどめている．湿潤北方林の動態は，大半が，樹木とコケ類がその土壌中の水収支の支配にどの程度成功できるかどうかに左右される．

実際，タイガの樹木は，他のどの森林とも違った仕方で，コケ類の成功を反映することが多い．ミズゴケは，たとえばミズゴケ湿原における完全な優占種であると考えることができる．北方林の中を歩くとき，陸生種の下生えだけにとどまらず，大量の着生種が幹から生えたり，枯れた，あるいは枯れかけた枝から下がっていることに気づけば，地衣類とコケ類の成功はさらに明らかである．

蘚類とほかの蘚苔類

カギハイゴケは，ほとんどどこにでもある水生（水に適応した）のコケであり，湿原だけでなく，低地タイガや亜高山帯林でも生育することができる．さらに生きた樹木の樹皮，腐朽し

189. 春には，イチゲイチヤクソウ（イチゲイチヤクソウ属）の単生花が，タイガの湿った場所の下層にちょっとした色を添えている. その花や，イチヤクソウ科のその他の仲間がつける花は，その成長の過程における二つのはっきりとした段階を経る. 最初の段階では，花が昆虫（イチヤクソウ，ウメガサソウ，イチゲイチヤクソウ）や風（コイチヤクソウ）によって他家受粉する. 第二段階は，花が受粉しなかった場合にだけ生じる. おしべと柱頭が互いに接近して花が自家受粉するのである. この適応はタイガの環境条件では役立つ. タイガでは，気候条件によって飛行が不可能な年もあり授粉昆虫があてにならないことがある. また風がそれほど速くないために，風による受粉もあてにならないことがある.
［写真：John Mason / Area London］

た樹木，土壌表面，石や岩上にも生える. 他の地上性の（背丈が低い）コケ類，たとえばイワダレゴケ，タチハイゴケ，ダチョウゴケ，オオフサゴケ，カモジゴケ，およびさらに多くの種類（周極分布する種が多い）が，コケの絨毯を形成し，カギハイゴケのように，主に土壌に生えるが，広範囲の基質に生える.

しかし，その他多くのコケ類は，特定の基質にしか生えない. オオツボゴケ科のコケは，腐った植物や動物の遺体の分解による産生物がある場合にのみ生える. オオツボゴケ属のいくつかの種は，草食動物の糞だけに生えるが，一方で，マルダイゴケ属の種のように，捕食動物の糞や，小型動物の死骸のみに生えるものもある. 岩に生える北方のコケ（岩生種）の中には，石灰岩植物（カルシウムに富む土壌を好む）もある. たとえば，ミヤマクサスギゴケやキヌシッポゴケ属の *Seligeria diversifoliata* などである. しかし，これらの岩生種の大半を占めるギボウシゴケは，絶対的好酸性，すなわち酸性土壌に限定される. 一般に，大半のタイガのコケ類は好酸性であるか，少なくとも酸性の基質に耐性がある. 着生性のコケ類は，特定の環境に密接に関係があることが多い. たとえばハネヒラゴケは，広くみられるトウヒの着生植物であり，円筒形のリボン状に幹をはい上がり，樹冠に達している.

材の分解の各段階に特有のコケ類の群落がある. 極東タイガでは，倒れた木に生える最初のコケは着生性のもので，その木がまだ生きている時に生えていたものである. これらは，ナガエタチヒラゴケのように，幹の基部に特有のコケに置き換わる. 着生種は，木の分解の中期および後期に消失するが，幹の基部に特有の種は，生長を続けるのである. そして，腐った木によく見られるコケが生じ始める. これには，エゾノコブゴケ，ツルハシゴケ属のタカゲツルハシゴケ，シッポゴケ属の *Dicranum congestum*，およびヨツバゴケなどがある. 最後として，木が完全に腐ると，オオフサゴケなどの，土壌に典型的な種があらわれる. カナダでは，森林の地面における幹の分解は，切り株の周りに薄い絨毯を作るヒロハフサゴケおよびタカゲツルハシゴケや，ハナゴケ属の地衣類にとっては理想的な生育環境である. その他，絨毯状になる着生性のコケ類には，開放的な混交林のアメリカヤマナラシに生えるタチヒダゴケ属およびリンズゴケの仲間の *Pylaisiella polyantha* などがある.

タイガにもっとも典型的なコケ類には，地上生種のイワダレゴケ，タチハイゴケ，カモジゴケ，ダチョウゴケがある. これらは，大西洋から太平洋までのユーラシアタイガ，および北米タイガのほとんどすべての生態系に見られる. 北方林のユーラシア地域には，2つの主なコケ群，すなわち北部タイガのコケと，中央および

190. 北方林では，**イワダレゴケ**が完全に優占するコケであることもある．写真は，米国の森林で撮影されたもので，コミヤマカタバミの葉（カタバミ属，図176参照）も写っている．イワダレゴケは多くの水分を必要とするが，好都合な条件では，ほかのコケ植物と簡単に入れ代わる．この種は，赤みを帯び，平たい羽状の軸に，先端がぎざぎざで細長い緑色の透けてみえる卵型の葉がついているため，見分けやすい．葉の間に，多くの小さなうろこ状の構造，すなわち枝葉がある．このコケは，針葉樹林に多いが，その他の多くの世界中の地域で，湿った日陰で厚い絨毯を形成している．その広い分布は約6000年前にトウヒの森林が広がった結果であると考えられる理由がある．

［写真：Deni Brown / Oxford Scientific Films］

南部タイガのコケが存在する．たとえば，北部タイガでは，河間平野（川と川の間の平野）にある針葉樹林のコケ層は，イワダレゴケが優占しているが，南部タイガではまれであり，南部タイガではこれがタチハイゴケや，アオギヌゴケ属の *Brachythecium oedipodium* や フサゴケ（オオフサゴケおよびナガバヒゲバゴケ）上種に置き換わる．北部タイガでは，この種の組み合わせは，トウヒ林の河岸のみに見られる．南部タイガの着生性コケ類の相は，必ずハイゴケ属のキノウエノコハイゴケ，クサゴケ，イヌサナダゴケ，*Orthodicranum montanum* を含み，そのすべてが，北部タイガには存在しないか，非常にまれにしか見られない．チャシッポゴケおよびシッポゴケ属の *Dicranum fragilifolium* は，北部タイガの切り株や腐った樹木には非常に多く見られるが，南部タイガではまれである．マツバウロコゴケ，キザミイチョウゴケ，タカネイチョウゴケ属の *Lophozia ventricosa*，およびハイスギバゴケのような苔類は，南部タイガではまれであるが，北部タイガには豊富に見られる．土が露出した部分のコケ植物相の土壌も大きな違いを示し，南部タイガではナミガタタチゴケおよびススキゴケからなり，北部タイガではそれがカラフトススキゴケ，ススキゴケ属の *Dicranella crispa*，ツヤヘチマゴケ，およびケキンシゴケに置き換わる．ツヤヘチマゴケとケキンシゴケは南部タイガに分布し，斜面には生えるが，河間平野の森林には生えない．

北方林でもっとも大陸的な地域では，これらの北部と中南部の複合に加え，カラマツ林に関連したものがもう一つある．そこではコケの層が，ほぼ完全にフトゴケから成り，着生性のコケ類はまったくと言っていいほど存在せず，木材生（木材に生える）のコケ類の植物相も非常に乏しく，北部タイガの植物相と似ている．この層は，ステップツンドラと呼ぶことのできる組み合わせが特徴で，ステップの要素（ネジレゴケ属の *Tortula ruralis*）と湿原ツンドラの要素（*Tomenthypnum nitens*，オオヒモゴケ，フトヒモゴケ，シッポゴケ属の *Dicranum elongatum*）を含み，これらは北部タイガのコケ植生には存在しない．

北米タイガでは，典型的なうっ閉したトウヒ林の土壌にも，木から落ちる枝や松かさや針葉を覆うのに十分な速度で生長する羽毛状のコケの絨毯があるのが普通である．オンタリオ州北部では，これらの絨毯は，樹冠と樹冠の間の開けた空間や，木の幹の近くでは，タチハイゴケが優占種であるが，森林の辺縁ではイワダレゴケが優占し，樹幹と林縁の双方に，ダチョウゴケが存在する．その他，よく見られる種には，ウマスギゴケ，シダ類のヒカゲノカズラ属，お

191. ケベック（カナダ）の森の土壌を覆う**スギゴケおよびミズゴケ．** ウマスギゴケは写真の濃緑色のコケであり，数cmの高さまでまっすぐに伸びる(頂生)．その後，写真に見られるような非常に目立つ蒴（胞子嚢）を生じる．胞子嚢は，通常，毛で覆われ黄色や薄茶色を帯びたカリプトラ（帽：帽子のような胞子嚢の外被）に包まれている．胞子嚢の先端は縁歯の輪に囲まれている．帽が胞子嚢から落ちると，ケシ坊主を小さくしたように見える．胞子嚢は比較的長いさく柄の先端にでき，夏に目に見えるようになるのが普通である．写真では，ミズゴケは薄緑色のコケである．ミズゴケは，頂生果または側果を持つことがあり（さく柄の先端または側面に果をつける），その場合には，通常あまり高くは成長しない．ミズゴケの胞子嚢は激しくひらき，帽を排除し（図195参照）胞子を数cm飛ばす．胞子は，共生する特定の真菌がなければ発芽できない．スギゴケとミズゴケはいずれも，湿った土壌や水浸しで，通常は酸性の土壌に生える．どちらもタイガバイオームの外の，寒冷あるいは温和で湿った気候の場所に生える．
[写真：Xavier Font]

よびヒロハツメゴケやキゴケ属の *Stereocaulon tomentosum*，そして開けた場所のハナゴケ属といった地衣類がある．

いくつかのコケ類，特にミズゴケや，*Aulacomnium*，シメリカギハイゴケ属などのいくつかの種は，貧栄養または中栄養の湿原の形成に重大な役割を果たす．鉱物質栄養性（minerotrophic）湿原（pH値が高いが，窒素はほとんど含まず，したがって厳密には富栄養ではない湿原）には，*Tomenthypnum nitens*，ヌマチゴケ，ヌマチゴケ科の *Meesia triquetra* などが生えている．

地衣類

コケ層には地衣類が含まれることがあるが，目立った役割はほとんど果たしていない．コケ類のように，地衣類は変水性（poikilohydry）を示し，傷害を受けることなく細胞質の水分含有量のほとんどを失ったあとで，乾燥期の発育休止に入る．これらは濡れるとすぐに成長を再開する．ミズゴケやその他の恒水性（nonpoikilohydrous）コケは，連続的な水分の供給を必要とする．このため，ミズゴケは非常に湿気のある場所でもっともよく成長する．一方，乾燥に耐えられる種は水が豊富な場所では有利ではないが，岩石の露出した場所や乾いてむき出しになった無機質土壌など，湿潤と乾燥が交互する場所では好都合である．さらにミズゴケは，樹木の幹や枝の着生植物として成長することもできる．

カナダ楯状地の岩石露出部は，タイガに特有の特徴の一つで，痂状（crustose）地衣（生育する対象の表面に強く付着する薄く，平たい外皮を形成する），葉状（foliose）地衣，樹状（fruticose）地衣やコケ類が豊富にあることで区別される景観を示す．むきだしの岩石露出部は，*Dimelaena oreina* や *D. carpon* のような地衣植物やウスギワゴケのような葉状の種類までもが，そこに群生して，水を保持する薄い有機膜を作って初めて，生存しやすくなる．花崗岩の酸度と，地衣類の好酸性の性質があいまって，枯死した植物物質の分解を遅らせるため，この層は蓄積する．

痂状地衣は，イワタケ類の *Umbilicaria dillenii* のような葉状地衣や，さらにコケ類によって取ってかわられる傾向にあり，すぐに基礎をなす有機底質がより厚くなっていく．やがて，より良い水分供給がある深い有機層を好む樹状地衣が生じはじめる．土壌の形成は遅く，火災によって，あるいはたまたま金属製品のそばにある場合には，コケ類や地衣類にとって有毒な濃度の高い二酸化硫黄を含有する雨や雪によって，妨げられることがある．樹木がこれらの初期土壌に群生し始めると，トナカイゴケのようなハナゴケ属（地衣類のワラハナゴケモドキ，ハナゴケ，ミヤマハナゴケ）などの樹状地衣の絨毯が形成され，さらに北部のウスキエイランタイ，コガネエイランタイ，および“Island moss”（地衣類のエイランタイ）が生じる．厚い有機質土壌の被覆に含まれるのは，通常，ヒジキゴケ，ギボウシゴケ，およびタチヒダゴケ属のようなコケ類や，草本植物，セイヨウネズで，さらにマツが加わることもある．

地衣類が本当に繁殖する生息環境は，樹皮や，倒れた木材である．研究者の中には，着生性の地衣類が，基質としている樹木を保護するのだと信じる人もいる．なぜかといえば，地衣類は，木質を破壊する真菌に対して抗菌作用を示す，ウスニン酸や葉枕酸のような一連の特定の酸を産生するために，これらは木を腐らせる真菌によるリスクを低減させるのである．コフキカラクサゴケおよびフクロゴケのような地衣類は，針葉樹の幹で非常によく成長し，枯れた，あるいは枯れかけた枝を完全に覆うこともある．たとえば，カナダ西部のタイガでは，ハリガネキノリ属の地衣植物である*Bryoria*（特に*B. fremontii* や *B. tortuosa*）は通常，色が薄い葉状地衣にすでに覆われている針葉樹の枯れた枝からぶら下がるように成長する．

2.4 種々のタイガの景観

北方林を含め，植生全体を分類するには多くの異なる方法がある．シグマティスト植物社会学法（優占種とみなされる種にもとづいて群集を分類する）を使用するかあるいは各層における優占種を基礎としてそれらを分類すると，非常に似た結果がもたらされ，主に2つの種類の植物群落が存在していることがわかる．針葉樹林と北方湿原である．

暗色のタイガ

北米のタイガの北限に典型的な植生は，地衣類が生える低くて開放的な低木林か，トウヒの疎林である．これらはカナダトウヒ，クロトウヒ，およびアメリカカラマツが優占する開放的な森林で，土壌表面に地衣類やコケ類の層があり，しばしばイソツツジの仲間のラブラドルティーなどの低木層がある．優占する樹木は同じだが，これらの森林は北部の針葉樹林（南との境界をなす）とは非常に異なる．なぜなら，もっと水はけのよい土壌は，薄い絨毯状になったハナゴケ（トナカイゴケ）に優占されているし，トウヒは密接し閉じた樹冠を形成せずに，樹冠

192. ハナゴケ属の陸生の地衣類は，タズ川地域のシベリアタイガの土壌を覆う，主に裸地の土壌か腐った木に生える．二つの葉状体（非維管束植物の本体），すなわち写真に見られるように基質の表面に生えるもの（主な葉状体）と，写真に見られるように直立して成長するもの（子柄）がある．子柄は，数 cm の高さで，通常は中が空洞であり，枝分かれしていることがある．受精すると，明るい赤または鈍い赤の子嚢盤（カップ状の胞子嚢）を先端に生じる．これらの地衣植物がこのハナゴケ科の唯一の種類で，寒帯バイオームや温帯バイオームに生育し，非常に多様化している．このグループのほかの種類が，熱帯または亜熱帯地域に生息する．
［写真：Andrey Zvoznikov / The Hutchison Library］

193.スウェーデンの森林のこのような針葉樹のまっすぐ直立した幹が，タイガの景観のこの部分に，リズムと均整を添えている．この直立した幹と，枝の幾何学的な配置のため，針葉樹はすぐれた木材となっている．すべての森林がこのように均一であるというわけでなく，同様の樹齢の樹木で構成される最古の森だけである．タイガでは，上部の林冠は定期的に新しいものとなる．古い森林では，若木が高く伸びることは非常に難しい．ありうる有害な環境条件すべてに対して無防備であり，また親木や下層の草本植物・コケ類と競争しなければならないからである．しばしば，同齢集団全体から若木が一団全体から生きのび，森林が安定状態に到達すると，この写真と似てくる．古い木の多くが吹き飛ばされる暴風など，なんらかの破滅的な出来事が生じた場合だけ，若木は林冠のギャップでこの状態にたどりつくことができる．
［写真：Åke Lindau / Ardea London］

同士は互いに離れて生育するからである．川べり付近ではこの樹冠は密集しているが，冠水した広い場所では，わずかな孤立したカラマツを除けば，ほとんど樹木は育たない．水はけのよい場所では，カナダトウヒはあまり酸度が高くない領域で優占する傾向があり，一方でクロトウヒはカナダ楯状地のより酸度の高い領域で優占する．バンクスマツだけは，露岩上の浅い有機土壌，あるいは砂質のモレーン土壌や沖積土に生えるトウヒと競争して勝てるが，アメリカヤマナラシやアメリカシラカバは，水と養分が得られる川沿いに生えている．これらの樹木は，ビーバーにとって非常に重要である．ビーバーのダムや巣の材料になるし，アメリカヤマナラシの樹皮は冬に主要な食料源となるからである．

シベリアトウヒおよびシベリアカラマツが優占する北東ロシアと西シベリアの森林も，開放的な暗い色のタイガである．さらに東の，中央・東シベリアでは，主にシベリアカラマツ，ダフリアカラマツ，カムチャッカカラマツなどのカラマツが優占種であり，広い領域を覆っている．これらのすべての種が，ずっと北のツンドラの中にまで，arii-mas（ヤクート語で「木のパッチ」）を形成している．スカンジナビアやアジア北部のより海岸に近い地域では，カバノキが優占する．一般的なカバノキ（オウシュウシラカンバ）はスカンジナビアおよびカレリアに見られ，そこにはオウシュウトウヒも生えている．また北東アジアにはダケカンバというカバノキが生えている．

トウヒ類は，もっとも典型的な北米の暗い色のタイガの優占樹種である．アラスカからニューファウンドランドまで，カナダトウヒやクロトウヒは通常，樹冠が閉じた密生した植生を形成している．土壌や気候が多様であるため，アメリカカラマツ，バルサムモミ，アメリカシラカンバ，バンクスマツ，アメリカヤマナラシ，バルサムポプラがみな存在することとなり，植被のかなりの部分を形成している．カナダ中部および東部では，うっ閉した森林は，通常，バルサムモミを伴う遷移後期段階の森林が優占するが，米国南部の湿原地域では，ヒノキ科クロベ属のニオイヒバがアメリカカラマツと一緒に生えている．バンクスマツも多くみられるが，これは，地衣類が生える開けた森林がそうであるように，岩石露出部や砂質土壌には限定されない．ここでは，特にカナダの亜湿潤気候のカナダ中央部では，森林火災に遭ったばかりの場所の遷移の初期段階であることが多い．南東部にある混交林との推移帯との境をなす水はけが良い露岩地や砂質土壌では，ストローブゴヨウ

やカナダアカマツが現れる．アルバータ州やユーコン準州の山麓丘陵地帯に沿っては，うっ閉した森林の優占種は，ヨレハマツ，エンゲルマントウヒ，アメリカトガサワラ，およびミヤマバルサムモミなど，ロッキー山脈の亜高山帯の種のいくつかを含むことがある．非極相種には，アメリカシラカバ，アメリカヤマナラシ，バルサムポプラのような広葉樹が含まれる．サスカチュワン州やアルバータ州の亜湿性の北部針葉樹林では，アメリカヤマナラシやバルサムポプラが，トウヒとともに，景観の重要な特徴なので，この地域は「北部混交北方林」あるいは「混交林」として知られている．この地域では，アメリカシラカバやアメリカヤマナラシも拠水林の重要な要素であり，さらに南部では，これらはカナダ南東部や米国北東部の混交林に典型的な種類であるナラ，トネリコ，シナノキ，およびカエデのような，他の広葉樹を伴う．

スカンジナビアやロシア北西部の典型的なヨーロッパタイガは，多くのコケ類が生育するが他の樹木種がほとんどないノルウェートウヒ林であり，多くのコケ類はあるが他の種はほとんどない．下層は，若いトウヒ，セイヨウスノキが優占する亜低木層，そしてイワダレゴケ，タチハイゴケ，およびいくつかのシッポゴケ属の種がある特徴的なコケ層がある．ノルウェートウヒは，オウシュウシラカンバを伴い，ときどきヨーロッパヤマナラシを伴うことがある．土壌がやせるほど，植生はいくつかの亜型へと入れ替わる．肥沃な土壌は，コミヤマカタバミが優占する草本層が特徴的であるが，やせた土壌では，亜低木層のセイヨウスノキに替わってコケモモが生え，コケ類に替わって地衣類のハナゴケが生える．水はけが悪いと，土壌が冠水したり沼地になったりし，コケ類は最初はより好水性のコケに替わる．これは主にウマスギゴケのようなスギゴケ属のものである．次に，さまざまな種のミズゴケに替わる．湿っているが，湿原ではない生育環境には，豊かな草本層や若干の広葉樹を伴うトウヒ林がある．ヨーロッパアカマツは，ヨーロッパやシベリアのタイガで，北米タイガのバンクスマツと同じような役割を果たし，遷移の初期段階に出現し，火災に遭う地域で特に広範囲に生育している．

最も典型的なタイガは，シベリアの暗いタイガであり，これはヨーロッパロシアの北東部からエニセイ川まで伸び，中央シベリアの南部のバイカル湖にまで達する．この特徴はシベリアトウヒが優占する高木層だが，さまざまな割合で他の樹木を伴う．これにはたとえば，山地の最もよい土壌では優占種になる場合もあるシベリアモミや，シベリアマツ，シベリアカラマツなどがある．シベリアマツは，ヨーロッパアカマツと同様に，主に皆伐や火災後の遷移の初期段階に生育する．典型的な暗いタイガでは，下層は非常に貧弱だが，コケ層は極めて重要である．

明るい色のタイガ

明るい色のタイガは，極めて大陸的な気候をもつ中央および東部タイガ地域に見られ，ダフリアカラマツのほぼ純林にわずかにシベリアトウヒが散見される．暗い色のタイガとは違って，明るい色のタイガの草本層，亜低木層，低木層は非常に豊かである．

北米東部の，落葉広葉樹林とタイガの境界では，立地条件が多様で，もっとも良い場所には落葉樹林への遷移の段階があり，ナラ，カエデ，ブナのような広葉樹が生えている．その一方で，冠水していたり，栄養分に乏しい場所では，遷移は針葉樹林へと向いストローブゴヨウ，カナダアカマツ，カナダツガ，種々のトウヒ，アメリカカラマツなどにつながっていくのが普通である．カナダの海岸に近い州では，樹皮の赤いアカトウヒが優占している．ヨーロッパ人がやって来た時，これらの森林にはたくさんのストローブゴヨウやカナダアカマツも含まれていたが，2 世紀にわたって集中的に森林開発が行われた後では，その外観は劇的に変化した．アメリカグリは，1909 年にクリ胴枯病（*Endothia parasitica* という真菌が原因）が生じて以来，ほぼ完全に消えてしまった．この混交林の気候は温暖であり，このためにさまざまな樹木が優占種となるし，この気候はさらに農業にも適している．このため，肥沃なカンビソルやルビソルで生育する多くの広葉樹林は伐採され，針葉樹が生える多くの冠水地は干拓され，耕作された．カナダ南東部の典型的な植生はマツ林であるが，キハダカンバ，サトウカエデ，アメリカブナ，レッドアッシュ（ビロードトネリコ），アカガシワ，アメリカニレ，アメリカシナノキなどの広葉樹も重要である．

混交林は極東にも見られる．これらは非常に種類が豊富で（第 7 巻 p.108 ～ 110 参照），ヨーロッパの混交林よりも多様である．中央ロシアの森林では，2 つの木本層を持つトウヒ林全

194. **地上生地衣**は，タイガバイオームで重要な役割を果たしている．通常は多くの光を必要とし，伐開地で優先的に生育する．そこでは，北カレリアのヨーロッパアカマツ林におけるハナゴケを示すこの写真のように，土壌を完全に覆うこともある．その他の地衣植物には，日光が少ない場所で生育できたり，森林の特に密集した場所に生えることができるものがある．一般に，樹木の幹（木生地衣類）あるいはコケの上に生える．［写真：Vadim Gippenreiter］

体を通じて遷移が見られることが多い．上層はオウシュウトウヒとヨーロッパヤマナラシが優占し，下層は葉の小さなシナノキの仲間のフユボダイジュ，ノルウェーカエデ，ニレ属の *Ulmus laevis* が優占する．林冠が密集して途切れない場所では低木層は比較的貧弱だが，ギャップでは非常に密生している．ここには，セイヨウハシバミ，スイカズラ属の *Lonicera xylosteum*，カンボクなど，落葉樹林に典型的な多くの種がある．

シベリア西部では，南部タイガとステップの間の推移が，カバノキやヨーロッパヤマナラシの開けた森林の形を成す．北方では，下層は主にアルタイスイカズラ，シラタマミズキ，クロスグリ，フサスグリである．南部の地域では，下層はシモツケ属の *Spiraea hypericifolia*，タタールスイカズラ，シロバナシャリントウからなる．エニセイ川の東部では，気候はカバノキやポプラにとっては度を越えるほど大陸的になり，推移帯はステップ林の形態をとり，ヨーロッパアカマツ（p.284 ～ 286 参照）が優占する．

北方の泥炭湿原

湿原はタイガ景観の植被の不可欠な部分である．湿原生態系は，熱帯から極地方まで，他のバイオームにおいても発達することはあるが，湿原はタイガにもっとも豊富にある（第 9 巻 p.35 ～ 41 参照）．さまざまな環境が，北方林の高層湿原や泥炭湿原の形成につながることがある．最も重要な要因は高湿で寒冷な環境であり，次に酸性で栄養が不足した土壌が多いということである．非常に平坦な起伏と森林火災の発生がそうであるように，永久凍土も重要な役割を果たす．

195. 泥炭湿地や，その他の湿地や水浸しになっている場所には，**ミズゴケや食虫植物**が多く，これらは一緒に生育していることが多い．上の写真は，成長中の胞子嚢をもつミズゴケである．ミズゴケは，特殊化したコケの一グループで，直立して生え，柔らかい密集した絨毯状になり，明るい緑色である．茎葉体の透明細胞 hyalocysts と呼ばれる特別な細胞によって水分を吸収し保持するよう適応している．この写真（米国ミシガン州で撮影）の中では胞子嚢がはっきりと見え，黒っぽく，丸みを帯び，カリプトラがない．熟すと胞子嚢の壁はゆっくりと収縮し，内圧が高まって，最後に胞子嚢のふちが吹き飛ばされ，胞子が排出される．下の写真はマニトバ州南東部（カナダ）の酸性湿地における紫色のピッチャー･プラント（嚢状葉植物）（サラセニア科　の *Sarracenia purpurea*）である．食虫植物は，その植物が生育する酸性土壌の栄養分が乏しいことで発達してきた．嚢状葉植物は光合成を行うが，その葉は消化液で満たされたピッチャーへと変化し，昆虫やその他の小さな無脊椎動物の罠となっている．
［写真：John Shaw / Bruce Coleman Collection and Geoffrey Scott］

平坦な地域には，地下水面が栄養豊富で，表面近くにあるため，多少なりとも低層湿原が形成される．草本植生（カヤツリグサ科およびイネ科）は非常に多く，樹木（カバノキ，ヤナギ，ハンノキ）も多い．コケ層はミズゴケよりも主に通常のコケ類のほうが代表的である．低層湿原は湖の沿岸や川の渓谷にあり，比較的栄養豊富な土壌に形成されるので富栄養（栄養豊富で酸素が少ない）と考えられる．ミズゴケの高層湿原は，コケの生育によって湿原の高さが高くなっている場所に形成される．

主にコサンカクミズゴケ，バルチックミズゴケ，アオモリミズゴケといったミズゴケは，凹地に厚い被覆を形成する．これらはシュートの先端で無限に生長するために常に上に向かって育つが，基部は光が不足するために枯死し，泥炭となる．泥炭が蓄積するにつれ，ミズゴケや湿原に生育する植物はすべて，基質の栄養素の位置よりずっと高くもち上げられる．したがって高層湿原は，降雨だけで栄養分を摂取し，貧栄養植物(栄養分が少ない場所に適応した植物)しか生育できない．

隆起した部分はより水はけが良く，通常は小さなマツや，いくつかの異なる特徴を持つ低木が生育し，ミズゴケの密集した絨毯は低地にできるのが普通である．チャミズゴケ，ウスベニミズゴケ，コサンカクミズゴケ，およびムラサキミズゴケは地下水面から 50 cm の高さの小高い場所に生育することができる．しかし，主に上に述べた種が生長する低地では，それらは

196. ブリティッシュコロンビア州（カナダ）の森を撮影したこの空中写真に見られるように，**タイガの針葉樹林の内部には泥炭湿地が多い．** 湿地の植生はもっぱらコケ類と水生植物で構成されている．環境が嫌気性で，植物遺体は完全には分解されず，泥炭として蓄積する．タイガの湿地は酸性の貧栄養土壌に形成される高層湿原であり，本来はミズゴケで構成されている．
［写真：Steve Pridegeon / Natural Science Photos］

水からそれほど高く上がることができない．極端な例は，水の中でしか生育できないハリミズゴケである．

したがって，高層湿原の泥炭はそこで生育する植物以上に栄養分を含んでいる．それにもかかわらず，低層の高位および低位泥炭湿原や，移行的な湿原では，地下水からの投入があるため，高層湿原よりも泥炭が栄養豊富である．

西シベリア平原には，ユーラシアタイガで（おそらく全世界で）最も広大な湿原がある．これらの湿原は莫大な面積を覆っており，西シベリア平原のおよそ半分の，約1億haを占めている．バシュガニエ川流域にある，西シベリアでもっとも大きな泥炭湿原は，540万haを占め，スイスの半分の面積である．東シベリアでは，永久凍土が湿原や沼地の多い森林の拡大を促している．泥炭は，熱をあまり伝導せず，ミズゴケで覆われている場所では，夏にも土壌はほとんど融けない．永久凍土は不透水層の役割を果たし，泥炭湿原は夏の降雨が不十分な場所や，わずかに傾斜した場所にもできる．カラマツの疎林は，永久凍土の上の渓谷にある湿原に生育し，遷移の最終段階を示している．これらは構造や組成が，ヨーロッパや西シベリアにある高地の湿原に似ている．

北米では，北部タイガの，湿って水はけが悪い地域の，開けた場所と閉鎖的な場所のいずれにも，大規模な面積の冠水土壌が存在している．アルバータ州北部，マニトバ州北東部，オンタリオ州中部の51～75％が冠水しており，ウィニペグ湖の北端やハドソン湾やジェームズ湾の南岸では，面積の75％以上が湿原である．それに比例して，南部タイガ地域や混交林地域には水はけが良く，過剰な降雨がないので，冠水した地面はあまりない．

富栄養湿原（低位泥炭湿原）は，地上に現れる水が富栄養か中栄養であった場合に形成されるが，典型的な湿原は地下水面が貧栄養，すなわち高酸性で栄養分の含有が少ない場合に形成される．栄養に富んだ低位泥炭湿原はカヤツリグサ科植物やコケ類が優占する．石灰質の低位泥炭湿原では，最も豊富な種は *Scorpidium scorpioides*，フトヒモゴケ，ムラサキカギハイゴケであり，塩基性の低い低位泥炭湿原は，オニカギハイゴケや *Helodium blandowii* が優占する．

今日の多くの泥炭湿地は，以前は塩基性の低位泥炭湿原であったが，後に沼沢地化の結果として酸性の泥炭湿地になったものである．一方では，これは，泥炭の高さが増し，結果として湿原の表面が地下水面より高くなって，そこから離れることを含み，もう一方では，これは，湿原のふちの泥炭が，低位泥炭湿原や，周囲の乾燥した地面よりも高く隆起することを意味する．したがって水や栄養分のミズゴケ湿原への投入は，主に降雨からであり，おそらく湿原の縁の上部数 m の高さに，栄養分に富んだ一種の隆起やドームが中央部に形成される．タイガに典型的な水浸しの環境の表面は，輝かしい色のミズゴケの小さな隆起が点在することが多く，低地は緑黄色のコサンカクミズゴケ，側面は赤みを帯びたムラサキミズゴケ，もっとも高い部分には茶色っぽいチャミズゴケの覆いがある．チャミズゴケは貧栄養環境にもっとも適合したミズゴケであり，酸をもっとも多く放出する．さらに周極地帯全体でもっとも重要な湿原を形成する種でもあり，分解にもっとも抵抗性がある泥炭であるようである．

197. 湿地が森へと遷移する． 北方針葉樹林地帯には湿地が非常に多い．湿地は，氷河作用によって残された凹地を占める湖が泥炭に満たされるとできるもので，泥炭は，部分的に分解された植物遺体であり，主にミズゴケに由来する．最初は湖の底にしか泥炭がなく，まだ大量の水が入っている（上図）．ミズゴケはしだいに湖の縁に群生するようになり，湖を覆いはじめ，開水面が減少する（中央図）．これは小さなプールに分かれることも多い（196 参照）．湿地にさらに土壌ができると，コケに続いてイグサが成長し，最終的に低木や樹木が現れる（下図）．最後に大型の針葉樹が湿地に定着するが，このときには湿地はすでに消失している．このプロセスの結果として，広大な面積の北方針葉樹林が湿地であった場所で成長中である．
［図：Jordi Corbera Ricciuti に基づく，1990 年］

3. 動物相と動物の生活

3.1　タイガにおける動物の生活

タイガの動物の生活には，いくつかの要因がきわめて重要である．たとえば，冬が長く夏が短い．長くて厳しい冬を生き抜くことは特に重大である．気候は1年中寒冷で高湿だが，冬には厚い雪の層が行動を極度に困難にし，多くのタイガの動物たちは食物を獲得することができなくなる．たとえば，ケベックの複数の地域では，冬に5 m に達する雪が降る．

動物個体群の起源

タイガはユーラシアや北米の広大な面積を占めるが，どちらの地域も，動物種は通常は同じか，非常に似ている，たとえば，ヒグマ，ムースまたはヘラジカ，クズリ，そしてオオカミのような大型のタイガの動物はスカンジナビア半島からカナダにまで生息する．これは，タイガの生物相は地球上でもっとも新しいものの一つであるという事実によって説明される．

タイガの動物相は，最終氷期と後氷期に発達したもの，すなわち50万～60万年前に，現在の東シベリアで発達したものであると，大半の科学者は信じている．氷河時代の前には，この地域は典型的な温帯広葉樹林に覆われ，北ユーラシアの他の地域や北米は亜熱帯性の植生に覆われていた．したがって東シベリアの広葉樹林に生息する動物はひき続く数千年間の寒さに対する準備があった．タイガの動物相は，東シベリアから北ユーラシア全体にわたって広がり，次の氷期と間氷期の間には，多くの種が，人間がそうしたように，ベーリング陸峡を渡って北米にたどり着いた．

それぞれの大陸のタイガは，南方からそれぞれ局部で孤立していた南方産の種を受け入れた．北米とユーラシアのタイガの動物相の間に局地的な違いが生じたのは，こうした種が原因である．たとえば，東シベリアの山岳タイガには，東南アジア原産の小型の角なしのシカ，シベリアジャコウジカが生息する．シマスカンクやアカフトハチドリは北米タイガに特有だが，それらに最も近い近縁種が南米の熱帯多雨林に生息している．

大型の草食動物と肉食動物

北米でカリブー，ユーラシアでトナカイと呼ばれる *Rangifer tarandus* は，タイガの森とツンドラの間を移動するものの，北部タイガに生息している．しかし，タイガの主要な草食動物は，ユーラシアでヘラジカ，北米でムースと呼ばれる *Alces alces* である．これは世界最大のシカで，厚い雪の上を難なく歩ける唯一のシカである．しかし，特に冬に，雪が1 m 以上になると，ムースの強い足でもうまく歩けず，火事跡に生育するヤナギの木立やポプラの茂みに引きこもり，そこで樹皮，葉，好きな食物である若いヤナギやポプラの若芽を餌にしながら数週間そこに留まるのである．ムースは大量の植物食物を消費し，食べる量は成獣で，冬に1日 12 ～ 15 kg，夏に 35 kg に達する．ムースの集団は，深刻なまでに森林を破壊し，樹木を枯らしてしまうことすらある．

厳しい冬を越すことは，タイリクオオカミ，オオヤマネコ，ユーラシアでグラットン，北米でウルヴァリンまたはカルカジューと呼ばれるクズリなどの大型肉食動物にとっても困難である．クズリはオオカミやオオヤマネコよりもタイガの冬を越す能力が高く，北米やユーラシアの北極地方や亜北極地方のツンドラ，ならびに北方林に生息する（p.302 ～ 305 参照）．オオヤマネコは，主に山岳タイガ地域に見られる．そこにはその主な餌動物の多くも生息している．たとえば，シベリアではノロやジャコウジカ，北米ではフタオウサギなどである．オオカミは，平原タイガの柔らかい雪の上を移動することが困難なため，密集した森を避け，雪がもっと固い川に近い小道を移動することを好む．集団で狩りを行うということは，オオカミがカリブーやムースほどの大きな動物を狩ることができることを意味するが，特に夏には，シカ，ノウサギ，ビーバーのような小型哺乳類も捕まえる．

198. ヘラジカはタイガの主である．背が高く威厳があるヘラジカは，森林がツンドラへと合流する森のはずれの植生が乏しいぬかるんだ場所で草を食べる．写真は成熟した雄で，き甲で2 m，全長3 m，体重500 kgに達することがあり，ヘラジカはシカ科の動物の中で最も大きい．その非常に大きな枝角は幅2 m，重さ20～25 kgにもなることがある．健康なおとなの雄はオオカミを追いはらい，驚くほどに鋭いひづめは攻撃してくるどのような動物もひどく傷つけることができる．しかし，ヘラジカは大変温和で臆病な動物で，発達した嗅覚（大きな鼻に注意）と聴覚で侵入者がいることに気づくとすぐに逃げ出す．夏には水草や，ヤナギ，カバノキ，ヤマナラシの若枝を食べ，冬にむけての蓄えをする．冬にはすべてが雪に覆われるため，これらの樹皮をむくしかない．ヘラジカは特に，水がある場所を好む．そこではタイガの森に多い吸血昆虫から逃れるために何時間も水中に入っているのである．
［写真：Martin Grosnick / Ardea London］

タイガのハイエナ

腐肉を食べるアメリカクズリ［Erwin & Peggy Bauer / Bruce Coleman Collection］

タイガには本物のハイエナは生息していない．広大で静かな針葉樹林の中では，あるいはもっと快適な広葉樹林の中でさえ，ハイエナのかん高い笑うような声は聞こえない．そしてもちろんのこと，冬には雪が問題となるだろう．さらに何種類かの動物が，腐肉の処理をしなければならない．このため，問題は，タイガの気味の悪い下層において，誰が死体を取り除くかなのである．

威嚇するアメリカクズリ［Daniel J. Cox / Oxford Scientific Films］

冬にタイガの森を覆う雪の厚い層は，生息する動植物の多くを－40℃になることもある恐ろしい凍結から護っている．したがって，生物は場合によっては1 mもの雪の下の土壌表面に留まっている．げっ歯類は，秋に落ちた松かさを捜し，トガリネズミは落葉落枝の中で越冬する昆虫を狩り，イタチやオコジョのような小型の肉食動物はげっ歯類を狩る．さらに，大型の動物にとっては，雪は大きな問題であり，甚だしく行動を制限する．ムースのように強靭な長い脚を持つ動物でさえ，何日間も，あるいは何週間も，ポプラの木立やヤナギの茂みに留まることを余儀なくされる．クマは巣の中で眠りながら冬を過ごし，オオカミは雪が歩くに十分な固さがある川沿いを移動する．

クズリは，冬にはタイガの森の中では殿様顔で，1日に何 km も移動することがある．体は長さ 85 ～ 95 cm，肩の高さ 35 ～ 45 cm で，イタチの仲間（イタチ科）で最大である．クズリの大きな足は，足底が非常に広いため，柔らかくて深い雪の上を楽に歩くことができる．この長くて黒っぽい毛皮は凍りつくことはなく，雪や霜が簡単に取れる．こうした特性により，北方林の多くの人々が，寒さから身を守るためにクズリの毛皮を使って衣類を作るのである．

二頭の若いアメリカクズリ［Daniel J. Cox / Oxford Scientific Films］

クズリは実際には，生息範囲がほぼ完全にタイガだけに限定される比較的大きな肉食動物に過ぎない．ユーラシアではユーラシアクズリ（グラットン），北米ではアメリカクズリ（ウルヴァリン）として知られ，より大きな動物を攻撃できる肉食動物だが，北方林では，小型のげっ歯類，卵，雛鳥，昆虫，野生の果実，松の実で食事を補わなければならない．死肉，たとえば産卵後に死んだサケの死体も食べる．したがって，クズリはサバンナでハイエナが果たすのと同じ生態学的役割を果たすのである．

雪に覆われたタイガに残るユキウサギの足跡
[Philippe Henry / Oxford Scientific Films]

クズリは限定的に死肉を食べる動物である．ぎこちなく無頓着に見えるが，驚くべき強さと機敏さを兼ね備えた行動と同様に，その外観はハイエナを思い出させる．最も重要な違いは，ハイエナはアフリカのサバンナで大きな集団で暮らし，多くの有蹄類を支えているということである．タイガの生態系が乏しくなったことにより，クズリの数が深刻なまでに制限され，クズリは7月の短い求愛シーズン以外には孤独な生活を送る厳密になわばり的行動をする動物である．着床の遅れが生じ，妊娠は約9ヶ月続く．

クズリの冬の食餌は，アカシカ，シベリアジャコウジカ，シベリアノロ，ムースなどの有蹄動物が頼りだが,好みの餌動物はカリブーである．クズリは有蹄動物よりもかなり小さく，健康なものは殺すのが難しいため，年齢が若いものや病気のものを攻撃するのが普通である．時々，キツネ，カワウソ，テンのようなもっと小さな食肉動物の獲物を奪う．これは熱帯のハイエナと共通する特性である．クズリが頻繁に狩りをする領域では，死肉はクズリの食事の中でもさらに重要になる．なぜならわざわざ狩りをすることなく，ただオオカミの後についていって，オオカミが食べ残した死肉を食べるだけでよいからである．

すでに述べたように，クズリは孤独な生活を送り，通常約1000 km^2の面積が1，2匹を支えている．餌動物が比較的乏しいシベリアのタイ

雪の中を闊歩するアメリカクズリ［Andy Rouse / NHPA］

ガでは，1匹のなわばりが2000 km^2 に及ぶが，より多くの餌動物がいる豊かな地域では，このなわばりはもっと狭まり，フィンランドのラップランドで約300 km^2，ブリティッシュコロンビアで約130 km^2 である．

メスのクズリは，毛皮，乾いた草，モミやトウヒの小枝を用いて，倒れた木の幹の下の雪の中に，子供のための巣を作ることが多い．子供は冬や初春に生まれ，通常一度に2～3匹生まれる（アラスカでは多くて4匹）．子供は生後5週間で目が開き，わずか7ヶ月で狩りを始める．メスは出産した後の年には子供を生まない．したがって1年おきにしか子供を生まない．

クズリはタイガ全体に生息するが，非常に秘密主義であるため，観察するのは極めて難しい．プロの狩猟者でも，野生のクズリを観察できたことがある人は少ない．しかしクズリはタイガでの人間の行動を注意深く観察している．クズリは狩猟者によって設置された罠を頻繁に点検し，餌や，捕まった動物を食べる．これは非常に注意を払って行うので，捕まえられることは滅多にない．わずかな頻度で若く経験の浅いクズリが失敗する．彼らには，失敗から学ぶ2度目のチャンスはなく‥‥．

ユーラシアクズリ
［Michel Gunter / Bios / Still Pictures］

199. オコジョは，ユーラシアや北米の北方針葉樹林全体に生息する．小型のげっ歯類，鳥類，卵，昆虫を常食とし，岩の裂け目や樹木の切り株の中，あるいはげっ歯類が放棄した穴を利用して巣を作る．オコジョは，乾いた草や獲物の皮や羽で巣の内側を補強する．昼間のどの時間も活動的だが，主に夜行性である．大きさはさまざまで，ユーラシアのオコジョは北米のオコジョよりも大きい．体の大きさはベルクマンの法則にしたがい，緯度によって異なる．北米北部の雄のオコジョは尾を含む全長が 24 cm，体重約 200 g であるが，北米のもっとも南部に生息するオコジョは全長が 17 cm で，体重がわずか 60 g である．オコジョはおそらく冬の毛皮で一番よく知られ，尾の先端が黒いことをのぞけば完全に真っ白で，夏の毛皮よりも厚くて長い．アーミンとして知られ，冬の毛皮は長い間高く評価され，以前は要人のために儀式用ガウンを作ったり装飾したりするために使用されていた（p.385 参照）．英国の裁判官は，かつてガウンにアーミンを使用したものである．1937 年には，英国王ジョージ 6 世の戴冠式に裁判官らのローブを作るために，カナダが英国に 5 万匹分のアーミン毛皮を輸出した．ガウン 1 枚に約 300 匹分の毛皮が必要であり，人件費のせいで非常に値段が高くなるため，それ以来，需要は低下している．
［写真：Danegger Manfred / Jacana / Auscape International］

ヒグマは，タイガにもっとも典型的な動物の一つである．アメリカグマは，もっと小さく，北方林にも生息し，ヒグマとよく似た生活を送っている．いずれの種も，半冬眠の状態で，雪の下の巣の中で冬を越す．これらの心拍が遅くなり，体温は若干下がるため，エネルギーを節約するのである．それにもかかわらず，これらはすばやく目を覚ますことができ，暖かい日には一時的に巣を出ることすらある．

小型哺乳類

ビーバーはおそらくタイガの哺乳類の最大の象徴である．ユーラシアにはヨーロッパビーバーが生息し，北米にはアメリカビーバーが生息している．いずれも川に巣やダムを作る（p.314 ～ 317 参照）．北方林には，基本的にマツの実を食べる幅広い範囲の小型の樹木性哺乳類が生息する．たとえば，アカリスすなわち北米のアメリカアカリスなどのいくつかの種類は，冬に食べる松かさを夏に集める．

タイガでもっとも小さな肉食動物は，イイズナやオコジョである．いずれもヨーロッパ，アジア，北米のタイガ森林のいたるところに分布し，いずれもタイガのバイオームを超えて，南北に広がって分布している．これらは冬の間，雪に埋もれてその季節を過ごし，そこで小さな餌動物を狩る．これは通常ハタネズミである．オコジョはイイズナよりも大きく，氾濫原の水浸しになりやすいビオトープを好み，そこで大型のツンドラハタネズミを狩る．イイズナはタイガの河間の森林地帯によく生息し，たいていはもっと小さなヒメヤチネズミを餌にしている．

タイガの森は，非常に多様なトガリネズミを支えている．なぜなら，この動物はタイガのビオトープのすべてにおいて居住することを選べるからである．すなわち，いずれの種も自分が好む生息地を選ぶことができ，それを共有することすらできる．要するに，大きさが非常に異なる種が，同じ居住環境に生息でき，このために非常に広範囲のさまざまな無脊椎動物を餌にすることができるということである．大きなトガリネズミは主にミミズや，他の比較的大きな餌動物を食べるが，小さなものは，森の落葉落枝の中で冬ごもりするクモ類や昆虫類を捕まえる．

トガリネズミに加え，ハタネズミも冬の雪の覆いの下では活動的である．ハタネズミは全げっ歯類の中でもっとも小さく，ヤチネズミ属の成熟種は重さがわずか 20 ～ 40 g しかない．これらは雪に穴を掘り，そこで寒さから護られて，埋まっている低木の実を見つける．タイガにはハタネズミは 4 種しかなく，もっとも一般的なのが，ユーラシアと米国の北方林に生息するヒメヤチネズミである．ハタネズミは幅広い食物を食べる．たとえば，樹木や草本植物の種子，果実，キノコ，地衣類，若い樹木や低木の皮，昆虫などである．豊作の年には，タイガ 1 ha で 100 匹以上のトガリネズミやハタネズミを支えることがある．

200. アラスカ（米国）の森で雌を惹きつけるためにカラフルな羽飾りを広げる**雄のハリモミライチョウ.** このライチョウ科の鳥は，タイガに典型的で，タイガに限定されると考えられる数少ない鳥の一つである．なぜなら，この生息範囲は北米を走る針葉樹林帯とぴったり一致するからである．主にマツ林（バンクスマツ，ヨレハマツ）で見られるが，トウヒ属（クロトウヒ，カナダトウヒ，アカトウヒ）の森やモミ属（バルサムモミなど）の森にも生息する．若くてたいへん密集し，よく発達した低木層がある森を好むが，夏にはスノキ属（ツツジ科）やその他の低木の果実を探して林の下層に降りる．こうした密集した森のこじんまりした枝の間を移動するため，非常にすばしこい．多くの研究者が，ハリモミライチョウをライチョウ科で最も原始的な鳥の一例であり，この科の他の鳥が進化してきた祖先に一番近いとみなしている（図 203 参照）．
［写真：Dicon Joseph / Natural Science Photos］

鳥類，両生類，爬虫類

タイガの鳥類の約 2/3 はスズメ目の鳥で，隣接したステップやツンドラのバイオームとは異なる特徴となっている．これはスズメ目が温和な森林環境で進化したという事実に関連している．

ユーラシアや北米のタイガで冬を過ごす鳥類の大半が，2 つの大陸で同じ種が代表しているか，ユーラシアでコガラ，北米でアメリカコガラというように，同じ属の異なる種が代表するかのどちらかである．しかし，北米とユーラシアのタイガ地域は，毎年南へと移動する鳥類にはほとんど同じ種類はいない．生態学的に似ているユーラシアと北米の居住環境は，ツグミ属（ツグミ科）および北米のチャイロツグミ属（ツグミ科）のような同じ科の異なる属，あるいはメボソムシクイ属（ウグイス科）のような旧世界のムシクイとハゴロモムシクイ属（アメリカムシクイ科）のような新世界のモリムシクイの場合のように，相似した環境条件と居住環境で暮らした結果，形態学的に似てきた非関連種が代表的である．

ヒタキ（ヒタキ科）もアジアのタイガの森によく見られ，樹冠に生息している．ムシクイは葉や針葉で食物を見つけるが，ヒタキは飛行中の昆虫を捕まえる．これらはムシクイほど温帯地方で長期間は過ごさない．シベリアタイガに典型的なヒタキには，オジロビタキやサメビタキなどがある．

北方林には，両生類や爬虫類の種類は少ない．それは短い夏によって制限されるからである．一番多い両生類は，低温で活動を維持できる．

201. シベリア（キタ）サンショウウオは，タイガの森に生息する少数の両生類の一つである．水の外で暮らし，主に早朝と午後遅くに活発である．短い繁殖期（5～6月）小さな水溜まりに移動する．これらの動物の交尾は大変興味深い．雄は卵が育つことができる水溜まりを選び，口を開け尾を動かして，雌を惹きつけるために水にフェロモンを放出する．雌は選ばれた場所に2群の卵（各卵管から1個ずつ）を産み，雄は精子によって受精させる．卵の集まりは幼生が孵るまで水中の植生の中にとどまる．この種は，タイガと同様，ツンドラにも生息するため，最北の両生類である．寒さに強く，約0℃の気温でも活動的である．冬眠する冬の寒冷な時期には，マイナス35℃の気温にも耐えることができる．
［写真：Milos Andera / Natural Science Photos］

たとえば，実験的な環境では，シベリアサンショウウオは，－6℃の気温でも生き延び，2～4℃，さらには0℃でも，活動的で動くことができた．短いタイガの夏の間は，暖かい期間に非常に寒い期間が割り込むため，土壌表面に生みつけられた卵は死んでしまう．したがって，生息範囲が北方林ほど北にまで及ぶ爬虫類であるコモチカナヘビやヨーロッパクサリヘビなどは胎生であるということは理解できる．

常に存在するカやその他の昆虫

夏期にタイガを訪れたことがある人は，吸血昆虫が多いことを鮮明に思い出すだろう．吸血昆虫は6月の初めに孵化し，ほとんど初雪が降りるまで温血動物にとっての生活を惨めなものにする．これらは6月の終わりから7月の初めに最も多く，あまりに多いために，旅行者は，太陽を隠したり，ときには景色を見えなくするほどの蚊の厚い壁に直面する．村に住む人々でさえ絶対に必要でない限り，そこを出ないようにする．

「mosquitoe（カ）」という言葉は，広くは非常にさまざまな生活様式をもつ昆虫のことを指す．まず，最も攻撃的な蚊そのものや双翅目に属するその他の吸血昆虫（双翅目カ科），特にヤブカ属があり，夏には目を見張るほど数が多くなり，8月に入ってしまうまで人やその他の大型哺乳類を攻撃する．これらの昆虫の多くがほぼ1日中活動的で，屋外でも刺すし，屋内でも隙間を通ったり，さらには煙突を降りてきて刺すのである．

ヤブカ属に刺されると痛い．ヤブカ属は，通常は下唇に納められている吻針に似た細長い吻で皮膚を突き刺す．メスの蚊だけが血を吸い，雄は一般的に花から蜜を吸うだけである．メスは卵を育てるために血液を必要とし，自分自身の血液の2倍の重量の血液を吸う．タイガでは卵は小さな水溜まりに産み落とされる．翌年，孵化して，植物遺体または水生微生物を食べて生活する．数回脱皮した後，幼虫は10倍の大きさとなり，活動的かつ自由遊泳性の湾曲したさなぎとなる．最終的に，さなぎの背中の皮膚が割れて開き，成熟した蚊（成虫）が水面から現れる．

熱くて雨がちの夏の間に，蚊は極端に増える．初夏が暑ければ，水溜まりは成虫の蚊がさなぎから現れて飛び出す前に急速に乾いてしまう．タイガでは決して珍しくない初夏の集中的な寒さも，多くの蚊を死なせてしまう．これは水溜まりが氷に覆われ，これによって幼虫や，特にさなぎの呼吸が妨げられるからである．

ほかにも，ブユ（双翅目ブユ科）のような吸血昆虫がいて，体長は約4～6 mmだが，それらの咬創は，蚊よりもずっと痛い．ブユは，蚊のように，血流を維持する抗凝血物質を注入する．これらの唾液も，人間にとって非常に刺激があり，炎症を引き起こす．もし多く咬まれれば，全身の腫れと体温上昇からなるアレルギー反応を引き起こすことがある．ブユは夏の後半に非常に多く，なかには初雪が降りてもまだ活発な種類もいる．これらは天候の変化に敏感で，夜には普通は不活発になり，閉鎖された空間には入らない．

ブユの幼虫は，急流や川で成長し，そこで水草や岩にくっついて，動物というよりむしろ植物に似た生活を送るのである．蚊のように，雌のみが血を吸い，雄は花の蜜を食料として生活する．1～2種のブユは，タイガでは活動的な吸血昆虫であるが，森林ステップやプレイリーでは花の蜜のみを吸うということは，指摘するに値する．これは，好ましくない環境で幼虫期が始まり，卵を育てるために十分な栄養の貯えを蓄積できなかった場合には，成虫のメスはもっぱら血液を吸う必要があるためである．

夏のタイガのみずみずしい緑の中で，旅行者は焼かれてしまったように見える死んだ森の斑点を見ることがある．これは火災のせいではなく，薄緑色のガである *Dendrolimus sibiricus*（鱗翅目カレハガ科）が攻撃した結果である．これらのガの大群は7月後半に発生する．日没の時刻周辺に発生することが多い．雌は針葉樹の葉に直接卵を産みつけ，それを毛虫が食べ始めて，後に新芽を攻撃にかかる．通常は完全に成長するまで2年かかるが，これは，どの程度北に生息しているかによる．北方では生活環が長くなるためである．非常に多くのマツカレハガの毛虫がいれば，樹木を枯らしてしまうこともある．

毛虫はすべての樹木を攻撃するわけではなく，最も脆弱なものだけである．その樹木が弱いのは，やせた土壌で成長したためかもしれないし，何度かの季節に好ましくない環境条件にさらされた結果かもしれないし，産業公害が原因かもしれない．マツカレハガの毛虫に攻撃された後には，樹木を破壊するシラフヨツボシヒゲナガカミキリ（鞘翅目カミキリムシ科）の幼虫の攻撃を受けやすくなる．まとめて考えると，中央シベリアでは，マツカレハガとカミキリムシの活動が，暗い色のタイガの樹木の破壊と，広葉樹との交替を招いているのである．

3.2　季節的リズムと周期的変動

タイガの動物の生活条件について述べる場合，タイガが広大な面積におよぶことを思い出すべきである．マツやその他の優占する針葉樹による松かさや種子の産生は，年毎に大きく変動し，1年の間でも地域によって大きく異なることがある．タイガの動物の大半は針葉樹の種子に，直接的あるいは間接的に依存しているため，多くの鳥類や哺乳類が，食料がより豊富な場所を求めて，周期的あるいは季節的に移動するのも意外ではない．

鳥類の越冬のしかた

食物を求めての場所移動は，イスカ（イスカ属，アトリ科）のように，食料が限定的な鳥に特に典型的である．たとえば，ハシブトイスカはマツの種子を食べ，イスカはモミの種子を食べ，ナキイスカはカラマツの種子を食べる．

これらはタイガに生息する鳥類で，唯一冬に繁殖する．巣の中では育ち盛りのヒナが強烈な寒さの中を生き延びる．これらの繁殖がうまくいくかどうかは完全にマツの球果生産に左右されるのだということを考えに入れると，これは不思議なことではない．マツの生産物は冬の間中その枝に実っており，ヒナが育つのに冬が最良の時期であることを意味しているからである．

シベリアマツの大きな種子は，小型のスズメ目の鳥には硬すぎるが，カラス科の一種は，シベリアマツの種子を食べるのが得意である．長くて鋭いくちばしが種子のしぼり出しにおあつらえむきなのが，ホシガラスである．北米タイガにはハイイロホシガラスという近縁種がいる．ホシガラスは，イスカのように冬に繁殖せず，春の半ばから夏の終わりにかけて繁殖し，ヒナには主にシベリアマツの種子や昆虫を与えて育てる．ホシガラスが冬に繁殖しない理由は，おそらくシベリアマツの松かさは秋に落ちるのが普通で，他の針葉樹とは違い，寒冷な季節全体を通じて樹上にあることはまれであることである．結果として，ホシガラスは冬にはある程度の食料不足に見舞われる．冬を切り抜けるためには，秋に，切り株のそばや落ちた枝の下に松カサを隠したり，ただ埋めたりする．シベリアマツが生育する場所から遠く離れた場所に貯えを隠すことも多く，このために伐採されたり

202. ナキイスカは，雄の羽にある2本の白いすじによって見分けられる．針葉樹の種子しか食べず，あまりにそれに頼っているため，繁殖サイクルは球果の成熟に左右される．また，食料を探して狭い地域内での定期的な移動を行う．フィンチ（アトリ科）の仲間であるイスカは，摂食に特化して下のくちばしが交差しているために「crossbill（交差するくちばし）イスカ)」と呼ばれるのである．このくちばしは，球果のうろこを開く「てこ」として，また種子を取り除くピンセットとして働く．生息域での針葉樹の生え方に応じて，イスカの種類が違えばくちばしの大きさと形はさまざまである．Two-barred crossbillは，カラマツの球果を常食とし，くちばしはハシブトイスカよりも薄い．ハシブトイスカはマツからマツの実を取り出すことに長け，より厚くて丸いくちばしを持つ．イスカはみな，オウムと同じように，枝の間を移動する時もくちばしをうまく利用する．
［写真：Edgar Jones / Ardea London］

焼けたりした場所でシベリアマツが新しく芽を出す．

ほとんどすべてのタイガの森林に，針葉樹の他に，カバノキや，他の種類のハンノキが生育する．これらが実らせる小さな種子は，春に繁殖して昆虫でヒナを育てる非常に小さな鳥ベニヒワのような，何種類かの鳥が非常に好むものである．アメリカキクイタダキは，北米の北方林に見られる同様の食虫性小型鳥類であり，これはもっと大きな鳥が南へ渡った後に残っている．色は薄緑で，ほかのキクイタダキよりも尾が短い．針葉樹の一番高い枝の間に，球状で上部に入り口がある巣を作る．

冬の間，タイガは静寂に支配されるが，春が訪れると鳥の歌声で満たされる．やってくる鳥類の多くは，南で冬を越した後に巣に帰ってきたスズメ目の鳥である．その大半が樹冠の昆虫を餌にするか，土壌表面からさまざまな食料をついばむ．この食料が豊富にあるのは夏だけだが，ヒナを育てるには十分である．

秋には，若い鳥が，越冬のために数千kmを移動する親鳥についてくる．タイガの鳥の中には，アフリカ南部で越冬するものもいれば，南米で越冬する鳥もいる．翌春，前年に繁殖した場所に帰ってきて，ときには前年とまったく同じ木に巣を作ることもある．

タイガの多くの種の鳥類の個体数は年ごとに大きな変動を示す．この変動は多くの異なる要因に左右され，種によって異なる．タイガで冬を過ごす鳥類の数は，食料とする種子がどれだけ実るかに左右されるのが普通であるが，移動する鳥類の数は，大半は越冬する場所の環境条件によって決まる．これらの鳥類が夏を過ごす北方林の面積は，冬を越す熱帯や亜熱帯林の面積と比べると莫大である．

さらに，これらが冬を越す領域には，同じ食料を食べる他の鳥がすでに住んでいることがある．こうした場所の個体密度は高く，他の場所から来た鳥は最適な居住環境に住みつくのが非常に難しい．結果，こうした越冬地で食料条件や気候条件がわずかに悪化しただけでも，タイガにおける北方の鳥類の個体数が実質的に減少する原因となる．

体重が6kgにもなる大型鳥類ヨーロッパオオライチョウのように，冬の間タイガに残る鳥もいる．夏や秋には主に種々の野生の果実を食べ，それが不十分な場合には，マツの葉を食べる．この大型の鳥は，日中は木の高いところで針葉を食べて過ごし，日が暮れると雪に穴を掘って夜を過ごす．

203. ヨーロッパオオライチョウは，最も遠い北部に見られるライチョウ科の一種である（図200参照）．しかし，この鳥はタイガバイオームにしかいないわけではなく，他の針葉樹林や混交林にも生息する．雄は黒っぽくて光沢のある羽毛を持ち，なわばり行動をし，鳴き声や目立つディスプレーによってこのなわばりを守る．通常は枝の高いところからの警告の声で始まり，次にやかましく地面へと降下し，写真に見られる体勢をとる．首を上に伸ばし，のどの羽毛を立て，尾を直立させて扇型に広げてみせ，翼は低く下げて両肩の白い斑点を見せるのである．それから特有の声を発しはじめる．ライバルの雄がその声を無視して占有されたなわばりに入ると，儀式化された戦いが始まることがあり，互いにつつくぞと脅しあうが，実際にはつつかない．これによって，侵入者は自分が他の雄のなわばりにいることに気づく．それでも，その雄が逃げないこともあり，そうすると本当の闘いが始まり，くちばしで首や首まわりの羽毛をつかみあって相手を動けなくしようと試みる．これらの闘いの結果，敗者が死ぬことはめったにないが，傷つきすぎて間もなく死んでしまうこともある．
［写真：Sylvain Corder / Jacana］

近縁種であるオオライチョウは，シベリアのカラマツ林に生息し，冬の間，カラマツの若芽を食料にする．ハリモミライチョウは，北米の北方林にもっとも多い鳥類である．ほかのライチョウとは異なり，この種は針葉樹の葉や若芽を食べるが，可能なときにはかならず多くの種類の野生の果実も食べる．この鳥は，決して人間を怖がらない素直な鳥であるため，「fool hen」として知られる．針葉樹の葉のように硬くて低カロリーの食べ物で冬を越すのは，ライチョウ，キジ，ヤマウズラ（ライチョウ科）のグループの鳥だけである．これらの鳥はまるで，針葉樹の葉や若芽のセルロースを効率よく処理する専門の機械のようである．

冬の間タイガに残る小型の鳥類は，キツツキと他の鳥類が混群を形成する．たとえば，アカゲラあるいはときどきミユビゲラが，ゴジュウカラや，いくつかの種類のシジュウカラ，特にコガラと一緒にいるのが見られる．それぞれの種に好みの食べ物があり，キツツキは冬ごもりのために枯れた木の幹や，松カサを探したりする．

ズクロゴシュウカラは木の枝の表面を入念に探索し，シジュウカラは枝の上の食料をさがす．このことから考えると，これらの混群ができるのは，小型の鳥がキツツキと一緒にいることを好むためのようである．キツツキが木の幹や松カサを砕いて開くと，小型鳥類にとって昆虫や種子がいくらか手に入れやすくなるのである．この混群の一部をなすシジュウカラは，冬でも，これらが巣を作る場所の近くにとどまるが，実際には，これらの鳥，特に幼鳥は，季節的な移動をする特徴がある．

これらの鳥は，通常，9月の第一週に越冬地に向けて移動し，春に巣に戻ってくる．移動する群れは，夏の繁殖の季節に繁殖がうまくいった年には，特に移動する群れが大きいため，鳥の個体数が非常に多くなる．

哺乳類の移動

タイガの哺乳類も，食べ物の入手しやすさに応じて移動する．このことは，ユーラシアタイガの森全体に非常に多く生息するキタリスや，北米の森全体に多いアメリカアカリスが示している．リスはほとんどすべての種類の針葉樹の種子を食べ，年中活動的であるため，種子が豊富にある場所を探すために長い移動を行うことを余儀なくされる．リスはこうした食料をもとめる旅において，3～4 km/h と，非常に速く移動し，ほぼ 2 km の幅があるエニセイ川など

204. **ゴジュウカラ（ゴジュウカラ科）**は，針葉樹林に一年中生息するもっとも活動的な小鳥の一つである．どの方向にも（しかも頭を下にして）不規則に一気に，そしてキツツキのように尾で支えずに強い足を使い，木の幹を駆け上がったり駆け下りたりして木の幹の昆虫を捕まえる．このゴジュウカラは古い木の穴に巣を作るが，特に落葉樹を好む．住み着く前に泥で隙間をふさぎ，入り口が大きすぎる場合には泥で狭くする．適切な穴が見つからなければ，他の鳥が放棄した巣を改造する．他のゴジュウカラ科の鳥のように，ゴジュウカラは性的二形性を表さず，雄と雌が同一である．
［写真：Peter Laub / Ardea London］

の重大な障害物を越えることができる．さらにリスは集団移動をすることがある．たとえば，1917年にリスの大移動があり，45日かけて北ドヴィナ川を渡った．

秋の終わり頃に，トナカイがツンドラから北部タイガの森林へと移動する．トナカイは密集した森林を避ける．冬には樹木がない広い湿地帯へと行き，そこで雪の層の下にある地衣類を食べる．ヘラジカも冬には雪が少ない地域へと季節的な移動を行い，200 ～ 300 km の旅をする．ヘラジカは夏には広範囲に生息し，1日に数十 km 移動して，低湿地で草を食べたり，池や浅い湖で水草を食べたり，あるいは森林の開けた場所，特に，火災が起こった場所や伐採された場所で見つけた水分の多い若い芽などを食べたりする．

テンも食料を求めて移動する．温かくて光沢がある毛皮が非常に価値があるクロテンは，アジアのタイガにのみ生息する．イタチ科の仲間であるクロテンは，食べ物をさがして木に上ることができるが，冬に枝が厚い雪の層に覆われると，足を使って長距離を移動しなければならない．そのさまざまな食料には，松の実，小型哺乳類，リスなどがあり，特に夏には，野生の果実，蜂の巣，小型の鳥類で補う．クロテンは秋の終わりや冬の初めに移動するのが普通である．その足跡から，クロテンが 120 ～ 150 km の距離を移動し，通り道にある高い山を越えることもできることがはっきりとわかる．

ユーラシアタイガにはマツテンが生息し，北米タイガにはアメリカテンやフィッシャーテンが生息する．アメリカテンは主に小型のげっ歯類（特にマウス），リス，ウサギ，鳥類を食料とし，また豊富にある場合には死肉や野生の果実も食べる．アメリカテンはクロテンよりも小さく，クロテンが重さ 0.7 ～ 1.8 kg であるのに対して 0.5 ～ 1.5 kg であり，また同性の競争者からなわばりを守るどちらかといえば孤立した動物である．フィッシャーは，重さが 2 ～ 5 kg に達し，やはり日和見主義のハンターだが，カナダヤマアラシが大好物のようである．毛皮を取るために狩られた結果，フィッシャーテンの個体数が減少したことで，カナダヤマアラシが大きく増加し，北米東部の多くの地域では，現在，害獣となってしまった．

個体群周期

トガリネズミ，ハタネズミ，ノウサギ，その他の食肉動物を含め，多く種類のタイガの哺乳類の個体数は，時には劇的に増減する．これらの変動は明らかに周期的で，3～4年ごとに生じる（ノウサギの場合は8～11年）．ピークに達した後には，急速に減少し，ピーク時の1/10や1/100に落ちる．たとえばカンジキウサギは1 km^2につき2400匹に達することがあり，最小時の100倍である．急激に減少した後にふたたび増え始め，新たなピークに達し，また次の急な減少が生じる．

これらの変動を説明するのに，十個以上の種々の仮説がある．個体数の変化は，気候，食料の豊富さ，疫病，あるいは太陽活動の周期などの外部要因の結果であると述べる人もいるし，集団内部の要因，特に高い個体群密度による相互作用から生じたストレスに重きを置く人もいる．たとえば，雪がそれほど積もらない地域では，小型哺乳類の個体数の減少は不規則であり，冬が非常に寒くて雪が少ない年に観察される．雪が深く積もり，長期におよぶ地域では，個体群動態の周期的性質は明らかで，密度依存要因が重要な役割を果たす．広い地域にわたって似たような生息環境があり，積雪層が小型哺乳類を好ましくない気候から守るタイガでは，この個体群密度の周期的変動は非常にはっきりとしている．これは，一様なタイガでさえも，生息環境は場所によって大きく異なるからである．個体数が急激に減少した後，生き残った動物はもっとも好ましい小生活圏に集中する．これらは急速に繁殖し，若い個体は分散し始める．短期間のうちに，こうした種が夏にしか生存できない場所も含め，ほかのすべての小生活圏が占拠される．さらに生存段階のフェーズでも動物は繁殖を続けるが，若い動物が移住するため，過剰個体群は避けられる．秋や初冬には環境条件が苛酷になり，動物はもっとも穏やかで好ましい生息環境へと移動を始める．したがって，最適な小生活圏においては，人口過密が起こると結果的に食料供給が破壊されたり動物が大量死したりするが，これは急速な繁殖の結果生じるのではなく，他の小生活圏から動物が移入してくることによって起こるのである．

こうした周期的変動を説明するものとして最も広く受け入れられている仮説の一つが，肉食動物の影響である．肉食動物の数は，餌動物が増えると大きく増加する．肉食動物からの圧力が，餌動物の数の大きな減少をもたらし，結果として肉食動物の数が減少するというものであ

205. トウヒの樹上高くにとまる**カナダヤマアラシ．**陸生だが，地上で果実や葉や若芽が手に入らない秋と冬には，食べ物（主に針葉樹の柔らかい葉）を求めて木の上（ほぼ20 m）に登る．カナダヤマアラシの体の上部は，直径2 mm，長さ75 mmの長くて厚い針に覆われ，真ん中の部分は違う長くて硬い毛で覆われている．脚は樹上生活によく適応し，前脚には4本の指，後脚には5本の指があり，すべての指に曲がった丈夫なかぎ爪がある．落葉樹がある混交林を好むが，順応性があり，針葉樹や，ツンドラまで含むほかの生息環境でも落ち着いて暮らせる．
［写真：Tom Kitchin and Vicki Hurst］

木の幹でできたダム

ヨーロッパビーバーにかじり削られた木の幹［Eric Soder / NHPA］

最初の石のダムは約 6000 年前にエジプトで建設されたが，これより以前に土のダムが作られていた．最初のダムは灌漑のための水を確保するために作られたが，後には飲み水の供給を確保するため，川沿いの水路の水位を調整するため，そして破壊的な氾濫を制御するために建設された．中世においては水車小屋の水を貯えるために貯水池が作られ，これらが現在，水力発電の基盤となっている．しかし，当然のこと，これよりもずっと前から動物たちがダムを作っていた．すなわち，木のダムである．

ビーバーは，ダムを建設する動物の中で，最もよく知られる例である．ビーバーは大型のげっ歯類で（最大30 kg），ユーラシア大陸のヨーロッパビーバーと北米のアメリカビーバーの２種類がいる．初期の記録に残る歴史では，ビーバーはタイガや北半球の落葉樹林全体に生息し，北は森林ツンドラ，南はステップから亜砂漠に至るまでの範囲におよんだ．ビーバーにとって不運なことに，自然は彼らに人間にとって価値が高い毛皮を授けたため，20 世紀の初頭までには，本来の生息地の大部分から絶滅させられていた．

アラスカ・タイガのアメリカビーバー（Castor canadensis）によるダムと巣
[John W. Warden / National Science Photos]

ビーバーの巣の入り口は必ず水面下にあり，これによって多くの捕食動物から守られている．岸の傾斜が急な場所には，水面下に入り口がある穴を掘り，傾斜がなだらかな岸には，枯れ枝を大きく積み重ねた巣を作る．これは高さ１～３ m，直径10 m にも達する．北米では，何年も経過したものが，高さ 13 m，すなわち４階建ての家と同等の高さに達することが判明している．巣の出口も水中にあり，冬には巣内は0℃を超える温度に保たれる．このため，水は凍らず，ビーバーは常に巣から氷の覆いの下へと直接飛び込むことができる．

木の枝を運ぶアメリカビーバー
[Erwin & Peggy Bauer / Bruce Coleman Collection]

ビーバーは主に，ヤナギ，ポプラ，ヤマナラシなどの川沿いに生える樹木の若芽や皮を食料とする．夏の食物は，アヤメ属植物，アシ，コウホネやスイレン（スイレン科）などの柔らかい水生・半水生植物で構成される．ビーバーは一般的に，湖，森の中を流れる緩やかな川，ならびに三日月湖の岸に集落を作り，底まで凍る川は避けるのが普通である．泳ぐことも潜ることも得意で，息つぎせずに 15 分間水中に留まっていられる．

ビーバーにとって，水位が一定に保たれることは非常に重要である．そうでなければ，巣の入り口があらわになるからである．水位が変動する小川では，ビーバーは粘土，沈泥，その他の物質でまとめた木の幹，枝，葉を用いて，水位を維持するためのダムを作る．これらのダムは常に巣の下流にあり，著しく入り組んでいることがある．たとえば，モンタナ州（米国）で見られるダムは700 m以上の長さがあるのである！ ビーバーはさらに溝を掘り，それに沿って冬のために貯えた食料を流し込む．

ビーバーは鋭い切歯を用い，幹の根元を削り取って，大木を切り倒すことができる（p.314の写真参照）．一匹のビーバーが，直径6 cmの小型のポプラを約2分で切ることができる．木を倒すと，若い枝をかじり取り，その部分を食べてから，残りを集落やダムの建設地に運び，水路に沿ってそれを浮かべる．一晩のうちに，ビーバーは直径10～12 cmの幹の木を倒して加工処理できるのである．翌日，その木で残っているものといえば，切り株と，特有の木っ端の山だけである．

水中の巣の入り口に入ろうとするアメリカビーバーのつがい
［Jim Brandenburg / Minden Pictures］

ヨーロッパビーバーの尻尾の細部［Stephen Krasemann / NHPA］

アメリカビーバー［Wardene Weisser / Ardea London］

ヨーロッパビーバー［François Pierrel / Bios / Still Pictures］

川にダムができるのは，動物や人間の活動の成果だけではない．ときには，その川によって作られることもある．タイガでは，底が比較的狭い山岳の小川で，驚くほど頻繁にそれが生じる．春の氾濫時や，激しい暴風雨の後には，これらの山岳の小川が側岸を削り取り，樹木が水際に落ち込む原因となる．流れは木の幹を下流へ運び，水位が下がるとそれらは浅瀬に堆積する．次の氾濫の際に，これらの木の根が他の木の根とかみあい，枝が幹と幹の隙間をふさいで，下流に運ばれる小石がこれらの自然のダムを徐々に強化していく．ダムは次第に大きくなり，川の進路を阻害するまでになる．水位が上昇し，今度は川は，おそらく谷の森林の間に別の進路を見出し，側岸はさらに削られ，この全過程が新たに始まる．

樹木の幹が下流へと流れるのは，氾濫の時だけではない．タイガでは冬に，氷の間に泉が現れて，その後ふたたび凍り，連続した氷の層を形成する．春までに100個もの層ができる．春にはこれらの凍結した層が数mの厚さとなって，渓谷全体をふさぐことがある．春の融解が始まると，氷のかたまりが河岸の高木や低木を根こそぎ引き抜き，引き抜かれた樹木はその後下流へと流れ，もう一つのダムが自然にできる．これらのダムは景観を大きく変えることがあり，川が進路を永久に変える原因となり，谷を広げる．タイガの河川の水文学は，流れが速い川，氷のかたまり，そして働きもののビーバーによって大きく決まるのである．

206. ノウサギとその捕食動物オオヤマネコの関係は，餌動物の個体数の変化に応じて捕食動物の個体数がどのように変動するかを説明するために最も幅広く使用される例の一つである．ユキウサギの個体数は，8～11年続く周期的変動を示す．この個体数は，数百倍の単位で増減することもあり，シベリア東部のヤクートには，千倍の規模で変動することがある地域もある．ハドソン湾会社の報告に記録されている1800年以来毎年捕獲された動物の個体数の分析では，カンジキウサギとオオヤマネコの個体数には相関的な周期的変動があることが判明している．さらに，オオヤマネコの個体数のピークは，一般にノウサギの個体数がピークになった後1～2年で生じることがわかっている．肉食動物の個体数は，餌動物の個体数に密接に関連があるが，オオヤマネコがノウサギの個体数を減少させることにおいて果たした役割についてはよくわかっていない．オオヤマネコが生息しない地域では，オオヤマネコもノウサギも生息する地域と同じノウサギの数の周期的変動がある．さらにノウサギの個体数がピークになる年には，冬に（雪の層の下の）森林の若い植生はほとんど完全に破壊されるが，これは唯一手に入る食料なのである．結果として，ノウサギの個体数がピークになる年には，狩猟者が餓死した個体を発見することが多い．
［写真：Tom Ulrich / Oxford Scientific Films］

る．もう一つの見方は，肉食動物の数は食料の豊富さに全面的に左右されるのであり，したがって餌動物の数の変動に続いて生じるというものである．世界最大の夜行性猛禽の一つであるカラフトフクロウは，ヨーロッパ，アジア，北米の北方林帯全体に広く分布している．ハタネズミの数がもっとも少ない年には，カラフトフクロウは子供を作ろうともしない．北方林の餌動物であるもう一つの典型的な鳥はキンメフクロウである．これは小型の哺乳類や鳥類を食料とし，ときには昆虫を食べる．通常は樹木の小さな穴の中で繁殖するが，キツツキが放棄した巣に産むことが多く，一度に3～6個の卵を産む．生き残るヒナの数は，その年に食料がどのくらい得られるのかに左右される．こうした2種類のフクロウとは異なり，昼行性の種類であるオナガフクロウは，下を通過する餌動物を高い木の枝で待っている．

4. 川と湖の生物

4.1 タイガの水域

ユーラシアと北米のタイガには，多くの水塊があるが，これは意外なことではない．気温が低いため，降水量が多く蒸発が少ないからである．山岳地帯を除けば，水不足は実質的にありえない．典型的な低地のタイガでは，蒸発は総降水量の 50 ～ 70 % を常に越えず，残りは小川や川に流れ込む．しかし土壌の水はけが悪ければ，マーシュ湿地やボグ湿地の形成につながる．

川と湖

タイガでは冬が少なくとも半年続くため，降水量の大半は雪として降る．春は，4 月と 5 月に，太陽が地平線高く昇って長時間照り，日射が急速に増えて雪が早く融けて土壌いっぱいに染み込む．それが小川に注ぎ，さらに大きな川へと流れ込む．ユーラシア大陸のオビ川，エニセイ川，レナ川や，北米大陸のマッケンジー川ほどの大きな川には，タイガの河川流域の大半が含まれる．

タイガには非常に多くの湖がある．特に，先カンブリア時代の結晶質の堆積岩が土壌表面近くにある場所に多い．これは水分が下層土に浸透するのを妨げるからである．たとえば，北米の広大なカナダ楯状地，北ヨーロッパのバルト楯状地の面積の多くを湖が占めている．たとえば，ロシア北西部のカレリアでは，17 万 2000 km^2 の面積の中にそれぞれが 0.1 km^2 以上の面積を有する 4 万 1789 個の湖が存在する．バイカル湖（最深 1637 m）など，タイガバイオームにあるいくつかの湖は地殻変動によってできたものである．永久凍土地帯では大きな氷塊が解けた場所に形成されるサーモカルスト湖（Thermokarstic lake）がよく見られる．さらに，タイガのほとんどの湖が氷河を起源としている．地殻変動の過程とその後の氷河作用の組み合わさった結果として，深い湖がいくつかできた．これがおそらく，北米で最も深い湖，グレートスレーヴ湖の起源である（最深 614 m）．

小さな湖が数多くあるほか，タイガバイオームには広大な湖もあり，これは結晶質の楯状地の縁に位置するのが普通である．ヨーロッパでは，結晶質のバルト楯状地の最東端にある，ラドガ湖（1 万 7677 km^2）やオネガ湖（9682 km^2）がこれに含まれる．北米では，グレートベア湖（3 万 1153 km^2），グレートスレーヴ湖（2 万 7200 km^2），ウィニペグ湖（2 万 4300 km^2）がその典型的な例であり，そのすべてがカナダ楯状地の西端あるいは南西端に位置している．カナダ楯状地の南端には，セントローレンス川の源流である五大湖があるが，これはタイガバイオームからははずれている．

水域の特性

タイガバイオームが占める面積は非常に大きく，地質条件，土壌条件，気候条件は非常に多様であるため，水域も多様であっても不思議ではない．しかしながら，タイガの水域に暮らす生物すべてに影響を及ぼす共通の要因がある．

これらの要因の一つは，生育期間が短いことである．1 年の大半の期間，多くの湖や川は，わずかしか光を通さない厚い氷の層に覆われている．第二，第三の重要な要因は，気温が低いことと，水の無機塩（栄養イオンを含む）の含有率が低いことである．これらすべての要因が，主に微小プランクトンである藻類や藍藻類などの光合成独立栄養生物による光合成を深刻なまでに制限する．これが，タイガの大半の湖が貧栄養，すなわち栄養レベルが低く，一次生産が低く，水がいつもとても澄んでいる理由である．西シベリアなど，多くの泥炭湿原がある地域では，多くの湖は腐食栄養型である．腐食栄養型湖沼は，腐植酸の値が高いために，酸性度が高く，黄色味あるいは茶色味を帯びている．あまり透明度は高くなく，光合成は低い．

4.2 湖沼の生物

タイガの陸地の生物に対して主要な影響を及ぼすような季節周期は，湖沼や河川の生物にも影響を及ぼす．長い冬の間，厚い氷の層の下での生物の活動は，極度に遅い．第一の理由は，水柱全体の温度は非常に低く，約4℃である．二つめの理由は日光のレベルが非常に低く，日光は雪の表面で反射され，厚い氷の層を透過する光は乏しく，昼は短く，太陽は地平線上の低いところにある．

氷の形成と垂直の混合

冬はタイガの水界に住む多くの動植物にとって非常に困難な時期である．浅い湖沼は，底まですっかり固く凍ってしまうことが多く，これを乗り越えられる生物は，これらの環境条件に適合した休眠期を持つものだけである．底までは凍らない湖沼でさえも，冬には酸素が減少するせいで，魚があまりいない．

氷が割れる時期よりかなり前にタイガの湖に春が始まり，このとき光合成がはじまるのに十分な光が氷を通過する．光合成活動の急激な増加は2月にはじまることもあるし，3月や4月になることもある．氷の覆いの下での光合成は，強い風が雪の層を吹き飛ばす大規模な湖のほうが高いのが一般的である．たとえばバイカル湖では，1月の後半に，形成されて間もない氷の下で光合成が始まることが時々ある．こうした氷は光をよく通し，雪にはまだ覆われていない．氷の下で生育するこれらの珪藻植物（*Melosira baicalensis*, *Cyclotella baicalensis*, *Melosira islandica helvetica* など）の数は，4月がピークになる．湖が溶けると，これらの種は「夏」の種に変わるが，夏の種は必ずしも高い値になるわけではない．

氷が溶けた後に（通常，南部タイガでは4月，北部タイガでは5～7月），湖の水は鉛直混合を受ける．このとき水柱全体が同じ温度4～5℃になる．鉛直混合期と呼ばれる期間である．それに続いて生じる混合は，二つの型にしたがうこともある．湖が強い風の影響を受けやすく，暖かさが緩い場合には，混合期間が秋の冷却の時まで続く．自由な循環，すなわち混合が1回の期間しかないこのような湖は，1回循環湖（monomictic）として知られる．タイガのもっと北部にある地域の大規模な水塊は，通常は1回循環湖である．たとえばグレートベア湖は1回循環湖であり，氷がない期間（7月中旬～12月）には，気温が4℃を超えることはまれである．2回循環湖では春の雪解け後の事象は異なる．そこでは水の自由循環すなわち混合は年2回，春と秋に生じ，水柱はこの二つの混合の間の期間に熱によって成層化される．上部の層（表水層）は風によって温められ，かき混ぜられるが，深い湖の大部分（深水層）は，水の密度が最も高い4℃という温度のままである．表水層と深水層の間の変わり目では，水の温度は急激に落ち（時には，数℃のこともある），

207. 湖や湿地の雪と氷が融けはじめると，カレリア北部の泥炭湿地の針葉樹林を，**腐植栄養の小川**が流れる．泥炭湿地の腐植酸によって水は黒ずみ，pHが下がる．腐植栄養の水は，タイガ特有で，栄養分が乏しいために植物プランクトンの生育には不都合があるため，動物プランクトンや小さな底生（水底に生息する）生物はあまりいない．
［写真：Vadim Gippenreiter］

この変わり目は変温躍層と呼ばれる．南部タイガの小規模で深い森林の湖は，著しく明確な熱成層を示す．氷がなくなるのにもっと時間がかかる大規模な湖では成層はあまり明確ではなく，風によるより強い混合を受けやすい．

春と初夏には植物プランクトンが繁茂し，これに続いて動物プランクトンが増加するのが普通である．冬に固く凍結するために魚がいない小規模な水域では，動物プランクトンの個体数増加を制限する捕食者がいないため，動物プランクトンが植物プランクトンの数を制限する．さらに，秋の冷却が始まると，生物学的プロセスは衰える．日光の不足が光合成を劇的に低下させるが，有機物の分解は氷の下で続いている．湖が凍る時間は，緯度や，さらには水域の大きさやその地域の気候にも応じて大きく変動する．たとえば，グレートベア湖は，北に位置しているにもかかわらず，凍結するのは12月という遅さである．ヨーロッパで最大の湖，ラドガ湖は，暖かい大西洋の影響を受けるため，完全に凍ることはほとんどなく，もう少し北にあるオネガ湖は1月に凍るが，完全に氷に覆われるのはひどく寒冷な冬だけである．

一次生産者

特定の湖に，多くの種の植物プランクトンが生育することがあり，大規模な湖には200から300の種が存在することもあるが，どの瞬間にも優占するのはわずかな種だけである．北部タイガでは，最も豊富な種は，黄藻植物（黄金色藻綱，特にサヤツナギ属），渦鞭毛藻類，クリプト藻植物である．南部のタイガでは，緑藻植物，珪藻植物，およびシアノバクテリアが同じように増加している．植物プランクトンの種の構成は，たとえ地理的には遠くても，違う湖の間で非常に似ていることがある．たとえば，*Melostra islandica*，*Asterionella formosa* およびヒダサヤツナギは，グレートスレーヴ湖（北米），およびラドガ湖やオネガ湖（北ヨーロッパ）に大量に生息している．*Melostra islandica* や *Asterionella formosa* は，バイカル湖でも豊富である．

ヨーロッパタイガの湖の植物プランクトンのバイオマスは，平均乾燥重量1～5 g/㎡，年間生産量約50 g C/㎡で，これは森林ツンドラ地帯の湖の約2倍であるが，南部の針葉樹と広葉樹の混交林にある湖の1/3の値しかない．浅い水域では，多くの珪藻を含め，豊富な付着藻類が存在し，ときどき水塊の一次生産量全体のかなりの部分を占めることがある．北部の貧栄養湖の一次生産量の多くは，*Synechococcus* や小型の緑藻植物など，非常に小さな藍藻から成るピコプランクトンによるものである．

消費者：動物プランクトンからアザラシまで

最も大きな貧栄養湖では，動物プランクトンは通常，カイアシ類（*Limnocalanus macrurus*，*Epischura*，*Eudiaptomus*）やいくつかのワムシ（トゲナガワムシ，ナガミツウデワムシ，カメノコワムシなど）の2，3種が代表的である．枝角類，特にホロミジンコやミジンコ属の種は，主にバイオーム南部のより生産的な湖や，タイガ全体に存在する固く凍結する小さな湖にも生息する．カイアシ類は極度に貧栄養の湖における優占種である．なぜなら，枝角類とは違って，カイアシ類は分離した藻類の細胞の位置を突き止めて捕らえることができるからである．枝角類は効果的に食べるために食物の粒子を凝縮してより大きくしたものが必要なのである．さらに，カイアシ類は脂質の貯えを蓄積できるため，食べずに長期間を生き抜くことができる．

水底の群集は一般に，アカボウフラ（ユスリカ科ユスリカの幼虫），貧毛類のぜん虫，ドブシジミ科の二枚貝の軟体動物など，わずかな種で構成される．沿岸（潮間の）地帯で見られる昆虫には，カゲロウ，カワゲラ，トビケラなどが含まれる．端脚類（ヨコエビ）である *Pontoporeia affinis* やアミ類である *Mysis relicta* は，北ヨーロッパ，および北米の亜北極地帯のいずれにおいても，底に近い層に，しばしば大量に生息している．いずれの種も，カイアシ類の *Limnocalanus macrurus* や端脚類の *Pallasea quadrispinosa* および *Gammaracanthus lacustris* がそうであるように，氷河時代の遺存生物（氷期の生き残り）であると考えられる．

タイガ地帯の水域にも，いくつかの海綿動物，多毛類である *Manayunka baicalensis*（エニセイ川流域），フォーホーンと呼ばれる魚 *Myoxocephalus quadricornis* のような新しい海が起源の種，ならびにバルト海のワモンアザラシやラドガ湖のワモンアザラシの亜種 *Pusa hispida ladogensis* およびサイマー湖のワモンアザラシの亜種 *P. h. simensis* がある．

4.3 河川の生物

北極海や北太平洋に注ぎ込む大きな川は，ほとんどすべてタイガを通過する．それらの集水域の大半は低地タイガにあるが，多くが山に源流を持つ．これらの河川の水源は，ほぼ全て雪解け水であり，わずかに雨水が入っている．これらは冬には雪に覆われ，オビ川の中流域で起こる場合のように湿地からの大量の有機物の流入を受けるために，雪の下の酸素の欠乏が，魚の「冬死」を引き起こす．

一次生産者がない栄養不足の水

背が高い植物はあまりないが，付着生物は豊富である．急流がある小規模な川では，付着藻類が生産量のほとんどを占めるが，多くの生物は陸上の周辺地域から出た有機化合物（主に落葉として）を消費する．流れが急で石が転がりまわっているにもかかわらず個体群密度が高い動物もいる．たとえば，カワゲラ（カワゲラ目），カゲロウ（カゲロウ目），アカボウフラ（双翅目），トビケラ（毛翅目）などの昆虫の幼虫が主である．肉食性のトビケラのナガレトビケラやヒメトビケラなどが優占種である．これらはトビケラにつきものの特有の巣は築かず，餌を捕まえるために絹のような糸でできた網を張る．非常に流れの速い場所では，石の表面全体がしっかりと付着したブユの幼虫（後にサナギ）で覆われる．

大規模な川には植物プランクトンや動物プランクトンが生息する．底生生物には，アカボウ

208. 支流であるビチム川とアルダン川に挟まれた**レナ川の中流域**は，長さ約1500 kmあり，密集していて沼地の多い針葉樹林の間を流れている．シベリア東部では，レナ川はタイガを横切るもっとも大きな川の1つである．長さ約4400 kmあり，河口における水の年平均放出量は1万6000 m^3/秒である．この流域は，ほぼ260万 km^3におよび，そのほとんどが針葉樹林に覆われている．タイガを横切る川のほとんどがそうであるように，レナ川の源流は山地にあり，バイカル山脈の西斜面の小さな湖にある．それはその後イルクーツクとサハ共和国を横切り，北極海のラプテフ海に注ぎ込む．そこでは大きな三角州が形成されている．最後の流域はタイガから発生し，ツンドラの景観の中を流れる．レナ川の流量は，冬には低く，春の雪解けから出た水や多い降水により夏には高い．気候は大変寒冷であるため，レナ川の多くの流域が10月から6月まで凍結しており，永久に凍結した支流もある．これはそこに住む動物相と植物相にとっては深刻な問題である．たとえそうであっても，川は豊かな植物と動物の生活を支え，幅広い種類の魚を住まわせている．
[写真：Vadim Gippenreiter]

フラ，貧毛類，軟体動物などが含まれ，淡水性の海綿動物が見られることもある．最も近い近縁種が海産である大型の等脚類の甲殻類 *Mesidotea entomon* は，北極海に注ぐ多くのユーラシア（一部の北アメリカ）の河川の下流域や河口域に生息する．

消費者：サケ科やその他の魚

シベリアチョウザメ（チョウザメ科）は，西はオビ川から東はコルィマ川までのシベリアにある大きな川のすべてに生息しているが，それほど多くはない．この大型の魚（全長 3 m，重量 100 kg に達する）は，オビ川やエニセイ川では反遡河性（河口域へと回遊する）の魚として，レナ川，ヤナ川，コルィマ川では川にすむ魚として，バイカル湖やザイサン湖では湖や川にすむ魚として生息している．カルーガは，アムール川流域に生息するさらに大きなチョウザメで，身長 4 m，重量 1 トンに達する可能性がある．タイガ地帯の多くの湖や河川は，ヨーロピアンパーチ，キタカワカマス，ローチ，ヨーロッパデース，カワメンタイなど，分布域が広いいくつかの種の魚が生息する．

さらにずっと，タイガバイオームで最も典型的な魚は，ホワイトフィッシュ（コレゴヌス亜科）やカワヒメマス（カワヒメマス亜科）を含むサケ科の魚で，これらは別の科とみなされることがある．これらの魚は小さな川にも多い．ブラウントラウトは急流に近いところに生息し，もっぱら淡水魚の代表であるが，一般的なホンカワヒメマスやキタカワヒメマスはもっと穏やかな流域に生息する．アルプスイワナは，北部タイガ，ツンドラの辺縁部に生息する．これは周極地域に分布し，遡河性のもの，湖にすむもの，湖や河川に棲むものがある．多くの湖に，レークホワイトフィッシュ，ブロードホワイトフィッシュ，ホワイトフィッシュ，ペレッド，ムクスンなどのサケ科の種も生息し，北米では，レークトラウトが生息する．

北極海に流れ込むほとんどすべての河に，インクヌー（サケ科）が生息する．これは長さ 1 m 以上，重量 30 ～ 50 kg に達する魚である．産卵のためにはるか上流まで移動し，エニセイ川の上流 1500 ～ 1900 km，オビ川を 3500 km ものぼる反遡河性の魚である．アムールイトウ（タイメン）は，ユーラシア中央部の水域（オビ川，エニセイ川，レナ川の流域）に生息するもうひとつの大型のサケ科の魚であるが，これは流れが速い山岳の小川や，深く冷たい湖（バイカル湖や，アルタイ山脈のテレツコイェ湖など）を好む．アムールイトウは春に水底が砂利になっている小さな小川で産卵する．秋には下流に移動して，大きな湖か川で冬を過ごす．アムールイトウは長さ 1 m，重量 60 kg に達する可能性があり，釣り人はこれを釣ることを夢見る．しかし最も広くゆきわたり，商業的に重要

209. サケ科の魚はタイガの水域でもっとも多い魚である． サケ科の魚は形態がさまざまであるが，背中の背びれと腹びれの間（ふつうは腹びれに近い）にあぶらびれ（脂肪組織が垂れ下がったもの）という小さなひれが余分にあるので簡単に見分けられる．サケ科の生活史もたいへん多様である．いくつかの種類は遡河型で，産卵のために海から河の上流へとさかのぼる種類（図 210 参照）．この写真のホンカワヒメマスのように湖か河川でずっと暮らす陸封型もあれば，湖でずっと暮らして川で産卵する種類もある．ときどき，一つの水域に非常にさまざまな生活史を伴う形態が存在することもあり，このことがこれらの分類を詳細に扱うことを難しくしているが，興味深くしてもいる．
[写真：Lutra / NHPA]

バイカル湖

バイカル湖の夕暮れ［Michel Bureau / Still Pictures］

「神々しい海，聖なるバイカル…」は，今でもポピュラーな古いロシアの歌の最初の言葉である．1760年代と1770年代にバイカル湖を訪れた最初のロシア人は，これを海と呼んだ．バイカル湖はそれほど広大なのである．バイカル湖は海ではなく湖だが，多くの面で，世界中のほかの湖とは異なっている．

バイカル湖の名称は，「豊かな湖」を意味するBay Kolというトルコ語からついたものである．バイカル湖は地理学的にいう断層にあり，2000万～2500万年前に水で満たされ始めた．北から南までの長さ636 km，幅が25～89 km，面積が3万1500 km^2あり，ベルギーやオランダとほぼ同じ大きさである．世界で最深の湖で，最大水深1637 m，平均水深730 mである．世界のどの湖よりも多い約2万3000 km^3の淡水をたたえ，地球上の全淡水の20％に達する．1年間

で約 60 km^3 の水が，バイカル湖から，エニセイ川の支流であるアンガラ川に注ぎ込む．

バイカル湖の水はきわめて清澄で，透明であり，ミネラルの含有率が非常に低い．バイカル湖の水 1 リットルに，塩分，主に炭酸水素塩（HCO_2^-イオン）を 120 mg しか含まない．このように塩分濃度が低いのは，300 個ぐらいの流入河川が，不溶性が高い結晶質岩石を通ってバイカル湖に注ぐからである．この湖は毎年 4 ～ 5 カ月間氷に覆われる．夏には 200 m の深さまでわずかに温まり，湖の広々とした部分では，表面温度が 12 ～ 14℃に達することもあるが，暖かな上部の 200 m よりも下では，莫大な主要な水塊が 3.3 ～ 3.6 度の温度に保たれている．

バイカル湖の動植物はユニークで，多くの疑問を提起している．植物は 1000 種以上あり，その半分が珪藻である．生息している 1500 種以上の動物の 60 % が，バイカル湖に固有の種である．これらの種の中には，18 世紀の終わりに記載されているものがあるが，バイカル湖の豊富で特徴ある動物相は，1870 年代になってはじめて知られるようになった．これは 1863 年のポーランドの反乱に参加したために独裁政府によってシベリアへ追放されたポーランドの科学者 Benedykt Dybowski が，多大なる熱意をもってこの湖の動物相を研究しはじめた時である．Dybowski は，バイカル湖に固有のヨコエビ類，および軟体動物や海綿動物をはじめて記載した．固有種が計 191 種で，そのうち 185 種が科学的な新発見であった．開水域には，一般的なシベリアの淡水性の動物相とは異なる動物相があり，これはバイカル湖では浅い入り江に限られる．

科学者の中には，バイカル湖の動物相は海が起源だと信じている人もいる．「海」の要素には，固有の海綿動物 *Lubomirskia*（Lubomirskiidae 科），ヨコエビ類

バイカル湖の調査研究を最初に手がけた Benedykt Dybowski（1833 ～ 1930）［ロシア科学アカデミー湖沼学研究所提供］

の大半（255種，これはヨコエビ類全種の1/3にあたる），小型の多毛類 *Manayunka baicalensis* などがある．また，バイカル湖の固有種の大半は，淡水性の先祖に由来するのだが，湖はまぎれもなくオームリとして知られるサケ科の種やバイカルアザラシなど，海が起源の種がいくつか含まれているのだと考える科学者もいる．いずれの種も，おそらく，エニセイ川やアンガラ川を遡ることによってバイカル湖に到着したのだと思われる．このことは，バイカルアザラシに寄生するシラミ *Echinophthirius horridus baicalensis* が北の海のアザラシに寄生する種に密接に関連があるという事実から裏付けられている．

バイカル湖では珪藻が豊富である．動物プランクトンのバイオマスの80～90％は，単一種からなる．

氷結したバイカル湖［Sarah Leen / Age Fotostock］

バイカル湖固有魚バイカルオムーリ
［Tony Bomford / Oxford Scientific Films］

バイカル湖固有な巨大魚バイカルオイルフィッシュとして知られるゴロミャンカ
[Richard Kirby / Oxford Scientific Films]

オームリ
[Roland Seitre / Bios / Still Pictures]

バイカルアザラシ
[Sarah Leen / Age Fotostock]

これは植食性のヒゲナガケンミジンコの一種 *Epischura baikalensis* である．この小さな甲殻類（成体でも体長が 1.3 ～ 1.6 mm を超えない）は，バイカル湖のすべての食物連鎖の基盤である．というのは，海洋のヨコエビ類 *Macrohectopus branickii* や，オームリ，カジカ科の *Cottocomephorus* 属，そしてそれ以上に，ゴロミャンカすなわちバイカルバラムツ（*Comephorus baicalensis* や *C. dybowskii* の 2 種）によって消費されるからである．バイカル湖には，全体で 52 種の魚

バイカル湖固有の海綿 *Lubomirskia baicalensis*（Lubomirskiidae 科）
[Willem Kolvoort / Still Pictures]

バイカル湖固有の甲殻類 *Acanthogammarus victorii*
[Willem Kolvoort / Still Pictures]

が生息している．

ゴロミャンカ（p.327 の写真参照）はバイカル湖に固有の注目すべき魚であり，コメポールス科の唯一の属コメポールス属である（カサゴ目）．これらは小型で，*Comephorus dybowskii* は，長さ 10 ～ 12 cm，*C. baicalensis* は 18 ～ 20 cm である．しかし，非常に数が多いため，総バイオマス量が約 15 万トンあり，バイカル湖の他の魚類すべてのバイオマスを合わせた数字の 2 倍である．ゴロミャンカはその一生を開けた水中で暮らすが，水深は，昼には 250 ～ 500 m，夜には 50 ～ 100 m である．ゴロミャンカは細長く半透明で，鱗がない．色は淡いピンク色で，ほぼ透き通り，真珠の輝きを思い出させる光沢がある．腹びれはないが，非常に長い胸びれが，胴体の約半分の長さである（p.327 の写真）．甲殻類（*Macrohectopus* および *Epischura*）や，自分と同じ種の幼生を飲み込むのに適した非常に広い口がある．Dybowski は，ゴロミャンカがバイカル湖のほかの魚と違い，産卵はせず，胎生であり，幼生を生きたまま生み出す（*C.baicalenis* で約 2500 尾）ことを指摘した．生殖のために彼らは水面に上がるので，幼生は豊富な食料を見つけることができる．成熟した雌は，幼生が生まれると死んでしまう．ゴロミャンカはバイカルアザラシの基本的な食料であるが，密集した群れをなさないため，商業用には漁獲の対象にならない．

シベリア人はバイカル湖を非常に誇りに思い，これを「シベリアの真珠」と呼んでいる．しかし，水や周辺環境の現在の保護状況には不安がある．1960 年後半以来，バイカル

バイカル湖 Chivyrkuysky 湾の漁師
［Sarah Leen / Age Fotostock］

バイカルスカヤの Probeda（ヴィクトリー）漁業コルホーズ
［Michel Bureau / Bios / Still Pictures］

バイカルスクのセルロース生産工場
［Sarah Leen / Age Fotostock］

スクの街の大規模なセルロース紙工場は，きれいな水の供給源としてこの湖を利用し，処理された廃棄物を湖に放出してきた．抗議が広まっているにもかかわらず，工場はこの驚くばかりの類のない湖を汚染しつづけている．これが UNESCO 生物圏保存地域の一部をなしているという事実は（第 9 巻 p.436 参照），なんら大きな影響を与えていないようである．

210. サケ科の魚はこのバイオームの水域で最も豊富な魚であるため，**ヒグマ**やその他のタイガの森の動物**にとってよい食料である**（図 209 参照）．写真に見られるアラスカのヒグマが，産卵のために上流へと泳ごうとしていた卵を持った雌のタイヘイヨウサケを捕まえたところである．サケ科の魚は河をさかのぼる前に栄養を蓄えるため，遡上中には食べる必要がなく，このために熊にとって恰好の貴重な食料となる．サケ科の魚は，早瀬や，滝までも飛び越えなければならないことがあり，マスノスケの場合にはユーコン川やその領域において 4000 km もの長距離を，流れに逆らって泳ぐこともある．このため，この魚は大きなエネルギーを蓄える必要がある．産卵の後，消耗した魚は死に，水底に沈んだり，川岸に打ち上げられる．これらの弱ったり死んだりした魚は体重が最低まで失うが，それらを食べるクマや他の動物にとって，やはり非常に魅力的な獲物である．
［写真：Tom Walker / Planet Earth Pictures］

なサケ科の魚はタイヘイヨウサケとタイセイヨウサケであり，それぞれ太平洋と大西洋の北部に生息する．これらの属の大半の種は遡河性で，海で食物を摂取するが，自分が卵から孵った河に卵を産むために戻ってくる．しかし，川でずっと暮らすものや，湖で食料を摂取するが川で産卵するものがいる種もある．

タイセイヨウサケは，重量が 10 kg 以上に達する非常に大きな魚である．記録史上もっとも重いものは 39 kg あった．タイセイヨウサケは大西洋北部で食料を得て，ヨーロッパの河川（南西はイベリア半島，北東は白海やカラ川の流域）や，北米沿岸（南はコネティカット川，北はグリーンランド）で卵を産む．この高い価値がある魚はかつてはヨーロッパのどの川にも多く生息していたので，スコットランドの著述家ウォルター・スコット卿は，仕事を求めるスコットランドの農場の労働者がいつもサケばかり食べなければならないと不満を言ったと書いている．パール（parr）として知られるサケの幼魚は，まだらに色がついた活発な魚で，8 ～ 11 個の大きな斑点は拇印や小さな赤い発疹に似ている．ロシアではパールは pestriatki（「まだら」を意味する piostri という言葉が由来）として知られ，成魚のサケとあまりに違うために，19 世紀の半ばまでは，これらは違う種類だと思われていた．パールは体長 9 ～ 18 cm に達すると，グアニンの沈着のせいで鱗が光沢のある銀白色に変わり，色が変化する．これはスモルト（smolt = 初めて海へ下る 2 年目のサケ）として知られる．スモルトはその後，海を目指して下流へと下り，そこで急速に成長し，1 ～ 5 年後には生まれた川で産卵するために戻ってくる．タイセイヨウサケの中には産卵後に死んでしまうものもいるが，海に戻って，1 ～ 2 年後に再び産卵に戻ってくるものもいる．ある 1 匹の雌（鱗の目印で区別）が，産卵のために同じ川に 5 回戻ったことが知られているが，大半のサケは死ぬ前に 1，2 度しか産卵しない．

タイヘイヨウサケは，北ユーラシアや北米の太平洋沿岸の川で産卵する．タイヘイヨウサケはすべて，1 回の産卵後，死んでしまう．幼魚が川（および海）に留まる期間は種によってさまざまである．最も数が多いタイヘイヨウサケであるカラフトマスは，海で 18 ヶ月過ごす間に 40 ～ 50 cm まで成長し，生まれて 2 年目に，産卵するために上流へとのぼる．ベニザケは，5，6 年間は成熟するに至らず，成熟してようやく産卵するためにふるさとの川へと帰る．

Ⅲ
タイガの人々

1. タイガにおける人の集団

1.1 北方林に定住する難しさ

密集していて踏み込めない北方林には，農業や放牧に適した土地はあまりない．特に北方の地域に行くほど冬はとても長く，生育期間は非常に短い．このため，タイガに住む人々は常に狩猟と漁で生計を立てねばならなかった．狩猟と漁労の経済には広い空間を必要とするため，タイガの人口密度は常に非常に低かった．タイガ地域の中には，人口密度がいまだに一人あたり 10 ～ 50 km^2 以上のところもある．人口密度が高いのは，ずいぶん前に人が永久定住し，多くの森林が伐採された地域だけである（スカンジナビア半島やヨーロッパ・ロシアの中部地域）．

タイガの多くの地域は，密集した森林や広大な泥炭地があるため，たどり着くことが極めてむずかしい．このため，タイガでは大きな川沿いに集落ができた．その大半が，南から北に流れる川であった．これには世界でも指折りの大河がいくつか含まれている．たとえば，オビ川，エニセイ川，レナ川，マッケンジー川，ユーコン川などで，このすべてが広大な集水域と，支流の大ネットワークを持つ．

このように比較的孤立しているにもかかわらず，タイガの森の辺境は，不変のままではなかった．新石器時代に農業や牧畜業が発生してからずっと後に，タイガバイオームにもそれらが広がった．2000 年前，ロシアの北方林地域に住む人々の大半は，まだ狩猟や漁労を行って暮らしていた．その後，農業や牧畜業が広がった．過去 1000 年の間に，急速にロシア人が住みつくようになり，農業や牧畜業がさらに広範囲に広がっている．最近は，永住の村や町が現れている．それにともない，作物のために地面が耕されたため，しだいに森林面積が減少していった．このバイオームの森林地帯の著しい減少は散発的な現象ではなく，スカンジナビアなど，密集した森林で覆われたほかの多くの地域にも影響を及ぼした．

ユーラシアタイガにおける人の定住

ユーラシアタイガにおける人の定住は，約 1 万年前にさかのぼる．これは最後の大氷河時代（7 万年前に始まったヴュルム氷期，すなわちヴァルダイ氷期）の後のことである．なぜなら，旧石器時代に人が住んでいた形跡が，カムチャッカのヤクーチアや，南方のウラル山脈の洞窟に見られるからである．氷河は人間を遠い南へと移動させ，その他の植物相や動物相に影響を及ぼした．最後の氷河期が気候におよぼした仕打ちは，毛で覆われたケナガマンモス（寒冷地に住む動物）が遠い南のイタリアまで移動し，氷河期が終わった時には遠い北のモンゴルまで後退していたという事実から判断できる．その後，気候や動植物相はほとんど変化していない．

北ユーラシアを覆う氷の融解は，初期の人類文化が発達した新しい局面と同時に起こった．中石器時代は 1 万 4000 ～ 9000 年前に始まった．新しい道具や武器が作り出され，弓やスキーが発明され，イヌが飼われた．航海などの新しい文化が発達したことで，人はタイガに定住できるようになった．中石器時代までには，人々は深い森の中を，川を利用して移動したため，ある形態の航海術がすでに使われていた．もっと後の時代に，このように北上して北方林帯に入る動きが続いた．ユーラシアでは，新石器時代や中石器時代の種族が住み着いた地域の北の境界が，タイガの北限に一致している．考古学者はこの地域に原始農業の形跡は発見していない．

ユーラシアタイガの先住民族の歴史と分布は複雑である．そこに住む民族のうち，過去にそこに住んでいた民族の直接の子孫はわずかしかいないのももっともなことである．現在の人口が 1200 人で，エニセイ川の下～中流域に住むケット族（すなわちエニセイ・オスチャーク人）は，シベリアから渡った民族によって北米にはじめて人類が定住した時代の，ある初期種族の残りであると通常考えられている．

新石器時代には，トゥングース族の言語を話すエヴェンキ族が，バイカル湖や東サヤン山脈

211. 木の使用は，タイガの人の歴史と切り離せない． 針葉樹林が豊富なので，タイガに住む人々の文化や生活様式，毎日使う家庭用品から芸術的作品にも，北方林の樹木からとった木材を使用する．多くの芸術作品が生まれたが，カレリアは特に有名である．ロシア連邦北西部の湖が多い地方で，職人による目を見張るほどの木工技術やキージ島（p.368 参照）の美しい木造教会のタマネギ型ドームが有名である．木材は糸車や箱や幅広い目的に使用されていた．写真は糸巻きの軸に使われたものである．カレリアの糸巻きには細い柄があり（このためにオールに見える），格子模様に浮き彫りをした幾何学デザインや，この地域の職人に典型的な小物モチーフが描かれている．Zaonezhya 地方のもの（左）は幅広いブレードがあり，おおざっぱでゆったりした筆づかいで飾られているわずかな白によって植物モチーフの立体感が引き立っている．Pudozh の糸巻棒（右）は，ブレード上に小さな円のデザインが目立っている浮き彫りを絵画と組み合わせている．カレリア人は，これらの糸紡ぎの軸を真の民間芸術で価値ある作品にした．花のデザインは，自然の覚醒を表し，幸福や幸運への願いを象徴している．
［写真：Vadim Gippenreiter］

に住んでいた．いずれにしても，彼らがシベリアの広大なタイガ地帯に定住したのは，約2000年前以降，すなわちトナカイが家畜化された後である．彼らは北に移動するにつれ，先住民族の多くのグループを吸収した．特にユカギール族がそうである．ウゴル語を話すいくつかのグループ，すなわちハンティ族とマンシ族も，南西部から，オビ川の中流・下流域へと広がった．ヤクート族の起源は，約1800年前に地方民族と混ざったテュルク語使用民族のグループが北へと移動したことに関係がある．これらの民族が新たに到着したことによって，テュルク語，新しい形態の経済，牛や馬の定住牧畜がもたらされた．ドルガン族は起源も新しく，トゥングース語を話す民族で，ヤクート族やロシア人の影響を受けてきた(第9巻p.86参照)．しかし，これらのすべての移動が南から北へと向かったわけではないし，すべてが大きな川を下ったわけでもない．2000年前から1000年前の間には，北ヨーロッパのサーミ族（ラップ人）は現在よりもずっと東に住んでいたし，セルカップ族（オスチャーク・サモイェード人）もそうである．ハンティ族やマンシ族は，彼らが現在住んでいる地域の南と西に居住していた．

ヨーロッパの北方地域の現在の民族形成は，9世紀および10世紀に始まった．スカンジナビア半島では，スウェーデン人は6世紀から9世紀の間に，ノルウェー人は9世紀に単一の王国へと統一された．彼らはいずれも，ゲルマン語派の言語を話すインド・ヨーロッパ語族で，家畜の季節移動（移牧）も行う農耕民や船乗りであった．種族に基づく社会構造を持ち，それがよく発達していた．こうしたグループ統合後の何世紀かのうちに，スウェーデンとノルウェーの船乗りたちは，北大西洋でも（フェロー諸島，シェトランド諸島，アイスランド，グリーンランドの定住地および植民地と，北アメリカ大陸の定住地など），東ヨーロッパの大河川でも（そこで彼らが，ノヴゴロドやキエフのような公国の形成に貢献した．後にロシアが北ユーラシアに向けて拡大した歴史的起点であった)，航海という偉業をなし遂げた．

フィン族およびサーミ族（ラップ人）は，スカンジナビアタイガへの移住を完了させた．いずれもウラル語系に属するフィン・ウゴル語を話した（第9巻p.71参照)．遺伝学的にみて，最近までフィン族の集団は，ヨーロッパ人を基盤に，比較的小規模で新しいアジア的な影響が加わっているのだと考えられていた．しかし，最近の核DNA，ミトコンドリアDNA研究により，フィン族はインド・ヨーロッパ語を話すヨーロッパ人の民族に関連があり，これが彼らと他のウラル語族とを区別するのだということが判明している．これにより，スカンジナビア半島からウラル山脈まで延びる北東ヨーロッパにフィン・ウゴル語族の地域が存在するという，かつて確立された概念が否定されている．

サーミ族に加え，カレリア族（コミ人）のように，ロシア連邦のヨーロッパ地域に住むフィン・ウゴル語族も，言語学上フィン族に近い．ウラル山脈の東部に行くと，オビ川流域の西シベリアに，カレリア族（オスチャーク人）やマンシ族（ボグール族)，セルカップ族のようなウゴル語族が住み，サモイェード語を話す．シベリアの中央部や東部には，エニセイ川からオホーツク海までの地域に，トゥングース語を話すエヴェンキ族が住み，レナ川流域にはチュルク語を話すヤクート族が住んでいた（第9巻p.73 ～ 76)．特例として，アイヌ語とケット語という，二つの孤立言語がある．アイヌ族は現在，日本北部の島である北海道とロシア南部の島であるサハリンに住んでいるが，おそらくかつては日本列島のさらに多くの地域を占めていただろう．アイヌ語は通常，アルタイ語の遠い親戚であると考えられているが，ケット語は，シナ・チベット語に関連した特徴があると考える人もいるが，はっきりとした同族言語はないようである．フィン語，ウゴル語，サモイェード語はすべて，ウラル語族という同じ言語族に属している．これはアルタイ語（トゥングース語，テュルク語，モンゴル語）の遠い親戚であり，この二つをウラル・アルタイ語族という単一の言語族に据える人もいる．分類はともかくとして，これらの言語を話した民族は何千年も前に一緒に暮らしていたことは明らかである．

北米タイガにおける人の定住

北米の現在北方林帯である地域への人間の定住は，約1万2000年前に氷河が北に後退してはじめて始まった．カナダ北部は7000年前までは氷がまったくなく，現在タイガ地域となっている場所に住みついた人々は，主にアサパスカン語族とアルゴンキン語族であった．彼らの経済基盤は主にカリブー狩りやアメリカヘラジカ狩りであったが，河川や五大湖で漁労も行っ

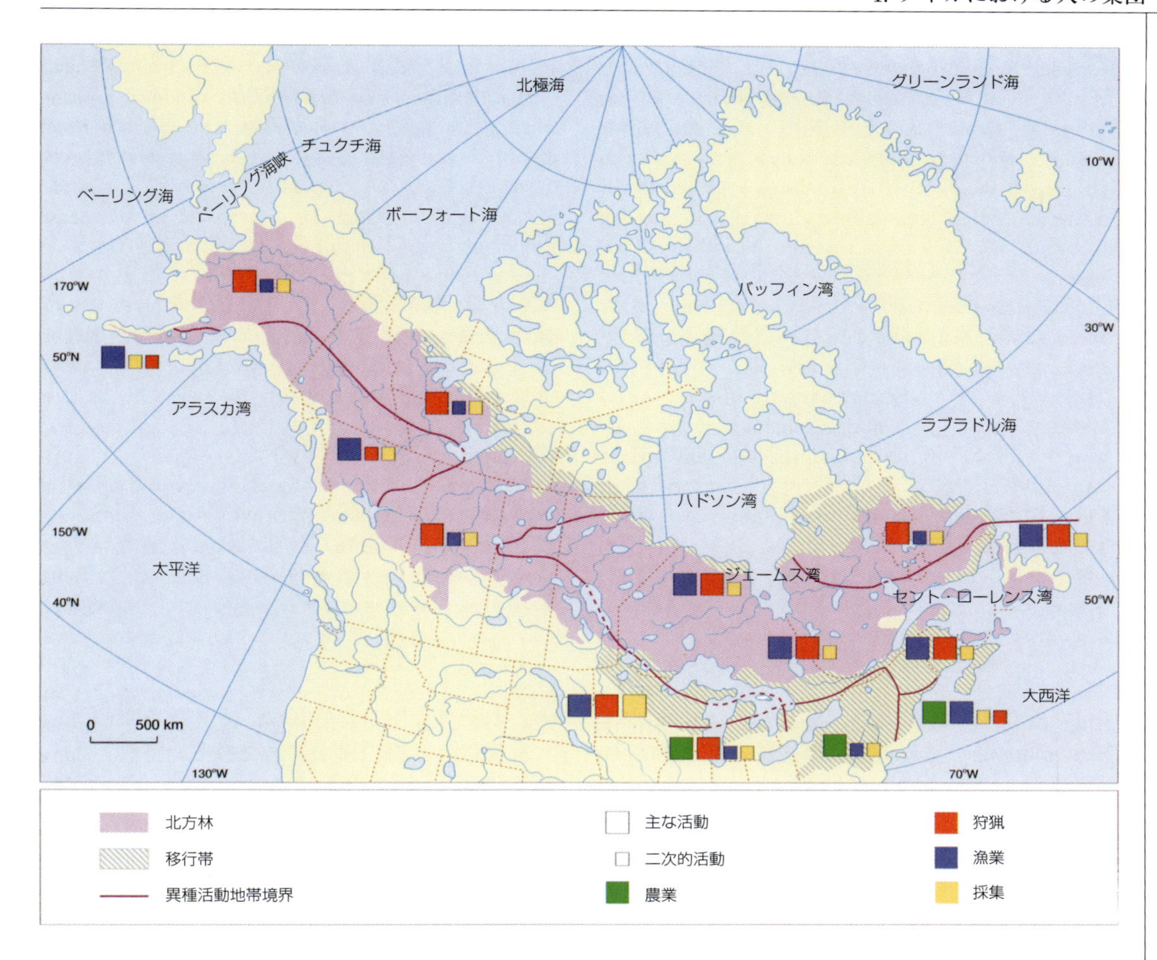

212. 北米の針葉樹林におけるアメリカ先住民族の生活活動. ヨーロッパ人が到着したときには，これらの活動は明らかに生態系の特徴に左右されていた．気候はきわめて寒く，生育期間は短く，土壌は栄養が乏しいために，農耕は不可能だった．アメリカ先住民族は経済の基盤を狩と漁に置き，植物食材（木の実，ベリー，塊茎，緑色野菜，海草など）や貝や甲殻類を集めるなどの活動によって補われた．南東の移行帯に住む民族だけが，トウモロコシ，カボチャ，インゲンマメを栽培していた．彼らが狩った主な動物はカリブーとムースであり，タイガに生息する大型の有蹄動物はこれだけしかなかったが，ツンドラとの境に住んでいたグレート・ベア湖地方の部族には狩れるほどのムースはいなかった．しかし，大規模な針葉樹林帯がプレイリーと接するアルバータ州南部に住む部族は，多くのバッファローを狩った．海岸近くに住む先住民族は，これらの獲物の一部を海洋性哺乳類に置き換えたが，混交林の近くに住む部族はシカを狩った．こうした活動は明らかにヨーロッパ人が到着した後に大きく変化した．
［地図：IDEM，Harris に基づく，1987 年］

た．また，特に野生の果実や根菜類など，自然の資源も幅広く利用した．農業は南北アメリカの多くの人々によって行われたが，その後数百年の間にはタイガ地域までは広がらず，タイガの人々は先祖代々の狩りや漁による経済を維持した．

北米の北方林における先住民族の歴史には，ヨーロッパ人が移住してくる前に，部族が新しい地域への移動を繰り返していたことも含まれた．アルゴンキン語族は，比較的最近，ラブラドル半島に入り，長い間そこに居住していた民族に取って代わった．彼らはおそらく五大湖地域から来たのだろう．いずれにせよ，ヨーロッパ人の移住が始まると，アラスカやカナダの北方林には，西はアサパスカ語族，東はアルゴンキン語族という，狩りや漁を行って生活する民族が住んだ．異なるアサバスカ語族が，密接に関連があるナ・デネ語を話した．言語学上の類似点と遺伝学的特徴（346 ページおよび図 217 参照）から，ナ・デネ語を話す民族は他の先住アメリカ人たちとは明らかに異なるグループを形成することがわかる．もしかすると北東アジアからの移住者の最後の波であったかもしれない．ナ・デネ語にはエスキモー・アレウト語との類似性があり，ウラル・アルタイ語や，さらにはインド・ヨーロッパ語にも遠い関連性があることまで示されてきたと指摘する言語学者もいるが，これは非常に推論的である．

1.2 タイガ文化の形成

タイガに居住するさまざまなグループが，それぞれ独自の文化を形成した．それは森林での生活の独特な特色を反映しており，環境を変えようとすることなく自然環境に適応することが主な特徴である．彼らの経済は狩猟や漁労を基盤とし，食物の生産や物資の生産はたいした役割を果たさなかった．初期の農耕民族や牧畜民族とは違い，タイガの先住民族には食物を得るために動植物の生産を利用する方法がなかったのである．

森林地帯では，自然が与えてくれるものを得たが，彼らの世界観には一連のルールが伴われていた．すなわち，必要以上の動物を殺すこと，若い動物を捕らえること，利用しないのに動物を殺すことは間違っているということである．彼らは樹木に対しても同様の姿勢を取り，薪には枯れ木しか使わず，若い木を伐採することは避けた．この環境意識を損なわない取り組み方は，経験上の考慮だけではなく，植物界・動物界と人間界とを分け隔てしない宗教観にも基づいている．アメリカインディアンは，「空は父，大地は母」であると信じ，これが自然の一年サイクルを説明していた．タイガに住む民族はすべて，動物の霊魂の存在を信じた．たとえばクマは，動物を儀式的に殺すことも含まれる熊送りの祭りが表すとおり，いたるところで高く敬われている．新石器時代にさかのぼるヨーロッパの考古学的遺跡は，熊崇拝の古代風習を示している．

タイガにおける狩りや漁の文化は，時の流れの中で変化してきており，もともとは狩猟民であったユーラシアの北方林の住民のほとんどすべてが，トナカイの飼育を始めている．トナカイの飼育が最初に取り入れられたのがいつなのかは不明だが，いくつかの仮説がある．トナカイは新石器時代が始まった頃には家畜化されていたとする学説もあるが，もっとも説得力のある学説は，トナカイの飼育が始まったのは約2000年前のことで，おそらくアルタイ山脈やサヤン山脈の1カ所か，タイガや北極地方のツンドラのいろいろな場所のどちらかで起こったというものである．

ユーラシアの北方林の狩猟民族

エニセイ川からオホーツク海まで，東シベリアの森林や樹木が生えるツンドラ地帯の大半の人々にとって，狩猟は生きていくための主要な活動であった．シベリアタイガの狩猟民たちは遊牧生活を営み，トナカイを飼育して，主に輸送目的や乗り物として利用した．いくつかの地域では，今でもエヴェンキ族がトナカイに乗りながら，リスを狩っている．前世紀には，大半がスキーに置き換わった．大雪が降り始めると，トナカイが雪に埋まって疲れてしまい，乗るのが困難になるからである．冬には，雪のせいで，人間も，イヌのような動物も，動き回るのが大変である．このため，タイガの先住民族は，大雪が降った後にはイヌを連れずに狩りに出るのである．

猟師たちは絶えず移動していたため，組み立てや解体が簡単な軽い住居が必要であった．これは通常，動物の皮あるいはカバノキの樹皮で覆われた棒の骨組みであった．野営地を移動させる場合には，柱は捨てて，次の野営地で新しいものを切るのが普通であった．旅の途中で夜を過ごさなければならない場合には，間に合わせの住まいを建てた．たとえばアルゴンキン語族は，風から身を守るために枝の防壁を作り，それからこれを針葉樹の小枝で覆った．冬に野ざらしで夜を過ごさなければならない場合には，雪の中に穴を掘った．雪の厚さが十分でなければ，雪を積み上げて雪穴を作り，入り口を皮で覆った．ハンティ族も，雪を積み重ねて片側からトンネルを掘り，同じような避難場所を作った．地面にはトウヒの小枝を並べ，スキー板で穴の天井を支えた．スキー板は，雪が凍ってしまえば，後で取り除くことができた．雪の住まいを作る技術はとても広く行き渡ったため，おそらく旧石器時代にさかのぼるだろう．

狩猟は，食料のほかに，交換したり売ったりするための皮ももたらした．狩猟者は50～100 km^{2}の地域を動き回った．狩猟者ごとに独自のルート（変動する可能性があった）をたどり，スキーに乗って1日に12～15 km移動して（家族単位で狩猟をしている場合には8～12 km），約655 mの幅の森林帯を調べてまわった．一冬で，最大1500 kmを移動することもあった．

長距離を移動しなければならない場合には，家族とともに移動することを好んだ．大人はそれぞれ，イヌの助けを借りて，食料や備品，もっとも幼い子供を載せたソリを1台ずつ引いた．子供たちはみな，5歳までにはスキーで移動する方法を知っていたのである．エヴェンキ族は，トナカイに助けられて，400～500 km^{2}の狩猟テリトリーを開拓したが，トナカイはユーラシアタイガの全域に生息していたわけではなかった．たとえば，ケット族の大半が住んでいた地域や，ユカギール族や若干のエヴェンキ族が住んでいた地域には，トナカイは生息していなかった．この場合，冬には狩猟民は自分たちの狩猟エリアを歩いて移動し，夏にはボートで移動した．上流に行かなければならない場合には，綱でボートを引いた．

冬は主要な狩猟シーズンであった．夏には，狩猟民たちは，時間の半分を魚を獲って過ごした．この狩りと漁の季節交替が，遊牧生活のリ

213. タイガの住人は，半年間体験する厳しい寒さから身を守るために，**暖かい衣類を身につける．**彼らの服は動物の皮と毛から作られていた（図 216 参照）．狩人の服は軽く，動きを妨げてはならず，肉体的作業から生じる熱を放散させる．シベリアのタイガでは，狩人の昔ながらの服は異なるアイテムで構成され，冬はトナカイの皮の短いオーバーであった．デザインは実用性だけでなく，伝統や流行の結果であるため，民族によってさまざまであった．エヴェンキ族のオーバーコートの襟の折り返しは，胸を覆い隠さず，ひざまで届くシグレットで補われた．ユーラシアタイガの先住民族には，折り襟に共通性があった．エヴェンキ族は，快適に座れるよう三角の布をコートの後ろ（ケープ）に組み込み，さらに短いズボンとタイツをはいたが，他の先住民族は長いズボンをはいていた．冬の衣類には untis という暖かいブーツがあった．衣類は上品に装飾され，変わった付属品が多かった．たとえば，18 世紀には，エニセイ川やレナ川の流域に住むエヴェンキ族は，後ろに容器を下げ，その中で植物を燃やして蚊を追い払った．写真では，伝統的な服を着たロシア人とセルカップ人が，かんなを見せている（図 219 参照）．北米では，アサバスカ語族が似た種類の上着を作成していた．
［写真：Andrey Zvoznikov / The Hutchison Library］

ズムを左右した．たとえばエヴェンキ族は，夏には川岸へと移動し，秋にはタイガの奥へと移動した．トナカイの飼育には，新しい牧草地を求めて規則的に移動することが必要であった．狩猟民は，1 年中，自分たちのテリトリーを歩き回るが，少数の家族の小さなグループで行うのが普通であり，通常は 2 ～ 3 日間，あるいは 1 ～ 2 週間同じ場所に滞在した．

夏には，長期にわたって大グループで同じ場所にとどまることもある．このような集落は，10 個ほどのチュム（彼らが住んでいた天幕のような小屋で，トナカイの皮やカバノキの樹皮で覆われた円錐形のアメリカインディアンのドーム型住居ウィグワムのようなもの）で，人数 40 ～ 50 人で構成されていた．

ユーラシアの北方林の漁労民族

ユーラシアタイガの民族の中には，魚を獲ることを経済基盤にしたものもあった．ハンティ族，マンシ族の多く，および南部のセルカップ族などである．彼らは食料として必要なものの約 60 % を漁労で満たし，狩りで満たすのはわずか 30 % であった．考古学者の発見により，川に近い洞穴にすんでいた定住性の漁師たちが，新石器時代にタイガに定住したことが判明している．ハンティ族の中には，いまだに四つの異なる住居を持つものもいる．それぞれの季節ごとに一つずつあり，それぞれに独自の居住スタイルがある．

狩猟民とは異なり，漁民の冬の集落は夏のものよりもずっと多人数で，互いが数十 km 離れ，約 10 家族，多くて 17 家族，すなわち 150 ～ 170 人が住んでいた．冬の住まいには広々とした地下室があり，頑丈で，何年も持つように建てられた．ハンティ族は（マンシ族，セルカップ族，ケット族のように），春には春用の家に移動し，そこに約 1 カ月間，1 ～ 3 家族のグループで滞在した．このような小グループで住んだのは，一つの漁場では大勢を養うことができなかったからである．

夏には，漁民は川岸の風にさらされる場所を好んだ．これは，吸血性昆虫から身を守るためであった．最初の雪が降り始めてすぐに，漁民たちは狩猟に戻り，すでに冬のための食糧が貯えてあるイスバ（丸太小屋）に行った．

ときどき，狩猟者は家族を連れずに狩猟エリアに行き，自分のイスバに数週間，あるいは数ヶ月，まったく一人で住むこともあった．しかし，これは標準的ではなかった．狩猟シーズンは，男が協力してくれる妻や子供を連れていく方がうまく行ったのである．そうすれば，男たちは家事から解放されるため，動物を捕らえることに集中できたからである．エヴェンキ族に加え，コミ族のもっとも北方のグループは，狩

熊送りの祭り

シベリアヒグマ
［Ernie Janes / NHPA］

ぬかるみに残されたクマの足跡［Erik Sampers / Gamma］

スカンジナビア半島から日本まで，アラスカからケベックまでのタイガの民族によって，熊の崇拝が行われている．クマは「森の主」，「賢い神聖な動物」,「鋭い爪を持つ老人」として，あるいはもっと親しく「おじいさん」,「茶色いやつ」として知られている．クマは，人間のように，なんでも聴こえ，何でも理解すると考えられている．したがってクマを狩るときには，人に話すように，そして騒ぐことなく話をしなければならなかった．そして巣穴で殺す前に，敬意を表してクマを目覚めさせた．

コディアック島のコディアックヒグマ
[Tom Walker / Planet Earth Pictures]

シベリアタイガの民族のクマに関わる儀式は非常に興味深い．たとえば，かつてエヴェンキ族は，クマの巣穴に入るとカラスのようにカーカー鳴き，クマを殺してしまったら「君を殺したのは僕たちじゃなく，カラスだったんだよ」と言うのであった．彼らがクマの亡骸を野営地まで運ぶと，女性たちは悲しみ，「どうしてお爺ちゃんを殺してしまったの？」と大声で叫んだ．伝説によれば，エヴェンキ族，ハンティ族，マンシ族の中のいくつかは，雄のクマと女性の夫婦の子孫なのだそうだ．

熊崇拝の儀式の本来の基盤となっているのは，特別な熊送りの儀式と同様に，クマを殺すことの責任から逃れたいという望み，そしてわずかだが，クマに対して生まれ変わるチャンスを与えたいという望みでもある．熊が復活しやすくするために，エヴェンキ族は特別な祭壇の上にクマの骨を元通りの配置に並べ，ハンティ族は，クマの骨を全部一緒に森の中に埋めたり，湖に投げ込んだりした．熊崇拝には，それぞれの民族ごとに独特の特徴があった．たとえば，ウリチ族，ナナイ族，ニヴヒ族などの民族は，クマの子供を捕まえて，2～3年の間，飼って育てる．日本北部のアイヌの女性のように，女性が乳を与える場合もあった(p.341の版画参照)．彼らの熊送りの祭りは，親の葬式に合わせて計画され，実際には部族独特のものであった．クマは村中を連れて歩かれ，もてなされてから，特別な場所に連れていかれ，そこでクマを育てた家の主の娘婿によって矢で殺された．

ハンティ族とマンシ族には，最も興味深い熊送りの一つがある．狩猟者がクマを狩って殺した後，それを森から，夏にはボートに載せて，冬にはソリに載せて納屋へと持ち帰るのである．途中で狩猟者に会うと，互いに水をかけあう．これは古代の清めの儀式で，現在は楽しみのためだけに行われている．夕方には，村人はみな熊送りを行う狩猟民のうちの一軒に招待される．名誉ある場所にはクマの皮が敷かれ，眠っているクマに似せて広げられ，広げられた両足の上に頭がおかれた．1000年前の垂飾り上のこの位置には，クマが描かれている．その鼻先には，ウォツカ，パン，クラッカー，砂糖菓子のようなちょっとした贈りものが必ず置かれる．

サハリン島で熊祭りを祝うアイヌ［Musée de l'Homme, Paris］

家に入ってくるものは誰もが，クマにお辞儀をし，その鼻にキスをし（女性はハンカチごしに），その傍らにお金やリボンや贈り物を置く．それからみんなが水をかけ合う．家の主の母親は，カバノキが分泌した樹脂chaga（チャーガ）を焚いて，家に香りをつける．それから二人の男性が，カバノキの樹皮で作った，目と鼻のところに切れ込みが入った仮面をつけて入る．竪琴に似た楽器の音色に合わせて，クマのことや，森でのクマの生活のことを歌った唄を歌う．歌い手に合わせて，3～4人の役者が仮面をつけて現れる．彼らは，狩りや漁や舟こぎなど，日常生活の光景を演じる．

幕あいの一つの後で，女性の一人が，ふちに細長いひもを縫った鮮やかな赤い衣装を着て現れる．彼女の頭と顔は，房がついた大きなハンカチーフで覆われている．ハンカチーフの一端は胸まで下がり，もう一端は背中まで届いていて，残る二つの端をつかんで，両手を隠している．クマは踊り子の体を見てはならないのである．彼女は音楽に合わせてくるくる回り，腕をはためかせる．この後，別の女性が「野生の果実を獲るクマ」をパントマイムで演じる．彼女はクマが立ち上がって歩いているように，両足交互にぎこちなく動く．楽しみは夜遅くまで続き，次の夜まで続く．

死んだクマがオスなら，祭りは5夜続き，メスなら4夜続く．過ごす夜の数は神聖なものであり，霊魂に関する考え方につながる．二晩めに，パン生地をシカ形に作って小枝で二つ角をつけたものでクマの頭を飾る．そうすることによって，この家の女性が客人のためのご馳走を用意していることを知らせるのである．毎夜，パーティーは，クマの起源やその命についての伝説や唄を表現することで開始となる．クマと女性の子孫であると考えられている兄弟たちのために，それぞれの踊りの前に，「狩りにおける幸運と人々の幸福のために」，先祖に祭りに来てくれるようお願いする唄がある．

最も重要だとみなされている最後の夜の前に，クマの伝説が再び語られ，先祖伝来の踊りが行われる．何人かの男が，特別な鍋で，熊の肉を1日中煮込んでいる．その肉は，最後の夜にだけ食べられる．ナイフも，金属のスプーンやフォークも使用されない．骨や関節が壊れないように，特別な棒だけが使われる．そうでなければ，クマは再生されないのである．男性だけが頭部を食べる．食べ終えたら頭骨以外の骨を焼く．頭骨は棒に刺されたり，神聖な木の幹に入れられたりする．

20世紀半ばまで，ハンティ族とマンシ族は，熊送りの祭りや一族の祭りを定期的に執り行っていた．兄弟たちのためにメンバーは，他の民族の誰も，あるいはマンシ族のほかの一族も，参加させなかった．最初は，クマの肉を食べることは禁止されていたようである．しだいにこうした禁止事項は弱まった．最初に，この祭りは異なるマンシ族の一族すべてに公開され，次には他の種族にも公開された．しかし，万一に備えて，クマを殺すことは「ロシア人のライフル銃」のせいにされた．

北海道白老（日本）の熊祭りでのクマの皮剥ぎ［Musée de l'Homme, Paris］

コグマに母乳をやるアイヌの婦女．David MacRitchieが1893年に描いたスケッチより．

214. ネネツは，西の白海から東のタイミル半島まで，南のサヤン山脈から北の北極海沿岸までの北シベリアのツンドラと針葉樹林に住み，**トナカイを飼う民族である．**彼らはマツやモミの骨組みをトナカイの皮から作ったフェルトで覆った，簡単に設置と解体できる円錐形のテントに居住する．野営地を一時的に放棄する場合には，フェルトがはずされるが，骨組みが残されるため，別の機会に使うことができる．狩りと漁も重要だが，主にネネツ人は彼らにとって重要な動物であるトナカイを飼育して暮らしをたてている．フェルト，衣類，靴を作るために使われる毛や皮のほかに，肉を食べ，血を飲み，腱を使って縫いものをし，角を使ってさまざまなものを作るのである．必要を満たすため，それぞれの家族のグループは70～100頭のトナカイを飼っている．ネネツ人はユラク人と呼ばれることもあり，ネネツ（「人」という意味）は後者で呼ばれるほうを好む．
［写真：RIA / Gamma］

猟用の小屋を建てるのが伝統的で（狩猟は彼らの経済において重大な役割を果たした），そこで休息をとり，暖まり，睡眠を取り，食糧を貯えたのである．

北米タイガの狩猟民族と漁労民族

シベリアタイガの民族とは異なり，北米の北方林のインディアンは，漁労民族と狩猟民族にきちんと分けることができたわけではなかった．第一に，ヨーロッパ人が来る以前には，インディアンの部族の経済に関しては信頼できるデータがない．第二に，北米タイガの先住民族の経済は，ヨーロッパ人が住みついた後には大きく繰り返し変化した．第三として，狩猟と漁労は，多くのグループにとって，一年のかなりの時期に，多かれ少なかれ等しく重要であり，それらの相対的な重要性は，1日といわず変化する可能性があった．したがって，北方地帯のインディアンは，狩猟か漁労のいずれかというより，双方を基盤とした経済を持っていたというほうが適切である．もちろん，その経済内での狩猟と漁労の相対的重要性はグループごとに違っていた．

一つの例として，植民地化前には，北部のアサパスカ語族は，基本的に漁労によって生き延びたが，マッケンジー川流域の大部分や，アラスカの山地では，陸の動物を狩ることも重要であった．タナイナ族が住むクック入り江の海岸地域や，スシツナ川流域では，アサパスカ語族が，大型の陸生動物と同様に，海洋動物を捕まえることによって食料の大半を獲得している．ユーコン川，カスコクウィム川，コナー川流域では，漁労は以前は，そしてある程度は現在も，主要な生計の手段であった．ヨーロッパ人による植民地化が，毛皮を求めた狩猟のブームへと結びついた．その毛皮をインディアンたちが売り，ヨーロッパの商品を購入した．このため漁労は重要性が低下し，18世紀の後期までには，毛皮（および食肉）のための狩猟は，北部のアサパスカ語族の大半にとって一番重要な行為となっていた．

狩猟は，モンタニェイ族，ナスカピ族，クリー族のようなラブラドル半島のアルゴンキン語族にとって，非常に重要であった．しかしながら，アルゴンキン語族の中には，北部のオジブウェー族のように，以前は大部分を漁労によって暮していたが，経済基盤を部分的に狩猟に変えた部族もあった．ラブラドル半島全体では単一の経済リズムしかなく，夏には漁労が好まれ，冬には狩猟が主要な活動であった．いずれも1年中行われたが，特定の動物群は，それぞれの季節の中で，狩られたり捕られたりした．水鳥は春から秋に狩られた．秋はさらに有蹄類を狩るのにもっともよい時期であった．有蹄類の狩猟はグループで行われ，動物を囲いの中へと追い込んだ．トナカイは夏に，川の浅瀬で狩られた．

漁労は夏に優先的に行われたが，冬にも，特に狩猟が運悪くうまくいかなかった後に行われた.

この季節的リズムには，定住性と遊牧性の要素を組み合わせた生活様式が必要であった．夏には，インディアンたちは漁場に近い野営地で定住的な生活を送った．冬には，あるいは秋の半ばから春の半ばにかけても時々，自分たちのテリトリーの中で遊牧生活を送った．彼らは最大で約 50 人の親類が集まった小グループで暮した．狩猟が不調な年には，もっと小さなグループで暮した.

狩りや漁を集団で行うために，これらのグループのわずかが数日間あるいは数週間一緒になり，またばらばらになった．要約すれば，ユーラシアと北米のいずれにおいても，主に漁労によって暮していた共同体さえも，タイガの狩猟文化の一部を形成していたということである．環境によっては，ある者は 1 日漁を行って，翌日狩りをしたかもしれない.

1.3 現在生活している人々

ユーラシアと北米のタイガバイオームの人口構成は，過去 4 世紀の間に大きく変化してきた．そして現在は，ヨーロッパから移住してきた人たちの子孫で大部分が構成されている．もともとの先住民は，現在は少数民族である．インディアンは，全体でカナダ人口の約 5 % しかいないが，その割合は，タイガ地域が実質的に高い（ユーコン準州で 15 %，ノースウェスト準州で 10 ～ 12 %）．アラスカでは，インディアンは人口の約 3 % を占め，海岸沿いに住むイヌイット族（エスキモー）はもう 3 % を占める．北部ロシアやシベリアの先住民族の子孫は非常に少数な民族であり，カレリア族，コミ族，ヤクート族，エヴェンキ族だけがそれぞれの自治共和国の人口の 15 % を占めている．エヴェンキ族は，実は，エヴェンキ自治管区（国定地域）における多数派であるが，その他の少数民族はこの管区の人口の 0.08 ～ 6 % しかいない.

ユーラシアタイガの人口

先の数世紀の間，特に 17 世紀と 18 世紀以来，さまざまな民族を起源とするさまざまな民族がタイガに住みついた．大半がスラブ族で，そのほとんどがロシア人であった．タイガ，ツンドラ，ステップ，シベリア山地に現在住んでいる 1100 万人の大半がロシア人とウクライナ人である．スカンジナビア半島には，現在約 400 万人のノルウェー人，800 万人のスウェーデン人，500 万人のフィンランド人が住んでいるが，その多くはタイガバイオームの外側に居住している.

インド－ヨーロッパ語族を起源とする人々は，大部分が都市に住んでいる．居住者の 60 ～ 65 % が都市地域に居住している．シベリアでは，スラブ人を起源とするほとんどすべての人が都市または新しい町に住んでいる（スルグ

215. トナカイやその他の動物の皮のなめし法や加工処理法は，タイガ地域全体を通して，似ている．皮のなめしは女性が行い，1 年のある時期にやる．写真の若いサーミ人女性が，この仕事を示している．サーミ人は，多くをトナカイに頼っている．トナカイはソリをひき（しかしサーミ人は乗らない），肉をもたらし，衣類にする皮をもたらす（図 235 参照）．衣類には，miessadat と呼ばれる若いトナカイの皮が好まれる．冬のオーバーを作るときは，毛が付着したままになるが，カバーやバッグなどの高品質な品物では，皮から毛が取り除かれる．処理方法は大陸間，グループ間であまり変化がない．手順は，肉と毛を取り除き，脂肪性の物質でなめし，機械で柔らかくしながら乾かすのが普通である．たとえばアメリカ先住民族のチプワ族は，皮を水平に広げ，ぎざぎざの歯がついたトナカイの骨製の道具で肉，脂肪，結合組織を取り除く．次に柔らかくして毛を取り除き，数日間水に浸しておく．この作業は別の骨製の道具によって行われる．その後，水とカリブーの脳をまぜたものによってこすり洗いする．これによって皮が強くなり，保護される．自然乾燥し，余分にしみこんだ液体を洗い落とす．最後に，染色しながら，手で柔らかくする．仕上げに，写真の若い女性が使っている木製の柄がついた jiekhu と呼ばれる道具が用いられる.
［写真：Pete Oxford / Planet Earth Pictures］

216. バイカル地方の強烈な乾燥した冬の寒さから身を守る**伝統的なchapkaを着たロシアの猟師.** シベリアタイガでもっとも有名な湖であるバイカル湖は，1月と2月の平均気温が－19℃であり，夏でも11℃しかない．これは，地元の住人が1年中暖かな服を着なければならないということである．彼らが必要とする暖かい衣類を作るために，昔から毛皮が使われてきた．他の材料を使う人もいる．オビ川流域に住み漁と家畜飼育を行うハンティ人はシャツ，ズボン，靴を作るために大型の魚の丈夫な皮も使った．しかし，これらのすべての人々の中で，17～18世紀に導入された織物が，大部分，本来の材料にとって代わってきた．
［写真：Sarah Leen / Age Fotostock］

ト，ニジネヴァルトフスク，メギオン，ウライ，ミールヌイなど）．シベリアタイガとしては，こうした都市は巨大である．1930年代には，スルグトがあるハンティ・マンシ自治共和国全体で5万の人口しかなかったが，現在スルグトには20万人が住む．この移住者やその子孫の集団には，現代的な都市文化がある．すなわち，基本的にさまざまな土地の要素を持っていて，特有の民族的特色が欠けているのである．ヨーロッパ人が移住してくる前の時代のタイガの居住者の子孫はいまだに，自分たちの独特の伝統文化の多くを残している．

スカンジナビア半島やコラ半島のタイガとツンドラの間には約3万2000人のサーミ人が住み，トナカイ飼育の伝統的な仕事を今でも大なり小なり行っている．約10万人がロシアやフィンランドにいるカレリア人は，今でも主に狩猟によって生計を立て，約2万4500人いるコミ族は，その大半がロシア連邦のヨーロッパ地域にあるコミ共和国に住み，残りはその他の地域に住んでいる．ヤクート族は25万人いるが，アジアタイガに住むその他の民族はわずかな人口しかいない．エヴェンキ族は3万人強，ハンティ族は2万2000人，アイヌ族は1万6500人，マンシ族は8000人強，セルカップ族は3500人，ケット族は約1000人である．

シベリアに固有の民族は，いまでもいくつかの文化的伝統を残している．家庭経済においては自然資源の加工に伝統的な方法を今でも用い，また，特に出産，埋葬，一族への分割に関わることには，多くの古い社会的風習が残っている．17～18世紀にはシベリアにキリスト教が持ち込まれたが，多くの先住民は自分たちの先祖伝来の信仰や風習を維持してきた．その中には，ヤクート族のisiakhの春祭りや，ハンティ族・マンシ族の熊祭りなど，シャーマニズムや非キリスト教の儀式などもある．20世紀の最後の10年の民族の推移は，先住民族グループの統合が特徴であり，たとえば，ヤクート族の地域グループ間の民族学的違いはほとんど消滅してしまった．いたるところで民族間の結婚が増え，ロシア語が広まった．住民はしだいに都市特有な状況になっている．たとえば，ヤクートでは，都市人口は1960年には56％であったものが，1979年には61％となり，ハンティ族やエヴェンキ族のような北方民族間では，1959年には10％だったが，1970年には18％，1989年には26％に増えた．

1991年のソビエト連邦の崩壊以来，民族の文化的伝統や，それらの国家の言語の地位が復活している．シベリアの先住民族は，最も少ない人口をもつタイガとツンドラの民族（ネネツ族，ハンティ族，エヴェンキ族）を代表する国家と地域の連合を作ってきた．これらの連合のメンバーの中には，連邦政府の下院議員に選出された人もいて，議会で彼らの民族の権利を守っている．北方の先住民族のコミュニティを作るための活動はいたるところで成長し，彼らがトナカイの飼育，狩猟，漁労を行うための土地割り当てを目的に戦っている．この土地はいまだに賃貸されているが，土地を私有化する法律が準備されているところである．

北米のタイガ人口

北米タイガへの移住は17世紀に始まり，住民は現在ヨーロッパを起源とする人が主である．フランスはセントローレンスの谷からの移住を開始し，インディアンたちにケベックとして知られる場所に町を創設した．1670年には，英国がハドソン湾会社を創設し，これがハドソン湾の海岸線に貿易の本部を設置することによってその活動を開始した．そこでは，インディアンたちと，ヨーロッパの製品と毛皮を取引し，200年以上の間カナダからの毛皮の売買について独占権を甘受していた．フランスと英国は，七年戦争（1756～63年）までの1世紀以上の間，北西の森における毛皮の売買を支配しようとして争っていた．それが北米を舞台にしたものはフレンチ・インディアン戦争（1754～63年）としても知られる．オンタリオ湖の岸からセントローレンス湾まで，セントローレンス川に沿って走るニューフランスの植民地は，英国統治権の支配を受けていた．そのときまでにはフランス人を起源とする人々は比較的多数となり，新しい英国植民地によって同化を拒絶された．ウクライナ人やアジア起源のいくつかのグループなど，他の比較的多数からなる少数民族のように，フランス系カナダ人は彼らの単独の文化的独自性を維持してきた．アラスカは，最初はロシア人によって植民地化されたが，1867年に米国が購入した（第9巻 p.109）．この土地のヨーロッパ起源の人々は非常に異質で

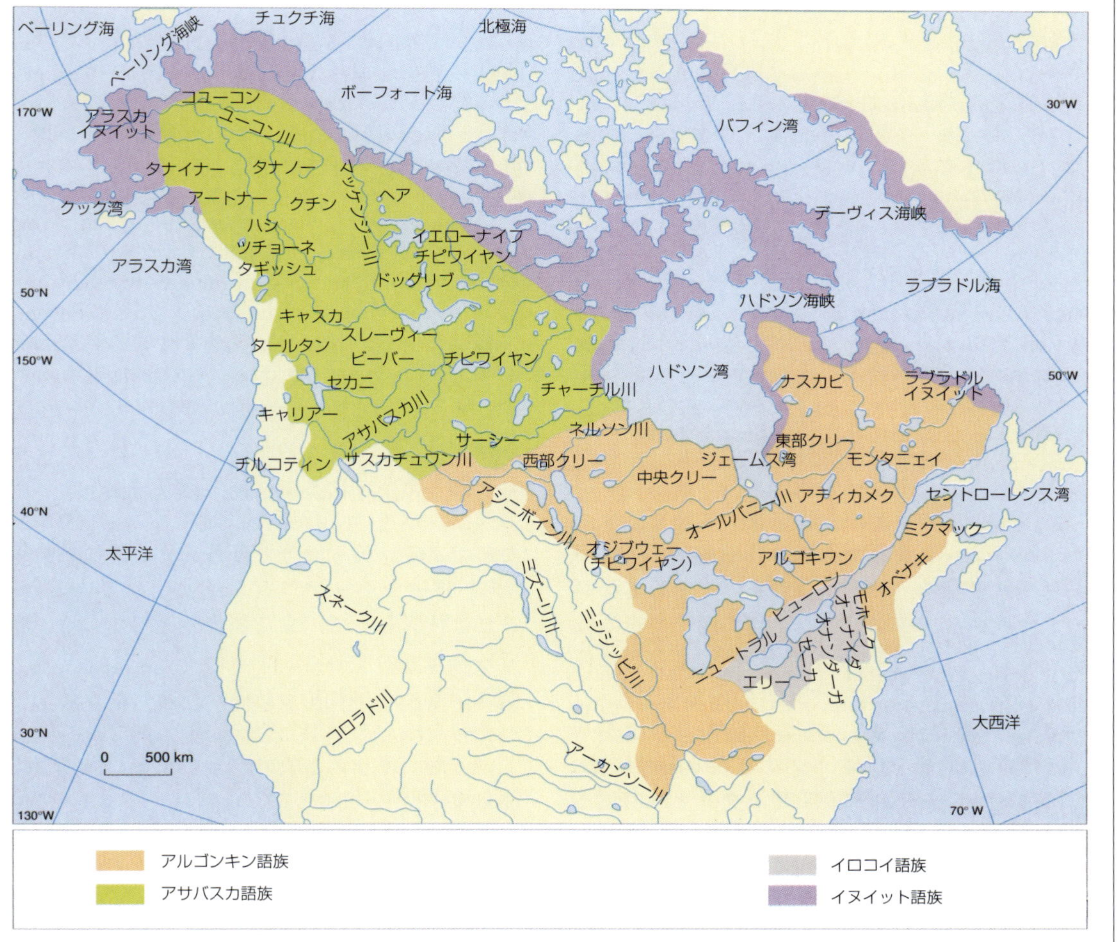

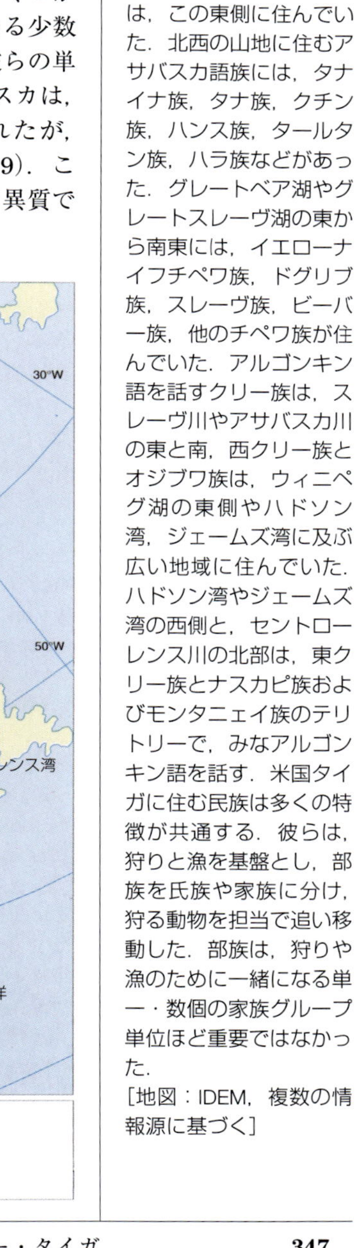

217. 北米タイガの先住民はアサバスカ語族やアルゴンキン語族の言語を話す．この辺縁では，主にエリー湖とオンタリオ湖の湖岸にイロコイ語を話すグループが（第7巻 p.181～183），北極海と太平洋の沿岸にイヌイット族が住んでいた（第9巻 p.68）．アサバスカ語を話す民族はチャーチル川西側の，ハドソン湾地帯（マニトバ）に定住していた．またアルゴンキン語を話す民族は，この東側に住んでいた．北西の山地に住むアサバスカ語族には，タナイナ族，タナ族，クチン族，ハンス族，タールタン族，ハラ族などがあった．グレートベア湖やグレートスレーヴ湖の東から南東には，イエローナイフチペワ族，ドグリブ族，スレーヴ族，ビーバー族，他のチペワ族が住んでいた．アルゴンキン語を話すクリー族は，スレーヴ川やアサバスカ川の東と南，西クリー族とオジブワ族は，ウィニペグ湖の東側やハドソン湾，ジェームズ湾に及ぶ広い地域に住んでいた．ハドソン湾やジェームズ湾の西側と，セントローレンス川の北部は，東クリー族とナスカピ族およびモンタニェイ族のテリトリーで，みなアルゴンキン語を話す．米国タイガに住む民族は多くの特徴が共通する．彼らは，狩りと漁を基盤とし，部族を氏族や家族に分け，狩る動物を担当で追い移動した．部族は，狩りや漁のために一緒になる単一・数個の家族グループ単位ほど重要ではなかった．

［地図：IDEM，複数の情報源に基づく］

あり，最近アジアからの移民が合流している．

北米の北方林のインディアンの住民は，言語学上の基準をもとにして，アサバスカ語族（約3万人で，西部と北部に住む）とアルゴンキン語族（およそ10万人で，東部および南部に住む）に分割できる．アラスカには6000～7000人のアサバスカ語族が住み，先祖伝来の言語を話すのはその半分に満たない．最大のグループは，コユカック川（ユーコン川の右側の支流）流域や，ユーコン川の中流域に住むコユーコン族と，アラスカやユーコン準州（カナダ）に住む約2600人のクチン族である．クチン族は，アサバスカ語を話す民族の中で最北に住み，おそらく自分たちの伝統や文化をもっとも良く保存するグループである．

アサバスカ語を話すカナダの北方林の民族が3万人ほど，ユーコン準州およびノースウエスト準州や，ブリティッシュコロンビア州，アルバータ州，サスカチュワン州およびマニトバ州といった近隣の地域に居住している．ユーコン準州には約3500～4000人が住み，そのうちもっとも数が多い（1500人）民族が，この地域の南西に住むタトション族と，遠く離れた北部に住むクチン族である．ブリティッシュコロンビア州の民族には，セカニ族，タールタン族，キャリアー族，チルカット族，ビーバー族の一部（大半はアルバータ州に住む），カスカ族の一部，およびタギシュ族（ユーコン川南部にも住む）などがあり，この計6000人以上のほぼすべてが自分たちの言語を使い続けている．例外はセカニ族とタールタン族で，彼らは自分たちの言語をほとんど放棄している．北米北方林の全アサバスカ語族のほぼ半数は，ノースウエスト準州や，アルバータ州，サスカチェワン州，マニトバ州の近隣の地域に住んでいる．これらはスレーヴ族，ドグリブ族，チペワ族（オジブワ族）で，その大半が先祖伝来の言語を話す．

アルゴンキン語族であるクリー族は，アルバータ州北部から，ハドソン湾まで，そしてケベック州北西部のラブラドル半島の西まで走る幅広い帯状になって，チペワ川の南および西に住んでいる．クリー族は（タイガの内部と外側に）約6万5000人存在し，その4分の3以上が今でも独自の言語を話す．クリー族の南側には，サスカチュワン州西部からオンタリオ州南東まで，9万5000人のオジブワ族が住み，そのうち5万人がまだ独自の言語を維持している．クリー族もオジブワ族も，すべてが北方林に住んでいるわけではない．西部に住む種族の中には，19世紀の初期かそれ以前までには平原インディアンの生活様式を取り入れ（第7巻p.192～193），その民族の文化の源であった森から離れて，近隣のスー族の断固たる敵となった．後に，ヨーロッパの移住者が住みついて，彼らをほぼ制圧し，ついには居留地に追いやった後には，スー族とクリー族は不幸を分かち合った．

ケベック州北部の北方林には，クリー族の他に，モンタニェ族（約9000人で，そのうち7000人が独自の言語を話す）とナスカピ族（800人未満，半数強が先祖伝来の言語を話す）がいた．彼らはおそらく民族の伝統のほとんどを残すアルゴンキン語族なのだろう．いずれにせよ，アルゴンキン語族は，カナダにおけるインディアン民族の割合が他のグループよりも高く，オジブワ語は現在，カナダの固有民族間の共通語となっている．

タイガ地域に住むこれらのインディアングループの中には，居留地に住むグループもあれば，タイガで昔，狩猟と漁労を行っていた民族のように，半遊牧生活を送っているグループもある．その大半は，伝統的な経済，文化，生活様式の大部分を捨ててしまった．現在は現代的な衣食住の便をすべて備えた新しい家に住み，衣服を買い，店から買った輸入物の食品を食べ，現代的な交通手段で移動するのが普通である．しかしながら，房飾りや装飾物がついた典型的なスェードの上着やモカシンの履物など，民族の象徴として伝統的な要素をそこかしこに残している．

特別保留地や近隣の国立公園に来る訪問客用のおみやげの製造や販売も，広く展開されている．これらのおみやげには，伝統的な物の再現だけではなく，観光客向けに特別に作られた新たな物もある．たとえば，ウィグワムやカヌーの模型，パイプ，石鹸石の彫刻，羽毛の頭飾りなどである．彼らは今でも移動式の季節的住居（ティピー，ウィグワム）を使用しているが，これは住居として，また装飾品として，村に建てられるものである．インディアンをキリスト教徒に変えようとする試みは，あまりうまくいっていない．大半が先祖伝来の信仰を持ち続けているか，キリスト教の要素を伝統的な慣習に加えてきた．

特別保留地での生活環境は，多くのインディアンコミュニティの繁栄には都合よく働かなかった．1980年になっても，アラスカやカナダのインディアンの 80 % は最低生活水準以下の生活をしていた．過去 30 年の間に，職を求めて，特別保留地から大きな町や都市へ移住することが目立った．通常の環境から外に出た生活をすることで，彼らの伝統や文化の個性は失われるのである．

それでも，インディアンたちが現代社会に加わることには，自分たちの文化的個性の意識を高めること，先祖伝来の文化を守り強化する努力，また自分たちの権利のために戦うことを伴う．アラスカやカナダのインディアンたちは，アメリカ先住民族保護のための非政府組織の国際会議（1977 年ジュネーヴ）に積極的に参加した．これは，全体の数にしては，先住民族の中で失業水準がもっとも高く，賃金が安く，生活環境がかなり悪いことを認めた．さらにインディアンの間では死亡率が国民平均よりずっと高いことや，医療サービスが不十分であることも確認された．

1.4　タイガにおける健康と病気

先住民族の間では，エヴェンキ族は，シンプルで質素な生活や，食べずに何日も過ごしながらもエネルギーや良い精神を保ち続けることができる能力で有名である．それらの準備の結果として，エヴェンキ族の狩猟者は，1 日で森の中を 100 km 移動することができた．彼らの訓練は，生まれた時点で始まった．シベリアでは，母親がキャンプファイヤの横や，新しい野営地へのルートの途中でうずくまるうちに，寒冷な気候の中で出産することが多かったのである．生まれたばかりの子供は，雪でこすられてから，母親の胸に抱かれて暖められるのが普通であった．今でも，シベリアタイガの先住民族における幼児の死亡率は，ロシア連邦の平均の 2 倍である．

粗末な衛生状態と極度の疲労

貧しい衛生状態（遊牧生活を送っていると衛生的でいるのは非常に難しい）は，多くの疾患の蔓延を促進してきた．タイガに住む人びとの特別な生活様式は，消化器系や腸管の寄生虫の伝染を促進した．生や生煮えの魚を基盤とした食事は，ビタミン不足の食事を補い，壊血病を予防したが，肝吸虫類による肝吸虫症，その他の寄生虫による寄生虫感染症を発生させた．

エヴェンキ族やヤクート族のように，シベリアタイガのいくつかの民族の女性は，極地ヒステリー（emiriak）として知られ，原因が神経性だと思われた疾患に苦しんだ．この疾患は，悪霊の仕業であり，物音への激しい反応という形を取ることによって患者を揺り動かし，まるで熱が出ておかしな振る舞いをしているかのように見せているのだと考えられた．長い間，この疾患は長期にわたる肉体の酷使や，早期の性行為が原因であると考えられたり，さらには頻繁な妊娠や長期間の授乳（最大 5 ～ 6 年）のせいにまでされた．実際には，この疾患はビタミン D 欠乏症の症状と一致していた（第 9 巻 p.84 ～ 85 参照）．男性はそれほどひどくはなかったが，やはりこの症状のいくつかはみられた可能性がある．

持ち込まれた疾患

植民地化の前には，タイガに住む民族の間では，天然痘，発疹チフス，これらは知られていなかった．つまり，彼らがそれらの疾患に対してなんの免疫もできていなかったということである．医師でもある探検家グメーリン（1788 ～ 1853 年）は自著の中でこう書いている．「ト

218. クリー族のインディアンは，北米タイガの幅広い地域に住んでいる． 彼らは言語を基準として中央クリー族，東岸のクリー族，内陸のクリー族，および西のクリー族に分けられる．タイガバイオームに住む大半のインディアンと同様に，彼らの伝統的な生活様式は，狩猟を基盤とした遊牧生活であり，毛皮になる動物をわなで捕らえたりもした．彼らは森がもたらすものによって生活していたが，ハドソン湾会社の交易所で毛皮と食物の取引も行った．写真は，ケベック州の冬の野営地で女性が木材を削っている．この写真から，彼らの典型的なウィグワム，すなわちキャンバス（昔は樹皮の細長い断片だった）で覆われた円錐状のテントの詳細がわかる．テントを支える棒は 2 ～ 2.5 m の高さで，あらゆる種類の道具をつるし，魚などの食品を乾かすために使用された．輸送には，夏にはカバノキのカヌーを使い，冬には犬ぞりを使った．彼らに貿易活動があるということは，彼らにヨーロッパ人との密なつながりがあるということであり，彼らはヨーロッパ人から狩りのための火器だけでなく，服装や宗教までも取り入れた．彼らは自分たちの儀式を放棄せず，木彫り，皮なめし，ウサギの皮の外衣作りなど，多くの手工芸の技術を維持した．

［写真：B. & C. Alexander / Still Pictures］

219. タイガの住人は現代技術や医療の助けはほとんど得ていないため，**今でも過酷な生活を送っており，**多くの場合，それは何世代もの間変化していない．これは彼らが，このセルカップ人が使用する弓きりのような単純な手作りの道具を使用していることからわかる．この道具は，鉄のきりが皮の断片によって木製の弓につなげられたものが木の柄に接合されている．この取り付けられた鉄のきりは片手のハンドルで支えられ，もう一方の手で弓を前後に動かしてきりを回す．鉄片のきりは，樹木や，骨などのもっと頑丈な素材に穴をあけ，とてもきちんとした穴を作る．このきりは，イヌイット人が今も使っているタイプのきりと大変よく似ているので，彼らの使用法はアジア北部の民族からもたらされた文化的特徴だと考えられる．
[写真：Andrey Zvonikov / The Hutchison Library]

ゥングース族の中でもっとも頻繁に発生する病気は天然痘である」と．グメーリンはリウマチについては言及していないが，寒くて湿った気候条件においては避けられなかった．梅毒もヨーロッパ人とともに入ってきた．ヨーロッパ人によってもたらされた最悪の災難は，アルコールであった．タイガの民族は自分たちではアルコール飲料を作らなかったし，タイガの人々の間では，エチルアルコールから作られるアセトアルデヒドを壊すアルデヒドデヒドロゲナーゼの不足が，ヨーロッパを起源とする人々よりも頻繁であった．この先天的な欠乏の結果として，タイガやツンドラの先住民族は，アルコールの耐性が低い．これらの民族の中での自殺や犯罪の頻度が高いことから，シベリアでは独裁政府が厳しい勅令を出し，先住民族に毛皮の税金（yasak）を払わずに「hot drink」（すなわち蒸留酒）を売ることを商人に禁じたが，あまり成功しなかった．タイガの文化の中には過剰なアルコール消費を規制する伝統的規範はなかったが，より定住的な先住民族はアルコール飲料が入ってくることに反対しようと試みた．17世紀と18世紀には，毛皮を買う際に先住民族を酔わせてそれらを奪うという習慣が起こった．20世紀後半における彼らの伝統的世界の崩壊の結果として，タイガの人々の中にアルコール中毒が絶えず増えている．

20世紀を通じた技術文明による圧倒的な侵略は，固有民族の間に不運にも深刻な社会問題をもたらし，これが健康問題につながった．シベリアでは，タイガの民族に現代的文化への道筋を与えるために，全寮制学校を基盤にしたシステムが導入され，子供たち（その多くが通う学校がない遠隔地の子供）は家族や伝統的な生活様式から遠く離れて学習した．下着やヨーロッパ人の服を着用して，暖かな学校で学ぶということは，すなわち，それらの子供たちが両親や祖父母ほどの屈強さにはまったく似ないで，結核や心血管疾患にかかりやすいということであった．このように家族や親類から離れることは，子供たちが昔のような育て方をされず，若者たちが，そのコミュニティの中にしっかりとは定着しないで，ときにはアルコール中毒にかかったり社会的に取り残されたりするということである．

人口が過去40年の間に3倍になった米国北方林の先住民族の健康問題は，同じ期間中に人口がわずか15％しか増加しなかったシベリアタイガほど深刻ではないようである．これは多くの要因の結果であるが，一部にはアラスカやカナダの北方林の公共医療制度がより良く整い，生活水準がより高いためであった．歴史的過去には，ヨーロッパ人移住者が入ってきたことが北米タイガの先住民族に対して非常に有害な影響を及ぼした．たとえば，ハドソン湾の北西岸に住んでいたイヌイット族は，1980 年に米国の捕鯨船がやってくるまでは孤立していたが，このできごとによって，彼らの生活の多くの面が変化した．多くのイヌイット族が，食物，衣類，小火器用の弾薬と引き換えに，これらの船で働いた．これによってたくさんの病気がもたらされ，そのいくつかは重大ではないが，梅毒や結核のように北極地方の民族の間で大きな損害をもたらしたものもあった．彼らがそれ以前にどこかほかの場所で罹患していたからである．病気の船員が 1 人乗っていたスコットランドの捕鯨船が赤痢の流行をもたらし，サウサンプトン島の先住民族が全員死んでしまったことが知られている．

病気やアルコール中毒の他に，アラスカ南東部全体で，白人の移住者が先住民族に独自の儀式や文化を捨てるよう圧力をかけた．毛皮商人とともに現れた病気は，彼らがその定住をかためたときに，さらに悪くなった．インディアンは町の周辺に定住しはじめ，病気になってヨーロッパ人に追い払われると，民族に戻った．その結果としてインディアンの民族全体に病気が蔓延したのである．場合によっては，いくつかの病気が広がった間接的な原因は，先住民族の肉体的な抵抗力が弱いことにあった．先住民族の資源が移住者に使用されていたために食料が不足し，そのせいで体が弱ったのである．こういったことは，たとえば，ラブラドル半島やケベック州のインディアン部族のいくつかで生じた．そこでは白人の狩猟者がその地域を開拓しすぎたために，ビーバーの数が激減した．これらの北方のインディアン民族はみな，最初に天然痘に冒され，次に続いて起こるインフルエンザの流行に影響された．1908 ～ 1909 年の冬に起こった一度のインフルエンザの流行が，北部のケベック州とオンタリオ州すべてに影響を及ぼし，東部クリー族の人口が劇的に減少した．1917 年のインフルエンザの流行では，ニピゴン湖に住むチペワ族とクリー族の 40 % が死亡し，1927 年の流行時には，プロフィット川流域のセカニ族の多くが死亡した．

このように固有民族が歴史的に弱体化したが，彼らの状況は，主に衛生状態と健康管理の改善のおかげで過去数十年の間に大きく改善されている．1970 年代でさえも，カナダインディアンの平均寿命はわずか 34 歳で，2 歳前の平均死亡率はカナダに住むほかの人々の 8 倍であった．1970 年代におけるインディアンの死亡の半分以上が，呼吸性の病気や事故であった．今日では，インディアンは，白人の人々よりも消化器疾患，呼吸器疾患，心疾患，寄生虫性感染症，およびアルコール中毒の影響をかなり受けている．

2. 植物資源の利用

2.1　タイガの貯蔵食糧

北部タイガでは，昔から，野生の果実，根菜，および地衣植物が，先住民の主要な食料品である肉や魚を補充するものだった．南部タイガでは，キノコ，シダ，食べられるサラダ用植物，樹木の形成層，さらにはいくつかの水生植物にも有用性がある．このバイオームの多くの植物は今でも，食糧として，飲み物を作るために，あるいは医療目的で利用されている．

野生のサラダ野菜と緑野菜

タイガの緑野菜のもっとも注目すべきものは，おそらく茎が3ｍの高さにまでなるセリ科ハナウド属のキレハオオハナウド（セリ科）だろう．カムチャッカやアラスカの人々は，若い茎を食べる．春にはサラダやスープに入れて食べられるし，1年中保存食として食べられる．アラスカのインディアンは，この植物を，薬や刺激物としても利用する．ルバーブ（タデ科ダイオウ属）は，おいしいジャム作りに利用されるし，緑野菜として，サラダに入れても食べられている．いくつかの地域では，さまざまな種類のギシギシ（タデ科ギシギシ属）を消費し続けている．北米タイガの西部地域では，夏にマルバギシギシ（タデ科）の葉が，茹でたり，生のままで食べられていた．食糧が乏しい時には，アシやガマの若芽が，湖岸から採取されて食べられた．

ネギ属の球根，特にラムソンおよび *Allium victoriale* は，昔も今も，南部タイガ地域全般で食べられているし，その葉はビタミンＣが非常に豊富である．シベリアタイガの多くの村で，いくつかのユリ属の多肉質の球根が，パンやイモの代用として食べられている．ユリ根は乾燥状態で保存され，すりつぶされて，スープや粥を作るために，ベリーやトナカイの血と混ぜられる．北米では，ポピュラーな植物性食材はセイヨウコウホネの多肉質の根茎であった．これは水たまりの底やマスクラットの巣穴からインディアンが集めた．動物たちは，冬に備えてそこに根を貯蔵したのだった．アラスカやカナダ北西部では，ロシアで食糧不足の時にそうするように，ミチヤナギ属（タデ科）の根茎が食べられた．

アメリカマコモ

アメリカマコモ（イネ科）は，カナダ楯状地南部の湖や流れが緩やかな川の水中や水辺によく見られ，その種子は，川沿いに住むインディアン民族にとって常に重要な食材であった．アメリカマコモは一本の茎が約1.5ｍで約50 cmの穂をもつ一年草で，緩やかな流れの川や小川に生える．6月の早い時期に，この植物の穂は水上まで伸び，8月には種子が熟する．種子がこぼれ落ちると，水底に沈み，冬の間，そこにとどまっている．アメリカマコモの収穫はアルゴンキン語族の経済において，歴史的にかなり重要であった．彼らは厳密にいえばこの植物を栽培しなかったが，より一定の収穫量を確保するための技術を発達させていた．穀物が十分に実ると，鳥から守るために円錐花序（不規則な花の房状の集まり）を下向きにして，茎の上部をひとまとめにした．クリー族，ダコタ族や，その他のインディアンの部族も，やはり水に浸ったアメリカマコモの群落を訪れていた．これらの群落の所有をめぐるスー族とオジブワ族の血なまぐさい戦いを語った言い伝えがある．

アメリカマコモの収穫は，インディアンにとって非常に重要であったため，彼らの暦の月名は，マコモの収穫に関連があった．アルゴンキン語族の中には，9月が「イネが実る月」あるいは「イネの収穫月」，10月が「イネが枯れる月」あるいは「冬のためにイネを収穫する月」であった．収穫の始まり（8月の終わり頃）を示すための特別な祭りがあり，その前には，誰も収穫をはじめなかった．オジブワインディアンにとって，アメリカマコモを収穫することが，大切な経済活動となってきた．このイネ（長粒種と短粒種）は今でもカヌーから採集され，収穫されたものの大半が輸出されている．1994

220. ワイルドライス（インディアンライス）（イネ科アメリカマコモ）は栄養に富んだ種子をもたらし，五大湖地域西部の先住民族の多くが食べ，チプワ族，メノミニー族（メノミニー（Menomini）とは「ワイルドライス」のこと）の基本的な食材の一つであった．この植物は，ニューイングランドから，ノヴァスコシア，五大湖やその周辺の氾濫原に生育する．イロコイ族らは，ヒューロン湖とエリー湖の間の半島でトウモロコシを栽培していたため，ワイルドライスには関心がなかった．狩りを行った部族，特にスペリオル湖の西側に住んでいたオジブワ族は，ワイルドライスを栽培し，翌年に収穫が得られるよう泥団子状に固めた種子を放り投げた．しかし彼らはワイルドライスを定期的に栽培しようとはしなかった．おそらくこれはそれ以外の多くの野生の植物や果実が手に入ったためだろう．ワイルドライスは，8～9月に女性によって収穫された．湿地のイネを採集するために，ボートに乗り長さ 60 cm の2本の特別なパドル状の道具を用いた．1853 年のイーストマンのこの版画に示されるように，カヌーに座り，パドルの一つでワイルドライスを折り曲げ，もう1本のパドルで穂先をたたいて脱穀した．穀粒が収穫されると，カバノキの皮の上で乾燥させ，もみがらを落とし，樹皮でできた容器に保存した．多くの社会的儀式がワイルドライスの収穫に関連していた．
［写真：Mary Evans Picture Library］

年には，マニトバだけで，100 万トンのアメリカマコモが収穫されたが，収穫量は年毎に大きく変動する．

野生の果実

ユーラシアタイガにも，北米タイガにも，多くの種類の野生の果実がある．それらは夏から秋の終わり頃に熟すが，いくつかは，ブルーベリー（スノキ属）のように，春まで雪の下で保存されることがある．

シベリアタイガでは，最も早いベリーは，ロシアで Knyazhenika として知られるチシマイチゴ（バラ科）である．多くの地域では，これはすべてのベリーの中で最も美味しいと考えられている．これはラズベリーによく似ているが，それよりも小さく，黒みがかった赤か深紅色で，とても甘い（糖度 5～7％）．また，パイナップルの香りがする．7月の始め頃に熟し，通常は林縁，火災跡地，湿った牧草地，および湿地に生えている．湿地や水浸しの森に生えるホロムイイチゴは，もう少し遅くに熟す．ホロムイイチゴは，桃色がかった光沢がある明るい黄色で，糖度（3～6％）とペクチン（3～4％）が高い．ビタミンAおよびB，クエン酸（0.8％），リンゴ酸，カリウム，マグネシウム，カルシウム，クロム，銅，および人間の栄養素として不可欠な微量元素などの塩類が含まれている．これらは生のまま食べられ，大量に保存もされる．

さまざまな種類のブルーベリーやスノキ属（ツツジ科）の果実は，タイガの民族にとって非常に重要である．セイヨウスノキやクロマメノキは，淡い黄緑色の蝋質の花を持ち，真夏に熟す濃青色の実をつける．クロマメノキは毎年実をつけるが，ビルベリーは何年かに一度だけ，たくさんの実がなる．ビルベリーの実には，タンニン 12～17％，6％にまでなる糖分，ビタミン C，そして有機酸を含有する．タイガでは，セイヨウスノキの生産量は，クロマメノキが 541 kg/ha であるのに対し，333 kg/ha に達する．その高いタンニン含有から，赤痢を治療するアストリンゼンとしての使用につながってきた．これは，セイヨウスノキはよく見えない場所での視力を改善すると信じるタイガの狩猟者に高く評価されている．小形の（ツルコケモモ）はこの種の中でも有用なもうひとつのベリーである．これは湿地の中に生える匍匐性の小潅木で，赤くて酸っぱい実をつける．その実は，10％にもなる糖分，タンニン，クエン酸，安息香酸，および多くのカリウムを含有する．秋

221. 北方林全体で，**さまざまなセイヨウスノキとブルーベリー（スノキ属）**が採集される．これらは小さくて丸い小果実であり，種類に応じて赤や黒ずんだ青色で，夏に熟すが，南のほうでは春に熟しはじめる．これらは沼地や他の酸性土壌で育つ小低木の果実である．ツルコケモモ（写真上）のように，酸味がある球状の小果実は，ジャム，リキュール，ジュース，シロップ，肉料理に添えるクランベリーソースを作る．ビタミンCが豊富で，壊血病やビタミンC不足の予防や治療に使われたり，殺菌作用のために炎症性疾患に用いられる．また蜂蜜と混ぜて，風邪，扁桃炎，リウマチを和らげる．セイヨウスノキ（写真下）は60 cm以下の低木で，球状に近い黒ずんだ実をつける．この実は酸度が高いため，生でなく，ジャムやデザートなどに使われる．これらの2種に加え，他のスノキ属の果実がユーラシアや北米で採集される．北米では，果実を乾燥させ，1年中貯蔵される．処理方法はいくつかあり，たとえば小麦粉とともにすりつぶして sautauthig と呼ばれる香辛料で香りづけした砂糖菓子を作った．薬や食材としての重要性により，現在はさまざまな種類のスノキ属が大規模に栽培される（図233参照）
［写真：Vadim Gippenreiter and Hans Reinhard / Bruce Coleman Collection］

には，この実は凍らず，食べることができる．これは 100 g 中，約 350 mg のビタミン C を含む．ローブッシュブルーベリーは，北米の北方林全体で食べられ，亜北極地帯のまばらな森林に住むクリー族のようなグループによっても食べられている．そこでは，もっとも重要な食用植物である．

しかし，最も重要なタイガのベリーは，コケモモで，赤い実の長い総状花序が晩夏や初秋に熟す常緑の小灌木である．コケモモは 12 % になる糖分，ビタミン C，タンニン，有機酸を含有し，安息香酸を含み，長期間，果実が保たれている．今日，ロシアの極東地域だけでも，コケモモの収穫量は 1248 kg/ha に達することがあり，その果実は抗壊血病性かつ抗炎症性である．これらは生のままでも，ふやかしても，ジャム（kissel）やリキュールにしても食べられる．マリネに漬け込んだコケモモは，肉や魚の付け合せとして絶賛されている．

その他多くのタイガの植物が，食べられる実をつける．たとえば，スグリ属（カラント，スグリ科）がそうで，クロスグリ（ブラックカラント），フサスグリ（レッドカラント），バッファロースグリ，*Ribes dikuscha* などがある．カラントやグズベリーには，ローズヒップやキウイフルーツ（マタタビ科）以外のどの果物よりもビタミン C が多く含まれている（100 g 中 1400 ～ 1500 mg）．シベリアタイガやロシアの極東地方全体に非常に広く分布するハイスグリの茶色い果実は，素晴らしい風味を持つ．シベリアに広く分布する食用のケヨノミ（スイカズラ科）の果実は，美味しいジャムを作るのに用いられるということも，触れておくに値する．

222. さまざまな種類のカラントやグスベリーはすべてスグリ属の果実である．これらは丸い実で，皮が薄く，半透明であることが多く，果肉は酸っぱくて水分が多い．この小果実は枝から下がった房に実り，赤（レッドカラント）や黒（ブラックカラント）や緑色（グスベリー）になる．カラントは生で食べられるが，主に甘いデザート（タルト，ジャム，ゼリー，シロップ，ヨーグルト）を作る．さらに医学的特性もある．カラントは，森林から集められるほか，主にロシア連邦，スカンジナビア半島，東ヨーロッパでは大規模に栽培もされ，多くの新種が育てられてきた．写真に見られるカラントは，*Ribes pubescens* である．［写真：Vadim Gippenreiter］

223. ゴゼンタチバナは，低木や高木である他のミズキ属（ヤマボウシ）とは異なり，高さ 8 ～ 20 cm しかない小型の植物である．ゴゼンタチバナとして知られ，ユーラシアや北米の北方針葉樹林に生育する．その実は石果（核がある）で，エンドウマメよりもわずかに大きく，熟すと明るい赤色になる．食べることができ，その味は好ましく，生か調理して食される．北米の先住民族には昔から高く評価されていた．
［写真：Stephen Krasemann / NHPA］

ロシア極東地域の多くの先住民族の冬の食事には，トルクシャと言ってセイヨウガンコウラン，煮崩れた魚，アザラシの脂肪を混ぜたもので作った料理がたくさんある．

北米の北方林に住むインディアンの食べ物には，ヌルデ属を含め，多くの野生の果実があった．ゴゼンタチバナの果実は，ローズヒップ（バラ科）やクマコケモモ，アメリカカンボクと同様に，生のまま食べられた．平原インディアンは，ザイフリボクやチョークチェリーのような小低木の実など，その他の果実をペミカン（脂肪を意味するpime，クリー族のpimecanに由来する言葉）の調理に使用した．ペミカンは脂肪に富んだバッファローの乾燥肉であり，タイガの南部ではたいへん重要なもので，生で食べたり，その汁に入れて調理したり，保存食品あるいは冷凍食品として食べる．

シベリアゴヨウ，チョウセンゴヨウ，ハイマツの食べられる種子は，タイガに住む人々にとって非常に重要である．これらは味がよく，65％もの脂質と20％のたんぱく質，ならびにデンプン，ミネラル，ビタミンBとEが含まれている．これらのマツの実から得られる油脂（この種類のマツがロシア人にヒマラヤシーダーと呼ばれるため，商業上は「ヒマラヤシーダーオイル」として知られる）は，透明であり，過酷な寒さの中でも凍らない．暗い場所に真空で保存すると，何年も品質が保たれる．「ヒマラヤシーダーオイル」は栄養価が高く，香りも味も良い．食材としても，工業目的にも，オリーブオイルよりも価値があった可能性がある．マツの実はすりつぶされてから水に溶かされ，「ヒマラヤシーダークリーム」として知られる商品になる．これは生のマツの実よりもさらに栄養価が高い．イワン雷帝が統治していた16世紀には，「ヒマラヤシーダー」のマツの実は，重要な輸出品であった．シベリアマツから取れるマツの実の平均収穫量は，約160 kg/haである．秋に熟すと，村をあげてそれを集めに出かける．17世紀以来，シベリアに住むロシア人農民は，居住地の近くでこのマツを栽培してきた．これらの育てられた森に生えるシベリアマツの多くは，高さ35 mに達している．

甘味料としての樹液

カバノキの樹液を手に入れることは，タイガに行き渡ったもう一つの活動である．樹液は，春に，植物の通導組織が損傷した場所や，幹や枝から採集されるが，主に冬の間に倒れた樹木の切り株から採られる．この樹液には，多くのグルコースやフラクトース（0.5～2％），アミノ酸，ミネラル，その他の化合物が含まれている．その他，アスペンやポプラのような樹木は，樹液と同様に，昔から若い枝，芽，尾状花序，種子がとれ，春には形成層（樹皮と木質の間の形成層）が食べられる．トウヒからは，種子や形成層に加えて，スプルースガムとして知られるものが採れる．

北米タイガの南東部では，春に，サトウカエデの樹液であるメープルシロップも収穫される．オジブワ族は，ときどきそれをキハダカンバの樹液と混ぜる．メープルシロップは，サトウキビが市場に出るまで，インディアンにとって，そしてヨーロッパ人移住者にとっても，砂糖の主な原料だった．19世紀までには，メープルシュガー，シロップ，糖蜜，ビールの製造がこの地域で重要な産業になっていた．

シダと，食用または幻覚誘発性の菌類

南部のタイガにもっとも多いシダのひとつに，ワラビがある．この若いシュートと根茎が食べられ，油で炒めたキノコのように美味しい．若い地上部が春の終わりに数cmの高さになると，採集され，塩漬けにされたり，乾燥されたりする．そしてさまざまな方法で調理される．これらは鉄分に富み，緑野菜として食べることができるが，発がん性物質を含むため，大量に食べるべきではない．タイガのバイオームに生えるその他の多くのシダ類も食べられる．タナイナ族など，アラスカのいくつかのインディアンの部族が，オシダ属の *Dryopteris dilatata* の根茎を集めて，地面の穴の中でそれらを調理する．メノミニ族は通常ゼンマイの若い地上部を茹でるし，スペリオル湖の北部周辺地域のオジブワ族は，ヒゲカズラ科のシダを食べた．タイガの食べられるシダにはクサソテツやアメリカコウヤワラビなども含まれる．この葉は，十分に成熟しても，若くても（そして，まだ固く巻いた状態でも），素晴らしい味がする．

地衣類のいくつかの種類も，北米北方林のインディアンにとって，ヨーロッパからの最初の移住者にとって，特に植物食品が不足するときには，重要な食物資源であった．イワタケ（*Umbilicaria*，特に *U. dillenii*）は，岩に生える大きな葉状の地衣類で，おそらくもっともよく知られている．亜北極地帯では，地衣類エイ

ランタイは，トナカイの胃の中で消化しやすいように処理された後，殺されたばかりの動物の第一胃から取り出され，広範囲で食べられた．

「トナカイゴケ」と呼ばれるハナゴケも，同じように食べられた．その他，食材として興味深い種類には，サルオガセ科のハリガネキノリ属（*Bryoria fremontii* や *B. tortuosa* など）のいくつかの種類がある．これは針葉樹の枯れた枝から垂れ下がって生えている．

タイガではキノコも豊富だが，ロシア人，カレリア人，コミ人をのぞけば，タイガに住む民族はキノコを食べない．シベリアの先住民族は，キノコを「シカだけに適している」として捨て，それを他の人が食べているのを見ると，恐れと嫌悪感をあらわす．これに対する唯一の例外は，ベニテングタケである．このキノコの幻覚誘発特性（第9巻 p.87）は，よく知られていた．シャーマンたちは，ベニテングタケを消費する適切な量と正しい方法を知っていて，幻覚を起こさせるために，特定の儀式を行う前にそれを消費することが多かった．これは，ハンティ族のシャーマンが，患者の魂が地下の神様のところに旅をする数日間の間，眠りから覚めるのを防ぐための煎じ液として使われた．

2.2　タイガの野生の薬剤と化学物質

1596年にさかのぼる中国薬局方は，体力回復のための優れた薬品として，「5つの風味を持つ果実」，すなわちチョウセンゴミシ（シキミ目，次頁参照）の果実について触れていた．極東にたどり着いた最初のロシア人旅行者は，狩猟者はチョウセンゴミシの実を一房食べると，「2日間トナカイを追いかけることができる」と書いた．これは誇張だが，薬理学的用途のための活性的な原理のもととして，タイガの植物の潜在性の一つの見解を示している．

薬用植物

ユーラシアタイガおよび北米タイガでは，数千種類の植物が薬用植物として使われている．たとえば，先に述べた野生の果実の多くは（ローズヒップと同様に）ビタミンCを含有するため，壊血病に非常に効果がある．コケモモの葉を茹でた抽出液は痛風や腎結石の治療に使用されてきた．ヤクート族は，ヘルペスや疥癬の治療，湿疹の治療，そして出血を止めるためなどに，この果実の汁を利用する．カランツやグズベリー（スグリ属）も幅広い用途がある重要な薬草である．極東の南部に生育するチョウセンゴミシは，11％にのぼるクエン酸と8％のリンゴ酸を含有する鮮やかな赤色の果実をつける．

これらの果実は，先に述べた中国薬局方に記録される通り，種子にシサンドリンがあるために，刺激がある．これらは疲労を軽減し，肉体作業や知的作業を行う能力を高め，夜間視力を改善し，空腹感を抑え，動脈圧を正常化すると言われている．カノコソウ属，ヨモギ属，タンポポ属，ヒカゲノカズラ科ヒカゲノカズラ属のシダ，オオバコ属，ミチヤナギ属，ヤナギラン属のヤナギラン，野生のローズマリー，セイヨウイソノキの樹皮，セイヨウクロウメモドキ，そしてさらに多くの種類が，薬草として認識されている．

日常生活において，シベリアの先住民族は，針葉樹の葉や樹脂を，幅広い目的に使用した．それらは，家庭用での使用に加え，医療目的で

224. タイガには，テングダケ属を含め，キノコが豊富である．その中には，毒性あるいは幻覚誘発性のものもあれば，大変価値ある食材もある．毒性の種類には，ムスカリン，ファリン，ファロイジン，アマニチン，アガリシンなど，少量のアルカロイドが何種類か含まれている．たとえばベニテングダケにはムスカリンが新鮮物重量でわずか3 mg/kgしか含まれていないが，これらのアルカロイドはたいへん影響力が強く，摂取すれば吐き気，過剰な唾液分泌，嘔吐，下痢を引き起こし，幻覚や神経障害を伴う．シベリアの住人はベニテングダケを採集して乾燥し，幻覚剤として服用する（適量）．彼らはその消費に慣れており，胃腸への影響は引き起こさない．アルカロイドは急速に尿中に排出されるため，キノコを入手できない人は，中毒になっている人の尿を飲むことによってその作用を体験することができる（第9巻 p.87 も参照）
［写真：Vadim Gippenreiter］

225. **ピンチェリー**は，低木あるいは9mになる樹木で，細長い開いた花冠，水平の枝，披針型（幅が狭くて先が細い）で繊細な鋸歯がある葉を持つ．春にはその枝は白い花弁が5枚の花に覆われ，夏には直径6mmの小さな赤い果実をつける．この果実はジャムを作るのに使われたり，野生動物に非常に好まれる．この木の皮は，若いうちは赤みがかった灰色で薄く，北米インディアンが治療目的に幅広く用いる．
［写真：Xavier Font］

も用いられた．シベリアモミのヤニは，傷に用いられ，モミの葉から作ったオイルは防腐剤として用いられた．シベリアカラマツの葉の浸剤も，呼吸困難に対して服用されたし，シベリアゴヨウの葉はいまだにビタミンが豊富な飲み物を作るのに使われている．北米の北方林では，バルサムモミが，特に東部地域で，もっとも広く使用された針葉樹であったが，唯一ではなかった．内側の樹皮は茹でられ，タールがやけどを治すために使用され，カラマツの内側の樹皮からは湿布剤が作られた．その他の樹木の内側の樹皮（練ったもの），タール，葉も，あらゆる種類の傷の治療に使用された．

タナイナ族は，セイヨウネズの枝を茹でてお茶を作り，風邪や肺炎や結核を治すために使用する．しかしユーラシアタイガでは，ヤクート人が枝を煎じた汁を飲んで，肝臓病を治療した．

針葉樹は，傷の治療に広く使用されたが，たとえばオジブワ族は，潰したガマや粉にしたバルサムポプラの若枝の湿布を，同じ目的に使用した．彼らは出血を止めるために，開いた傷の上にホコリタケ（ホコリタケ属，ノウタケ属）の胞子をふりかけた．クリー族も，ブルーフラッグアイリスの根を砕いたものをベースとしたやけど治療用の湿布を作ったし，アルゴンキン語族は，ワイルドレッドチェリーの内側の樹皮を茹でたものでやけどを治療した．オジブワ族は，ウルシによって生じた水ぶくれを治すために，アカクキミズキの湿布を作ったし，赤痢の治療のために若枝の煎じ汁も作った．ヤナギやラブラドルチャの煎じ液も，熱や風邪の治療に使用された．オジブワ族は，熱や風邪を，ノコギリソウの葉を残り火で焼いてその煙を吸入することによって治療した．オジブワ族はさらに，腎臓病の治療のために *Apocynum androsaemifolium*（キョウチクトウ科）の根の煎じ液，そして腎結石の治療のためにトカチスグリの煎じ液を，そして利尿剤として，イラクサ属の *Urtica gracilis* の根の煎じ液を作った．クリー族は，下痢を止めるために，ヒメムカシヨモギを使用した．

ロシアの極東タイガは，自然の興奮剤が豊富だが，今のところ最もよく知られているのがチョウセンニンジン（ウコギ科）である．チョウセンニンジンは何千年もの間，採取され使用されてきた．これはウスリー川地域の密生したタイガの針葉樹林や，隣接した混交林に生えている．ロシアだけでも，毎年推定1トンが採取される．チョウセンニンジンは根が目的とされ，その根は長さ 60 cm，重さ 300 ～ 400 g にもなることがあるが，このような年月を経た植物（200 年ぐらい）は次第に少なくなり，大半は 20 ～ 25 g を越えない．この根には実際には珍しい種類のトリペルテノイド（パナキソサイドとジンセノサイド）を含有する．この成分が，この植物に医学的特性を与えている．チョウセンニンジンの根の水とアルコールの調合剤は，強壮剤や刺激剤として使用される．なぜなら，これは一般的に体の防御力を高め，病気や好ましくない影響から護り，作業能力を高め，傷の治癒を助けるからである．イロコイ族や，彼らのアルゴンキン語族の隣人たちは，北米のアメリカニンジンの根の煎じ液を用いた．後に，ヨーロッパ人がそれを活用し，今は多くのチョウセンニンジンが栽培され，中国に輸出されている．

エゾウコギ（ウコギ科）やチョウセンハリブキ（ウコギ科）のような極東タイガの一連の植物の根茎は，チョウセンニンジンに似た特性を持つ．同類の植物がアラスカの低地タイガに生育し，アメリカハリブキと呼ばれている．タナイナインディアン，イヌイット族，およびその他の先住民族は，その茎や枝を解熱剤，下剤として，また多くの疾患の治療薬として使用した．強壮作用があるもう一つの貴重な植物，イワベンケイソウ（ベンケイソウ科）は，シベリア全体にわたって岩の上や河川や小川の岸に生えている．その茎にはフェノール配糖体が含まれ，チョウセンニンジンと似た作用がある．

繊維と染料

シベリアの先住民族のすべてが，織物の織り方を知っているわけではないが，ハンティ族やマンシ族のように，セイヨウイラクサを手織り布を作る原料として用いた部族がいくつかあった．糸を作るためのイラクサが秋に採取され，織り糸が漂白されたり，野生の果実，ハーブ，根を煮たもので染色されたりした．織り糸は手作りの織り機で織られた．数世紀前には，ヨーロッパ北部の民族もイラクサで織物を織ったということが，デンマークの作家，ハンス・クリスチャン・アンデルセン（1805 ～ 1875 年）が『みにくいアヒルの子』の中に書いている．

コケモモ属の果実，特にビルベリーの汁は良い染料である．使用される媒染剤（色留め料）に応じて，毛糸やリネンの繊維を青紫や明るい赤色に染めるために使用できる．

2.3 林業

タイガほど，豊かで頼もしい材木がある場所はどこにもない．昔から，家全体から毎日の道具まですべてが，樹木や，樹木から得られた材料（樹皮，根，樹脂など）によって作られてきた．今日，広大な北方林を活用することが，主要な経済資源である．

木材の品質

昔から，シベリアに生えるものでもっとも貴重な木材は，シベリアマツ（ロシア人にシーダーとして知られる）であった．この木材は強くて柔らかくて軽く，建築用や手工芸用として優れている．「シーダー」からできた家は，何百年も持つことがあり，「シーダー」の容器に保管すれば，ミルクは腐りにくい．シベリアタイガで最も強く，最も長持ちする木材は，シベリアカラマツであり，その木材は密度が高く，弾力性があり，重く，樹脂を含み，水中でほぼ防腐性である．したがって，建築用に優れている．家の基盤をカラマツの幹で作り，残りをモミやマツで作ることが多い．シベリアモミの木材は，カバノキがそうであるように，柔らかくて作業がしやすい．ヨーロッパアカマツやシベリアトウヒはいずれも，やはり建築に非常に適している．ヨーロッパヤマナラシ，エゾノウワミズザクラ，いくつかの種類のヤナギ属，セイヨウネズ，ドロノキ）や，ほとんどすべてのタイガの樹木が，たいへん幅広い用途に使われてきた．

ヨーロッパアカマツの木材も耐久性があり，樹脂を含み，作業しやすく，建築での使用に優れている（横材，厚板，薄板など）．細くて背が高い樹木が生えるマツの老齢林は，「船の森」として知られていた．なぜなら，これらがかつて船のマストとなったからである．マツの樹脂は，蒸留されて，テレビン油やロジンや，その他の溶剤が取られた．これらはあまり固くないシベリアマツやチョウセンマツよりも，ヨーロッパアカマツに大量に存在していた．作業がしやすいため，家具作りに広く使われ，またエンピツ作りにもっとも適した材料だとみなされている．

カラマツの木材は，密度が高く，耐久性があり，緻密なことで有名であり，非常に長持ちする．これは水に沈むため，この幹を下流に運ぶ

カバノキの樹皮のカヌー

19世紀にはまだ，タイガ地帯の多くの民族がカバノキの樹皮からカヌーを作っていた．たとえば，シベリアのマンシ族，ハンティ族，セルカップ族，エヴェンキ族，ナナイ族，ネギダル族，ヤクート族，そしてインディアン部族のクリー族，アルゴンキン語族，アサパスカ語族などがそうであった．現在，シベリアには，カバノキの樹皮からカヌーを作る方法を知るものは非常に少ないし，カナダにはほとんどいない．事実，このようなカヌーを博物館で見つけるのすら難しい．

アメリカシラカンバ樹皮細部［James H. Robinson / Oxford Scientific Films］

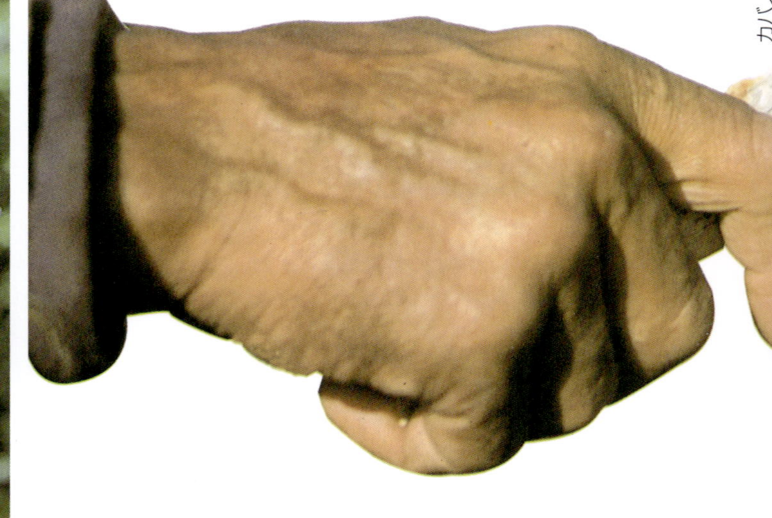

カバノキ樹皮断片［Andrey Zvoznikov / The Hutchison Library］

カバノキの樹皮から作られるカヌーは，とても軽くて水上で安定している．防水性があり，コントロールするには巧みな技術が必要である．また事故があってもまた別のカバノキの樹皮を使って簡単に修理することができた．カバノキはどこにでもたくさん生えていた．これらはスピードが速く，浅いシャフトを持ち，浅瀬を移動することができ，乾いた陸地上で簡単に運ぶこともできた．静かな水域でトナカイやヘラジカを捕らえるのに使ったり，夜にはたいまつの明かりで銛を用いて漁を行った．セントローレンス川やセントローレンス湾では，インディアンたちがこうした軽いボートの上から，北極のイルカ，アザラシ，セイウチを捕まえた．

シベリアのハンティ族や北米インディアンたちは，樹皮を二つの層にし，一方をもう一方の上にかぶせてカヌーを作ったが，セルカップ族はひとつのカバノキの樹皮の袋を，もう一つの中に入れた．樹皮からカヌーを作るには，高度な技能と，たいへんな忍耐力と，精密な機器を設計する技術が必要であった．樹皮をなめらかにされ，縫いつけの下準備がなされる．結び目も傷も作らずに，人間の手のひらのようになめらかにしなければならない．北米のインディアンは主にアメリカシラカンバやキハダカンバを用いた．これらは，ユーラシアのシダレカンバ（オウシュウシラカンバ）よりも厚い樹皮を持つ木であった．タイガの民族の中では，カバノキの樹皮を取りはずすことは女性の仕事とみなされていたが，樹皮がカヌー用なら，それらを作る予定になっている男性も協力した．

まず最初に，担当の男性が木の横材や木摺を用いてカヌーの枠を作った．外皮は，根や糸で縫ったり，ヤニで接着したカバノキの樹皮のパネルから成り，ふちが二つの上部の木摺の間に固く締まるようにそれらの枠に固定された．針葉樹の交差リブが据え付けられ，サイドの木摺の下に挿入された．カバノキの樹皮の節穴はカラマツのヤニで密封された．カヌーは長さ約 4 m（6 m に達するものもあった），幅が約 70 cm で，深さが約 30 cm であった．これらは両頭のパドルを使い，それぞれの先で交互に掻いて前進させられた．

木版画に描かれた（1853 年）チペワ族とダコタ族による樹皮カヌー［Mary Evans Picture Library］

20世紀初頭（1914年）のイラストでみる，樹皮カヌーにのったカナダの猟師
[Mary Evans Picture Library]

シベリアのエヴェンキ族は，長さが8mにもなるとても大きなカヌーを作った．前もって材料が準備されていれば，共同作業者3～4人でカヌーを1日で作ることができた．
これらのカヌーは狩猟や漁をするものが2人乗るのに十分の大きさで，600～700kgというたくさんの荷物を運ぶことができた．はじめに，初夏に準備してあった4～5mの長さのカバノキの樹皮を3枚，ボートの中に敷いた．小さなシートの束は，つぎあてのためにも必要であった．カラマツやアスペンの木材でできた枠は，側面の上部のための二つの薄い木摺（それによってケースの端がひっぱられた）三つの交差リブ，および底を締める木摺で構成された．すべての部品は8～10cmの長さの木製釘で留められた．カヌーは陸地で組み立てられた．カバノキの樹皮のシート（前もって水に浸された）は広げられて樹脂で貼り付けられ，木摺は，それらの間のカバノキの樹皮の端をしっかりつかむ正しい位置に配置された．その後，これらは樹脂と木製の釘で留められた．それから，交差リブが定位置にはめこまれ，底が木摺で強化され，船首や船尾は補強された．その後，カヌーの側面が引き合わされ，余分な皮が切り取られた．

北米インディアンのカヌーの形は非常に似ていた．たとえば，オジブワ族は細長いセイヨウネズの木片でできた枠を，地上に広げられたカバノキの樹皮のパネルの上に配置した．彼らは樹皮をひっくり返し，地面に打ち込んだ支柱を用いて，それをカヌーの木枠に押し付けた．それから，ダメージをより受けやすいボートの底を木摺りで覆う一方で，カバノキの樹皮の箱の端をしっかり固定した．これらのカヌーは，1人用か2人用に作られた．北米のカバノキの樹皮のカヌーはときには本物の芸術品であった．これらは木製の彫り物で飾られ，山で採った赤い辰砂で色付けされた．クリー族，モンテーニュ族，アルゴンキン語族のように，その部族のカヌーによって，船の先頭と後尾の形や，湾曲，装飾に違いがあった．18世紀および19世紀には，カバノキの樹皮のカヌーはインディアンの部族間で売買された．

カバノキ樹皮カヌーを造る二人の原住民．ヘンリー・ワーズワース・ロングフェロー（1807～1882）が1855年に創作した詩集『ハイアワサの歌』（"The Song of Hiawatha"）に挿入されているリトグラフ［Corbis - Bettman］

内部を穿った木の幹で作られた伝統的なカヌー上のシベリアのセルカップ族の男［Andrey Zvoznikov / The Hutchison Library］

アメリカの詩人ヘンリー・ワーズワース・ロングフェロー（1807～1882年）は，彼の偉大な詩『ハイアワサの歌』の中に，カバノキの樹皮のカヌーの製作について詳しい描写を残した．ハイアワサは，自分のカヌーを作るために，北米アメリカのカバノキの中で最大のキハダカンバの皮を用い，アメリカカラマツの根でそれを縫い，他の針葉樹の樹脂ですきまをふさいだ．枠は，北米東部にもっとも多い樹木である，ヌマヒノキかエンピツビャクシンの枝から作られた．最後に，ハイアワサはこのカヌーを飾るために，タイガの植物の汁で色づけした北米ヤマアラシの針を使った．これらのヤマアラシは3万本以上の針を持ち，特に抜け毛の時期にはそれらを簡単に落とすことがある．

「こんなふうにカバノキのカヌーは作られた．
渓谷で，川沿いで，
森の奥で．
そして森の暮らしがその中にあった．
その神秘と魔法のすべてが，
カバノキの軽さのすべてが，
シーダーの強さのすべてが，
カラマツのしなやかな力のすべてが．
そして，それは川に浮かんだ．
秋の黄色い葉のように，
黄色いスイレンのように」

226. シベリアタイガの**エニセイ川流域に積み重ねられ，**製材所に輸送されるのを待つ**針葉樹の樹幹**（図229参照）．専門の作業員には，鋸や斧を使用して森の木を伐り倒す責任があった．特定の数の幹を切ると，役畜に牽かせたり，川に流して，製材所まで送る．森の一部が切り倒されてしまうと，作業員は移動して再び作業を始めた．20世紀の半ば以降には，遠い森で作業する意思がある熟練の作業員が不足したため，チェーンソーの使用が増え，またさらに最近は，一気に木の幹を切り，枝を落とし，30秒かからずに製材に適した大きさに切ることが可能な機械の使用が増えた．これらの機械は速いだけでなく，地上で木を切ることに有利であるため，新しい木を植えるのが容易になる．莫大な量の木材が北方針葉樹林から伐り出され，丸太，紙パルプ，ベニヤ，厚板など，幅広い製品になって市場に出ている．
[写真：Vadim Gippenreiter]

ためには，他の種類の幹と一緒にいかだの状態にしっかりと結ばなければならない．カラマツがこんなに密度が高いのは，遺伝学的要因以外に，この木が生息する厳しい環境のせいで，非常にゆっくりと生長することが理由の一つである．カラマツは大昔には高く評価されていた．

たとえば，古代ローマでは，ヨーロッパカラマツは円形劇場の建築に使用されたし，ヴェニスの多くの家はカラマツの杭で支えられていた．さまざまな時代の建築活動が，広範囲にわたるカラマツの伐採につながり，実質的にヨーロッパタイガにおけるカラマツの分布を減少させた．たとえば12世紀には，ヴォルガ川の源流に，踏み込めないほどのカラマツとナラが生える森があったが，現在は面積の0.3％を占めるのみである．ロシアでは，カラマツは昔から造船にもっとも適した木材であるとみなされ，ロシア皇帝ピョートル1世の統治下でロシア艦隊が増強されたことは，カラマツの森を著しく減少させる原因となった．

ユーラシア大陸のカラマツとは違い，アメリカのカラマツすなわち，アメリカカラマツの利用は，マツやトウヒの利用に比べると比較的少なかったし，これは主に建築に利用された．北米や，ヨーロッパのいくつかの国々では，家の一階はペンキが塗られず，特別な化合物がしみ込まされたカラマツの厚板でできている．カラマツはさらに，丈夫で魅力的な寄せ木細工を作るのにも使用される．カラマツが土や湿気との接触に耐性があるということは，これが鉄道の枕木に理想的な材料であるということで，19世紀には，カナダや，米国のいくつかの場所で，カラマツの枕木の上を鉄道が発達した．

材木の住宅

チャムや長方形のカバノキの皮で覆われた建物に加え，20世紀の初頭には，ハンティ族，マンシ族，ケット族，セルカップ族，および北米東部のインディアンたちはまだ地下や半地下の住居を作っていた．これらの建築物には屋根に木製の枠と開口部がある．これは通路でも煙の逃げ道でもある．この古代の住居の型は，遊牧生活から定住生活へと切り替えた民族に典型的であり，冬にだけ使用された．夏にはタイガにもともと住んでいた人々は，木の支柱と棒の枠と，カバノキの皮の壁から作られた長方形の家に住んでいた．北米のインディアン，特にデラウェア族は同様の住居を建てた．ときには，カバノキの樹皮の代わりに，シナノキの樹皮が壁に使われた．

はっきりと知られているわけではないが，ユーラシアタイガの先住民族の中には，ヨーロッパ人と接触する前に丸太の家を建てていた人々もいただろう．ハンティ族，マンシ族，セルカップ族，ケット族，エヴェンキ族も，納屋や貯蔵庫，特に穀物倉のような，家族用の丸太小屋を建てた．これらは動物からそれらを護るために，基礎杭の上に建てられた．北米タイガの西部に住むインディアンの中には，丸太の木枠で家を建てる技術を独自に開発した部族もあった．その床の図面は長方形で，地面に届く切妻造り（二つの斜面）の屋根があった．彼らは，一般的な集会のために，もっと大きな建築物も建てた．しかし，地域によって異なる割合で生じ，先住民族のその他の変化を伴うプロセスの中では，ヨーロッパ人移住者が入ってくるまで丸太の建物は広がらなかった．

木製のボートと道具

石器時代以来，カヌーは，広葉樹か針葉樹の幹をくりぬいたもので作られてきた．カヌーのサイズは，用途に応じてさまざまであった．最大のものはハンティ族に作られたもので，長さ6 m，幅90 cmに達する可能性があり，12人あるいは800 kgの荷物を乗せることができた．個人のカヌーもあり，狩猟者1人が背中にかついで運べるほど軽いものだったが，樹皮でできたカヌーはもっと軽かった．穴をくりぬいたボートを作る際には，主要な目標は両側面と底の厚さを同じにしながら，木に亀裂を作ることなくボートの側面を広くすることである．このために，ボートにお湯を満たすか，ボートを弱い火にかけられる．それから，側面が外側に曲げられ，横木で固定される．側面が板で広げられることはかなり多い．

タイガの人々は，スキーがなければ長くて雪深い冬を越すことはできなかった．ユーラシア北部では，新石器時代以来，スキーが用いられてきた．スキーにも，現在のスキーに似た，滑る木の面を持つ通常のスキーと，スキーの下部の表面に，にかわと釘で毛皮が固定された，覆い付きのスキーがある．通常の木のスキーは，湿った天候の時，氷に覆われた雪の上で，もろい春の雪の上で，あるいはたきぎを求めて森へ急いで出かけるために使われた．

底が毛皮になったスキーは，深い雪の上を移動するためのものであった．スキーは通常，アスペン，カバノキ，マツのようなとても柔軟性がある木材で作られ，カラマツやモミで作られることはほんのわずかであった．トウヒは，軽くて耐水性があり（樹脂質であるため），とても弾力性があるため，スキーを作るのに最適の木材だと考えられる．北米インディアンはヨーロッパ人が現れるまではスキーのことは知らず，代わりにスノーシューを使っていた．これはラケット型の木製の枠組みで，革ひもでまとめられているものであった．

ソリも非常に昔からある．ソリは，最初は滑走部なしで作られ，2～3枚の板が互いに結び付けられ，前側が上に向けて曲げられただけの構造をしていた．これは今でも，それをカレジャあるいはゲレスと呼ぶサーミ人や，トボガンと呼ぶインディアンのモンテーニュ族やナスカピ族によって使用されている．ハンティ族は，さらに単純な方法を用いた．ヘラジカの革に荷

227. ヨーロッパヤマナラシの幹をくり抜いて**カヌーを一艘作る．**木材は北方針葉樹林から得られる基本的な原料である．丈夫で，単純な道具で簡単に加工でき，きわめて豊富であるため，ボートや家やさまざまな種類の物を作るためにタイガの人々によって広く利用されてきた．各々の樹木種は，その木材の性質に応じて，特定の目的に利用される．たとえば，ポプラ材は，この幹をくり抜いているアルハンゲリスク（ロシア連邦）の男性が作っているようなカヌーに適している．ポプラの幹は，伐採後すぐは組織が大量の水を含んでいるためにまだ重いが，乾くととても軽くなる．クリーミーホワイトの材木は柔軟性があり，欠けないし，激しい暴風に耐え，すべての性質によりカヌーの製作や，その他の多くの用途に適している．
[写真：Vadim Gippenreiter]

228. カレリアシラカンバの樹皮は，写真に見られる野生の果実を保存する容器のように，あらゆる種類の容器を作るのに利用できる．樹皮のほかに，木材も利用される．kaps がある木材は特に高い価値がある．これらは，火災，真菌の攻撃，動物によるダメージなどを含むさまざまな傷によって，幹，枝，根にできる副産物である．kaps がある木は通常の樹木よりも 1.5 ～ 3 倍早く成長し，重くて堅く，切ると非常に目をひく大理石模様の木目がある．タイガ全体において，kaps は道具の柄，ナイフのさやや，その他のものを作るのに利用される．カレリアでは kaps から家具や箱が作られる．
［写真：Andrey Zvoznikov / The Hutchison Library］

物を載せ，それをロープで引っ張っただけであった．滑走部つきのソリは比較的最近の発明である．ユーラシアや北米のタイガの狩猟者たちは，ロシア語でナーティと呼ぶ，小さくて軽く幅の狭いソリを使用した．これらのソリは，横の支柱で連結された滑走部と，座ったり荷物を載せたりする壇でできている．これには，背もたれがついていたり，前部に牽引フックがついていることが多かった．

木材は，タイガの人々によって，槍のさおや，ナイフや弓や矢の柄を作るために使用された．シベリアの人々は，2 ～ 3 種類の木材の木摺をくっつけて，これらの弓を作る．これらはシーダー，マツ，トウヒの耐久性と，ナナカマド，バードチェリー，カバノキの柔軟性を兼ね備えた．釣り針やあらゆる種類の家庭用品と同様に，動物に対する多くのさまざまな罠も，木材から作られた．木材は，糸巻き棒（糸紡ぎに使うスピンドル），櫛，網を作る針，焼き物，カゴ，箱，ゆりかご，および楽器を作るために使われた．アルタイ山脈の古墳が発掘されたとき，25 世紀前に遊牧民によって作られた木製の物体（埋葬室の骨組，丸太の墓石）が腐食していた．

樹木の根も広く使用された．シーダーの長い根は掘り出され，長時間水に浸されてから，裂かれて，特別な溝のある施盤上でまっすぐにされる．このリボンから，ロープが作られたり，弾薬やもろい焼き物などを入れる木製の箱が作られた．アラスカのアサバスカ語族は，赤く焼けた石を水に入れることにより，トウヒの根でできた防水性のカゴの中で，自分たちの食べ物を茹でた．カバノキの樹皮は，幅広い品目を作るためにいずれの地域でも使われてきた．これは樹木から大きく細長い形状に取り除かれ，内側の丈夫な層が取り除かれ，それから外側が巻き上げられ，大鍋に入れられる．これは皮革やカラマツの樹皮で覆われ，お湯か残り物の魚のスープで数日間茹でられる．

ときどき，樹皮が取り出されたり，反対向きに丸められたりした．茹でられた樹皮はなめらかで柔軟で，厳寒の中でもろくならないし，丸めたり縫ったりしやすい．ボートで長距離を移動する時には，ハンティ族は粘土とわらを混ぜたものを満たしたカバノキの樹皮の平たい器の中に火を点して持ち歩いた．

商業的林業

商業用に開発された最初の森林は，スカンジナビア半島とロシア北西部であった．これらは，北海の海軍，特にオランダ，後にはイギリスの海軍の造船所に供給した．材木は，川を下ってバルト海の港まで運ばれ，そこからボートで北海の造船所に運ばれた．

カナダでは，大規模な伐木搬出は，林業が拡大した 19 世紀初頭になってようやく，最初にカナダ沿海州で始まり，その後，川の上流のヒューロン湖で始まった．最初の商業目的の開発では，主に混交林から伐採したストローブゴヨウの材木を扱ったが，カナダアカマツがオタワ渓谷で重要な材木源となった．林業による主な産出物は，幹，厚板，船のマスト，たきぎ，樽板，肥料としての灰であった．1850 年までには，カナダの森林の生産量の 2/3 以上が，英国に送られ，残りのほぼすべてが米国へと送られた．現在，林業は，パルプ，紙，挽いた針葉樹，ベニヤ板，木材繊維や硬材の小片から作ったボール紙に狙いが定められている．

カナダ南東部への人々の移住は，大半が，カナダアカマツとストローブゴヨウの角材と挽材の需要によって促進された．伐採された次の種類は，紙パルプ用のトウヒ，バンクスマツ，バルサムモミであった．林業に魅力を感じて，農耕民がこのバイオームにやってきて，この混交林やタイガ南部に定住し，伐採人の野営地に農産物をもたらしたり，川まで木の幹を引っ張るウマに必要なオート麦や干草を栽培した．

19 世紀初頭のニューブランズウイックでは，目立った争いは林業と農業の間に生じた．農業従事者は夏には材木会社の日雇い労働者であることが多く，結果として，彼らは畑を放棄し，作物を失うことが多かった．1869 年までに，ニューブランズウイックのマツのほとんどすべてが，伐採され，ストローブゴヨウの開発はセントローレンス低地とオタワ渓谷に移った．

1845 ～ 1860 年には，約 8000 人の伐採人と筏師が雇われ，樹木を伐採し，それらをオタワ渓谷からオタワやケベックの町の製材所まで運んだ．この産業はさらに農民を惹きつけたが，オタワ渓谷の少ない耕作地にはすぐに移住者が定住し，1855 年までに最もよい地域はすべていっぱいになった．カナダ楯状地までの拡大により，オタワとヒューロン湖の間のルートを開くことが必要になったが，不運にも，多くの定住者たちが農業に適さない地域の木を切って居住し，そこをあとにする前に，すべての樹木を剥ぎ取ってしまった．1867 年までに，セント

229.1980 年代以来のパルプ技術と製紙業の進歩は，薄いボール紙におけるポプラの利用とともに，それまで軽視されてきた混交亜湿生林における林業の拡大を大きく刺激した．それ以前に広葉樹の利用に失敗したのは，それらをパルプにすること（脱リグニン）が難しかったことと，繊維が短すぎて，できあがる紙が弱かったことが原因であった．熱処理や機械加工の利用と化学還元を組み合わせた新しい製法により，広葉樹，特にポプラが利用できるようになった．写真（ケベック州で撮影）に見られるように，林業はアルバータ州のような地域にも拡大し，この州で伐採される樹木量の 46 % はアスペンとポプラである．1993 年，カナダは 267 億カナダドルに値する木材派生製品を輸出した．これは，140 億カナダドルがカナダ楯状地と西部の混交林からのものであり，残りはブリティッシュコロンビア州からのものである（表 230 も参照）．
［写真：Yann Layma / Explorer / Auscape International］

230. ブリティッシュコロンビア州を除くカナダ各州の北方林からの**木材および木材派生製品の価格**(カナダドル). 米国, ロシア連邦, スカンジナビア諸国とともに, カナダは針葉樹の主要な生産国の一つである. その北方針葉樹林の大量木材の蓄積と木材加工の生産能力によって, カナダはこの原料の世界有数の輸出国となった. カナダは世界新聞紙製造量のほぼ31％, 世界パルプ製造量の15％, 世界製材原木量の14％を製造する. カナダは大きく産業化されているため, 市場に出る木材のほとんどが処理され, 板材や紙パルプとなったものである. カナダ東部の森林には, 主にカナダトウヒ, クロトウヒ, およびバルサムモミが生え, 西部の森林には, シトカトウヒ, アメリカトガサワラ, アメリカツガ, ポンデローサマツが生える. カナダ南東部の混交林や山岳の森林には落葉樹も生えているが, これらは成長が遅く, 節（こぶ）だらけで, 木目が密なため, 利用が困難である. 針葉樹は落葉樹よりも幹の直径が小さいが, 自然に均一で, 純林を形成するため, 伐採しやすい状態にあり, 低価格で売ることができるということでもある.
[出典：Canadian Forestry Service]

州名	木材および木材派生製品の生産額(1992)	木材および木材派生製品の輸出額(1993)	紙および紙派生製品の比率	木材分野の比率
アルバータ	2,300	749	54	16
マニトバ	570	209	>32	46
ニュー・ブランズウィック	2,200	1,300	76	<24
ノバ・スコシア	878	498	91	<9
オンタリオ	10,300	4,900	47	22
ケベック	11,500	5,600	60	15
サスカチュワン	446	272	67	21
ニューファンドラント＆ラブラドル	−	445	100	−
計	28,194	13,973	−	−

ローレンス低地はほぼ完全に伐採され, マツの開発は北西に移動して, ヒューロン湖の北東岸にあるパリー・サウンドに移った. 1884～85年に, 太平洋沿岸や五大湖とつながるカナダ鉄道が完成したということは, もはや材木の運搬を川による輸送に頼らなくてもよいということなので, 伐採搬出がオンタリオ州北西部のサンダーベイやウッズ湖まで拡大し, 川から遠かった森林を開発することが可能になった.

1870年までには, 不適切な農業開発や, マツの原生林がある最後の地域を伐採することを防ぐための保護手段がとられねばならないことは明らかであった. そのときまで, 一般的にはマツは再生しないと考えられていたので伐採は農業のための道筋を準備するために必要な一つの通過相であった. スカンジナヴィア諸国は, マツ林は再生できることを示していたし, 19世紀の終わりまでには, 伐採された領域を農業に使用する必要はないということが受け入れられた. 1877年には, ケベック州は, 原則として不適当である領域を使用することを避けるために, 調査を実施するよう要求し, 1884年にはいくつかの地域が森林保護区に指定された. 現在アルゴンキン州立公園となっているオンタリオ州北部の場所は, 1893年に森林保護区として作られた.

ストローブゴヨウやカナダアカマツの樹木に対する市場が落ち込むと, 他の種類のマツ, トウヒ, バルサムモミからとられるパルプや紙の需要によって, 林業は西から北へと広がった. 針葉樹が紙パルプ用に広葉樹よりも好ましいのは, 加工処理しやすいからだけではなく, 繊維が長くて, より強い新聞用紙や梱包材料になるからでもある.

パルプや紙は主に米国東部に輸出されるので, 最初の工場はオタワ川やセントローレンス川の渓谷に設立されたが, 1910年までにはスーセントマリーやシクーティミほどまで遠い場所にも別の工場ができた. 1920年代には, 米国に輸入される新聞用紙の関税が引き上げられ, 紙パルプ産業は目覚しく成長した. 需要の増大によってこの産業は西へと拡大し, 1960年代および1970年代には, 針葉樹のパルプ工場は, サンダーベイやドライデン（オンタリオの北西部), パイン・フォールズおよびザ・パス（マニトバ), プリンスアルバート（サスカチュワン), およびグランドプレイリー（アルバータ州）に達した.

2.4　放牧地の利用と農業

タイガの環境は, 農業や牧畜には好ましくない. 農業や牧畜は, この気候条件とはほとんど合わないのである. 事実, 北方林帯の文化は, まだ石器時代に暮しているかのように, 狩猟, 漁労, 採集を基盤としていたからである. しかし, ここ数世紀のうちに, 環境耐性の範囲内ではあるが, 農業と牧畜はしだいに重要になってきた.

放牧地の不足

タイガ地帯で唯一氾濫原の放牧地は, 北ドビナ川, ペチョラ川, オビ川, レナ川, マッケンジー川, およびその他の大規模な川の渓谷と, 非常にわずかな採草牧草地である. このことが, ウシ, ヒツジ, ウマの群れを育てる可能性を制限している. 広い氾濫原の放牧地がある北ヨーロッパやヤクーチヤ（実際には, 降水量が少なすぎて森林が育たない地域の中にある草原ステップの広い区画）においてのみ, どの形であれ牧畜（トナカイの牧畜以外）の発達が可能であった.

トナカイは, ほとんど何でも食べるため, トナカイの飼育は可能であった. 夏には, 草本植物, 特にイグサ, スギナ, アシ, マメ科植物, ギシギシ, ヤナギの葉, およびキノコを食べる.

冬には，ハナゴケ属，ウメノキゴケ属，エイランタイ属などの地衣類を食べる．地衣類にはたんぱく質の含有が少ないため，トナカイは冬には窒素不足や，目に明らかな体重減少を起こすが，嗅覚がとても発達しているため，雪の下の地衣類や川沿いのイグサ，ならびに植物の果実やキノコを見つけることができる．北部でも，家畜化したトナカイは1年のほとんどを屋外で過ごし，食物や家畜小屋を必要としない．

北米の北方林では，放牧は，気候，市場からの距離，貧困な土壌によっても厳しい制約を受ける．タイガの南端，特にプレイリーバイオームと境界をなす中央二州の乾燥した混交林の，もっとも生産量が高い土壌であるグライ土やルビソルでは，ウシの牧畜が農業－牧畜の混合地と牧場の重要な特徴であった．この地域では，ヤマナラシやポプラの森は，放牧に適した下層の成長や，人工の牧草地の播種に十分なくらい開けているのが普通である．これはピース川，メドウ湖およびプリンスアルバート（サスカチュワン州中部），パスキア川（マニトバ州中部～西部）のような地域における餌を食べさせるための干草や穀類の生産の重要性を示す農業統計に反映されている．

ユーラシアタイガの農業

タイガバイオームにおける自然環境は，農業には都合はよくないが，2000年以上も前にヨーロッパ北部には農民が存在していた．北米のタイガと落葉樹混交林の境界では，ヨーロッパ人が来る前には，いくつかのインディアン部族が初期の農業を発達させていた．

スカンジナビアでは，今日でも，山，岩，深い森が多いこと，気候が厳しいということ，土壌が貧弱であることから，耕作に適した土地は，その土地面積のわずかな部分しか占めておらず，ノルウェーで約3％，スウェーデンで9％だけであった．耕作に適した土地の大半はこれらの国々の南部に位置し，タイガバイオームの外にあった．スカンジナビア半島の面積のほぼ半分は，現在，森林で占められている．生育期間が短いために，北方のタイガ地帯で耕作できる穀物は，数種類の春蒔きの大麦やオートムギだけであるが，南部では，コムギやライムギも栽培できる．バイキングがしばしば海外を襲撃して移住した理由の中に，土地が痩せていることや収穫が少ないことがあった．加えて，異教徒の嬰児殺しの習慣は，現実の終わりない飢饉の脅威を反映している．

ヨーロッパロシアの北部地方の痩せた土壌と寒冷な気候は，両方とも農業にとって深刻な障害であった．ほとんどすべての穀物の収穫量は少なく，夏が特に寒冷ならば，収穫がまったくなくてもおかしくはない．それにもかかわらず，遠い過去には，穀物の栽培は，フィンランドの先住民族（カレリア族とコミ族）や，南部から来たロシア人の経済基盤であった．北部タイガでは，他の，さらに重要な経済活動が存在した．たとえば，林業および川による木材の輸送，塩の採取，狩猟，および漁労であった．16世紀には，ロシア北部では，耕作地は全体の約2.7％であり，干し草用の牧草地は0.1％，残り（97.2％）が森林であった．20世紀初期まで，耕作された土地の面積は増える傾向にあったが，通信と輸送の発達が，南側の地域からの農業製品の輸入を促進した．ソビエト時代には，強制的な共産主義化などの社会主義者の試みによって示される農民の生活様式の破壊が，これらのロシア地域に目立った影響を及ぼした．今日，カレリアやアルハンゲリスク地域では，耕作地が占める割合は総面積のわずか0.6％であり，コミ共和国では0.2％である．1950～1970年の間には，これらの地方における耕作地は20％減少し，穀物栽培が行われている土地面積は90％以上減少した．

北部タイガでは，最も広く耕作されている穀物は大麦であった．日当たりの良い斜面や，よく肥料が施された土壌では，短い北欧の夏の長い日照時間の中で急速に成長する．ライムギの冬蒔き種（寒さに一番強い穀物）は中部タイガで最も有力であったし，南部タイガではコムギやソバが栽培された．19世紀の終わり頃から20世紀の初めには，冬小麦がしだいにロシアに導入されていった．オート麦，亜麻および麻も比較的よく生長した．19世紀の終わり頃には，ロシアが世界の亜麻収穫高の半数以上を生産し，ヨーロッパ最大の麻生産国となった．

中部および南部タイガでは，キャベツ，ダイコン，カブ，ルタバガ（スウェーデンカブ），タマネギ，ニンジン，マメのような多くの園芸作物が広がった．18世紀の後半には，ロシア政府がジャガイモの拡大を奨励した．農民は最初はこの革新を拒絶したが，19世紀の終わり頃までには，ジャガイモ栽培はロシア経済の一部となった．ジャガイモは，村に近い春野菜の区画で栽培されるのが普通で，ロシア北部全体

建築家か？　それとも大工か？

カレリア共和国キジ島の「キリストの変容」教会（1771年）
[E. T. Archive]

迅速に作業を行い，熱心にやれば，人々は1日で（あるいは，もっと正確には24時間以内に），印象的な教会を建てることができた．これは中世ロシアや，17～18世紀になって生じた．全コミュニティが，伝染病，火事，収穫不良など，なんらかの災害が起こった場合に1日で教会を建設することを誓ったときのことである．すばらしい見晴らしを持つ丘の頂上にも，美しい風景の真ん中にも，教会は1日で建てられた．彼らは前もって材料を準備しておき，それからそれらを1日で組み立てるというやり方で，誓いを守った．

中世ロシアの町は，全体的に木で作られていた．これは，10〜12世紀に遡るノヴゴロドの地域での発掘物によって示された．当時は舗道さえも木でできていたこれらの中世ロシアの町は，特徴的で絵のように美しい外観をしていた．これらは必ず，ロシア語でkuremlin（クレムリン）として知られる城塞の周りに置かれた．城塞は，地上に固定された鋭い棒でできた高い塀に囲まれていた．この塀には丸太の枠組みを持ち，角にとんがり屋根がついた塔があった．教会や住居は城塞の中に建てられた．これが，モスクワの「クレムリン」や，ロストフやその他のロシアの町の城塞の起源である．シベリアで最初のロシアの町，たとえばトボリスク，ヤクーツク，ブラーツクでも，同じ形式が採り入れられた．これらの建築物の集合体の大半は，火事で今は損なわれており，わずかに残っている見本が撤去されてノヴォシビルスクの野外美術館に運ばれている．

ノルウェーの Bordung 教会（12 世紀建立）
[Knudsens fotosenter]

木造建築物は，20世紀初頭まで栄えていた．住居は豪華な彫り物で装飾され，ペディメントや窓枠，わき柱は，手彫りの繊細な木工細工に覆われていた．どの家も，装飾品は独自のデザインをもっていた．これらの家はヨーロッパロシアに今も存在し，ロシアでは，この伝統が生き残っているトムスクやトボルスクに見られる．最近の木造建築物のすばらしい例が，トボルスクの劇場である．これは伝統的な木の要塞の建築物を模倣したもので，塔や多くの装飾的彫刻物がある．

ノートッデン（ノルウェー）の Heddal 教会（1250 年頃建立）
[Rolf Sørensen & John Olsen / NHPA]

ロシアの田舎は，昔も，そしてある程度は現在も，木造建築物の王国である．ロシア人，カレリア人，コミ人などはすべて，高くした基盤の上に建てられ，切妻造りの屋根がある固くて頑丈な木造建築物に住んでいる．19世紀には，2階建ての家が裕福な人々の間で人気となった．これには屋根とベランダがあった．さらに豊かな人々は，3階としての役割を果たす屋根裏部屋も作った．屋根の棟には強くて幅広い木の幹（Okhlupen）によって木のタイルが定位置に維持され，その突き出した先端は，鳥の形やウマの頭の形に彫られていることが多かった．ファサードは必ず明るい色と暗い色で交互に美しく塗られていた．農民の家は，非常に多くの装飾的彫り物があることが多かったため，これらは本物の芸術作品であった．

コラ半島（ロシア）の Varzuga 教会（18 世紀建立）[Vadim Gippenreiter]

コラ半島（ロシア）の Varzuga 教会（18 世紀建立）［Vadim Gippenreiter］

教会はロシア木造建築物の頂点であり，住居と同じ方法で建てられていた．教会は釘を使わずに先端でしっかりと接続された丸太で作られていた（あり継ぎ）．主要な建物は正方形，長方形，八面体，または十字形をしていて，しばしば回廊やポーチが儀式的な外観を与えていた．高い切妻造りが様式化され，ピラミッドのような屋根にドーム状の小塔がかぶされ，先端に十字架があった．17 世紀には，ロシア正教の聖職者がピラミッド型の屋根を持つ教会の建築を禁じ始めた．伝統的なビザンティン教会の形と違いすぎたからである．これは実際に一般的な人々の美の観念との戦いであり，すべての場所で成功を収めたわけではなかった．なぜなら，正教会の支配力がそれほど強くないロシア北部では，人々は先祖伝来のスタイルで教会を作り続けていたからである．

ノートッデン（ノルウェー）の Heddal 教会（1250 年頃建立）内部
［Knudsens fotosenter］

トムスク（ロシア）の木造建築の窓枠装飾［Victoria Ivleva / The Hutchison Library］

屋根の形は，一般市民の家も宗教的な建築物も，木造のロシア建築物に非常に特徴的であった．これは botshka，すなわち筒型穹窿（きゅうりゅう）と呼ばれ，筒の下半分が切り取られ，上半分がとがった状態でその側面に据え付けられているように見える．Botshka とそのドームは，短いタイルと先が丸い木摺で覆われ，魚の鱗を思わせる．ロシア北部の教会のことを参照した中世の著作物には，「教会は四角形であり，てっぺんが鱗で覆われた四つの筒状の屋根がある．すべての筒がドームを支えている」と書かれていた．実際にこれらのタイルは，日光を反射すると銀の鱗のようである．その量感と大胆な構成の注目すべきアレンジによって，これらの人気がある教会は，比較的サイズが小さいにもかかわらず，真の傑作となった．

これはすべて，カレリアの首都ペトロザボックから船で行けるオネガ湖の島の一つ，キージ島にある木造の教会ではっきりと表されている．二つの教会が，遠く離れたところから，青や紫がかった空をバックに際立っている．いずれも，18 世紀のもので，多くのドームがついている．これらは「ご変容の教会」（プレオブラジェンスカヤ教会）で，22 個のドームと，8 階の高さの優雅なピラミッド型の鐘がつき，「交わりの教会」（Pokrov）である．これらの壮大な教会の単一性と厳粛さは，著しく優雅である．このパーツは全体の中に完璧に調和しており，全体的な印象は明るくて気品がある．

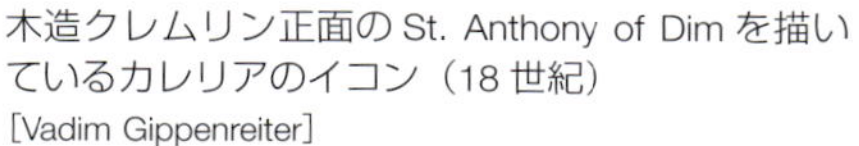

木造クレムリン正面の St. Anthony of Dim を描いているカレリアのイコン（18 世紀）
［Vadim Gippenreiter］

著しく美しい木造の教会は，13 ～ 14 世紀にノルウェーにも建てられた．14 世紀までには，約 500 が建てられた．その中のいくつか，たとえばソグネ州のベルゲンやウルネスの町にあるものは，すばらしい状態である．これらの教会は階数が多く，切妻や隅棟の屋根を持ち，釘を用いないゴシック様式である．この建物は，角で合わさっている丸太の先端が，一方の先端がもう一方にしっかりと入り込むようにカットされているため，角がなめらかである．屋根は垂直であり，平坦な木摺で覆われている．これらの教会は，内部と外部が豪華な彫刻で装飾され，内部は聖書のシーンを表現したものが鮮明に描かれている．

タイガの樹木がもたらす多くの産物が，原料を豊富にもたらした．しかし，残りをやりとげることが，一般的な知恵であり分別であった．そうしてこのようなすばらしい結果をもたらしたのである．

231. ウラル山脈に近いシベリアタイガのこの写真に見られるように，**タイガには農地が少ない．** タイガバイオームの気候と土壌は耕作には適さない．長い間，限られた農業が行われてきた．シベリアの森林は，中世に耕作されたが，原始的な技術を使っていた．植え付けされる場所はまず草が刈られ，材木が現場に置かれ，土壌を肥沃にする灰にするために翌年の春に燃やされ平らにされて，種子がまかれる．1～2年の間，良好に収穫があるが，土壌の肥沃度は低下しはじめる．畑は最大10年間続けて耕作できる．土壌が消耗すると放棄され，新しい場所が伐採される．この方法は人口が少なくて森林が豊富な場所でのみ可能である．17～18世紀以降，新しい農法がロシア北部に導入された．これは休閑法といい，放棄後，土壌が肥沃度を回復した8～15年後に再び耕作する．もう一つの方法は，3年の作物ローテーションで土地は三区画に分割され，一つは春の穀物用に，もう一つが冬の作物用に，そして三つ目が休閑地とされ家畜の糞尿がまかれた．19～20世紀になっても，タイガの中部および北部では，3年ローテーションと放置が，移動耕作と同様に行われている．20世紀には，特に飼料作物のローテーション（マメ科植物の窒素固定を利用し，土壌肥沃度の回復を助ける）や化学肥料の広範な利用など，新しい方式が導入された．
［写真：John Cancalosi / Auscape International］

に広がった．

タイガのアジア地域では，ステップに隣接した南部地域を除き，気候と痩せた土壌の質が農業にとっての障害にもなっていた．16世紀の後半からシベリアに移住していたロシアの農民は，パンに適した穀物の栽培を主な基盤にした伝統経済を追求していたが，土地条件の特色により，特別な土壌利用システムを取り入れざるを得なかった．たとえばシベリアでは，標準的な三年周期のローテーションは利用されなかった．植民地化されない莫大な土地や，新しい区画の利用によって，伝統的な方法，すなわち長期間，土地を休閑させておくという方法で，土地の肥沃度を取り戻すことができたのである．移動性の耕作も実施された．シベリアで栽培された穀物はヨーロッパロシアと同じく，ライムギ，オオムギ，オートムギ，アマだったが，その一方で，18世紀の後半にはコムギが入ってきて，しだいに北部に伝えられた．

20世紀初期まで，タイガ地帯では，土地は一般的に農民の権力下にあった．このため，ヨーロッパとアジアのタイガでは，集産主義の伝統がすでに農業活動組織に存在し，1917年のロシア革命後に導入された新しい集団経営の形の中に残された．タイガの先住民族は，農業には通じていなかったため，ロシアの農民の農業習慣を取り入れた．19世紀後半および20世紀の初期までに，パン用の穀物の生産は，ヤクート人の中で一貫して増えていたし，彼らはわずかな場所で野菜の栽培も始めていた．オビ川のハンティ族やセルカップ族の中にも，農業を始めたものがいた．先住シベリア人とロシア人移住者のいずれもが，牧畜，漁業，狩猟，林業で農業を補っていた．

北米タイガの農業

イロコイ族は，約1500年前に，オンタリオ州南部とケベック州の北西部の混交林で農業を行っていたが，混交林と北方林地帯の大半の農業開発は，ヨーロッパ人が移住してきてから始まった．混交林地帯のより温暖な気候においてさえも，農業で利用されたのは，一般にオンタリオ南部，セントローレンス低地，および沿海州の渓谷のカンビソル，ルビソル，グライソルの土壌ぐらいであり，よりよいポドゾルも若干利用された．一方，北方林での農業は，寒冷で降水量が多い気候だけではなく，厳しい生活条件，市場から離れているということ，そしてまばらな人口からも制約を受けた．ヨーロッパの北西部のタイガは比較的平坦で，それほど高度が高くなく（スカンジナヴィア山脈をのぞく），あまり海洋性であることはないが，北米タイガの気候は非常に異なっていた．高度の大きな差があることと，カナダの印象的な西海岸域沿いに低地がないために，北部，すなわちアラスカに行くと，海岸線での農業が難しくなっている．この地域の東側では，極前線や極めて大陸的な気候（シベリアほど大陸的ではないが）が，農業の拡大も制限している．

イロコイ族は，道具として鍬のみを用いて，新世界の熱帯地方を原産とする植物（トウモロコシ，マメ類，カボチャ）の栽培を基盤とした一形態の農業を行っていたが，ヨーロッパ人が寒冷な気候により適した新しい技術や，動物によって耕すという土壌利用の新しい方法を持ち込んだ．すなわち，先駆者であるヨーロッパ人農業家は，パン用のコムギ，ウシやウマの餌用の干し草やオートムギ，および販売用の緑色野菜の栽培を専門としていた．19 世紀に，カナダ東部のマツ林が林業に利用されるようになった時，農業の定着が促進されたが，これらはしばしば失敗し，最初にすべきことはどの土壌が農業に適しているのかを決めることであることがすぐに認識された（p.366 ～ 367 参照）．伐採がカナダ楯状地の北部針葉樹林に到達したため，農業に適していると思われる土壌面積は少しずつ少なくなっていった．

タイガ西部では，最も北部の農業開発はブリティッシュコロンビア州北東部およびアルバータ州北西部のピース川地域で生じ，そこでは，ヤマナラシやトウヒの森林，および時にはトウヒが生えるプレイリーの樹木地帯の下に，ルビソルとグレイゼムが形成されている．降水量は中程度で，年間無霜日が 60 ～ 100 日である．これらの条件では，コムギ，油糧種子のナタネ，オオムギ，オートムギ，ライムギ，アルファルファといったさまざまなものが栽培され，そのすべてが成長速度が速く，霜に強く，家畜飼料とともに植えられている．1991 年には，ブリティッシュコロンビア州のタイガバイオームにおける大半の土地を占める穀物が，家畜飼料のための干し草であり，次がコムギであったのに対し，アルバータ州では，コムギがもっとも広く栽培され，油糧種子のナタネ，オオムギ，および一連の野菜がそれに続いた．

ピース川の南部および南東部に行くと，アルバータ州の混交林の南の限界，さらにサスカチュワン州や，マニトバ州の西部から中央部で，農業と牧畜の混合農地が，いくらかの好結果を得てきた．これらの地域では，農業は，半湿潤性の気候や，石灰岩の土壌母材の上に形成された土壌から利益を得る．これによってルビソルやグレイゼムの形成が可能となった．最も重要な穀物には，コムギと油糧種子のナタネが含まれる．サスカチュワン州でもっとも北部の農地は，メドーレイクやプリンスアルバートに近く，コムギや油糧種子のナタネに加え，若干のオオムギやアマが栽培されている．マニトバ州では，サスカチュワン川のデルタの，有機物に富んだ粘土のグライソルの結果としてパスキア川の「オアシス」が形成された．この地域では，土壌は水はけがよい必要があり，飼料用のコムギや干し草が栽培され，ザ・パスの町に供給したり，パルプや紙産業をもたらしたりした．緯度が比較的低いクレイベルトの平原は，オンタリオ州中部と北部における栽培の北限である．この約 700 万ヘクタールの面積があり，湖底堆積層を起源とする多くの沼地グライソルや重い

232. カナダの針葉樹林における土地の農業利用. 主要な農業中心地は，3 地域に集められている．ブリティッシュコロンビア州・アルバータ州，サスカチュワン中部・マニトバ州南部，およびオンタリオ州とケベック州の南部の粘土地帯である．これらの中心地の周囲には，何かの農業が行われる森林地帯がある．最初の地域では，降雨が穏やかで，主要な作物は穀類，ナタネ，および飼料作物である．二つ目の地域では，気候は湿潤で，主にコムギとナタネを生産している．粘土地帯では，気候は湿潤で気温はそれほど極端ではないため，クローバー，トウモロコシ，およびジャガイモができる．
［地図：著者らが提供したデータを基に作成］

233. クランベリーとビルベリーの産業的な栽培. これらの果実はもともと北方針葉樹林産であったが，それを越えて気候が寒冷な他の地域に広がってきた．しかしこれらのツツジ科の仲間は，本来の生育環境の外での栽培が簡単ではない．その理由は，第一に，pH 6 未満のきわめて酸性の土が必要であることである．第二に，これらの植物は実をつけ始めるのに時間がかかり，種類によっては商業用の生産がはじまるまで 6 ～ 8 年かかることもある．一度実をつけはじめると，30 ～ 40 年以上もの長期間にわたって生産がある．栽培される主な種類は，ユーラシア大陸ではセイヨウスノキ（ビルベリー）とコケモモ（カウベリー）であり，米国では，ハイブッシュブルーベリーとオオミノツルコケモモ（クランベリー）である．写真は，小さな果実ができるクランベリー（ツルコケモモ，図 221 も参照）の農園で，水を氾濫させることによって熟した実と未熟な実を分けているところである．採集されると，果実は洗われ，250 g または 500 g の堅いカートンに詰められ，生の果実として市場で売られるか，食品および医薬品産業で後に利用するために冷凍される．［写真：Marc Deville / Gamma］

粘土があるこの地域の農業には，水はけの問題を強く意識する必要がある．最近の農業技術や雑種形成技術が，熱い気候に非常に典型的な植物であり，多くの水分を必要とするトウモロコシの栽培を可能とした．これはずっと北部のことである．ケベック州のサグネー川の源流にある，シクーティミ地域やサンジャン湖の粘土に富んだグライソルは，針葉樹林バイオーム内にあるこの混交林の小さな植物群落における農業の北限に一致する．この気候は湿度が高いため，最も広く栽培されている穀物は干し草であり，それにオートムギ，オオムギ，トウモロコシが続くが，イモとイチゴ類も重要である．実際，タイガの内部には，アラスカ，ユーコン準州，およびニューファウンドランドでさえも，穀物が成長する多くの孤立した区画がある．これらの地域では，適切な土壌もある少ない場所が，地域で消費するための新しいポテトと緑色野菜を栽培するのが主であった．ニューファウンドランド州地域の土壌が有機農法のポドゾルの有機的性質により，その州の土地面積のわずか 0.3 % が，農業に向いていると考えられ，1993 年には，1 万 ha 未満の面積が，商業用農業製品用に利用された．

現代農業の一つの特徴は，園芸作物の温室栽培という大きな展開である．最近になるまで想像もできないことだが，これは北緯圏ほど遠い北で，トマト，キュウリ，イチゴなどの収穫を得ることを可能にし，これにもかかわらず，厳しい気象条件が，北方林バイオーム，特に北端の地域の農業発達に厳しい制約を課し続けている．

3. 動物資源の利用

3.1　狩猟

タイガでは，狩猟は一つの生活様式であり，単に人間活動の一つというにとどまらない．衣や食に関わる重要な資源はすべて，動物を捕まえることによって確保され，歴史的にみても，タイガに住む人々の周辺環境とのかかわりは主に動物やその習性，そしてそれらをいつどこでどのように捕まえるのかという深い知識に基づいていた．

タイガの民族における狩猟の役割

シベリアタイガに住む民族の間では，狩猟の重要性は1年のいくつかの月の名前に反映されていた．ハンティ・マンシ族にとっては，4月は「雪が固まりつく月」あるいは「ガチョウやアヒルの月」であり，9月は「ヘラジカ狩りの月」，11月は「森林で秋の狩りをする月」あるいは「リスの月」であった．セルカップ族にとっては，3月と4月は「チップマンク（シマリス burunduk）を捕まえる月であった．ケット族にとっては，11月は「歩いて狩りをする月」であり，エヴェンキ族は，2月と3月を「弓矢で野生のトナカイを狩る月」と呼んでいた．

タイガの民族の大半にあるトーテムの伝統にしたがい，それぞれの一族が特定の動物を先祖にもつ家系であると主張し，そのために特定の部族のメンバーは，ある特定の動物を狩ることを禁じられた．たとえば，ヤクート族は，ワシは最初のシャーマンであり，超自然の力を持つと信じた．どのヤクート族も，自分たちの家に飛んできたワシには餌を与えるよう義務付けられ，ワシを狩ったり殺したりすることは禁じられた．かつて，ヤクート族の各一族は，特定の種類の鳥を自分たちの守護霊や先祖であると考えた．それらの一族の鳥を傷つけたものは災難に遭ったり病気にかかるし，一族の鳥を食べることはカニバリズム（人食い）と同じくらいゆゆしいことであった．テュルク語使用民族を含め，シベリアの多くの民族にとって，ハクチョウは特に崇拝されるもので，ハクチョウを殺すことは禁じられていた．カラスも崇拝されていた．シャーマンを助ける霊魂の多くは，鳥の姿を借り，こうした鳥の霊魂は一般的に天空あるいは高い世界で活動していた．天空の世界でも，地下（または水中）の世界でも，シャーマンを助けることができたアビ（水に飛び込んだり，水中で泳ぐことができる鳥）は例外であった．北米インディアンの神話においては，ワタリガラスは一種の文化的英雄であり，宇宙，星，地球，人類，動物の創造者であった．アサバスカ語族の中には，対等に二つの仲間，すなわちワタリガラスの仲間と，オオカミあるいはワシの仲間に分割されたものもあった．

文化的価値は現在は変わっているが，シベリアの最も重要な先住グループの中には，今でも自分たちの経済基盤を伝統的な狩猟や漁労に置いているところもある．エヴェンキ自治管区では，毛皮の売買がこの地帯の総生産量の3/4を占めていた．先住民族の経済基盤は，狩猟，特にクロテン（毛皮の総価格の50％以上）の狩りに置かれ，1989年には，ロシア連邦の北

234. **2頭のクマをあらわすセルカップ人の魔よけ**から，タイガの先住民にとって野生動物がどれほど重要なのかを認識させられる．農業に適さない環境では，昔から狩猟がタイガの先住民の経済基盤であり，漁や採集で補完されていた．野生動物，特に哺乳類は食料にもなるし，衣類やテントを作るための毛皮や，角，骨，腱のように道具を作る材料も取れる．このため，北方林の人々は常に動物相に大きな敬意を表してきた．特にクマはいくつかの民族によって崇拝され，この大きな肉食動物に関連した儀式が数多く存在している．［写真：Andrey Zvoznikov / The Hutchison Library］

部地域で得られるクロテンの毛皮の総数の19.8％をこの地域がもたらした．シベリアでは，ソヴィエト政権が狩猟経済の中に新しい形の組織的作業を導入しようと試み，集団農場（コルホーズ）に匹敵する国家管理センターや狩猟者の協同組合が作られた．企業は毛皮の割り当てや，固定的な報酬率を計画していた．狩猟部隊は遠く離れた狩猟地へヘリコプターで輸送され，その地では小型の伝統的な狩猟小屋（isbas）で暮した．中央当局が彼らにモーター付きのソリや雪上車の燃料，食料，その他の製品を供給し，彼らはすべての毛皮を政府に渡さなければならなかった．毛皮に対して定められた価格は，当時も今も，非常に低い．たとえば，1995年には，ホッキョクギツネの毛皮の購入価格は2万5000ルーブルで，販売価格は約50万ルーブルであった．

この種の労働者組織は，現在までである程度続いてきたが，個人の狩猟の重要性が着実に高まっている．個人狩猟者は自分の移動，ガソリン，食料供給に責任を負うが，それは困難なことである．なぜならこうした物資は高価で，毛皮の価格は低いからである．スポーツハンターの数も大きく増加してきた．ユーラシアと北米では，狩りは経済活動としての重要性を失いつつある．動物の数が減り続けていることにより，捕獲数を減らさなければならなくなった．このために，閉鎖期間を設けることや，関連する動物種の個体密度に応じて，年間に調整された割り当て数を確定した．

大きな獲物：有蹄類，クマ，およびアザラシ

狩りの対象となる主要な大型有蹄類は，トナカイあるいはカリブー，ヘラジカ，シベリアジャコウジカ，およびノロジカである．これらは主に冬に狩られる．深い雪によって動物が歩いたり走ったりしにくくなるために，狩りが容易になるからである．カリブーを狩るために，北米タイガのインディアンたちは，雪の吹き溜まりが深くなるまで待った．これは通常は冬の後半である．カリブーは，歩き回りにくくなると，5～6頭の群れを作り，踏みならされた同じ足跡をたどる．その足跡に沿って年々食料を見つけることができるのである．狩猟者たちはこの習性を熟知していて，動物を足跡から深い雪へと追い出し，そこで槍を使ってカリブーを殺した．

エヴェンキ族は，雪が薄い氷の殻で覆われる春に，主にヘラジカとトナカイを狩った．狩猟者たちはスキーで移動し，トナカイが逃げようとすると，氷を通ってトナカイの足を傷つけ，疲労させた．ときどき，一頭のトナカイが，共同作業をする数人の男たちに追われることがあった．たとえばケット族の間では，最も速くて最も幸運な男が最初に行き，グループのほかのメンバーが後に続く．彼らは，その狩猟者が興奮しすぎて捨てた衣類を集めた．しかし，秋にはイヌがヘラジカを追い，イヌは狩猟者が来るまで入り江で動物を守った．囮の使用は，1年の季節によって左右されることが多かった．秋のトナカイの交尾期には，狩猟者たちは，カバノキの樹皮や木製の囮でそれらの呼び声を真似て，オスを惹きつけた．オスのトナカイやヘラジカは，メスを守り，他のオスを撃退するために，その呼び声に応えた．この方法は，ユーラシアや北米のタイガで非常に頻繁に用いられた．シベリアのタイガでは，訓練された飼いトナカイによる狩りが，今でも行われている．エヴェンキ族はひもで繋いだ飼いトナカイを利用して野生のトナカイを惹きつけ，ライフルの音で他のトナカイを怯えさせないよう，弓矢で殺した．

ユーラシアでも北米でも，ムースすなわちヘラジカは，秋に，彼らが冬の放牧地に着くために横切らなければならない浅瀬で狩られた．レナ川上流域のエヴェンキ族は，川沿いの植生の中に伏兵を準備しておいた．アサバスカ語族のインディアンは，水中を泳いだり，カヌーに乗って近づいたり，槍や棍棒で武装してカリブーを狩ることを好む．さまざまなタイガ地域すべての人々が，囲いに入れることによって捕まえる．たとえば，秋や早春に，アサバスカ語族は，二列の垂直な支柱を地面に打ち込んで作った狭い通路に，カリブーを徐々に追い込んだ．通路の端で，カリブーは小枝で覆われた罠に捕まる．しかしシベリアタイガでは，狩猟者は垂直な支柱の間に割れ目を残し，落とし穴を掘って念入りにそれらを覆って隠した．動物はその罠に落ちる．そこには輪縄や石弓が待っていた．

植民地時代前には，北部の混交林と針葉樹林で，北米インディアンも，現在のアルバータ州とノースウエスト準州の境という遠い北で，バッファローを狩っていた．バッファローがほとんどいなくなった後には，もともとの生息地の数地域にバッファローを再移入する試みがなさ

235. カリブーあるいはトナカイは, ヘラジカ, シカ, およびビーバー, ノウサギなどとともに, **タイガの住民によって狩られる.** 狩りの道具や方法は, 人間が定住する過程で発達してきた. 北米では, アラスカとカナダのインディアンが, 骨または角が先端についた槍でカリブーやヘラジカを狩った. 少なくとも最初のうちは, 鉄がインディアンの狩猟方法を完全に変えたわけではなかった. カリブー狩りの伝統的な方法が, チペワ族の方法である. 低木や棒でできた 15 ～ 20 m の通路が直径約 50 m の円形の囲いに通じており, その中は罠で満たされた. この中に動物が追い込まれ, 槍か弓矢で殺された. イヌイットは動物に忍び寄り, 角や頭をつかんで動けなくした. 石でできた罠を動物の通い道に置き, 家族全員で, カリブーを川などの適切な場所に追い込み, 前もって道沿いに置いた人の形をした一連の像を追わせ, 弓矢で殺す. カリブーは, 肉, 皮, 角を取るために殺された. アラスカのタイガやツンドラの狩猟者は, 家族やイヌに食べさせるために, 年間約 150 頭のカリブーを殺す必要があった. 衣類に最適の皮は, 秋に捕獲された動物から取った. 冬に捕獲されカリブーは多くの毛があり, 毛布を作るのに適した. カリブーは現在も狩られているが, 小火器が伝統的な方法に取って変わっている.
[写真： 星野道夫 / Minden Pictures]

れた. たとえば, ウッドバッファロー国立公園がそうである. 不運にも, これは保護論者（再移入への賛成者）と, バッファローが豚結核を広めることを恐れた地方牧場経営者との間の衝突を招いた. Water Hen インディアン部族はマニトバ州の混交林にバッファローを再移入してきた. その目的は, 食肉を取るためでもあるし, 森林に再び居住するためでもあった.

236. ヤマロネネツ自治管区（ロシア連邦）のタズ川地域で，**イヌの後をついていくセルカップ族の狩猟者．** イヌはタイガの森を歩きまわる際に必ず同伴する仲間であった．森の中では，イヌがいなくては人の生活は困難だ．イヌは，動物の足跡を見つけて追い，いる場所を吼えて知らせるので，野生の哺乳類や鳥類を狩るのに役立った．訓練されたイヌは獲物を傷つけず，クマのような肉食哺乳類を怖がらないし，捕食動物を見つけると，逃がさずに狩猟者が来るまで引き留めて置こうとする．凍結した雪の上を有蹄動物の足跡を追跡したり，クロテンやクマなど特定の獲物を捕らえるよう特別に訓練できる．シベリアンハスキーは，狩猟犬としての価値が高く，ひたむきなハンターである．ハスキー犬は狩りに役立つだけでなく，60 kg の荷物を載せたソリを引く．セルカップ族のように，タイガにはイヌを単なる助手というよりも人間と同等の権利を持つ信頼できるパートナーとみなす民族もある．その他の民族は，狩猟でのイヌの役割がもっと限られていて，エヴェンキ族の狩猟者は，イヌをヘラジカ狩りに理想的な動物と考えている．イヌの鳴き声がするとヘラジカが立ち止まるので，狩猟者がしとめるのに役立つ．しかし，イヌは狩りの時にリスを警戒すると考えられている．雪が厚く積もると，獲物の足跡を見つけて追跡するイヌのスキルを活用することができない．
［写真：Andrey Zvoznikov / The Hutchison Library］

ユーラシアと北米タイガの森林において，ヒグマを狩る最も一般的な方法の一つが，巣穴から追い出すというものである．冬に，エヴェンキ族やハンティ族がクマの巣穴を見つけると，一つのグループとなり，トウヒやモミの幹を入り口に入れて動物の動きを妨げてから，棒でついて起こした．狩猟者は，槍を持って穴のまわりに立ち，激怒したクマが現れるとすぐに，それを殺した．幅広く使用されたもう一つの方法は，一人がクマを穴の外に誘い出し，その間に別の人たちが，穴の上に設けた木の台からクマを撃つというものである．クマはさらに重力トラップでも狩られた．たとえば，モンテーニュ族やアサバスカ語族のインディアンは，クマが鼻づらでわなに触れると，4～5本の木の幹がクマの上に落ちるように罠を作った．

北米インディアン部族の中には，クマの足跡をたどった際に，長く追い回して疲れさせようと試みたものもあった．クマが元気であれば，襲撃することはとても危険であったが，クマが疲労していれば，弓矢かトマホーク（飛び道具や手に持つ武器として使われる軽い斧．名前はアルゴンキン語の tomahack）で殺すことができた．春には，クマは川の早瀬の周辺に見つけられる．クマはそこにサケを捕まえに行くのであった．しかし，秋には，クマは豊富な野生の果実を見つけられる場所に行った．クマを罠にかけるために，膨大な種類の方法が使用された．アサバスカ語族はクマを捕らえるために落とし穴を掘った．エヴェンキ族はクマが低い声で鳴くような音を出すロシアの笛，dutka の助けを借りてクマを惹きつけた．これは，交尾期の夏に効果的な方法であった．

アザラシは，明らかにタイガのバイオームそのものでは捕まえられないが，昔からタイガのバイオームが海に到達する場所で狩られた．たとえば，セントローレンス湾，クック入江（アラスカ），淡水のバイカル湖（バイカル，オゼロ）である．最も広く使われた方法は，アザラシが海岸で休む干潮を利用することであった．狩猟者は，アザラシを殺すための棍棒を身につけ，アザラシに向かって船を漕いでいって海岸に上がった．アザラシは陸地ではとてもぎこちないのである．アザラシは銛でも狩られた．

小さな獲物：小型哺乳類

タイガの狩猟者にとっての獲物である主な小型哺乳類は，ユキウサギとウサギであった．ユーラシアと北米のいずれでも，ノウサギは罠，特に落とし穴で捕まえられた．クリー族は，ボブキャットの排泄物を罠にこすりつけた．するとノウサギは決してそれを齧って穴をあけなかった．圧死ワナもノウサギの捕獲に使用された．

バイカル湖を越えた地域や，ヴィティム川やオリョクマ川流域の上流域では，エヴェンキ族が肉が食用になるシベリアマーモットを捕まえる．これは夏に行われるのが普通であり，シベリアマーモットは通常，掘り出されたり，穴から燻りだされたり，罠にかけられたりする．タイガ地域のほぼ全体を通じて，人々はキタリス（アカリス）の肉を食べる．リスの肉を犬に食べさせるコミ族は例外である．マツの実が詰まったリスの胃袋は，非常に珍味であるとされる．その他，肉が高く評価される動物には，タイリクイタチ，シベリアシマリスやモグラも含まれる．タイガバイオームの北米インディアンは，アメリカビーバー，マスクラット，カナダヤマアラシの肉で食事に変化をつけた．ヤマアラシが美味しいのは秋と冬の初めだけで，1年の残りの季節には痩せすぎて食べる価値がない．

毛皮を生み出す動物

古代以来，タイガの先住民族は，衣類の必要を満たすために毛皮を利用してきた．熟練したハンティ族，マンシ族，セルカップ族の女性は，日常のあらゆる物を毛皮の装飾品で飾ったり，リス，キツネ，オコジョ，ノウサギの耳や足をトナカイの革の細長い切れに縫いつけたり，縫い合わせて衣服にしたりした．彼らは，一着の衣類にこれらの装飾品を800個も縫い付けた．オーバーコートの襟はキツネの足やリスの尾で作られた．リスやシマリスの毛皮を四角く切ったはぎれを格子じま模様に縫い合わせ，これを使用して女性や子供用のスマートなコートや，男性用のジャケットを作った．今日，コミ族やマンシ族はいまだに大きな「耳」で毛皮の帽子を縫う．それをスカーフのように首に巻くのである．コミ族の狩猟者は，その代わりに，首のまわりに一房のリスの毛皮を巻いた．

毛皮は古代以来，取引されてきた．ユーラシア北部の森から，毛皮は小アジア，中央アジアに向かい，遠く中国にまで到達するルートで貿易が行われた．さらに北米のさまざまな地域のインディアン部族の間でも貿易が行われた．それでも，これらの毛皮用に動物を狩ることは，ヨーロッパ人が移住してきた後の16世紀以

237. 春はアザラシを捕まえる最良の時期である． 雪解けが始まり，動物たちは氷の中や，浮かぶ氷の近くで自分が作った穴を通るそよぎに向けて鼻を上げるのである．子供が生まれると，集まって比較的大きな集団を作るため，1日で複数のアザラシを捕まえて，アザラシの脂肪の蓄えを得るチャンスである．イヌイットは陸から，あるいはカヌーから，銛でアザラシ狩りを行う．また陸上での彼らの動きの鈍さを利用した．亜北極地帯の海岸で，海洋性哺乳類を狩る人数が増加（北米へのヨーロッパ人移住以来）し，火器の出現とともに，海洋性哺乳類（アザラシ，カワウソ，クジラなど）の数を減少させ，集中的な狩りが行われた地域ではその数は急激に落ち込んだ．世界で唯一の淡水に住むアザラシであるバイカルアザラシは，海洋性の近縁種と似た状況にある．過剰な狩りが20世紀前半にバイカルアザラシの数を大きく減少させたが，その後に回復した．バイカル湖のUshkany Islandで捕らえられたアザラシの死体を写したこの写真に見られる通り，狩りによるアザラシへの圧迫は止まりはしなかったが，バイカルアザラシが直面している主要な危険は進行している水の汚染である．［写真：Sarah Leen / AGE Fotostock］

来，タイガの人々の唯一の主要な職業であり，これによって彼らは経済的にこの市場に頼っていた．ヨーロッパ人移住者は，シベリアで「柔らかな金」として知られる毛皮に，大きな価値を与えた．先住民族は毛皮をすべてのものと交換した．交換条件は不公平だったが，それでも先住民族の利益のためであった．したがって，毛皮を得るための動物の狩りによってタイガの先住民族は現代文明の市場関係へと導かれ，伝統文化は大きく変化した．狩猟は，以前は食料を得るために行われたが，この後，毛皮をもたらす動物の商業的狩猟に基盤が置かれるようになった．

有蹄動物の狩りから，毛皮獣，特にアメリカビーバーの毛皮へと移ったことにより，植民地の毛皮の貿易は北米インディアンの経済機構を大きく変えた．それは，植民地化時代の最初の何世紀かの間に，大陸北部の開発を促進した主な要因の一つであった．市場のための狩猟は，伝統ある部族集団や一家の関係性を崩壊させるように働いた．アルゴンキン語を使用するグループが動物を狩ることを「金を追求すること」と呼んだことからわかるように，タイガの人々は，毛皮のために動物を狩ることは，自分たちの伝統を大きく変えることだということにすぐに気づいた．これらのインディアンの多くは，キリスト教に改宗し，もしその目的が捕獲された動物の毛皮を売るためだとしたら，日曜日に狩りを行うことは罪なのだという考え方が広まった．しかし，食料を得るためなら日曜日に狩りや漁を行うことは罪ではなかった．

数十世紀にわたり，毛皮市場のための狩猟の重要性は強まった．そのことは，タイガの先住民族が税金を支払わなければならなくなった事実からわかる．狩猟は，彼らの言語にも影響を及ぼした．たとえば，コミ族の通貨単位は，リスを意味する ur で，chait は紐（リスの皮の紐で，1ルーブルに相当する）を意味する．セルカップ語では，sarum（リス 20 匹分の皮の紐で，19 世紀の為替単位）という言葉が，10 の単位の名称として，計数法の一部をなし，2 sarum は 20 であり，3 sarum は 30 であった．

毛皮をもたらす動物の狩りのシーズンは，2 期に分けられた．秋～冬と冬～春である．キタリス，タイリクイタチ，オコジョ，アカギツネ，クロテンの毛皮は最もきれいで，最も耐久性があり，冬の初めに一番ふわふわしている．最寒期の1月には狩猟が中断し，寒さが過ぎると，再び開始されて4月まで行われる．これらの種類に加え，ツンドラがあるタイガの北端では，ホッキョクギツネも，孤立した少数のエヴェンキ族グループによって毛皮のために狩られている．

ユーラシアタイガでは，オオヤマネコ，クズリ，タイリクオオカミがみな毛皮のために狩られている．昔から，クズリの皮は，アノラックのフードの裏打ちに使用された．霜が内部で凝結しないためである．これらは今でも高い価値があり，最近のシーズンには，アラスカだけでも 800 頭以上のクズリの毛皮が，各 200 US ドルで毎年入手されてきた．人間とクズリの間の関係性は，一連の信仰によって常に複雑化してきた．

オオカミは多くのアサバスカ語族の一族および仲間の象徴的な動物であり，また多くのエヴェンキ族は，誰かがオオカミを殺せば，たとえそれが自分のトナカイの一頭を殺されたためであっても，オオカミはより高い精霊に苦情をいい，精霊はオオカミを殺した人に罰を与えて，彼のトナカイの群れを襲うようにもっと多くのオオカミを差し向けるだろうと信じていた．オオカミは丁重に埋葬されなければならなかった．たとえそうでも，18 世紀には，アンガラ川流域のエヴェンキ族は，帝政政府にキツネの毛皮や，リスの毛皮，オオカミの毛皮に対する税金，すなわちヤサック（yasak）を払っていた．

北米タイガでは，先住民族によって捕らえられた主な毛皮獣の種類には，アメリカビーバー，および，わずかではあるが，ホッキョクギツネ，およびアメリカアカリスがあった．1年のある時期には，19 世紀中半にすでに希少であったフィッシャーや，アメリカミンクなど，他のイタチ科動物も多く見つけられた．

ビーバーは1年中狩られるが，最適期は冬の初めだと考えられた．なぜなら，水が氷に覆われているものの，雪はそれほど深くないために，狩猟者がビーバーの巣を見つけられないほどではないからであった．インディアンはビーバーの毛皮と肉を重んじたが，雌雄どちらにも存在するジャコウ分泌腺で産生され，テリトリーの印をつけるために分泌される液体カストリウムも大切にされた．この強いにおいの液体は，神経性の疾患の治療のため，および刺激剤として使用され，現在は医薬品の中で，また香料業界において揮発防止剤として，広く使用されて

238. アメリカビーバーは常に罠を使って捕らえられる. ビーバーは，ビーバー，ウサギ，リスなどの小型動物や，カリブーやヘラジカのような大型動物を捕獲した北米タイガの狩猟民族にとって，最も重要な獲物の一つであった．その肉に含まれる脂肪はインディアンたちにとってとても大切であり，十分なカロリーとアミノ酸を補給するためには獲物は多くの脂肪を含有していなければならなかった．ビーバーはたくさんの脂肪の蓄えがあるため，テリトリーにビーバーが豊富だったクリー族など，いくつかの部族によって盛んに求められた．インディアンがヨーロッパ人と毛皮の取引をするようになると，ビーバーは肉だけではなく，毛皮のために狩られた．金属製の罠が取り入れられ，毛皮を扱う会社は白人の狩猟者を使ったが，彼らは繁殖期には雌を殺さないという伝統的な狩りの方法を重んじなかった．罠によるビーバーの捕獲は，19 世紀にはまったくの虐殺となったが，インディアンたちに対しては毛皮の報酬は支払われなかった．ビーバーの数がほぼ完全に絶滅したため，それに頼っていたインディアンたちがまもなく寒さと飢えに見舞われた．ヨーロッパから入ってきた病気が流行し始め，20 世紀の前半には，カナダのタイガに住むインディアンたちは，南の平原インディアンのものに匹敵する文化的崩壊に直面したと思われる．
[写真：Mary Evans Picture Library]

いる．

18 世紀および 19 世紀には，ビーバーの毛皮の帽子の需要が非常に大きかったため，この動物はほとんど絶滅した．ビーバーは，北方林でも，南は混交林でも，水のある環境で暮らしているが，北米の大部分においてビーバーが現在も生息しているのは，ほぼ完全に，保護団体による再移入のおかげである．ビーバーはいまだに毛皮や肉のために狩られているが，これらは今は生息範囲のほとんどにわたって，積極的に管理されている．1950 年以来，カナダにおける年間捕獲量は，年間 20 ～ 60 万頭まで変動があり，1970 年には，米国で 10 ～ 20 万頭が捕獲され，その大半がアラスカであった．

鳥類の狩猟

鳥類は，1 年を通じて狩猟によって得られる一番重要な獲物の中には入らないが，美味しいために評価が高いし，1 年間のある時期には比較的捕らえやすい．現在でも，アラスカ奥地のアサバスカ語族が，ヤマウズラ，アヒル，ガチョウ，アビや，その他多くの約 30 種類の鳥を狩っている．晩春から秋までの季節には，水鳥が狩られた．水鳥は，ボートや待ち伏せ場所から銃で撃たれた．

しかし，晩秋および早春は，さまざまな種類のヤマウズラを狩る絶好の時期である．ヤマウズラが最も太る時期だからである．もっともヤマウズラを狩る方法で最も行き渡ったものの一つが，輪縄の罠によるものである．シベリアでは，エゾライチョウ，ヨーロッパオオライチョウ，あるいはクロライチョウのような鳥が砂浴びをしたり，小石を探したりする場所の近くに，枝や小枝でできた小さな柵を設置し，その入り口に輪縄が据え付けられた．輪縄はさらに，ヨーロッパヤマウズラを捕まえるために低木の間に置かれたり，アヒルやガチョウを捕まえるために池の間の水路に置かれたり，クロライチョウが現れる傾向があるビャクシンの木立の間に置かれたりした．一人のわな猟師が，200 ～ 400 個の罠を仕掛けて，調べることもあった．

鳥類は，交尾する場所を取り囲んで網が張られた森の中で狩られたものであった．ヨーロッパヤマウズラは通常，女性か子供が捕まえた．ウサ川のコミ族は，かつて 1 年に 4000 ～ 6000 羽のヨーロッパヤマウズラを捕獲した．彼らは移動性の鳥を捕まえるために，網もしかけた．角がある 2 本の棒の間に網が張られ，その網は，まばらな森林地域，湖と湖の間，湖から川へと群れがたどるルート沿いに設置された．狩猟者はそれらを待ち伏せ，群れが網に近づくと，ひもを引いて網を鳥の上に落とした．19 世紀には，一つの地域で，ハンティ族が 1 年間にさまざまな種類の鳥 500 ～ 1000 羽を捕まえた．使用された技術は，アザラシを捕まえる方法と似ていた（p.378 ～ 379 参照）．

7 月の羽毛の生えかわり時期には，狩猟者は，静かに鳥に忍び寄り，棍棒で叩いて殺したり，

クロテン

巣穴のクロテン［Roland Seitre / Bios / Still Pictures］

毛皮はふさわしい持ち主を寒さから守るが，人間の虚栄心からは守ってくれない．毛皮は，実は，大きなリスクなのである．毛皮は美しく，なめらかで，柔らかく，素晴らしい肌ざわりをもつ．それは，コートやケープやストールを着る人にとって極めて高価でもあり，ひけらかしで着用されることも多い．毛皮は，商人，毛皮工芸職人，熟練した狩猟者の産業全体を動かすのであり，北米やユーラシアの北方林でこのプロセスを開始するのが狩猟者なのである．

角とカバノキから作られたセルカップ族猟師のナイフのさや［Andrey Zvoznikov / The Hutchison Library］

ホッキョクギツネ，クロテン，およびオオヤマネコの何千という毛皮が，金持ちの西洋の女性のための装飾，優雅な帽子，贅沢なコートとして使うために，毎年オークションにかけられている．すべての中で最も価値が高いのは，クロテンの毛皮であり，クロテンを狩ることは，シベリアタイガ，特に中部および北部に住む民族のほとんどすべてにとって基本的な活動である．

クロテンの狩猟シーズンは，10月の後半に始まるが，狩猟者にはするべき準備がたくさんあるため，前の月にはタイガに入っている．彼らはイスバ（丸太小屋，良い狩猟者は4～5個のイスバを所有している）を修理し，冬季のためのたきぎを貯め，罠を調べるためにたどる通路をきれいにしなければならない．環境は極めて苛酷である．気温は－40℃以下に下がるし，狩りは1人でしなければならず，頼る人は他にいないため，狩猟者はすべてを予測しなければならないのである．季節のはじめには，最も強健な男性は罠をしかけず，ライフルやイヌを連れて狩りを始める．これはきついが魅力ある仕事である．イヌはクロテンの足跡を見つけてそれを追い，狩猟者がそれを追う．狩猟者は1日に20 km以上移動することもありイスバから遠くにいるときに夜が訪れると，屋外で火のそばで寝なければならない．

獲物を待ち受けるシベリアの猟師［Walter Leonardi / Gamma］

11月の終わりごろに，雪の層は厚くなるために，イヌはほとんど走ることができない．イヌの前足は固い地面に触れることなく雪に埋まり，狩猟者は雪の中で「泳ぐ」と言う．

これは狩猟の第二段階が始まる時で，狩猟小屋はそれぞれ約10 km離して，おおまかに円状に配置され，罠はそれらを繋ぐルート上に仕掛けられる．狩猟者はそのルートを，毎回4～5日で踏破する．この極北地方では，冬の昼間は5～6時間の長さしかないため，必ずスキーに乗り，暗闇を移動することも多い．イスバの一つで，最大なものは，狩猟者のベースキャンプであり，そこで収穫物を護り毛皮を作るのである．

クロテンは以前のように，シベリアの貿易にとって最も重要な毛皮獣であるが，20 世紀半ばには，シベリアタイガの狩猟者の大半は，キタリスやシベリアイタチすなわちタイリクイタチを捕まえていただけであった．当時は，クロテンは，シベリアのいくつかの山岳地帯，特にわずかでまばらな個体が生き延びていたバイカル湖の周辺地域をのぞけば，すべての場所で絶滅していた．クロテンの数は，20 世紀の最初の数十年で，破滅的に減少した．これは過剰な狩りを行った結果であると通常はみなされるが，過去 4 世紀にわたってロシアの税当局に申告されたシベリアの毛皮獣の数の変化の研究により，各世紀の中盤には，クロテンの捕獲数に減少があり，その世紀の終わりに近づくと，その数は下落する傾向であることが判明した．これらの変動の理由は明らかではないが，これらは狩猟に無関係の要因によるものであると考えられるだろう．

アラスカの毛皮市場でのアカギツネの形をしたギンギツネの毛皮
[John W. Warden / Natural Science Photos]

この下落の理由がなんであれ，前ソビエト連邦は，1950 年代に多くの地域にクロテンの個体を補充する計画をスタートさせた．多くの生存していたクロテンは，バイカル湖の周辺地帯で罠に捕らえられ，その後その個体はシベリアタイガのほとんどすべての場所に放された. 同時に，クロテンを狩ることは，一時的に禁止された．1960 年代の半ばまでには，クロテンの数はタイガ全体で明らかに増えていき，1960 年代の終わり頃にはシベリアの大半でクロテンの狩りが再び認められた．1960 年代および 1970 年代までに，良い狩猟者は一シーズンに約 100 匹分の毛皮が得られるようになった．残念ながら，部分的な再移入をすることなく，全地域でクロテンの個体数が回復したかどうか，あるいは過去何百年かの間に回復のプロセスがどのように起こったのかを知ることはできない．

シベリア低地の広大な地域全体で，クロテンの個体数が回復した後，毛皮用に狩られるほかのいくつかの種類の動物の数がかなり変化した．キタリスやオコジョの数にかなりの減少があった．タイリクイタチはほとんどいなくなり，わずかな個体数が大きな川の氾濫原，すなわちクロテンが多く存在しない場所に生存するだけであった．タイリクイタチの数のこうした一般化した減少は，おそらくクロテンによって働いた圧迫の結果だろう．クロテンの足跡をたどることによって，彼らがタイリクイタチを追いかけて捕まえることが判明した．

カバノキの柄のセルカップ族猟師のナイフ
[Andrey Zvoznikov / The Hutchison Library]

Le Petit Journal

Le Petit Journal
CHAQUE JOUR 5 CENTIMES
Le Supplément illustré
CHAQUE SEMAINE 5 CENTIMES

SUPPLÉMENT ILLUSTRÉ
Huit pages : CINQ centimes

ABONNEMENTS

	SIX MOIS	UN AN
SEINE ET SEINE-ET-OISE	2 fr.	3 fr. 50
DÉPARTEMENTS	2 fr.	4 fr.
ÉTRANGER	2 50	5 fr.

Septième année — DIMANCHE 24 MAI 1896 — Numéro 288

FÊTES DU COURONNEMENT EN RUSSIE
Le Tsar en costume du sacre

“Le Petit Journal” 紙に掲載された，オコジョの毛皮で縁取りされたケープをまとう戴冠式の日の皇帝ニコライ二世のイラスト［Mary Evans Picture Library］

最近，社会的な価値が変化し，多くのヨーロッパ諸国で環境保全および環境保護運動の強さが増した結果，毛皮の需要は急激に低下している．ロシア内部の市場でさえも，価格が下がった．したがって，毛皮のために動物を狩ることが，あまり利益にならなくなってきている．この負の局面は，これによって何百年の間，経済を毛皮獣の狩り，貿易，および販売に頼ってきた北方タイガの人々にとって生き延びるのが非常に難しくなるということである．毛皮は，一般の人にとってはぜいたく品かもしれないが，シベリアの先住民族にとっては，生計の手段なのである．

239. 猛禽類やその他の鳥の羽は，昔も今も，副次的ではあるが重要なタイガにおける狩猟活動の生産物である．ある程度は装飾目的でも使用されていたが，トゥヴァ族のシャーマンがつけたこの頭飾りのように，主に象徴的な目的で使用された．ソ連時代はシベリアの先住民族の多くの伝統的な生活様式の終わりが始まったことを意味し，さらに宗教的観念や信仰に影響を及ぼした．これらのシャーマンたちは人前で儀式を行うことを禁じられ，医療行為は正式に魔術であるとみなされ，当局は彼らの儀式用のローブや特徴あるドラムを没収した．もちろん，シャーマンたちが部族的影響力をすべて失ったわけではなく，当局がすべての人々をすぐに無神論者に変えようとしたわけでもなかった．実際にシャーマンたちの重要性が失われたのは，集産化や，遊牧生活様式の放棄の結果として，ロシア文化の影響が増大したためであった．1930年代後半には，多くのシャーマンたちが強制的に活動を止めさせられた．シャーマンたちはソビエト政府当局からは常に見下げられていた．新しい学校や医療サービスの導入に反対ししたためである．多くのシャーマンたちは西洋医学を「魂への攻撃」とみなし，人々はシャーマンだけに治癒する力があると考えていたのである．1930年代まで多くのシャーマンが地域社会の中で尊重され，民間療法を行った．これは実際には儀式的であることもあった．
［写真：Sergei Ivanov］

あるいはボートに乗って待ち，イヌが鳥を陸から待機している狩猟者のほうに追い払ったりした．羽毛の生えかわり時期には，ヤクート族はアヒルやガチョウを囲いに追い詰めて捕まえた．彼らは軽いボートで鳥を囲み，それらを陸地に追い払い，そこで囲いに押しやったのだが，その囲いは二つの長い柵が次第に狭くなって，急な角度になって閉じているので，鳥は一列でしか通れなくなるものであった．圧死ワナも，特に囮としてベリーを使用することによって野生の鳥を捕まえるのに，非常に効果的である．

鳥類は，哺乳類のように，食料としてだけではなく，タイガの先住民族が，皮や羽根を，さまざまな範囲のものを作るのに使用した．ハンティ族およびマンシ族は，マガモ属，オオハクチョウ，アビ，オオハム，の皮で女性や子供の上着を縫い，鳥の頭部で襟を飾った．彼らはさらに，宝石を入れる袋を作るために鳥の皮を使用した．鳥の羽は矢に使用された．アメリカの先住民族は頭飾りをワシの羽根で飾った．

3.2　釣りと漁

漁業はタイガの人々の生活に重要な役割を果たす．ハンティ族にとって，魚は肉よりも重要であり，15世紀および16世紀にシベリアにやってきた最初のロシア人は，彼らがあまりにもたくさんの魚を食べるため，「魚を食べる人」を意味するriboyadtsamyという言葉で彼らを呼んだ．さらに彼らは衣類，履物，および多少の生活用品を作るために魚の皮を使用するので，ribokozhymy（「魚の皮」）としても知られた．6～7人の家族に食べさせるため，20世紀初期のハンティ族は，年間に約2500 kgの魚を捕まえなければならなかった．

漁を獲る技術

タイガで使用される魚獲りの技術は，基本的にユーラシアと北米とで同じである．それらはみな，新石器時代に使用されていたようであり，最古がどれなのかを知ることは困難である．一つの方法だけが比較的正確に年代特定されている．それは弓矢で魚を獲ることであり，中石器時代に発明されたものである．この技術は19世紀の半ばにエヴェンキ族がまだ使用していたが，今日までは残らなかった．

エヴェンキ族は，重くて先がとがっていない矢を放った．この矢は，魚を傷つけはしないが，気絶させるため，水中から容易に魚を獲ることができた．一人の漁師がたいまつ（棒の先でカバノキの樹皮を燃やしたもの）を持って岸辺に立ち，もう一人が光にひきつけられた魚に矢を

240. バイカル湖に張った**氷を通して冬の釣りを行っている．**タイガでは，漁は主に男性によって行われ，ほとんどすべてが狩猟コミュニティによって行われる．冬の凍った湖で釣りを行う時に特に漁師が直面する最初の問題は，表面を覆って下の魚を獲ることを妨げる氷の層を取り除くことである．漁師たちは，罠，網，銛など，漁を行うための道具と同様に，氷を割るために使用するものも必要である．昔，イヌイット人の漁師は，棒切れやさおを使って氷を切り穴をあけ，取り除いた氷を移動させた．写真からわかるとおり，現在はやり方が変わっていて，魚を積んだソリを引くために使われるトナカイさえも，今ではエンジンのついた車に変わっている．
［写真：Sarah Leen / AGE Fotostock］

放った．たいまつの光により，矢や銛で魚を獲ることは，おそらく過去にタイガ全体で知られていて，実践されていただろう．銛で魚を獲ることは，北米タイガの人々の間で非常に広まっていて，実践されていた．

北米タイガの先住民族の間には，銛で魚を獲ることが非常に広まっていて，現在も行われている．人々はいまだに夜，たいまつの光で魚を獲るために，銛を使っている．この漁にもっとも適した夜は，8 月の晴れていて月のない夜である．このような夜には，たいまつの光が静止した魚の黒い背中を照らすのである．

ヨーロッパロシア，ならびにシベリアでは，エヴェンキ族やロシア人はいずれも，特にヴォルガ川の中流域に注ぐ小さな川でこのように魚を獲る．しかし，この種類の漁業が強引であるとみなされて禁じられた地域もあった．20 世紀の初期には，水が浅くてゆっくりと流れる場所の岸辺に魚が近づく秋に，フィン人が銛でサケを獲った．

もう一つ広く行き渡った方法は，罠をしかけたダムや障壁を造ることであった．川に罠を仕掛けることは難しいが，やるだけの価値がある．この考え方は，支柱や棒や，薄い木摺で組み立てられた特別な外板でできた一つあるいはそれ以上の柵で，小川の流れや水路，大きな川の一部を遮ることであった．ダムにはいくつかの開口部があり，そこに罠がしかけられた．罠は通常は 2 種類あった．小枝のカゴでできた罠，または防壁のように編み合わされた枝であるが，狭い入り口がついていた．

防壁の形は，川底の地形や川の輪郭によって決められ，いったん設置されると，修繕が簡単であるため，長期間損なわれないこともある．罠はさらに正しい方向に置かれなければならない．魚が川を下ってくるときには，罠は上流を向いていなければならず，魚が川を上るときには，下流を向いていなければならない．タイガの多くの漁師たちは，別の種類の罠も使用する．これは防壁が必要ないもので，多くの魚が通過する場所（通常は川岸の近く）に設置される長い小枝のカゴの罠である．

20 世紀の初めには，アラスカのアサバスカ語族が，産卵のために川を上るサケを捕まえるために，インディアン水車（捕魚車）という巧妙な装置を使い始めた．これはユーコン川やタナナ川のような大きな川で使うとたいへん効果的で，水車の原理に基づくものであった．この輪は，川底に固定された筏の上に載せられていた．針金の格子でできた二つのシャベルがこの輪に取り付けられていて，流れの力で回転し，これらが産卵のために川を上ってきた魚を交互にすくい上げた．魚はシャベルの両側の穴から排出され，開け放した箱に入った．

シベリアの先住民族は，しばしばボートの上からの活動的な漁で罠を使用した．これらの罠は，通常は木の棒に結びつけられた網でできた袋で構成された．ボートが魚に向かって移動する間，漁師は罠を紐で開いたまま支え，魚が中に入ると紐を引いて袋を閉じた．フィン族も，

241. 北米タイガでサケが干されている． さまざまな種類のサケが，特にアラスカやカナダの北方林の亜北極地帯に住む先住民族にとっての重要な食料資源に含まれる．多くのイヌイットの狩猟者にとって，1年のうち数回，特に夏には，漁が非常に重要な活動であった．河岸や，漁師が河口に作ったダムの後ろで，大半のサケがカヌーからのさおや餌，あるいは三叉の銛によって捕らえられた．銛は産卵のために川をのぼる大量のサケに対して有効であった．非常に多数のサケがいたため，三叉の銛で1回突けば何匹か獲れることもあった．サケは，川の中の狙った場所に作られたダムや罠でも捕獲された．さまざまな種類のサケが，3月から年末までのさまざまな時期に川をさかのぼるため，アラスカやカナダの川における漁のシーズンは大変長かった．春と秋は最良のシーズンであり，家族は1年の必要を満たすのに十分な魚を捕まえた．魚の保存のためには，洗い，切り開き，アラスカで撮影された写真からわかるとおり，木の棒に吊るして空気中で乾かすのが普通であった．内陸に住む民族の多くも，産卵場所に近い川の上流域でサケを捕まえ，海岸に住む民族が持つ海産物とこの魚を交換した．
［写真：Jim Brandenburg / Minden Pictures］

急流でサケを引き網で獲った．この網は，鉛のおもりと，それを支えるために中央にロープがついた環状のネットである．このような報告があるにもかかわらず，この引き網が昔のタイガの漁労民族によって広く使用されていたのかどうかを知ることは難しい．しかし，シベリアのいくつかの孤立した地域で，この網は比較的最近の新機軸であった．たとえば，エヴェンキ族は，19 世紀の終わりから 20 世紀の初めに，網を広範に使用し始めたばかりである．彼らはヤクート族から購入したウマの毛で独自の網を編み，それが完成すると，小川や川の一部を仕切った．もう一つの方法は，川の一部を網で取り囲み，それから浜辺の網のようにそれを岸に引くというものであった．アサバスカ語族は，ユーコン川の渓谷に多くある浅い湿地のような川でこの種類の引き網を使用した．

捕獲される魚の種類とそれらの用途

一番高く評価される魚は，タイセイヨウサケ，タイヘイヨウサケ属，ブラウントラウト，レークトラウト，ネルマ（インクヌー），タイメン（アムールイトウ），ホワイトフィッシュ（コレゴヌス属），ホンカワヒメマス，キタカワヒメマスなど，常にさまざまなサケ科の仲間であったが，ヨーロピアンパーチやノーザンパイクのようなほかの種類の魚も高く評価されている．すべての種類の中でも最も価値があるのは，シベリアチョウザメである．

シベリアの先住民族は，魚を生のままや，冷凍，または煮て食べるが，一般的な調理方法は煮ることである．彼らはスパイスや調味料は加えずに，容器から直接だし汁を飲む．魚の切り身は皿に置いて，手で食べる．煮汁をさらに風味よくするために，魚のあらは取らないし，小魚のはらわたを取りのぞかない．サケ科の魚の高品質な肉は柔らかくて美味しく，長期間保存するために塩漬けするのも簡単である．

サケ科の魚の中には，ピンク色の身のものがあり，魚がある年齢に達すると，特徴的な赤みを帯びた色に変わる．多くのサケの塩漬けの卵も美味であるとみなされ，赤いキャビアとして知られている．シベリア人はさらに魚を凍らせる．特に，シベリアチョウザメ，カワリチョウザメ，サケ科の muksun，およびノーザンパイクのような大型のチョウザメがそうである．彼らは凍った魚の皮をはがし，魚を頭部を下にして吊り下げ，それから鋭いナイフで細長く，薄く切りはなす．これらの切り身はストロガニナとして知られる．Strogat というロシア語がその由来で，「薄く切る」という意味である．彼らは魚の脂肪を飲んだり，それにパンを浸したりする．さらに，ビスケットを揚げるのに使われたり，パン生地やその他の食品に加えられたり，保存食品を作るのに使われる．通常は，どの家庭も自分で使うために約 30 ～ 40 kg の魚油を用意している．

チョウザメの皮は，衣類，家庭用品，ガラスの替わりに窓に入れるパネルを作るために使用された．現在，これらは魚，塩，砂糖，火薬を貯蔵するための防水性のカゴを作るためにだけ使われている．このチョウザメの皮は，動物の肝臓や残り物の魚のスープ，ウカによって内側をこすることで柔らかくする．その後，この皮をこすってきれいにし，手でもんで，黄土で色をつける．うきぶくろ，皮，うろこ，背骨を長い時間煮ると，耐水性のにかわができる．

この弾力性が，スキーに毛皮をつけたり，楽器のパーツを固定するのに利用される．弓の弦や楽器の弦をより弾力的にするために，それらに膠をしみこませた．膠が必要な場合に備えて，乾燥させたうきぶくろを貯蔵しておくことがある．背骨は木工のための糸のこを作るのに使われる．魚のはらわたは，わずかに腐らせ，長時間煮て，どろりとしたペーストにする．それをトナカイの皮膚を治療するために使用する．

3.3　牧畜活動

単一の動物だけがタイガで家畜化したのではない．タイガの猟師や漁師は，決して自然を支配しようとはせず，自然を変えるよりむしろ，環境に適合することに努めた．この姿勢から，彼らは牧畜を始めずにいた．牧畜を始めれば，すべての生き物が自分の居場所を持つ自然の秩序を乱していただろう．野生の動物はその土地を支配する強大な魂の支配下にあり，狩猟者の要望に応えて，捕まえる動物を彼らに与えるのはこの魂なのだとタイガに住む人々は信じていたのである．何らかの種類の動物を飼うことがタイガ（およびツンドラ．第 9 巻 p.98 ～ 104）にとって特殊なことであると考えることが可能なら，それは間違いなくイヌやトナカイを飼うことであった．

トナカイの飼育

トナカイの飼育は，南シベリアで，おそらくウマの飼育の後に始まり，しだいにユーラシアタイガ地域全体に広がった．トナカイの飼育は北米では行われず，20 世紀にカナダのタイガへと移入させる試みがなされたが，失敗であった．トナカイの飼育はゆっくりと広がった．

242. ヤクート族（独自の言語ではサハ）はトナカイを育てている． シベリアのほかの家畜育成民族と同様に，専業ではなく狩りや漁による経済を補完するためである．ヤクート族（ロシア人がサハ族に対してつけた名前）は，チュルク語を話し，現在はバイカル湖の北東のステップに住んでいる．彼らは数世紀前まではウシやウマを飼育してきたが，モンゴル人の拡大によって北東への移動を余儀なくされ，多くの家畜がタイガの厳しい環境条件に耐えられなかったために失われたと考えられる．彼らはレナ川中流域のツンドラに接したタイガ地帯に定住し，多くがトナカイを育てた．トナカイの群れを育てる若いサハ族の男性の写真からわかるように，彼らは今でもトナカイを育成している．最近は農業を始めた人もいるし，今でもウマやウシを育てている人もいるが，タイガのバイオームはこれらの動物にとっては過酷であるため，飼い主による細心の世話がなければ生き延びることはできない．ヤクート族がトナカイを育てている他の民族と違う特徴は，トナカイの耳ではなく臀部に烙印を押す唯一の民族であるという点である．
［写真：Erik Sampers / Gamma］

19 世紀の終わりから 20 世紀の初めには，ケット族，ウデゲィ族，ユカギール族，およびエヴェンキ族は，トナカイを所有しておらず，現在も徒歩やボートで移動している．

ツンドラでは，トナカイは肉や皮を得たり，交通手段にするために飼育されていたが，タイガでは基本的に交通手段として利用され，時々肉を得るために殺されるだけだった．ツンドラでは，トナカイは，雪が風で固まる広く開いた空間でソリを引くことができたが，タイガでは，人々は一般的にトナカイに乗り，自分の袋に荷物を詰めていた．

エヴェンキ族は，トナカイを荷物を運搬する動物として，とても変わった方法で輸送手段として使用した．トナカイの背中は弱いため，鞍はほとんどトナカイの肩に取り付けられ，下には毛皮の敷物を敷いて，腹帯で定位置に維持した．乗る人は，鞍の右側に座り，馬勒をしっかりと握り，左足を馬の背中づたいに置くか，棒で足を支えたりした．荷物は二つの袋を互いにつないだものに詰め，按嚢のように，トナカイの背中から吊り下げた．彼らは通常，5 ～ 10 頭の隊列をなして移動した．120 ～ 145 kg の重さのトナカイは，按嚢に入れた 55 ～ 70 kg の荷物を 6 ～ 8 km/h のスピードで運ぶことができ，最大 12 km/h も進むことができた．

北部タイガ地域は，明らかにツンドラ文化の影響を受けていた．エヴェンキ族，ヤクート族，ドルガン族のいくつかの北方グループはさまざまな形のトナカイの輸送方法を用いる．冬にはトナカイはソリを引き，夏には乗られたり，按嚢に入れて荷物を運んだりする．エヴェンキ族は，19 世紀の半ばには，トナカイによって引かれるソリを取り入れた．ハンティおよびマンシ族は，何百年か前にネネツ族からトナカイの飼育を取り入れ，冬と，湿地帯を横切らなければならない夏にも，トナカイをソリにつないでツンドラに住む民族と同じ経路を進んだ．ソリは 1 頭か 2 頭のトナカイが引いたが，3 頭あるいは 4 頭が引くこともあった．先頭のトナカイは，リーダーとして訓練され，連畜を導いた．

タイガでは，トナカイの群れは小規模なのが普通で，通常は 20 ～ 50 頭である．群れがもっと大きくなると，狩猟者は時間の大半を，トナカイの世話をして過ごさなければならず（トナカイをまとめる時間が，自分の時間の 7 ～

33%を占める），そうすれば狩猟は二次的で補足的な活動になったことだろう．事実，エヴェンキ族は牧夫を使わずにトナカイに牧草を食べさせた．夏には，吸血昆虫が多いため，トナカイを人間の近くに移動させ，そこで昆虫を追い払うために火を焚く．秋には，雌の母性本能が，子供がいる遊牧生活の野営地へと戻らせ，雄はそれに従う．トナカイは乳が搾れるが，タイガの民族にはそうするものはいない．

トナカイの乳は非常に濃厚で脂肪分が多く（脂肪分最大20%），たんぱく質が豊富である．1日の産出量は，約300 gになることもあり，年間産出量が35～50 lの範囲である．エヴェンキ族はたいてい，トナカイの乳を，お茶や，調理した穀類，あるいはベリーに加えて飲んだり，それでクリームやバターを作ったりする．さらにトナカイの胃袋の断片で乳を凝固させて，凝乳を作り，これをヤギ乳のチーズ（brynza）を作るために使用する．

粗放的な牧畜

ステップ型の遊牧牧畜（p.193～194参照）は，最初はヤクート族がタイガに持ち込んだが，過去4世紀の間に多くの変化を受けた．東部シベリアのロシア人移住まで，ヤクート族は基本的にウマを飼育していた．17～18世紀のロシアの文献には，常にヤクート族がウマに乗る遊牧民として記述されている．彼らのウマは1年中放牧しなければならなかったので，ヤクート族は常に新しい牧草地へ移動していた．ヤクート族の民話には，放牧生活の様式について述べている部分が多くある．ウマは昔は非常に大切であったため，ウマが純粋な動物であるとみなされるヤクート族の宗教的儀式や信仰の中に，彼らは消えない目印を残した．

19世紀の終わりまでには，ヤクート族はもうウマを飼育しておらず，定住性の生活様式の採択に常に関連があったヒツジを飼っていた．さらにこの時期になっても，ヤクート族のグループはまだ，年に最低でも2回，居住場所を変えていて，10～15 km離れた冬の住居と夏の住居の間を移動していた．この冬の住居は，冠水がある渓谷にあり，そこには干し草の牧草地があった（19世紀には，ヤクート族は冬の野営地のそばの草を刈らなかった）．夏の住居は大きな川の岸からはずっと離れて深いタイガの山の渓谷にある．そこには動物のための食料が十分にあった．彼らは春の雪解けによって水位が上がる前に冬の野営地を後にし，干し草を刈り終えた後に戻った．現在でも，ヤクート族は家畜のために干し草を貯蔵し，ウマに自分たちの食料を雪の下から探させる．ウマは，厳寒の間や雪が深い時期にだけ干し草を食べさせてもらえる．通常の状態では，ウマは自由に草を食べ，放っておかれる．放任されるために，ウマはときどき野生に帰って人間を寄せ付けないこともある．

ヤクート族の牧畜方式は，発達するにつれて，ヨーロッパの牧畜方式の基本的な特徴を取り入れてきたが，ステップに典型的な遊牧生活の様式の伝統的な特徴もいくつか残してきた．これらの伝統の一つに，クミスという飲み物（第7巻p.275）を作るために雌から乳をしぼることであり，この飲み物はバシキール族，カザフ族，キルギス族，モンゴル族も飲んでいた．ウマの肉は高く評価されている．ウマの毛は，ヤクート族が日常生活の中で幅広く使用し，紐（鳥を捕らえるために罠に使用する）や強いロープを作ったり，カバノキの皮を縫ったりする．

現在は，興味深い牧畜形態が，主にカナダ南部で実施されている．食肉にするためにバッファローを育てるものである．肉の品質を改良する試みとして，バッファローとウシを掛け合わせて「ビーファロ」として知られる雑種も作られている．

集約的牧畜

ヨーロッパの牧畜方式は，スカンジナビアから，シベリアの中心から離れた東部地域までの間で実施され，ウシ，ヒツジ，ウマ，ブタの飼育を基盤としていた．放牧地が不足していることから，タイガの牧畜はウシの飼育に集中している．これはウシがウマの約半分の飼料しか必要としないからである．さらに彼らの農業と牧畜の特別な特徴は，一部には彼らの文化的伝統によるものでもある．たとえば，ヨーロッパロシアでは，ロシア人，カレリア族，コミ族はウマを所有していないが，オビ川やエニセイ川の流域に住む民族（ハンティ族，マンシ族，セルカップ族，ケット族）は，ロシア人の影響を受けた結果として牧畜を大規模に取り入れ，たとえ少数であっても，ウシよりもウマを飼育することを好んだ．さらに，南部のハンティ族のいくつかのグループも，冬に狩りに出かけるためにウマを利用した．

家畜は基本的に仕切りのある小屋に入れられ

243. 集約的なヒツジの育成がロシア人によってシベリアタイガに導入された．ヒツジは常に囲いの中で飼われ，短い夏に牧草を食べさせるために時々外に出すのみである．基本的には動物用の飼料やミルク製品，タイガで収穫される少量の干草，そして農業残渣が与えられる．北方林では，牧草地がまったく不足しているために，牧畜が極めて難しいが，遊牧性の家畜育成経済を持つ近隣の文化の影響で，昔からユーラシアには遊牧を基盤にして家畜動物を育てていた民族もあった．後に，ヒツジだけでなく，ウマ，ウシ，ブタの集約的牧畜もこの地域に現れたが，大きな役割は果たしてこなかった．写真は，バイカル湖のオルホン島にある牧羊場の子羊の畜舎である．
［写真：Sarah Leen / AGE Fotostock］

たが，夏には放牧に出された．動物に冬を越させるためには多くの干し草が収穫されなければならなかった．その時代の測定基準を用いて言えば，一頭のウシで手押し車 15 台分の干し草が必要であり，これでも十分でないことが多かった．今日でも，北ヨーロッパでは，採草地，林縁，伐採地，および川の土手や湿地のような近づきにくい場所でさえも，すべて刈るのが一般的である．シベリアでは，干し草は刈られた場所に残され，冬にソリに積まれて野営地まで運ばれる．しかし，ときには，夏の豪雨がこの干し草をすべて洗い流してしまうこともある．乳や肉を得るための牧畜をうまくやるには，現在，特別に調合された動物飼料（農作物と家畜飼料の組み合わせ）の確実な供給を必要とする．この種類の経済体制は，スカンジナビア諸国で実施され，わずかながらヨーロッパロシアの北部でも行われている．1975 年には，スウェーデンの土地の 8％とフィンランドの 8.1％が農業に利用され，耕作可能な土地の 4 分の 3 が飼料作物の栽培に使用されている．スウェーデンやフィンランドが，自国の食物の必要を大部分満たしていることは注目すべきである．

1971 年には，カナダの農業生産の半分以上が，家畜からのものであった．これは南タイガ地域では，大きく産業化され，大きく機械化され，多くの混合飼料を使用している．カナダ東部では，肉の需要が，農業と牧畜の複合農家におけるウシの飼育を促進してきたし，オンタリオ州北部のクレイ・ベルトでも同様で，1986 ～ 1991 年の間に耕作面積が 0.6％減少したが，放牧地の面積は 5％増加した．混交林とタイガ南部の北部地域におけるもっとも古い家畜生産地域の一つが，ケベック州東部のラクサンジャンおよびシクーティミ湖である．残念ながら，カナダ楯状地の大半のポドゾルは良い放牧地ではなく，非常に湿潤な気候と長い冬がいずれも管理費用を増大させている．

4. 管理上の葛藤と環境問題

4.1　文化領域の崩壊

タイガにおける人口が少ないことと，彼らの環境にうまく適合した狩猟・採集経済は，ヨーロッパ人以前の資源管理方式を作り，大きな環境問題は引き起こさなかった．ヨーロッパ人移住者は，最低限の農業生産を基盤にした経済を導入し，毛皮を得るための狩猟に対する圧力を強めた．これはさらに人口の増加と，定住生活の確立，そして森林の開発や鉱業につながり，結果的にそれまでの環境バランスを混乱させたのである．

滅びた神話

北米の森林に住む先住民族は，世界の創造は三つの連続した段階を踏んで生じたのだと信じていた．最初に，動物が支配し，人々は周辺のどこかで，意識がまだはっきりしない夢のような状態で暮していた．文化的英雄の誕生がこの状況に終止符をうち，怪物に支配された世界を解放し，人間の生活に道を開いた．英雄はあらゆる種類の狩りや漁の方法を発明し，犬を飼いならし，最初のカヌーを作った．彼が旅立った後，三番目の時代が始まった．そこでは人間と動物はもはや意志を伝え合うことができず，シャーマンだけが人の領域と人ではないものの領域の間の接触を保つことができた．ある日，英

244. タイガの伝説的な猟師は，もっと南の森の伝説的な罠を扱う猟師の継承者であり，特徴的なイメージのもととなった．この理想化された版画は，針葉樹林で熊を撃つデーヴィー・クロケット（1786 ～ 1836 年）を描いているが，彼は北方林を訪れてはいない．口伝えにしろ書かれたものにしろ，クロケットのような開拓者の生活の周辺で育った神話が，針葉樹林へのヨーロッパ人移住を促す助けとなり，これがこの地域の生態学的バランスに破壊的な影響を及ぼした．最初の影響は，狩猟の圧迫が増大したことであった．北方林に最初にやってきたヨーロッパ人は，先住民たちが狩りを行う上でみずから課していた動物の数を減らさないようにするという制約を尊重せずに，殺せるものはすべて殺した．彼らは主にこの環境の中で高品質の毛皮を手に入れることができる哺乳類を捕まえた．気候が厳しいということは，動物の毛が厚くて密集しているということだからである．ヨーロッパ人移住者は，多くの集落を作り，作物を栽培するために木を切り倒し，家畜を導入し，鉱山を開いた．このため森の中のバランスを著しく変え，先住民たちの生活様式を変えた．
［写真：Peter Netwark's Western Americana］

245.「1582年のエルマークによるシベリア征服」 ロシアの画家，Vasily Ivanovich Surikovが描いた（1895年）．ロシア人のシベリア移住の始まりの徴候となった闘いの一つを描いている．1581年には，豪商であるストロガノフに雇われ，エルマーク・ティモフェエヴィッチ（?～1584/5）に率いられたコサックの小グループが，西シベリアに向けた遠征を開始した．1年のうちにシビル・ハン国に到着してそれを征服し，そのことを帝政ロシア皇帝に差し出したところ，皇帝はエルマークを支援するための増援部隊を派遣した．この後，ロシアは急速にシベリア全土を併合した．この奪取がシベリアにおける新たな利益につながり，この探検と調査は，ロシア皇帝ピョートル1世（1672～1725年）の統治下で国家の優先事項であるとみなされ，皇帝は1720年に最初に帝国の遠征隊を送った．この後，有名な科学者のものを含め，他の遠征隊がこの地域の天然資源やそこに住む人々について研究を行った．［写真：Russian State Museum，サンクトペテルブルグ / Giraudon］

雄が帰還すれば，地球は炎となって消えるだろう．

人類と動物の文化的関わりは，このように，実際には神聖視されたものであり，相互関係に基づいた社会的関係を伴い，ある程度お互いを敬うことが必要だった．人は動物を狩ることができたが，それは以前に，夢の中あるいは互いを賛美する歌の中で，犠牲となった動物の魂と，霊的な接触をしたことがあった場合だけだった．動物が死ぬと，定められた非常に儀式的なやり方で扱われなければならなかった．このように，動物の霊に対して礼儀正しい態度があってはじめて，それらを捕まえることが許されるのであった．ヨーロッパ人が入ってきたことは，彼らが引き起こした経済的・文化的変化や，彼らが持ち込んだ病気とともに，先住民族の，環境との調和が取れた関係を支えていた神話の世界を破壊した．そうだとしても，彼らに水力発電所や，製材工場や，冒険を求める旅行者のガイドとして決まった仕事をもたらしたとしても，狩猟採集，特に狩猟とつながった生活様式は，今でもタイガに住む民族の生活様式に行き渡っている．

タイガへのロシア人の到着

16世紀の終わり頃に，ウラル山脈の西側のタイガでロシア人の移住が実際に始まった．シビーリ（シベリア）のクチュム・ハンの軍隊に対し，エルマーク・ティモフェエヴィチ率いるコサック分隊が短期作戦（1581～1585年）を行った後には，ロシア人の移住は比較的平和的で，先住民族（19世紀初期でシベリア全体で合計約20万人）はそれまでずっと住んでいたのと同じ場所にとどまった．

ロシア人移住者の最初のグループは農夫で，居住地周辺の未開の土壌を耕作した．その中には，先住民の文化や生活様式の多くの特徴を吸収した人もいた．ヤクーチアでは，レナ川の岸に住んでいたロシア人農夫が，多くのヤクート語と，彼らの伝統の多くを採り入れた．コルイマ川のコルイマ，およびカムチャッカのカムチャダール（イテリメン），およびアナディル川のマルコヴェトは，ロシア人移住者とロシア語化した先住民から構成された．これらのグループは最近まで，独自の言語と風習を残していた．ロシア人の血筋であるシャーマンも若干報告されている．しかし一般には，先住民族に対してロシア文化が及ぼした影響のほうが，計り知れないほど大きい．

シベリアの初期植民地化の間，移住者の大半は，農奴，税金，土地不足から逃げるために新しい土地に移動してきた独立したロシア人農夫であった．兵士や農夫は国家によって「再定住」もさせられた．17世紀の中ごろから後に，流罪人や，強制労働へと追いやられた人がシベリアへ送られ，シベリアに再定住する自由は1822年まで回復しなかった．同時に，単純な倍数的増加によってシベリアの先住民族の多くは人口が増えた．このプロセスは種々の民族グループの間で非常に不均一であった．そうではあっても，ロシア人の文化はタイガの文化を大きく変化させた．

246. 北米の北方林にあったハドソン湾会社の交易所の版画（1849年）．ハドソン湾会社は，英国統治者ルーパート王子にちなんでルーパートランドと呼ばれるハドソン湾流域で取られた毛皮すべての貿易独占権を国から与えられた．この地域は海岸に近く，フランス系カナダ人が利用した陸上ルートよりも，安くて簡単に船積みできた．このため，ハドソン湾会社は，ケベックから来るカナダ企業の商売敵となった．取引の際にテリトリーの限界を超えることはなかったが，東西間の貿易を仲介するインディアンの独占権を無視した．ジェームズ湾において英国企業と直接取引を利用したのは，アシニボイン族とクリー族がはじめてであり，他のインディアンとの中間商人の役割を果たしはじめた．この自由貿易は，インディアンたちがどちらとも取引を行ったためフランス人と英国人の争いの原因となった．ハドソン湾会社の影響は高まり続けた．ヨークやムースなどの交易所は繁栄し，チャーチル砦が設立された．貿易戦争は，1759年にケベックが英国軍の手に落ちて一部解決され，1763年の平和条約ではニューフランスが英国の植民地となった．ハドソン湾会社はモントリオールの商人たちとも戦い，ハドソン湾の海岸地方から遠いサスカチュワン川の岸に交易所のカンバーランドハウスを設置した．これはオレゴン州まで延びた．［写真：Mary Evans Picture Library］

毛皮貿易に関わる文化的変化

その時代のヨーロッパ人観察者達による多くの報告から，北米タイガのインディアン文化は，毛皮貿易が成長した結果として16世紀以降に急激に変化したことが確かである．16世紀には，サグネー川は，毛皮とヨーロッパ製商品の貿易におけるもっとも重要なルートの一つであった．金属製の道具は，インディアンの日常生活の中で，石や骨でできたものと急速に置き換わり，ヨーロッパ製の服を着ることも流行した．ニピシング族（オジブワ族と文化が似たグループ．しかし起源は不明）とヒューロン族，およびオタワ族は，仲介人として働いて，もっと西の部族と毛皮の交易を行い，毛皮をモントリオールやオタワまでカヌーで運んで交換した．これらの仲介人は，西に戻り，そこで入手した物品のいくつかと，もっと多くの毛皮とを交換した．この接触は，不運にも，以前は知られていなかった麻疹，ジフテリア，天然痘などの病気をその地域に運んでしまった．

これらの病気は，特に1634年から1650年の間の最初の接触の後に，インディアンの住民に損害を与えた．ヨーロッパ人の物質的文化の多くの要素を採り入れたことや，彼らの技術的卓越や能力を盲目的に受け入れたことによって，インディアンは必然的に，ヨーロッパ人の霊力が卓越していることを受け入れた（アルゴンキン語族の「マニトゥー」）．彼らはこのことを，独自の宇宙論の中で，人間としての自分自身の堕落と結びつけた．

毛皮を得るために罠で猟を行うフランス人の猟師（coureurs de bois ＝「森を走る人」，として知られる）は，地元インディアンの生活様式のいくつかの局面を受け入れ，インディアン女性と結婚した．彼らは狩猟動物に対してインディアンが感じる良心のとがめをまったく持っていなかった．彼らは多くの罠をしかけ（先住民の狩猟者が通常しかける20～60個という数ではなく，100～200個），ビーバーが作ったダムを破壊してその巣を壊して開け，結果的に巣全体を破壊してしまった．フランス人猟師は毛皮を入手するために，非常に厳しい環境条件の中で莫大な距離を移動した．また，彼らは無法者ではなかったが，彼らの行動は，モントリオールやトロア－リビエールの町で公認された企業を守ることを意図するフランス当局や，毛皮の売買を取り締まる法律に対する挑戦であった．フランス人猟師の活動が意味したのは，企業が仲介人から毛皮を少なく受け取り，そうして企業は毛皮を輸送するための大型のカヌーを操舵するために彼らを雇うようになるということであり，彼らはより高い地位の法律にしたがったvoyageur（運び屋）の形を作った．1656年には，フランス人猟師の何人かがモントリオールに，亜北極地帯に広大な未開発地域があり，ハドソン湾に注ぐ川に沿って多くの毛皮獣がいるというニュースをもたらした．スペリオール湖の北側とウィニペグ湖の東側であるカナダ楯状地は，「小さな北（Le Petit Nord）」と名づけられ，ウィニペグ湖の北西地域は「大きな北（Le Grand Nord）」と名づけられた．

フランス人が亜北極地帯の毛皮を利用するた

めに長い年月を費やした理由には，内陸にもっと楽なルートを探す必要があったこと，南部においてイロコイ族と衝突したこと，ニューフランスにヨーロッパ起源の居住者が徐々に増えたこと，多くの先住民族がいなくなったことがあった．イギリス人は，1610～11年のヘンリー＝ハドソンによる探検以来，この地域のことを知っていて，この地域を利用するためにハドソン湾会社を創立した．フランス人はオンタリオ湖からスペリオール湖の北西地域まで砦を建てることによって，彼らのライバルを締め出すよう直接行動をとった．フランスとイギリスの間に対立の認識をもたらすために1684年にハドソン湾会社が創設したネルソン川河口のヨーク交易所は，30年のうちに6回，持ち主が変わった．最終的に，1713年のユトレヒト条約の際に，フランスはイギリス企業の権利を認めた．1784年には，モントリオールを交易の本拠地としたスコットランド人がノースウエスト会社を創設し，これがハドソン湾会社への競争的圧力を強め，北方林の毛皮獣の容赦ない搾取を加速させた．

二つの会社は，遊牧インディアンの通り道に多数の交易所を建てた．ハドソン湾会社が独占権を持っていたとき，この会社はインディアンから騙し取ったり奪ったりしていたので，2社が競合することはインディアンの利益になった．インディアンは実際には毛皮の値段を知らなかったが，ヨーロッパの製品を高く賞賛したために騙されてしまい（たとえば，ビーバーの毛皮1枚で胡椒の実を4個受け取った），この会社に借金をしてしまった．この2社が競争しはじめると，インディアンは一方の会社に対し自分たちの債務を履行せず，もう一方との交易を始めることができた．しかし，どちらの会社も毛皮の価値の20分の1以上を彼らに支払わず，もっと多くの火器や罠，そしてこの新しい生活様式に不可欠な物品や食材を買うために，彼らの狩猟エリアを乱開発することを強いた．

1870年には，ハドソン湾会社は公正な貿易会社となり，現金による報酬と交易所周辺の土地の所有権と引き換えに，土地権利はカナダ政府に移った．毛皮獣の狩猟は，カナダ政府の法的管理下に入った．ハドソン湾会社は，1920年代まではその交易所の多くを維持し，地元の人々に毛皮獣を狩るよう圧力をかけ続けた，インディアンが拒絶する場所では，カリブーを狩るようにさらに奨励し，利用できない皮を買った．ヨーク交易所は，1957年にこの地域が国立歴史公園にされるまで，毛皮貿易の本部のままであった．ハドソン湾会社は今でも存在する．この会社は1995年に創立325周年を記録したが，現在はカナダ全域の大規模な小売チェーンである．

4.2　徐々に衰退する動物相

18世紀に始まった乱雑な狩りと漁のやり方によって，タイガの動物は次第にいなくなった．毛皮獣の捕獲高の増加はテン，キツネ，ビーバーの，そして20世紀には，リスの個体数の大きな減少につながった．17世紀には，帝政行政はビーバーを護るために特別な法令を出した．しかしその時以来，個体数が継続的に減少したために，ビーバー，テン，ヘラジカ，シカの狩りを禁止または制限しなければならなくなった．北米では，ヨーロッパ人に売るための毛皮の必要が，昔ながらの狩猟場における毛皮獣の絶滅を招き，いくつかの部族はただ生き延びるために，新しい地域へと移った．

毛皮獣の狩猟の歴史的結果

毛皮獣の最初の目標はビーバー，すなわちユーラシアのヨーロッパビーバーと，北米のアメリカビーバーであった．ビーバーの毛皮は古代以来，高い価値があったが，16世紀中ごろまでには羊毛やウサギの毛からフェルトを作る技術，続いて起こったフェルトの帽子の流行が，状況を変えた．過剰な狩りのためにビーバーはヨーロッパや西シベリアの森からほとんど姿を消してしまい，わずかに生き延びたビーバーは残されたいくつもない孤立地域から離れなかった．その他のタイガに住む毛皮獣，特に網を使った新しい狩猟方法のターゲットであったクロテンの個体群は，火器やさらに効果的な罠の導入によって脅かされ始めた．

ロシア人の到着にともない，シベリアタイガの先住民族は，その経済活動の方向性を変え，売ったり工業製品と交換したりするための毛皮獣の捕獲をするようになった．これが以前の狩猟・採集経済の終わりを示し，彼らは，不確かで不都合な条件のもとで，ヨーロッパ人の経済システムへと組み込まれた．肉を得るための動物，特にヘラジカやシカのような有蹄類の狩りも増加した．これは一部は火器を使用した結果

247. 毛皮動物を狩ることによって過去2世紀にわたり，北方針葉樹林の多くの野生動物の数が落ち込んできた．シベリアの森林では，この地域がロシアに組み入れられた後に毛皮の狩りと売買が非常に重要になった（図245参照）．集中的な狩りを行った結果，最も価値がある毛皮動物の一つクロテンが，19世紀初頭までには希少になり，狩猟者たちはキツネに切り替えた．それ以来，最も多く捕獲された動物は，簡単に捕まえられるリスであった．これらの数が減少した結果，クロテンの狩りは1930年に禁止された．その結果，数が非常に増加したため，狩猟は1950年代に再開され，ふたたびクロテンが東シベリアのエヴェンキ族にとっての主な獲物となった．この写真は，いくつかの毛皮が取れる動物の皮を置いているアラスカの土産屋である．
［写真：R. Thwaites / ANT / NHPA］

であり，一部は角やその他の部位が治療やその他の使い道に利用できたからである．たとえばシベリアでは，シベリアジャコウジカや，アカシカのシベリア種で，この種のヨーロッパ型よりも北米のワピチに近いアカシカがそれに該当した．同様のことが北米で生じたが，もっと後のことであった．この地域のインディアンとの毛皮の交易に関するもっとも古い文書は1534年から始まっているが，おそらく季節限定の漁師がたぶんこれより前に毛皮の交易を行っていた．1690年には，オジブワ族のいくつかのグループが，ヨーロッパ人が来るまで住んでいたスペリオール湖やヒューロン湖の北岸を離れて移動した．これらの動きは，その侵略された土地にすでに住んでいた部族との間に戦いを引き起こした．わずか1世紀の後には，オジブワ族は北米でもっとも広く散らばった民族となった．クリー族は移住が始まる前にはラブラドル川の西部に住んでいたが，20世紀初頭までには，カナダの広大な領域にわたり，北方林でもプレイリーでも，孤立した集団へと分散した．19世紀の初頭は，狩猟者と毛皮会社のいずれにとっても，特に重大であった．なぜなら，毛皮獣がますます少なくなったばかりか，インディアンの食事の基盤であった大型の有蹄類も減ったからである．これが飢饉を引き起こし，食事や狩猟方法の変化につながった．

1821年には，ハドソン湾会社がノースウエスト会社を吸収し，その後，プリンスルーパーツランド（ハドソン湾の内湾全体を含む毛皮交易地帯で，1670年以来ハドソン湾会社が権利を主張し，1713年にユトレヒト条約の中でフランスにより受け入れられ，承認された）の毛皮すべてがハドソン湾から輸送された．その後の60年間のカナダ西部の経済発達は，カナダ東部とはたいへん異なっていた．売買される主な毛皮はアメリカビーバー，アメリカテン，およびマスクラットのものであったが，カナダカワウソ，アメリカミンク，フィッシャー，ホッキョクキツネ，アメリカグマ，シンリンバイソンの毛皮も使用された．毛皮の交易は1840年に落ち込んだ．これは大部分がビーバーの毛皮の帽子がヨーロッパにおいてすたれたためであったが，ハドソン湾会社によって導入された管理手段によるものでもあった．1870年には，プリンスルーパーツランドの西部で，ビーバーの捕獲数がテンやミンクと同程度になり，南部ではミンクやマスクラットと同程度になった．

現代の狩猟の影響

北米とシベリアタイガのいずれにおいても，動物はいまだに毛皮のために捕獲されている

248. 飼育場における毛皮動物の育成は最近の家畜育成業の形である．ヤクート・サハ共和国のキツネ飼育場．これは野生動物が劇的に減少したことと（図 247 参照），狩りの困難さが増した結果である．1866 年の北米とヨーロッパ双方で最初の毛皮農場は，ヨーロッパミンクよりもよい毛皮をもつアメリカミンクを育成した．スカンジナビアでは，ミンクのほかに，キツネ，オコジョ，クロテンなどの種類が捕獲飼育され，高品質の毛皮を生み出した．ロシアでは，ホッキョクギツネ，ミンク，ギンギツネ（アカギツネ），ユーラシアカワウソのような毛皮動物の飼育が，1950 年代に発達し，ヨーロッパロシアでは，大規模な毛皮農場が創設された．しかしシベリアでは，餌の輸入費用が高く，機械化レベルが低かったため利益になっていない．
［写真：Erik Sampers / Gamma］

が，これがなされる条件は 20 世紀には大幅に変化している．1920 年代には，北米北方林のインディアン部族が，船外モーターつきのボートを使用し始め，1960 年代の半ばには，スノーモービル（あるいは電動のソリ）が用いられるようになった．今日，インディアンの土地所有者のほとんどすべてが，ユーラシアタイガ，特にスカンジナヴィア北部のトナカイ狩猟者や所有者も広く使用していたモーターボートとスノーモービルを持っている．スノーモービルは実質的に狩りによる産出高を増やす．傷ついた動物はスキーや犬ぞりで移動する狩猟者からは逃げることができるが，こうした乗り物を使えば，容易にたどりつくことができるからである．19 世紀の後半までには，捕獲される動物の量や多様性の減少は明らかであり，20 世紀には，毛皮獣の種類の数がさらに急激に減少した．たとえば，1960 年代には，シベリア西部の典型的な国の狩猟部隊の狩猟者が，1 年間に 3000 匹のクロテンを捕獲したが，20 年後である 1980 年代には，半分に減少した．

動物が少なくなったことにより，クロテン，ビーバー，ヘラジカ，シカの猟は禁止された．このように，乱雑だとみなされた狩りの手段を禁じても十分ではなく，毛皮獣の種類は，農場や囲い地に移入したり，ときには他の地域から移入させる必要があった．シベリア西部では，1920 年代および 1930 年代に，北米種であるアメリカミンクやマスクラットの順化の作業が始まった．その時以来，毛皮は特に美しく（そして高価である）クロテンとして知られるクロテンの東シベリア亜種，そしてソデグロヅルの絶滅の危機に瀕した西部の個体群に対して，捕獲して繁殖させるプログラムが開始された．これは捕獲した動物を自然の居住環境に放してやることが目的であった．講じた手段のいくつかが成功した．たとえば，マスクラットは西シベリアでうまく繁殖している．カナダでは，1887 年に最初の毛皮農場が始まり，すべての生皮の 40％以上が，農場からのものである．最も多く飼育された動物は，アメリカミンクであり，キツネとチンチラがそれに続く．

魚群の減少

20 世紀の半ばには，ヴォルガ川やペチョラ川のような川は，高品質の魚がたくさんいることで有名であった．20 世紀後半には，これは産業的な魚釣りの方法が導入されて捕獲量が大量になったため，シベリアの川から魚がほとんど完全にいなくなった．捕獲された魚や，非常に高価なチョウザメさえも缶詰にするために，工場のネットワークが建設され，魚獲高は年々増加した．たとえば，チュメニのハンティ・マンシ自治管区（西シベリア）では，1930 年の漁獲高は，約 1 万 6500 トンで，1960 年にはピークの 2 万 1000 トンとなり，その後，1989 年には 9500 トンまで落ち込んだ．

さらにこの時期を通じて，缶詰工場の生産量が増加し，1930 年には缶詰 1900 万個だったものが，1960 年には 1930 万個，1986 年には 2590 万個となった．残念なことに，水産養殖の設備はいまでも非常に少なく，川における魚群のダメージを補うことはできない．さらに，水力発電の設備や環境汚染する産業がますます増加し，魚の動物相は魚の乱獲によるものと同じくらい悪いか，それ以上かもしれない．

4.3　林業：持続可能性と過剰開発

タイガバイオームに含まれる国々のすべてが，材木やその他の林業生産物の輸出超過国であり，林業資源の開発は彼らの経済の主要な要素である．この産業は，20年代の初期までは純粋に採取産業であった．森林地帯は非常に莫大であったため，伐採された場所に誰もわざわざ再植林しなかったし，典型的な利用方法や良い林業者の地域的習慣に従う以上の方法で管理しようとはしなかった．

スカンジナヴィアにおける賢い森林管理

材木の需要が大きく増加した場合，特に極端な気候条件がいっそうの障害になると，森林の再生能力はもはや十分ではない．スカンジナヴィア人は，20世紀の初めにこのことに気づいた．19世紀における採取の大幅な増加の結果として，スウェーデンの森林の未来に対する心配が増した時のことである．実行された森林再生の手段は，成長が早い樹木を植えることで，1923年には，森林が変化してきた過程についての信頼性のある統計が入手できるようになり，これらのデータが後に，林業生産物（木材，たきぎ，炭）の年間採取量は，現存する資源の年間増加率を越えなかったことを確認した．1918年にフィンランドが独立した後，森林管理は国内の政治政策の一面となった．林業学校の創立や森林所有者や管理者の組合，そして道路建設や輸送コストの縮小を行う政策の採択，すべてがフィンランドの森林管理が非常に高く重視される理由を説明してくれる．

材木の採取は1950年代以来，非常に高水準で維持されているし，スウェーデンは世界第二か第三の材木および森林生産物，特に紙および紙パルプの輸出国であった．たとえそうであっても，そうした切られずに残っている樹木の年間成長率は，1970年代の2～3年間をのぞき，採取された材木の量を超過しつづけてきた．さらに，スウェーデンの森林地帯全体の健康状態はよくない．その多くは，現在，オウシュウトウヒがヨーロッパアカマツに代わって優占種となった植林地であり，ヨレハマツのような移入された種類が重要な役割を果たしている．

年	森林総面積	針葉樹	落葉樹
1949	6,497	6,336	161
1956	5,476	5,310	166
1966	4,417	4,243	174
1978	3,917	3,615	309
1986	3,832	3,402	430
1949/1986	-59%	-53%	+267%

249. カレリアの森林保護区（単位千ha）**のデータ．** 成熟した針葉樹林の組織的な伐採の結果，これらの面積は過去数年間のうちにかなり減少していることがわかる．伐採された場所は落葉樹種の成長に有利で，このために落葉樹林の面積に増加が見られる．適切な伐採技術は観察されず，法的に許される数を超える木が切り倒され，十分な森林再生が行われていない．これにより土壌侵食が起こり，川の水量や全般的な気候条件に影響し，農業がこれに左右されている．この問題は，カレリアだけでなく，旧ソビエト連邦全体に影響を及ぼしている．専門家は，これらの森林再生を確実にするための処置が講じられなければ，製材産業はすぐに原料不足になるだろうと考える．現在の森林伐採が続けば，もっとも激しく伐採されたウラル山脈地域の森林のいくつかは，10年以内に完全に失われる可能性があると見られている．
［表：M. Lemechev, 1991年］

旧ソ連の林業の崩壊

ヨーロッパロシア北部やシベリアでは，林業が重要な経済分野でもある．この地域で採取される材木の増加は目を見張るものであった．ハンティ・マンシ自治管区からの材木の輸出は，1930年には約40万m^3であったものが，1950年には2倍の80万m^3となった．これらは，1965年までに11倍，1967年までに30倍に増え，1210万m^3以上に達した．スカンジナヴィアの森林は，市場からの合理的な需要に応えて，また林業や最近の科学技術における最新の進歩を利用することによって発達してきたが，ロシア連邦（特にシベリア）では，森林開発が広範囲で無計画であり，ロシアの必要や国際市場の点から見ると，筋の通らないものであった．唯一の目的は，どれだけ費用をかけてでも外貨を得るということのようである．結果として，森林が伐採されても，材木のすべてが輸出されるわけではなく，一部は腐ったままである．残余（ふし，針葉，製材後の残り）は合理的に使用されているわけではない．樹幹を川の下流に流すと，水に沈んだ幹は取り戻せないので川が汚れ，遮られる．その理由は，水に沈んだ幹が取り戻せないということや，その材木が現地で処理されないことなどである．

カナダ林業の不確実な未来

カナダの北方林の開発は，一連の問題に直面している．林業会社も州政府（カナダの林業政策の責任を負う）も，今まで，計画的な再生の必要を無視してきた．この問題の社会の認識はしだいに高まっているが，オンタリオ州北西部のように，その採取が経済的にも採算が取れる地域（すなわち比較的行きやすい場所）でも樹木が間もなく不足し，さらなる問題は環境汚染である．特に，化学的方法を利用したパルプ生産の増加によるものが問題である．この場合，環境汚染を抑制する法律が弱く，その施行は厳しさに欠けるが，いずれも現在は厳しくなってきているし，森林開発や製材所の建設を認可す

250. ノルウェーのトフテにあるこのパルプと紙の工場のように，森で枝を取り除かれた幹が数秒で皮をむかれて小さく切られる．紙を製造するためのパルプを作るためには，巨大な粉砕機ですり砕いて，セルロース繊維を抽出し，リグニンやその他の好ましくない成分を取り除く．パルプと製紙の産業は非常に高度に機械化されているため，幹が工場に到着してから，販売用に巨大な紙のロールとなって旅立つまでの全工程に，わずか数時間しかかからない．しかしすべてのパルプが紙を作るために利用されるわけではなく，一部はセロハンやレーヨンのようなほかのセルロース派生物を製造するために使われる．パルプの基本原料として木を使うことは，適した木，基本的には針葉樹が生える森林の近くに製紙および加工工場を集中させる傾向にあった．世界におけるパルプおよび紙の年間製造量の80％以上は，広範囲な針葉樹林がある国，主にカナダ，米国，スカンジナビア諸国で生産されたものである．［写真：Knudsens fotosenter］

る前に環境への影響を研究することが必要である．

森林管理に関連したその他の問題は，火事や，病気やハマキガ科の幼虫などの害虫である．一般の人々からも，森林の総体的な保護を促進しようという声や，これらの持続的な開発を奨励する声だけではなく，伐採を行わない，より大きな森林保護区を作ることによって，国立公園や保護された自然の空間を増やそうという声も高まっている．国および州政府がカナダの森林の94％を所有しているが（1994年），先住民族の土地の権利要求が，いくつかの土地の所有権やその土地の森林資源の共同管理に関する交渉を起こさせている．

4.4　鉱業と産業活動の影響

鉱業はタイガに多くの富をもたらしたが，重大なダメージの原因にもなった．このバイオームの莫大な天然資源の開発には，大規模な産業複合体，発電所，金属加工，化学工場の建設が必要であった．こうした活動は，必ずといっていいほど，人口が少なく，まばらで，社会的にはばまれた場所で生じるため，次には新しい都市，鉄道，幹線道路，およびその他の種類の基幹施設建設が必要となってきた．これはすべて森林空間が失われるということを意味し，伝統的な産業施設のものと同程度，あるいはそれ以上の，土壌や空気の汚染を伴うのが普通である．なぜなら，このように最近開発された遠隔地は，適切な環境調査をめったに実施しないからである．

鉱業に関連した環境問題と影響

カナダ楯状地のオンタリオ北部地域における金属の採掘は，鉄道建設後に急速に成長した．これは，鉄道技術者が実施した地形図作成や整地が探鉱に対する潜在能力を示したためである．サッドベリーコンプレックス（サッドベリークレーターの隆起部分，おそらく世界で2番目に大きな隕石が衝突したことによるクレーターで，直径が140 km．19億年前のものである）が，1883～84年に，カナダディアンパシフィック鉄道の建設中に発見され，テミスカミング＆ノーザンオンタリオ鉄道（Témiskaming & Northern Ontario Railway）が到着したのと同時期に，コバルト地域の皆伐地で伐採人が初めて銀を発見した．地表の鉱脈から高純度の銀が発見され，汽車で鋳造所に送られた．1905年には，15地域の鉱山に438人の抗夫が存在した．しかし，銀の生産がピークとなった1911年までには，コバルト地域には3500人の抗夫が住み，総人口が約5638人であった．コバルト周辺に鉱山が集中したことが他の企業をその気にさせ，この地域はポーキュパイン川やカークランドレイク周辺での金の採掘の，後にはケベック州北西部におけるノーランダ銅鉱山のベースキャンプとなった．永久的な植民が確立された後，水力発電所が建設された．1931年には，ティミンズ（ポーキュパイン川

251. カナダ西部の海岸に近い山地の砂金鉱床には，多くの金が埋蔵されており，19世紀にゴールドラッシュを引き起こした．砂金鉱床は侵食と堆積により形成されたもので，下流へも運ばれ，川床に沈殿した．1858年のフレーザー川とトンプソン川での発見で，採鉱者が殺到し，1890年代にはユーコン川で同じことが起こった．ユーコンでは，ビッグサーモン川で探索が始まり，フォーティマイルで1886年に金が見つかった．重要な発見はボナンザ川でのもので1897～1898年にクロンダイクゴールドラッシュを引き起こしたクロンダイク川の支流である．ドーソンの町の人口は1.6万人に増え，商品が急騰した．採鉱は6ヶ月も続かず，冬には採鉱者は，マツ，カバノキ，トウヒを伐採し，春に燃やして金を生み出す鉱床を溶かした．1899年には1600万ドルの金をもたらしたが，鉱床はすぐに枯れ，住民がいなくなった．ピーク時には，伝説のエルドラドのようだった．金を求める人々は，陸や水のルートでやってきた．水のルートは，アラスカのセントマイケルからユーコン川の流れをフローラと呼ばれる蒸気船（1899年のこのイラストを参照）でたどり．陸のルートは，鉄道が利用され木の枕木と木のレールという異例の鉄道だった．線路はアラスカの北の海岸に沿って走り，カナダ北部の山地の中心に向かって内陸へと走った．ゴールドラッシュの痕跡は消滅し，記憶を呼び起こす名前が残るだけである．
［写真：Hulton Getty］

の近く）は約1万4200人，カークランドは9915人であったが，コバルトそのものの人口は3885人に減少し，鉱物が尽きたり，その価格が落ち込んだ場合に，単一の供給源のみの開発に基づく鉱業都市が直面するジレンマを象徴した．

カナダ楯状地は世界でもっとも豊富な金属供給源の一つだが，隔たった距離，限られた国内需要，および技術的な能力が不足していることから，その開発は非常に難しかった．第二次世界大戦が，銅，ニッケル，鉛の生産のブームを引き起こした．マニトバ州の北部では，1915年にフリンフロンで，銅，亜鉛，金の莫大な鉱床が発見されたが，この場所は孤立しすぎていて，1927年にハドソンベイ・アンド・スメルティング会社が試験的な鋳造所を開くまでは，その種類の開発も不可能であった．その当時でも，1928年にフリンフロンまでの鉄道が建設され，水力発電所がチャーチル川にできるまでは，鉱山を適切に開発することができなかった．ケベック州北部のルーインでは金と銅も生産され，1933年にはグレートベア湖のポートラジウムの近くで銀とラジウムの生産が始まった．ラジウム生産の副産物としてウランが得られたが，ウランの需要は，核産業が発達した第二次世界大戦後まではほとんどなかった．

第二次世界大戦は，鉱業界にとって新たな後押しとなった．1940年代には，アティコーカン（オンタリオ州南西部）に近いスティープロック湖鉱山で鉄鉱石の採取が始まっていたが，鉄道に大量投資するには，ケベック州とラブラドル川の間の遠隔の辺境に長く放置された鉄鋼の鉱床で，採鉱を再開することが必要とされた．1950～1975年の間に，約5000 kmの鉄道が敷かれ，そのほぼ半分がカナダ楯状地の鉱山に供給するためであった．支線がセティルに達すると，カナダの鉄鋼会社は1953年にはシェファーヴィル鉱山の開発を，1958年にはラブラドルシティ鉱山の開発を開始した．1950年代にはサッドベリー盆地のニッケル採鉱が世界供給量の80％を占めるほど大規模であった．しかし，マニトバ州のトンプソンで大規模なニッケル鉱床が開拓されたにもかかわらず，1982年には，世界ニッケル市場のカナダの占有率がわずか14％にまで落ちた．これは世界の残りの地域における生産が増大したためであった．

核産業の成長により，サスカチュワン州北西部のアサバスカ湖の孤立した流域にあるウラニウムシティ（1953年）や，オンタリオ州北西部のエリオットレーク（1955年）のような場所で，新しい鉱床やウラン加工工場が開かれた．アサバスカ流域の莫大な鉱物埋蔵量には，世界で知られる開発可能なウラン埋蔵量の80％が含まれ，1987年にはサスカチュワン州が世界総産出量の22％を産出した．1983年には，産出されたウラン価格が1億2100万ドルに落ち，1987年には6億7700万ドルに上がった．しかし，1993年には，わずか3億7500万ドルであり，その大半が比較的入手しやすいクラフレイク鉱山から産出されたものであった．

1980年代の後退で，鉱業部門は，生産面・雇用面ともに大きな縮小を経験した．

タイガにおける鉱物開発の設備が大都市や世論の中心地から遠く離れているという事実は，残念ながら，それらの操業には大規模な精密調査が行われず，また生態学的な自然に制限を設けず，環境影響の事前研究が行われなかったことを意味する．このように，西シベリアは1960年代半ばには，探鉱やガスや油の採取を行って，後に現場の再生がまったくできなかったことで有名になった．

これは，川や湖と同様に，数百万haの森林の汚染をもたらした．探鉱は，ユガン川自然保護区においてさえも実施された．これは劇的な結果となった．たとえば，トナカイの放牧地を約2200万ha減少させたのである．これはトナカイ10万頭を養うのに十分な量である．西シベリアだけでも，狩猟に適した地域の面積は1700万ha減少し，約60本の川が損なわれた．それには回遊魚の産卵地であるいくつかの川や，多くの湖や湿地も含まれた．まるでこれでは十分ではないかのように，節約するために，試掘孔に対する水が自然の湖沼から汲み上げられ，その結果，地下水面の水位が警報を発するほど低下した．

北米の北方林では，石油や天然ガスの探鉱，採取，および輸送も，重大な生態系の問題の原因となった．数千kmの長さのオイルパイプラインは，石油や天然ガスをカナダ南部や米国に送る．環境保護のための手段がとられているにもかかわらず，これらのパイプラインからの漏出が，土壌を汚染し，地域の生態系を破壊している．1980年代だけでも，カナダで45件の漏出が発生し，これによって約8500 m^3 の石油が放出された．過剰なガスを炎（産出量の50％）で焼き払う天然ガス井の場合には，簡単に森林火災を引き起こすことがある．1988年と1989年には，西シベリアとアムール川流域地帯のタイガで900～2900件の森林火災があり，これが数十万ヘクタールの森林を破壊した．

252.空気，水，土壌が非常に汚染されている． シベリアの多くの産業地と都市地域で，主に第二次世界大戦以来，この地域の鉱物資源の不注意で集中的な発掘と，大規模な産業化のせいである．シベリアはもともと，毛皮商人が植民地化したが，現在は，石炭，鉱石，木材に加え，金（ロシアは現在世界の主要な金産出国），ダイヤモンド（サハ共和国は世界の年間総生産量の約4分の1を産出），天然ガス，および石油の主要な供給源である．シベリアのタイガは気候条件が厳しく，非常に深刻な生態学的影響をもたらすため，これらの資源を開発することは難しい．パイプラインの状態が悪く，メンテナンスの問題があるため，石油は絶え間なく漏れている．ヤマロネツ自治管区のノヤブリスクの近くでは，写真の設備のようなシベリアタイガの油田では，年間100カ所以上の漏れと，12カ所にもなる目立った汚染物排出がある．
［写真：Fred Pearce / Still Pictures］

253. 大規模ダム建設では，ジェームズ湾に近いLG2 ハイドロ・ケベック複合体のように，低地タイガの広範囲な地域を水に沈める必要がある．産業の発展は，タイガバイオームの生態学的バランスを深刻なまでに脅かす．しかし，20 世紀には，米国の北方林に責任がある米国政府やカナダ政府が，この脅威に気づくようになり，北方林の種の多様性を保護するために処置を講じてきた．今日，環境への影響を徹底的に調べるアセスメントが実施されている．ノースウエスト準州の資源を開発するための大規模なプロジェクトがすべて 1986 年に中止になったことからわかるように，すでに作られたプロジェクトやほかに計画されているものの影響を本格的に調べる研究が行われてきた．なぜならこれらが環境に対する深刻なまでの脅威を示していたからである．これはカナダの産業発展が無効化されてきたという意味ではない．近い過去においては，環境破壊が少ないことが明らかな大規模な水力発電プロジェクトがいくつか進められてきた．しかし，写真のジェームズ湾計画のように，大きなダム建設のような大規模なプロジェクトは広い範囲の生態学的バランスを破壊し，予期できない結果を招くかもしれない．

［写真：B. & C. Alexander / Still Pictures］

水力発電施設の影響

カナダと旧ソ連のいずれにおいても，開発されてきた水力発電機構の規模は巨大で，他のどのバイオームよりもずっと大きい. 先に述べた，少ない人口，森林地域の莫大さがすべて，この理由である．さらに，この巨大で，見かけは害のない計画が，重大な有害な結果をもたらすのである．水力発電所の建設には，広い面積の森林伐採，狩猟地の侵水，大規模なダムの建設や莫大な水量のせき止め，川の自然な水文学的サイクルの破壊，貯水の汚染，産卵のために上流へ上る魚の死を伴う．

水力発電施設が自然な生態系に対しておよぼす影響の一つの例は，1972 ～ 1985 年の間にハドソン湾の南にあるジェームズ湾地域で生じた環境の変化に見られる．これはケベック州をカナダの主要なエネルギー産出州にした水力発電複合体の建設の結果生じたものである．多くの先住民コミュニティからプロジェクトへの活発な反対があったにもかかわらず，総出量 1000 万 kW の四つの水力発電所，総面積 1 万 2500 km^2，水量約 9 億 500 万 m^3 の四つの大規模な貯水池，長さの合計が 230 km ある 218 ヶ所の水門，1400 km の道路（局所的な進入路や，冬に雪や氷の上についた道筋は数えない），二つの空港などが建設された．この作業では，約 650 万 m^3 の土を移動させる必要があった．

産業汚染

タイガの産業開発は，水力発電所の建設には限定されない．タイミルのノリリスクの金属加工や，ヨーロッパロシアのタイガにおける化学工業が，放出してきた汚染物質によって取り返しのつかないダメージをもたらしてきた．ヨーロッパでは，タイガバイオームの産業開発は 19 世紀に，主にスウェーデンで始まったが，シベリアや北米では，20 世紀の後半に起こった．1960 年代には，西洋社会は，分別のない無責任な産業開発の危険に気づいたが，ソビエト連邦では，生態学的問題が住民の間で不安をかき立てたのは，かなり後のことである．それまでの間，ロシア北部とシベリアの産業化は，環境に多大な損害を与えてきたのである．

シベリアタイガの多くの川，特にオビ川とアムール川は，劇的なまでに汚染された．1980 年代の終わりには，オビ川の有毒な汚染物質の平均値は許可された値の 25 ～ 30 倍であり，いくつかの地域では，石油の副産物がそれらの限界の 30 ～ 90 倍を超過していた．たとえば

ウラニウムシティ

繁栄していた頃（1959年）のウラニウムシティ（カナダ）［Saskatchewan Archives Board］

先カンブリア時代のカナダ楯状地を覆う北方林は，非常に過酷である．土壌は浅く，樹木は南部よりもずっとまばらである．冬は長く，暗くて厳しい．短い夏の間には，どの場所も蚊やブヨがはびこっている．この地域は何世紀もの間，狩りや漁で生活する先住民族がまばらに住んでおり，毛皮商人がときどき訪れたが，19世紀に，金やその他の価値ある鉱物が見つかった時に，状況が変化した．鉱業の到来が移民の増加につながったが，これは近くの鉱山の結果として起こったにすぎなかった．

1955年のウラニウムシティ（カナダ）の中央通り［Gary Savage / Saskatchewan Archives Board］

タイガの中心部のサスカチュワン州ウラニウムシティ（カナダ）［Paolo Koch / Firo Foto］

サスカチュワン北部のウラニウムシティは，こうした採鉱入植地の一つである．これは，単なる鉱山の拡張であった会社の町で生じる頻繁な管理上の問題を避けるために，州政府が1952年に作った町であり，そこでは採鉱会社が入植地全体を簡単に建設し，所有し，管理していた．基本的な目的は，アサバスカ湖に近いビーバーロッジのウラニウムが豊富な地域の鉱山のために，労働者を確保することであった．1960年には，市場が飽和状態となったために，軍事目的のウラニウムの需要が急落し，規模が小さな鉱山は閉鎖しなければならなかった．残ったのは，グンナール鉱山とエルドラド鉱山という2大鉱山だけだったが，1963年にグンナール鉱山が閉鎖となり，その後，口をあけた孔が水浸しになった．そうすると，唯一残っているのは，官営会社が所有する（そのため株主には責任がなかった）エルドラド鉱山だけであった．最初のウラニウム好況期は終わった．採鉱植民地に典型的なにわか景気と不況のパターンが繰り返され，ウラニウムシティはゴーストタウンになるだろうと思われた．

すぐにはそうはならなかった．エルドラド鉱山は，すべての西側経済が核エネルギーを採用するまでウラニウムの採掘産業を支えるためにウラニウム備蓄を築くという，カナダ連邦政府のプログラムから利益を得たのであった．これは小規模な生産者との契約を買い占め，コスト削減の手段を講じ，労働力の削減を行った．1968年までに，最初の危機は終わり，希望が町に戻り，新しいことが始まった．その後のエルドラド鉱山の社長ウイリアム・ギルクリスト氏は，1973年にウラニウムが不足すること，このため，ウラニウムの値段が上昇することを予測した．

サスカチュワン州ウラニウムシティへの訪問者を歓迎する標示
[Cameco Corporation, Saskatoon]

エルドラドは1975年からここまでは利益を得ていると感じていなかったが，その時までにはすでに労働者を半分に減らし，もっとも豊かな鉱脈のみを採掘していた．1975年に，ウランの価格が上昇し，長期的予測は好ましく，新しい拡大プログラムは正しいと思われた．1975～80年に，公的資金1億5000万ドルが，このプロジェクトに注ぎ込まれた．状況は安定し，さらに良くなりそうに思われたため，国および州政府は新しい事務所を建設した．新しい教会や学校が開かれ，地元の人々は後に続いて，家や店を改善したり，新しいものを建てたりした．

この二度目の好景気は最初のものよりもさらに短く，バブルはすぐにはじけた．グレードがより高い鉱石はすでに採収され，鉱山の経営寿命を伸ばすためにさらに多くの低いグレードの鉱石を何トンも採掘しなければならないことは明白であった．効率を高めることで費用を削減しなければならなかったし，処理工場は再び現代化しなければならなかった．工場をうまく機能させようとするなら，安定した熟練の労働力が必要であり，適任の労働者には，贅沢な家や買い物するためのジェット機旅行などの報酬が提示された．

サスカチュワン州ウラニウムシティの住宅群（1990年）
[Cameco Corporation Saskatoon]

これらの手段は，その後4年間機能しただけだった．1979年には，ウラニウムの市場価格が落ち込み，1981年までにはエルドラド鉱山は，産出されるウラニウム1トンにつき75ドルの損失を出していた．収支を五分五分にするために，ウラニウムの価格を倍にするか，生産費用を半分にしなければならなかった．この状況は続かなかった．1981年12月3日，エルドラド鉱山は，1982年6月に閉鎖すると発表した．町は判決を下された．住民たちは仰天して，信じようとしなかった．この国営会社は厳しく非難されたが，彼らが引き起こした不幸に対する責任を認めることも，支出の理由を公に説明することも拒絶した．

町がその後も確実に生き残るために，さまざまな計画が提案されたが，ウラニウムシティは何を生かそうにも人里離れすぎていた．ウラニウムシティに通じる道路すらなかった．最終的に，人々は正面玄関の鍵を開けっ放しにしたまま，ただ家を放棄し，短い間に町はほとんど空になった．ピーク時の人口が約5000人であったのと比較して，現在は約200人しかそこに住んでいない．これらは，200チームほどの地質学調査隊や探鉱者，飛行機で到着する釣り人の需要を満たしている．病院はまだ開いているが，閉鎖の噂は常にあり，もしそうなれば，人口はさらに減るだろう．

ウラニウムシティは，その基本的な目的が労働者に住む場所を与えることであり，人口の大半が若者で成り立っていたため，採鉱植民地に大変典型的なにわか景気と不況のサイクルを示してしまった．カナダのその他の採鉱施設が，現在似たような問題に直面している．オンタリオ州のサッドベリー地域は，ニッケル価格の低下のために，労働力を縮小しなければならなかった．エリオットレークの町は，ウラニウム産出の結果として繁栄したが，現在は経済的に衰え，高齢者にとって理想の場所として自身を宣伝することによって別の選択肢を見出そうとしている．

ウラニウムシティの悲運は，より新しい鉱業経営方式に影響を与えてきた．遠隔地に村を建設する考えは，鉱山の寿命が20年未満であると予測されるなら，経済的に存立できないということを，その悲運が示しているのである．1960年代以来，採鉱会社は，作業を行う鉱山まで労働者をローテーションで飛行機輸送してきた．このシステムは，Gulf Mineralsが，ウラニウムシティの南にあるウラストン湖の自社のウラニウム鉱山や製造所で最初に使用し，それ以来サスカチュワン州のほかの採掘会社が真似をしてきた．以前のように，先住民族は，サスカチュワン州北部の北方林に住む唯一の永住的住民である．

サスカチュワン州のガンナー露天掘り鉱山（1955年）
[Saskachewan Archives Board]

サスカチュワン州エルドラド鉱山（1980年）［P. Stepaniuk / Saskachewan Archives Board］

サスカチュワン州シガー・レイク鉱山内で削岩する鉱夫［Cameco Corporation, Saskatoon］

254. グラグの強制労働収容所（ロシア語で「矯正労働収容所中央管理局」）は，シベリアの産業的開拓において悲劇的なエピソードである．グラグは1919年に，ソビエト政権内の反体制者を抑圧する行政機関であった．最初に収容所に送られたのは，集産主義に反対した裕福な農民であるクラークだった．その後，産業化の時代には「破壊活動家」や「難破船荒らし」で満杯となった．この後，共産主義体制と対立して逮捕された人，密告された無実の人，自由思想と文化を主張した人たちが続いた．労働収容所は，ロシア北部，カマ川地方，ウラル山脈，シベリアなど，気候条件が厳しい場所だった．収容者は運河建設，伐採，製材所や鉱山で奴隷のように働かされた．1947年と1948年には，強制労働者は，チャム（コミ共和国）とイガルカ（クラスノヤルスク）を結ぶ1200 kmの鉄道建設にも従事した．この線路は受刑者の骨で作られたと言っても誇張ではない．47ヶ所の労働収容所の名残がある．寒さと飢えと消耗のために一晩で20～30人の人が死んだ．写真は，鉄道（現在は歴史的記念物）の機関車であり，グラグの恐怖を思い出させるものである（収容所群島でソルジェニーツィンが描写）．グラグは1956年に解体され，管理はソビエト連邦内務省に移されたが，反体制者を制圧するために使われ続けた．
［写真：Andrey Zvoznikov / The Hutchison Library］

アムール川のいくつかのセルロース工場は，毎年5000万 m^3 以上の汚染廃棄物を排出しているし，各複合体の排出口は商品価値のあるさまざまな種類の稚魚を死なせて数百万ルーブルの経済損失を引き起こしている．Solnechnyの複合的な金属加工業は，銅6トン，亜鉛27トン，砒素10トンをアムール川の支流に排出した．これらの川では，亜鉛や銅の濃度はそれぞれ許可された濃度の198倍と511倍であった．今日，Komosomolsk-na-Amureの町の近くでは，川のフェノール濃度が許可された濃度の13倍であり，石油誘導体の濃度は5倍，銅の濃度は40倍である．

カナダ南部と米国の産業地域に近い北方林地帯はタイガバイオームの外からの汚染，特に，産業活動の結果生じた酸性雨の影響を受けてきた．北米の大気循環は，気体（特に酸化窒素と硫黄酸化物）や固形粒子を北に送る傾向があり，大半がケベック北部の上空に達し，雨か雪にともなって土壌に蓄積されるのである．

これらの気体は植生や水の生態系にとって非常に有害で，多くの種類の魚を死に至らしめることがある．逆説的であるが，ある地域の汚染を減らすためにとられる手段は，別の地域の状況をもっと悪くする場合もある．1970年代にカナダ北部の大気汚染が増加したのは，米国が産業による地域汚染を減らす手段として組み合わせ煙突を高くしたために発生した産業汚染の結果なのである．

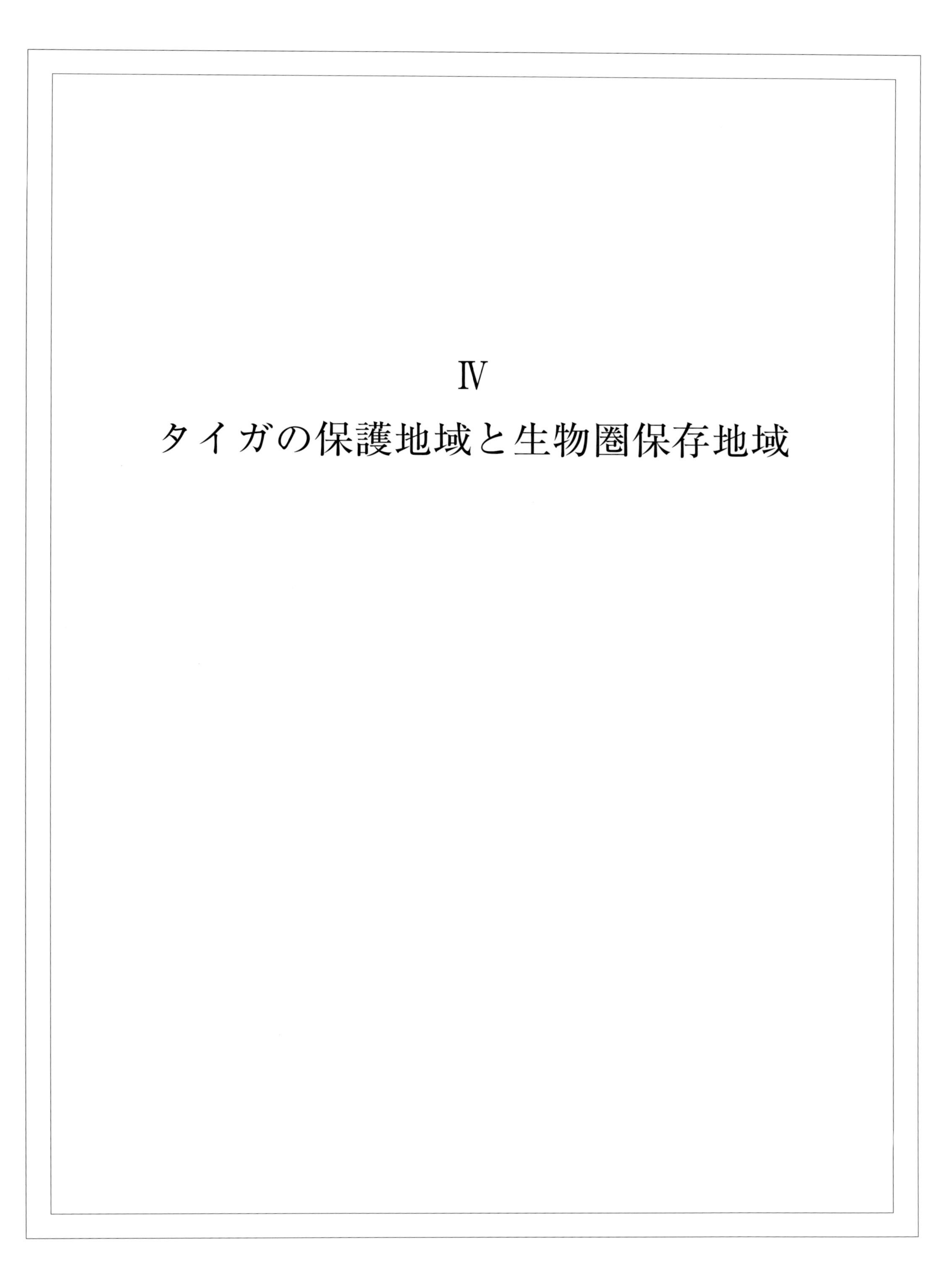

Ⅳ
タイガの保護地域と生物圏保存地域

1. タイガの保護地域

1.1　一般的考察

極北にあるタイガの幅広いベルト地帯は，スカンジナヴィア半島から，ユーラシアの北海道やサハリンまで，そしてアラスカから北米のニューファウンドランドまで走っている．面積14億7000 haに及び，地球上の陸地の約11％を占める．タイガは今でも，人間が住みつくには最も条件が悪い場所の一つであり，タイガの広大な地域はすべてのバイオームの中で，最もよく保存されているうちに入る．原始のままの状態であり，特別な保護手段が必要ないのである．タイガの一番目立つ特徴の一つは，それが森林であり，単一種から成り立っていることが多いという事実であるが，気候が許せば，1年の短い期間の中で大規模な開発をしやすいということである．森林が均一であることは，森林開発の手段が進歩していることと相まって，タイガの森林が次第に高まる脅威のもとにさらされるという意味である．

けれども，資源開発の見込みが果てしないと思われる無人の領域であると同時に，人々の定住に時間がかかるし，また定住が困難なのである．消極的な意味で，タイガは己を守れるのだから，タイガの空間は保護を必要としないはずである．しかしすべての投機的活動に対して無防備でもある．ツンドラでもそうであるように（第9巻p.125～127参照），土地が栄養塩に富み，集水域が水力発電が可能である場所では，科学技術によって集中的な開発が可能となる．この方式は，数十年前まで，狩猟者や伐採人が行っていた伝統的な方式とは大変異なっている．

にもかかわらず，世界で最初に保護された空間は，針葉樹林であった．しかしそれは，北米タイガではなく，イエローストーン国立公園にある亜高山性の針葉樹林である．イエローストーンは保護を目的として政府が最初に作った国立公園であり，大半がロッジポールパインや他の針葉樹の森で占められている．1900年より以前でも，米国やカナダには針葉樹林が含まれる保護区域があったがその他の多くの地域は，1900年から第一次世界大戦の間に設立された．たとえば，スウェーデンのアビスコ（1909年），ノルウェーのバガテム（1910～11年），ロシアで最初に作られた自然保護区であるバルグジン（1913年），アラスカのマッキンリー（1917年）などである．

1.2　保護されている公園と地域

北方林（タイガ）地域にIUCNによれば保護地域は1603カ所あるが，それらは異なった生息環境を持つ．タイガの保護区域は大きく，他のバイオームよりもかなり広いが，ツンドラの保護地域ほどはない．ジャスパー国立公園（カナダ，アルバータ州）は，100万haを占め，ウッドバッファロー国立公園（カナダ，アルバータ州およびノースウエスト準州）は，400万haを占めている．これほど大きな保護区域はユーラシアでは珍しいが，ロシアにはもっと大きなものがあり，1997年の初めには，WWFとサハ共和国政府が東シベリア共和国のツンドラとタイガの7000万haを保護するという協定に達した．

保護されている北方林の正確な面積はわからない．保護の程度は場所によって（同じ区域内でも）さまざまであり，ある形の開発を許している場所もある．これらの地域は，タイガに固有の自然と厳しい気候のせいで，近づきにくく，たどり着くのが困難であるため，保護区域の境界線は，不明確である．さらに，自国・他国の材木資源，鉱物資源，および地下のエネルギー資源における，天然資源の開発に関する経済基準が変化した結果として，国における保護政策に変化が生じる場合もある．ロシア連邦の保護区域の多くで，これらが確立された1920年代と，1930年代の初期にゆるやかに規定されたが，多くは1950年代に，天然資源の大規模開発を狙った政策の一部として劇的に縮小された．

255. ペチョラ川の上流域は，ウラル山脈北部の西斜面にあるペチョライリチェフスク生物圏保存地域の中にある．1930年に創設され，1984年に生物圏保存地域と宣言された．ほぼ全域が針葉樹に覆われているが，写真のように，低地では湖，川，湿地帯，沼に中断され，山麓ではこの写真のように岩石斜面に中断されていることがある．マツ属は低地で優占し，山地はカラマツ属の森林に覆われる．がれ場があるもっと高い場所では亜高山性の低木や草地にとってかわられる．優占種はヨーロッパアカマツとシベリアカラマツの二種だが，平野にはオウシュウトウヒとシベリアモミの広大な森林がある．下層はさまざまな種類のスノキ属が優占し，湿った場所には地衣類やミズゴケが生える．高山草原には，ユキノシタ属など，タイガバイオームに典型的な草本植物が生える．これらのほとんど手つかずの森林にはたくさんの脊椎動物相があり，哺乳類50種以上，鳥類200種以上と，多くの魚類，数種類の両生類・爬虫類が生息し，ヨーロッパの動物相に加えてアジアの動物相を代表するものもある．最多の哺乳類は，ヘラジカとキタリスであり，最も一般的な鳥類はイスカ属で，夏も冬も森で見られる．
［写真：Vadium Gippenreiter］

2. タイガ地域におけるユネスコ（UNESCO）の生物圏保存地域

2.1 タイガの生物圏保存地域

UNESCO MAB 計画に参加する 110 カ国のうち 5 カ国に，北方林あるいはタイガがある生物圏保存地域が，合計 12 存在する．米国およびフィンランドにそれぞれ一つずつ，カナダに二つ，モンゴルに一つ，ロシア連邦に七つある．さらに，厳密に言えばタイガバイオームには属さないが，似たような針葉樹林がある山岳地域に別の保護区がある．たとえば，カナダ南部や米国のロッキー山脈の保護区がそうである．

それぞれ特徴的だが，これらのタイガ保護区は，似たような植生におおわれる．フィンランドの北カレリア生物圏保存地域（1992 年に認定）は，中部と南部の北方林のいくつかの特徴を併せ持つ．アラスカのデナリ国立公園生物圏保存地域（1982 年に認定）には，マッキンリー（北米の最高峰）とその関連する主要な地殻構造断層，活動的な氷河，広い面積の永久凍土などがある．ロシア連邦のペチョライリチェフスク自然保護地域は 1984 年に生物圏保存地域として認定され，その面積の 87％が森林に覆われている．同じくロシア連邦にある中央シベリア（ツェントラルノシビリスキィ）生物圏保存地域は 1986 年にできたもので，保護地域の大半が永久凍土の領域にある．ここには，中央シベリアのタイガを代表する生態系のすべてがあり，南部にあるポドゾル，暗いタイガの土壌，および沖積氾濫原の浸水した土壌がある．

2.2 ユーラシアタイガの生物圏保存地域

ユーラシアタイガには九つの生物圏保存地域があり，ロシア連邦に七つ，モンゴルに一つ，フィンランドに一つある．これらは総面積 700 万 ha 以上を占めているが，この 3 分の 2 以上が約 500 万 ha で，世界第三位の大きさである中央シベリアの生物圏保存地域が占めている．ほぼ 150 万 ha が，ヨーロッパのタイガにある

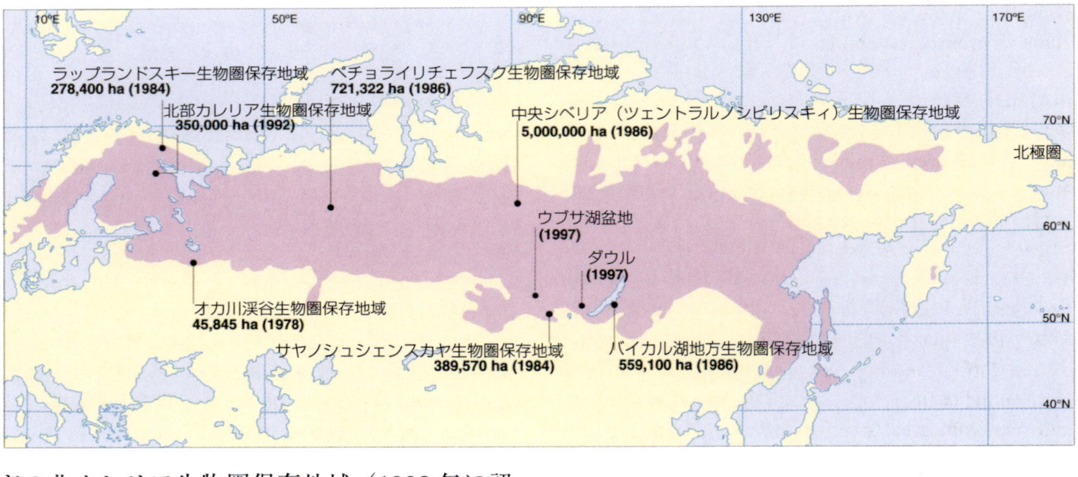

10°E
50°E
90°E
130°E
170°E
ラップランドスキー生物圏保存地域
278,400 ha (1984)
ペチョライリチェフスク生物圏保存地域
721,322 ha (1986)
北部カレリア生物圏保存地域
350,000 ha (1992)
中央シベリア（ツェントラルノシビリスキィ）生物圏保存地域
5,000,000 ha (1986)
70°N
北極圏
60°N
ウブサ湖盆地
(1997)
ダウル
(1997)
オカ川渓谷生物圏保存地域
45,845 ha (1978)
50°N
サヤノシュシェンスカヤ生物圏保存地域
389,570 ha (1984)
バイカル湖地方生物圏保存地域
559,100 ha (1986)
40°N

70°N
80°N
10°W
60°N
デナリ国立公園生物圏保存地域
2,441,295 ha (1976)
30°W
50°N
50°W
40°N
ライディング・マウンテン
生物圏保存地域
297,591 ha (1986)
シャルルヴォワ生物圏保存地域
460,000 ha (1988)
130°W
70°W

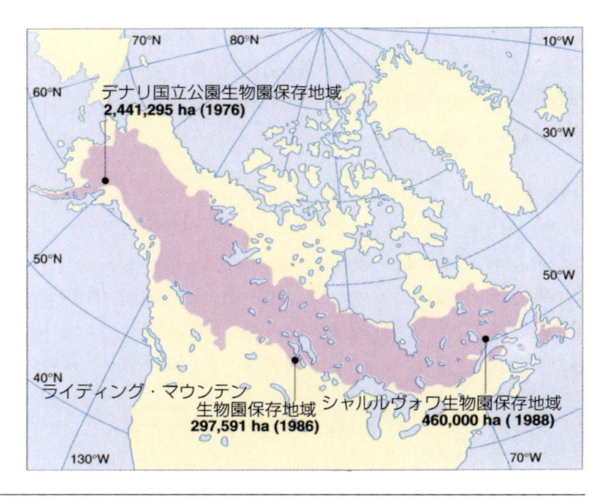

256. **これはタイガの生物圏保存地域であり（1998 年），** その面積（ha）とそれらが生物圏保存地域であると宣言された年をあらわしている．生物圏保存地域は全部で 12 カ所あり，カナダに 2，米国に 1，フィンランドに 1，モンゴルに 1，ロシア連邦に 7 ある．10 カ所の保護区は，多くはないが大変大きく，ステップやプレイリーの生物圏保存地域（図 146 参照）よりも広い面積を保護している．これらは 1700 万 ha におよび，そのうちの 1200 万 ha がユーラシアにあり，残りは北米にある．中央シベリア生物圏保存地域が最大で約 500 万 ha におよび，世界で 3 番目に大きな生物圏保存地域となっている．タイガバイオームの生物圏保存地域の総面積は，このバイオームの総面積の約 1.7％であるが，この生物圏保存地域の大半は針葉樹林に限定されず，隣接するバイオームの領域（ツンドラ，混交林，およびステップ）も含んでいる．
[地図：出典，ユネスコ MAB Program からのデータを使用]

257. コミ共和国（ロシア連邦）のペチョライリチェフスク生物圏保存地域にある山岳ツンドラの草地から，**「7体の英雄（Seven Heroes）」として知られる岩**がそびえ立つ．この岩の集まりは，異質な岩石の地盤からの侵食によって彫刻された七つの背が高い孤立した柱から成る．柔らかい岩の風化は，固い岩よりも非常に速い．つまり柔らかい岩が侵食させられ，固い岩が残るということであり，これによってこうした地質学的に興味深い景観ができるのである．この保護区におけるおもしろい地質学的特徴はほかにもある．川に刻まれた深い渓谷や，石灰岩に形成された多くの洞窟がそうであり，中には上部旧石器時代の遺物を持つ重要な遺跡もある．［写真：Vadim Gippenreiter］

四つの生物圏保存地域に当たり，残り600万haぐらいがアジアにある．ユーラシア地域のバイオームの多様性は，これらの保護地域によく反映されているが，この生物圏保存地域の中には，タイガの辺縁やほかのバイオームへの移行帯に位置する場所もある．ロシアのラップランド生物圏保存地域とペチョライリチェフスク生物圏保存地域は，ツンドラと接し，オカ渓谷生物圏保存地域は落葉広葉樹林と接し，サヤノシュシェンスカヤ生物圏保存地域はステップの端にあり，山岳地域を含む保護区はすべて，高地植生帯の高山性ツンドラを含んでいる．

ペチョライリチェフスク生物圏保存地域

ペチョライリチェフスク生物圏保存地域は，源流がウラル山脈の西斜面にあって白海に注ぐペチョラ川の上流域を含んでいる．これが1930年に確立されたときには，広大な面積（113万5000 ha），すなわち，ペチョラ川，イリィチスキィ川（ペチョラ川の支流），およびウラル山脈の間のほぼ全域を含んでいた．この地域は三つの部分に分割することができる．マツの疎林とミズゴケ湿地がある低地平野から成る部分，暗い色のタイガ（すなわちモミやトウヒの森林）が大半を占める丘陵地帯，そしてカンバ林，高山草原，および高山性ツンドラなどがある山岳地帯である．保存地域は鉄道や幹線道路から遠いため，近づくのが困難である．夏には軽いボートで川から行くしかなく，冬にはソリかスキーでしかたどり着けない場所もある．

天然資源への圧力が大きかった時期である1951年には，ソヴィエト連邦の自然保護の全システムが修正された．結果として，多くの自然保護区がリストから抹消され，その他の多くが徹底的に規模を縮小された．ペチョライリチェフスク生物圏保存地域は，地域の90％以上を失ったためにきびしい再編成を受け，低地平野地帯にあるわずか6000 haの小さな場所と，山岳地域にある8万7000 haの大きな場所に二分割された．低地のマツ林は集中的な伐採にあい，特にヘラジカやトナカイの密猟が増えた．保存地域は1959年に拡張されたが，最初の範囲までは復旧されず，ペチョラ川岸のヤクシャ村に近い平野にある1万5800 haの狭い場所と，丘陵や山岳にある東側の70万5522 haの広い場所という，離れた二つの場所に分割されたままであった．1984年には，この地帯は生物圏保存地域であると宣言された．

自然の特徴と価値

ペチョライリチェフスク生物圏保存地域の地形学的構造は，非常に複雑である．西部地域を占める低地は，融氷河成砂の堆積物と，ローム質のモレーン土壌から成る．東に行くと，平野は山麓丘陵にとって代わられ，その後，山脈システムに代わり，雲母や珪岩のスレート，はんれい岩，および花崗岩の連なりがある．これらの山地のさまざまな硬さの岩の複雑な組み合わせが，おとぎ話の村の廃墟を思い起こさせる変わった外観の崖や，山岳ツンドラの中に立つ孤立した柱状の構造を生じさせてきた．石灰岩が豊富な地域には，洞窟システムがある．その一つである「ベアーズ・ケーヴ（Bear's Cave＝熊の洞窟）」は，1950年に発見され，これまでで最北の高所にある旧石器時代の遺跡の一つを含み，おそらく更新世の動物相の遺物に関しては，ヨーロッパ全体で最も豊富である．

ペチョライリチェフスク生物圏保存地域の気候はタイガ地域の典型である．年平均気温は氷点をわずかに上回る程度である（0.8℃）．最寒期の1月は平均気温が－17℃であり，最も熱い7月は，平均気温が16℃である．積雪は1mになることがあり，平野部では200～220日，山岳ではさらにそれ以上続く．平野では春に，山岳では夏に生じる雪解けが，川の流出量を大きく増加させる．ヤクシャ村の地域では，ペチョラ川の水位が約8m上昇する可能性がある．保存地域の山岳部分の川は，流れが早くて早瀬が多く，最大流量を示す場所（ペチョラ川やイリィチ川など）では，深い水たまりと浅瀬のくりかえしを示す．水は，くぼみでは5～8mの深さになる場合があり，そこではタイセイヨウサケが産卵する．一方で，早瀬は水位が低い期間は非常に浅く，ごく軽量のボートでしか進むことができない．

ペチョライリチェフスク生物圏保存地域の植生は非常に多様である．優占種はヨーロッパタイガに典型的なものだが，シベリアの植物相を代表する種や，北極種や，高山種も生育する．保存地域内で，イワデンダ属のシダ *Woodsia alpina*，ボタン属の *Paeonia anomala*，アツモリソウ属のカラフトアツモリソウ，およびイヌナズナ属の *Schivereckia*（=*Draba*）*podolica*（アブラナ科）などの希少種を含む，600種以上の維管束植物が記録され保護されてきた．岩の間に生える非常にめずらしいオヤマノエンドウ属の *Oxytropis uralensis*（マメ科）など，ウラル山脈に固有の種も生育する．

植物群落は，地形の違いに応じてさまざまである．より乾燥し，水はけのよいペチョラ低地の地域には，疎生して通りやすいヨーロッパアカマツの森林がある．低木層があまりないが，土壌は軽くてスポンジのような地衣類のカーペット，特にトナカイゴケの一つである地衣類ミヤマハナゴケで覆われている．ロシア北部では，この地衣類は beli mokh（白ゴケ）として知られ，ミヤマハナゴケの層があるマツ林に与えられた白ゴケの森（bor-belomoshnik）という名前の起源である．かつて自然保護区が作られた後の最初の10年に，これらの地域に生息した野生のトナカイは，冬には，1年のこの時期の主食であるミヤマハナゴケを手に入れるために，雪を掘り続けなければならなかった．

低地はより湿潤で，地衣類だけでなく，コケ類，主にタチハイゴケ，イワダレゴケ，ナミシッポゴケなども優占している．これらの森は bor-belomoshnik（白ゴケの森）と区別して bor-zelenomoshnik（緑ゴケの森）として知られる．緑ゴケのマツ林は，白ゴケの森よりも変化に富んだ植生がある．なぜなら，緑ゴケの森には，通常，シナモンローズやセイヨウテリハヤナギがある下層がある．ヒメイソツツジ，クロマメノキ，豊富なセイヨウスノキ，およびコケモモのような小型の低木が，コケのカーペットから伸びている．川から遠く離れると，種々のミズゴケ（チャミズゴケ，ムラサキミズゴケ，コサンカクミズゴケ）に連続して覆われたミズゴケ湿地が存在する．

生物圏保存地域の山岳地域の低い部分は，ほぼ完全に暗いタイガの森に覆われ，シベリアトウヒとシベリアマツ，シベリアモミの混交林がある．トウヒは通常もっとも乾燥した場所で優占し，モミは湿った場所やさらには浸水した場所で優占する．これらの森は，特に，オシダ属の *Dryopteris spinulosa*，セイヨウメシダ，およびウサギシダのようなシダ類，シベリアレイジンソウのようなトリカブト属，*Cirsium heterophyllum* のようなアザミ属など，背が高い草本植物が生えるよく発達した下層を持つ．この地域では火災が多く，保存地域内でさえも生じる．これは自然に起こることもある．火災があった場所は，オウシュウシラカンバやヨーロッパダケカンバの林を支え，その下には次のタイガがゆっくりと回復しているのである．

高地の森林限界は，通常は海抜約550～650mのところにあり，その場所の斜面方位に左右される．樹木限界は，シベリアモミがパッチ状に生え，しばしばトウヒがパッチ状に生える部分を伴うが，わずか3～4mの矮生化した *Betula tortuosa*（カバノキ属）の小さな

パッチを伴う場合のほうが多い．また多くの亜高山性草原が存在する．そこには草本植物（トリカブト属のシベリアレイジンソウ，シュロソウ属の *Veratrum lobelianum*，セリ科のオオカサモチ）が生える大きな領域があることが多く，ときにはコメススキ属のコメススキやスイートグラスのようなイネ科植物の部分もある．さらに上にいくと，地衣植物が優占する真正の山岳ツンドラがある．ここで代表的なものは主にハナゴケ属，エイランタイ属，ホネキノリ属（バンダイキノリ）属の植物や，セイヨウスノキ，セイヨウガンコウラン，高山性の *Arctostaphylos alpina*（クマコケモモ属）などの亜低木，およびイワダレゴケ属の *Hylocomium proliferum* やシッポゴケ属の *Dicranum congestum* などのコケ類である．

ペチョライリチェフスク生物圏保存地域の動物相は，ユーラシアタイガにたいへん典型的なものである．記録されている種類のリストには，哺乳類約 40 種，鳥類 200 種以上，爬虫類 1 種（胎生のコモチカナヘビ），両生類 4 種，ヤツメウナギ（円口類）を含む魚類 17 種が含まれる．

この保存地域にはヘラジカが多く，ヘラジカはこの地域の最も象徴的な動物である．シカの仲間であるこの大型の動物は，風に吹き倒された樹幹の間や深い雪の上を動き回ることができる．1930 年代にこの保存地域が機能し始めた時，ヘラジカはあまり多くなかったが，1940 年代半ばには，この傾向は逆を向いたようで，平野地帯で例年の移動を行っている群れが定期的に現れ，秋には南東へ，冬には北西へと移動していた．

1950 年代の終わりには，移動するヘラジカの数は実質上増加し，周辺の地域では定期的に狩られるようになった．ヘラジカの数は安定し，現在は 1000 ha につき平均 0.7 ～ 1.4 頭生息している．もう一つの有蹄類であるトナカイは，かつては同様に多く生息していたが，現在は見つけるのが難しい．1950 年代に行われた保存地域の認定は，トナカイに対して不幸な影響をもたらした．なぜなら，豊かなマツと地衣類の森が伐採されたことと，直接的な大規模密猟の双方が原因である．山間部では，トナカイの個体群が，放牧のために定期的に保存地域内に追い込まれる家畜トナカイの群れと牧草をめぐって争い，その結果として悪影響を受けた．

この保存地域全体に，ヒグマ，タイリクオオカミおよびクズリのような大型捕食動物が生息し，山間部にはマッテンが多数生息していた．ここ数十年では，クロテンが西シベリアの東部から再移入された後に一般的になった．20 世紀初頭には，クロテンがペチョラ地域に久しく変わらず見つかったが，生物圏保存地域が確立されると（1984 年），クロテンの個体群は排除されてしまった．

この保存地域には，キタリスやシベリアシマリスが多数生息し，リスたちは季節移動に関する研究のために観察され，タグをつけられている．ヨーロッパビーバーは，昔ペチョラ川の源

258. ロシア人には「シーダー」と呼ばれる**シベリアゴヨウ**は，コミ共和国（ロシア連邦）のペチョローイリィチスキィ生物圏保存地域の針葉樹林に生えるいくつかの種類の一つである．シベリアゴヨウは，主に山の低い地域に，シベリアトウヒやシベリアモミに混じって生えている．このマツの種類は，あまり高くはならないが，長寿で，樹齢が 1000 年になることもある．密集した円錐状の樹冠，灰色の樹皮，先端が上に曲がった枝を持つ．葉は濃い緑色で，卵のような円筒形の球果には，先端まで広いうろこがある．これらは濃い赤色の雌の球果から育ち，熟すと一連の青みをおびた色付きがみられるようになる．種子は大きく，小さな翼があって，鳥やマーモットやその他のげっ歯類に積極的に見つけてもらい，人間にも食べられる．
［写真：Vadim Gippenreiter］

259. コミ共和国（ロシア連邦）の**ペチョライリチェフスク生物圏保存地域内を移動する**のは，ほとんど道がないため，常に困難である．冬の数ヶ月はすべてが雪に覆われ，多くの場所は徒歩，スキー，あるいはソリでしか行くことができない．川に近い場所は，ボートで行くことができるが，1年の間の水が凍らない短い期間だけである．雪融けによって広大な地域が氾濫する春の移動もたいへん困難である．したがって，ヘリコプターは保存地域内で，人，物資，資材を運んだり，科学的用途の輸送を行う重要な手段であった．
［写真：Vadim Gippenreiter］

流に生息していたが，19世紀の終わりまでには姿を消し，それを再移入する手段は1930年代にとられただけであった．二つのグループのビーバーが，ヨーロッパロシアの中央部にあるヴォロネジ生物圏保存地域から持ち込まれ，完全に順化し，繁殖して，地域全体に広がった．1980年代までには，この保存地域に10個以上のビーバーの巣ができ，400匹以上が生息していた．

ペチョライリチェフスク生物圏保存地域で記録される鳥類の大半は夏にだけ生息する鳥，すなわち春や秋に通過する鳥である．長い冬の間にこの地域で餌を食べることができる数少ない鳥は，イスカ，ナキイスカ，およびあまり一般的ではないハシブトイスカなどのイスカがある．これらはすべて針葉樹の実を食べるのがたいへん上手なので，これらの個体数はマツの球果の数に直接的に左右される．キバシリやゴジュウカラと同様に，コガラ，シベリアコガラ，ヒガラなどのシジュウカラも，冬の間，森林にとどまる．

冬の間，アカゲラが1年のこの時期の主食であるマツやトウヒの種子を探して木の幹に残っている球果に穴を開ける音を聴くことができる．クマゲラと同様，ヤマゲラも，この保存地域に生息する．ライチョウ科の鳥を代表するのは，巨大なヨーロッパオオライチョウ，クロライチョウ，エゾライチョウ，およびライチョウであり，これらも冬には移動しない．

すでに夜よりも昼が長くなっている4月初旬には，最初の渡り鳥が現れる．最初に現れるのは，通常はユキホオジロで，それに続くのがホシムクドリ，ハマヒバリ，ツメナガホオジロである．4月の残りにはワキアカツグミ，ウタツグミ，クロウタドリ，ズアオアトリ，アトリ，ヨーロッパコマドリや，その他多くの鳥が見られる．この時期は，これらの鳥たちが巣を作り，卵を産み，ヒナに餌をやる季節である．チュウシャクシギは泥炭湿地に巣を作る．木の幹の穴に巣を作る鳥（キツツキ以外）には，カワアイサやホオジロガモのようないくつかのカモ類が含まれる．

ときどきイヌワシが保存地域内に巣を作り，また別の2種類の猛禽，オジロワシやミサゴが定期的にこの地域に巣を作る．これらの巣が作られるのは保存地域の山間部で，彼らの餌である魚を捕まえることができる川から遠くない場所である．

管理と問題

創設以来，保存地域はさまざまな研究のために使用されてきた．地質学者，植物学者，動物学者がここで野外調査を行っている．この保存地域では，ヘラジカ，リス，狩猟鳥や，その他の動物の個体数を規則正しくモニタリング調査してきた．1940年以来，Transaction of the Pechoro-Ilychsky Reserve（ペチョライリチェフスク生物圏保存地域に関する報告書）が発行されてきた．第二次世界大戦後の1950年代には，主にヘラジカを家畜化する試みに専念する世界初のヘラジカ飼育場ができた．家畜はいつも非常に少なく，約30頭であったが，計300頭以上の動物がこの飼育場で育てられてきたという事実が好結果であり，これが書かれた時点で，5 世代目に属するヘラジカもいた．この飼育場の研究は，ヘラジカの生理と行動に関して多数の価値あるデータをもたらしてきた．

2.3 北米タイガの生物圏保存地域

亜高山性針葉樹林の形態の西部山岳地帯に沿って広がる北米タイガバイオームの景観は，侵食作用と氷河の堆積によって形作られた．最後の氷河期の間，氷河は世界のどこの国よりも，現在カナダである場所の多くを覆っていた．800 万 km^2 を占めるカナダ楯状地は，この氷河作用に大きく影響され，大きな表面侵食や，水はけが悪い広大な地域や幾千もの散在する湖を作った．シャルルボワ生物圏保存地域の 80 % は最終氷期に 2 回氷に覆われた．この楯状地の縁には，西に行くとアサバスカ湖，南に行くとウィニペグ湖，グレートスレーブ湖，グレートベア湖（排水システムがある），スペリオール湖，ヒューロン湖，南東に行くとセントローレンス川に排出する大きな湖沼群があるのが特徴である．

カナダには六つの生物圏保存地域があり，そのうちの二つであるシャルルボワ生物圏保存地域（ケベック州）とライディング・マウンテン生物圏保存地域（マニトバ州）が，タイガバイオームを代表している．北方林バイオームに属する米国で唯一の生物圏保存地域は，アラスカのデナリ国立公園生物圏保存地域であるが，北米の北西部のいくつかの保存地域の中には，北方林に相当する亜高山性の植生地帯も含まれる．たとえば，フレーザー実験地域，Niwot Ridge，ロッキー山脈国立公園（コロラド州），グレイシャー国立公園（モンタナ州），およびイエローストーン国立公園（ワイオミング州，モンタナ州，アイダホ州の境）などである．

シャルルボワ生物圏保存地域

シャルルボワ生物圏保存地域は，ケベック州のローレンシア山脈にある．ここは，セントローレンス川の左岸によって南西と境をなし，その北端はサグネー川の河口から，向かい側のタドゥサック，そしてカップ・トリニート（Cap Trinite）まで延び，それから内陸を走って，Grands − Jardins 州立公園と Mont Camille-Pouliot の部分を含み，サン・タンヌ・ド・ボープレでセントローレンス川と合流する．中心部はラマルベ地域，マルベ川の源流の小渓谷，および Grands − Jardins Park にある．さらに，1978 年のラムサール会議のもとで国際的に重要な湿地に指定されたカップ・トゥルマント（Cap Tourmente）も含む．この地域は，1986 年に UNESCO MAB 計画の一部として生物圏保存地域であると宣言され，6 万 3400 ha の中心地域と 39 万 3600 ha の周辺地域を含む 46 万 ha に及び，さらに移行地帯 54 万 3000 ha がある．

自然の特徴と価値

この保存地域は，シャルルボワ海岸とローレンシア山脈（フランス語で Laurentides）という二つの主な地理的領域からなる．この起伏は Camille-Pouliot の最高所で海抜 1170 m の高さであり，これには，フィヨルド，岬，崖，最大 300 m の滝，湾，入り江を伴う，起伏ある平野と山岳地帯が含まれる．サンシメオンの北にある Palissades には，平均 120 m の高さの崖と 300 m の高さの断崖がある氷河渓谷がある．セントローレンス川の河口域は，この生物圏保存地域の南西端を形成している．これは 10 ～ 60 m の深さで，その水底は主に砂礫，砂，および粘土からできている．ローレンシア山脈に源流があり，氷河によって水が供給される多くの川は，セントローレンス川に注いでいる．

シャルルボワの地質学的特徴は，五つの主な統に分類される比較的複雑な構成がある．そのうち四つが，先カンブリア時代の変成岩（斜長斑れい岩，チャルノック岩，ミグマタイト，準片麻岩－花崗岩）であり，そのうちの一つが一連のオルドビス紀の堆積岩（砂岩，礫岩，片岩，石灰岩）である．したがって，この保存地域のかなりの部分は，古生代の岩石で構成されている．セントローレンス渓谷では，今でも地震活動が生じる．記録に残るもっとも古い事象は，1663 年に起こっていて，1979 年には最も強い動き（リヒター・スケールで 5 ～ 5.9）が生じた．オルドビス紀中に生じた隕石の衝突は，Les Eboulements massiff の近くに幅 2 km の半円の凹地を作った．これはベー・サン・ポールやマルベ周辺の海岸地域に急激に落ち込んでいる．

この地域は大陸性気候と海洋性気候の双方と，局所的な小気候に影響されている．最暖月平均気温は 7 月の 24℃，最寒月は 1 月で，月平均気温は－14.7℃である．年平均気温は，海抜 45 m で は 3.6 ℃，405 m で 2.5 ℃，670 m

260. シャルルボワ生物圏保存地域にあるベーサンポール. この生物圏保存地域はケベックにあり，ツンドラとタイガの植生がある地域を含む．この地域をフランスの探検家ジャック・カルティエ（1491 ～ 1557 年）が訪れた．彼はこの地をクードル島，この川をセントローレンス川と名づけた．最初のヨーロッパ人移住者は 16 世紀にこの地域に住み着いて，林業，漁業，捕鯨で生計を立て，まもなく重要な造船センターを建設して，入手できる莫大な量の木材を利用した．この保存地域には，最初のヨーロッパ人移住者の活動に関連した多くの保護された記念物もある．この地域の現在の主な経済活動は，農業，林業，観光である．
［写真：Alain Dumas / Association Touristique Régionale de Charlevoix］

で 0.3℃に下がる．セントローレンス河口域の水温は 8 ～ 16℃に変化するが，12 ～ 4 月の間には氷が張ることもある．年間総降水量は海抜 45 m では 840 mm で，607 m では 1449 mm になり，全体的な年平均降水量は 1090 mm である．12 ～ 3 月に降る雪は，総降水量の約 50 % を占める．

セントローレンス川の河口域には，大西洋の冷たい海流が入ってくる．この海流はオキアミやカイアシが豊富であり，これが，エビ，魚類，クジラや，多くの鳥類をひきつける．タイセイヨウサケは，ブラウントラウトやアメリカウナギが多いガフレ（Gouffre）川に再導入されてきた．この領域の西端には，カラフトシシャモも生息する．海生哺乳類も比較的多く，タイセイヨウセミクジラ，ザトウクジラ，ナガスクジラ，ミンククジラ，およびシロナガスクジラといった移動性の個体群や，Cap-a-l' Aigle 近辺のクードル島に近いサグネー川河口域で繁殖するベルーガ（シロイルカ）の定住性の個体群がある．ここでは，ゼニガタアザラシも繁殖する．

シャルルボワには，三つの植生帯がある．最も高い山頂付近にあるツンドラや山岳タイガ，低地や樹木が茂る谷にある北方林や低地タイガ，そして湿地や塩分を含む海岸性の環境である．河口域や海岸平野の潮汐湿地は，ホタルイカ属の *Scirpus americanus* の群落や，ワイルドライスのようなイネ科植物が優占し，またオモダカ属（オモダカ科）の *Sagittaria cuneata*，*S. latifolia* も生育する．海岸線から標高 300 m まで達するこの内陸地域は，主にバルサムモミ，クロトウヒと少数のカナダトウヒ，バンクスマツ，およびアメリカヤマモミジおよびサトウカエデに覆われている．その他の落葉樹には，アメリカシラカンバ，ハンノキ属（主に *Alnus rugosa*），およびニレ属などがあり，またアメリカハゼノキ，シロスジカエデ，ハナミズキの一種 *Cornus alternifolia*，およびカナダスイカズラなどがある．草本植物層は大半が，カナダマイヅルソウやツバメオモト属の *Clintonia borealis* のようなユリ科植物，ならびにカタバミ属の *Oxalis montana* のようなミヤマカタバミ類から構成される．モミ林は標高 600 m に達し，いくつかの種類のモミ属が，低木と群落を作って生えている．この低木にはアメリカハシバミ，アメリカニワトコ，カナダイチイ，ゴゼンタチバナ，およびアメリカナナカマドなどがあり，またリンネソウも生えている．

標高がより高い地域では，植生は山岳タイガとなる．最も高い山頂付近（950 ～ 1100 m）では，これはツンドラの部分や，ツツジ科植物——大半がカルミア属，*Ledum groenlandicum*，ならびにさまざまな種類のスノキ属——およびコケのカーペットに置き換わる．高山帯には，さらにクルムホルツ（krummholz）と呼ばれ

261. ハクガンの大群が，ケベック州（カナダ）シャルルボワ生物圏保存地域のカップ・トゥルモント上の空をいっぱいにしている．このハクガンは主に北米のツンドラに生息するが，冬には米国南部やメキシコ北部に移動する．そこでは，作物の畑や海岸近くで頻繁に見られる．この鳥は，越冬場所と繁殖場所を移動する間にこの保存地域に立ち寄る．ハクガンは，すべての動物の中でもっとも群れを好む動物に含まれ，1万羽が群れをなす場合もある．この戦略により，幼いガン（汚れたような白い羽毛）は，たどらなければならない移動ルートを覚えることができるし，最も良い餌場を教えたり，他の動物に捕らえられることを防ぐ助けにもなる．ハクガンは大部分が菜食であり，主に水生植物を食べるが，冬には種子や緑色植物も食べる．ハクガンが住む地域は暖かい季節がとても短いため，短い間につがい，繁殖しなければならない．またその卵は孵化が非常に早く，わずか23～25日の抱卵の後に孵る．同じことが高緯度に生息するほかのガンでもみられる．［写真：Geoffrey K. Brown / Ardrea / London］

る高山屈曲林の植生，つまり土壌が極めて栄養に乏しく，気候条件が極端であるために生長が遅いクロトウヒやバルサムモミの種類が生える矮生植物群落がある．クルムホルツの樹木は，アメリカイソツツジやいくつかの種類のスノキ属などの低木，ならびにワラハナゴケモドキ，ミヤマハナゴケ，およびハナゴケなどの地衣植物とともに生えている．

この保存地域の陸生の動物相には，オオヤマネコおよびアメリカビーバーならびに個体数の少ないカリブーなどがある．多くのカモ類と同様に，オオハクガンなどの多くの水鳥が移動中にカップ・トゥルモント（Cap Tourmente）に留まる．

文化的遺産

フランスの船乗りであるジャック・カルティエは，カナダへの二度目の航海の際に，シャルルボワ地域を探検し，そこをクードル島（ヘーゼル島）と名づけた．17世紀には，ガフレ（Gouffre）川周辺の土地にはヨーロッパ人が入植し，ラマルベという名称が与えられた．1988年に，この保存地域の人口3万1770人中2万9770人が，緩衝地帯である21の小さなコミュニティに住み，その他の2000人が移行地域に住んでいた．最も重要な植民地は，ベー・サン・ポール，クレルモン，ラマルベである．この保存地域の核心地域には，永住地はない．

歴史的に見て，この地域に住む人々は，自分たちの生計を，造船，林業，捕鯨（主にベルーガ），ウナギ漁によって立てていた．クードル島の人々は，伝統的な織物とその他の工芸技術を残している．シャルルボワ海岸の造船所は，1860年から1959年の間に300隻の船を造った．サンルイクルード島（Saint-Louis-de-I' lle-aux-Coudres）にある風車は，1960年代早期に止められ，現在は保護されている．主要な雇用源は，農業，造林，および観光業である．ラマルベやガフレ（Gouffre）川の渓谷では，農業や，農業と林業が合わさったものが実施されている．林業資源は今でも経済的に重要である．クレルモンには紙とパルプの製造所が存在した．1960年には小規模な観光事業が始まり，1981年までには全就職口の23％を占めた．1988年には約50万人がこの保存地域を訪れた．

管理と問題

1988年に，シャルルボワにはカナダ人科学者が50人，外国人科学者が10人いた．実施された科学研究で扱ったのは，生態系に関する問題，長期的な生態学調査，地形学，土壌生物学，地震学，地方の建築様式，植生地図の製作，そして魚類，哺乳類，無脊椎動物，維管束植物の目録を作成することであった．モンモランシーの森の報告には，林業，気候学，森林管理に関する研究が含まれている．シャルルボワにお

262. シャルルボワ生物圏保存地域を表すシンボルの一つ，**ベルーガの見紛うことのない外見．**これらのクジラ目の動物は，この保存地域の水域に永住している．ベルーガは，小さくて白いクジラであり，身長3～4 m，体重約1400 kgである．体は紡錘状で，ふたまたの尾とふくらんだ額を持つ．このふくらみには，レーダーのような役割をする反響位置決定器官があるようだ．ベルーガが広域の音を発するという事実と，その音が，他のクジラ目とは違って水の中から聞こえるという事実が，この仮説を強固なものにしている．ベルーガは沿岸域や外海で見ることができる．12頭ぐらいのグループを作り，雄がそれを率いているが，食物が豊富な場所では数千頭が集まっている．シャルルヴォア生物圏保存地域におけるベルーガの個体群は変わることなくそこにいるが，その他の個体群は季節的な移動を行う．
[写真：Pete Atkinson / Planet Earth Pictures]

ける最初の研究は1965年～1972年に行われ，カリブーの再移入についても扱われた．大気汚染や気候の研究のための観測所，会議場，水文学的観測所，試験所，図書館などがある．カップ・トゥルモントでは，その習性についての研究が続けられてきたし，ここには図書館，観測所，および博物館がある．ポートオーソーモン生態学センターは，科学と自然に関する年次総会を組織し，海辺のものを含め30の自然遊歩道もある．

この保存地域には，五つの異なる管理地帯があり，生物圏保存地域の中軸を構成する5中心地域と一致している．この五つは，Grands Jardins Park，マリベ川の源流の絶壁，Port-au-Saumon，モンモランシーの森，Palissades森林教育センターである．Grands Jardins Parkはケベック州余暇，狩猟，漁業省の管理下にあり，Palissadesや絶壁はエネルギー天然資源省の管理下にある．マルベ川絶壁開発協会（Association for the Development of the Cliffs of the Malbaie River）は，マルベ川の源流の絶壁を管理している．ポートオーソーモン（Port-au-Saumon）生態学センターは，個人に所有され，法人が経営しているが，モンモランシーの森はラバル大学（ケベック州）によって管理され，カップ・トゥルモントは野生動物保護局（National Wildlife Service）によって管理されている．シャルルボワのすべての森は，ケベック州エネルギー天然資源省の管轄下にある．ケベック州農漁食糧省は，農業と漁業を管理し，ケベック州環境省は汚染や環境の質を監視する．

シャルルボワ生物圏保存地域は基本的に，農業開発の枠組みや，地方住民の保全と教育への参加の中に，自然の景観や動物相を組み込むために作られた．海と陸の地域を最も脅かすものは，川や小川への排出や，空からの降水の双方からの汚染である．ガフレ川やマルベ川の沈殿物は，かなり汚染され，セントローレンス川は重金属，有機塩素系殺虫剤，ポリ塩化ビフェニル（PCB）の含有濃度が非常に高い．1989年にサグネー川で捕獲されたベルーガからは，人間が許容できると考えられる濃度のほぼ800倍のPCBが検出された．1989年には，約2300社が，セントローレンス川に汚染物質を排出していたのである．

監訳者あとがき

「ステップ・プレイリー」という温帯草原バイオームと「タイガ」という北方針葉樹林バイオームを一緒にしたこの巻のタイトルは，それぞれ単一巻とするほどではない断片的ないくつかのバイオームを寄せ集めた巻のようにみえるかもしれない．原書編集者の当時スペインのMAB委員会の委員長フォルヒとカマラザも序論で，このタイトルはスペイン中等教育カリキュラムの「地理と歴史」「物理と化学」のように「寄せ集め」と思われるかもしれないと述べている．

読み進めていくと，これら3つのタイトルに表現されたバイオーム以外にもその他の同位的なバイオームがいくつも登場してくる．それが南アメリカのパンパ，南アフリカのハイベルト，ニュージーランドのタソック草原などである．北半球と南半球はそれぞれ陸半球と海半球と呼ばれるように，赤道をはさんで対照的である．陸域の特に森林に関しては多くの類似性とともに対照性もはっきりしている．タイガは「北方針葉樹林（北方林）」と呼ばれるように北半球にしか分布しない．北半球ではアラスカの北端バロウは，北極圏の北緯71°に位置する．カナダやシベリアなどでも北緯50～60°にタイガの森林帯としての北限があり，さまざまな程度の移行帯を伴いながらツンドラへと移行する．すなわち緯度的森林限界を構成する最も高緯度にある森林バイオームである．しかし，他方の南半球は地図を見るとわかるように陸域では最も高緯度にある南米最南端の狭く伸びた三角地帯の先端の緯度でも56°しかない．南半球には，そもそもタイガに相当する針葉樹林が成立する陸地がほとんどないのである．タスマニアや南米南部，ニュージーランドなどには，それでも見事な針葉樹林が分布しているが，その多くは北半球の針葉樹の主体をなすマツ科とは系統的，形態的にも大きく異なるナンヨウスギ科，マキ科，ヒノキ科などの樹種が主体で，マツ科は自生していない．針葉樹の科数は北半球8科，南半球5科とほぼ同じだが，種数は北半球356種に対して南半球には162種とほぼ半数しか分布していない（うち共通種36種）（Enright *et al.* 1995）．そのうち124種を占める代表的なマキ科は日本のナギやイヌマキでもわかるようにまるで常緑広葉樹のような葉（時には茎が葉のように変形した偽葉）をもっている種類もある．このように同じ高緯度側の限界に成立する針葉樹林バイオームといっても北半球と南半球では大きく異なっている．南半球の森林限界は北半球でいえば温帯性針葉樹が森林限界を作っている（日本でいえば屋久島高山のスギ林森林限界）と考えればよい．その関連で，ニュージーランドの森林限界の上部（高山帯）はタソック型のイネ科植物やその他の草本植生になっているが，そこに北半球の耐寒性が強いマツ科の針葉樹を植栽すれば十分育って森林を形成することが知られている（Wardle 1991）．すなわち南半球では北半球のように耐寒性の強いマツ科のような樹木が分布しないために森林限界の位置が低くなっているという現象がみられる．

この巻を読み進めると，編集者たちは，むしろこの一巻に含められているいくつかのバイオームを，どうしても一緒に述べる必要があったということが理解できる．地球をとり巻く植生帯という視点で北半球についてみると最北のツンドラバイオームの南に接して森林限界を構成しているタイガバイオームが分布する．しかし，それは沿海地方の十分な降水量を有する地域で，内陸部に向かって降水量が400 mm以下と少ない地方では森林は成立しない．そこに成立するのがユーラシアではステップ，アメリカではプレイリーと呼ばれる樹木のない温帯草原バイオームである．さらに降水量が少なくなる大陸深奥部では降水量は200 mm以下となり草原も成立せず，寒冷砂漠になって，樹木としては多肉化したサボテン科やベンケイソウ科，そのほかの乾燥耐性を獲得した特異な形態をもった植物が優占している（第１巻，第４巻参照）．すなわちタイガとステップ・プレイリーはともにツンドラバイオームの低緯度（より温暖）側に位置する成帯（緯度）的バイオームであり，それらはさらに主に降水量（新大陸では火事も重要）によって分化している互いに同位的なバイオームということになる．ただし寒冷砂漠については独立した第４巻『砂漠』で取り扱われている．

ステップ，プレイリーといった温帯草原バイオームの特徴は寒冷，乾燥といった厳しい環境に対する適応として，多くの種類が地上部よりも地下部にその光合成生産物を分配している．貯蔵器官である．時には地上部と同等，時にはそれ以上のバイオマスを貯蔵し，春先の温度の上昇に遅れまいと一斉に貯蔵物質を地上部の生産のために転流する．それは同時に温度が上昇し土壌有機物の分解が活発になりはじめる時期でもあり，この時には供給される栄養塩に同期して降水量も増大するので（本文12頁の図６参照），活発に成長するステップやプレイリーの草本植物がそれを吸収し，急速に成長する．このように大量の有機物を地下に貯蔵するという性質によって短い生育期間を有効に利用し，同時に地上部を採食する草食の大型偶蹄類などのグレージングに耐えることができた．そのことは火事が頻発するプレイリーでも優占して植被を維持できることと結びついている．ステップの有機物が豊かな土壌はチェルノーゼムと呼ばれる黒色土壌で，この土壌の肥沃さに着目して，それを科学的に利用すべくロシアの土壌学者ドクチャーエフが土壌学を発達させ，近代科学の一分野として確立させた．世界の土地面積のわずか5%を占めるチェルノーゼム地帯で生産される食料が世界の３分の２の人類の生存を支えていると言われている．

北半球のステップやプレイリーに比べると南半球に点在する温帯草原は南アメリカのパンパ，オーストラリア，ニュージーランドのタソック草原，南アフリカのハイフェルトなどに分断されており，規模が小さく，それぞれ名前が異なるように特異である．季節変化という点でもずっと穏やかである．南半球には温帯落葉樹林も北半球ほどは発達せず，常緑広葉樹林が卓越することからも季節変化はそれほど急激ではないことが理解できる．それは，海半球として気候が北半球ほど急激な季節変化を示さないでマイルドになっていることが理由の一つである．

気候，地質，土壌，水資源というわれわれの生活を成り立たせている自然資源，その上でわれわれ人類と同じように，この資源を利用しながら進化してきた生物相がある．もちろん人類は自然資源以上に，これらの生物資源に強く依存して初めて生き続け，進化を進めてくることができたということが，本書で扱われているこの地球の中で並外れた限界立地での生活を可能にしてきた．それは物語と呼びたいほどドラマチックな「事実」であり，感動的ですらある．

地球上でこれらのバイオームがなぜ，それぞれの大陸のその位置に成立したのかは，これまでの各巻で述べられてきたのと同じ生態地理学的問いである．それが生物相の移動，適応を引き起こしてきた．人類の場合も，さまざまな民族の移動・生活技術・民族間の，またさらにはそれぞれの生態系の自然資源を早くから利用する生活技術を長年にわたって開発してきた「先住民」と呼ばれる人々の生き方がその多様性を支えてきた．その意味を理解できないまま，時には強引に改変してきた歴史は，当然ながら多くの悲劇を伴うものであった．それは現在のわれわれの生活の中にいまだに深く痕跡を残しており，自然と調和的に生活してきたさまざまな民族（多くは少数民族と呼ばれる）の生活は，今日でも民族の伝統や信仰の一方的な破壊を引き起こされている．現代社会の快適な居住環境に生活するわれわれも，現在の地球の自然環境の中に一歩踏み込んでみれば，こうした先人たちの知恵と歴史に依存してきたことが理解できる．

ユーラシアや北アメリカの広大な平原地帯では，草食獣の狩猟がいくつもの種の絶滅を引き起こしてきた．アメリカ西部劇で主役の一つですらあるウマは，はじめから新大陸に生息し続けたわけではない．最終氷期にシベリアとアラスカがベーリング陸橋でつながった時に新大陸への人類の移動が起こったが，その初期の人類によって新大陸のウマは絶滅させられたと考えられている．現在，活躍しているウマはスペイン人がヨーロッパから連れてきた子孫である．ユーラシアの野生ウマ，モンゴルのプルジェワルスキー・ウマも一度は絶滅し，ヨーロッパの動物園で飼育されていたうちでも純系に近いウマだけを選りすぐって数十個体をモンゴルに移動させて，現在でもその野生復帰を試みている．

民族間の武力による衝突ばかりでなく，病原菌による汚染，狩猟・採集における衝突，兵器や技術による一方的な収奪の歴史，その時々に応じた野生生物の商品化による破壊的な狩猟もビーバーやクロテンなどタイガ地帯の生物種の絶滅まで引き起こしてきた．

タイガ地帯はその豊富な森林資源，そこに生息する動物資源，食肉，毛皮などの収奪，今日では機械化農業の発達は現存する生態系の利用だけでなく，豊かな土壌資源を利用して森林を農耕地に変えてきた．

土壌のさらに下層に埋蔵された資源利用の採鉱は，さらに深刻な生態系破壊を引き起こし，化石燃料にとどまらず，セメント材料としての石灰石，本書で述べられている金採掘，ロシアのウラニウム・シティのように大規模な産業汚染まで引き起こしている．これらはステップ，プレイリー，タイガといった高緯度地域に留まらず，世界中どのバイオームでも起こり得る生態系攪乱であり，地球的な対応が求められている．

なお，特に世界の生物種名が頻出する本シリーズでは可能な限り和名を提示することを目指した．これまでに和名が発表されているものについてはそれらに従うこととしたので，以下に和名をあてるうえで参考にした書籍をあげておく．また土壌名についてもいろいろなシステムがあるが，ここで主に参考にしたのは以下の書籍である．

2016 年 12 月

大澤雅彦

植物
吉村　庸（1974）原色 日本地衣植物図鑑．保育社
熱帯植物研究会編（1984）熱帯植物要覧．大日本山林会
杉本順一（1987）世界の針葉樹．井上書店
堀田　満ほか編（1989）世界有用植物事典．平凡社
岩月善之助（2001）日本の野生植物 コケ．平凡社
大澤雅彦監訳（2005）ヘイウッド 花の大百科事典．朝倉書店
邑田　仁・米倉浩司（2010）高等植物分類表．北隆館
邑田　仁・米倉浩司（2012）日本維管束植物目録．北隆館
Mabberley DJ（2008）Mabberley's Plant Book. Cambridge University Press

動物
内田　亨監修（1972）谷津・内田 動物分類名辞典．中山書店
山階芳麿（1986）世界鳥類和名辞典．大学書林
今泉吉典監修（1988）世界哺乳類和名辞典．平凡社

土壌
久馬一剛ほか編（1993）土壌の事典．朝倉書店

参考文献

基本的な文献を掲載した．全体的であれ部分的であれ，一般的な地理学，気候学，土壌学，動物学，植物学，人類学と，ステップ，プレイリー，タイガのバイオームに関する，より専門的な書籍がリストアップされている

ALDERTON, D. (1991). *Crocodiles & alligators of the world.* Blandford Press, London.190 p.

BAILEY, R.G. (1978). *Description of the ecoregions of the United States.* USDA Forest Service, Intermountain Region, Ogden.77 p.

BAKER, W.L. (1972). *Eastern forest insects.*642 p.

BAUCHOT, M.L. and A. PRAS (1982). *Guía de los peces de mar.* Ediciones Omega, Barcelona. 432 p.

BARBOUR, M. and W. BILLINGS. (1988). *North American terrestrial vegetation.* Cambridge University Press, Cambridge. 434 p.

BARIGOZZI, C. (1986).*The origin and domestication of cultivated plants.* Elsevier. 218 p.

BARKER, W.T. and W.C. WHITMAN (1988). "Vegetation of the northern Great Plains." *Rangelands*, 10: 266-272.

BOBRINSKV, N.A. (1967). *Animals and nature of USSR.* Nauka, Moscow. 408 p.

BORCHERT, J.R. (1950). *The climate of the central North American grassland.*

BOUL, S.W., F.D. HOLE and R.J. MCCRACKEN (1980). *Soil genesis and classification.* Iowa University Press, Iowa. 360 p.

BOZON, P. (1983).*Géographie mondiale de l'élevage.* Librairies techniques, Paris.256 p.

BRAKO, L., A.Y. ROSSMAN and D.F. FARR (1995). *Scientific common names of 7,000 vascular plants in the United States.* APS Press, St Paul. 295 p.

BRAMWELL, M. (ed.)(1973). *The Rand McNally atlas of world wildlife.* Rand McNally and Company, New York.

BURGOS, J.J. (1979) "El uso de los recursos renovables y la agricultura en Latinoamérica en relación con la estabilidad del clima." *Ecosur*, 6 (12): 111-143.

BURKART, A. (1975) "Evolution of grasses and grasslands in South America". *Taxon*, 24(1): 53-66.

CAVALLI-SFORZA, L.L., P. MENOZZI and A. PIAZZA (1994). The history and geography of human genes. Princeton University Press, Princeton, New Jersey.

CLEMENTS F.E. and V.E. SHELFORD (1939). *Bio-ecology.* Wiley, London. 425 p.

COLLINS, R.(ed.)(1992). *Los nativos americanos. El pueblo indígena de Norteamérica.* Editorial LIBSA, Madrid. 256 p.

COOPER, R.C.and R.C. CAMBIE (1991). *New Zealand's economic native plants.* Oxford University Press, Oxford. 234 p.

COUPLAND, R.T. (1950) "Ecology of mixed prairie in Canada." *Ecol. Monogr.*, 20: 271-315.

CURRY, J.P. (1994). *Grassland invertebrates.* Chapman & Hall, London. 437 p.

DEL HOYO, J., A. ELLIOT and J. SARGATAL (1994). *Handbook of the birds of the world.* Lynx Edicions, Barcelona.

DUCHAFOUR, I. (1984). *Edafología 1. Edafogénesis y clasificación.* Masson, Barcelona.

ERNST, C.H. and R.W . BARBOUR (1984). *Turtles of the world.* Smithsonian Institution Press, London.313 p.

FAGAN, B.M. (1987). *The great journey: The peopling of ancient America.* Thames and Hudson Inc., New York.276 p.

FAO/UNESCO (1874). *Soil map of the world.* FAO/UNESCO, Paris. 59 p.

FAO/UNESCO (1988). *Soil map of the world.* Revised Legend. FAO/UNESCO, Paris.

FARJON, A. (1990). *Pinaceae.* Koeltz Scientific Books. 330 p.

FORSYTH, J. (1992). *A history of the peoples of Siberia.* Cambridge University Press, Cambridge. 455 p.

FRENCH, N.R. (ed.) (1979). "Perspectives in grassland ecology." *Ecol. Studies*, .vol 32. Springer-Verlag, New York.

GALATY, J.G. (ed.) (1990). *The world of pastoralism.* The Guilford Press, New York. 436 p.

GIBERTI, H.C.E. (1970). *Historia económica de la ganadería argentina.* Hispamérica, Buenos Aires. 275 p.

GILBERT, M. (1968). *American history atlas.* Weidenfeld & Nicolson, London.112 p.

GOODALL, D.W. (1983). *Ecosystems of the world.* Elsevier Scientific Publishing Company.

GREENBERG, J.H. and M. RUHLEN (1993). "Origen de las lenguas americanas autóc-tonas." *Investigación y Ciencia*, 196, 54-60.

GRIFFIN, D.R. (1964). *Bird migration. The biology and physics of orientation behavior.* 162 p.

GRIGG, D.B. (1974). *The agricultural systems of the world.* Cambridge University Press. 358 p.

GRIMES, B.F. (1992). *Ethnologue. Languages of the world.*

HENRIQUES, P.R.(ed.) (1992). *Sustainable land management.* The proceedings of the International Conference on sustainable land management.

HEYWOOD, V.H. (1978). *Flowering plants of the world.* Batsflord Ltd., London. 336 p.

HILL, A.F. *Economic botany.* McGraw-Hill Book Company, New York.

HINDLE, B. and S. LUBAR (1991). *Engines of change. The American industrial revolution 1790-1860.* Smithsonian Institution Press, Washington D.C. & London. 309 p.

INNIS, H.A. (1956). *The fur trade in Canada: An introduction to Canadian economic history.* University of Toronto Press, Toronto. 466 p.

JOSEPHY, A.M. (1961). *The American heritage book of Indians.* American Heritage Publ. Co. Inc., New York.

JUNYENT, C. (1989).*Les llengües del món.* Empúries, Barcelona. 159 p.

KIPLE, K.F. (1993). *The Cambridge world history of human disease.* Cambridge University Press, Cambridge. 1,176 P.

KRANZBERG, M. and C.W. PURSELL (eds.). (1967). *Technology in western civilization, The emergence of modern industrial society Earliest times to 1900.* Oxford University Press.

KRÜSSMANN, G. (1972). *Manual of cultivated conifers.* Timber Press, Portland. 361 p.

LACK, D.L. (1966). *Population studies of birds.* Clarendon Press, Oxford. 341 p.

LARSON, F. (1940) "The role of the bison in maintaining the short grass plains." *Ecology*, 21: 113-121.

LEGAY, G. *Atlas de los indios norteamericanos.* Juventud.96 p.

LEMECHEV, M. (1991). *Désastre écologique en URSS.* Éditions Sang de la Terre, Paris.286 p.

LEWINGTON, A. (1990).*Plants for people.* Natural History Museum, London. 231 p.

LLORENS, E and R. GARCÍA MATA, R. (1940). *Argentina económica.*

MABBERLEY, D.J. (1987).*The plant-book.* Cambridge University Press, Cambridge. 707 p.

MADRAZZO, G. (1975). "Los aborígenes." In: *El país de los argentinos*, 33:1-24.

MARGALEF, R. (1983). *Limnología.* Ediciones Omega, Barcelona.

MARGULIS, L. (1989). *Handbook of protoctista.* Jones and Bartlett Publishers.

MATTISON, C. (1987). *Frogs & toads.* Blandford Press, London. 191 p.

MATTISON, C. (1989). *Lizards of the world.* Blandford Press, London. 192 p.

MATTISON, C. (1986). *Snakes of the world.* Blandford Press, London. 190 p.

MCDONALD, D. (ed.). *The encyclopaedia of mammals.*2 vols. George Allen and Unwin, London.

MCEVERDY, C. and R. JONES (1978). *Atlas of world population history.* Penguin Books, Middlesex. 368 p.

MCGAVIN, G.C. (1993). *Bugs of the world.* Blandford Press, London. 192 p.

MCMILLAN, A.D. (1988). *Native people and cultures of Canada: an anthropological overview.* Douglas and Mcintyre, Toronto. 340 p.

MONAGHAN, J. (1963). *The book of the American west.* Bonanza Books, New York.

MORELLO, J.A (1985). *Grandes ecosistemas de Sudamérica.* Fund. Barriloche.

MUUS, B.J. and P. DAHLSTRÖM (1981). *Los peces de agua dulce.* Ediciones Omega, Barcelona. 232 p.

NAROSKY, T. and D. YZURIETA (1988). *Guía para la identificación de las aves de Argentina y Uruguay.* Vazquez Mazzini Editores, Buenos Aires.345 p.

NELSON, J. (1984). *Fishes of the world.* Jonh Wiley and Sons, New York. 523 p.

NOWAK, R.M. (1991). *Walker's mammals of the world.* The John Hopkins University Press, Baltimore & London. 2 vols. 1,630 p.

PAPADAKIS, J. (1952). *Agricultural geography of the world.* 131 p.

PEARCE, E.A. and C.G. SMITH (1984). *The world weather guide.* Hutchinson & Co. Ltd., London. 480 p.

PELT, J.M. (1990). *Le tour du monde d'un écologiste.* Fayard. 480 p.

PEÑA, M.R. DE LA (ed.)(1991) *Nueva guía de flora y fauna del río Paraná.* Imprenta Lux, Sanla Fe. 290 p.

PERRI, R.A. and R.T. ROAMÁN (1988) *Argentina. Guía de caza y pesca.* Secretaría de Turismo. Buenos Aires. 2 vols., 288 i 304 p.

PRESTON-MAFHAM R. (1984). *Spiders of the world.* Blandford Press, London. 320 p.

PRICE, D.C. (1990). *Atlas of world cultures.* Sage Publications, London. 156 p.

RICCIUTI, E. (1990). *The natural history of North America.* Facts on File, New York. 224 p.

RISSER, P.G., E.C. BIRNEY, H.D. BLOCKER, S.W. MAY, W.J. PARTON and J.A. WIENS. (1981). *The true prairie ecosystem.* Hutchinson Ross Publ. Co, Stroudsburg. 557 p.

ROE, F.G. (1951). *The North American buffalo.* University of Toronto Press, Toronto. 991 p.

RUDLOFF, W. (1981). *World-climates.* Wissenschaftliche Verlagsgesellschaft, Stuttgart. 632 P.

RUHLEN, M. (1987). *A guide to the world's languages.* vol. 1. Stanford University Press, Stanford. 433 p.

SÁNCHEZ-MONJE Y PARELLADA, E. (1980). *Diccionarío de las plantas agríolas.* Servicio de publicaciones del Ministerio de Agricultura, Madrid. 468 p.

SCOTT, G. (1995). *Canada's vegetation: a world perspective.* McGill-Queen's University Press, Montreal. 361 p.

SIBBLEY, C.G. and B.L. MONROE (1990). *Distribution and taxonomy of birds of the world.* Yale University Press, New Haven. 1,111 p.

SPARKS, J. (1992). *Realms of the Russian bear.* BBC Books. 288 P.

STEIGER, T.L. (1930). "The structure of prairie vegetation." *Ecology*, 11: 170-217.

SUTHERLAND, M. and D. BRITTON. (1980). *National parks of Japan.* Kodansha International Ltd., Tokyo. 156 P.

TAFT, R. (1953). *Artists and illustrators of the old west.* Bonanza Books, New York. 400 p.

TAKHTAJAN, A. (1986). *Floristic regions of the world.* University of California Press. 522 p.

TOBEY, R. (1981). *Saving the prairies.* University of California Press. 315 p.

THORNTHWAITE, C.W. (1931). "The climates of North America according to a new classi-fication." *Geogr. Rev.*, 21: 633-655.

TURNER, B.L. (ed.) (1990). *The earth as transformed by human action.* Cambridge University Press. 714 p.

WALTER, H. (1968). *Die Vegetation der Erde in öko-physiologischer Betrachtung.* Gustav Fischer Verlag.

WALTER, H. AND S.W. BRECKIE (1986). *Ecological systems of the geobiosphere.* 3 vols. Springer-Verlag, Berlin.581 p.
WEAVER, J.E. (1954). *North American prairie.*Johnsen Publishing Co., Lincoln. 348 p.
WEAVER, J.E. AND F.W. ALBERTSON (1956). *Grasslands of the Great Plains: their nature and use.* Johnsen Publishing Co., Lincoln. 395 p.
WEAVER, J.E. AND F.E. CLEMENTS (1938). *Plant ecology.* McGraw-Hill, New York. 601 p.
WEINER, D.R. (1988). *Models of nature.* Indiana University Press. 312 p.
WILGUS, A.C. AND R. DECA (1964). *Latin America history.* Barnes & Noble Inc., New York 466 p.
WOOTTON, A. (1984). *Insects of the world.* Blandford Press, London. 224 p.
YERBURY, J.C. (1986). *The Subarctic Indians and the fur trade, 1680-1880.* University of British Columbia Press, Vancouver 189 p.

図の出典および作成者

○絵と地図
・Corbera, Jordi (Barcelona), 42, 44, 93, 112, 114, 283, 286, 301
・IDEM (Barcelona), 12, 24, 27, 29, 31, 130, 136, 137, 138, 177, 180, 199, 222, 231, 243, 255, 258, 337, 347, 375, 414

○写　真
・Agelet, Antoni Balaguer), 54, 265, 285
・Alexander, B. & C. / Still Pictures (London), 349, 405
・Ancient Art and Architecture Collection (London), 184, 185
・Andera, Milos / Natural Science Photos (Watford), 310
・Archiv für Kunst und Geschichte (Berlin), 150, 159, 165, 172, 189, 278
・Ashmolean Museum (Oxford), 121
・Atkinson, Kathie / Oxford Scientific Films (Long Hanborough), 34
・Atkinson, Pete / Planet Earth Pictures (London), 422
・Bauer, Erwin & Peggy / Bruce Coleman Collection (Uxbridge), 168, 302, 315
・Biblioteca de la Universitat Estatal M. V. Lomonosov (Moscow), 16
・Bibliothèque Nationale, Paris / Archiv für Kunst und Geschichte (Berlin), 128
・Boeye, Vanessa S. / The Hutchison Library (London), 187
・Bogomolov, Mikhail A. (Moscow), 126, 127
・Boisvieux, Christophe / Gamma (Vanves), 244
・Bomford & Borrill / Survival Anglia / Oxford Scientific Films (Long Hanborough), 109, 173
・Bomford, Tony & Liz / Survival Anglia / Oxford Scientific Films (Long Hanborough), 203
・Bomford, Tony / Oxford Scientific Films (Long Hanborough), 328
・Bown, Deni / Oxford Scientific Films (Long Hanborough), 293
・Brandenberg, Jim / Minden Pictures (Aptos, CA), 9, 10, 11, 17, 30, 39, 40, 46, 47, 51, 55, 60, 92, 102, 107, 169, 205, 207, 209, 318, 390
・Brown, Geoffrey K. / Ardea London (London), 421
・Bureau, Michel / Bios / Still Pictures (London), 331
・Bureau, Michel / Still Pictures (London), 326, 327
・Calhoun, Bob & Clara / Bruce Coleman Collection (Uxbridge), 227
・Camazine, Scott / Oxford Scientific Films (Long Hanborough), 277
・Camec・Corporation (Saskatoon), 408, 409
・Camenzind, Franz J. / Planet Earth Pictures (London), 223
・Campbell, Laurie / NHPA (Ardingly), 279
・Cancalosi, John / Auscape International (Redfern Hill, NSW), 229, 374
・Clement, P. / Bruce Coleman Collection (Uxbridge), 272
・Cole, Ken / Natural Science Photos (Watford), 161
・Corbis-Bettman (New York), 363
・Cordier, Sylvain / Jacana (Paris), 313
・Coster, Bill / NHPA (Ardingly), 230
・Cox, Daniel J. / Oxford Scientific Films (Long Hanborough), 304, 305
・Creutzberg, D. / ISRIC (Wageningen), 21, 22, 251, 253
・Danegger, Manfred / Jacana / Auscape International (Redfern Hill, NSW), 308
・Day, Richard / Oxford Scientific Films (Long Hanborough), 71, 72
・De Roy, Tui / Auscape International (Redfern Hill, NSW), 77
・De Roy, Tui / Oxford Scientific Films (Long Hanborough), 247
・Deville, Marc / Gamma (Vanves), 376
・Dumas, Alain / Association Touristique Régionale (Charlevoix), 420
・E.T. Archive (London), 167, 278, 280, 370
・Eastcott, John & Yva Momatiuk / Planet Earth Pictures (London), 85, 162, 179, 216
・Elizarov, Andrey (Togliatti), 59, 60
・Ermitage, L', St. Petersburg / E.T. Archive (London), 125
・Errington, Sarah / The Hutchison Library (London), 181, 185, 187
・ESA/ESRIN (Frascati), 244
・Fagot, Patrick / NHPA (Ardingly), 204
・Ferrer, Xavier & Adolf de Sostoa (Barcelona), 115
・Fink, Kenneth W. / Ardea London (London), 89, 275
・Folch, Ramon / ERF (Barcelona), 76, 174, 192
・Font, Xavier, 290, 294, 358
・Foot, Jeff / Auscape International (Redfern Hill, NSW), 291
・Gippenreiter, Vadim (Moscow), 108, 259, 266, 267, 298, 322, 324, 334, 354, 355, 357, 364, 365, 371, 372, 373, 412, 415, 417, 418
・Gohier, François / Ardea London, 65, 66, 70, 140, 190
・Grachtchenkov, A. / The Hutchison Library (London), 110
・Grosnick, Martin / Ardea London (Londres), 303
・Gunther, Michel / Bios / Still Pictures (London), 236, 307
・Gurr, Bob / Natural Science Photos (Watford), 96
・H.W. Read Collection, Plains Indian Museum, BBHC, Cody (WY) / Werner Forman Archive (London), 144
・Hart, Richard H.(Cheyenne, NY), 86
・Henry, Philippe / Oxford Scientific Films (Long Hanborough), 306
・Hoshino, Michio / Minden Pictures (Aptos, CA), 379
・Hulton Getty, 123, 133, 139, 191, 197, 403
・Ivanov, Serguei (Moscow), 388
・Ivleva, Victoria / The Hutchison Library (London), 19, 158, 373
・Janes, Ernie / NHPA (Ardingly), 340
・Johansson, Jan Tove / Planet Earth Pictures (London), 240, 288
・Jones, Adam / Planet Earth Pictures (London), 69
・Jones, Edgar / Ardea London (London), 312
・Joseph, Dicon / Natural Science Photos (Watford), 309
・Kauffman, S. / ISRIC (Wageningen), 13, 22
・Kirby, Richard / Oxford Scientilic Films (Long Hanborough), 329
・Kitchin, Tom & Vicki Hurst / NHPA (Ardingly), 315
・Klein, J.L. & M.L. Hubert / Still Pictures (London), 100
・Knudsens fotosenter (Oslo), 247, 371, 372, 402
・Koch, Paolo / Firo Foto (Barcelona), 407
・Kolvoort, Willem / Still Pictures (London), 330
・Konig, Rudolf / Jacana / Auscape International (Redfern Hill, NSW), 83
・Kosterin, Oleg (Novosibirsk), 4, 62, 63, 103, 105, 164
・Krasemann, Stephen / Bruce Coleman Collection (Uxbridge), 58
・Krasemann, Stephen / NHPA (Ardingly), 262, 318, 355
・Krokhin, Vadim / The Hutchison Library (London), 193
・Kuznetsov, A. / Alexander Meledin Collection / Mary Evans Picture Library (London), 156
・Landmann. Patrick / Gamma (Vanves), 157
・Langford, Mike / Auscape International (Redfern Hill, NSW), 142,

157,158
・Laub, Peter / Ardea London (London), 314
・Layma, Yann / Explorer / Auscape International (Redfern Hill, NSW), 367
・Leach, Tom / Oxford Scientific Films (Long Hanborough), 268
・Leen, Sarah / AGE Fotostock, 328, 329, 331, 346, 381, 389, 394
・Leonardi, Walter / Gamma (Vanves), 385
・Lindau, Åke / Ardea London (London), 296
・Limnology Institute, Siberian Section of the Russian Academy of Sciences (Moscow), 327
・Lutra / NHPA (Ardingly), 325
・Lythgoe, John / Planet Earth Pictures (London), 271
・Lyubechanskii, Ilya (Novosibirsk), 26, 64, 103
・Marigo, Luiz Claudio / Bruce Coleman Collection (Uxbridge), 33
・Mary Evans Picture Library (London), 353, 361, 362, 383, 387, 397
・Masó, Albert (Barcelona), 45
・Mason, John / Ardea London (London), 292
・Maxwell Museum of Anthropology, Albuquerque (NM) / Werner Forman Archive (London), 135
・Mayer, Eric / Liaison / Zardoya (Barcelona), 213
・Mayer, Stefan / Ardea London (London), 99
・McCammon, John / Oxford Scientific Films (Long Hanborough), 46
・Morrison, Tony / South American Pictures (Woodbridge), 48, 73, 75, 151, 211
・Moser, Brian / The Hutchison Library (London), 154
・Mukhin, Ismail (Moscow), 225
・Musée de l'Homme (Paris), 342, 343
・Muséum Archéologique, Chatillon-sur-Seine / Giraudon (Vanves), 186
・Nacke, Chuck / Gamma (Vanves), 215
・Novosti (London), 18, 124, 152
・Nowikowski, Frank / South American Pictures (Woodbridge), 200
・Orion / Bruce Coleman Collection (Uxbridge), 257
・Ott, Charlie / Bruce Coleman Collection (Uxbridge), 287
・Oxford, Pete / Planet Earth Pictures (London), 345
・Pearce, Fred / Still Pictures (London), 404
・Pern, Stephen / Still Pictures (London), 176, 183
・Pern, Stephen / The Hutchison Library (London), 83, 131, 141, 141, 186, 188
・Peter Newark's American Pictures (Bath), 142
・Peter Newark's Historical Pictures (Bath), 147
・Peter Newark's Western Americana (Bath), 87, 118, 145, 146, 149, 170, 171, 190, 395
・Pierrel, François / Bios / Still Pictures (London), 319
・Planck, Rod / NHPA (Ardingly), 36, 250
・Poch, Rosa Maria (Lleida), 15, 20, 23
・Pohrt Collection, Plains Indian Museum, BBHC, Cody (WY) / Werner Forman Archive (London), 143
・Ponton, David A. / Planet Earth Pictures (London), 242
・Prato, Sandro / Bruce Coleman Collection (Uxbridge), 274
・Pridgeon, Steve / Natural Science Photos (Watford), 300
・Reinhard, Hans / Bruce Coleman Collection (Uxbridge), 354
・RIA / Gamma (Vanves), 344
・Ribeiro, Antonio / Gamma (Vanves), 155
・Richardson, Jim (Denver, CO), 196
・Robinson, James H./ Oxford Scientific Films (Long Hanborough), 360
・Robinson Museum, Pierre (SD) / Werner Forman Archive (London), 84
・Rouse, Andy / NHPA (Ardingly), 307
・Russian National Museum, St. Petersburg / Giraudon (Vanves), 396
・Sampers, Erik / Gamma (Vanves), 340, 392, 400
・Saskatchewan Archives Board (Regina), 406, 409
・Savage, Garry / Saskatchewan Archives Board (Regina), 406
・Scott, Dick / Natural Science Photos (Watford), 272
・Scott, Geoffrey (Winnipeg), 67, 300
・Seitre, Roland / Bios / Still Pictures (London), 97, 329, 384
・Sharp, Chris / South American Pictures (Woodbridge), 232
・Shaw, John / Auscape International (Redfern Hill, NSW), 57
・Shaw, John / Bruce Coleman Collection (Uxbridge), 53, 300
・Shaw, John / NHPA (Ardingly), 80, 88
・Smithsonian Institution, Washington / Werner Forman Archive (London), 86
・Soder, Eric / NHPA (Ardingly), 316
・Sørensen, Rolf & Jorn Olsen / NHPA (Ardingly), 245, 246, 371
・Sostoa, Adolf de & Xavier Ferrer (Barcelona), 32, 113, 201
・Sotheby's (London), 143
・Spaargaren, O. / ISRIC (Wageningen), 16, 249, 252
・Stepaniuk, P. / Saskatchewan Archives Board (Regina), 409
・Strange, Morten / NHPA (Ardingly), 101
・Sue Cunningham Photographic (Kingston upon Thames), 195
・Taylor, Kim / Bruce Coleman Collection (Uxbridge), 269
・The Linnean Society (London), 280, 281
・Thwaites, R. / ANT / NHPA (Ardingly), 399
・Till, Tom / Auscape International (Redfern Hill, NSW), 218
・Tomlinson, David / NHPA (Ardingly), 7
・Tucker, Nigel / Planet Earth Pictures (London), 223
・Ulrich, Tom / Oxford Scientific Films (Long Hanborough), 95, 320
・Van der Hilst, Robert / Gamma (Vanves), 180
・Velensky, Petr / Planet Earth Pictures (London), 102
・Walker, Tom / Planet Earth Pictures (London), 91, 332, 341
・Warden, John W. / Natural Science Photos, 317, 386
・Warren, Adrian / Ardea London (London), 212
・Waters, John / Planet Earth Pictures (London), 98
・Weisser, Wardene / Ardea London (London), 317
・Westerskov, Kim / Oxford Scientific Films (Long Hanborough), 79
・Woolaroc Museum (Bartlesville, OK), 148
・Wothe, Konrad / Oxford Scientific Films (Long Hanborough), 241, 289
・Yoshino, Shin / Minden Pictures (Aptos, CA), 50
・Ziesler, Günter / Bruce Coleman Collection (Uxbridge), 116
・Zvoznikov, Andrey / The Hutchison Library (London), 145, 256, 273, 295, 339, 350, 360, 363, 366, 377, 380, 384, 387, 410

索　引

一般索引

ア　行

カ　行

サ　行

タ　行

ナ　行

ハ　行

マ　行

ヤ　行

ラ　行

ワ　行

生物名索引

ア　行

カ　行

サ　行

タ　行

ナ　行

ハ　行

マ　行

ヤ 行

ラ 行

ワ 行

欧　文

監訳者略歴

大澤雅彦（おおさわ まさひこ）

1946年　北海道に生まれる

1973年　東京大学大学院理学系研究科博士課程単位取得満期退学

1992～2000年　千葉大学理学部教授

2000～2009年　東京大学大学院新領域創成科学研究科教授

2009～2011年　マラヤ大学理学部教授

2011～2016年　雲南大学生態学・地植物学研究所教授，

現　在　ユネスコ国内委員会・MAB計画分科会委員，理学博士

世界自然環境大百科 8

ステップ・プレイリー・タイガ　　定価はカバーに表示

2017年 4月20日　初版第1刷

監訳者　大澤雅彦

発行者　朝倉誠造

発行所　株式会社 朝倉書店

東京都新宿区新小川町 6-29

郵便番号　162-8707

電　話　03（3260）0141

F A X　03（3260）0180

http://www.asakura.co.jp

〈検印省略〉

大日本印刷・大日本製本

ISBN 978-4-254-18518-8　C 3340　　Printed in Japan